升二技．插大．私醫聯招．學士後中醫

普通化學(上)

方智　編著

全華圖書股份有限公司

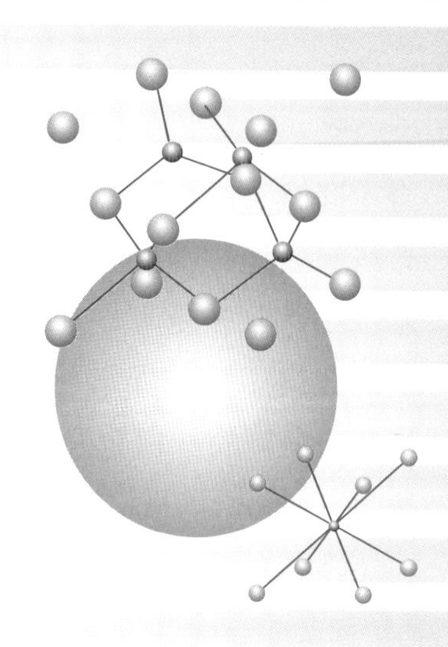

序言

1. 從事教學多年，手邊累積了相當數量的講義及資料，在與同學的學習互動中，也逐漸了解到如何方便地帶領學習者進入主題，於是匯集了「資料」及「教學方法」，並參酌了目前各大學院校比較廣為採用的教本(諸如：Mahan，Zumdahl，segal，mortimer，Moller等所著的普化)便完成了本書。
2. 「化學」一科，給人的刻板印象就是「背方程式」，本書出版的目的在傳播正確的學習方法，在告訴讀者，即使是一個要背的化學方程式，它也有它的反應原理存在。瞭解影響化學性質的變因，進而就可以明白它為何要表現這樣的性狀。因此綜觀全書，需要背的地方並不多。
3. 本書的課文內容部份，為了方便讀者自修，儘量詳細且簡單易懂，為了篇幅大增，只好分成上、下兩冊，而這是坊間參考書籍不及地方，同時，內容以條列方式列出，重點容易掌握，這又可避免一般教科書太過詳細但卻找不出重點的缺點。

4. 本書中有許多處理題目的方法與一般教科書不一樣，這只是教學方法的改變，經驗顯示，它會使學習者更易瞭解。但它不是一般坊間補習班所謂的「口訣」或「竅門」，它只是一個化學領悟者的體會。
5. 學習任何一門學科，都需要靠見識題目來驗收學習成果，本書收集了十多年的考古題，比坊間任一本參考書籍還多，想要參加大學轉學考的讀者，更需要見識原文試題，而弄懂原文，並不需要去讀一本原文書，只要見識原文試題，熟悉常用的原文專業術語即可。
6. 本書排版印刷精良，不論字體、圖表、套色、段落等均精心設計過，市面上似乎無一化學參考書籍能比，所耗費人力、物力成本甚高，這都要感謝全華公司的全力支持，爲的就是方便讀者學習。

如何閱讀本書

1. 各章以「單元」分出重點，該章有幾個單元，就表示該章有幾個學習重點。各單元都熟悉了，表示本章已全部掌握。課文內容以條文式列出，儘量簡單明瞭，減少贅文。條文的附屬關係分別是 1.⑴① 的關係。也就是各單元下分爲數個大條目，分別以 1. 2. 3. …標示，而每一大條目底下，涵蓋數個細目，分別以⑴⑵⑶…標示，而每個細目之下，再分成數個條文，每個條文以①②③…標示。在範例的解答中，若看到「請參考單元四課文重點 2.-⑴-③」意思是指找到第四單元中的第 2. 大條目所附屬的第⑴細目中的第③條文。
2. 課文內容的條文若不是完全理解，可以由範例的示範得到驗證，範例的列舉，儘量不重覆，學習時間若充分，可以將範例重覆演練數次。
3. 範例熟悉以後，可以進入自行挑戰的課後練習題部份，由以後的應考需要，自己選擇中文或英文部分練習，題目後附有簡答，對照後，若想知道進一步詳解，可查看書後附錄「較難題詳解」。
4. 以上三個步驟完成以後，將各章首頁中，各單元的名稱「背」下來，以便統合一些觀念。到了考前，再拿一些模擬試題來演練，整個學習活動才算完成。

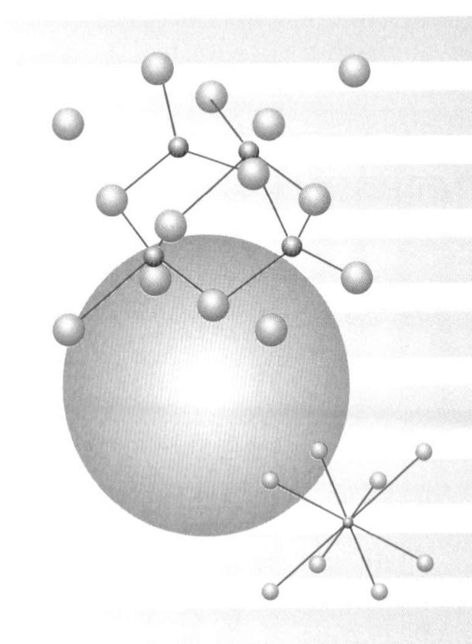

編輯部序

「系統編輯」是我們的編輯方針，我們所提供給您的，絕不只是一本書，而是關於這門學問的所有知識，它們由淺入深，循序漸進。

本書上冊內容分六章，循序探討顯微的原子、分子世界，其中第一、二章就是量子力學，第三、四章、五章，則分別以分子眼光來探討氣體、液體及固體。第六章探討更小的原子核世界。本書適合作爲升二技、插大、私醫轉學、學士後(中)醫「化學類科目」的升學用書。

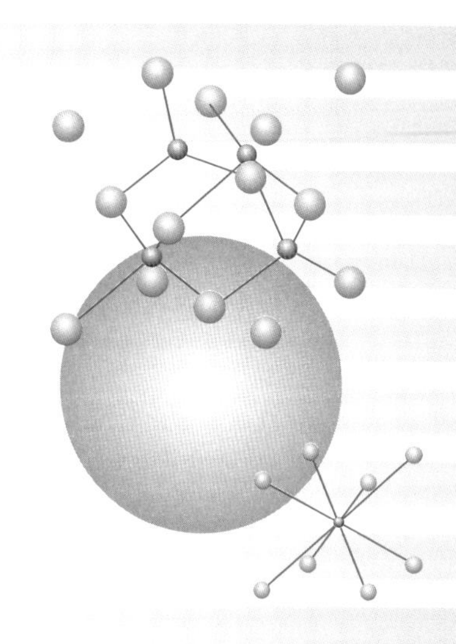

目錄

0 計量化學 0-1

1 原子結構與週期表 1-1

2 化學鍵結 2-1

3 氣體 3-1

4 相變化及溶液 4-1

5 物質與結構的關係 5-1

6 核化學 6-1

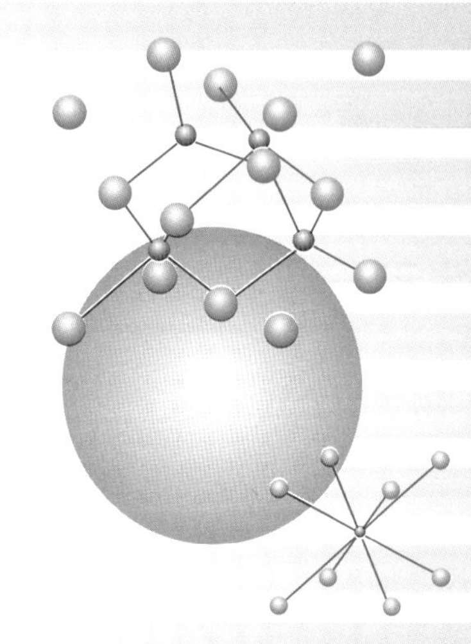

Chapter

0 計量化學

本章要目

- 單元一　物質的分類及構成
- 單元二　原子量，分子量，莫耳，亞佛加厥數
- 單元三　化學中的基本定律及學說
- 單元四　原子量的求法
- 單元五　分子量的求法
- 單元六　化學式，重量百分組成
- 單元七　簡式及分子式的求法
- 單元八　化學計量

單元一：物質的分類及構成

1. 物質的分類：

(1) 物質
- 非均匀混合物(不同組成)
- 均匀相物質
  - 混合物 —— 溶液
  - 純物質
    - 元素
    - 化合物

(2) 元素(Elements)：只含一種化學元素符號，但不計其個數者。例如：O，O_2，O_3都可稱爲氧元素，另如：P_4，Fe，Na，S_8，C_{60}……等。

(3) 化合物(Compound)：含有二種以上的化學元素符號，如：NaCl，H_2SO_4，$C_6H_{12}O_6$……等。

(4) 溶液(Solution)：均匀相的混合物稱之。也就是說必須滿足兩個條件才能稱爲是溶液，第一是均匀的，第二是混合物。例如葡萄酒的外觀是均匀的，因此是溶液，而混凝土雖是混合物，但是在外觀上，它並不呈現均匀，因此不能稱爲溶液。

(5) 同素異形體(Allotropic form)：具有相同元素，但外形及性狀卻不相同者。常見的四個例子要記。

① 氧：O_2及O_3。

② 磷：白磷及紅磷。

③ 硫：彈性硫、斜方硫及單斜硫。

④ 碳：鑽石、石墨及福勒任(Fullerene，C_{60})。

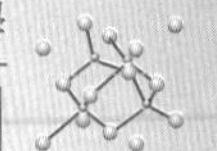

2. 物質的構成：

(1)

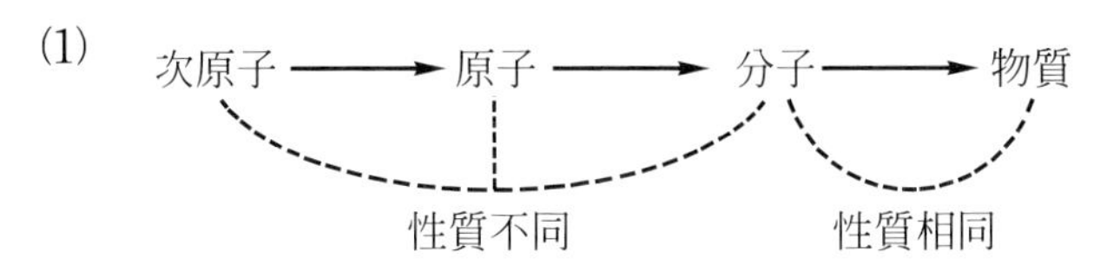

(2) 原子：

① 構成物質的最小粒子；亦是分子的基本構成單位。

② 參與化學反應的最小單位。

③ 原子可再由次原子(即電子、質子或中子)所組成。

原子
- 核
  - 質子：正電荷。質子數稱爲原子序，決定原子(元素)的化性。
  - 中子：不帶電荷。質量較質子稍重。
  - 質子數＋中子數＝質量數 決定原子的質量
- 電子：帶負電荷。質量約爲質子質量的$\frac{1}{1840}$，故於考慮原子量時可略而不計。

④ 原子的質子數和電子數相等故呈電中性。

(3) 分子：具有物質特性的最小粒子。

① 通常是含 2 個以上相同或相異的原子，例如，O_2唸成氧分子，O 唸成氧原子，O_3要唸成臭氧分子，不可以唸成臭氧原子。只有鈍氣分子是以一個原子方式呈現，因此，He 可以唸成氦原子也可以唸成氦分子。

② 分子性質不同乃由於構成分子之原子的種類、數目和排列方式不同所致。

(4) 離子：帶正(負)電荷之原子或原子團稱爲離子。

① 種類：

❶ 陽離子：帶正電荷之原子或原子團。例Mn^{2+}，NH_4^+。正電荷代表「失去電子」。

❷ 陰離子：帶負電荷之原子或原子團。例Cl^-，MnO_4^-。負電荷代表「獲得電子」。

② 在一物系中，陰陽離子必同時存在，且電荷量相等故呈電中性，但粒子數兩者不一定相等。

③ 常見的離子或離子團：

❶ ⅠA族一定帶＋1：Li^+，Na^+，K^+……

❷ ⅡA族一定帶＋2：Mg^{2+}，Ca^{2+}……

❸ 常見的離子團：NH_4^+(銨根)，OH^-(氫氧根)，CN^-(氰根)，CO_3^{2-}(碳酸根)，SO_4^{2-}(硫酸根)，SO_3^{2-}(亞硫酸根)，NO_3^-(硝酸根)，NO_2^-(亞硝酸根)，ClO_4^-(過氯酸根)，ClO_3^-(氯酸根)，PO_4^{3-}(磷酸根)，CrO_4^{2-}(鉻酸根)，$Cr_2O_7^{2-}$(重鉻酸根)，MnO_4^-(高錳酸根)。

❹ 帶有多種電荷時：電荷較小者在前面冠上「亞」字，Fe^{3+}(鐵離子)，Fe^{2+}(亞鐵離子)，Cu^{2+}(銅離子)，Cu^+(亞銅離子)，Hg^{2+}(汞離子)，Hg_2^{2+}(亞汞離子)，Sn^{4+}(錫離子)，Sn^{2+}(亞錫離子)，Co^{3+}(鈷離子)，Co^{2+}(亞鈷離子)。

範例 1

下列何者爲硫酸亞鐵的正確化學式？

(A)$FeSO_4$　(B)$Fe(SO_4)_2$　(C)$Fe_2(SO_4)_3$　(D)$Fe_3(SO_4)_2$。　【86二技材資】

解：(A)

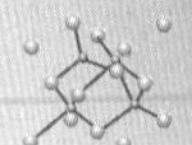

範例 2

$CaCO_3$的水溶液中，主要含有何種離子？

(A)Ca_2^+，CO_3^-　(B)Ca^+，CO_3^-　(C)Ca^{2+}，CO_3^{2-}

(D)Ca^{2+}，C^{4+}，O^{2-}。　【86 二技動植物】

解：(C)

單元二：原子量、分子量、莫耳、亞佛加厥數

1. 莫耳：
   (1) 重量：最初訂 ^{12}C = 12 克爲一莫耳。
   (2) 數目：凡是 6.02×10^{23}個粒子均稱有 1 莫耳(∵12 克 ^{12}C所含的原子數爲 6.02×10^{23}個)。
2. 亞佛加厥數：凡是一莫耳粒子數之數值均爲 6.02×10^{23}個。不限定該粒子是原子、分子、質子或離子……等。
3. 原子量：
   (1) 原子間之比較重量故沒有單位。因既爲比較值就需立一標準，然後各元素一原子和標準元素一原子重量之比即其原子量比。
   (2) 現行的原子量定義標準：1961 年訂定，以 ^{12}C = 12.0000 爲統一標準。
   (3) 1961 年定了一個單位“莫耳”，它可代表重量亦可代表粒子數，故吾人各取一莫耳任何元素之原子重爲原子量。換言之，今日的原子量實一可測得之重量。

4. 原子質量單位(atomic mass unit)：

(1) 簡寫成a.m.u.或u。

(2) 由於原子的絕對質量以克計數值太小，故化學家又訂了另一種較小之質量單位稱爲a.m.u.。

(3) 定義：

$$一個原子絕對質量=\frac{原子量}{亞佛加厥常數} \tag{0-1}$$

例如：$^{12}C=12$ 克，即 6.02×10^{23} 個 ^{12}C 原子總重 12 克，故一個 ^{12}C 原子的絕對質量 $=\frac{12克}{6.02\times10^{23}個}=1.99\times10^{-23}$ 克

(4) 今後，看到「Na＝23」，它代表三種不同說法：

① Na的原子量爲23

② 1個Na原子的重＝23u

③ 1 mole Na原子的重＝23g

同理，看到「$NH_3=17$」，它代表著：

① NH_3 的分子量爲17

② 1個 NH_3 分子的重＝17u

③ 1 mole NH_3 分子的重＝17g

5. 莫耳數的求法：

(1) $n=\frac{W}{MW(or\,AW)}$　(2) $n=\frac{N}{6.02\times10^{23}}$　(3) $n=\frac{V(L)}{22.4}$(S.T.P)

(4) $n=\frac{PV}{RT}$　(5) $n=C_M\times\frac{V(ml)}{1000}$

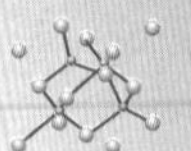

範例 3

IUPAC 所訂原子量的標準 12.0000 是

(A)碳的平均原子量 (B)碳-12 同位素的原子量 (C)鎂-12 同位素的原子量 (D)碳-13 同位素的原子量。 【84 二技環境】

解：(B)

範例 4

一個質子質量約爲 1amu，則一莫耳質子質量約爲幾公克？(亞佛加厥數爲 6.02×10^{23})

(A)1.67×10^{-24} (B)1.67×10^{-23} (C)1.00 (D)6.02×10^{23}。 【85 二技材資】

解：(C)

範例 5

氮的原子量爲 14.0，則下列哪幾項敘述爲正確？

(A)一個氮原子的質量爲 14.0a.m.u (B)一個氮原子的質量爲 $14.0/6.02\times10^{23}$ 克 (C)一個氮分子的質量爲 $28.0\times1.66\times10^{-24}$克 (D)一莫耳氮分子的質量爲 $28.0\times6.02\times10^{23}$a.m.u (E)1 克氮分子等於 6.02×10^{23}a.m.u。

解：(A)(B)(C)(D)(E)

① $N=14$，$\therefore$1 個 N 原子重 $=14u=14\times\dfrac{1}{6.02\times10^{23}}g$

② $N=14\Rightarrow N_2=28$，$\therefore$1 個N_2分子質量 $=28u=28\times\dfrac{1}{6.02\times10^{23}}g$

1mole N_2質量 $=28g$

③ $\because 1u=\dfrac{1}{6.02\times10^{23}}g$，$\therefore 1g=6.02\times10^{23}u$

範例 6

假定有一汽車在體積 150m³的汽車房中，排出的一氧化碳 1 莫耳，與空氣完全混合，則每cm³含有一氧化碳多少個分子？

解：1 mole = 6.02×10^{23}個分子；$150m^3 = 150\times10^6\ cm^3$

$$\frac{6.02\times10^{23}}{150\times10^{6}} = 4.01\times10^{15}\text{個分子／}cm^3$$

範例 7

下列何者所含之氫原子數最多？(原子量：C = 12，H = 1，Cl = 35.5，O = 16)

(A)0.1mole CH_4　(B)0.3M $HCl_{(aq)}$1L　(C)4.5g $C_6H_{12}O_6$　(D)3×10^{23}個H_2O。

【86 二技衛生】

解：(D)

雖然題意是計算原子數，但因原子數正比於莫耳數，因此，本題用莫耳數來算會比較快些。

(A)$0.1\times4 = 0.4$ mole H 原子

(B)$0.3\times1\times1 = 0.3$ mole H 原子

(C)$C_6H_{12}O_6 = 180$，$\frac{4.5}{180}\times12 = 0.3$mole H 原子

(D)$\frac{3\times10^{23}}{6\times10^{23}}\times2 = 1$mole H 原子

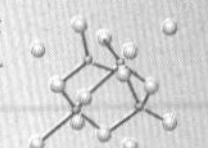

單元三：化學中的基本定律及學說

1. 質量守恆定律(law of conservation of mass)：1785年拉瓦節(A.L. Lavoisier)指出化學反應中，反應前各物質質量總和，與反應後各物質質量總和相等，例如：2克氫和16克氧化合，可以產生18克水。
2. 定比定律(law of definite proportion)：一種化合物不論其來源或製備方法，各組成成份元素的質量比例恆定，例如純水的來源有許多種，但18克水中，必含有2克的氫及16克的氧，此計量定律可以證實一種化合物是由兩種或兩種以上元素以原子為單位化合的結果，所以在化合物中存在的元素質量也有固定的比例。
3. 倍比定律(law of simple multiple proportion)－道耳吞於1804年提出。
   (1) 如果二元素可以生成二種或多種化合物時，在這二種或多種化合物中，一元素的質量若相等，則另一元素的質量成簡單的整體比。例如：Fe與Cl所形成的化合物：$FeCl_3$與$FeCl_2$，和一定量的Fe結合的Cl呈3：2的整數比例關係。
   (2) 倍比定律的出現與同一種元素具有多種原子價有關。例如上例中，Fe有＋3價與＋2價的兩種結合機會。
4. 亞佛加厥定律：同狀況時，同體積的任何氣體均含有等數的分子。
   (1) 可應用來解釋給呂薩克的氣體化合體積定律。
   (2) 可應用來求未知氣體的分子量，即「同狀況時，同體積氣體的重量比等於其分子量之比」

$$\text{公式：}\frac{W_A}{W_B}=\frac{MW_A}{MW_B}=\frac{D_A}{D_B} \tag{0-2}$$

W：重量　　MW：分子量　　D：密度

   (3) 在標準狀況下(S.T.P)，氣體的莫耳體積均為22.4L。

① STP是指0℃，1atm。與熱力學中的標準狀態有別。

② 本書以後有關莫耳體積都記錄成V_m。

③ 上文並未限定氣體種類，也就是任何一種氣體都是滿足22.4升。

5. 氣體化合體積定律(law of combining volumes)：1805年給呂薩克(Gay-Lussac)提出，同狀況時，在氣體反應中，各氣體反應物與生成物的體積間必成簡單整數比。也就是「係數比＝體積比」。

6. 道耳吞的原子說：

最初觀念	今日觀念
①一切的物質都由原子所組成。原子是最基本粒子不可分割。 故化學變化就是原子的重新排列和組合。	①原子又由電子、質子和中子構成，故原子並非最小粒子。
②相同元素的原子具有相同的質量及性質，不同元素的原子質量和性質不同。	②因同位素的發現，故知相同元素原子的化性相同但質量可不同。又由於同量素的發現，不同元素原子的化性不同但質量可相同。
③不同元素的原子能以簡單的整數比結合成化合物。	
④化合物分解所得之原子與構成化合物的同種原子性質相同。	

範例 8

銅1克在空氣中加熱，可得氧化銅1.25克，另取銅1克溶於硝酸中，加氫氧化鈉，生成氫氧化銅，再將氫氧化銅加熱使成氧化銅，若誤差不計，其重量亦為1.25克，此實驗可證明何種定律？

(A)質量不滅定律 (B)定組成定律 (C)倍比定律 (D)亞佛加厥定律 (E)給呂薩克定律。

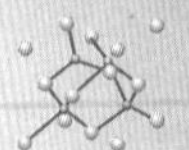

解：(B)

(1) 同一種化合物，無論其來源為何，其組成必固定。

(2) 定組成定律就是定比定律。

範例 9

下列哪一組表示倍比定律？

(A)CO_2，CH_4，CCl_4 (B)NaCl，NaBr，NaI (C)N_2O，NO，NO_2 (D)以上皆非。 【86 私醫】

解：(C)

必須重覆至少兩種元素以上，才可探討倍比定律。

範例 10

倍比定律和下列哪一個觀念密切關聯？

(A)某元素原子具有二種以上同位素 (B)某元素原子具有二種以上物理狀態 (C)某元素原子具有二種以上原子量 (D)某元素原子具有二種以上原子價。

解：(D)

範例 11

按定比定律完成右列圖表，試寫出下列空格的答案，務必寫出格號(a、b……g)再作答：

(A)的化學式爲__(a)__，(B)的化學式爲__(b)__，(C)的化學式爲__(c)__，(D)的化學式爲__(d)__，X應爲__(e)__，Y應爲__(f)__，Z應爲__(g)__。

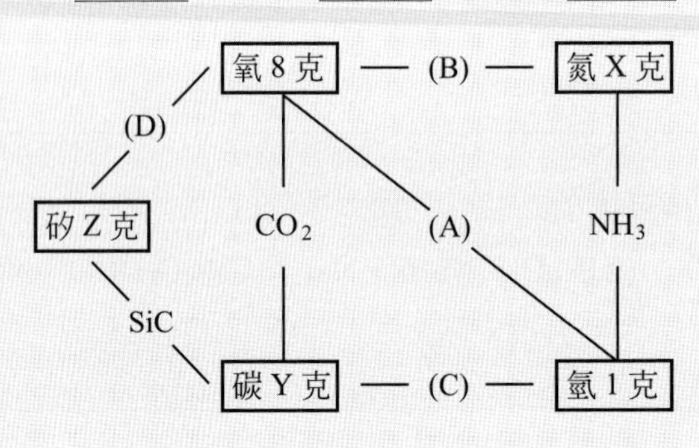

解：(a)$H：O=\frac{1}{1}：\frac{8}{16}=2：1 \Rightarrow$ 化學式爲H_2O

(e)先由N，H的關係推出X，

$$1：3=N：H=\frac{X}{14}：\frac{1}{1} \Rightarrow X=\frac{14}{3}g$$

(b)$N：O=\frac{\frac{14}{3}}{14}：\frac{8}{16}=\frac{1}{3}：\frac{1}{2}=2：3$　∴化學式爲N_2O_3

(f)由CO_2的已知關係來推Y

$$1：2=C：O=\frac{Y}{12}：\frac{8}{16} \quad ∴Y=3g$$

(c)$C：H=\frac{3}{12}：\frac{1}{1}=1：4$　∴化學式爲CH_4

(g)由SiC的已知關係來推Z

$$1：1=Si：C=\frac{Z}{28}：\frac{3}{12} \quad ∴Z=7g$$

(d)$Si：O=\frac{7}{28}：\frac{8}{16}=1：2$　∴化學式爲SiO_2

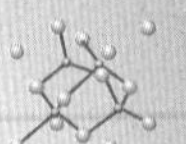

範例 12

有同溫同壓同體積的甲，乙兩種氣體各重 0.88 克及 0.64 克，已知甲僅由碳及氧兩種元素化合形成，且乙的分子量爲 32，試求甲氣體的分子式及其所含原子總數。

解：(1) 先根據亞佛加厥定律的應用求出甲的分子量

$$\frac{MW_{甲}}{MW_{乙}}=\frac{W_{甲}}{W_{乙}} \qquad \frac{MW_{甲}}{32}=\frac{0.88}{0.64}$$

得 $MW_{甲}=44$

(2) 由碳及氧所組成的分子，又必須符合分子量爲 44 者，只有 CO_2 這種可能了。

(3) 先求出 CO_2 的分子總數

$$\frac{0.88}{44}\times 6.02\times 10^{23}=1.2\times 10^{22}\text{個分子}$$

而每 1 個 CO_2 分子中含 1 個 C 原子以及 2 個 O 原子，故每 1 個 CO_2 分子中，含 3 個原子，因此 0.88g 中就含有原子總數爲

$$1.2\times 10^{22}\times 3=3.6\times 10^{22}\text{個}$$

範例 13

在 100 毫升之氧中而行高壓放電使氧吸收電能生成臭氧，於同溫同壓之下，其體積收縮爲 90 毫升。則有

(A)60 毫升氧變爲 50 毫升臭氧 (B)50 毫升氧變爲 40 毫升臭氧 (C)40 毫升氧變爲 30 毫升臭氧 (D)30 毫升氧變爲 20 毫升臭氧。

解：(D)

依照氣體化合體積定律，體積比視爲係數比。則假設 100 毫升中有 $3x$ 毫升反應變成了臭氧，依以下方程式計量知，含有 $2x$ 毫升的臭氧生成，反應後的氣體總體積變成 $(100-3x)+2x=90$　　$\therefore x=10$

得消耗氧 $(3x)=30$，生成臭氧 $(2x)=20$

	$3O_2$	$\longrightarrow$	$2O_3$
始	100		0
後	$100-3x$		$2x$

範例 14

將空氣加熱約至 200℃氮和氧即反應，如反應前後體積不變時，該反應之產物應爲

(A) N_2O　(B) NO　(C) N_2O_4　(D) N_2O_5。

解：(B)

N_2 和 O_2 反應後，四個不同產物的反應方程式平衡係數後，如下列所示：

(A)　$2N_2+O_2 \longrightarrow 2N_2O$

(B)　$N_2+O_2 \longrightarrow 2NO$

(C)　$N_2+2O_2 \longrightarrow N_2O_4$

(D)　$2N_2+5O_2 \longrightarrow 2N_2O_5$

依據氣體化合體積定律，體積比就是係數比，故前後體積不變就是前後係數不變，滿足此要求的，只有(B)式。

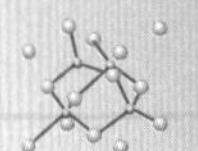

範例 15

在 1000℃時，將 1 大氣壓硫蒸氣 1 升恰可與 2 升的氧氣化合，生成 2 升二氧化硫氣體，試求此硫蒸氣 1 分子中所含的硫原子數。

解：假設硫蒸氣的分子式為S_x。再依化合體積定律，可以將題目所述的各物體積視為是各物的係數，寫成方程式如下：

$$1S_x + 2O_2 \longrightarrow 2SO_2$$

各原子為了守恆，反應前後的原子數勢必要相同，既然反應後有 2 個 S 原子，反應前也必須是 2 個 S 原子。$\therefore x = 2$。

單元四：原子量的求法

1. 坎尼乍洛法(Cannizzaro)：
   (1) 先求含該元素之一系列化合物的分子量。
   (2) 再求該元素在化合物中之重量百分率。
   (3) 分子量×重量百分率＝重量。
   (4) 求出(3)之各重量的最大公約數，即為該元素的原子量或原子量的整數倍。
2. 當量法(Equivalent)：
   (1) 當量：元素和 1 克氫或 8 克氧相化合所需之重量稱為該元素之當量，結合量或化合量。

$$E=\frac{AW(orMW)}{n}\qquad n\text{：價數(或另有定義)}\qquad (0\text{-}3)$$

(2) 兩元素化合時，當量數必相等，故化學反應式中所有物質之當量數亦相等。

(3) 當量數的求法

① $E\text{數}=\frac{W}{E}=\frac{W}{\frac{AW}{n}}$ (0-4)

② E數＝N(當量濃度)$\times V$ (0-5)

③ E數＝mole數$\times n$ (0-6)

3. 杜龍－柏蒂法(Dulong-petit's)：

(1) $AW\times S$(比熱)$\cong 6\sim 6.4$cal/mol・K $\cong$ 25j/mol・K (0-7)

(2) 只能求得近似原子量，無法求精確值。

(3) 只有固態物質才適用。

4. 利用晶體結構分析：(詳見第5章單元三)。

範例 16

有A，B，C三種含Q元素之揮發性化合物，分析結果如下表，試求Q元素之原子量

化合物	分子量	化合物中Q元素百分率
A	60	40
B	90	40
C	96	50

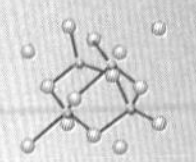

解：⑴ 先求各化合物含Q的重，

A：$60 \times 40\% = 24$

B：$90 \times 40\% = 36$

C：$96 \times 50\% = 48$

⑵ 再求這三個數值的最大公約數爲12，而Q的原子量就是12。

範例 17

某四價金屬的氧化物中含63.2％的金屬，試求該金屬之原子量。

解：本題利用當量法來求解。

金屬的E數＝氧原子的E數
$(n=4)$　　$(n=2)$　　E數的求法優先用(0－6)式

$$\frac{63.2}{x} \times 4 = \frac{100-63.2}{16} \times 2$$

$\therefore x = 55$

範例 18

爲溶解某三價金屬片0.986克用去20％(重量百分率濃度)氯化氫水溶液20.0克。下列五個數字中，哪一個爲該金屬原子量的計算值？ (A)25.0 (B)27.0 (C)47.9 (D)52.0 (E)55.8。

解：(B)

當量法也可用在化學反應式中，參與反應的各物質，其當量數也一定相等。以本題爲例，參與反應式的物質有某金屬及氯化氫，我們因此建立以下關係式：

金屬的 E 數＝HCl的 E 數
$(n=3)$　　　$(n=1)$　　(再度利用 0－6 式)

$$\frac{0.986}{x}\times 3=\frac{20\times 20\%}{36.5}\times 1$$

式中，20 代表氯化氫水溶液的重，20×20％轉成了HCl的重(不含水了)，除以 36.5 是化成了 mole 數。

你是否留意到，本來化學計量必須要用到方程式的，但是利用當量法，方程式對我們而言，卻是多餘的。這使得計量工作變得簡便些。

範例 19

取金屬 1 克，以下列各組合使反應完全進行，何組產生的氫氣最多？
(Mg＝24.3，Al＝27.0，Na＝23.0，Zn＝65.4)
(A)鎂與鹽酸　(B)鋁與氫氧化鈉　(C)鈉與水　(D)鋅與硫酸。【84 二技動植物】

解：(B)

金屬的當量數＝氫氣的當量數
金屬的莫耳數×n＝氫氣的當量數

$\frac{1}{AW}\times n$(價數)＝氫氣的當量數

欲使氫氣的量最多，就是使 n/AW 值愈大，每一金屬的 n/AW 值分別是

(A)$\frac{2}{24}$(B)$\frac{3}{27}$(C)$\frac{1}{23}$(D)$\frac{2}{65.4}$　最大值就是(B)了。

範例 20

某固體金屬元素之比熱爲 0.095 卡／克 × ℃，還原其氧化物 3.576 克得該元素 2.857 克，試求該元素的精確原子量。

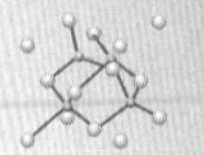

解：(1) 先利用杜龍－柏蒂法求取近似原子量，

$$AW \times 0.095 \cong 6.4 \qquad \therefore AW \cong 67.36$$

(2) 其次，搭配當量法就可求得精確原子量，步驟如下：

金屬的 E 數＝氧的 E 數
$(n = ?)$ $(n = 2)$

$$\frac{2.857}{67.36} \times n = \frac{3.576 - 2.857}{16} \times 2$$

得 $n = 2.1$。照理，n 必須是整數，此處不會得到整數是因我們用的原子量只是近似值。

(3) 最後再取 n 爲最接近 2.1 的整數(那就是 $n = 2$)，重新代入上式計算，即得精確原子量。

$$\frac{2.857}{x} \times 2 = \frac{3.576 - 2.857}{16} \times 2$$

得 $x = 63.5$

單元五：分子量的求法

1. 利用亞佛加厥定律：$\frac{W_A}{W_B} = \frac{MW_A}{MW_B}$
2. $MW = D \times V_m$ S.T.P 時，$V_m = 22.4$ 升，N.T.P 時，$V_m = 24.5$ 升
3. 利用氣體定律：(詳見第 3 章) $PV = \frac{W}{MW} RT$ or $PM = DRT$
4. 利用氣體擴散定律：(詳見第 3 章)
5. 利用依數性質(詳見第 4 章)

範例 21

某一直鏈烴，其蒸氣密度爲同溫，同壓下氧氣密度之 2.25 倍，此烴爲
(A)丙烷　(B)丁烯　(C)丁炔　(D)戊烷。

解：(D)

代入 $\frac{W_A}{W_B}=\frac{MW_A}{MW_B}=\frac{D_A}{D_B}$

$\frac{MW_A}{32}=2.25 \qquad \therefore MW_A=72$

單元六：化學式，重量百分組成

1. 化學式的種類：
   (1) 實驗式(Empirical formula)：又稱「簡式」，用來表示組成物質之原子種類和數目比之最簡化學式。
   (2) 分子式(Molecular formula)：表示一分子中原子的種類和確定的數目。
   (3) 示性式：表示分子中含有某些特殊官能基。
   (4) 結構式(Structure formula)：表示分子內各原子間之排列情形及鍵結狀態。
   請參考下表的比較

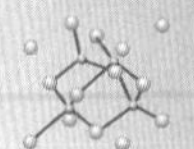

	甲醛	乙酸	葡萄糖
結構式	H—C(=O)—H	CH_3—C(=O)—OH	HO, HO, OH, O, OH, HO（環狀結構）
示性式	HCHO	CH_3COOH	無
分子式	CH_2O	$C_2H_4O_2$	$C_6H_{12}O_6$
實驗式	CH_2O	CH_2O	CH_2O

2. 上表中由上而下：具有相同結構式一定具有相同示性式，具有相同示性式一定具有相同分子式，具有相同分子式一定具有相同的實驗式。
3. 上表中，由下而上：具有相同簡式不一定具有相同的分子式，具有相同的分子式也不一定具有相同的示性式。
4. 重量百分組成：某元素的重量百分組成計算如下：

$$A\% = \frac{A\text{成份的原子量和}}{\text{該物質的}MW} \times 100\%$$

以$C_6H_{12}O_6$爲例：

$$C\% = \frac{6\times12}{180}\times100\% = 40\%$$

$$H\% = \frac{12\times1}{180}\times100\% = 6.7\%$$

$$O\% = \frac{6\times16}{180}\times100\% = 53.3\%$$

5. 具有相同簡式者，其重量百分組成相同。

範例 22

有關於C_2H_2及C_6H_6兩種分子的下列各項敘述中，何者爲正確？
(A)兩者重量百分組成相同　(B)等重量時，兩者含有等數的分子　(C)等重量兩者含有等數的原子　(D)等重量兩種分子完全燃燒，需要等莫耳數的氧分子　(E)等重量兩種分子完全燃燒，產生H_2O莫耳比爲C_2H_2：C_6H_6＝1：3。

解：(A)(C)(D)

這兩種分子的簡式湊巧一樣，都是CH。

單元七：簡式及分子式的求法

1. 實驗式的求法：
   (1) 由重量百分組成求實驗式
   (2) 由燃燒法求實驗式
   (3) 利用倍比定律求實驗式
2. 分子式求法的三步驟：
   (1) 先求簡式，並算出簡式式量
   (2) 其次求MW
   (3) $n=\dfrac{MW}{\text{簡式式量}}$　　∴分子式＝(簡式)$_n$

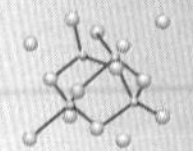

範例 23

化合物甲，乙分別由 A，B 兩元素所組成，3 克化合物甲中含有 B 元素 2 克，15 克化合物乙中含有 A 元素 3 克，已知化合物甲的實驗式爲 AB，則化合物乙的實驗式爲下列何者？

(A)AB　(B)AB_2　(C)A_2B　(D)A_2B_3。　【86 二技衛生】

解：(B)

	A	B
甲(3 克)	1	2
乙(15 克)	3	12

將甲項×3 ⟶

	A	B
甲	3	6
乙	3	12

由上表可看出，當 A 的量固定時，B 會呈現 6：12＝1：2

∴當甲式爲 AB 時，乙式必須爲AB_2，才會滿足所求。

範例 24

某化合物含碳 91.3 %，氫 8.7 %，求其實驗式？

解：$C:H=\frac{91.3}{12}:\frac{8.7}{1}=7.6:8.7=7:8$

∴簡式＝C_7H_8

範例 25

某有機化合物重 0.9405 克，經燃燒後生成CO_2重 1.4520 克，H_2O重 0.5445 克，試問該有機化合物之實驗式為何？

(A)$C_4H_{10}O$　(B)C_2H_6O　(C)$C_{12}H_{22}O_{11}$　(D)$C_6H_{12}O_6$。　【82 二技環境】

解：(C)

$$C\text{ 重}=1.4520\times\frac{12}{44}=0.396$$

$$H\text{ 重}=0.5445\times\frac{2}{18}=0.0605$$

$$O\text{ 重}=0.9405-0.396-0.0605=0.484$$

$$C:H:O=\frac{0.396}{12}:\frac{0.0605}{1}:\frac{0.484}{16}$$

$$=0.033:0.0605:0.03025=12:22:11$$

範例 26

某一有機化合物含碳 52.2 %、氫 13.0 %，在 273°K，1atm下其 500 毫升的蒸氣量重 1.03 克，則其分子式為何？

解：(1)　先求簡式，

$$C:H:O=\frac{52.2}{12}:\frac{13}{1}:\frac{100-52.2-13}{16}=4.35:13:2.2$$

$$=2:6:1$$

簡式：C_2H_6O　式量$=12\times2+1\times6+16\times1=46$

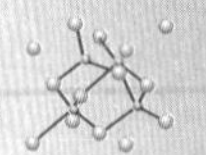

(2) 其次求MW，利用單元五第2法來求，

$$MW = D \times V_m = \frac{1.03}{0.5} \times 22.4 = 46$$

(3) $\frac{MW}{式量} = \frac{46}{46} = 1$ ∴分子式$=(C_2H_6O)_1 = C_2H_6O$

範例 27

某煙500ml在氧中完全燃燒得2500ml CO_2及3.0升$H_2O_{(g)}$(皆同溫同壓)，此煙可能爲 (A)C_2H_6 (B)C_4H_8 (C)C_5H_{12} (D)C_6H_{12}。 【68私醫】

解：(C)

利用單元三的化合體積定律，也可以求得分子式。

假設此煙爲C_xH_y，體積比＝500：2500：3000＝1：5：6＝係數比

$$C_xH_y + O_2 \longrightarrow 5CO_2 + 6H_2O$$

平衡C及H原子後，得$x=5$，$y=12$

單元八：化學計量(Stoichiometry)

1. 方程式計量以莫耳爲計量標準。
2. 在化學反應中，完全被用盡的反應物量可決定生成物的產量，這種完全用盡的試劑，稱爲限量試劑(limiting reagent)。
3. 係數比＝分子數比＝莫耳數比＝體積比＝壓力比，但係數比≠重量比。

範例 28

取 500ml，4M KI溶液與 800ml，2M $Pb(NO_3)_2$溶液相作用，反應方程式如下所示：

$2KI + Pb(NO_3)_2 \longrightarrow PbI_2 + 2KNO_3$(原子量：Pb＝207，I＝127)反應後，最多可生成幾公克碘化鉛？

(A)307　(B)461　(C)922　(D)2002。　【86 二技材資】

解：KI的mole數＝0.5×4＝2mole；$Pb(NO_3)_2$的mole數＝0.8×2＝1.6mole。

由計量式可看出KI是限量試劑。KI與PbI_2的係數比是2：1。

係數比＝莫耳數比，　PbI_2的分子量＝461

$2:1=2:\frac{x}{461}$　$\therefore x=461$

範例 29

假設空氣由21vol％氧與79vol％氮所組成，今欲將一公斤纖維素$(C_6H_{10}O_5)_n$在空氣中完全燃燒生成二氧化碳與水，需要多少理論空氣量(亦即，化學計量上所需最小空氣量)？

(A)1.2 公斤　(B)3.1 公斤　(C)4.3 公斤　(D)5.1 公斤。　【83 二技環境】

解：(D)

$C_6H_{10}O_5 + 6O_2 \longrightarrow 6CO_2 + 5H_2O$由計量方程式可知，所需氧氣的莫耳數是纖維的6倍：$\frac{1000}{162}\times 6$，又因爲氧氣只佔空氣的21％

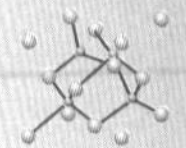

∴所需空氣的 mole 數 $=\left(\frac{1000}{162}\times 6\right)\times\frac{100}{21}$，而空氣的分子量 $=29$

∴所需的空氣重 $=\frac{1000}{162}\times 6\times\frac{100}{21}\times 29\times 10^{-3}$ 公斤。

範例 30

5.23 克純的二氧化錳 MnO_2，加熱時，只有氧氣產生，加熱至不再產生氧氣時，剩下的純固體重 4.59 克，試問：

(A)產生幾莫耳的氧氣？ (B)剩下的錳氧化物，化學式爲何？ (C)寫出此化學反應方程式並平衡它。(Mn 的原子量＝ 54.94) 【82 台大甲】

解：(A)釋出氧重 $=5.23-4.59=0.64$g

氧的莫耳數 $=\frac{0.64}{32}=0.02$

(B)先求出 MnO_2 中 Mn 及 O 原子的重量

$5.23\times\frac{54.94}{54.94+32}=3.3$g——Mn 重

$5.23-3.3=1.93$g——O 重

基於原子不滅，在所產生的錳氧化物中的錳，重量也應是 3.3g。

∴該錳氧化物中的氧重＝該化合物總重－ Mn 重

$=4.59-3.3=1.29$g

(C) $Mn : O=\left(\frac{3.3}{54.94}\right) : \left(\frac{1.29}{16}\right)=0.06 : 0.08=3 : 4$

∴化學式：Mn_3O_4

$3MnO_2 \xrightarrow{\Delta} Mn_3O_4+O_2$

範例 31

230 克之甲烷和乙烷混合氣體，與氧完全燃燒，產生 660 克二氧化碳，試求混合氣體中甲烷若干克？C 原子量 12，H 原子量 1，O 原子量 16

(A)80　(B)120　(C)150　(D)160。【83 二技環境】

解：(A)

化學計量中較難的題型是同時出現數個方程式，遇上此種並行的計量，只要假設代數即可解決。

假設甲烷 xg，乙烷 $230-x$g，

則甲烷的 mole 數 $=\frac{x}{16}$，乙烷的 mole 數 $=\frac{230-x}{30}$

$CH_4 \longrightarrow 1CO_2$　　$C_2H_6 \longrightarrow 2CO_2$

由計量關係可知所產生 CO_2 的總量：

$\left[\frac{x}{16}\times 1+\frac{230-x}{30}\times 2\right]\times 44=660$　　$\therefore x=80g$

範例 32

鉛白是一種白色顏料，可由下列反應製備：

$2Pb + 2HC_2H_3O_2 + O_2 \longrightarrow 2Pb(OH)C_2H_3O_2[I]$

$6Pb(OH)C_2H_3O_2 + 2CO_2 \longrightarrow Pb_3(OH)_2(CO_3)_2 + 2H_2O + 3Pb(C_2H_3O_2)_2$

$Pb_3(OH)_2(CO_3)_2$……鉛白

(A)用 20.7 克鉛至多可以得到鉛白幾克？(原子量 Pb = 207)

(B)假設在第一步反應中消耗 16.0 克 O_2，則在第二步反應中需要 CO_2 多少克？

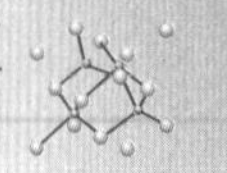

解：(A)化學計量中另一種麻煩題型是「分批式」，以本題為例，在第一個方程式先製造出中間產物[I]，再由I繼續在第二個方程式製造出最後產物鉛白。解題要訣是將此中間產物的係數在兩式中故意弄成相同，於是第一式必須乘以3，轉成下式後開始計量。

$$\begin{cases} 6Pb + 6HC_2H_3O_2 + 3O_2 \longrightarrow 6Pb(OH)C_2H_3O_2 \\ 6Pb(OH)C_2H_3O_2 + 2CO_2 \longrightarrow Pb_3(OH)_2(CO_3)_2 + 2H_2O + 3Pb(C_2H_3O_2)_2 \end{cases}$$

$Pb : Pb_3(OH)_2(CO_3)_2 = 6 : 1$　　$Pb_3(OH)_2(CO_3)_2 = 775$

$\frac{20.7}{207} : \frac{w}{775} = 6 : 1$　　$\therefore w = 12.91g$

(B)$O_2 : CO_2 = 3 : 2$

$\frac{16}{32} : \frac{w}{44} = 3 : 2$　　$\therefore w = 14.7g$

範例 33

在一實驗中，3.3g之$LiBH_{4(s)}$與過量的$NH_4Cl_{(s)}$相反應，同時分離出2.43g的$B_3N_3H_{6(l)}$。此反應方程式為：

$3LiBH_{4(s)} + 3NH_4Cl_{(s)} \longrightarrow B_3N_3H_{6(l)} + 9H_{2(g)} + 3LiCl_{(s)}$

試問$B_3N_3H_{6(l)}$之百分數產率為何？

[原子量：B = 10.8，Li = 6.9，N = 14.0]。

解：(1) 先計算理論產量

$LiBH_4 : B_3N_3H_6 = 3 : 1$　　$B_3N_3H_6 = 80.4$

$\frac{3.3}{21.7} : \frac{w}{80.4} = 3 : 1$　　$\therefore w = 4.07g$

(2) $產率(yield) = \frac{實際產量}{理論產量} \times 100\% = \frac{2.43}{4.07} \times 100\%$

$= 59.7\%$

綜合練習及歷屆試題

PART I

1. 下列有關鈉之性質中，何者屬物理性質？
(A)當暴露於空氣中，其表面轉呈黑色 (B)在 25℃下爲固體，加熱至 98℃轉爲液體 (C)當置入水溶液中，會有氣體冒出 (D)與氯氣接觸會形成一種高熔點之化合物。【85 二技動植物】

2. 下列何者爲 SI 系統基本單位？
(A)克(gram) (B)公分 (C)安培(ampere) (D)小時(hour)。

3. 1nm 不等於 (A)10^{-9}m (B)10^{-7}cm (C)10^{-1}A (D)10^{-6}mm。

4. 下列何數值是 1 個亞佛加厥數？
(A)0℃，1atm下，11.2 升氮氣中氮的原子數 (B)設$^{12}C = 12.0000$，則自然界中之碳 24 克所含碳原子數 (C)18.0 克水分解所生成氧的分子數 (D)1 克原子氫，所含氫分子數。

5. The new international standard adopted for the determination of atomic weights is
(A)H^1 (B)C^{12} (C)O^{16} (D)F^{19}。【81 淡江】

6. 若亞佛加厥數改變，則下列何種數值不變？
(A)物質分子量 (B)氣體密度 (C)氣體的莫耳體積 (D)化合物重量百分組成 (E)每個原子之質量。

7. 金黴素(Aureomycin)分子量 474 含 C55.1 %，則 1 克金黴素試料中含碳原子數爲________。【77 私醫】

8. 若知某元素一原子之質量爲 1.0×10^{-22}克，則此元素之原子量應爲：
(A)12 (B)24 (C)48 (D)60。【70 私醫】

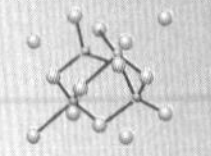

9. 下列何者具有最多量的氧原子？
(A)3.2 克氧氣 (B)標準狀況下 2.24 公升氧氣 (C)5.01×10^{22}個氧分子 (D)0.2 莫耳氧氣。

10. 設黃金 1 兩(37.5 克)價 26000 元，求黃金 1 個原子值多少元？(Au＝197)

11. 氫 2 克所含分子數和下列哪一項所含分子數相等？
(A)36 克水 (B)16 克氧 (C)8 克氦 (D)28 克氮。

12. 某氣體樣品含 1％氧分子下列五種數值中，哪一個爲標準狀況下該氣體樣品半升中之氧原子數
(A)1.34×10^{20} (B)2.68×10^{20} (C)5.36×10^{20} (D)2.68×10^{10} (E)5.36×10^{10}。

13. 下列四式中，何者含最大莫耳數？
(A)1.0g Li (B)1.0g Na (C)1.0g Al (D)1.0g Ag。 【72 私醫】

14. 下列各情況下何者含氧最重？
(A)1.8 克水 (B)90amu 的水 (C)S.T.P 下 22.4 升的CO_2 (D)S.T.P 下 4.9 升的空氣 (E)3.0 克的 NO。

15. 下列數據不符合亞佛加厥數者爲何？
(A)$CO_2$44.0 克所含的CO_2分子個數 (B)水 18.0 克電解時所生成的氧分子個數 (C)質量數 12 的碳原子，12 克中所有的碳原子個數 (D)1 法拉第之電量的電子個數。 【84 二技動植物】

16. 哺乳動物的紅血球中，血紅素約含重 0.33％的鐵，如果血紅素的分子量約爲 68000，則一分子的血紅素中含幾個鐵原子？(原子量：Fe＝56)
(A)5 (B)4 (C)3 (D)2。

17. 有同狀況甲烷，氫及氧的混合氣體 130 毫升，點火經完全燃燒後，將產生氣體通過$Mg(ClO_4)_2$乾燥劑，得到同狀況下氣體 40 毫升，再將

所餘氣體通過濃 NaOH 溶液，剩下氣體 10 毫升，試求原混合氣體中甲烷，氫及氧三種氣體莫耳數之比。

18. 同溫同壓下，於甲烷與乙烯之混合氣體 100ml 中通入過量氧氣，使混合氣體完全燃燒，測得產物二氧化碳體積爲 160ml，則原混合氣體中甲烷與乙烯各佔若干？
(A)20，80　(B)30，70　(C)40，60　(D)80，20。【86 二技衛生】

19. 依道爾頓之原子說，化學變化時，化合物發生下列何種變化？
(A)原子變成另外一種新的原子　(B)原子被分解　(C)原子重新排列　(D)原子被創造。【84 私醫】

20. 同溫、同壓、同體積之兩種氣體，甲、乙重量各爲 0.6 及 0.5g，已知甲之分子量爲 30，則乙之分子量爲多少？________。【84 私醫】

21. 化學反應前後，原子不增加也不減少，故反應前後總質量相同，此稱爲：
(A)定比定律　(B)質量守恆定律　(C)倍比定律　(D)能量守恆定律。
【83 二技材料】

22. 2.5mol 之青黴素($C_{16}H_{18}O_4N_2S$)之質量爲
(A)835 克　(B)418 克　(C)1670 克　(D)42 克。【86 二技環境】
(原子量：N 爲 14，S 爲 32，C 爲 12)

23. 有同狀況的CH_4，CO 及C_2H_2之混合氣體 100ml，加入純$O_2$300ml 後在密閉裝置中行充分燃燒，生成物冷卻至原室溫時，體積爲 245ml，通過KOH濃溶液(除去CO_2)後，減爲 115ml，則原混合物的組成爲：
(A)CH_4 40 毫升，CO 30 毫升，C_2H_2 30 毫升　(B)CH_4 35 毫升，CO 25 毫升，C_2H_2 40 毫升　(C)CH_4 45 毫升，CO 25 毫升，C_2H_2 30 毫升　(D)CH_4 50 毫升，CO 20 毫升，C_2H_2 30 毫升。

24. 有甲、乙二種氣體，各重 1.64 克及 0.5 克。在同溫、同壓時甲氣體之體積爲乙氣體之二倍，若乙氣體之分子量爲 28，則下列分子何者

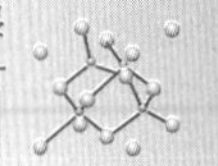

可能爲甲氣體？(原子量：N = 14，O = 16)

(A)NO_2 (B)N_2O (C)N_2O_4 (D)N_2O_5。

25. 一眞空玻璃球重108.11克，在室溫及常壓下充以氧氣時，重109.56克，於同狀況時，另充以某氣體試料重111.01克，則該氣體之分子式爲(N = 14，F = 19，S = 32)

(A)CO_2 (B)SO_2 (C)SO_3 (D)NF_3。

26. 1000℃的高溫時，2體積硫化氫完全分解成氫氣及硫蒸氣的混合氣體3體積，則硫蒸氣的化學式爲：

(A)S (B)S_2 (C)S_6 (D)S_8。

27. $KClO_4$可根據下列反應製備：

(一)$Cl_2 + KOH \longrightarrow KCl + KClO + H_2O$

(二)$KClO \longrightarrow KCl + KClO_3$

(三)$KClO_3 \longrightarrow KClO_4 + KCl$

方程式均未平衡，今欲製備27.7克$KClO_4$，至少須S.T.P下的Cl_2幾升？

28. 某一含C，H，N之化合物20ml完全燃燒後得相同狀況下之CO_2 60ml水蒸氣90ml及N_2 10ml，則該化合物的分子式爲何？實驗式爲何？

29. 某金屬10克，溫度升高50℃所需之熱量和10克水升高2.6℃所需之熱量相同，試求該金屬之近似原子量？

30. 下列純元素中，比熱最大者爲：

(A)Fe (B)Au (C)Ag (D)Pb。

(原子量：Fe = 56，Au = 197，Ag = 108，Pb = 207)

31. 將某金屬氧化物5.325克在氫之氣流中加熱，獲得金屬3.723克，已知該金屬之比熱爲0.112，該金屬之原子量爲

(A)55.8 (B)57.1 (C)59.0 (D)63.5。

32. 某金屬a克，完全溶解於鹽酸時，產生b莫耳的氫氣及M^{3+}離子。下列何者爲此金屬之原子量？

(A)$\frac{2a}{3b}$　(B)$\frac{2b}{a+b}$　(C)$\frac{3b}{a-b}$　(D)$\frac{3a}{2b}$。

33. 一金屬氧化物含金屬 80 %，已知該金屬的原子價爲 2，則該金屬的原子量是

(A)16　(B)32　(C)28　(D)64。

34. 將氧化銅m克以氫還原後得銅n克，銅的原子量爲：

(A)$\frac{4(m-n)}{n}$　(B)$\frac{16n}{m-n}$　(C)$\frac{n}{16(m-n)}$　(D)$\frac{8}{m-n}$。

35. 某金屬氧化物被還原爲金屬時，重量減少 50.5 %，設此金屬 M 之原子量爲 55 時，原氧化物之化學式爲

(A)M_2O_3　(B)MO_2　(C)M_2O_5　(D)M_2O_7。

36. 原子量A克／mole的某金屬W克與足量的鹽酸作用時，在S.T.P下生成氫V升，則此金屬原子價爲：

(A)$\frac{AV}{22.4W}$　(B)$\frac{AV}{11.2W}$　(C)$\frac{WV}{11.2A}$　(D)$\frac{11.2W}{AV}$。【69 私醫】

37. 原子量 63.5 的金屬M，其氧化物 4.98 克，還原後得 3.98 克金屬，則此金屬原子價爲：

(A)二價　(B)一價　(C)三價　(D)四價。【72 私醫】

38. 計算 DDT 分子$(ClC_6H_4)_2CHCCl_3$之組成百分率。【78 成大】

39. 一含碳和氫的化合物 0.5624g 在有氧通過的密閉管內燃燒，結果CO_2吸收器增加的重量爲 0.8632g，則可算出碳的含量是

(A)51.61 %　(B)6.5 %　(C)41.98 %　(D)48.19 %。【74 私醫】

40. 含有C.H.O的化合物A與B，分別取等量的A，B，完全燃燒，均產生等量的二氧化碳和等量的水，則A，B必爲

(A)同系異構物　(B)同官能基的化合物　(C)分子式中C與H的數目均相等　(D)同實驗式的化合物。【71 私醫】

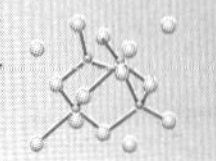

41. 試問哪些化合物的重量組成相同？
(A)甲酸(HCOOH) (B)乙酸甲酯(CH_3COOCH_3) (C)甲醛(HCHO) (D)葡萄糖($C_6H_{12}O_6$) (E)丙酮(CH_3COCH_3)。

42. NO_2及N_2O_4
(A)兩者分子式相同 (B)兩者構造式相同 (C)兩者實驗式相同 (D)兩者電子式相同 (E)兩者重量百分組成相同。

43. 將1.83g含碳、氮、氫及氧之某物質燃燒後得1.10g之水及1.79g之CO_2，在另一實驗中將另一同物質之樣品2.52g中之氮全部改變爲NH_3得0.96gNH_3。求此物質之實驗式？
(A)CH_3ON (B)C_2H_5ON (C)C_2H_2ON (D)CH_3O_2N。 【84二技環境】

44. 某氣態化合物X含有C，H，O三種元素，現已知下列條件：
(甲)X中含C的百分比；(乙)X中含H的百分比；(丙)X在標準狀況下的莫耳體積；(丁)X對H_2的相對密度；(戊)X的質量。要確定X的分子式，所需的最少條件是：
(A)甲和乙 (B)甲和丙 (C)甲、乙和丁 (D)甲、乙和戊。

【84二技動植物】

45. 某一硼酸鹽之分析結果如下：(原子量：B = 10.8，Na = 23，O = 16)，含B = 11.33%，Na = 12.06%，經100℃加熱後之重量減失爲47.25%，依該無機化合物之重量組成，可知其化學式爲：
(A)$Na_2B_4O_7 \cdot 8H_2O$ (B)$Na_2B_3O_5 \cdot 10H_2O$ (C)$Na_2B_4O_7 \cdot 9H_2O$ (D)$Na_2B_4O_7 \cdot 10H_2O$。 【82二技環境】

46. 某化合物之分子式爲$A_xB_yC_zD_w$，而其中A、B、C、D等四種元素之原子量分別爲23、1、32及16，而其在化合物中所佔之重量比率分別爲19.17%、0.83%、26.67%及53.33%，試問下列何者爲$x:y:z:w$之最可能值？

(A)1：1：1：4 (B)1：2：1：4 (C)1：3：1：4 (D)1：4：2：1。【86二技動植物】

47. 某化合物重量組成爲C＝40％，H＝6.67％，其餘爲氧，又得此物蒸氣對同狀況時氮之比重爲2.143，則其分子式爲：
(A)CH_2O (B)$C_2H_4O_2$ (C)CH_3O (D)$C_6H_6O_2$。

48. 某礦石之組成如下：Co：38.9％，As：33.0％，其餘爲氧，試求其實驗式。(原子量：Co＝59，As＝75)
(A)$Co_3As_2O_8$ (B)Co_2AsO_4 (C)$Co_4As_2O_{12}$ (D)$Co_5As_3O_{12}$。

49. 某碳氫化合物1莫耳燃燒須氧4.5莫耳且生成CO_2及H_2O共6莫耳，求該化合物之分子式？

50. 鋁氧化生成三氧化二鋁，試問，9克的鋁和9克的氧可生成Al_2O_3若干克？(原子量：Al＝27，O＝16)
(A)17 (B)18 (C)19 (D)34。【83二技動植物】

51. 加熱5.32克的硝酸釔的含水物$Y(NO_3)_3 \cdot XH_2O$驅除水份後剩餘無水$Y(NO_3)_3$3.82g，在分子式$Y(NO_3)_3 \cdot XH_2O$中$X=$________(原子量：Y＝88.9，N＝14)。【67私醫】

52. 溴化鋇經氯氣處理後，完全轉變爲$BaCl_2$。已知1.5g 的$BaBr_2$能夠產生1.05g 的$BaCl_2$，試由此數據計算鋇的原子量。(Br＝80，Cl＝35.5)【75台大】

53. 使丙烷和丁烷的混合氣體完全燃燒時，得二氧化碳3.74克和水1.98克，該混合氣體中丙烷和丁烷之莫耳比約爲
(A)1：1 (B)1：2 (C)3：2 (D)2：1 (E)5：2。

54. 將5.0克之碳酸鈣及碳酸鎂之混合物加熱使其變爲金屬氧化物2.7克，則原試樣中所含碳酸鈣之重量百分率爲：
(原子量：Ca＝40，Mg＝24，O＝16，C＝12)
(A)76％ (B)64％ (C)36％ (D)24％。

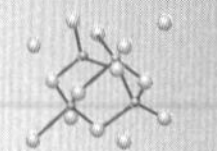

55. 有 Zn，Cu 合金 10.00 克與過量稀鹽酸作用，得到 S.T.P 下氫氣 2.24 升，則原合金中Cu所佔重量百分率為：(原子量：Zn＝65.4，Cu＝63.5)
(A)34.6％ (B)36.5％ (C)63.5％ (D)65.4％。

56. 有一 12M 鹽酸 10 毫升與足量的二氧化錳完全作用，反應所得之氯氣，可製得若干克的漂白粉($CaOCl_2$)？(分子量：HCl＝36.5，$CaOCl_2$＝110)
($MnO_2 + 4HCl \longrightarrow MnCl_2 + Cl_2 + 2H_2O$；
$Ca(OH)_2 + Cl_2 \longrightarrow Ca(OCl)Cl + H_2O$)
(A)3.3 (B)6.6 (C)13.2 (D)30.0。 【86二技衛生】

答案：1.(B) 2.(C) 3.(C) 4.(A) 5.(B) 6.(BDE)
7.(2.76×10^{22}) 8.(D) 9.(D) 10.(2.27×10^{-19}克) 11.(D)
12.(B) 13.(A) 14.(C) 15.(B) 16.(B) 17.(3：2：8)
18.(C) 19.(C) 20.(25) 21.(B) 22.(A) 23.(D) 24.(A)
25.(B) 26.(B) 27.(17.92升) 28.(C_3H_9N) 29.(123) 30.(A)
31.(A) 32.(D) 33.(D) 34.(B) 35.(D) 36.(B) 37.(A)
38.(C％＝47.4％，H％＝2.54％，Cl％＝50.07％)
39.(C) 40.(D) 41.(CD) 42.(CE) 43.(A) 44.(C) 45.(D)
46.(A) 47.(B) 48.(A) 49.(C_3H_6) 50.(A) 51.(6) 52.(137)
53.(C) 54.(A) 55.(A) 56.(A)

PART II

1. Please list six different units of "energy" such as Joule. 【83成大化學】
2. Which contains the greatest mass of oxygen in one molecule of (A)ethanol (C_2H_5OH) (B)glucose (C)water (D)carbon dioxide (E)tetraphosphorus hexaoxide. 【82成大化工】
3. An element A has a heat capacity per gram of 1.02J $g^{-1}K^{-1}$. The chloride of A contains 25.53 percent A. What is the precise atomic weight of A? 【78文化】
4. Determine the empirical formulas for compounds with the following composition：(A)30.4％N，69.6％O. (B)36.8％N，63.2％O. 【78淡江】
5. When 0.952g of an organic compound containing C, H, and O is burned completely in oxygen, 1.35g of CO_2 and 0.826g of H_2O are produced. What is the empirical formula of the compound? 【85成大環工】
6. Trimethylphosphine, [$P(CH_3)_3$], can set as a ligand. If trimethylphosphine is added to a solution of nickel(II) chloride in acetone, a blue compound that has a molecular mass of approximately 270 and contains 21.5％ Ni, 26.0％ Cl, and 52.5％ $P(CH_3)_3$ ca be isolated. This blue compound does not have any isomeric forms. What is the molecular formula and geometry of this blue compound. 【82成大化工】
7. Ether, $(C_2H_5)_2O$, is prepared by the reaction of ethanol with sulfuric acid. What is the percent yield of the reaction that produces 12.5g of ether from 36.0g of ethanol. 【82成大化工】

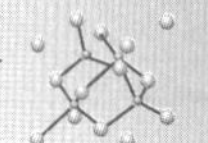

8. Write an equation for the reaction of iron(II) oxide with aluminum. If 4 moles of aluminum react, how many moles of iron are produced? (A)2 (B)4 (C)6 (D)8 (E)none of the above. 【86清大A】

9. A sample of LSD (D-lysergic acid diethylamide, $C_{24}H_{30}N_3O$) is diluted with sugar, $C_{12}H_{22}O_{11}$. When a 1.00mg sample is burned, 2.00mg of CO_2 is formed. What is the percentage of LSD in the sample? 【78文化】

10. A 0.8870g sample of a mixture of NaCl and KCl yield 1.913g of AgCl. Calculate the percentage by mass of each compound in the mixture.(Na = 23.0, K = 39.0, Ag = 108, Cl = 35.5) 【80文化】

11. Pressure is defined as force per unit. Which combination of basic units corresponds to this definition? (A)kg/m · s (B)kg · m^2/s (C)kg · m/s^2 (D)kg/m · s^2 (E)kg · m^2/s^2. 【87成大】

12. Which one of the following equalities is correct? (A)joule = volt/coulomb (B)joule = coulomb/volt (C)joule = $(volt)^2$/coulomb (D)joule = $(volt)^2$ · coulomb (E)joule = volt · coulomb. 【87成大】

13. A 10 mg sample of C_xH_y is burned in sufficient oxygen and it produces 30 mg of CO_2 and 16 mg of H_2O. Using this data calculate the value of x and y. (A)1 and 4 (B)2 and 6 (C)3 and 8 (D)2 and 4 (E)3 and 6. 【87成大】

14. How many significant figures are there in the number 0.0050320? (A)7 (B)3 (C)8 (D)4 (E)5. 【87成大環工】

15. The correct name for NaF is (A)monosodium fluoride (B)monosodium monofluoride (C)sodium(I) fluoride (D)sodium fluoride. 【87成大】

16. Rust stains can be removed by washing a surface with a dilute solution of oxalic acid ($H_2C_2O_4$). The reaction is
$Fe_2O_3(s) + H_2C_2O_4(aq) \rightarrow Fe(C_2O_4)_3^{3-}(aq) + H_2O(l) + H^+(aq)$
(A)Is this an oxidation-reduction reaction?
(B)What mass of rust can be removed by 1.0L of 0.14 M solution of oxalic acid. 【88中央】

17. Aluminum reacts with sulfuric acid,H_2SO_4, to produce aluminum sulfate, $Al_2(SO_4)_3$, and hydrogen gas. What is the amount of aluminum sulfate that can be produced by reacting 2.5 g of aluminum?
(A)10.5g (B)15.8g (C)31.6g (D)0.250g (E)none of the above. 【88清大A】

18. All of the following are true except：
(A)Ions are formed by adding electrons to a neutral atom.
(B)Ions are formed by changing the number of protons in an atom's nucleus.
(C)Ions are formed by removing electrons from a neutral atom.
(D)An ion has a positive or negative charge.
(E)Metals tend to form positive ions. 【88成大環工】

19. Worldwide, What chemical is produced more than any other?
(A)hydrochloric acid (B)sulfuric acid (C)ammonium nitrate (D)phosphoric acid (E)sodium hydroxide. 【88成大環工】

20. Caffein, a stimulant found in coffee,tea chocolate, and some medications, 49.48% carbon, 5.15% hydrogen, 28.87% nitrogen, and 16.49% oxygen by mass and has a molar mass of 194.2. Determine the molecular formula of caffeine. 【88淡江】

21. Which of the following formulas is INCORRECT? (A)$Al(OH)_3$ (B)$MgCl_2$ (C)K_2CrO_4 (D)$(NH_4)_2PO_4$ (E)Li_2CO_3. 【88中原】

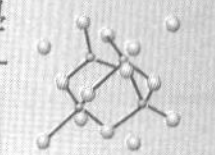

22. What is the empirical formula of an oxide of nitrogen which contains 36.8% N (A)N_2O (B)NO_2 (C)N_2O_3 (D)N_2O_5.
(atomic weight：N = 14,O = 16) 【89台大B】

23. When a 2.5g sample of aluminum reacts with 18.5 g of sulfuric acid,H_2SO_4, 15.2g of aluminum sulfate, $Al_2(SO_4)_3$, is isolated. What is the percentage yield of aluminum sulfate? (A)136% (B)89% (C)96% (D)92% (E)none of the above. 【89清大A】

24. Uranyl nitrate, $UO_2(NO_3)_2$, decomposes when heated to produce uranium(VI) oxide, nitrogen dioxide and oxygen. Write a balanced chemical equation for this reaction. What is the coefficient for oxygen in this equation? (A)1 (B)2 (C)3 (D)4 (D)none of the above. 【89清大A】

25. In 1808 Dalton published A New System of Chemical Philosophy, in which the following five statements comprise the atomic theory of matter：[Dalton發表的原子學說重點如下。]
(A)Matter consists of indivisible atoms.
(B)All of the atoms of a given chemical element are identical in mass and in all other properties.
(C)Different chemical elements have different kinds of atoms；in particular, their atoms have different masses.
(D)Atoms are indestructible and retain their identities in chemical reactions.
(E)A compound forms from its elements through the combination of atoms of unlike elements in small whole-number ratios.
Re-evaluate each statement from the viewpoint of today's atomic theory.[請逐條重複Dalton的原子學說的重點，並從現代化學理論的觀點來逐條批判其論點。] 【89中興化工】

答案： 1. (1) j (2) erg (3) Cal (4) eV (5) l-atm (6) m^{-1}　2. (BE)　3. (24.34)
4. (1) NO_2，(2) N_2O_3　5. (CH_3O)　6. $NiCl_2[P(CH_3)_3]_2$，四面體
7. (43.1 %)　8. (C)　9. (36 %)　10. (NaCl：43.76 %)　11. (D)
12. (E)　13. (C)　14. (E)　15. (D)　16. (a)不是，(b)3.73g　17. (B)
18. (B)　19. (B)　20. ($C_8H_{10}N_4O_2$)　21. (D)　22. (C)　23. (C)　24. (A)
25. 見詳解

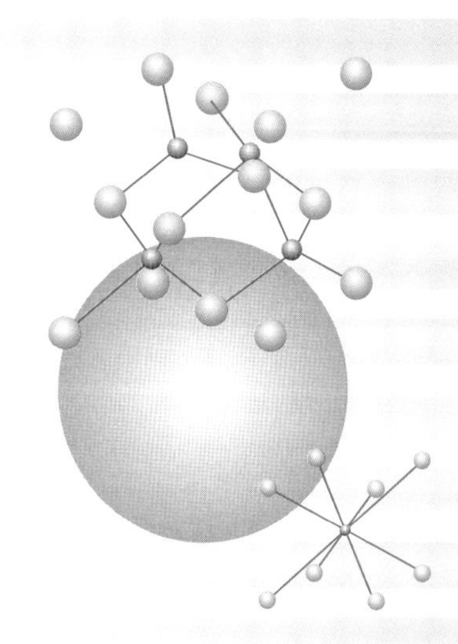

Chapter

1 原子結構與週期表

本章要目

- 單元一　原子模型
- 單元二　光的性質
- 單元三　氫原子光譜
- 單元四　近代物理中的兩個新觀念
- 單元五　量子力學
- 單元六　電子組態
- 單元七　週期性

單元一：原子模型

1. 電子的發現：

(1) 放電管：

① 若將氣體打入放電管內，接上高電壓，因氣體在普通狀態爲電的非導體，若未接眞空唧筒時，管中無電流流通，即無放電現象。若接眞空唧筒使放電管內氣體壓力減低，則在較低之電壓下，放電管即有放電現象發生，此稱爲眞空放電或低壓氣體內放電(見附圖 1-1)。

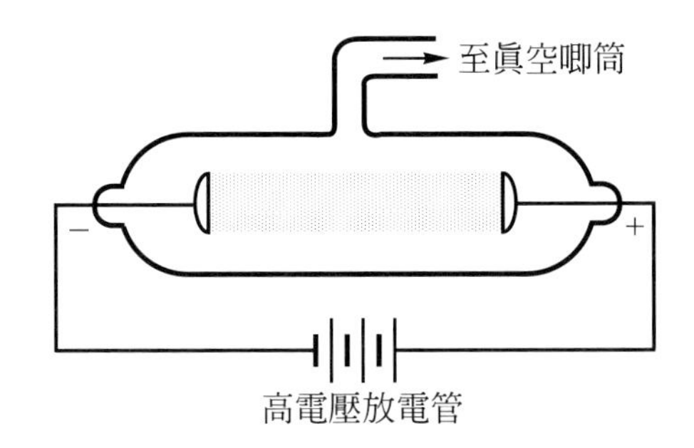

圖 1-1　放電管

② 眞空放電之性質隨管內氣體壓力之變化而有不同，見下表。

表 1-1

管內氣壓	放電情況	發光情況	說明
1atm	無	無	氣體分子多，電子及離子常與氣體分子或原子碰撞而無法加速。
0.01atm	有	有	
10^{-6}atm	有	無，但玻璃壁有螢光發生	螢光係由肉眼看不出的粒子引起發生。

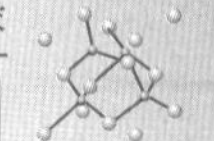

③　我們將此看不見的粒子稱之爲陰極射線(Cathode ray)。

(2)　陰極射線之性質

①　陰極射線由陰極射出，無電力與磁力影響時，在放電管中沿直線前進。見圖 1-2(a)路徑。

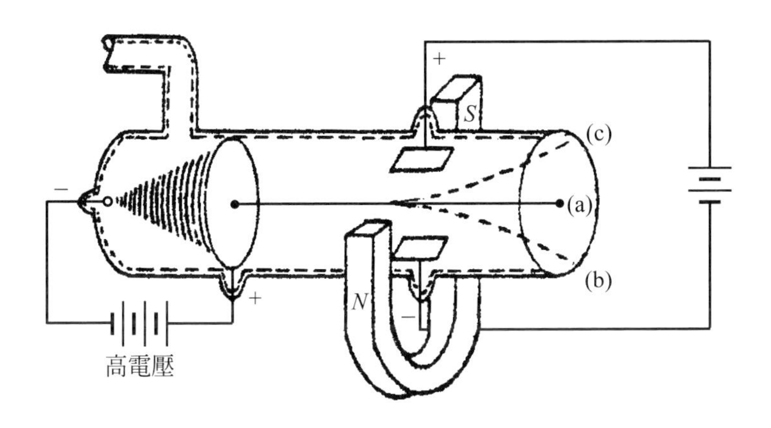

圖 1-2　$\frac{e}{m}$的測量示意

②　陰極射線是粒子流，而不是光，會使風車轉動。

③　陰極射線爲帶負電之電子流，受電場影響，偏向帶正電之電極板。見圖 1-2(c)路徑。

④　湯木生(Thomson)發現，不論電極之材料，管內所裝氣體的種類，所得到陰極射線的性質都相同。

⑤　由上述實驗知，陰極射線是不同種類原子內的共同成份。同時推翻了道耳吞認爲「原子不可再分割」的舊學說。而陰極射線也取名爲「電子」。

(3)　荷質比(e/m)：

①　$\frac{e}{m}$是用來辨認不同帶電粒子的工具，因大部份不同的帶電粒子，其e/m值是不一樣的。反之，e/m值相同，通常是指同一種粒子。

② 電子的e/m值是由湯木生測定的，見圖1-2。他發現陽離子的$\frac{e}{m}$值隨管內氣體之種類而異，但陰極射線的$\frac{e}{m}$值，總是一定的。

③ 測量的理論公式：$\frac{e}{m}=\frac{2V}{r^2B^2}$($V$：電壓，$B$：磁場強度，$r$：曲率半徑)(此公式的導證，請自行參考普通物理學) (1-1)

④ 電子的$\frac{e}{m}$值$=1.759\times10^8$c/g (1-2)

(4) 應用：陰極射線管內的氣體約爲0.01atm時，可以出現亮光現象，而可作爲燈具，今日的日光燈，霓虹燈以及監視器(monitor)均是利用此原理製造，裝入Ne的霓虹燈展現紅色，裝入Ne及Ar則爲橘色，而含有Ne及Hg者，發出藍色。

2. 密立根的油滴實驗(Millikan)：本實驗測得了一個基本電荷(像電子，質子皆是)的帶電量是1.6×10^{-19}Coul，或4.8×10^{-10}esu(靜電單位)。

(1) 配合1-2式，$\frac{e}{m}=1.759\times10^8$

$$\frac{1.6\times10^{-19}}{m_e}=1.759\times10^8 \qquad \therefore m_e=9.11\times10^{-28}\text{g}$$

若要得1mole質量$=9.11\times10^{-28}\times6.02\times10^{23}=0.00055$g

若要得1mole電荷$=1.6\times10^{-19}\times6.02\times10^{23}=96500$ C

(2) $\frac{e}{m}$的計算：本書以化學家的觀點來計算，不以傳統物理的方法計算。所謂化學家的觀點就是以每1mole來作計量單位，在此以O_2^+及O^{2+}爲例。

① O_2^+：電荷單位爲1，物質以分子(2個原子)呈現，電荷1mole$=$96500C，O_2分子1mole爲32g。

$$\therefore\frac{e}{m}=\frac{1\times96500}{32}=3016$$

② O^{2+}：電荷單位為2，電荷2mole總電量＝2×96500，物質以原子呈現1mole＝16g。

$$\therefore \frac{e}{m}=\frac{2\times 96500}{16}=12062$$

3. 陽極射線(Anal ray)：

(1) 做放電管實驗時發現在陽極附近也有射線射向陰極；它具有與陰極射線相似的效應，只是帶電性不同，稱為陽極射線。

(2) 陽極射線之來源是：在放電管中電子由陰極射出而被吸引至陽極，因管中有氣體，這些電子與氣體電中性原子相碰撞，電子具有足夠能量而可撞出中性原子之電子使原子成為氣態陽離子，而被加速趨向陰極，然他們大部份陽離子可撿拾電子而重回電中性。有些陽離子未撿拾電子，而穿過小孔成為陽極射線達到螢光屏。

(3) 應用：質譜儀是根據此原理設計。

(4) 陽離子與電子之$\frac{e}{m}$比較。

① 陽離子之e/m值隨管內氣體之種類而異，但電子之e/m值不論管內氣體之種類，其值總是一定。

② 一種氣體所成的陽離子，它的e/m值能出現數種不同值，而電子則永遠一樣。

③ 陽離子的e/m值比電子的e/m值小得多。

④ 陽離子中最大之$\frac{e}{m}$，為H_2之離子H^+，又稱為質子，其$\frac{e}{m}$＝$\frac{1.6\times 10^{-19}}{1.67\times 10^{-24}}=9.58\times 10^{4}$，約為電子$\frac{e}{m}=1.759\times 10^{8}$之$\frac{1}{1836}$倍。

範例 1

陰極射線管實驗，證實了

(A)原子核中含有質子和中子　(B)所有形式的物質均含有電子　(C)α-粒子是 He 原子之原子核　(D)α-粒子比質子重。【82 二技動植物】

解：(B)

範例 2

密立根(Millikan)的油滴試驗(oil-drop experiment)可用來決定電子的哪一特性：

(A)質量　(B)電荷　(C)電荷質量之比　(D)運動速率。【83 私醫】

解：(B)

範例 3

綜合 Millikan 油滴試驗和 Thomson 之陰極射線實驗可算出電子的＿＿＿＿＿＿。【84 私醫】

解：質量(見課文 2.-(1))

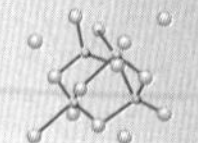

範例 4

下列陳述中，何者爲錯誤？

(A)陽離子之e/m值相同 (B)在質譜儀中，陽離子進入磁場時，質量大者，曲率半徑大 (C)β射線不是光之一種 (D)電子之e/m值固定，而陽離子之e/m值隨離子種類而不同。 【70 私醫】

解：(A)

範例 5

某元素 X 只有一種同位素，經質譜儀測定X^+的e/m爲 5.08×10^3 c/g，則 X 之原子量爲何？

解：$\frac{e}{m}=5.08\times10^3$　　$\frac{1\times96500}{AW}=5.08\times10^3$

$\therefore AW=19$

範例 6

下列各陰、陽離子之e/m值，大小次序，何者正確？

(a)電子 (b)H^+ (c)He^{+2} (d)Li^{+1}

(A)(b)＞(a)＞(c)＞(d) (B)(a)＞(b)＞(c)＞(d) (C)(a)＞(b)＞(d)＞(c) (D)(a)＞(c)＞(b)＞(d)。

解：(B)

⑴ 根據課文重點 3.-⑷-③，電子的$\frac{e}{m}$值一定是最大

⑵ 至於 b、c、d 項可簡化計算過程如下：

(b)$\frac{e}{m}=\frac{1}{1}$　　(c)$\frac{e}{m}=\frac{2}{4}$　　(d)$\frac{e}{m}=\frac{1}{7}$

4. 質譜儀：

(1) 原理：依據 1-1 式，只是測量對象改成陽離子。見圖 1-3。

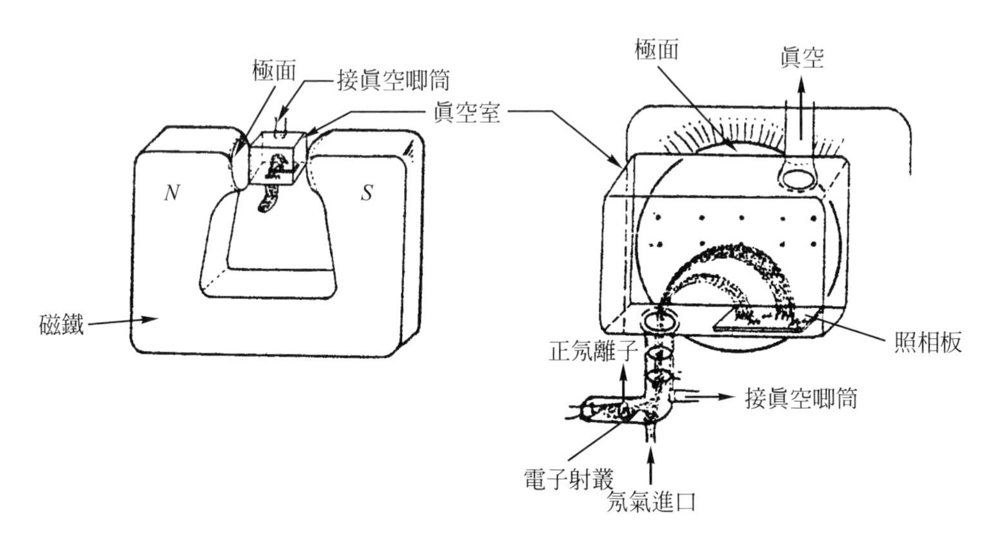

圖 1-3　質譜儀

(2) 質譜儀之功能：質譜儀可用來測定原子、分子或離子之質量與同位素種類，及其相對量。

(3) 曲率半徑與e，m的關係式

將 1-1 式改寫成$r \propto \sqrt{\frac{m}{e}}$

(4) 氯的同位素：^{35}Cl：^{37}Cl＝3：1

溴的同位素：^{79}Br：^{81}Br＝1：1

範例 7

設氯有二種同位素，分別爲^{35}Cl，^{37}Cl，且已知在自然界中，^{35}Cl佔 75 %，^{37}Cl佔 25 %，試回答下列各問題：

(1)在質譜儀中，Cl^{+2}，Cl^{+}，Cl_2^{+}離子可產生幾條譜線？

(A)1 條　(B)3 條　(C)5 條　(D)7 條　(E)9 條。

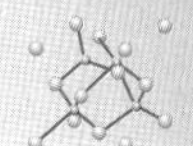

⑵最小半徑之質譜線離子與最大徑質譜線離子分別是？

(A)最小半徑$^{35}Cl^{+}$　(B)最小半徑$^{37}Cl^{+}$　(C)最小半徑$^{35}Cl^{+2}$

(D)最大半徑$^{35\text{-}35}Cl_2^{+}$　(E)最大半徑$^{37\text{-}37}Cl_2^{+}$。

⑶質譜中，$^{35}Cl^{+2}$，$^{35}Cl^{+}$，$^{35\text{-}35}Cl_2^{+}$等三條線其曲率半徑比為？

(A)$1:\sqrt{2}:2$　(B)$\sqrt{2}:1:2$　(C)$2:\sqrt{2}:1$

(D)$\sqrt{2}:2:1$　(E)$2:1:\sqrt{2}$。

⑷各譜線之強度比，試選出正確者？

(A)$^{35}Cl^{+}:{}^{37}Cl^{+}=3:1$　(B)$^{35}Cl^{+2}:{}^{37}Cl^{+2}=3:1$。　(C)$^{35-35}Cl_2^{+}:{}^{35-37}Cl_2^{+}:{}^{37-37}Cl_2^{+}=9:3:1$　(D)$^{35-35}Cl_2^{+}:{}^{35-37}Cl_2^{+}:{}^{37-37}Cl_2^{+}=9:6:1$

解：⑴(D)，⑵(CE)，⑶(A)，⑷(ABD)

⑴　運用一數學技巧，可以很快獲得答案，例：Cl^{2+}，題目是「氯」，因此馬上將氯的同位素比例3：1寫出，再觀察其原子數，它就是次方數⇒$(3:1)^1=3:1$

再以Cl_2^{+}為例：此次出現原子數2 ⇒ $(3:1)^2=9:6:1$

⑵　9，6，1三個號碼，有兩層含義。第一代表譜線數，第二：數值大小正代表譜線強度。

⑶　問及半徑時，就要應用$r\propto\sqrt{\frac{m}{e}}$式，⑵題中A～E的$r$計算如下

A：$r\propto\sqrt{\frac{35}{1}}$　B：$r\propto\sqrt{\frac{37}{1}}$　C：$r\propto\sqrt{\frac{35}{2}}$　D：$r\propto\sqrt{\frac{70}{1}}$

E：$r\propto\sqrt{\frac{74}{1}}$

可見最大為E，最小為C。

(4) 再如(3)題，

$$r_1 : r_2 : r_3 = \sqrt{\frac{35}{2}} : \sqrt{\frac{35}{1}} : \sqrt{\frac{70}{1}} = \frac{1}{\sqrt{2}} : 1 : \sqrt{2} = 1 : \sqrt{2} : 2$$

範例 8

下列何種儀器是用來測量同位素種類及相對含量？

(A)陰極射線管 (B)質譜儀 (C)電子繞射 (D)紅外線光譜儀。 【83 私醫】

解：(B)

範例 9

氫具有三種同位素^1H，^2D及^3T，試問下列何者在質譜儀中所形成之曲率半徑最大？

(A)H_2^+ (B)D^{2+} (C)DT^+ (D)T_2^{2+}。 【72 私醫】

解：(C)

代入$r \propto \sqrt{\frac{m}{e}}$，得(A)$\sqrt{\frac{2}{1}}$ (B)$\sqrt{\frac{2}{2}}$ (C)$\sqrt{\frac{5}{1}}$ (D)$\sqrt{\frac{6}{2}}$

範例 10

氯有^{35}Cl，^{37}Cl(存量比 3：1)，氯仿分子式爲$CHCl_3$，不計 C 及 H 之同位素，則質譜儀上$CHCl_3$會有幾條吸收？分子量各爲何？亮度比？

解：(1) 含 3 個氯原子⇒$(3:1)^3 = 27:27:9:1$，因此有 4 種譜線，且亮度比＝27：27：9：1

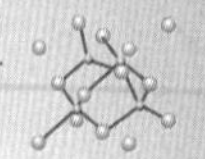

(2) 分子量＝C＋H＋Cl＋Cl＋Cl，先算出質量最小的譜線，而質量最小的譜線出現在成員三個氯都是較輕的35時，分子量＝12＋1＋35×3＝118，而氯的譜線有一特徵，就是相鄰譜線質量差2，因此另外三條譜線的質量便是120，122，124。

範例 11

It is known that ^{35}Cl is 75 % and ^{37}Cl is 25 % on the Earth. Which of the following is correct?

(A) the atomic mass of ^{35}Cl is 35.00 amu

(B) the molecular weight of chlorine is 71g

(C) there are three kinds of chlorine molecules on Earth

(D) the total ^{37}Cl is heavier on Earth

(E) the atomic weight of Cl is 36 amu. 【79 台大乙】

解：(A)(B)(C)

(E)Cl的平均原子量應為35.5，因此分子量＝35.5×2＝71

(C)Cl_2分子有三種，參考範例7-(1)，質量分別是70，72，74

(D)地球上^{35}Cl的占量$=35\times\frac{3}{4}=26.25$，$^{37}Cl$占量$=37\times\frac{1}{4}=9.25$

∴還是^{35}Cl的總質量較多。

5. 化學元素符號：

元素符號表示A為質量數，Z為原子序，以下列方式表示

$$^{A}_{Z}[\text{元素符號}]^{C}$$

(1) 原子序(Z)

① 原子核中之質子數，稱爲原子序。

② 原子序＝質子數＝電子數。

③ 原子序決定原子的化學性質，具同一原子序的原子具有相同的化學行爲。

(2) 質量數

① 原子核中質子數和中子數之總和。

質量數＝質子數＋中子數＝原子序＋中子數

② 1個質子之質量＝1.007275a.m.u

1個中子之質量＝1.008669a.m.u

兩者均相當接近1，因此在電子之質量(約爲質子質量之$\frac{1}{1840}$)可忽略之情形下，質量數爲原子量之近似正整數。

(3) 電荷數(C)：＋代表失去電子，－代表獲得電子。

(4) 同位素(isotope)：

① 原子序相同，而質量數不同之元素，稱爲同位素。或質子數相同，而中子數不同之元素，稱爲同位素。

② 常見的同位素：

❶^{35}Cl，^{37}Cl　❷^{79}Br，^{81}Br　❸^{1}H，$^{2}H(D)$，$^{3}H(T)$氕氘氚

❹^{233}U，^{235}U，^{238}U　❺^{12}C，^{13}C，^{14}C　❻^{16}O，^{18}O

❼^{59}Co，^{60}Co　❽^{127}I，^{131}I

③ 同位素彼此之間物性不同，但化性相同。

(5) 同量素(isobar)：質量數(A)相同者，例如：^{14}C與^{14}N。

(6) 同中子素(isotone)：中子數(N)相同者，例如：^{13}C與^{14}N。

(7) 平均原子量$\overline{AW}=\Sigma A_i \cdot a_i\%$

A_i：各個同位素的質量數

a_i：各個同位素所占的存量。

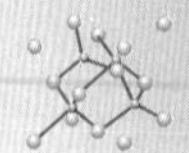

範例 12

試求氯的平均原子量。

解：氯有 2 種同位素，質量分別為 35 及 37，而占量比例為 3：1，$\therefore \overline{AW}=35\times\frac{3}{4}+37\times\frac{1}{4}=35.5$，∴範例 11 之(E)項應更正為 35.5。

類題

某元素有三種同位素，其質量及百分比含量分別是 37.919(5.07 %)，39.017(15.35 %)及 42.111(79.58 %)。此元素的平均原子量是
(A)41.42 (B)39.68 (C)39.07 (D)38.64。 【83 二技動植物】

解：(A)

範例 13

硼元素是由^{10}B及^{11}B兩同位素組成，其質量數分別為 10.01 及 11.01，已知 B 的平均原子量為 10.81，求天然界中^{10}B的存量百分比？

解：假設^{10}B占到x%，則^{11}B占到$(100-x)$%

$$\Rightarrow 10.01\times\frac{x}{100}+11.01\times\frac{(100-x)}{100}=10.81$$

$$\therefore x=20$$

範例 14

$_{17}Cl^-$，$_{18}Ar$，$_{19}K^+$均含有相同數目之：

(A)protons (B)electrons (C)neutrons (D)nucleous。 【85 私醫】

解：(1) 計算原則：P數＝Z，N數＝$A-Z$，E數＝$Z \pm C$

(2) $_{17}Cl^-$：$P = 17$，$E = 17 + 1 = 18$

$_{18}Ar$：$P = 18$，$E = 18$

$_{19}K^+$：$P = 19$，$E = 19 - 1 = 18$

三者電子數相同，∴選(B)

類題

How many total protons are found in one molecule of Retinol ($C_{20}H_{30}O$)?

(A)30 (B)51 (C)151 (D)128 (E)158。 【84 成大化學】

解：(E)

$_6C$，$P = 6$；$_1H$，$P = 1$；$_8O$，$P = 8$

總 P 數＝$6 \times 20 + 1 \times 30 + 8 \times 1 = 158$

6. 原子模型：

(1) 湯木生模型：原子中的質量與電子呈平均分佈，猶如西瓜一樣。

(2) 拉塞福模型：

① 1911 年拉塞福(E. Rutherford)以α粒子散射實驗推翻湯木生之原子模型。拉塞福以α粒子(He^{+2})撞擊金(Au)箔，在背後以及附近置螢光幕和探測器，觀察α粒子之進行方向，速率，個數以推論 Au 原子之模型。見圖 1-4。

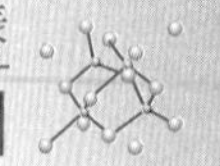

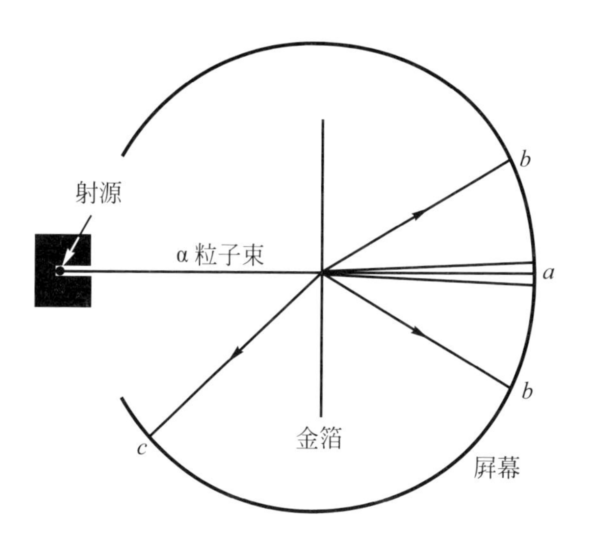

圖1-4 α粒子散射情形

② 實驗結果：大部份α粒子直接穿過，運動方向無顯著改變，但少數會偏折，更有極少數會反射回來，若以湯木生模型無法解釋此一反射現象。見圖1-5(a)。

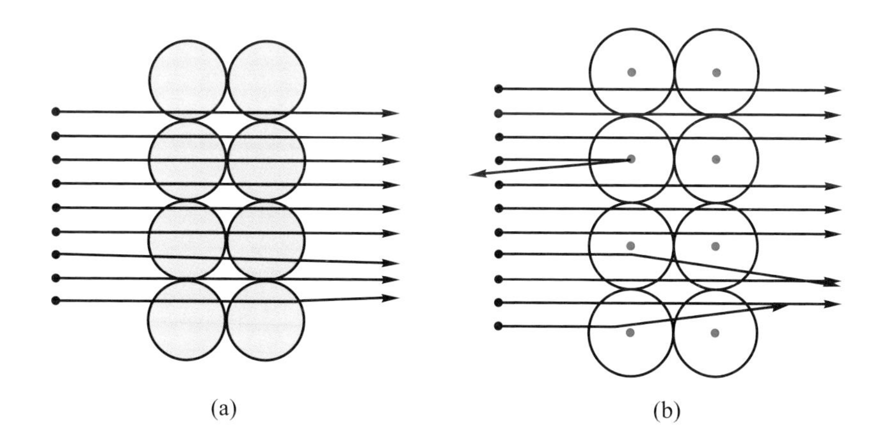

圖1-5

③ 推論：原子內部含有一「很硬但很小」的東西，他將它取名爲「核」，並提出其模型爲行星模型，原子核有如太陽，其內有質子及中子，因核的體積非常的小，當大部份的質量又都集中於此時，難怪它會很硬，以致α粒子會反彈，見圖 1-5(b)。另外，眾多電子環繞其外運行，彷彿行星。

④ 拉塞福與湯木生模型最大的差別在於，前者認爲質量的分佈呈現極度不均勻。而後者則是平均分佈。

⑤ 拉塞福的模型也不完全正確，稍後還會再加以修正。

範例 15

拉塞福用α粒子撞擊金箔的實驗，測出？
(A)e/m的數值 (B)α粒子之電荷 (C)原子之質量 (D)原子核之存在 (E)原子序數。

解：(D)

單元二：光的性質

1. 光的波動性質(wave property)：

(1) 公式：$c = \lambda \upsilon$ (1-3)

① c：光速$= 3\times10^{8}$m/s $= 3\times10^{10}$cm/s

② υ：頻率(frequency)，單位：s^{-1}(Hz)

③ λ：波長(wavelength)，單位：m，nm，A

④ $\dfrac{1}{\lambda}$：波數(wave number)，正比於頻率，單位：cm^{-1}

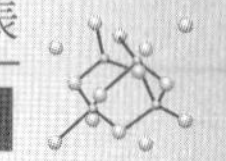

(2) 光其實就是電磁輻射，其頻譜如下：(這順序要記)

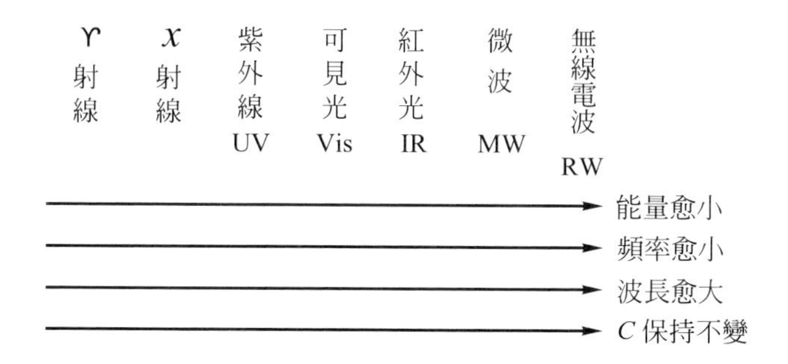

(3) 人類眼睛可感受到的稱之爲可見光(Visible light)，其波長範圍在4000A～7500A間，頻率範圍在4×10^{14}～7.5×10^{14}Hz之間。

2. 光的粒子性質：蒲郎克(Max Planck)在1900年提出，假設光是由一群具有能量的光子(photon)組成。

(1) 光在能量方面具有粒子性，因輻射能只被吸收或放射出一特定量，攜帶這一特定能量的粒子稱爲量子(quanta)或光子(photon)。

(2) 公式：$E = h\upsilon = \dfrac{hc}{\lambda}$　　h：Planck's constant　　(1-4)

$$h = 6.6262\times10^{-34}\text{J}\cdot\text{s} = 9.52\times10^{-14}\text{Kcal}\cdot\text{s/mol}$$

(3) 1莫耳光子之能量稱爲1愛因斯坦(Einstein)。

(4) 光電效應(photoelectric effect)——愛因斯坦

① 現象：照光在金屬表面上，而使金屬放出電子的情形，但所照的光其頻率需達到一最低値稱threshold frequency，υ_0，方有電子放出。若光的頻率比υ_0高時，所多出的能量轉換成電子的動能。

② 公式：$E_{光} = h\upsilon_0 + \dfrac{1}{2}m\upsilon^2 = W_o + K.E.$　　(1-5)

$E_{光}$：入射光的能量

W_0：work function(束縛能)

$K.E.$：電子的動能

③ 光的強度增強，光電池的電流增大，但光的能量不變，光的頻率增加時，其能量增加而電流維持不變。

④ 意義：證實 planck 所提$E = h\upsilon$的建議
證實 planck 所提光具有粒子性。

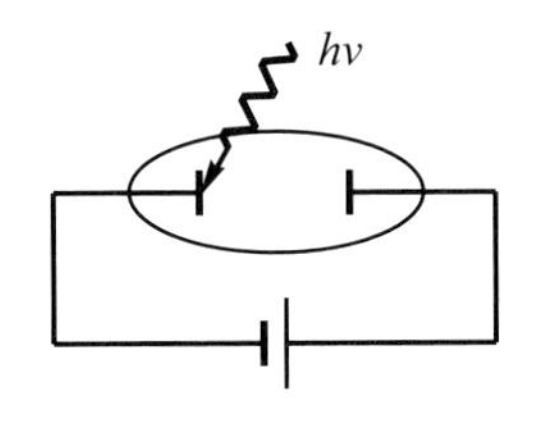

圖 1-6　光電效應示意圖

範例 16

計算一波長為 686.2nm 之可見光之頻率。
(A)$4.37\times10^{14}s^{-1}$ (B)$4.37\times10^{5}s^{-1}$ (C)$2.29\times10^{-15}s^{-1}$ (D)$2.29\times10^{-5}s^{-1}$。

【82 私醫】

解：(A)

作計算前，都應先指定所用的單位制度，而最常用的便是M.K.S制，在此制中c應取 3×10^{8}，而 nm 要化成 m

$\therefore c = \lambda\upsilon$，$3\times10^{8} = 686.2\times10^{-9}\times\upsilon$

$\therefore \upsilon = 4.37\times10^{14}s^{-1}$

範例 17

下列何者其輻射能量最小？
(A)電視 (B)X-ray (C)紫外光 (D)微波。

【86 私醫】

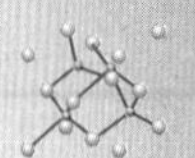

解：(A)

類題

Which of the following radiation has the longest wavelength?

(A)infrared　(B)radio waves　(C)microwaves　(D)ultraviolet light　(E)X-rays.　【85 台大 C】

解：(B)

範例 18

光的能量大小和　(A)振幅的平方　(B)波長　(C)頻率　(D)光速　成正比。

解：(C)

範例 19

波長爲 6000Å 之橙色光，下列何者正確？

(A)頻率爲 5×10^{12} 1/sec　(B)頻率爲 5×10^{14} 1/sec　(C)一個光子的能量爲 3.3×10^{-19} joule　(D)一莫耳光子的能量爲 47.6Kcal。

解：(B)(C)(D)

(1) 用 MKS 制，$c=\lambda\upsilon$　　$3\times10^{8}=6000\times10^{-10}\times\upsilon$

$\therefore \upsilon=5\times10^{14}\text{s}^{-1}$

(2) $E=h\upsilon=6.626\times10^{-34}\times5\times10^{14}=3.3\times10^{-19}$ J/個光子

$E=h\upsilon=9.52\times10^{-14}\times5\times10^{14}=47.6$ Kcal/mol

範例 20

AgBr 之解離能為 100 kJ/mol，試問下列何種波長能量足以使其產生解離反應？

(A)1100nm (B)2200nm (C)2600nm (D)3200nm。 【86 私醫】

解：(A)

$E = h\upsilon = h\dfrac{c}{\lambda}$　　假設波長為x nm

$100 = 9.52\times10^{-14}\times4.184\times\dfrac{3\times10^{8}}{x\times10^{-9}}$

$\therefore x = 1195\text{nm}$

題目的四個選項中，只有(A)的波長小於 1195，因波長與能量成反比，因此波長小於 1195，表示能量才會大於 100kJ。

範例 21

鉀之 work function 為 2.2eV。試問具有波長為 3500A 之光子是否足以移去金屬表面之電子？如果電子可被移去，則此發射出之電子最大動能為何？ 【75 私醫】

解：(1) $E = h\upsilon = h(c/\lambda)$

$= \dfrac{6.626\times10^{-27}\times3\times10^{10}}{3500\times10^{-8}}\text{ Erg}$

$= 5.68\times10^{-12}\text{Erg}\times\dfrac{1\text{ J}}{10^{7}\text{ Erg}}\times\dfrac{1\text{ eV}}{1.6\times10^{-19}\text{ J}}$

$= 3.55\text{eV} > 2.2\text{eV}$　∴足以移去金屬表面的電子

(2) 電子的最大動能 $= 3.55 - 2.2 = 1.35$ eV

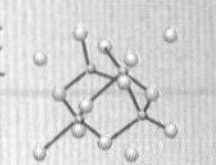

範例 22

下列哪一種金屬最宜作光電池的陰極面？

(A)Na (B)Li (C)Cs (D)Mg。 【71 私醫】

解：(C)

單元三：氫原子光譜

1. 氫原子光譜：

(1) 特性

① 線光譜，不連續光譜。

② 在很多光區都出現相類似的光譜圖(頻率愈增線條愈接近)，見圖 1-7。

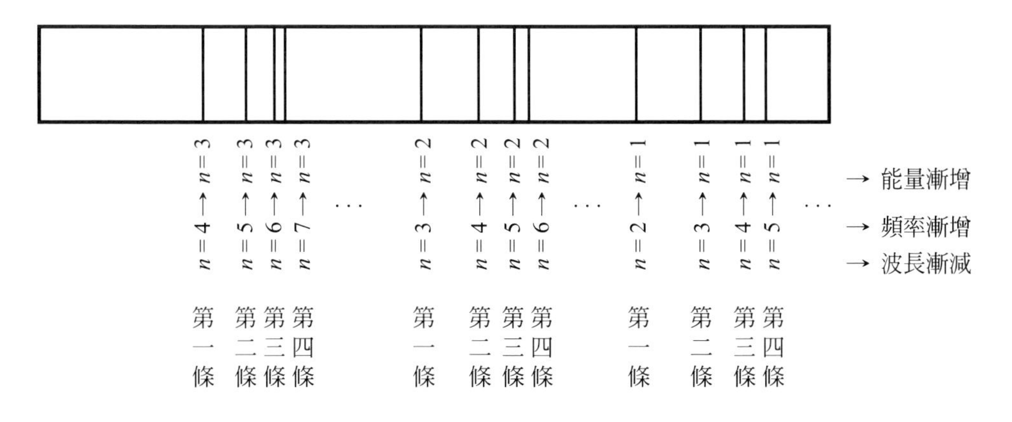

圖 1-7 氫原子光譜

③ 出現此種光譜圖的最大能量光區爲紫外光區。

④ 首先被發現者爲可見光區，由Balmer所發現。

⑤ 各光區都屬第一條線強度最強。

(2) 雷德堡(Rydberg)方程式：$\upsilon = R\left(\frac{1}{n_1^2} - \frac{1}{n_2^2}\right)$，$\frac{1}{\lambda} = R_H\left(\frac{1}{n_1^2} - \frac{1}{n_2^2}\right)$

$R = 3.287 \times 10^{15}$次／秒，$R_H = 1.097 \times 10^7 m^{-1}$

(3) 各線系介紹：

① 來曼線系(Lyman)：電子由高能階$n \geqq 2$降至基態$n = 1$，放出之光子屬於紫外光區。

② 巴耳麥線系(Balmer)：電子由高能階$n \geqq 3$降至第二階$n = 2$，放出之光子屬於可見光區。

③ 帕申線系(Paschen)：電子由高能階$n \geqq 4$降至第三階$n = 3$，放出之光子屬於紅外光區。

④ 布拉克線系(Brackett)：電子由高能階$n \geqq 5$降至第四階$n = 4$，放出之光子屬於紅外光區。

線系名稱	Paschen	Balmer	Lyman
產生原因	＞3→3	＞2→2	＞1→1
頻率範圍	IR	Vis	UV

(4) 能階公式：若將氫原子之電子能階在$n = \infty$時定爲0，則第n能階之能量爲E_n。

$$E_n = \frac{-k}{n^2} \tag{1-7}$$

k常數有很多種，依所使用的單位而有不同，底下任意舉一些例子：$k = 1312$ kJ/mol，313.6Kcal/mol，13.6V／個，2.18×10^{-18} J／個

本書較常使用313.6這個數值。

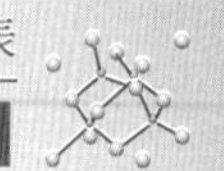

(5) 氫原子光譜之所以呈現不連續光譜，這在暗示氫原子中的電子，其能量無法形成任意值，也就是只有指定允許存在的能階值而已。這種能量呈現不連續的現象在眼睛看得到的世界是沒碰過的。然而在微小世界中，卻處處出現這種現象，物理學將此不連續的現象稱爲量子化(Quantized)。在稍後的重點 3 中，我們會看到波耳會用其假設來正確推導出氫原子光譜中各明線的頻率。

(6) 氫的游離能(I)：

① 當取$n_2=\infty$時，所得到的兩階能量差，便是游離氫所需的能量。

② $I=E_\infty-E_n=0-E_n=-E_n$ (1-8)

游離能湊巧是該電子所處能階值的變號，如：某氫原子的電子處於第 4 階，則游離該電子所要花費的能量爲$-E_n=\dfrac{+k}{4^2}$。若另一氫原子內的電子處在第 3 階，則其游離能$=-E_n=\dfrac{+k}{3^2}$。

③ 當題目並沒有提及電子所處的能階時，請將其視爲處在第一階，此時的氫原子是在最穩定的狀態，取名爲基態(Ground state)，那麼$I=-E_n=\dfrac{+k}{1^2}=k$，也就是說，k常數湊巧是基態氫原子的游離能。

2. 焰色試驗：

(1) 產生顏色的原因類似氫原子光譜，不同的元素具有不同的本性，在光譜上顯現的頻率也就不一樣，利用此道理，我們可以頻率的特徵來辨認元素的種類，這樣的儀器叫做 A.A.。

(2) 常見的元素焰色：Li(紅)，Na(黃)，K(紫)，Rb(紅)，Cs(藍)，Ca(磚紅)，Sr(深紅)，Ba(黃綠)。

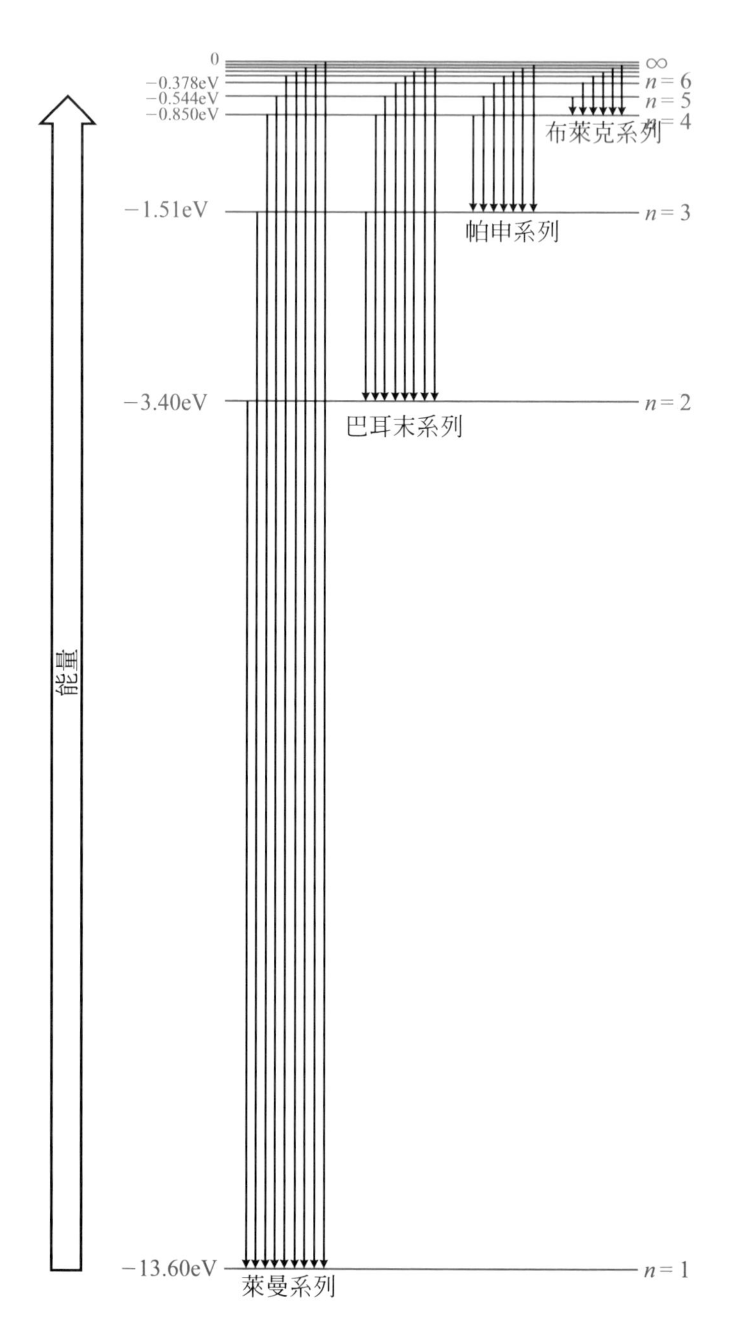

圖 1-8　氫原子的能階圖(摘自 Segal 著“化學”第 2 版)

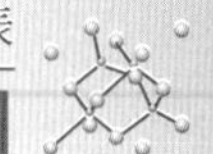

3. 波耳(Bohr)理論：

(1) 拉塞福的行星模型碰上了困擾。

拉塞福原子模型中，氫原子的電子繞原子核運動，依電磁學說，一帶電粒子在引力下作圓周運動，將不斷地放出電磁波，電子放出電磁波後，能量降低，運動半徑縮小，產生連續光譜，最後電子被原子核吸入，而使原子崩潰。事實上，氫原子相當穩定，因此拉塞福原子模型無法解釋氫原子之存在，同時也無法解釋氫原子明線光譜之特定頻率情形。

(2) 波耳理論的三個假設：

① 在一原子中，電子在原子核外的圓形軌道上作圓周運動，此種運動將不受電磁學說之影響，在某個軌道上，電子的能量恒定，稱爲定態。電子只在固定的能階軌道上運行，不能在能階間的區域存在。

② 只要電子停留在軌道中便不會放出能量。當電子由高能階落到低能階時，會以光子放出一特定量的能。所放射的能量和頻率成比例。

$$\Delta E = E_2 - E_1 = h\upsilon$$

③ 在一軌道中的電子，其角動量已被量子化，必是$h/2\pi$的整數倍

$\mathrm{mvr} = n\left(\dfrac{h}{2\pi}\right)$，其中$h$是 Planck 常數。

(3) 波耳的貢獻：

① 首先提出能階的觀念。

② 正確預測出 H 原子光譜線之頻率。

氫原子之電子由n_2能階跳回n_1能階，其放出光之能量爲

$$\Delta E = -313.6\left(\frac{1}{n_2^2}-\frac{1}{n_1^2}\right)$$

$$\upsilon = \frac{\Delta E}{h} = \frac{-313.6}{9.52\times10^{-14}}\left(\frac{1}{n_2^2}-\frac{1}{n_1^2}\right)$$

$$= -3.29\times10^{15}\left(\frac{1}{n_2^2}-\frac{1}{n_1^2}\right)$$

$$= 3.29\times10^{15}\left(\frac{1}{n_1^2}-\frac{1}{n_2^2}\right)$$

結果與Rydberg的實驗數據相符合。

(4) 有關波耳理論的公式：

① $r = \dfrac{n^2 h^2}{4Ze^2 m \pi^2} = \dfrac{n^2 a_0}{Z}$ （a_0：波耳半徑＝0.53A） (1-9)

② $E = \dfrac{-2\pi^2 m e^4 Z^2}{n^2 h^2} = \dfrac{-kZ^2}{n^2}$ Kcal/mol (1-10)

③ $I = -E_n$

(5) 波耳原子模型之缺點：

① 只適用於解釋似氫物種，對多電子的原子無法說明。

② 波耳原子學說可用來說明行星模式，包括一圓形或橢圓軌道，但量子力學及實驗均證明電子並未在如此軌道上運動。

[註]： 似氫物種(Hydrogenlike)指的是與H原子一樣，都只有唯一一個電子者，如：He^+，Li^{2+}，…，O^{+7}，…

範例 23

Li^+，Na^+，K^+，Ca^{+2}，Ba^{+2}之焰色依序為：

(A)深紅，黃，淡青，紫，深綠 (B)深紅，淡綠，紫，深綠，黃 (C)深

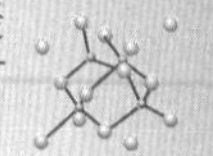

紅，黃，紫，紅，淺綠 (D)黃，紫，深紅，紅，淺綠 (E)淺綠，黃，紫，深紅，紅。 【80 屏技】

解：(C)

範例 24

依據古典電磁理論，說明拉塞福行星模型所遭遇的困難。

解：見課文重點 3.-(1)。

範例 25

關於氫原子光譜，哪項錯誤？

(A)氫原子光譜可見區有光線 (B)氫原子光譜最高能量在紫外區 (C)氫原子光譜在紅外區亦有光線 (D)氫原子發射光譜能量也有高於紫外區之光線。 【70 私醫】

解：(D)

範例 26

Which of the following statements best describes the emission spectrum of atomic hydrogen?

(A)A discrete series of lines of equal intensity and equally spaced with respect to wavelength.

(B)A series of only four lines.

(C)A continuous emission of radiation of all frequencies.

(D)Several discrete series of lines with both intensity and spacings between lines decreasing as the wave number increases within each series.

(E)A discrete series of lines with both intensity and spacings between lines de creasing as the wavelength increases. 【81 成大化工】

解：(D)

範例 27

The line spectrum of hydrogen

(A)indicates that H_2 is a gas.

(B)is identical to that of neon and xenon.

(C)shows that the electron in an H atom can have only certain energies.

(D)shows that the electron moves in a circular orbital.

(E)none of the above. 【83 中興 B】

解：(C)

見課文重點 *1.* -(5)

範例 28

The most intense line in the Brackett series of the spectrum of atomic hydrogen is the transition

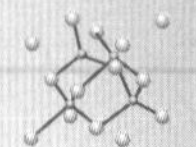

(A)$n_H=\infty\rightarrow n_L=1$ (B)$n_H=8\rightarrow n_L=4$ (C)$n_H=\infty\rightarrow n_L=4$ (D)$n_H=4\rightarrow n_L=3$ (E)$n_H=5\rightarrow n_L=4$。 【82 清大】

解：(E)

範例 29

氫原子電子紫外光區第一、二、三條譜線，可見光區第一、二、三譜線分別以 1、2、3、4、5、6 表示，能量用E，頻率用 f，波長用λ表示，則下列何者有誤？

(A)$E_3>E_1>E_6>E_4$ (B)$E_2-E_1>E_5-E_4$ (C)$E_5+E_1=E_3$ (D)$\lambda_3=\lambda_1+\lambda_5$。

【86 二技動植物】

解：(D)

先依據氫原子光譜的產生原因，將題目所指的 6 條線劃在下列能階圖中，而氫原子的能階有一特徵，這項特徵如果把握到了，解題才會準確且快速。這項特徵就是「愈往能量高處能階間隔愈小」。

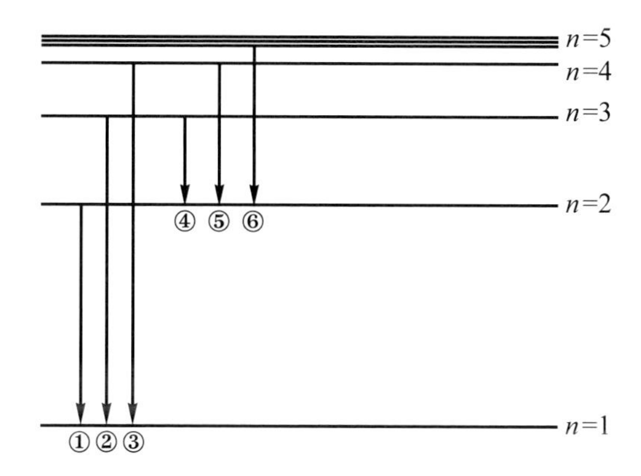

觀察①到⑥的線段長度，就可知(A)順序是正確的，而且⑤號線和①號線的長度＝③號線長，$E_5+E_1=E_3$，但因E與λ成反比

$\therefore \frac{1}{\lambda_5}+\frac{1}{\lambda_1}=\frac{1}{\lambda_3}$，因此(D)項是錯的。

範例 30

下圖爲氫原子之部份能階圖λ_1，λ_2，λ_3分別代表電子高能階降低至低能階所放出光的波長，則下列關係何者爲正確？

(A)$\lambda_3=\lambda_1+\lambda_2$　(B)$\lambda_1\lambda_2=\lambda_1\lambda_3+\lambda_2\lambda_3$　(C)$\lambda_1\lambda_3=\lambda_1\lambda_2+\lambda_2\lambda_3$　(D)$\lambda_3=\lambda_1\lambda_2$。

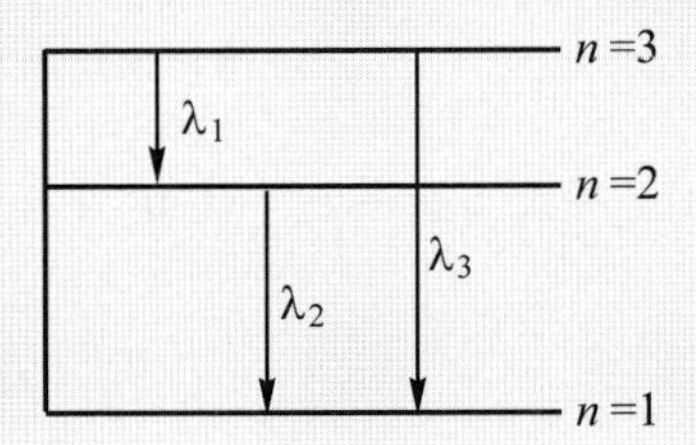

解：(B)

$$\frac{1}{\lambda_1}+\frac{1}{\lambda_2}=\frac{1}{\lambda_3}$$

$$\frac{\lambda_2+\lambda_1}{\lambda_1\lambda_2}=\frac{1}{\lambda_3}$$

$$\lambda_3(\lambda_2+\lambda_1)=\lambda_1\lambda_2$$

$$\therefore \lambda_1\lambda_2=\lambda_1\lambda_3+\lambda_2\lambda_3$$

範例 31

某氣體分子吸收波長4800A之光子後，由激態返回基態時放出波長8000A之光子，則下列哪一種波長可能是該氣體分子所放出之光子

(A)3200A　(B)4000A　(C)12000A　(D)6000A。　【77 私醫】

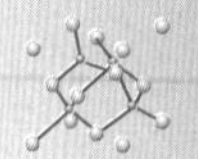

解：(C)

代入範例30的公式

$\frac{1}{8000}+\frac{1}{\lambda_2}=\frac{1}{4800}$，解得$\lambda_2=12000$

範例 32

氫原子能階自$n=5$向$n=1$降落時，可發出幾種頻率之光？其中落在紫外光區有幾條？

解：(1) 劃出最高階$n=5$後，朝$n=1$劃出所有可能情形，見下圖，一共是十條線。

(2) 紫外光區是指Lyman線系，也就是指降至$n=1$者，因此是4條。

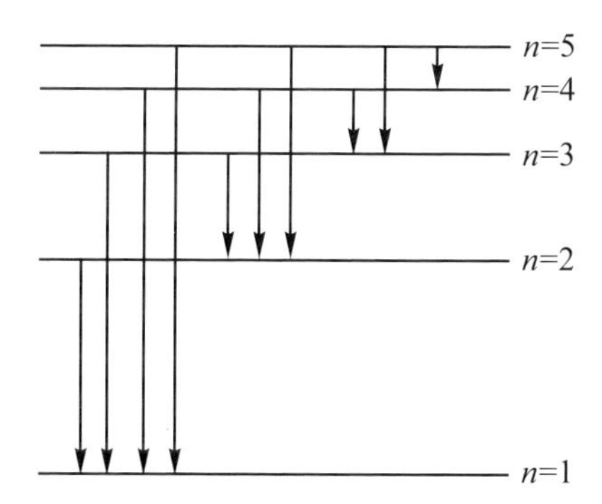

範例 33

當氫之電子由$n=4$降至$n=2$時其所放出之光譜在＿＿＿＿光區，又其所放出之能量若干 kCal＿＿＿＿。

(氫之游離能爲 313.6kCal)

若$h = 9.52\times10^{-14}$kCal-sec/mol，放出光之波長爲

(A)6565A (B)4863A (C)4342A (D)4163A。【67私醫】

解：(1) 巴耳麥系。

(2) $\Delta E = E_4 - E_2 = \dfrac{-k}{16} - \dfrac{-k}{4} = \dfrac{3k}{16}$

$= \dfrac{3}{16}\times313.6 = 58.8\text{kCal}$

(3) $\Delta E = E_{光} = h\dfrac{c}{\lambda}$ 假設放出波長x(A)

$58.8 = 9.52\times10^{-14}\times\dfrac{3\times10^8}{x\times10^{-10}}$

$\therefore x = 4857$(A)，選(B)

類題 1

在一氫原子中，一電子由$n=6$遷移至$n=1$能階所對應線波長爲何？($R_H = 2.179\times10^{-18}$ J)

(A)52.15nm (B)78.43nm (C)93.75nm (D)128.24nm。【86私醫】

解：(C)

(1) $\Delta E = E_6 - E_1 = \dfrac{-k}{36} - \dfrac{-k}{1} = \dfrac{35k}{36} = \dfrac{35}{36}\times2.179\times10^{-18} = 2.12\times10^{-18}$ J

(2) $\Delta E = E_{光} = \dfrac{hc}{\lambda}$ $2.12\times10^{-18} = 6.626\times10^{-34}\times\dfrac{3\times10^8}{x\times10^{-9}}$

$\therefore x = 93.8\text{nm}$

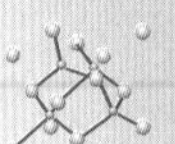

類題 2

氫原子的能階爲$E_n = -R/n^2$，其中$R = 109678cm^{-1}$。試問氫原子中電子由2s 軌域跳至 3p 軌域，須吸收多少能量的電磁波(以cm^{-1}表示)？
(A)$109678cm^{-1}$ (B)$18280cm^{-1}$ (C)$15233cm^{-1}$ (D)$10958cm^{-1}$。

解：(C)

$$\Delta E = E_3 - E_2 = \frac{-k}{9} - \frac{-k}{4} = \frac{5k}{36} = \frac{5}{36} \times 109678 = 15233cm^{-1}$$

範例 34

將$n = 2$的受激電子游離所需的能量爲基態電子游離能的幾倍？

解：基態時，$I = -E_1 = k$

$n = 2$時，$I = -E_2 = \frac{k}{4}$，因此$n = 2$時的I是基態時的$\frac{1}{4}$倍。

範例 35

The Bohr model of the atom works reasonably well in the calculation of energy levels of which electron systems
(A) all elements in the lithium family
(B) all elements in the helium family
(C) any one electron system
(D) only hydrogen and helium
(E) only hydrogen. 【84 成大化工】

解：(C)

範例 36

說明波耳之氫原子的假設，並從中導出氫原子之電子能階。 【79 清大 A】

解：(1) 見課文重點 3.-(2)。

(2) 電子帶電量e，原子核帶電量Ze (Z是原子序)，依庫侖力定律

庫侖力$=\dfrac{q_1 q_2}{r^2}=\dfrac{Ze(e)}{r^2}=\dfrac{Ze^2}{r^2}$，這正是電子所受到核的向心力。

向心力＝離心力 $\dfrac{Ze^2}{r^2}=\dfrac{mv^2}{r}$ ………(1)

$\therefore r=\dfrac{Ze^2}{mv^2}$ 又因$mvr=n\dfrac{h}{2\pi}$

重組得 $v=\dfrac{nh}{2\pi mr}$ 代入(1)式

$$r=\frac{n^2h^2}{4\pi^2 mZe^2}$$

總能量＝動能＋位能$=\dfrac{1}{2}mv^2-\dfrac{Ze^2}{r}$ ………(2)

由(1)式

$mv^2=\dfrac{Ze^2}{r}$ 代入(2)式

$E=\dfrac{Ze^2}{2r}-\dfrac{Ze^2}{r}=\dfrac{-Ze^2}{2r}$ ………(3)

將r代入(3)式 $E=\dfrac{-2\pi^2 mZ^2e^4}{n^2h^2}$

範例 37

求計 H 及He^+之$n=1$，2，3 三層軌道半徑。

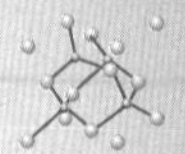

解：H及He^+均是似氫，適用 Bohr 理論。代入 1-10 式

	r_1	r_2	r_3
H	a_0	$4a_0$	$9a_0$
$_2He^+$	$\frac{1}{2}a_0$	$\frac{4}{2}a_0$	$\frac{9}{2}a_0$

你會看到不論哪一個核種，半徑比＝n的平方比

即$r_1 : r_2 : r_3 = 1^2 : 2^2 : 3^2$

類題

假若第二層 Bohr 軌道半徑爲 2.12A，則第四層 Bohr 軌道半徑應爲________。　【82 私醫】

解：$\frac{r_4}{r_2}=\frac{16}{4}=4$ 倍　　$\therefore\ 2.12 \times 4 = 8.48$

範例 38

利用波爾(Bohr)所導出的$E = Z^2 hCR(1/n_L^2 - 1/n_H^2)$計算得氫原子的游離能等於 13.60eV，依此可算得Li^{2+}離子的游離能等於________eV。　【79 私醫】

解：(1)　$_3Li^{2+}$是似 H 物種，適用波耳理論。

(2)　$I = -E_1 = -\left(\frac{-k \cdot Z^2}{1^2}\right) = k \cdot Z^2 = 13.6 \times 9 = 122.4\text{eV}$

範例 39

一基態氫原子$\left(\text{其能階值爲}\dfrac{-2\pi^2 m e^4 Z}{h^2 n^2}=-13.6\text{eV}\right)$吸收一個12.1eV之光子，成爲受激態，此時其電子軌道半徑爲原先之幾倍？

(A)1　(B)2　(C)3　(D)4　(E)9。　【77成大】

解：(E)

$$\Delta E = E_n - E_1$$

$$12.1=\frac{-k}{n^2}-\frac{-k}{1^2}=13.6\left(\frac{1}{1}-\frac{1}{n^2}\right)\qquad \text{解得 } n=3$$

代入1-10式　$\dfrac{r_2}{r_1}=\dfrac{3^2}{1^2}=9$ 倍。

單元四：近代物理中的兩個新觀念

1. 雙重性(Daul property)：
   (1) 德布洛衣(de Broglie)認爲任何物質皆具有波動及粒子雙重性質。
      ① 也就是說原本人們都認爲是粒子的東西，也會具有波的性質，像粉筆、人、棒球、高速火車…等都具有波長，這種波長特稱爲「德布洛衣波長」或「物質波長」(matter wave)。
      ② 而原本人們都以爲是波者，也會具有質量。
   (2) 公式：

$$\left.\begin{array}{ll}\text{具粒子性時} & E=mc^2\\ \text{具波性時} & E=h\dfrac{c}{\lambda}\end{array}\right\}\Rightarrow mc^2=\frac{hc}{\lambda}$$

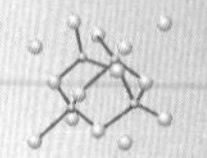

$$\therefore \lambda = \frac{h}{mc}$$

推廣至任何速度 $\lambda = \dfrac{h}{mv}\left(=\dfrac{h}{p}\right)$ (1-11)

(3) 依此理論，快速移動的電子的波性便不能被忽視了。G.P.Thomson 便據此推論，而設計了一被加速的電子，竟應驗地表現了波才會有的繞射現象。參考範例 41。

(4) 電子顯微鏡便是據此原理所發明的。

2. 海森堡(Heisenberg)測不準原理(Uncertainty Principle)：

(1) 內容：不可能在同一時刻決定微小粒子(如電子)的精確位置及動量。

(2) 公式：

$(\Delta P)(\Delta X) \geqq h/4\pi$ (1-12)

ΔP：動量不準度

ΔX：位置不準度

ΔP與ΔX互成反比，即動量準，位置就不準；位置準，動量就不準。

範例 40

算出下列 de Broglie 波長：(A)一顆 1.2g 子彈，以 1.5×10^4cm/s 之速度移動 (B)一電子(質量＝ 9.11×10^{-31}公斤)以 3.00×10^7m/s 移動。

解：(A)$\lambda = \dfrac{h}{mv} = \dfrac{6.626\times10^{-27}}{1.2\times1.5\times10^4} = 3.7\times10^{-31}$cm(此題單位用 CGS 制)

(B)$\lambda = \dfrac{h}{mv} = \dfrac{6.626\times10^{-34}}{9.11\times10^{-31}\times3\times10^7} = 2.42\times10^{-11}\text{m} = 2.42\times10^{-9}$cm

(此小題單位用 MKS 制)

由此兩小題的比較顯示一點，顆粒小如電子者，其相對波長是蠻大的，展現出來波的特性不容忽視。

類題 1

What is the de Broglie wavelength of an electron of speed 100 kms^{-1}?
(the mass of electron is 9.1×10^{-31} kg, planck's constant $h = 6.6\times10^{-34}$ kgm^{2}s^{-1}) 【80 中興土壤】

解：用 MKS 制，$\lambda=\dfrac{h}{m\,v}=\dfrac{6.6\times10^{-34}}{9.1\times10^{-31}\times100\times10^{3}}=7.25\times10^{-9}$m

類題 2

具有波長 4000A 的光子質量爲________g。 【71 私醫】

解：5.52×10^{-33}　$\lambda=(h/m\,v)$，本題採 CGS 制。

$$4000\times10^{-8}=\frac{6.6256\times10^{-27}}{m\times3\times10^{10}}$$

範例 41

A beam of electrons is accelerated through a potential difference of 8000V. Calculate the wavelength of these electrons.

解：(1) 先算出電子被加速後的能量(動能)

$$E=Q\cdot V=8000\text{eV}=8000\times1.6\times10^{-19}\text{ J}=1.28\times10^{-15}\text{ J}$$

(2) 再由動能推算此電子的速度

$$E=\frac{1}{2}m\,v^2$$

$1.28\times10^{-15}=\frac{1}{2}\times9.11\times10^{-31}\times v^2$　　$\therefore v=5.3\times10^{7}$ m/s

(3) 代入(1-11)式，$\lambda=\frac{h}{mv}=\frac{6.626\times10^{-34}}{9.11\times10^{-31}\times5.3\times10^{7}}=1.37\times10^{-11}$m

範例 42

It has been shown experimentally that a beam of electrons can be diffracted. This is evidence that electrons

(A)are lost by atoms. (B)are lighter than protons. (C)are negative. (D)have wave properties. (E)have magnetic properties. 【84 中山】

解：(D)

見課文重點 *1.* -(3)

範例 43

1 個具有質量 1.0g 粒子，在其粒子位置測了具 1.0A°之不準度，求該粒子之速度不準度。並以同法求電子之速度不準度。

解：$\because \Delta P=\Delta(mv)=m(\Delta v)$　　代入 1-12 式後，可改寫如下：

$$m(\Delta v)\Delta x\geq\frac{h}{4\pi}$$

(1) $1\times10^{-3}\times(\Delta v)\times1\times10^{-10}\geq\frac{6.626\times10^{-34}}{4\times3.1416}$

$\therefore \Delta v\geq5.3\times10^{-22}$ m/s

(2) 電子的質量＝9.11×10^{-31}kg。若其位置不準度也是 1A，代入上式

$$9.11\times10^{-31}\times(\Delta v)\times1\times10^{-10}\geq\frac{6.626\times10^{-34}}{4\times3.1416}$$

$\therefore \Delta v \geq 5.8 \times 10^5$ m/s

由以上兩小題的比較，可見測不準的現象，在「微小世界」中，才會顯現其重要性。

單元五：量子力學

1. 1926年，薛丁格(Schrödinger)提出一數學式，稱爲波動方程式(wave equation)，若假設電子繞核運動，則波動方程式可決定電子在離核一定距離出現之機率，此種描述電子運動之方式，並不固定電子之運動軌跡或電子之位置，而只預測電子最可能出現之位置。
   在同時期，海森堡亦提出海森堡測不準原理，根據此原理，我們無法正確地測出電子的軌跡或電子之位置，但可用量子力學的方法，求出電子分佈在空間各處的機率。
2. 薛丁格方程式(Schrödinger Equation)：
   (1) 公式：$\dfrac{\partial^2 \psi}{\partial x^2} + \dfrac{\partial^2 \psi}{\partial y^2} + \dfrac{\partial^2 \psi}{\partial z^2} + \dfrac{8\pi^2 m}{h^2}(E - V)\psi = 0$ (1-13)
   ψ：波動函數，m：粒子質量，E：粒子總能量，V：粒子位能
   (2) 意義：利用波動函數以描述電子在核外空間分佈的情形和其所具有的能量。本身不具備任物理意義。
   (3) ψ^2則具有物理意義，ψ^2和電子雲密度成正比，即ψ^2值大，表示在此小區域電子出現的或然率高。
3. 量子數(Quantum number)：

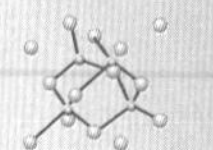

表 1-2

符　號	名　稱	允許值	物理意義
n	主量子數	1，2，3……	軌域的能量與分佈的大小
l	角動量量子數	$n > l \geqq 0$	軌域的形狀(種類)
m(or m_e)	磁動量量子數	$l \geqq \mid m \mid$	軌域在空間的方位
s(or m_s)	自旋量子數	$+\frac{1}{2}$　$-\frac{1}{2}$	電子自旋的方向

(1)　n：主量子數(principal quantum no.)

①　$n = 1$，2，3，……

②　主量子數n決定電子軌域的半徑與電子能階的能量；n值愈大，半徑愈大，能量愈大。

(2)　l：角動量量子數(Angular momentum quantum no.)(or Azimuthal quantum no.)

①　對每一個n值，$l = 0$，1，2，3，……$n-1$，共有n個角動量量子數。

②　l決定軌域的形狀，而不同l值的軌域我們賦予一名稱，見下表，你必須要將各軌域的l值及其符號互換很快。

表 1-3

l值	0	1	2	3	4	……	
軌域符號	s	p	d	f	g	……	(f以後，按英文字母次序排列)
軌域個數	1	3	5	7	9	……	$(2l+1)$個

③　對於每一個l值，會有$2l+1$個能階值相同的軌域。

(3)　m：磁動量量子數(magnetic momentum quantum no.)

①　對於每一個l值，$m = 0$，± 1，± 2，……$\pm l$，共有$2l+1$個m值，回顧上一句話[(2)-③]，原來每一個m值，就是每一個軌域，也

就是每一個軌域都有一編號，其編號就是m值，若知道所有可能的m值，就知道有幾個軌域。

② 磁量子數m決定電子軌域的方位。例如$l = 1$ (p軌域)時，$m = 1$，0，-1表示p軌域有三種方向(x，y，z三種方向)。

(4) s：自旋量子數(spin quantum no.)：

① $s = +\frac{1}{2}$，$-\frac{1}{2}$

② 電子不僅在核外運行，而且也隨時在作自轉，而自轉只有兩個方向，每個方向就用一個s值來做代表。

4. 軌域(orbital)：

將電子分布在空間各處的機率，作成圖形，稱之為軌域。我們常用「電子雲」來表示電子可能出現的區域，而以電子雲的密度來表示電子出現機率的大小。

(1) s軌域：

① s軌域是一球狀對稱的軌域，在此區域內，電子分佈的機率與其在空間的方向無關，僅隨其至核的距離而變，距離核相同的區域，則電子出現的機率相等。見圖1-9(a)。

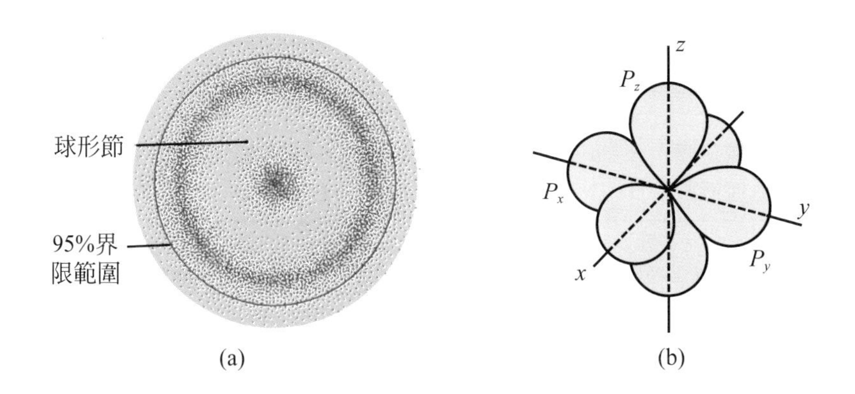

圖1-9 s，p，d軌域圖(摘自Segal著“化學”第2版)

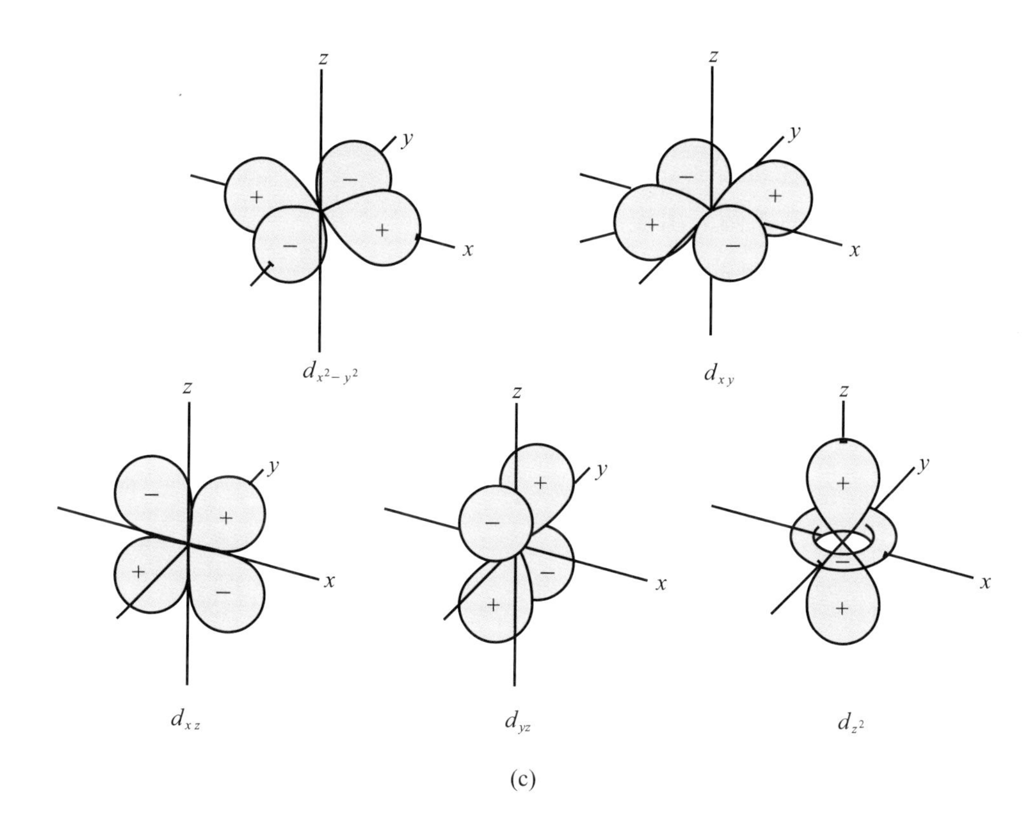

(c)

圖 1-9 (續)

② 每一n值中的s軌域都只有一個，且每個n值的s軌域皆存在。

③ 只有s軌域在空間中不會呈現方向性，其它種軌域則均有方向性。

⑵ p軌域：

① 軌域有三個；p_x，p_y，p_z，出現於主量子數$n \geqq 2$。

② 每一個p軌域，皆具相同的形狀－啞鈴狀。見圖 1-9(b)。

③ p軌域上，電子分佈的機率與方向有密切關係。p_x，p_y與p_z三者相互垂直。

④ 有一平面節。

⑶ d軌域

① 有 5 個，分別為d_{xy}，d_{yz}，d_{zx}，$d_{x^2-y^2}$，d_{z^2}，出現於$n \geqq 3$。

② 呈花瓣形，只有d_{z^2}與其它者形狀不同，見圖 1-9(c)。

③ 有 2 個平面節。

⑷ f軌域，有 7 個，出現於$n \geqq 4$。

⑸ 量子數與軌域的關係。

n	l	軌域	m	s	電子數
1	0	1s	0	＋1/2，－1/2	2
2	0	2s	0	＋1/2，－1/2	2 } 8
	1	2p	＋1，0，－1	＋1/2，－1/2	6
3	0	3s	0	＋1/2，－1/2	2 } 18
	1	3p	＋1，0，－1	＋1/2，－1/2	6
	2	3d	＋2，＋1，0，－1，－2	＋1/2，－1/2	10
4	0	4s	0	＋1/2，－1/2	2 } 32
	1	4p	＋1，0，－1	＋1/2，－1/2	6
	2	4d	＋2，＋1，0，－1，－2	＋1/2，－1/2	10
	3	4f	＋3，＋2，＋1，0，－1，－2，－3	＋1/2，－1/2	14

主量子數	1	2		3			n
軌域名稱	1s	2s	2p	3s	3p	3d	ns，np，nd，nf，……
軌域數目	1	1	3	1	3	5	1，3，5，7，……
軌域總數	1	4		9			n^2
電子容納	2	2	6	2	6	10	2，6，10，14，……
電子總數	2	8		18			$2n^2$

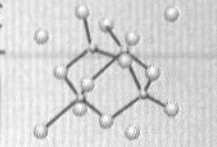

⑹　徑向或然率分佈圖：(補充教材)。用來探討某個軌域內，電子雲出現機率與距離原子核遠近的關係。

①　觀察1*s*，2*s*，3*s*……之間的關係(見圖 1-10)，你會發現某種規律性，此種規律性同樣出現在2*p*，3*p*，4*p*上(見圖 1-11(a))及3*d*，4*d*，5*d*上(見圖 1-11(b))。

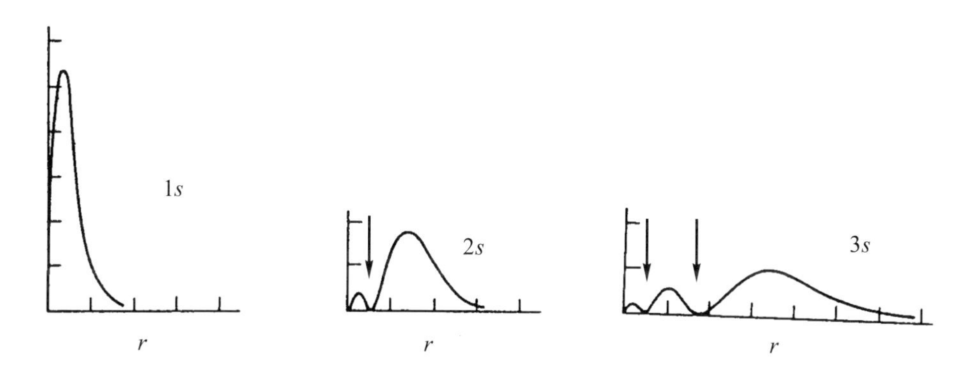

圖 1-10　1*s*，2*s*，3*s*軌域的徑向或然率分佈圖
箭頭所指處為 node 所在，注意：由1*s*→2*s*→3*s*，節點是一個一個地增加

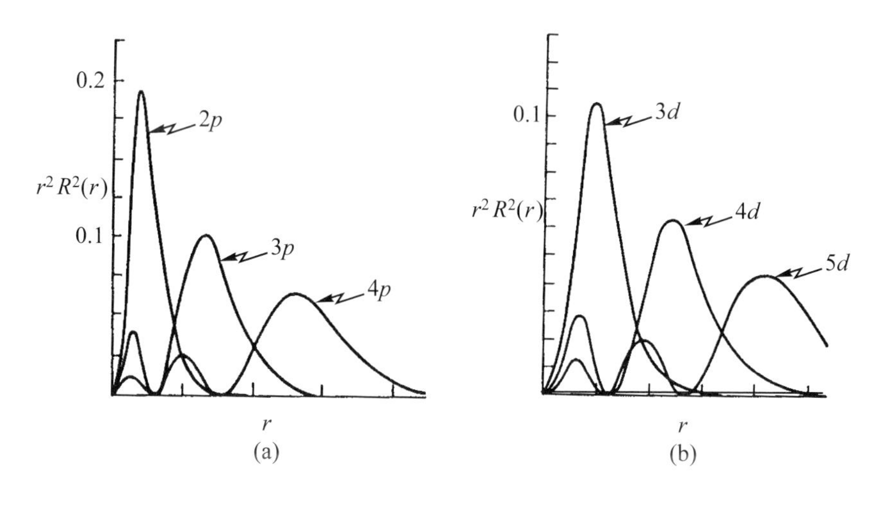

圖 1-11

② 圖中曲線與x軸的交點，表示該處電子出現的機率爲零，也就是所謂的「節」所在。

③ 遮蔽效應：從圖 1-11 中任何一個或然率分佈圖；可看出n値愈大(亦即愈外層)，電子雲出現在較外圈，而靠近原子核處則是較內層軌域上的電子。此內層軌域的電子對外層電子有屏蔽的作用，使得外層電子感受到原子核的吸引力大爲降低，這種現象稱之。例如Na原子最外層的3s電子所感受到的原子核電荷不足＋11，而是＋1.84。

④ 穿透效應(Penetration effect)：若將ns，np，nd的徑向然率分佈圖合併在同一張圖上(見圖 1-12)，則可看出s軌域最爲靠近原子核，感受到核電荷最大，這種現象稱之。不同軌域的穿透能力是$s>p>d>f$。

⑤ 有效核電荷Z_{eff}(Effective nuclear charge)：某一電子同時受到遮蔽效應及穿透效應的綜合影響後，其實際感受到的原子核電荷，稱爲有效核電荷。

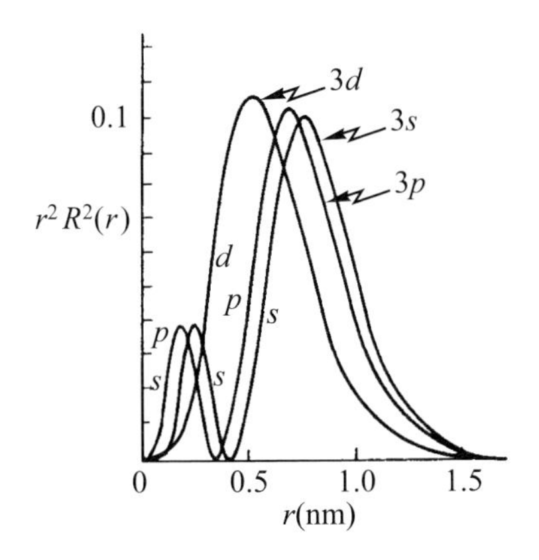

圖 1-12　將3s，3p，3d的徑向或然率分佈圖劃在同一張圖上，可看出3s軌域最靠近原子核

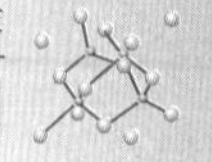

(7) 軌域與節

① 原子軌域中，電子出現機率爲零的地方稱爲節(node)，而節又可分爲平面節與球形節兩種。

② 平面節(nodal plane)：又稱爲角向節，它與軌域的種類有關，見下表，數目恰巧$=l$。而與n值(層次)無關，也就是說$2p_x$有一個角向節，$3p_y$，$4p_x$也都是一個角向節。見圖 1-13。

軌域種類	s p d f ……
角向節數	0 1 2 3 ……

③ 球形節(nodal surface)：又稱爲徑向節，在圖 1-10 中箭頭所指的地方就是徑向節所在。圖 1-14 則是球形節的立體透視。沿著$1s$，$2s$，$3s$……軌域，其徑向節數由 0 開始一個一個增加，由此可知徑向節數除了與軌域的形狀有關外，還與n值有關，其數目$=n-l-1$。

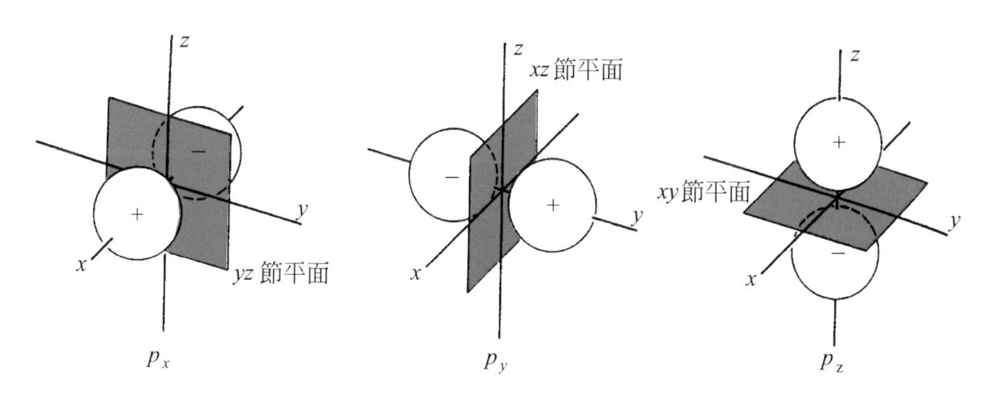

圖 1-13　三個p軌域以及其上的角向節

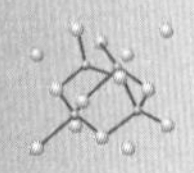

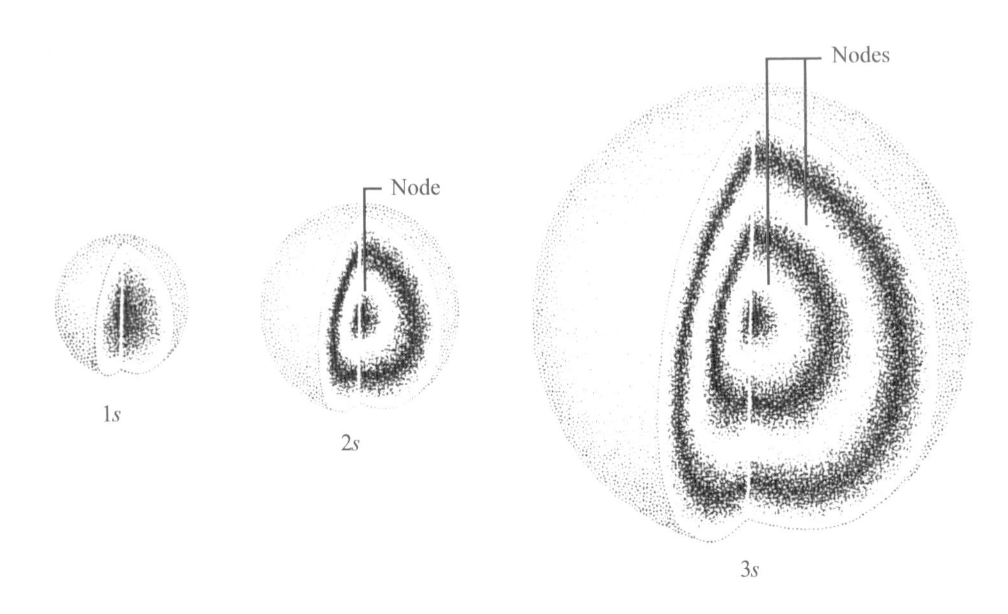

圖 1-14　1*s*，2*s*，3*s*軌域的電子雲立體透視，其中可見2*s*有一個徑向節，3*s*有 2 個徑向節

5. 能階(energy level)：

(1) 單電子物種的能階：

① n值愈大，能量愈高，而且能階只受n值影響。

② 具相同n值的n^2個軌域，能量皆相同。見圖 1-15(a)。

[註]：上述這種不同軌域卻具有相同能階的情形，稱之為簡併態(degenerate)。

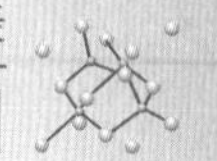

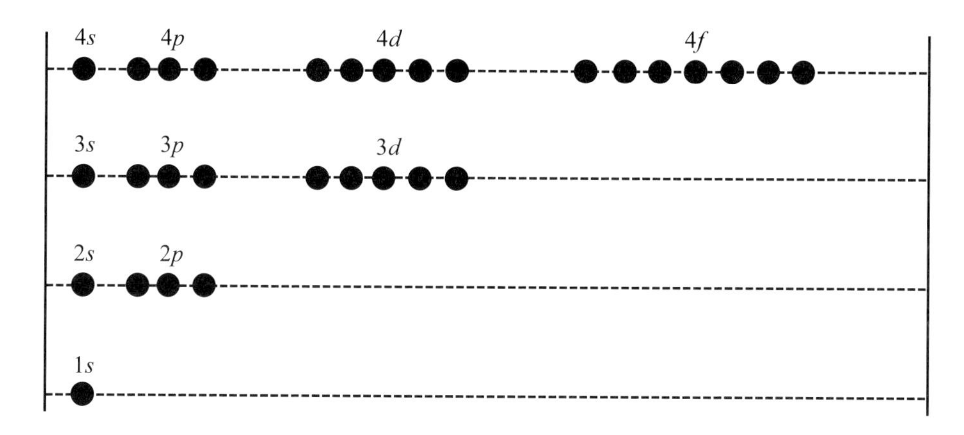

(a) 單電子原子的電子軌域能階

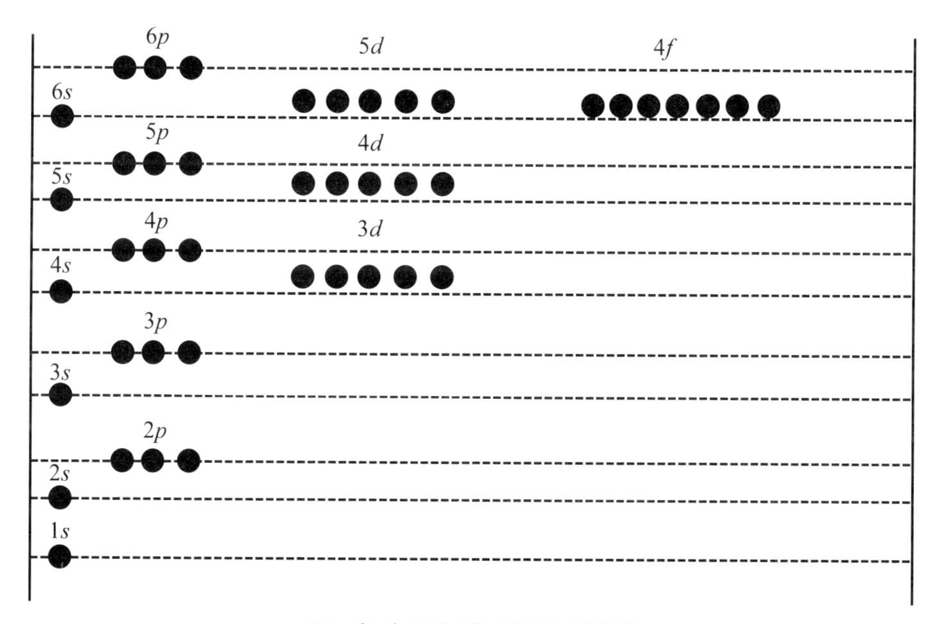

(b) 多電子原子的電子軌域能階

圖 1-15 單電子與多電子的能階圖

⑵ 多電子原子能階

① 主量子數n和角動量量子數l之和$n+l$值愈大，則能階能量愈高。若$n+l$值相同，則n愈大，能階能量愈高。由此可知能階同時受到n及l值的影響。

② 不同軌域，例如2s與2p，2s與3s，都不再呈現簡併態，見圖 1-15 (b)。

③ 多電子的能階次序是要記憶的。可採用下圖 1-16 的方式記憶。

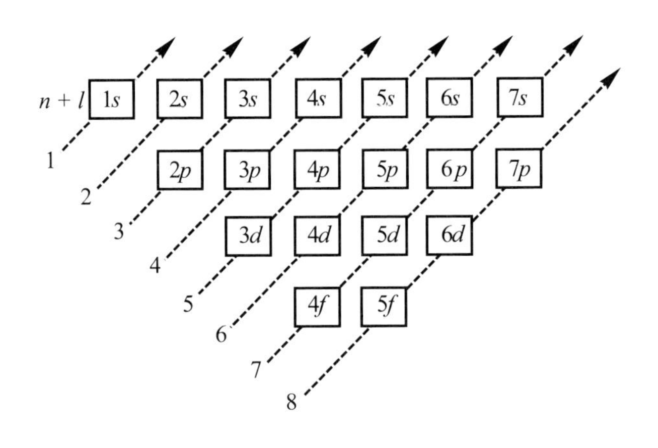

圖 1-16

⑶ 若比較不同原子，相同n，l值之能階，則原子序愈大的原子，能階能量愈低，但亦有特殊例外情形。見圖 1-17。

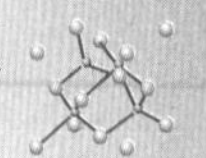

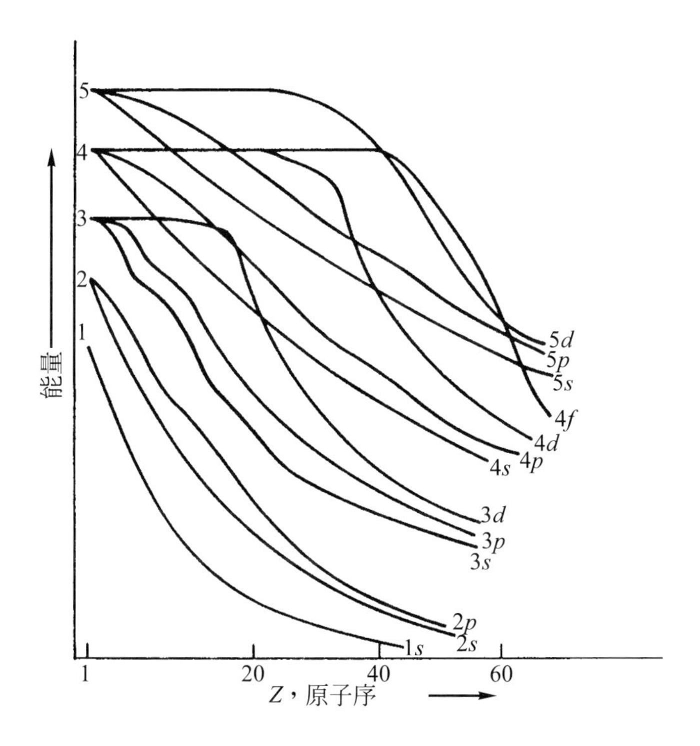

圖 1-17　軌道能量與原子序之關係圖

範例 44

用 Bohr 學說及波動力學說明波耳半徑a_0之意義。

解：波耳半徑a_0，有些書本的符號記錄成r_B，$a_0 = 0.53$A

⑴　在 Bohr 學說中，a_0恰指氫原子的第一層軌道半徑，也就是說在距原子核外 0.53A 遠處，可以找到電子的蹤跡。

⑵　在波動力學中，則無法指定電子的蹤跡，也就是說在原子核外任意處，都可以出現，只不過在距核 0.53A 處發現電子的機率爲最大。

範例 45

Write down the name and the physical meaning of each quantum numbers, and exemplify them with examples. 【83 中山化學】

解：詳見課文重點 3.

範例 46

量子數組(n，l，m_l，m_s)，用來描述原子各電子的四個量子數，下列何者為錯誤？

(A)$(1,0,\frac{1}{2},-\frac{1}{2})$ (B)$(3,0,0,+\frac{1}{2})$ (C)$(4,3,-2,+\frac{1}{2})$ (D)$(2,2,1,+\frac{1}{2})$。 【86 二技材資】

解：(A)(D)

範例 47

Which of the following sets of n, l, m, and s quantum numbers can be describe electron in a 2p orbital?

(A)$2,1,0,\frac{1}{2}$ (B)$2,0,0,\frac{1}{2}$ (C)$2,2,1,\frac{1}{2}$ (D)$3,2,1,\frac{1}{2}$ (E)$3,1,0,\frac{1}{2}$。

【85 成大 A】

解：(A)

$2p \Rightarrow n=2$，$l=1$

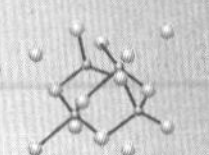

範例 48

Which quantum number describes the orientation in space of an orbital?

(A)n　(B)l　(C)m_s　(D)m_l　(E)any of the above.　【85 中山】

解：(D)

範例 49

有一原子軌域，其磁量子數爲m＝1，則此軌域不可能爲：

(A)s-軌域　(B)p-軌域　(C)d-軌域　(D)f-軌域。　【82 二技動植物】

解：(A)

範例 50

All of the following are allowed energy levels except

(A)3f　(B)1s　(C)3d　(D)5p　(E)6s。　【85 中山】

解：(A)

範例 51

下列各種名稱有幾種不同軌域：

(A)n＝4　(B)4p　(C)3d　(D)3p　(E)3$d_{x^2-y^2}$　(F)2d。

解：(A)$n=4$，$l=0,1,2,3$，有 4 種可能的l值，就表示有 4 種

(B)(C)(D)(E)既然都已把軌域種類寫出來了，表示只有一種。

(F)沒有這種軌域。

範例 52

What is the maximum number of electrons in a single atom that can have a set quantum number containing the following:

(A)$n=3$，$L=2$ (B)$n=3$，$L=1$，$m=-1$ (C)$n=4$ (D)$n=4$，$L=3$

(E)$n=5$，$L=3$，$m=-2$，$s=1/2$. 【78 逢甲】

解：(A)代表$3d$軌域，基於一個軌域可容納 2 個電子，∴可填入 10 個電子

(B)m值的出現，代表某一指定的軌域，∴可填入 2 個。

(C)$n=4$，第四層整層共有$4^2=16$個軌域，最多可填入 32 個。

(D)指$4f$軌域，而$4f$軌域有 7 個軌域，∴可填入 14 個。

(E)s值的出現，代表某一被指定的電子，因此是 1 個。

範例 53

Draw the diagram which shows the radial probability $4\pi r^2 R^2$ as a function of r

(A) for $3d$, $4s$, $5s$, $3p$ and $5f$ orbital.

解：見圖 1-10 及 1-11

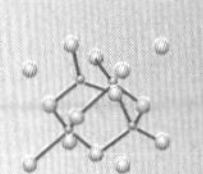

範例 54

下列各種軌域在徑向部份有若干個節面？ (A)5d (B)4f (C)4g (D) 6p。

解：(A)2 (B)0 (C)不存在 (D)4(利用公式：$n-l-1$)

範例 55

氫原子的軌域，存在有節面(Nodal surface)，電子出現在節面的機率為 0，假設吾人沿著Z軸，從＋∞，通過原子核，到－∞，對下列各軌域而言，將會遇到幾次節面？

(A)1s (B)3s (C)4Pz (D)5dz^2。 【82 台大甲】

解：(A)0

(B)4 (3s軌域有 2 個徑向(球形)節，而從＋∞到－∞會遇上兩次)

(C)5(除了有 2 個徑向節外，在原子核處，p軌域還有一個平面節)

(D)5

範例 56

氫原子3s軌域之$R(r)=(27-18r/r_B+2r^2/r_B^2)\exp(-r/3r_B)$，求其節點之位置(以 Bohr 半徑$r_B$表示之)。 【80 成大化學】

解：節點是指$R^2(r)=0$處，即$R(r)=0$

$$\Rightarrow\left(27-\frac{18r}{r_B}+2\frac{r^2}{r_B^2}\right)=0$$

$$\frac{r}{r_B}=\frac{18\pm\sqrt{18^2-4\times2\times27}}{2\times2}=7.1 \text{ or } 1.9$$

$\therefore r=7.1r_B \quad r=1.9r_B$處

範例 57

同一原子中的4個電子各具有下列四組的量子數，哪一個電子能量最小？

(A)$n=4$，$l=0$，$m_l=0$，$m_s=\frac{1}{2}$ (B)$n=3$，$l=1$，$m_l=1$，$m_s=-\frac{1}{2}$

(C)$n=3$，$l=2$，$m_l=0$，$m_s=\frac{1}{2}$ (D)$n=3$，$l=2$，$m_l=0$，$m_s=-\frac{1}{2}$。

【86私醫】

解：(B)

首先選出$n+l$最小者(A)及(B)，再從其中選出n較小者。

範例 58

⑴在$_3Li^{2+}$離子之能階中，何者能量最高？

(A)$6s$ (B)$5p$ (C)$4f$ (D)$5d$。

⑵若換成 Li 原子，何者能量最高？

解：⑴(A)，⑵(D)

⑴ $\because$ $_3Li^{2+}$是單電子物種，其能量只受n值決定，$6s$的n值為 6，是所有n值中最大者。

⑵ Li 原子是多原子，其能量受$n+l$決定。

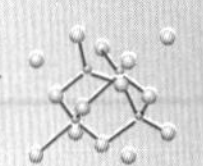

範例 59

B.C.N.O.F.Ne 各基態原子中，其$3d$軌域能階高低爲何？

解：B ＞ C ＞ N ＞ O ＞ F ＞ Ne，見課文重點 5.-(3)。

範例 60

試解釋，在單電子物種中，$ns = np = nd$，但在多電子能階中，$ns \neq np \neq nd$。

解：在多電子物種中，ns，np，nd不同軌域中的電子，它所受到的遮蔽及穿透效應不一樣，因而感受到原子核的吸引力也就不一樣，受到的吸引力愈大，能量就愈低。而在單電子中，由於只有一個電子，因此不會有遮蔽及穿透效應，只要具有相同的n值，受到核的引力是一樣的，因此能階相同。

表 1-4　量子力學的發展史簡表

1879 年：庫克	(William Crookes)	發現陰極射線
1881 年：史東尼	(G.J.Stoney)	電子的命名
1885 年：巴耳麥	(Jonann Balmer)	氫原子光譜
1897 年：湯木生	(J.J.Thomson)	電子的e/m
1898 年：湯木生	(J.J.Thomson)	湯木生原子模型
1900 年：蒲郎克	(Max Planck)	$E = h\upsilon$
1905 年：愛因斯坦	(Albert Einstein)	光的粒子性
1909 年：密立根	(R.A.Millikan)	電子的電荷e
1911 年：拉塞福	(Ernest Rutherford)	拉塞福原子模型
1913 年：波耳	(Niels Bohr)	波耳原子模型
1923 年：德布洛依	(Louis de Broglie)	$\lambda = h/mv$，雙重性的概念
1926 年：薛丁格	(Erwin Schrödinger)	波動力學原子模型
1926 年：海森堡	(Werner Heisenberg)	測不準原理
1932 年：查兌克	(James Chadwick)	中子的發現

單元六：電子組態

1. 電子排列原則：
   (1) 依照其相對能階，逐次由低能階軌域塡至高能階軌域稱構築原理 aufbau principle。
   (2) 罕德規則(Hund's rule)：
   在同一能量的各軌域上，電子應先塡入空軌域，而不能塡入已有一個電子之半滿軌域，同時電子在不同的半滿軌域上，其自轉方向總是儘量相同。即↑↓ __ __是錯的，應改爲↑ ↑ __，另外↑ ↓ __也是較不安定的。
   (3) 庖立不相容原則(The Pauli Exclusion Principle)：
   ① 任何原子的每一軌域，最多可容納兩個電子。
   ② 同一原子的任何二個電子不能有相同的四個量子數。
   ③ 同一軌域的二個電子必須有相反的自旋方向，稱爲成對電子。
2. 電子組態的表示法：
   (1) $_{11}Na$：$1s^2\,2s^2\,2p^6\,3s^1$
   (2) $_{11}Na$：

↑↓	↑↓	↑↓ ↑↓ ↑↓	↑
$1s$	$2s$	$2p$	$3s$

   (3) $_{11}Na$：$[Ne]^{10}3s^1$
   (4) 價組態：最外層的組態，如上例中的$3s^1$
3. 鈍氣、全滿、半滿組態：
   (1) 鈍氣組態(Noble gas configuration)：具備$1s^2$及$ns^2\,np^6(n\geqq 2)$的結構者稱之。它代表特別安定的意義，化學活潑性很小，任何物種，都有使自己的電子結構傾向於變成鈍氣組態。例如：Na的組態是$[Ne]3s^1$，於是它傾向於失去1個電子變成Na^+：[Ne]，就恰爲鈍氣

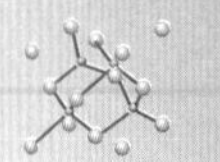

組態了。再如O的組態是$1s^2\ 2s^2\ 2p^4$，於是它傾向於獲得兩個電子：O^{2-}，以便變成$1s^2\ 2s^2\ 2p^6$，又成爲鈍氣組態了。

(2) 全滿組態(Filled full)：具備s^2或p^6或d^{10}者稱之。它類似鈍氣組態，只要不具有落單電子，化性往往很不活潑，當然，其安定性不若鈍氣組態。

(3) 半滿組態(Half full)：具p^3或d^5者稱之。雖然其上有許多不成對電子，但罕德規則促使其排列上必須分開在不同軌域排列，但正由於這樣，使其具有更大的交換能(exchange energy)，因而較安定。

4. 特殊的電子組態：

(1) $_{24}Cr$的電子組態若按照課文重點 *1.* 的原則，應該是：$1s^2 2s^2 2p^6 3s^2 3p^6 4s^2 3d^4$，但因重點 *3.*-(3)提及$d^5$半滿較安定，因而正確的組態爲$1s^2 2s^2 2p^6 3s^2 3p^6 4s^1 3d^5$。

(2) 同理，$_{29}Cu$的電子組態本應是$1s^2 2s^2 2p^6 3s^2 3p^6 4s^2 3d^9$，也因重點 *3.*-(2)提及$d^{10}$全滿組態會很安定，因而正確的組態爲$1s^2 2s^2 2p^6 3s^2 3p^6 4s^1 3d^{10}$。

(3) 其實，特殊組態不只是上述(1)、(2)兩點所提及者，原則上，只要價組態是nd^4或nd^9，都要作類似的調整(除了元素鎢 W 之外)。

5. 電子組態和磁性：

一原子或分子中之未成對(unpaired)電子能由其在磁場中的性質而判定之。

(1) 順磁性物質(Paramagnetic substances)：一物質有未成對的電子會被磁場所吸引，且其磁距(magnetic moment)和未成對的電子數目成正比。

(2) 逆磁性物質(Diamagnetic substances)：一物質其電子皆成對時，會被磁場輕微的排斥。

6. 基態、激態與禁制態：

(1) 電子排列情形，若遵守上述課文重點 *1.* 中的三原則者，能量較穩定，稱爲基態(Ground state)。

(2) 電子排列時，若違反了構築原理或罕德規則者，能量呈現較不安定狀態，稱爲激發態(Excited state)，電子可以由基態吸收能量昇至較高的激發態。這樣的過程稱之爲激發。

例一：$1s^2 2s^1 \xrightarrow[\text{吸收能量}]{\text{激發}} 1s^2 3s^1$

基態　　　　激發態(違反構築原理)

例二：$\underset{1s}{\uparrow\downarrow}$　$\underset{2s}{\uparrow\downarrow}$　$\underset{2p}{\uparrow\ \ \uparrow\ \ \_}$ $\xrightarrow[\text{吸收能量}]{\text{激發}}$ $\underset{1s}{\uparrow\downarrow}$　$\underset{2s}{\uparrow\downarrow}$　$\underset{2p}{\uparrow\downarrow\ \ \_\ \ \_}$

基態　　　　激發態(違反罕德規則)

(3) 若違反庖立不相容原則，則稱爲禁制態(forbidden)。

7. 離子組態：先寫出原子組態後，再獲得(或失去)最外層的電子。例如：要寫出Fe^{3+}的組態，其步驟如下：

(1) 先寫出 Fe 原子的組態：$1s^2 2s^2 2p^6 3s^2 3p^6 4s^2 3d^6$。

(2) Fe^{3+}表示失去 3 個電子，而失去時，必須由最外層的4s先失去，失去 3 個電子後，變成$1s^2 2s^2 2p^6 3s^2 3p^6 3d^5$。

8. 等電子組態(Isoelectronic configuration)：

(1) 電子排列情形相同者，稱之。例如：

$_{11}Na^+$：$1s^2 2s^2 2p^6$與$_{10}Ne$：$1s^2 2s^2 2p^6$

(2) 電子數相同，電子組態不一定相同。例如：

$_{24}Cr$：$1s^2 2s^2 2p^6 3s^2 3d^5 4s^1$

$_{26}Fe^{+2}$：$1s^2 2s^2 2p^6 3s^2 3p^6 3d^6$

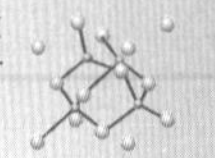

(3) 若不涉及d元素者，其實電子數相同即算是等電子組態，如(1)點中提及的$_{11}Na^+$及$_{10}Ne$，都是10個電子，於是便算是等電子組態。

(4) 意義：化性是由價電子數決定，因此，組態一樣，表示其化性是類似的。如$_{11}Na^+$類似$_{10}Ne$，$_5B^-$就會類似$_6C$，而$_7N^+$也會類似$_6C$。

9. 認識週期表：

(1) A族元素，又稱典型元素(representative elements)，指價組態具有ns或np者，共有八族。

(2) B族元素，又稱過渡元素(transition elements)，指價組態具有nd型態者。也有八族，分佈在週期表的十行中。

(3) f族爲內過渡金屬，指價組態有nf型態者。其中填入$4f$者稱爲鑭系(La)元素，填入$5f$這爲錒系(Ac)元素。

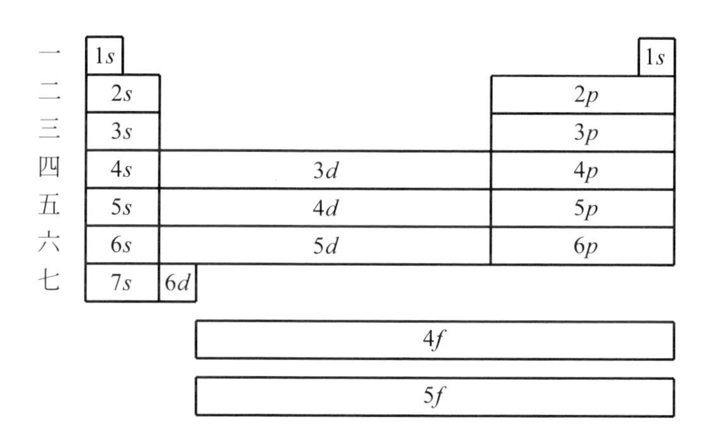

圖1-18 週期位置與軌域的關係

(4) 由以上圖表可知填入$3d$者爲第四週期，填入$4d$，$5d$者則爲第五、六週期。而填入$4f$者，則爲第六週期，填入$5f$者爲第七週期(本文中爲何不提$2d$，$3f$…呢？)

範例 61

Which ground-state electron configuration is incorrect?

(A)Cr:[Ar]$3d^6$ (B)Ca:[Ar]$4s^2$ (C)Zn:[Ar]$3d^{10}4s^2$ (D)Na:$1s^22s^22p^63s^1$ (E) Kr:[Ar]$3d^{10}4s^24p^6$. 【85 中山】

解：(A)

應更正為[Ar]$4s^13d^5$。

範例 62

矽(Silicon)含有兩個不成對電子是肇因於下列何種原理或準則？

(A)罕德定則(Hund's rule) (B)填充原理(Aufbau principle) (C)庖立不相容原理(Pauli exclusion principle) (D)波爾模型(Bohr's model)。 【86 私醫】

解：(A)

Si:$1s^22s^22p^63s^23p^2$，其中最外層的$3p^2$依Hund's rule必須排成↑ ↑ __，不可是↑↓ __ __，或↑ ↓ __。

範例 63

有甲、乙兩組之電子組態：(甲)$1s^22s^22p^63s^2$(乙)$1s^22s^22p^63s^16s^1$

已知甲、乙均為中性原子之電子組態，請指出下列何者不正確？

(A)由甲移去一個電子所需能量較由乙移去一電子為多 (B)甲、乙代表二不相同之元素 (C)將甲變為乙需吸收能量 (D)甲是基態，乙是激態。

【84 二技環境】

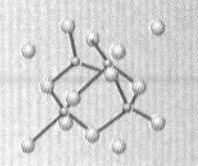

解：(B)

其實甲與乙都是指鎂，只不過乙沒有遵守構築原理(∵3*s*尚未填滿就已佔據了6*s*)，因此甲是基態的鎂，而乙是激態的鎂，也因爲乙處在能量較高的狀態，所以要移去一個電子就較容易些。

範例 64

銅原子(Cu)在基態時，其*s*軌域上共有幾個電子？
(A)5　(B)6　(C)7　(D)8。　【82 二技動植物】

解：(C)

銅是特殊組態，組態如下：
$1s^2 2s^2 2p^6 3s^2 3p^6 4s^1 3d^{10}$，填入*s*的電子共有 7 個。

類題

鉻(Cr)原子序爲 24，當其電子組態是處於基礎狀態(ground state)，下列有關其電子組態及磁性的描述，何者爲正確？
(A)[Ar]$4s^1 3d^5$，順磁　(B)[Ar]$4s^2 3d^4$，順磁　(C)[Ar]$4s^3 3d^3$，順磁　(D)[Ar]$4s^2 3d^4$，逆磁。　【86 二技材料】

解：(A)

範例 65

The electron configuration for iron in the 2 + state is
(A)Ar$4s^2 3d^4$　(B)Ar$3d^6$　(C)Ar$4s^1 3d^5$　(D)Ar$4s^2 4d^4$　(E)Ar$4d^6$.　【84 成大化工】

解：(B)

⑴ 先寫出Fe的組態：$[Ar]4s^2 3d^6$

⑵ 再移走2個電子，便成Fe^{2+}的組態：$[Ar]3d^6$

範例 66

All of the following species are isolelectonic except

(A)S^{2-} (B)Na^+ (C)Ar (D)Cl^- (E)K^+. 【85 中山】

解：(B)

觀察週期表的相對位置便知，見下圖的局部週期表。

			O	F	Ne
Na	Mg		S	Cl	Ar
K	Ca				

S,Cl,Ar,K,Ca，互成左鄰右舍，而Na必須與O,F,Ne,Mg才形成左鄰右舍，鄰近關係，可因加減電子而成為等電子。

範例 67

Which neutral atom has the most unpaired electrons?

(A)Ca ($Z=20$) (B)Al ($Z=13$) (C)Si ($Z=14$) (D)As ($Z=33$) (E)S ($Z=16$). 【86 台大 C】

解：(D)

⑴ 觀察週期位置而寫出價組態。

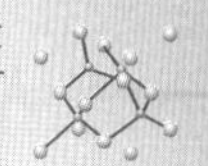

(2) 不成對電子只可能發生在價組態，因此依據罕德規則再排列便得知不成對電子數。

(3) Ca：[Ar]$4s^2$⇒全滿，∴不成對電子＝0
Al：[Ne]$3s^2 3p^1$⇒不成對電子＝1
Si：[Ne]$3s^2 3p^2$⇒不成對電子＝2
As：[Ar]$4s^2 4p^3$⇒不成對電子＝3
S：[Ne]$3s^2 3p^4$⇒不成對電子＝2

類題

在基態，下列何者是順磁性？
(A)Cu^+　(B)Ni^{2+}　(C)Zn　(D)Ca。　【83 二技動植物】

解：(B)

(A)[Ar]$3d^{10}$　(B)[Ar]$3d^8$　(C)[Ar]$4s^2 3d^{10}$　(D)[Ar]$4s^2$
(A)(C)(D)均是全填滿，是逆磁性的。

範例 68

Which of the following sets of the four quantum numbers n, l, m_l, and m_s describes one of the outermost electrons in a ground state strontium atom?
(A)$5,1,1,\frac{1}{2}$　(B)$5,0,0,-\frac{1}{2}$　(C)$5,0,1,\frac{1}{2}$　(D)$5,1,0,\frac{1}{2}$　(E)$5,2,1,-\frac{1}{2}$.
【82 清大】

解：(B)

(1) Sr 原子位於第五週期，∴$n=5$

(2) Sr 原子位於第二族，價組態爲s^2，而s軌域的$l=0$，$m=0$

範例 69

如庖立不相容原理改爲每一副軌域最多容納 3 個電子時，鈍氣的原子序應爲

(A)3,15,42,90　(b)3,15,27,54　(c)3,11,19,37　(d)1,5,9,18。

解：(B)

傳統的庖立不相容原理只允許兩個電子存在，今改成 3 個電子，累積填入的電子數勢必爲原有的$\frac{3}{2}$倍，因此只要將現今的鈍氣原子序也乘以$\frac{3}{2}$即得：

$(2,10,18,30\cdots\cdots)\times\frac{3}{2}=3,15,27,54\cdots\cdots$

範例 70

下列電子組態表示各中性原子最高能階的電子組態，試回答各問題：

A：$4s^2$　B：$4p^2$　C：$4p^4$　D：$3d^3$　E：$4f^2$

⑴ A 的原子序：________　⑵ B 元素有若干個p電子：________

⑶ C 元素有若干個不成對電子：________

⑷ C 元素爲第幾族元素：________

⑸ D 爲第幾族元素：________　⑹ E 元素爲第幾週期元素：________。

解：⑴ 20　⑵ 14　⑶ 2　⑷ 6A 族　⑸ 5B 族　⑹第六週期

⑴ 最外層既爲 4 ($4s^2$)，表示是第四週期的第 2 個元素，而第三週期就是以 Ar 收尾($Z=18$)，所以其原子序是 $18+2=20$。

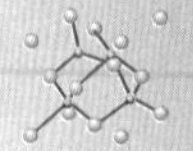

(2) 外層會填入$4p^2$，表示其內層組態已涵蓋$2p^6$及$3p^6$，所以填在p軌域的電子共有$6 + 6 + 2 = 14$。

(3) ns^2np^4，將ns上的2個電子及np上的電子加起來，湊巧就是A族的族數。

(4) $ns^2(n-1)d^3$，將ns上的2個電子及$(n-1)d$上的電子加起來，則是B族的族數。

(5) 參考課文重點9.-(4)。

範例 71

一中性原子X具有15個電子，試不看週期表回答下列問題：

(A)原子序爲多少？

(B)此原子重量約爲多少？

(C)s電子的總數爲多少？

(D)此元素爲金屬，非金屬或半導體？

(E)此元素的一般氧化態有哪幾種？

(F)此元素與鈉化合的二元化合物之實驗式是什麼？

(G)此元素與氯化合的二元化合物之實驗式是什麼？

解：(A)中性原子，電子數＝質子數＝原子序，$\therefore Z = 15$。

(B)在原子序前20號中的各原子，其原子量大約是原子序的2倍大(更詳細的探討，請見第6章單元一)。因此原子量大約是30。

(C)電子組態爲$1s^22s^22p^63s^23p^3$，可見共具有6個s電子。

(D)從其組態可見其傾向於獲得電子，因此是非金屬。

(E)它可能的得失電子情形如下：

(1) $1s^2 2s^2 2p^6 3s^2 3p^3 \xrightarrow[\text{個電子}]{\text{失去 3}} 1s^2 2s^2 2p^6 3s^2 \Rightarrow X^{3+}$
獲致全滿組態

(2) $1s^2 2s^2 2p^6 3s^2 3p^3 \xrightarrow[\text{個電子}]{\text{失去 5}} 1s^2 2s^2 2p^6 \Rightarrow X^{5+}$
獲致鈍氣組態

(3) $1s^2 2s^2 2p^6 3s^2 3p^3 \xrightarrow[\text{個電子}]{\text{獲得 3}} 11s^2 2s^2 2p^6 3s^2 3p^6 \Rightarrow X^{3-}$
獲致鈍氣組態

因此它可能帶有的氧化數是＋3，＋5，－3。

(F)因為 Na 易帶＋1 氧化數，因此 X 元素取－3 與Na^+配合⇒Na_3X。

(G)因為 Cl 易帶－1 氧化數，因此 X 元素取＋3 或＋5 與Cl^{-1}配合結果⇒XCl_3或 XCl_5。

範例 72

假設發現了原子序為 120 號的元素，則其

(A)氧化物、氫化物分子式為何？

(B)氯化物分子式為何，固體可否導電？

(C)欲抽取此一新元素中，應在下列何種礦物中尋找KCl，$BaSO_4$，Al_2O_3，VO_3，Gd_2O_3。

解：(1) 現存週期表最後一個鈍氣的原子序是 86 號，你必須由週期表的排列規則先確知下一個鈍氣元素(尚未出現)的原子序為 118 號。

(2) 則 120 號是 118 號的下二位元素，那應該是第二族元素，雖然此 120 號元素尚未出現，但基於同族元素化性相近的特質，我們可以同族的其它夥伴來推測其個性。不如讓我們以Mg來作聯想。

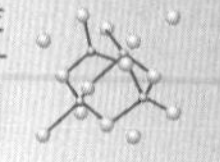

(A) 假設此新元素稱爲 X，既然 Mg 的氧化物寫成 MgO，氫化物寫成MgH_2，則 X 的氧化物應寫成 XO，氫化物應寫成XH_2。

(B) 既然Mg的氯化物寫成$MgCl_2$，且是離子化合物，固體是不會導電的，則 X 的氯化物應寫成XCl_2，同時也是不會導電的。

(C) 同族元素性質相近，也一定容易靠近而存在，因此選擇同是第二族的$BaSO_4$。

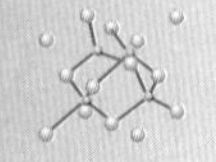

單元七：週期性

1. 沿著原子序的增加，若某性質的變化情形會週而復始，如同圖 1-19 者，便稱該性質具有週期性。例如：金屬特性、半徑大小、游離能、陰電性、熔(沸)點、酸鹼性……等等。

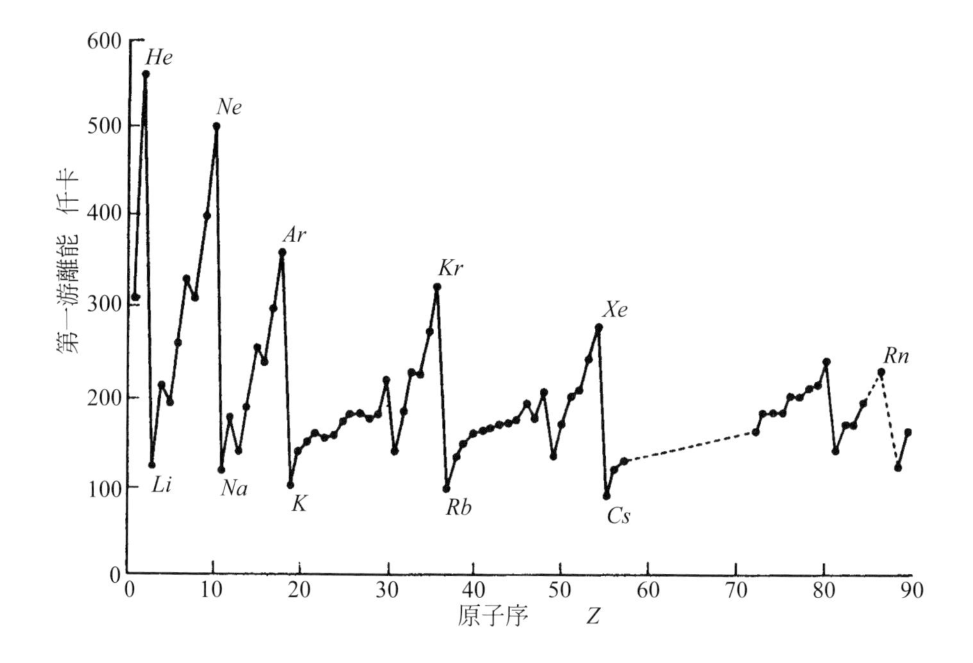

圖 1-19　第一游離能與原子序的關係圖

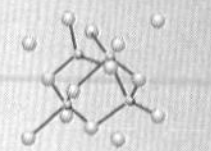

2. 金屬性與非金屬性：

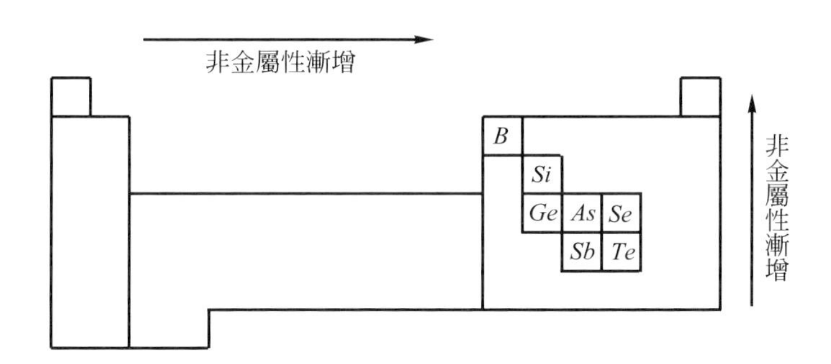

(1) 金屬與非金屬的物性、化性比較表

金　　屬	非金屬
物理性質	
高熔點的固體，產生高沸點的液體 不透明 有光澤的，反射很多波長的光線 高密度，質堅 熱、電的良導體 有延展性的柔軟	氣體或低熔點的固體，產生低沸點的液體 常常是透明或半透明 無光澤的，甚少反射光或易吸收光 低密度，質軟 絕緣體 易脆，脆弱
化學性質	
不常與氫形成化合物 氧化物與氫氧化物呈鹼性 鹵化物通常爲離子性的 形成簡單的陽離子；錯合的陰離子和陽離子	常與氫形成化合物 氧化物與氫氧化物呈酸性 鹵化物通常爲共價性的 形成簡單及錯合的陰離子；甚少形成陽離子

(2) 由非金屬性變化圖知Li，Na，K，Rb，Cs中以Cs的金屬性最強，而F_2，Cl_2，Br_2，I_2中則以F_2的非金屬性最強。

(3) 愈靠週期表左側的金屬愈易失去電子形成鈍氣組態，所以金屬易形成陽離子，例如：Na因易形成Na^+離子，因此我們稱Na原子很活潑，平時應貯存在煤油中，避免讓它與水接觸，否則它們將進行以下反應：

$$Na + H_2O \longrightarrow NaOH + \frac{1}{2}H_2$$

(4) 愈靠週期表右側的非金屬愈易得到電子形成鈍氣組態，(這是因獲得電子比失去電子更快獲致鈍氣組態)。所以非金屬易形成陰離子，例如：Cl_2易形成Cl^-離子。因此我們稱呼Cl_2元素很活潑。當然，若我們將很活潑的鈉元素與很活潑的氯元素碰上了。一個很容易失去電子，而另一個又很容易搶奪電子，因此反應是一觸即發的，見以下反應式：

$$2Na + Cl_2 \longrightarrow 2NaCl$$

(5) 週期性是漸漸變化的，因而當位置介於金屬於非金屬之間便出現了性質介於兩者之間的半導性元素(semiconduct element)或稱爲半金屬(semimetal)。它們是 B，Si，Ge，As，Sb，Se 及 Te，它們在週期表上恰呈對角線。

(6) 導體的導電性會隨溫度的升高而下降，因此超導現象目前的技術只能存在低溫，但半導體及絕緣體的導電性則隨溫度的升高而升高。

3. 半徑大小：

(1) 原子半徑。由 A-A 鍵長除以 2 便是 A 的原子半徑。由 A-B 鍵長減去 A 的原子半徑便是 B 的原子半徑。

① 某些金屬或合金的電阻，會隨著溫度下降而減少，而在某一溫度(稱爲轉移溫度 Tc)以下，驟然地變成零。這種現象稱爲超導性。1911 年首次在 Hg 中發現此現象。

② 高溫超導體：一種具有鈣鈦結構(perovskites)的氧化物金屬含 Cu，IIA 族及稀土元素，例如$YBa_2Cu_3O_x$，x 將 6.5 到 7，Cu 分別含Cu^{2+}及Cu^{3+}。

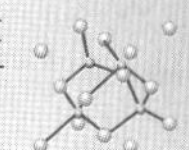

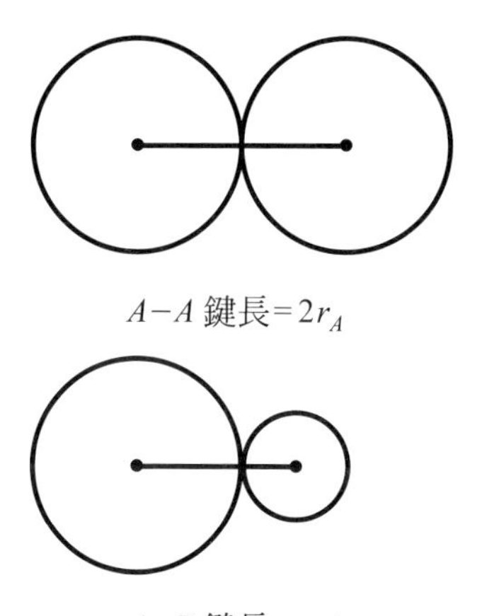

$A-A$ 鍵長$=2r_A$

$A-B$ 鍵長$=r_A+r_B$

(2) 一元素的陽離子半徑比原子半徑小很多，而陰離子比原子半徑大許多。如 Na ≫ Na^+，Cl^- ≫ Cl。所以通常$r_- > r > r_+$。

(3) 等電子組態者，原子序愈大者，核中心電荷較大，對外層電子吸引力較強，因此半徑會較小。如${}_9F^- > {}_{10}Ne > {}_{11}Na^+$，但湊巧的是此規律也符合(2)點所提的次序，$r_- > r > r_+$。

(4) 帶有相同電荷者，半徑沿族漸增，這是因n值(主量子數)愈大。

(5) 帶有相同電荷者，半徑沿週期漸減，這是因沿每一週期，有效核電荷漸增，對外層電子吸引力較大，電子雲受吸引而收縮，以致半徑漸小。

(6) d過渡元素沿週期方向，半徑縮小，但相差不大，且最後幾個元素有變大趨勢。

(7) 對角關係(diagonal relationship)可解釋如下：當一週期由左至右方哪一個元素間金屬性之減低至少部份可藉移到下一族較大元素原子獲得補償。因而對角線元素彼此相似。例如：Li 的半徑類似 Mg 的半徑。Be 的半徑類似 Al 的半徑。

4. 游離能(Ionization energy)：

(1) 定義：

自氣態原子移去被束縛最鬆的電子所需的能量，稱爲游離能。以能階的觀念來說，就是將原子中位於最外層，最高能階的電子移到$n=\infty$處所需之能量。

① 移去第一電子所需之能量稱爲第一游離能，簡稱游離能I_1。

$$A_{(g)} \longrightarrow A^+_{(g)} + e^- \qquad \Delta H = I_1$$

② 移去第二電子所需之能量稱爲第二游離能，簡稱游離能I_2。

$$A^+_{(g)} \longrightarrow A^{2+}_{(g)} + e^- \qquad \Delta H = I_2$$

③ 移去第三電子所需之能量稱爲第三游離能，簡稱游離能I_3。

$$A^{2+}_{(g)} \longrightarrow A^{3+}_{(g)} + e^- \qquad \Delta H = I_3$$

(2) 游離能之大小傾向：

① 同一元素的連續游離能$I_1 < I_2 < I_3 <$……見表1-6。

② 等電子組態，原子序愈大者，游離能愈大。如$_{11}Na^+ > {}_{10}Ne > {}_9F^-$。

③ 游離能沿族漸減。

④ 游離能沿週期漸增，但會有兩處發生例外，見圖1-20(a)。

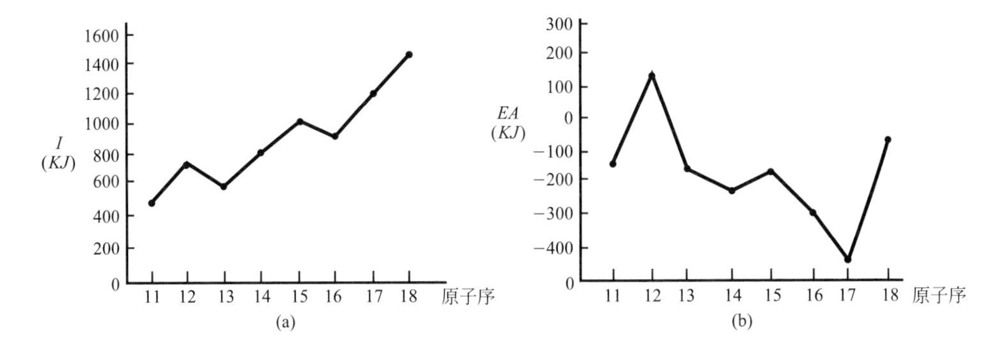

圖1-20 第二列元素的游離能(a)及電子親和力(b)

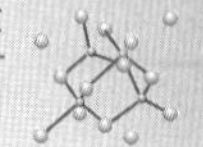

第一處例外發生在 Mg 處，第二處發生在 P 處，這可由電子組態解釋，Mg 在游離前呈現安定的全滿組態。

$$\text{Mg}：[\text{Ne}]3s^2 \xrightarrow{\text{游離後}} [\text{Ne}]3s^1$$

全滿組態很安定

使其抗拒電子的失去。因此游離能反而高過下一個原子Al。同樣地，P 呈現半滿組態；因此也較 S 原子稍難游離。

(3) 第n游離能的比較，則可依據第一游離能的關係，建立成下表，表中呈現了規律的變化，數字愈大代表游離能愈大。

表 1-5　I_n表

族數	ⅠA	ⅡA	ⅢA	ⅣA	ⅤA	ⅥA	ⅦA	ⅧA
I_1	1	3	2	4	6	5	7	8
I_2	8	1	3	2	4	5	6	7
I_3	7	8	1	3	2	4	5	6
I_4	6	7	8	1	3	2	4	5
⋮								

(4) 游離能與價電子的關係：

由連續游離能大小判斷價電子數：

觀察一元素之諸多游離能，若其第n-th 游離能與$n+1$-th 游離能數值相差甚大，可判斷其具有n個價電子。

(5) 單電子物種(Hydrogen like) $I=-E_n$

(6) 所有元素中，I_1值最大的是 He，最小的是 Cs。

表 1-6

	Na ($3s^1$)	Mg ($3s^2$)	Al ($3s^23p^1$)	Si ($3s^23p^2$)	P ($3s^23p^3$)	S ($3s^23p^4$)	Cl ($3s^23p^5$)	Ar ($3s^23p^6$)
I_1	496	738	578	786	1012	1000	1251	1521
I_2	4562	1451	1817	1577	1903	2251	2297	2666
I_3	6912	7733	2745	3232	2912	3361	3822	3931
I_4	9543	10540	11577	4355	4956	4564	5158	5771
I_5	13353	13629	14831	16091	6274	7013	6540	7238
I_6	16610	17994	18377	19784	21268	8495	9362	8781
I_7	20114	21703	23294	23776	25397	27106	11018	11995
I_8	25489	25655	27459	29251	29853	31669	33604	13841

5. 電子親和力(Electron affinity)EA：

(1) 定義：電子親和力：氣態中性原子，獲得一個電子時，所產生的能量變化，稱爲電子親和力。

$$A_{(g)} + e^- \longrightarrow A^-_{(g)} \qquad \Delta H = EA$$

例：$Cl_{(g)} + e^- \longrightarrow Cl^-_{(g)}$　　$\Delta H = -348$ kJ/mole

$F_{(g)} + e^- \longrightarrow F^-_{(g)}$　　$\Delta H = -333$ kJ/mole

(2) 電子親和力之性質：

① 大多數原子的電子親和力爲放出能量，ΔH爲負值。

② 少數原子如IIA，VIIIA 族，VA 族之 N 的電子親和力爲吸收能量，ΔH爲正值。此因IIA，VIIIA，VA族有半塡滿或全滿軌域，不易吸收外來電之故。

③ 同族元素之電子親和力由上往下放熱漸減。(愈來愈小)，但第二位元素往往是最大的。

④ 同列之電子親和力通常由左而右愈來愈大。見圖 1-20(b)。

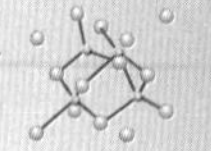

⑤　大多數原子的第二電子親和力為吸收能量，ΔH為正值。

例：$O_{(g)} + e^- \longrightarrow O^-_{(g)}$　　$\Delta H = -142$ kJ/mole

$O^-_{(g)} + e^- \longrightarrow O^{-2}_{(g)}$　　$\Delta H = +710$ kJ/mole

⑥　所有元素電子親和力最大者為Cl，其值為－348 kJ/mole。所有元素游離能最小者為 Cs，其值為 377 kJ/mole。所以，所有元素的游離能必大於所有元素的電子親和力。

⑦　一些元素的EA值列表於下：可看出前三名都是鹵素，這是因鹵素原子獲得電子後，可變成安定的鈍氣組態。

表 1-7　一些元素的$E.A$(eV)

H 0.754	Be ≦0	B 0.24	C 1.27	N ～0	O 1.47	F 3.34	Ne ≦0
	Mg ≦0	Al 0.57	Si 1.24	P 0.77	S 2.08	Cl 3.61	
		Ga 0.37	Ge 1.2	As 0.8	Se 2.02	Br 3.30	
		In 0.35			Te 1.97	I 3.06	

6.　陰電性(Electronegativity)：

(1)　性質：

①　陰電性沿週期增加。

②　陰電性沿族減小。

③　過渡元素比典型元素缺乏規則性。

④　金屬有低陰電性。非金屬有高陰電性。

⑤　陰電性差等於或大於 2 的原子形成離子鍵。

⑥ EN值最大的是F，其次依序為O，N(Cl)。最小者為Cs。

(2) EN值在化學上有很多解釋的用途。它可用來判斷：①鍵的極性②鍵的強度③離子性的傾向④酸性次序……等等。這些將在往後的章節中提及。

表 1-8　一些元素的$E.N$

H 2.1																
Li 1.0	Be 1.5											B 2.0	C 2.5	N 3.0	O 3.5	F 4.0
Na 0.9	Mg 1.2											Al 1.5	Si 1.8	P 2.1	S 2.5	Cl 3.0
K 0.8	Ca 1.0	Sc 1.3	Ti 1.5	V 1.6	Cr 1.6	Mn 1.5	Fe 1.8	Co 1.8	Ni 1.8	Cu 1.9	Zn 1.6	Ga 1.6	Ge 1.8	As 2.0	Se 2.4	Br 2.8
												In 1.7	Sn 1.8	Sb 1.9	Te 2.1	I 2.5

7. 氧化物的酸性傾向：

(1) 金屬的氧化物在水中呈現鹼性，如：

$$Na_2O + H_2O \longrightarrow 2NaOH$$
$$CaO + H_2O \longrightarrow Ca(OH)_2$$

(2) 非金屬的氧化物在水中呈現酸性，如：

$$SO_2 + H_2O \rightleftharpoons H_2SO_3 \qquad NO_2 + H_2O \rightleftharpoons HNO_3$$
$$CO_2 + H_2O \rightleftharpoons H_2CO_3$$

但低氧化數者，則不易察覺其酸性(如CO、NO)

[註]：天然雨即使不含導致酸雨成份，但仍是微酸性的，就是因含有CO_2的關係，另外汽水含豐富CO_2，因而也稱為碳酸飲料。

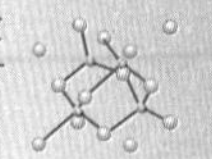

(3) 週期表中，位於金屬與非金屬之間的某些元素，其氧化物會呈現兩性現象。這些元素有 Be，Al，Ga，Sn，Pb，Zn，Cr。在週期表中恰呈現對角線位置。

以 Zn 爲例，闡明其兩性特性。

$ZnO + 2H^{+} \rightleftharpoons H_2O + Zn^{2+}$ (溶於酸，表示氧化鋅當作鹼)

$ZnO + 2OH^{-} + H_2O \rightleftharpoons Zn(OH)_4^{2-}$ (溶於鹼，表示氧化鋅當作酸)

8. 週期表的重要性質整理：

(1) 同列元素隨原子序增加而增大者 →
原子量，非金屬性，陰電性，價電子數，游離能(鋸齒狀)，氧化力，還原電位，氫化物之酸性

(2) 同列元素隨原子序增加而減小者 →
原子大小，金屬性，還原力，氧化電位，氫氧化物之鹼性

(1) 同族元素隨原子序增加而增大者 ↓
原子量，原子容，原子大小，金屬性，金屬活性，還原力，氧化電位，氫化物之酸性，氫氧化物之鹼性

(2) 同族元素隨原子序增加而減小者 ↓
非金屬性，非金屬活性，陰電性，游離能

9. 週期表中元素性質之最：

(1) 地殼中存量最多的元素爲 O，存量最多的金屬爲 Al。
(O ＞ Si ＞ Al ＞ Fe ＞ Na ＞ Ca ＞ K ＞ Mg)

(2) 原子容最大之元素爲 Cs，原子容最小之元素爲 B。

(3) 原子半徑最大之元素爲 Cs，原子半徑最小之元素爲 H。

(4) 熔點最高之元素爲 C，熔點最低之元素爲 He。

(5) 沸點最高之元素爲 W，沸點最低之元素爲 He。

(6) 最活潑之金屬爲 Cs，最活潑之非金屬爲 F_2。

(7) 游離能最大之元素爲 He，最小之元素爲 Fr。

(8) 陰電性最大之元素爲 F，最小之元素爲 Fr。

(9) 氧化電位最大之元素爲 Li，最小之元素爲 F。

(10) 密度最大之元素爲Os，最小之元素爲 H。

(11) 氧化數最高之元素爲Os，Ru。

(12) 電子親和力最大者爲Cl_2。

(13) 常溫下液態金屬爲Hg，液態非金屬爲Br_2，最難液化之氣體爲He。

(14) 金屬元素中①電之最良導體：Ag ②延展性最大 Au ③熔點、沸點最高 W。

範例 73

When arranged in order of increasing atomic number, the elements exhibit periodicity for all of the following properties EXCEPT

(A)atomic radii (B)atomic weights (C)ionization energy (D)boiling point (E)electronegativity. 【85 清大】

解：(B)

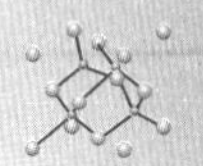

範例 74

下列哪些物質置入水中有強烈反應發生？

(A)金 (B)銀 (C)鋁 (D)鈉。 【85 二技衛生】

解：(D)

範例 75

具有下列最外層電子組態的原子中，最難形成離子的是：

(A)$2s^2 2p^2$ (B)$2s^2 2p^3$ (C)$3s^2 3p^1$ (D)$3s^1$。 【83 私醫】

解：(A)

沿一週期愈往右易形成陰離子，而愈往左易形成陽離子，位處中間者，則最難形成離子。

範例 76

Which of the following orders in atomic or ionic radii is correct?

(A)$I^+ > I > I^-$ (B)$Ca^{2+} > Mg^{2+} > Be^{2+}$ (C)$Br^- > Rb^+ > Kr$

(D)$N^{3-} > O^{2-} > F^-$ (E)$Ni^{2+} > Co^{2+} > Fe^{2+}$. 【79 台大乙】

解：(B)(D)

(A)應更正為$I^- > I > I^+$，(C)更正為$Br^- > Kr > Rb^+$(見重點 3.-(2))

(E)更正為$Fe^{2+} > Co^{2+} > Ni^{2+}$(見課文重點 3.-(5))

範例 77

將下列原子及離子之大小，依增加之次序排列：

Rb，Sr，Cs，Rb^+，Sr^{2+}，Cs^+。_________。【71 私醫】

解：⑴ 先依重點 3.-⑵，區分三大部份：Rb，Sr，Cs＞Rb^+，Cs^+＞Sr^{2+}

⑵ 第一部份再依重點 3.-⑷，⑸的週期變化，排列成 Cs＞Rb＞Sr
第二部份排成Cs^+＞Rb^+

⑶ 綜合以上，得正確次序為：Cs＞Rb＞Sr＞Cs^+＞Rb^+＞Sr^{2+}

範例 78

下列中性原子，何者之半徑最小？

(A)$1s^22s^22p^63s^1$　(B)$1s^22s^22p^63s^2$　(C)$1s^22s^22p^5$　(D)$1s^22s^22p^63s^23p^3$。

解：(C)

⑴ 探討週期關係時，沿“族”傾向變化比沿“週期”的變化明顯。

⑵ n值(主量子數)就代表著不同週期的比較，也就是沿“族”的比較。

⑶ 以上四者中只有(C)的價組態n值＝2 為最小，是第二週期，其餘三者都是第三週期元素。

範例 79

下列各組中游離能之大小比較，何者錯誤？

(A)He＞H＞Be＞Li　(B)Ne＞F＞O＞N　(C)Be^{2+}＞Li^+＞Ne　(D)Na^+＞Ne＞F^-。【84 私醫】

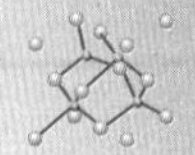

解：(B)

(A)用課文重點 *4.*-(2)-③及④判斷。

(B)應更正為 Ne ＞ F ＞ N ＞ O，見課文重點 *4.*-(2)之④，在第 II 及第 V 族處發生例外。

(C)及(D)見課文重點 *4.*-(2)-②。

範例 80

解釋硼之第一游離能小於鈹之第一游離能，然而硼之第二游離能大於鈹之第二游離能。

解：(1) $_5B：1s^22s^22p^1 \xrightarrow{-e^-} 1s^22s^2$

$_4Be：1s^22s^2 \xrightarrow{-e^-} 1s^22s^1$

鈹未游離前是全滿組態，因此較難游離。

(2) 游離第二個電子時，

$_5B^+：1s^22s^2 \xrightarrow{-e^-} 1s^22s^1$ 此游離電子是針對一全滿組態，因此此時反而對 B 較難。

$_4Be^+：1s^22s^1 \xrightarrow{-e^-} 1s^2$

範例 81

具有下列各電子組態之原子，何者之第一游離能為最大？

(A)$1s^22s^22p^2$ (B)$1s^22s^22p^3$ (C)$1s^22s^22p^4$ (D)[Ne]$3s^23p^3$ (E)[Ne]$3s^23p^4$。

解：(B)

(1) 先由沿族關係，決定 $n = 2$ 時，游離能往往比 $n = 3$ 時大。

(2) 而 $n = 2$ 的(A)(B)(C)中，再配合表 1-5 而選出了 5A 族的(B)為相對最大。

範例 82

從游離能能量系列：I_1 799，I_2 2422，I_3 3657，I_4 25019，I_5 32660 (單位 kJ/mol)，選出符合的原子

(A)C (B)Be (C)Li (D)B。 【86 私醫】

解：(D)

I_3與I_4相差甚遠，表示是 3A 族元素。

範例 83

就鉀原子而言，其外層電子第二游離能約為第一游離能的七倍；對鈣而言，則其第二游離能僅為第一游離能的兩倍。這一差異的原因在：

(A)Ca 原子的原子半徑大於 K (B)K 的陰電性高於 Ca (C)Ca^+的原子半徑大於K^+ (D)K^+為一類似惰性氣體的穩定結構。 【80 私醫】

解：(D)

範例 84

第二游離能以何者為最大？

(A)Na (B)Ar (C)Zn (D)Cs。 【77 私醫】

解：(A)

(1) 先由表 1-5 決定出I_2最大出現在 1A 族，因而先剔除了 B 及 C。

(2) 沿族往上，游離能較大，所以選 A。

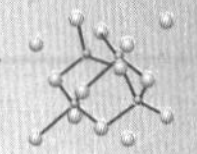

類題

第三列元素第四游離能最小者爲　(A)Mg　(B)Si　(C)Al　(D)Na。

解：(B)

範例 85

陰電性(electronegativity)是指：
(A)由原子移去一個電子所需能量　(B)將一電子加到原子所釋出的能量
(C)原子在一化學鍵中對電子的吸引力　(D)電子的負電荷大小。【85 私醫】

解：(C)

範例 86

下列敘述中，何者不正確？
(A)As_2O_3是酸性氧化物　(B)C 比 Si 有較高的游離能
(C)Br 比 S 有較高的電子親和力　(D)電子親和力總是爲負數。【81 私醫】

解：(D)

(A)As 是非金屬，因此其氧化物是酸性。
(B)沿族往上，游離能較大，C 在 Si 之上。
(C)鹵素的 EA 總是較大，因可獲致鈍氣組態。
(D)在圖 1-20(b)中，可以看到 EA 值大部份是負值，但 2A 及 8A 族，由於全滿及鈍氣組態，導致它們並不喜歡電子的親近，所以其 EA 值是正值。

範例 87

5A 族的磷，其電子親和力小於相鄰的矽及硫，請解釋。

解：5A族的電子組態爲ns^2np^3，恰爲安定的半滿組態，因此不喜歡另一額外電子的親近。

範例 88

下列各組中，何者具有較大的電子親和力：

(A)K^+，Cl^-　(B)K，Ca　(C)P，S　(D)O，S。

解：(A)K^+　(B)K　(C)S　(D)S。

範例 89

鹵素間氧化力強弱之順序爲：

(A)氟＞氯＞溴＞碘　(B)碘＞溴＞氯＞氟　(C)溴＞氯＞氟＞碘　(D)氯＞氟＞碘＞溴。　【75 私醫】

解：(A)

*EN*的應用，分佈在往後各章，在此先以本題示範。由於氧化力的定義爲「獲得電子的能力」(見第 11 章)，而*EN*恰爲描述吸引電子的強弱能力，因此*EN*值愈大，表示是愈強的氧化劑。

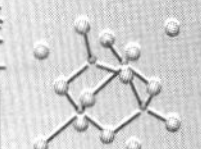

類題

下列鹵化氫還原能力，何者最強？

(A)氟化氫 (B)氯化氫 (C)溴化氫 (D)碘化氫 (E)大約相同。

解：(D)

I_2是最弱的氧化劑，則I^-是最強的還原劑。

範例 90

When K_2O is added to water, the solution is basic because it contains a significant concentration of

(A)K^+ (B)K_2O (C)O^{2-} (D)O_2^{2-} (E)OH^-. 【85 清大】

解：(E)

$K_2O + H_2O \longrightarrow 2KOH$

範例 91

下列氧化物中，何者不溶於水，但可溶於鹽酸或氫氧化鈉之水溶液中？

(A)SiO_2 (B)Ag_2O (C)BeO (D)Fe_2O_3。 【77 私醫】

解：(C)

題意就是指兩性氧化物。

綜合練習及歷屆試題

PART I

1. 下列關於陰極射線之敘述，何者正確？
(A)陰極射線爲電磁波(光) (B)陰極射線爲高速電子流 (C)陰極射線射向陰極 (D)陰極射線向電場負極彎曲 (E)陰極射線之性質和發射源無關。

2. 由Millikan的油滴實驗中得知
(A)原子的質量集中於原子核 (B)電子的電荷爲1.62×10^{-19} C (C)電子的質荷比爲1.758×10^{11} C/kg (D)電子帶陰電。 【77後中醫】

3. 密立根(Millikan)油滴實驗的原理爲下列何者？
(A)壓力與電力的平衡 (B)斥力與引力的平衡 (C)重力與電力的平衡 (D)聚力與張力的平衡。 【82私醫】

4. 有關拉塞福原子核存在實驗的下列敘述，何者爲正確？
(A)拉塞福以β粒子撞擊金屬箔 (B)拉塞福發現大部份用來撞擊的粒子皆透過金屬箔，只有少屬被反彈回來 (C)拉塞福的實驗顯示出湯木生的原子模型和實驗結果不合 (D)拉塞福的實驗證實原子核是帶正電，並且是原子大部份質量之集中所在 (E)拉塞福的實驗證實了中子的存在。

5. 拉塞福的金箔實驗是利用
(A)α-粒子 (B)β-粒子 (C)X-射線 (D)γ-射線 衝擊薄金片，推出原子的模型。 【73後中醫】

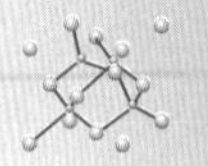

6. 質譜儀的功用
(A)可以測定原子大小　(B)可以測定原子堆積狀態　(C)可以測定原子質量　(D)可以測定分子慣性矩。【70私醫】

7. 氯有兩種同位素，其質量數分別爲35和37，而氯的原子量爲35.5，試問下列何者不屬於氯分子的質譜線？
(A)75　(B)71　(C)72　(D)74。【86二技動植物】

8. 已知氧的同位素^{16}O，^{17}O及^{18}O三種，若在質譜儀中氧的陽離子有O^{+}，O^{2+}，O_2^{+}三種，則理論上照像底片上可有幾線條？
(A)3　(B)6　(C)11　(D)9。

9. 對中性原子，其同位素中相同的是：
(A)原子序　(B)質子數　(C)電子數　(D)中子數　(E)質量數　(F)化性　(G)物性　(H)電子組態　(I)擴散速率　(J)反應速率　(K)放射性強度。

10. 下列何者不含中子及電子？
(A)$_1^1H^-$　(B)$_1^1H^+$　(C)$_3^7Li^+$　(D)$_2^4He$。【84二技環境】

11. HD^+離子含有
(A)1質子，1中子，1電子　(B)2質子，1中子，2電子　(C)1質子，2中子，0電子　(D)2質子，1中子，1電子。【71私醫】

12. 某金屬元素(M)質量數爲55，而其二價陽離子(M^{2+})具有23個電子，則此金屬元素原子核內含有幾個中子？
(A)23　(B)30　(C)32　(D)34。【86二技衛生】

13. 原子之結構，下列敘述何者錯誤？
(A)核中質子數和中子數之和稱爲質量數　(B)凡原子序相同，而質量數不同者稱爲同位素　(C)構成原子之基本粒子是原子核　(D)原子核中質子數稱爲原子序。【84私醫】

14. 關於$^{139}_{53}I^-$的敘述，下列何者不正確？
(A)質子數53　(B)中子數86　(C)電子數53　(D)質量數139。

【84私醫】

15. 下列電磁輻射中，何者之波長為最短？
(A)FM radio電波　(B)微波(microwaves)　(C)紫外線　(D)珈瑪射線。

【86二技材資】

16. 肉眼能察覺的波長，下列何者正確？
(A)5000Å　(B)5000nm　(C)50000Å　(D)50000nm。【73後中醫】

17. 下列有關光波之敘述，何者為正確？
(A)光包含X射線　(B)光之波長愈長則能量愈高　(C)所有光波以相同的速度進行　(D)所有光子具有相同之能量　(E)波長較長的光波有較大的頻率。

18. 愛因斯坦(Einstein)解釋光電效應是採用下列哪種觀念？
(A)光的波動性　(B)光的粒子性　(C)物質的波動性　(D)測不準原理。【80私醫】

19. 黃色光的波長為585nm，請問每個光子的能量：
(A)3.4×10^{-19} J　(B)4.4×10^{-19} J　(C)5.4×10^{-19} J　(D)6.4×10^{-19} J。

【86私醫】

20. 由X射線光譜顯示：銅之一個電子由$2p$降至$1s$軌域，放出波長1.54A的光，則此二軌域能量相差多少kCal/mole？
(A)1.86×10^5　(B)3.47×10^3　(C)313.6　(D)235.2。【71私醫】

21. 在光電效應中，鉋金屬之臨界波長為6600A(即大於此波長之光線照射金屬，不會產生光電子)，試問以5000A之光線照射鉋金屬，產生之光電子動能為何？($C=3.0\times10^8$m-sec^{-1}，$h=6.6\times10^{-34}$J-sec)
(A)6.6×10^{-34} J　(B)9.9×10^{-20} J　(C)6.9×10^{-19} J　(D)6.6×10^{-12} J。

【81二技】

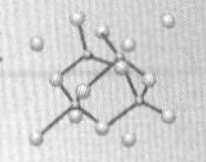

22. 若將氫原子之電子能階在$n=\infty$時定爲0，則第n能階之能量E_N可表示爲？
(A)$(-)\dfrac{313.6}{n^2}$ kCal/mole　(B)$(-)\dfrac{1312}{n^2}$ kJ/mole　(C)$(-)\dfrac{2.18\times10^{-18}}{n^2}$ J／個(D)$(-)\dfrac{13.6}{n^2}$ eV／個　(E)$(-)\dfrac{3.29\times10^{15}}{n^2}$ Cal／個。【83二技材料】

23. 鈣離子的火焰呈何種顏色？
(A)橙紅色　(B)白色　(C)綠色　(D)無色。【83二技材料】

24. 下列有關氫原子光譜之敘述，何者正確？
(A)有紫外光，可見光，紅外光區　(B)是一種連續光譜　(C)能量愈高，能階之間隔愈小　(D)理論上氫原子光譜可有∞個光區。

25. 下列氫原子之電子之軌域變換，何者可放出可見光？
(A)$4d\rightarrow3p$　(B)$4p\rightarrow2s$　(C)$3d\rightarrow2p$　(D)$2s\rightarrow1s$　(E)$4s\rightarrow2s$。

26. 氫原子光譜在紫外光區中，最低能量光譜線的頻率(振動／秒)爲多少？註：R爲賴得堡常數(Rydberg Constant)等於3.287×10^{15}(振動／秒)
(A)2.922×10^{14}　(B)3.081×10^{14}　(C)2.465×10^{14}　(D)2.465×10^{15}　(E)2.922×10^{15}。

27. n表主量子數，氫原子的電子作如下(甲)～(戊)之五種不同能階轉移：(甲)$n=7\rightarrow n=4$　(乙)$n=5\rightarrow n=3$　(丙)$n=4\rightarrow n=2$　(丁)$n=2\rightarrow n=1$　(戊)$n=\infty\rightarrow n=3$，則其所放射光波波長之比較，下列何者正確？
(A)(甲)＞(丙)　(B)(丙)＞(乙)　(C)(丁)＞(戊)　(D)(乙)＞(丁)　(E)(丙)＞(戊)。【80屏技】

28. 巴耳麥系列的收斂譜線，其頻率爲
(A)7.33×10^{14}　(B)8.24×10^{14}　(C)8.56×10^{14}　(D)9.02×10^{14}　(E)9.38×10^{14}　週／秒。

29. 在下列各種氫原子能階轉移變化中，哪一種情況可以發射出能量最大的光子？
(A)$n=5\rightarrow n=2$　(B)$n=9\rightarrow n=3$　(C)$n=3\rightarrow n=1$　(D)$n=4\rightarrow n=3$　(E)$n=2\rightarrow n=1$。

30. 已知$H_{(g)}+313.6\text{kcal}\longrightarrow H^+_{(g)}+e^-$，下列各項敘述何者不正確？
(A)第二能階能量$E_2=-78.4$ kcal/mol　(B)電子由$n=4$高能階返回$n=1$能階時可放出能量294 kcal/mol　(C)電子由第二能階提昇到第四能階恰需吸收215.6 kcal/mol之能量　(D)氫原子由$n=4$高能階返回基底狀態共可能放出3條紫外光區明線。　【84二技動植物】

31. 氫原子電子從較高能階轉移到$n=1$能階之光譜線稱為來曼系列(Lyman series)，若此系列最長之波長為121.5nm，則此系列之最短波長會趨近下列何者？
(A)$\frac{1}{4}\times$121.5nm　(B)$\frac{1}{2}\times$121.5nm　(C)$\frac{3}{4}\times$121.5nm　(D)$\frac{1}{3}\times$121.5nm。
【86二技動植物】

32. 有一賽車每小時平均速度263km，車與駕駛者大約重770kg，在此車的平均速度內，計算車和駕駛者的德布洛依長。

33. 球台上黑球重約300克，以300cm/sec的速度向底袋前進，假如我們決定球位置的誤差與光波長5000Å 的量相等，計算黑球動量的不準度和本身動量之比。

34. 如某電子以光速之1/10的速度前進，則其波長$\lambda=$________cm。($h=6.6252\times10^{-27}$ Erg/sec)　【70私醫】

35. 電子質量是9.1×10^{-31}kg，而某一電子的德布洛依(de Broglie)波長是8.7×10^{-11}m，則此電子的速度是多少m/s？(蒲朗克常數$h=6.63\times10^{-34}$ Js)
(A)8.4×10^3　(B)1.2×10^{-7}　(C)6.9×10^{-54}　(D)8.4×10^6。【83二技動植物】

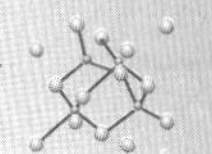

36. 量子力學的應用於原子構造主要得力於

(A)Einstein　(B)Schrödinger　(C)Planck　(D)Giaque。

37. 根據量子力學的理論，下列各項敘述，何者正確？

(A)利用攝譜儀，可以測定電子的運行軌域　(B)氫原子的光譜，是一種連續光譜　(C)氫原子的軌域，在主量子數等於 3 以內者，共有 14 個　(D)$2p$軌域與$3p$軌域的方向性不同　(E)多電子原子軌域的能量，僅取決於主量子數n。

38. 關於量子數，下列何者正確？

(A)n決定軌域之大小與能量　(B)l決定軌域之形狀　(C)m決定電子旋轉方向　(D)m決定軌域之方位　(E)s決定電子旋轉之方向。

39. 關於量子數與軌域，下列敘述何者正確？

(A)$n=4$，除了s，p，d軌域外，還有f軌域　(B)$n=4$，有 4 種軌域，16 個軌域數，可容納 32 個電子　(C)$l=4$，表示f軌域　(D)$l=4$，有 9 個軌域，可容納 18 個電子　(E)$l=4$，有 7 個軌域，可容納 16 個電子。

40. 量子數$l=3$代表：

(A)s　(B)p　(C)d　(D)f　副層軌域(subshell)。　【77 私醫】

41. 下列軌道中哪一個之能階最低？

(A)$4f$　(B)$5f$　(C)$6s$　(D)$5d$。　【74 後中】

42. 在$4p$的軌道中有幾個球形節(spherical node)

(A)1 個　(B)2 個　(C)3 個　(D)4 個。　【74 後中】

43. n表主量子數，l表角量子數，則在第n主能層上所能含最多電子數是

(A)$2(n+1)$　(B)$(n+1)$　(C)n^2　(D)$2n^2$。　【69 私醫】

44. 畫出下列各軌域：

(A)p_z　(B)d_{xy}　(C)$2s$。

45. 以量子數$n=2$，$l=1$，$s=+\frac{1}{2}$表示之電子數最多為：

(A)1 個　(B)3 個　(C)2 個　(D)6 個。【82 私醫】

46. 對氫的3s軌域而言，沿著z軸，從正無限遠，通過原子核到負無限遠，會遇到幾次節面(node)？(所謂節面即電子出現的機率為零的地方)

(A)1　(B)2　(C)3　(D)4。【81 二技動植物】

47. 原子模型或學說建立者有(A)波耳(B)道耳吞(C)湯木生(D)拉塞福，試排列其先後次序？

(A)BDCA　(B)BCDA　(C)BADC　(D)BCAD。

48. 在中性原子時，其能階高低正確者為：

(A)$ns>(n-1)d>(n-2)f>np$

(B)$(n-2)f>(n-1)d>np>ns$

(C)$ns<(n-2)f<(n-1)d<np$

(D)$nf>(n+1)d>(n+2)p>(n+2)s$(E)$(n+2)s>(n+1)d>nf$。

49. 上題中，若為似氫元素則能量最低之能階為

(A)$(n-2)f$　(B)$(n-1)d$　(C)ns　(D)np。

50. 下列何者是碳原子之基本電子組態(configurations of the ground state)？

	1s	2s	2Px	2Py	2Pz	3s
(A)	↑↓	↑↓	↑			↑
(B)	↑↓	↑↓	↑↓			
(C)	↑↓	↑↓	↑	↑		
(D)	↑↓	↑↓	↑	↓		。

【82 二技環境】

51. 電子構造為$1s^2 2s^2 2p^6 3s^2 3p^1$之原子是________。【67 私醫】

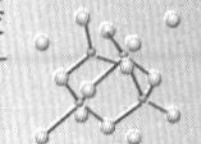

52. 在基態，O^{2-}離子具有多少個未成對電子？
(A)0 (B)1 (C)2 (D)3。 【83二技動植物】

53. 鉻的原子序為24，它有幾個不成對電子？
(A)3 (B)4 (C)5 (D)6。

54. ________原理乃是指：在相同原子中，沒有兩個電子具有相同之四種量子數。 【83私醫】

55. 下列各種離子中，何者具有鈍氣組態？
(A)$_{26}Fe^{2+}$ (B)$_{22}Ti^{4+}$ (C)$_{23}V^{3+}$ (D)$_{27}Co^{3+}$。 【85二技衛生】

56. 以下的電子組態，何者屬於激發狀態？
(A)$1s^22s^12p^1$ (B)$1s^22s^22p^6$ (C)$1s^13d^1$ (D)$1s^22s^22p^63s^2$ (E)$1s^22s^1$。

57. 釓(Gd)的原子序為64，屬鑭系元素，其最外層軌域之電子組態為$4f^n$、$5d^1$、$6s^2$，式中的n為
(A)14 (B)7 (C)13 (D)11。

58. 下列何者ns軌域僅有一個電子，且又屬於第一列過渡元素？
(A)鉻 (B)鉀 (C)鈦 (D)錳。

59. 依電子組態，試指出下列原子之基本狀態何者具有反磁性(diamagnetic)？(Z：原子序)
(A)Ba ($Z=56$) (B)Se ($Z=34$) (C)Zn ($Z=30$) (D)Si ($Z=14$)。
【82二技環境】

60. 下列為原子的電子組態，何者不可能存在？
(A)$1s^11p^1$ (B)$1s^22s^22p^5$
(C)[Ne]$3s^23p^33d^1$ (D)[Ne]$3s^23p^54s^25d^1$。 【85私醫】

61. 下列離子之電子組態(electron configuration)與鈍氣Ar不同是何者？
(A)S^{2-} (B)P^{3-} (C)Ca^{2+} (D)O^{2-}。 【83二技環境】

62. 關於原子軌域和電子組態，下列哪些敘述正確？
(A)氬原子3d軌域的能階，高於4s軌域的能階　(B)過渡金屬元素，最外層價電子的主量子數必定是大於或等於 3　(C)過渡金屬元素，其價電子皆是存在於d軌域之中　(D)在原子軌域中，存在有某些區域，電子出現的機率爲零　(E)放射性同位素發生衰變的原因，是因爲它們的電子組態不安定。

63. 下列電子組態中哪一種爲活性金屬原子之電子組態？
(A)$1s^2 2s^2 2p^1$　(B)$1s^2 2s^2 2p^6 3s^1$　(C)$1s^2 2s^2 2p^6 3s^2 3p^3$
(D)$1s^2 2s^2 2p^6 3s^2 3p^6$。

64. 某中性原子的電子組態爲$1s^2 2s^2 2p^6 3s^2 3p^5$，則其價電子數爲________。

65. 影響原子之化學性質最大的因素爲：
(A)價電子數　(B)原子半徑大小　(C)中子數　(D)質子數。

66. 某元素之中性原子電子組態爲$1s^2 2s^2 2p^6 3s^2 3p^6$，則此元素：
(A)易於導電及傳熱　(B)其游離能大於氯　(C)能形成雙原子分子
(D)爲單原子分子　(E)爲網狀固體。

67. 電子可用n，l，m，s四個量子數表示，則 Xe (Z：54)之基態中，多少個電子以
(A)$m = 0$　(B)$l = 2$　爲其一種量子數。　【77後西醫】

68. 下列何組電子組態具有最低的能量？
(A)3d　↑↓ ↑↓ ↑↓ ↑↓ ↑↓ ↑　4s ↑↓　4p _ _ _
(B)3d　↑↓ ↑↓ ↑↓ ↑↓ ↑↓ ↑　4s ↑　4p ↑ _ _
(C)3d　↑↓ ↑↓ ↑↓ ↑↓ ↑↓ ↑　4s ↑　4p ↑ ↑ _
(D)3d　↑↓ ↑↓ ↑↓ ↑↓ ↑↓ ↑↓　4s ↑　4p _ _ _。　【81二技環境】

69. 若m，s皆從正値先塡排，下列何種原子之最後一個電子四種量子數爲$n = 3$，$l = 1$，$m = -1$，$s = -1/2$
(A)Ne　(B)Ar　(C)P　(D)Cl　(E)S。

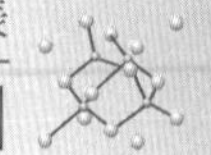

70. 下列哪兩種電子組態的元素有相同的化學性質？

1. $1s^22s^22p^4$ *2.* $1s^22s^22p^5$ *3.* $[Ar]4s^23d^{10}4p^3$ *4.* $[Ar]4s^23d^{10}4p^4$

(A) *1.*，*2.* (B) *1.*，*3.* (C) *1.*，*4.* (D) *2.*，*4.*。 【85二技動植物】

71. 現在已知的氣體元素，共有________種。

72. 週期表上具不完全塡滿之4*f*軌域電子的元素稱________。 【81私醫】

73. 下列四種元素中，何者之化學性質與其他三種有顯著的差異？

(A)Cu (B)Co (C)As (D)Ni。

74. 在第一列過渡元素中，哪二元素的性質最接近？

(A)Sc，Ti (B)V，Cr (C)Mn，Fe (D)Fe，Co (E)Cu，Zn。

75. 甲、乙、丙、丁四元素之原子序分別爲7，8，10，12。下列各對元素何者不能形成化合物？

(A)甲與乙 (B)丙與丁 (C)甲與丁 (D)乙與丁。

76. 下列何者是過渡金屬元素？

(A)V (B)Rb (C)Al (D)Be。 【83二技動植物】

77. 鈉和鉀金屬常貯存在：

(A)水中 (B)空氣中 (C)煤油中 (D)酒精中。 【83二技材資】

78. 下列哪一離子在人體中最易取代Ca^{2+}

(A)Cl^- (B)Sr^{2+} (C)K^+ (D)Pb^{2+}。 【81私醫】

79. 矽是半導體，與普通金屬不同，其導電性

(A)隨溫度升高而減少 (B)隨溫度升高而增加 (C)與溫度變化無關 (D)不由電子傳遞電流 (E)乃由鍵結之振動所引起。

80. 依據如下鍵距：N—Cl，174pm；Cl—F，170pm；F—F，142pm；則N之原子半徑爲________。 【84私醫】

81. 下列離子中，何者之半徑最大？

(A)O^{2-} (B)F^- (C)Na^+ (D)Mg^{2+}。 【82二技動植物】

82. 下列二價陽離子大小排列順序何者正確？
(A)$Fe^{2+}>Mn^{2+}>Ca^{2+}$　(B)$Fe^{2+}>Ca^{2+}>Mn^{2+}$　(C)$Ca^{2+}>Mn^{2+}>Fe^{2+}$(D)$Mn^{2+}>Ca^{2+}>Fe^{2+}$。　【83二技環境】

83. 下列答案中，何者的原子大小順序是正確的？
(A)B＞Al＞Ga　(B)Br＞Cl＞F　(C)O＞N＞C　(D)Li＞Na＞K。
【85二技衛生】

84. 具有最高游離能之元素為
(A)Mg　(B)P　(C)O　(D)C。

85. 下列各系列中游離能之大小順序，何者正確？
(A)$F^->Cl^->Br^->I^-$　(B)I＞Br＞Cl＞F　(C)Si＞Mg＞Al＞Na　(D)$Ne>Na^+>Mg^{2+}>Al^{3+}$。

86. 具有下列各電子組態之原子，何者之第一游離能最大？
(A)$1s^22s^22p^3$　(B)$1s^22s^22p^4$　(C)$[Ne]3s^23p^3$　(D)$[Ne]3s^23p^4$。
【82二技動植物】

87. 下列元素中何者的第二游離能最大？
(A)Li　(B)Be　(C)Ne　(D)Na。

88. 原子序為11，19，37，55四元素，其共同性質為何者？
(A)最外層之p軌域皆填滿　(B)最外層之s軌域只有一個電子　(C)電子皆成雙成對　(D)其第二游離能約為第一游離能之2倍。

89. 以下關於鈍氣元素的各項敘述中，正確的是
(A)在同列元素中游離能最大　(B)最外層電子組態均是s^2p^6　(C)在氣態及液態均是單原子分子　(D)是元素中存在量最少的，又稱稀有氣體　(E)均只能與氟氯等電負度極大的元素化合。

90. 比較Na，Al，C，Cl四元素嗜電子性傾向，最大是何者？
(A)Na　(B)Al　(C)Cl　(D)C。　【83二技環境】

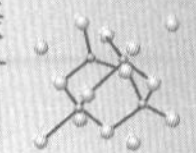

91. 下列敘述何者正確？
(A)氧化力依序為$F_2 > Cl_2 > Br_2 > I_2$ (B)酸的強度依序為 HF(aq)> HCl(aq)> HBr(aq)> HI(aq) (C)沸點的高低依序為 HF < HCl < HBr < HI (D)第一游離能依序為 F < Cl < Br < I。

92. 下列酸度強弱順序何者為誤？
(A)$H_2Te > H_2Se > H_2S$ (B)HI > HBr > HCl > HF (C)HOCl > HOBr > HOI (D)$HOIO_2 > HOBrO_2 > HOClO_2$。

93. 下列何者為兩性氧化物？
(A)Na_2O (B)SO_3 (C)K_2O (D)Al_2O_3。 【83二技材資】

94. 下列何者溶於水中會呈鹼性溶液？
(A)CO_2 (B)SO_3 (C)CaO (D)N_2O_5。 【85二技材資】

95. 下列敘述何者不正確？
(A)2B 族元素比同一列 2A 族元素有較高之游離能 (B)鋅原子比鈣原子小 (C)2B 族元素比同一列 2A 族元素有較高之陰電性 (D)2B 族元素比同一列 2A 族元素有較高之反應活性。 【84二技動植物】

96. 下列對鹵素族性質的描述，何者是錯誤的？
(A)酸強度：HF(aq)> HCl(aq)> HBr(aq)> HI(aq)
(B)離子半徑：$F^- < Cl^- < Br^- < I^-$
(C)水合(hydration)焓：$F^- < Cl^- < Br^- < I^-$
(D)被氧化的困難程度：$F^- > Cl^- > Br^- > I^-$。 【86二技材資】

答案： *1.*(BE) *2.*(B) *3.*(C) *4.*(BCD) *5.*(A) *6.*(C) *7.*(AB) *8.*(C) *9.*(ABCFH) *10.*(B) *11.*(D) *12.*(B) *13.*(C) *14.*(C) *15.*(D) *16.*(A) *17.*(AC) *18.*(B) *19.*(A) *20.*(A) *21.*(B) *22.*(ABCD) *23.*(A) *24.*(ACD) *25.*(BCE) *26.*(D) *27.*(AD) *28.*(B) *29.*(C) *30.*(C) *31.*(C) *32.* 1.18×10^{-38}m

33. $\frac{\Delta p}{p} = 1.17 \times 10^{-28}$ 34. 2.4×10^{-9} 35.(D) 36.(B) 37.(C)
38.(ABDE) 39.(ABD) 40.(D) 41.(C) 42.(B) 43.(D)
44.見圖 1-9 45.(B) 46.(D) 47.(B) 48.(C) 49.(A) 50.(C)
51. Al 52.(A) 53.(D) 54.庖立不相容 55.(B) 56.(AC)
57.(B) 58.(A) 59.(AC) 60.(A) 61.(D) 62.(BD) 63.(B)
64. 7 65.(A) 66.(BD) 67.(A)22(B)20 68.(D) 69.(B)
70.(C) 71. 11 72.鑭系元素 73.(C) 74.(D) 75.(B) 76.(A)
77.(C) 78.(B) 79.(B) 80. 75 81.(A) 82.(C) 83.(B) 84.(C)
85.(C) 86.(A) 87.(A) 88.(B) 89.(AC) 90.(C) 91.(A)
92.(D) 93.(D) 94.(C) 95.(D) 96.(A)

PART II

1. Joseph J. Thomson's cathode-ray tube experiments demonstrated that
   (A)α-Particles are the nuclei of He atoms.
   (B)The ratio of charge-to-mass for the particles of the cathode rays varies as different gases are placed in the tube.
   (C)The mass of an atom is essentially all contained in its very small nucleus.
   (D)Cathode rays are streams of negatively charged ions.
   (E)The charge-to-mass ratio of electrons is about 1800 times larger than the charge-to-mass ratio for a proton. 【82清大】
2. Which of the following particles has the largest charge-to-mass ratio? (A)a proton (B)a neutron (C)an α-particle (D)an electron (E) a Li^+ ion. 【85成大A】

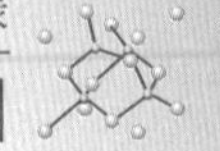

3. Which of the following properties regarding electron is correct? (A)fly from anode to cathode in Thomson tube (B)$e/m = 1.76\times10^8$ C/g (C)indivisible (D)dual property (wave and particle) (E) essentially identical with γ-ray. 【79台大乙】
4. Which of the following is the best definition of alpha particles?
   (A)Particles with the same mass as an electron but with one unit of positive charge
   (B)Particles with a mass approximately equal to that of a proton but with no charge
   (C)High-speed electrons
   (D)Helium nuclei consisting of two neutrons and two protons
   (E)None of the above. 【83中興A】
5. A magnet will cause the greatest deflection of a beam of
   (A)alpha particles (B)electrons (C)gamma rays (D)neutrons. 【81淡江】
6. Which is the symbol of the species that has 16 protons and 18 electrons?
   (A)$_{18}Ar$ (B)$_{16}S$ (C)$_{16}S^{2-}$ (D)$_{14}Si^{4-}$ (E)$_{16}S^{2+}$. 【85中山】
7. Which of the following wave properties is proportional to energy for electromagnetic radiation?
   (A)velocity (B)wave number (C)wavelength
   (D)amplitude (E)time for one cycle to pass a given point in space. 【82清大】
8. Calculate the energy of a single photon of red light with a wavelength of 700.0nm and the energy of a mole of these photons.($h = 6.626\times10^{-34}$J · s) 【79逢甲】

9. The "meter" has been defined as the length equal to 1650763.73 wavelengths of the orange-red line of the emission spectrum of krtpton-86 atom. Calculate (A)the wavelength and (B)the frequency of this orange-red radiation. 【85成大A】

10. What is the photoelectric effect? Explain it in detail (including the frequency and intensity of the incident light). Who introduced it to the quantum concept? 【83成大化學】

11. The experimental evidence which served as a basis Bohr's atomic theory was
(A)magnetic measurements (B)the behavior of atoms at low temperature (C)atomic spectra (D)atomic mass. 【84清大B】

12. Calculate the energy (in cm^{-1}) and the wavelength (in nm) of H_α line in atomic hydrogen emission spectrum.(Rydberg constant of hydrogen $R = 109678cm^{-1}$). 【83成大化學】

13. Lines in the Lyman series in the spectrum of atomic hydrogen arise from transitions to the $n = 1$ level. One of these lines has a wavelength of 103nm. What is the n quantum number of the electrons in the excited atoms that give rise to this line?
(h : 6.626×10^{-34} Js ; c : 2.997×10^{8} m/s ; Rydberg constant : 2.18×10^{-18} J.) 【83中興B】

14. On a planet where the temperature is so high, the ground state of an electron in the hydrogen atom is $n = 4$. What is the ratio of IE on this planet compared to earth?
(A)1 : 4 (B)4 : 1 (C)1 : 16 (D)16 : 1 (E)none of these.
【86成大A】

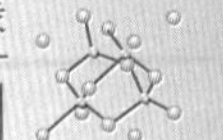

15. The amount of energy required to remove the electron from a Li^{2+} ion in its ground state is how many times greater than the amount of energy needed to remove the electron from an H atom in its ground state?

(A)2 (B)3 (C)4 (D)6 (E)9. 【85清大】

16. Which statements about an atom are CORRECT?

(A)The energies of electrons in a sodium atom are quantized.

(B)The electron in a hydrogen atom is moving in a circular path.

(C)The positively charged parts of atoms occupy only a very small fraction of the volume of the atom.

(D)By using proper techniques, one can determine simultaneously both the position and velocity of an electron in an atom.

(E)No two electrons in one atom can have all four quantum numbers identical.

【80台大丙】

17. Why don't we observe the wave properties of large objects such as baseballs? 【81成大化學】

18. What is (A)Planck's (B)Bohr's (C)Heisenberg's and (D) Schrödinger's contribution to the development of atomic theory?

【83淡江】

19. The π_{py} and π_{px} orbitals are of the same energy, that is, they are ________ orbitals.

(A)equal (B)overlapping (C)degenerate (D)atomic (E)resonance.

【83中興C】

20. Which of the following sets of quantum numbers describes the most easily removed electron in a boron atom in its ground state?

(A)$n=1, l=0$，$m=0$，$s=1/2$ (B)$n=2, l=1$，$m=0$，$s=1/2$
(C)$n=2, l=0$，$m=0$，$s=1/2$ (D)$n=3, l=1$，$m=1$，$s=-1/2$
(E)$n=4, l=1$，$m=1$，$s=1/2$. 【82 成大化學】

21. Which of the following sets of quantum numbers cannot exist?
(A)$n=2, l=0, m=0, s=1/2$ (B)$n=3, l=3, m=2, s=1/2$
(C)$n=1, l=0, m=0, s=1/2$ (D)$n=2, l=1, m=1, s=-1/2$
(C)$n=4, l=0, m=0, s=1/2$. 【83 中興 B】

22. (A)What is the designation for the subshell with $n=5$ and $l=1$?
(B)How many orbitals are in the subshell?
(C)Indicate the value of m for each of these orbitals. 【80 中興土壤】

23. Please write the all orbitals associated with the principal quantum number $n=3$? 【84 成大化學】

24. Which of the following orbital diagrams represents an atom giving a diamagnetic compound?

	1*s*	2*s*	2*p*
a.	(↑↓)	(↑↓)	(↑↓)(↑↓)(↑↓)
b.	(↑↓)	(↑↓)	( )( )( )
c.	(↑↓)	(↑↓)	(↑↓)(↑)(↑)

(A)b only (B)a,b,and c (C)a and b only
(D)a only (E)c only. 【84 中山】

25. An atom containing an odd number of electrons is
(A)diamagnetic (B)paramagnetic (C)ferromagnetic (D) antiferromagnetic. 【81 淡江】

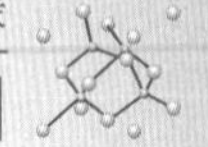

26. What is the ground-state electron configuration of Co^{3+}?

(A)$[Ar]3d^4 4s^2$ (B)$[Ar]3d^6$ (C)$[Ar]3d^5 4s^1$ (D)$[Ar]3d^6 4s^2$.

27. What is the electronic configuration of Cu^{2+}?

(A)$[Ar]4s^1 d^{10}$ (B)$[Ar]4s^0 d^9$ (C)$[Ar]4s^1 d^8$ (D)$[Ar]4s^2 d^7$. 【78東海】

28. Which of following ions has noble gas electron configuration?

(A)Fe^{2+} (B)Fe^{3+} (C)Sc^{3+} (D)Co^{3+}. 【78台大甲】

29. How many electrons does element number 32 need to gain in order to attain the noble gas configuration?

(A)2 (B)6 (C)4 (D)1 (E)3. 【84成大化學】

30. How many different first ionization energies are there for a phosphorus atom in its ground state?

(A)1 (B)3 (C)4 (D)5 (E)none of the above. 【86清大A】

31. Which of the following pairs is isoelectronic?

(A)Li^+, K^+ (B)Na^+, Ne (C)I^-, Cl^- (D)S^{2-}, Ne (E)Al^{3+}, B^{3+}.

【86成大A】

32. An element with three valence (bonding, or outer shell) electron is

(A)Mg (B)Na (C)Cl (D)Al. 【84清大B】

33. Which of the following elements do not show "inert-pair effect":

(A)Tl (B)Ge (C)Pb (D)Sb. 【82中興】

34. Sodium is a more active metal than silver. This means

(A)sodium loses electrons more readily than silver

(B)silver ions will gain electrons from sodium atoms

(C)sodium will reduce silver ions

(D)all of the above statements are true. 【84清大B】

35. Place the following species, O^{+2}, O^-, O^+, O, O^{-2}, in order of decreasing size

(A)$O^{-2} > O^{-} > O^{+2} > O^{+} > O$ (B)$O^{+2} > O^{+} > O > O^{-} > O^{-2}$
(C)$O^{-2} > O^{-} > O > O^{+} > O^{+2}$ (D)$O > O^{-2} > O^{-} > O^{+} > O^{+2}$
(E)$O > O^{+2} > O^{+} > O^{-} > O^{-2}$. 【84成大化學】

36. Which of the following series of elements have most nearly the same atomic radius?
(A)Ne, Ar, Kr, Xe (B)Mg, Ca, Sr, Ba (C)B, C, N, O (D)Ga, Ge, As, Se (E)Cr, Mn, Fe, Co. 【81成大化工】

37. Which of the following ionization energies (*IE*) is the largest?
(A)1st *IE* of Ba (B)1st *IE* of Mg (C)2nd *IE* of Ba (D)2nd *IE* of Mg (E)3rd *IE* of Al (F)3rd *IE* of Mg. 【85成大A】

38. Which one has the smallest first ionization energy in the following atoms?
(A)He (B)Na (C)Ar (D)Rb (E)Xe. 【83成大化學】

39. Which element has the largest second ionization energy?
(A)Na ($Z=11$) (B)Ca (C)Ga ($Z=31$) (D)Si (E)S. 【86台大C】

40. The effective nuclear charge (Z_{eff}) represents the charge that an electron "feels" in a polyelectronic atom. it has been proposed that the ionization energy (I.E.) of an electron with principal quantum number (n) can be correlated to Z_{eff} by

$$\text{I.E.(in kJ/mol)} = 1310(Z_{eff}/n)^2$$

The experimental I.E. for $1s$ and Z_{eff} for $3s$ electrons in Na(atomic number:11) are found to be 1.39×10^5 kJ/mol and 1.84, respectively:
(A)Calculate the Z_{eff} for $1s$ electron and rationalize why Z_{eff} is not 11.
(B)Why is the Z_{eff} for the $3s$ electron 1.84, instead of 1 (i.e., $11-10=1$)? 【83交大】

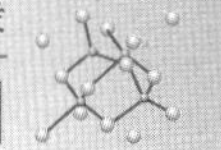

41. Which one of the following statements concering the electronegativities of the elements is incorrect?
(A)The electronegativity of an element is a measure of the charge on its most commonly found ion.
(B)The most electronegative element is F.
(C)The least electronegative elements are Cs and Fr.
(D)Compounds of elements with large differences in electronegativity will be ionic.
(E)Compounds of elements of roughly equal electronegativities will be covalent. 【80淡江】

42. Select the better choice in each of the following, and explain your selection briefly.
(A)Higher ionization energy: Be or B
(B)Higher electron affinity: O or S
(C)Stronger reducing agent: Mg or Sr
(D)Stronger Lewis base: $(CH_3)_2S$ or $(CH_3)_2O$. 【81成大化學】

43. From the positions of the elements in the Periodic Table, predict which of the following will be:
(A)more basic, TlOH or BrOH
(B)more acidic, $Al(OH)_3$ or $B(OH)_3$
(C)a stronger oxidizing agent, S_8 or Si
(D)more easily oxidized, Sr or Se
(E)more acidic, H_2CO_3 or H_2SO_3. 【78淡江】

44. A photon of electromagnetic radiation has a frequency of 3.0×10^{22} Hz, What is the energy of the photon? The Planck constant is 6.626×10^{-34} (A)5×10^{10} J (B)2.0×10^{-11} J (C)1.5×10^{33} J (D)3.0×10^{8} J (E)none of the above. 【88清大B】

45. The explanation of the photoelectric effect in terms of the photon model was first advanced by (A)Max Planck (B)Niels Bohr (C)Isaac Newton(D)Albert Einstein (E)none of the above. 【88清大B】

46. Using Balmer's equation, $\nu=3.2894\times10^{13}s^{-1}(1/2^2-1/n^2)$, What is the wavelength of the first line in the visible spectrum of hydrogen. (A)410.2nm (B)434.1nm (C)486.1nm (D)656.2nm (E)660.3nm. 【88成大材料】

47. In the Bohr model of the one-electron atom, the electron travels in fixed orbits, the radii of which ____ as the principle quantum number n increases and ____ as the nuclear charge Z increases.
(A)increase, increase (B)increase, decrease (C)decrease, increase (D)decrease, decrease (E)The radii of the Bohr orbits are all equal to the Bohr radius, a_0. 【88中山】

48. The property that is common to all wave phenomena is
(A)the necessity of a medium for propagation.
(B)a fixed velocity of propagation, independent of medium.
(C)the oscillatory variation of some property with time, at a fixed location in space.
(D)all of these (E)none of these. 【88中山】

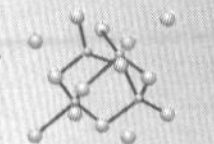

49. The wave function for a ls orbital of an atom with atomic number Z is $\Psi=\sqrt{\frac{Z^3}{\pi a_0^3}}e^{-\frac{Zr}{a_0}}$
Derive an expression for the most probable radius of a ls electron. $a_0=5.29\times10^{-11}$ m is the Bohr radius. [Note that $\Psi^2(r)$ must be multiplied by the area of a sphere of radius r in order to obtain the radial probability function.] 【89台大A】

50. From the following list of observations choose the one that most clearly supports the concept of electrons have wave properties"
(A)the emission spectrum of hydrogen (B)the photoelectric effect (C)scattering of alpha particles by metal foil (D)diffraction (E) chthode rays. 【89中正】

51. Use the Bohr model and given that :
r_H(radius for the hydrogen atom)$=n^2\left(\frac{h^2}{4\pi^2 mZe^2}\right)=n^2(0.529\times10^{-10}\text{m})$ (for Z = 1)，$E_n=-(2.18\times10^{-18}\text{ J})\left(\frac{Z^2}{n^2}\right)$(for the hydrogen atom：Z = 1)
(A)What is the radius of the electron for the He^+ ion in the n = 2 state.
(B)What is the energy of the electron for the He^+ ion in the n = 2 state.
(C)How much energy would be required to remove the electron from the He^+ ions in the ground state? Express all results in SI units.

【89中興化工】

52. All the following are assumptions of the Bohr model except
(A)an electron moves around the nucleus in a circular orbit.
(B)the centrifugal force on an electron is counterbalanced by the electrostatic attraction by the nucleus.
(C)an electrons's energy decreases with increasing distance from the nucleus.
(D)the energy of the electron is restricted to certain values.

【89中興食品】

53. How many electrons in an atom can have the quantum numbers $n = 3$，$1 = 2$? (A)2 (B)5 (C)10 (D)18 (E)6 【88中原】

54. An atom of fluorine contains 9 electrons. How many of these electrons are in s orbitals? (A)2 (B)4 (C)6 (D)8 【88中原】

55. Which of the following is a possible set of n,l,m and s quantum numbers for the last electron added to form a gallium atom($Z = 31$)?
(A)$3,1,0,-\frac{1}{2}$ (B)$3,2,1,\frac{1}{2}$ (C)$4,0,0,\frac{1}{2}$ (D)$4,1,1,\frac{1}{2}$ 【88淡江】

56. The maximum number of electrons in a atom which with the following set of quantum numbers is：$n = 4$，$l = +3$，$m_l = -2$，$m_s = +1/2$
(A)0 (B)1 (C)2 (D)6 (E)10 【88輔仁】

57. Which of the following statements about quantum theory is FALSE？
(A)The energy and position of an electron cannot be determined simultaneously.
(B)Lower energy orbitals are filled with electrons before higher energy orbitals.
(C)When filling orbitals of equal energy, two electrons occupy the same orbital before filling a new orbital.
(D)No two electrons can have the some four quantum numbers.
(E)none of these. 【89中正】

58. Determine the number of total nodal surfaces, the number of the angular nodal surfaces, and the number of radial nodal surfaces for 3d hydrogenic orbital. 【88中興化工】

59. How to define the sizes of orbitals? 【88中央】

60. What is the difference between
(A)a 2Px,and 2Py,orbital. (B)a 2Px,and 3Px, orbital? 【88成大化學】

61. Which of the following is the electron configuration for the Cl^- ion？
(A)$[Ne]3s^2 3p^4$ (B)$[Ne]3s^2 3p^2$ (C)$[Ar]$ (D)$[Ne]3s^2 3p^5$ 【88清大B】

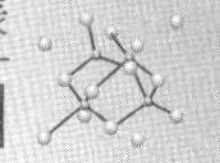

62. The neutral atoms of all of the isotopes of the same element have (A)differ number of protons (B)equal number of neutrons (C)the same number of electrons (D)the same mass numbers. (E)the same masses. 【88 輔仁】

63. Of the following elements, Which needs three electrons to complete its valence shell? (A)Ba (B)Ca (C)Si (D)P (E)Cl. 【88 成大環工】

64. Which of the following ions does not have an electronic structure like that of a noble gas? (A)Cl^- (B)Se^{2-} (C)Sb^{3+} (D)V^{5+}. 【89 中興食品】

65. How many unpaired electrons does a chromium atom have? (A)1 (B)2 (C)4 (D)5 (E)6. 【89 清大 A】

66. The electronic configuration of the hydride ion is the same as that of (A)deuterium (B)lithium (C)helium (D)tritium. 【89 台大 B】

67. Which of the following would be the electron configuration of an excited state of an oxygen atom?
(A)$1s^22s^22p^4$ (B)$1s^22s^22p^5$ (C)$1s^22s^22p^33s^1$ (D)$1s^22s^22p^6$ (E)$1s^22s^22p^3$ 【88 清大 A】

68. Which of the following represents a pair of isotopes?
(A)n-butane, isobutane (B)hydrogen, deuterium (C)O_2, O_3 (D)H, H^+. 【89 台大 B】

69. Which of the following oxide is not amphoteric?
(A)PbO (B)ZnO (C)Al_2O_3 (D)Fe_2O_3. 【89 台大 B】

70. Which element will display an unusually large jump in ionization energy values between the third and the fourth ionization energies?
(A)Na (B)Mg (C)Al (D)Si (E)P. 【89 清大 A】

71. The outermost electrons of an atom determine most of its chemistry, because those electrons are
(A)more negatively charged due to their distance from the center.
(B)more shielded from the effects of approaching atoms.
(C)more strongly affected when other atoms approach.
(D)All of these are correct.
(E)None of these is correct. 【88中山】

72. The first ionization energy of N is greater than the first ionization energy of O because
(A)O contains a half-filled *p* shell (B)N contains a half-filled *p* shell
(C)N is left of in the periodic table (D)N is larger than O.
【89中興食品】

73. What is the lanthanide contraction? How does the lanthanide contraction affect the properties of the 4*d* and 5*d* transition metals?
【88台大A】

74. The azimuthal quantum number equals 6, how many distinct magnetic quantum values are possible? (A)6 (B)12 (C)13 (D)3 (E)7.
【87成大】

75. $Na^{2+}O^{2-}$ is less stable than $[Na_2]^{2+}O^{2-}$. This lesser stability is due to
(A)the very small size of the Na^{2+} ion
(B)the large size of the O^{2-} ion relative to Na^{2+}
(C)the instability of oxide ions in the presence of 2+ ions
(D)more energy is required to ionize sodium than would be realized in the attraction between Na^{2+} and O^{2-}
(E)the statement is false, both materials are stable.
【87成大】

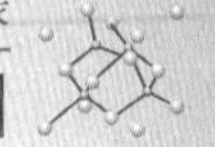

76. Which one of the following groups of elements is found to exhibit ferromagnetic properties? (A)Fe,Co (B)Cu,Ti (C)Co,Ti (D) Co,Cu (E)Fe,Cu. 【87成大】

77. An electron has an associated wavelength of 4.0×10^{-6}m. Calculate the velocity of the electron in m/s. $m_e = 9.1\times10^{-31}$kg.
(A)365 (B)1830 (C)4.0×10^4 (D)1.8×10^2 (E)1.8×10^5 【87成大】

78. The expression for the energy levels available to the electron in the hydrogen atom is
$E = -2.178\times10^{-18}J\left(\frac{Z^2}{n^2}\right)$
Where n is an integer.
(A)Calculate the ionization energy of hydrogen atom.
(B)Calculate the wavelength of light that must be absorbed by a hydrogen atom in its ground state to reach n = 3 excited state.
【87成大材料】

79. Which of the following statements are TRUE?
(A)Group 2B elements have higher ionization energies than Group 2A elements in the same period.
(B)Zinc atoms are smaller than calcium atoms.
(C)The Group 2B elements are more electronegative than the Group 2A elements.
(D)The Group 2B elements are more reactive than the Gropu 2A elements.
(E)Oxides of Group 2B are more covalent than that of Group 2A.
【87台大B】

80. The atomic mass of Re is 186.2. Given that 37% of natural Re is Re-185, what is the other stable isotope? (A)Re-181 (B)Re-183 (C)Re-187 (D)Re-189. 【87台大C】

答案：1.(E)　2.(D)　3.(BCD)　4.(D)　5.(B)　6.(C)　7.(B)
8.(1) 2.84×10^{-19} J；(2) 171 kJ　9.(A)6×10^{-7}nm；(B)5×10^{14} Hz　10.見詳解　11.(C)　12.(A)$15233cm^{-1}$；(B)656nm
13.$n=3$　14.(C)　15.(E)　16.(ACE)　17.見詳解　18.見詳解
19.(C)　20.(B)　21.(B)　22.(A)$5p$；(B)3　(C)＋1，0，－1
23.見詳解　24.(C)　25.(B)　26.(B)　27.(B)　28.(C) 29.(C)
30.(D)　31.(B)　32.(D)　33.(B)　34.(D)　35.(C)　36.(E)　37.(F)
38.(D)　39.(A)　40.見詳解　41.(A)　42.(A)Be；(B)S；(C)Sr；(D)$(CH_3)_2S$　43.(A)TlOH；(B)$B(OH)_3$；(C)S_8；(D)Sr；(E)H_2SO_3
44.(B)　45.(D)　46.(D)　47.(B)　48.(C)　49.見詳解　50.(D)
51.見詳解　52.(C)　53.(C)　54.(B)　55.(D)　56.(B)　57.(C)
58.(2個，2個)　59.見詳解　60.見詳解　61.(C)　62.(C)　63.(D)
64.(C)　65.(E)　66.(C)　67.(C)　68.(B)　69.(D)　70.(C)　71.(C)
72.(B)　73.見詳解　74.(C)　75.(D)　76.(A)　77.(D)　78.見詳解
79.(ABCE)　80.(C)

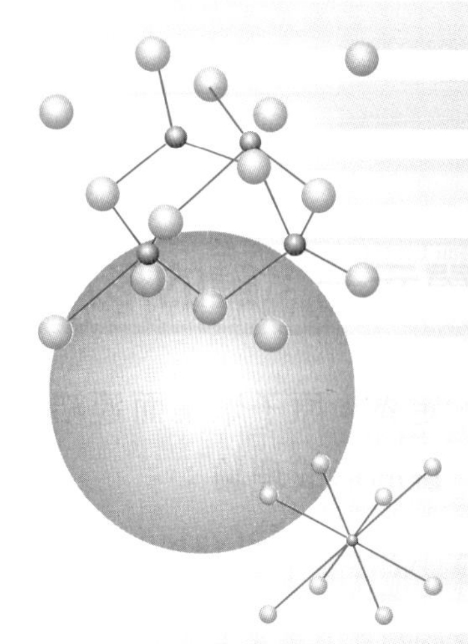

Chapter

2 化學鍵結

本章要目

- 單元一　鍵的形成及種類
- 單元二　價數(鍵結量)
- 單元三　路易士結構式
- 單元四　混成軌域
- 單元五　VSEPR 理論
- 單元六　極性
- 單元七　鍵角
- 單元八　結構異構物與幾何異構物
- 單元九　共振
- 單元十　分子軌域理論

(1) 兩原子間以一個σ鍵結合稱之，記錄成 A—A。

(2) 兩原子間以一個σ及一個π鍵結合者，稱之。記錄成 A═A。

(3) 兩原子間以一個σ及二個π鍵結合者，稱之。記錄成 A≡A。

(4) 鍵能：描述化學鍵結合力大小的一種方式。

① 離子鍵強過共價鍵。例如 NaCl > Cl_2。

② 通常參鍵鍵能＞雙鍵鍵能＞單鍵鍵能。例如：C≡C(812kJ)＞C═C(615kJ)＞C—C(348kJ)。

③ 鍵的極性愈大，鍵能愈大。例如 HF 的鍵能(565)＞HCl 的鍵能(427)＞HBr 的鍵能(363)＞HI 的鍵能(295)。

④ 原子愈小時，彼此可以靠得更近，造成重疊積分較大，因而鍵能較強。例如：H_2的鍵能爲 436kJ 在眾多單鍵中，算是鍵能很大的。再如：Cl_2的鍵能(243kJ)＞Br_2的鍵能(193kJ)＞I_2的鍵能(151kJ)。

⑤ 但有時原子若因太小而靠得夠近，卻又會因爲彼此外圍電子的互斥，阻止其靠近的結果，使得鍵能又小下來了。例如：F_2的鍵能(158kJ)小於Cl_2的鍵能(243kJ)，雖然 F 原子比 Cl 原子小。

範例 1

下列物質各爲何種鍵結：

(A)$Na_{2(g)}$ (B)$BeF_{2(g)}$ (C)$He_{(l)}$ (D)$KF_{(s)}$ (E)$CCl_{4(l)}$。

解：(A) 鍵結的兩端都是相同的原子(Na 原子)，是純共價鍵。

(B) 鍵結的兩端一個是Be，另一個是F，而Be與F的陰電性差異又很大，因此是離子鍵。

(C) He 是單原子分子，不會與另一個原子構成鍵結。

(D) K 原子與 F 原子的陰電性差異也是很大，所以是離子鍵。

(E) 鍵結的兩端一個是C原子，一個是Cl原子，兩者都是非金屬，陰電性差異並不大，∴是極性共價鍵。

範例 2

下列化合物何者同時具有離子鍵與共價鍵？

(A)CCl_4 (B)H_2CO_3 (C)$BaCO_3$ (D)K_3N。 【86 私醫】

解：(C)

在$BaCO_3$的內部，C與O之間，由於二者都是非金屬，∴是極性共價鍵，

但在Ba^{2+}與CO_3^{2-}之間，則由於Ba是金屬，而C，O是非金屬，∴其間是離子鍵。

範例 3

下列何者通常不能視爲正式的化學鍵？

(A)共價鍵 (B)離子鍵 (C)金屬鍵 (D)配位鍵 (E)氫鍵 (F)凡得瓦力。

解：(E)(F)

範例 4

下列哪一種化合物的離子性最顯著？

(A)CCl_4 (B)HCl (C)$MgCl_2$ (D)NaCl。 【83 私醫】

解：(D)

鍵結兩端的原子出現在週期表的愈兩側，其陰電性差異較大。離子性(ionic)愈大，而共價性(covalent)愈小。比較四個選項後，只有Na和Cl兩者在週期表中的位置離得最遠。

類題 1

Which oxide of a Group 2A element is not highly ionic?

(A)Be (B)Mg (C)Ca (D)Sr (E)Ba . 【86 成大 A】

解：(A)

類題 2

Which chloride should exhibit the most covalent type of bond?

(A)NaCl (B)KCl (C)$MgCl_2$ (D)BCl_3 (E)$AlCl_3$. 【86 台大 C】

解：(D)

(選擇EN差異愈小者)

範例 5

下列分子中，何者具有 9 個σ鍵及 1 個π鍵？

(A)$CH_3-C\equiv CH$ (B) $(CH_3)(Cl)C=C(Cl)(CH_3)$ (C)CH_3COCH_3 (D)CH_3COOH。 【85 二技動植物】

解：(C)

先將四者的路易士結構劃出方便判斷

(A)$H-C(H)(H)-C\equiv C-H$ 6 個σ，2 個π

(B)
```
        H
        |
   H — C \            Cl
        |   \         /    H
        H    C ═ C         |
       Cl /        \       |
                      C — H
                      |
                      H
```
11 個σ，1 個π

(C)
```
     H   O   H
     |   ‖   |
 H — C — C — C — H
     |       |
     H       H
```
9 個σ，1 個π

(D)
```
      H
      |        O
 H — C — C ∥
      |      \
      H       O — H
```
7 個σ，1 個π

類題

下列何種情況，能夠具有或形成π鍵？

(A) H 和 Cl 結合　(B) H^+和NH_3結合　(C) N_2F_2分子內　(D)二個 Pz 軌域在核間軸上重疊。　【86 二技動植物】

解：(C)

(A) H—Cl　(B) $\left[\begin{array}{c} H \\ | \\ H - N - H \\ | \\ H \end{array}\right]^+$　(C) $F - \ddot{N} = \ddot{N} - F$

(D)在核間軸上重疊者，稱爲σ鍵。

範例 6

試解說何以 Si═Si 鍵較 C═C 鍵不安定？【85 私醫】

解：Si 屬於第三列元素，其π鍵是由3*p*與3*p*軌域重疊而來。換成 C═C，則因為是屬於第二列元素的關係，其π鍵是由2*p*與2*p*軌域重疊而來，由於3*p*軌域的大小比2*p*軌域大，因此其靠近而重疊的部份較少，因此鍵能較小，較不安定。

類題

請由大而小排列鹵素之鍵能

(A) I_2＞ Cl_2＞ Br_2＞ F_2　(B)Cl_2＞ Br_2＞ F_2＞ I_2　(C)Br_2＞ I_2＞ Cl_2＞ F_2　(D) F_2＞ I_2＞ Cl_2＞ Br_2。【86 朝陽】

解：(B)

見課文 5.-(4)-②及③。

單元二：價數(鍵結量)

1. 鍵結量(價數)：依價鍵理論，鍵的形成來自軌域重疊，電子共用。因此具有多少個不成對電子，就可擁有多少個與其它原子鍵結的機會，所以用不成對電子數來判斷價數。

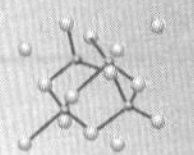

2. 沿一週期，價數的變化會形成規律性，而價數的規律來由，請參考範例 7。

(1) 第二列元素

	Li	Be	B	C	N	O	F	Ne
價電子數(族數)	1	2	3	4	5	6	7	8
價　數	1	2	3	4	3	2	1	0

(2) 第三列元素以後者

	Na	Mg	Al	Si	P	S	Cl	Ar
價電子數(族數)	1	2	3	4	5	6	7	8
價數	1	2	3	4	3,5	2,4,6	1,3,5,7	0,2,4,6,8

範例 7

利用價鍵理論，描述下列各物的鍵結過程：

(1)H_2　(2)H_2O　(3)CH_4　(4)CO_2。

解：(1) H 的電子組態：$\underset{1s^1}{\underline{\uparrow}}$，當兩個 H 原子靠近後，彼此將自己的不成對電子，相互共用。

H_a：$\underline{\uparrow}$
H_b：$\underline{\downarrow}$
$\overset{\text{共用}}{\Longrightarrow}$ H_a $\underline{\uparrow\downarrow}$ H_b，共享那一對電子的結果是，這一對電子可以屬 Ha 的，也可以屬 Hb。因此，Ha 的電子組態變成了 $1s^2$

的鈍氣組態，而Hb的組態也變成$1s^2$的鈍氣組態。因此，價鍵理論的理論基礎在於「共用」，而共用可使各別原子獲得能量上較爲穩定的鈍氣組態。不過要注意一點，基於庖立不相容原理(一個軌域最多只能填入二個電子)，想要彼此共用電子的任何一方原子，必須有不成對電子才可(否則共用以後，將使一軌域中超過二個電子)。∴不成對電子數變成判斷價數的依據。

(2) O的價組態：$\underset{2s}{\underline{\uparrow\downarrow}}\ \underline{\uparrow\downarrow}\ \underset{2p}{\underline{\uparrow}}\ \underline{\uparrow}$，H的組態爲 $\underset{1s^1}{\underline{\downarrow}}$

$\xrightarrow{\text{共用後}}$ $\underset{2s}{\underline{\uparrow\downarrow}}\ \underline{\uparrow\downarrow}\ \underset{2p}{\underline{\uparrow\downarrow}}\ \underline{\uparrow\downarrow}$，基於電子的共有，O的組態已經變成$2s^22p^6$的鈍氣組態。H也變成$1s^2$的鈍氣組態。以路易士結構式記錄成圖 2-2，其中套色框的部份稱爲共用電子或是鍵結電子對(bonding pair)，以一槓短棒來表達，而2s軌域上的2個電子以及2p上未參與共用的2個電子，則以2小點來表達，它們稱爲未共用(unshared)電子，或孤獨電子對(lone pair)。

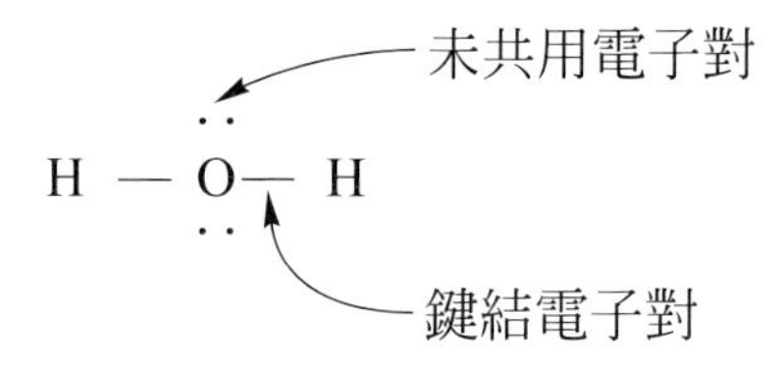

圖 2-2　H_2O分子的路易士結構

(3) C的價組態是$\underset{2s}{\underline{\uparrow\downarrow}}\ \underline{\uparrow}\ \underset{2p}{\underline{\uparrow}}\ \underline{\ \ }$，具有2個不成對電子，照理應該是2價機會，但這無法解釋CH_4中，C 如何與 4 個 H 結合，爲了解釋這 4 價的觀點，我們必須用到提升的機制。見圖 2-3(a)，路易士結構式則記錄成圖 2-3(b)。

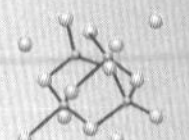

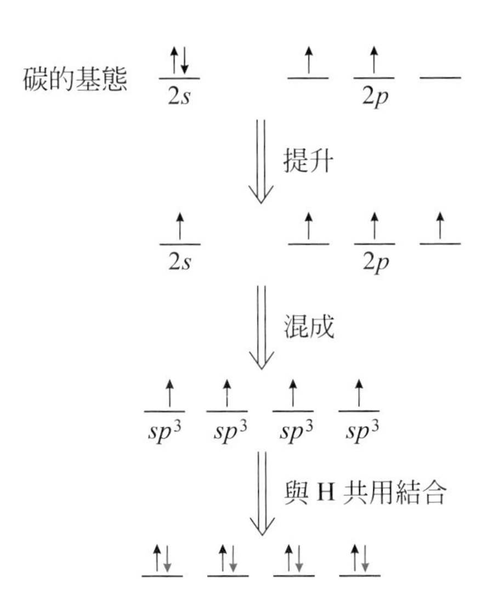

(a)CH_4中 C 與 H 的結合機制

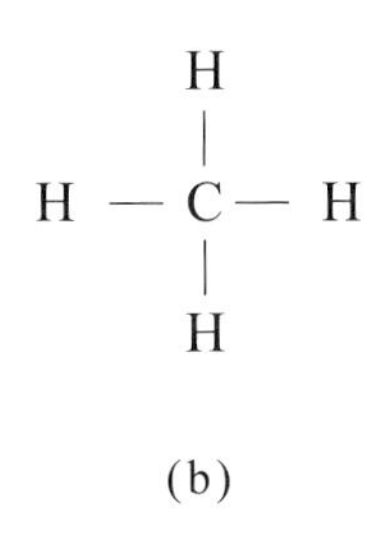

(b)

圖 2-3

(4) CO_2的結合機制見圖 2-4(a)，路易士結構則見圖 2-4(b)。

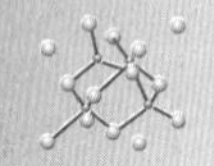

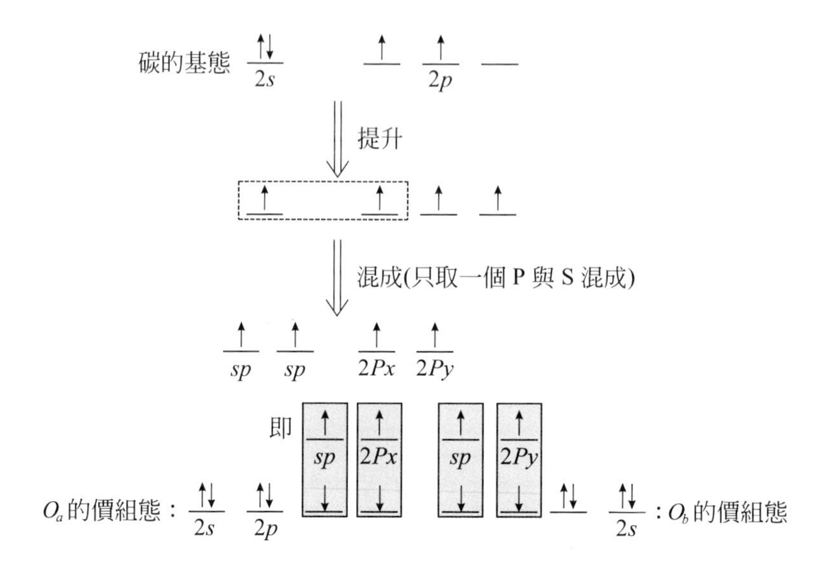

(a)CO_2中 C 與 O 的結合機制，注意 C 與每一個 O 原子都共用兩次，∴要記錄成二短棒

$$\ddot{O}=C=\ddot{O}$$

(b) CO_2的路易士結構式

圖 2-4

範例 8

已知 A、B 兩元素中性原子之電子組態分別為：

A：$1s^22s^22p^63s^2$　　B：$1s^22s^22p^63s^23p^5$

則此二元素化合物的化學式為：(A)AB　(B)A_2B　(C)AB_2　(D)A_2B_2。

【76 私醫】

解：(C)

(1) 應用提升的觀念來判斷價數。

(2) 不成對價電子數就是價數。

A 的價組態：$\underset{3s^2}{\underline{\uparrow\downarrow}}$ $\xrightarrow{\text{提升後}}$ $\underset{3s}{\underline{\uparrow}}$ $\underline{\uparrow}$ $\underset{3p}{\underline{\ \ }}$ $\underline{\ \ }$

∵有 2 個不成對電子 ∴是 2 價

B的價組態：$\underset{3s^2}{\underline{\uparrow\downarrow}}$ $\underline{\uparrow\downarrow}$ $\underset{3p^5}{\underline{\uparrow\downarrow}}$ $\underline{\uparrow}$ ∵有1個不成對電子，∴是1價。

(3) A 的 2 價配 B 的 1 價，∴化學式為AB_2。

類題 1

原子序 12 的元素 X 與原子序 17 的元素 Y 組合之化合物，下列何者最適當？

(A)XY (B)XY_2 (C)X_2Y (D)XY_3。 【72 私醫】

解：(B)

其實本題是範例 8 的另類敘述。

類題 2

第三列元素 A 具有兩個價電子，而 B 元素具有 7 個價電子，則 A 與 B 所結合而成的化合物，下列敘述何者正確？

(A)正確分子式為A_2B (B)常溫之下為氣體化合物 (C)不具延展性 (D)固、液體不導電，但水溶液具有導電性。 【76 私醫】

解：(C)

(1) 又是範例 8 的另一種敘述，從第一章我們學到具有兩個價電子，組態就是ns^2，那就是 2 價；7 個價電子，組態就是ns^2np^5，那就是 1 價。這不正是範例 8 嗎？

(2) 價電子數又代表著週期表的族數，由 2 與 7 族知，A，B 這兩元素位於週期表極兩側，根據單元一中的 3.-(2)，這應是離子鍵。

(3) 離子化合物的特徵如下：

①很硬，但很脆(即不具延展性)

②很容易溶於水

③固態不導電，但液態、氣態及水溶液態均能導電。

範例 9

請解釋硫原子可與 F 形成SF_2，SF_4，SF_6，但同在第 6 族的氧，當其與 F 結合時，只存在OF_2分子，卻沒有OF_4，OF_6的存在。

解：S 的價組態：$\underset{3s^2}{\underline{\uparrow\downarrow}}$ $\underline{\uparrow\downarrow}\ \underset{3p^4}{\underline{\uparrow}}\ \underline{\uparrow}$ 2 個不成對電子，表示是 2 價，然而第三層軌域除了3*s*，3*p*外，尚有3*d*。若將3*p*上的電子提升到3*d*後，組態如下：

$\underset{3s^2}{\underline{\uparrow\downarrow}}$ $\underline{\uparrow}\ \underset{3p^3}{\underline{\uparrow}}\ \underline{\uparrow}$ $\underline{\uparrow}\ \underline{\ \ }\ \underset{3d^1}{\underline{\ \ }}\ \underline{\ \ }\ \underline{\ \ }$，這時出現有 4 個不成對電子，表示硫原子有 4 價的機會，若繼續將3*s*上的成對電子再提升，組態又變成：

$\underset{3s^1}{\underline{\uparrow}}$ $\underline{\uparrow}\ \underset{3p^3}{\underline{\uparrow}}\ \underline{\uparrow}$ $\underline{\uparrow}\ \underline{\uparrow}\ \underset{3d^2}{\underline{\ \ }}\ \underline{\ \ }\ \underline{\ \ }$，於是硫原子便有 6 價的機會。

以上情況換成 O 原子又如何？

O的價組態是$\underset{2s^2}{\underline{\uparrow\downarrow}}$ $\underline{\uparrow\downarrow}\ \underset{2p^4}{\underline{\uparrow}}\ \underline{\uparrow}$，由於第二層沒有像第三層，會出現*d*軌

域，因此無法具有類似上述的提升情況出現，使O原子始終只具有2個不成對電子，∴只有2價的存在。

在課文重點2.中所提的價數表，都是類似本題的探討而得，你會發現第三列元素以後者，都會出現多種可能價數，其中不是最低的價數稱爲擴充的價數。例如，硫的可能價數2,4,6中，4與6稱爲擴充價數。記得，第二列元素不可能有擴充價數。

類題 1

Although both Br_3^- and I_3^- ions are known, the F_3^- ion does not exist. Explain.

【77 中興】

解：F：$1s^22s^22p^5 \Longrightarrow$ F^-：$1s^22s^22p^6$第二層已全部塡滿，無法再與別的原子發生化合的機會，∴$F^- + 2F \not\longrightarrow F_3^-$。

但I^-：價組態$5s^25p^6$可進行提升至$5d$軌域

$$\underset{5s}{\uparrow\downarrow}\quad \underset{5p}{\uparrow\downarrow\ \uparrow\downarrow\ \uparrow\downarrow} \xrightarrow{\text{提升}} \underset{5s}{\uparrow\downarrow}\quad \underset{5p}{\uparrow\downarrow\ \uparrow\downarrow\ \uparrow}\quad \underset{5d}{\uparrow\ \_\ \_\ \_\ \_}$$

由提升後組態可以看到有二價的機會

$\therefore I^- + 2I \longrightarrow I_3^-$

類題 2

何以ClF_3分子存在，而FCl_3不存在？

解：略。

範例 10

CCl_4 and $SiCl_4$ both exist as nonpolar liquids. When CCl_4 is added to water, distinct layers form. When $SiCl_4$ is added to water, a violent reaction occurs.

$$SiCl_{4(l)} + 2H_2O_{(l)} \rightarrow SiO_{2(s)} + 4HCl_{(aq)}$$

Explain why $SiCl_4$ is so much more reactive toward H_2O than CCl_4.【83 成大環工】

解：$SiCl_4$與H_2O可以發生反應，導因於：⑴首先H_2O的攻入與 Si 發生鍵結；⑵接著再移走 Cl。

$$Cl-\underset{\underset{Cl}{|}}{\overset{\overset{Cl}{|}}{Si}}-Cl \xrightarrow{H_2O} Cl-\underset{\underset{Cl}{|}}{\overset{Cl\ \ Cl}{Si^{\ominus}}}-\overset{\oplus}{O}H_2 \xrightarrow{H_2O} \xrightarrow{H_2O} \cdots\cdots\ SiO_2$$

而 Si 原子是第三列元素，它的價軌域有$3s$、$3p$及$3d$，就因尚有空的$3d$軌域，所以可與外來的H_2O分子鍵結，反之，在CCl_4分子中，C原子的價軌域是$2s$及$2p$，而且四價全已鍵結，沒有多餘的空軌域可與H_2O鍵結。

單元三：路易士結構式

1. 如何劃路易士結構式(Lewis structure)？(參考範例 11～13)

⑴ 第一步：先算出所有原子的總價電子數。

⑵ 第二步：在中心原子與周圍原子間先擺放電子對。

(3) 第三步：再將剩餘電子對擺放在各原子四周，但以外圍原子先擺放，其次才是中心原子，擺放時，外圍原子的四周不超過8個電子。

(4) 第四步：碰上外圍原子是2價或3價時，而又出現有某個原子周圍不足8個電子時，將未共用電子挪作鍵結電子，促使各原子都滿足八隅律為止。

2. 八隅律(Octet rule)：

(1) 劃出一個路易士結構式時，須讓一原子的周圍總電子數滿足8個，這是因為這些電子恰填入*ns*及*np*共四個價軌域形成鈍氣組態，會很安定，而這股安定的趨動力也是促使各別原子想鍵結在一起的主要原因。

(2) 八隅規則的例外(Exceptions to the Octet Rule)

① 總價電子數為奇數的分子或離子團。例如NO，NO_2，ClO，ClO_2。

② 中心原子之價電子數少於 4 的化合物或離子團。如：IIA 族的Be和IIIA族的B及其同族元素的化合物。

③ 能與 4 個原子以上形成鍵結的中心原子。此類原子是週期表中第三列(含)以後的元素，由於價數的擴充，使其能與較多原子結合，例如：PCl_5，SF_4……等。

3. 形式電荷(Formal charge)：

(1) 它不代表真的電荷存在，只是在劃路易士結構時，所衍生出的假想電荷。

(2) 形式電荷＝價電子數－因共價而分攤的電子數

(＝實際價數－理論價數)

(3) 由於共振的關係，有些分子會有①含p-d π鍵的結構式及②不含p-d π鍵的結構式。這時，形式電荷只會出現在後者的結構式上。

4. 違反八隅者，其結構上的安排，請見範例17，18。

5. 路易士酸及路易士鹼：

(1) 路易士酸(Lewis acid)：會出現空軌域的分子，可以作為 Lewis acid(其定義請見第 10 章)。而會出現空軌域者，有以下幾種情況：

① 與過渡元素結合時，過渡元素往往含有空軌域，例如：$Fe(CN)_6^{3-}$，$Ni(CO)_4$，這些例子在第 12 章會討論到。

② ⅡA，ⅢA 及ⅣA 族元素，若接不滿 4 價時，也是會有空軌域，例如：$BeCl_2$，BF_3，$SnCl_2$。

(2) 路易士鹼(Lewis base)：中心原子若出現了未共用電子對者，可作為 Lewis base，例如：$\ddot{N}H_3$，$H_2\ddot{S}$：。

範例 11

劃出下列各分子或離子的路易士結構式。

(1)$AlCl_3$　(2)CCl_4　(3)NH_3　(4)SF_2　(5)BrF_3　(6)SF_4　(7)ICl_4^-　(8)I_3^-。

解：(1)$AlCl_3$：

第一步：算出 Al 及 3 個 Cl 的總價電子數＝24 個(or 12 對)

第二步：將 Al 與 Cl 之間先擺上電子對

```
Cl —Al— Cl
     |
     Cl
```

第三步：再將剩下 9 對電子，置放在外圍原子 Cl 的四周

```
|C̅l̲ —Al— C̅l̲|
       |
      |C̅l̲|
```

電子對用“一短棒”或用“兩點”表示皆可。∴上式也有以下另兩種表示法：

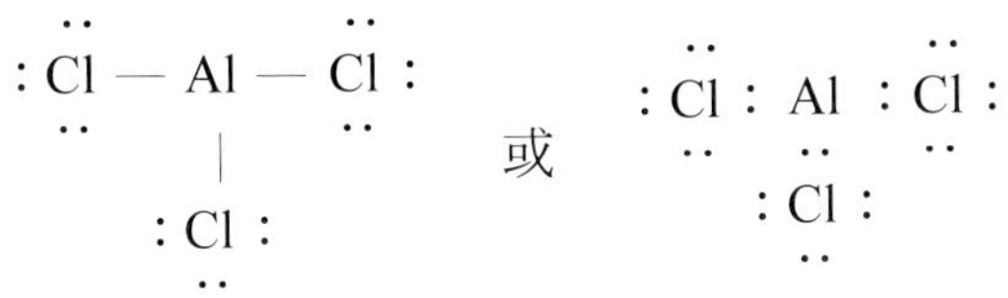

```
  ..           ..                      ..          ..
: Cl — Al — Cl :                     : Cl : Al : Cl :
  ..     |     ..          或          ..    ..    ..
       : Cl :                              : Cl :
         ..                                  ..
```

其中最後的一種表示法，稱為電子點式。本書將少用此種表示法，另外，此分子的中心原子Al的四周並無滿足八隅律，它出現了一個空軌域，∴它可作為Lewis acid。

(2)CCl_4：

第一步：算出C及4個Cl的總價電子數＝32個(或16對)

第二步：在中間C與外圍Cl之間先擺一個電子對

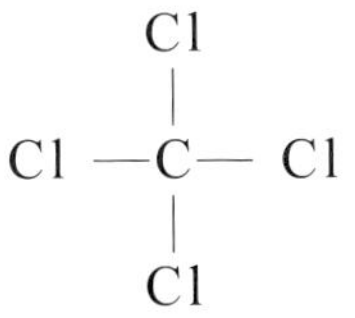

```
      Cl
      |
Cl —C— Cl
      |
      Cl
```

第三步：將剩下12對電子，擺在外圍原子Cl的四周

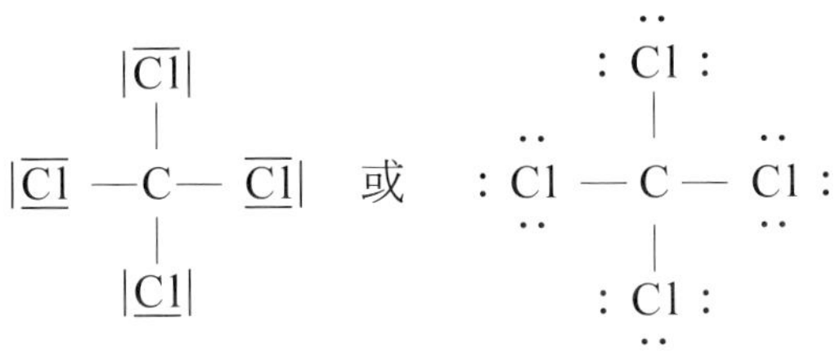

```
                                      ..
       |C̅l|                         : Cl :
        |                              |
|C̲̅l —C— C̲̅l|        或           ..            ..
        |                      : Cl — C — Cl :
       |C̲l|                     ..     |      ..
                                     : Cl :
                                       ..
```

(3)NH_3：

第一步：算出N及3個H原子的總價電子數＝8個(4對)

第二步：在中間N原子與外圍H原子間先擺上一對電子

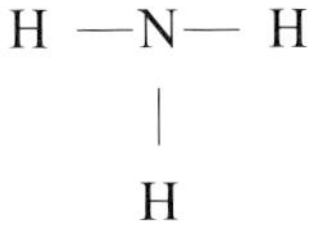

```
H —N— H
    |
    H
```

第三步：再將剩下的一對電子，擺在N的四周(H原子周圍不可再擺放電子)

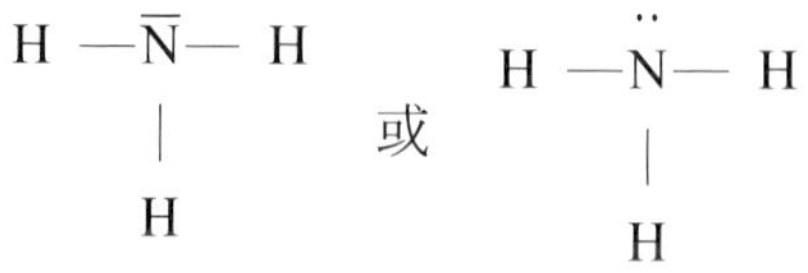

```
H —N̄— H            ..
    |       或   H —N— H
    H               |
                    H
```

在中心原子N的周圍出現了一對未共用電子對

∴它可作爲Lewis base。

(4)SF_2：

第一步：算出總價電子數20個(10對)

第二步：F—S—F

第三步：將剩餘8對先放在F的周圍

|F̄—S—F̄|（F 上下各有一對）

再將最後2對擺放在S的四周

|F̄—S̄—F̄|（S 上下各有一對）

(5)BrF_3：

第一步：總價電子數＝28個(14對)

第二步：

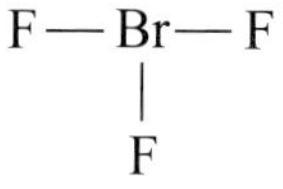

```
F — Br — F
     |
     F
```

第三步：

```
|F̄ — Br — F̄|            ∴ ∴
      |        ⟹   |F̄ — Br — F̄|
     |F̄|                 |
                        |F̄|
```

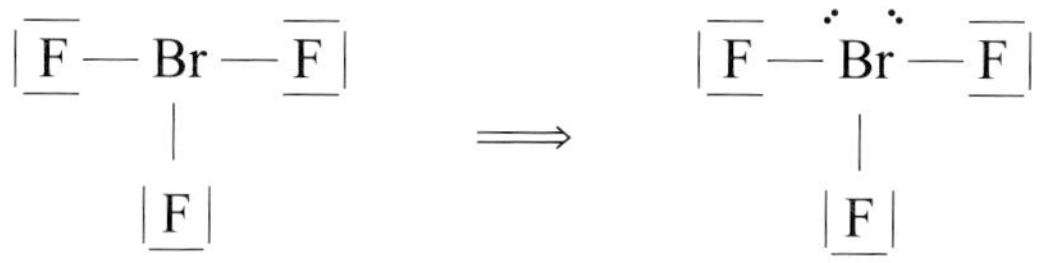

(6)SF_4：

第一步：總價電子數＝6(S)＋7(F)×4＝34個(17對)

第二步：

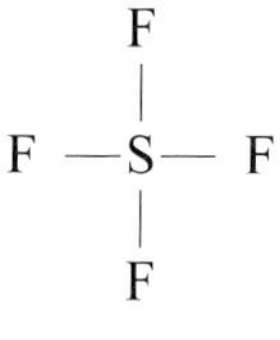

```
      F
      |
F  —S—  F
      |
      F
```

第三步：|F̲ —S— F̲| ⟹ |F̲—S—F̲|（上下各接 |F|）

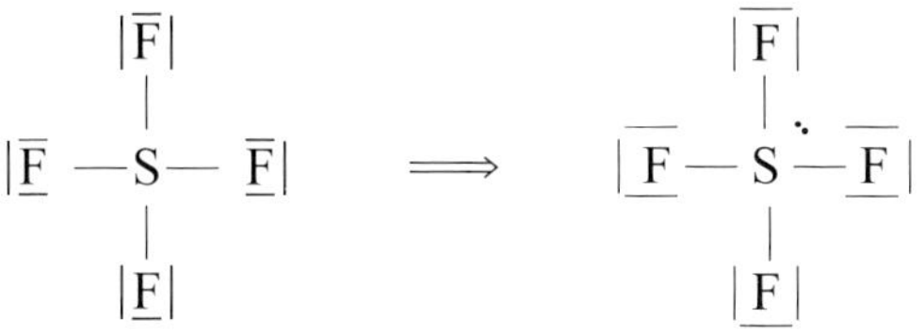

由於價數的擴充(硫原本是2價，目前是4價)，使環繞硫周圍的電子會超過8個，不再滿足八隅律(課文2.-(2)-③)，而第(4)小題的SF_2，硫使用的是無擴充的2價，那就會滿足八隅。

(7)ICl_4^-：

第一步：總價電子數＝7(I)＋7(Cl)×4＋1＝36個(18對)

第二步：Cl —I— Cl（上下各接 Cl）

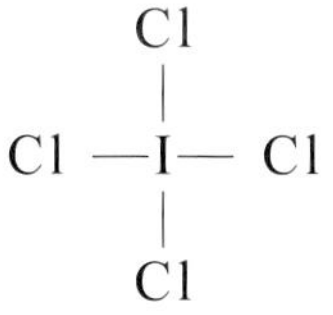

第三步：|C̲l —I— C̲l|（上下各接 |Cl|） ⟹ $[\,|\overline{Cl}—\ddot{I}—\overline{Cl}|\,]^{\ominus}$（上下各接 |Cl|）

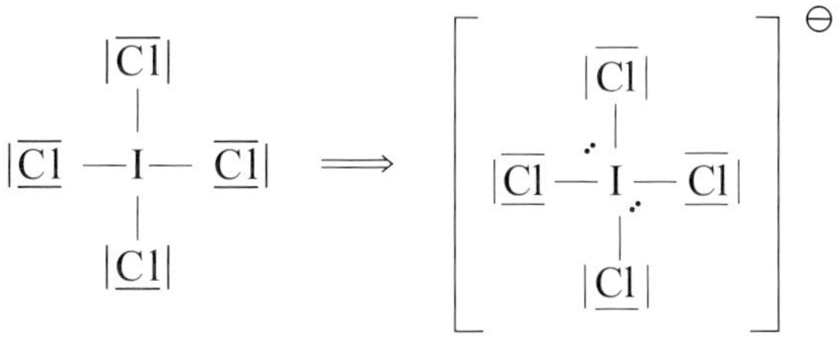

(8)I_3^-

第一步：總價電子數＝7×3＋1＝22個 (11對)

第二步：I—I—I

第三步：|I̲—I—I̲| ⟹ $[\,|\overline{I}—\ddot{I}—\overline{I}|\,]^{\ominus}$

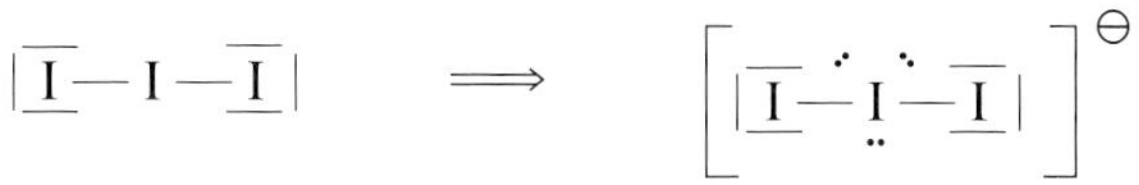

範例 12

劃出下列各分子的 Lewis 結構式。

(1) ClNO (2)SeO_2 (3)N_2O_4 (4) BrCN (5) CO (6)CO_2 (7)HN_3 (8) CH_2N_2。

解：(1) ClNO：

第一步：算出總價電子數＝18 個(9 對)

第二步：Cl—N—O

第三步：$|\overline{\underline{\mathrm{Cl}}}-\mathrm{N}-\overline{\underline{\mathrm{O}}}|$ ⇒ $|\overline{\underline{\mathrm{Cl}}}-\overline{\mathrm{N}}-\overline{\underline{\mathrm{O}}}|$

第四步：由於外圍原子的 O 是兩價，且中心的 N 並不滿足八隅，因此將 O 的一對 lone pair 移往 N—O 之間改成鍵結電子對。

⇒ $|\overline{\underline{\mathrm{Cl}}}-\overline{\mathrm{N}}=\overline{\mathrm{O}}|$

第五步：算出各個原子的形式電荷，形式電荷爲零時，不必標出。

Cl：目前價數 1 －理論的價數 1 ＝ 0

N：目前價數 3 －理論的價數 3 ＝ 0

O：目前價數 2 －理論的價數 2 ＝ 0

(2)SeO_2：

第一步：總價電子數＝18 個(9 對)

第二步：O—Se—O

第三步：$|\overline{\underline{\mathrm{O}}}-\overline{\mathrm{Se}}-\overline{\underline{\mathrm{O}}}|$

第四步：中間 Se 原子不滿足八隅律，且外圍 O 是 2 價

∴ ⇒ $|\overline{\underline{\mathrm{O}}}-\overline{\mathrm{Se}}=\overline{\mathrm{O}}|$

第五步：算形式電荷：

Se：目前價數 3 － 理論價數 2 ＝ 1

左邊 O：目前價數 1 － 理論價數 2 ＝ － 1

右邊 O：目前價數 2 － 理論價數 2 ＝ 0

$\Rightarrow |\overline{\underline{O}}^{\ominus}-\overline{Se}^{\oplus}=\overline{O}|$

(3) N_2O_4：

第一步：總價電子數＝ 34 個(17 對)

第二步：

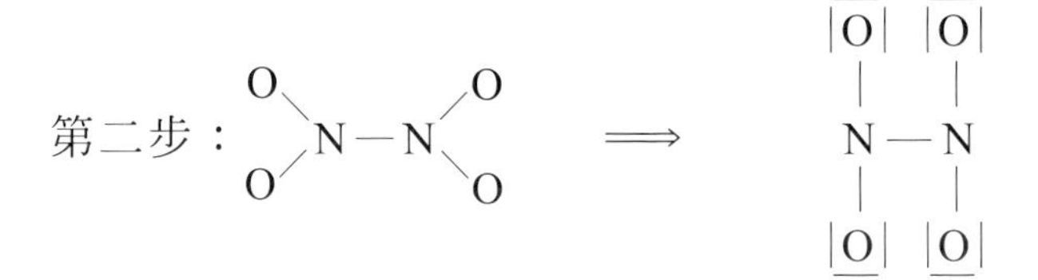

第三步：中間 N 原子不滿足八隅律，且外圍 O 原子是 2 價

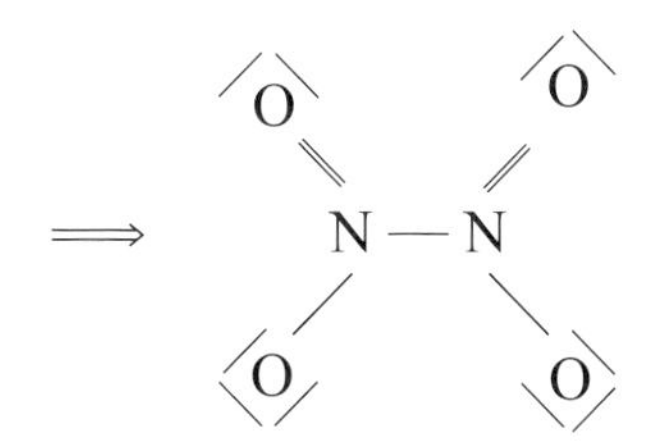

第四步：計算形式電荷

N：實際價數 4 － 理論價數 3 ＝ 1

雙鍵 O：實際價數 2 － 理論價數 2 ＝ 0

單鍵 O：實際價數 1 － 理論價數 2 ＝ － 1

(4) BrCN：

第一步：總價電子數＝ 16 個(8 對)

第二步：Br—C—N

第三步：$|\overline{\underline{Br}}-C-\underline{N}|$

第四步：中間C不滿足八隅，且外圍N是3價

$\Rightarrow |\overline{Br}—C═\overline{N}|$　但C仍不滿足八隅律。

$\Rightarrow |\overline{\underline{Br}}—C\equiv N|$　每個原子皆滿足八隅律了。

第五步：每個原子的形式電荷均爲0。

(5) CO：

第一步：總價電子數＝10個(5對)

第二步：C—O

第三步：$|\overline{C}—\overline{O}|$

第四步：彼此皆不滿足八隅律，∴$\Rightarrow |C═\overline{O}|$

但C仍不滿足八隅律，$\Rightarrow |C\equiv O|$

第五步：計算形式電荷：

C原子：實際價數3－理論價數4＝－1

O原子：實際價數3－理論價數2＝＋1

(6) CO_2：

第一步：總價電子數＝16個(8對)

第二步：O—C—O

第三步：$|\overline{\underline{O}}—C—\overline{\underline{O}}|$

第四步：中間碳原子不滿足八隅律

∴$\Rightarrow |\overline{O}═C—\overline{\underline{O}}| \Rightarrow |\overline{O}═C═\overline{O}|$

第五步：各原子形式電荷均爲零。

(7) HN_3：

第一步：總價電子數＝16個(8對)

第二步：H—N—N—N

第三步：$H—\overline{\underline{N}}—N—\overline{\underline{N}}|$

第四步：使中間N原子滿足八隅

$\Rightarrow H—\overline{N}═N—\overline{\underline{N}}| \Rightarrow H—\overline{N}═N═\overline{N}|$

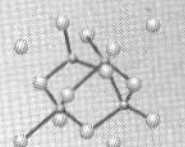

(另一種安排是：$H—\underline{N}—N\equiv N|$)

第五步：計算形式電荷，$H—\overline{N}=N^{\oplus}=\overline{N}|^{\ominus}$

(8) CH_2N_2：

第一步：總價電子數＝16 個(8 對)

第二步：
$$\begin{array}{l} H—C—N—N \\ \quad\ \ | \\ \quad\ \ H \end{array}$$

第三步：
$$\begin{array}{l} H—\overline{C}—N—\underline{N}| \\ \quad\ \ | \\ \quad\ \ H \end{array}$$

第四步：使中間 N 原子滿足八隅

$$\Longrightarrow \begin{array}{l} H—\overline{C}—N=\overline{N}| \\ \quad\ \ | \\ \quad\ \ H \end{array} \Longrightarrow \begin{array}{l} H—\overline{C}^{\ominus}—N^{\oplus}\equiv N| \\ \quad\ \ | \\ \quad\ \ H \end{array}$$

範例 13

劃出下列各物的 Lewis structure

(1) SO_2 (2) SO_3 (3) SO_3^{2-} (4) SO_4^{2-}。

解：(1) SO_2：

第一步：總價電子數＝18 個(9 對)

第二步：$O—S—O$

第三步：$|\underline{O}—\overline{S}—\underline{O}|$

第四步：爲了使中間 S 原子滿足八隅律

$\Rightarrow |\underline{O}—\overline{S}=\overline{O}|$ (此即無 p-d π 鍵的 Lewis 結構)

由於硫原子的價數可以擴充，使得硫原子不一定要遵守八隅律。因此上式可繼續重複第四步。

$\Rightarrow |\overline{O}=\overline{S}=\overline{O}|$ (此式稱爲具有 p-d π 的 Lewis 結構)

以上兩種表示法是一種稱爲共振的關係(見單元九)，而只有價數可擴充者，才有這兩種劃法。對於具有p-d π鍵的結構式，我們也不標示形式電荷了。

(2)SO_3：

① 先根據前法，劃出符合八隅律的結構。

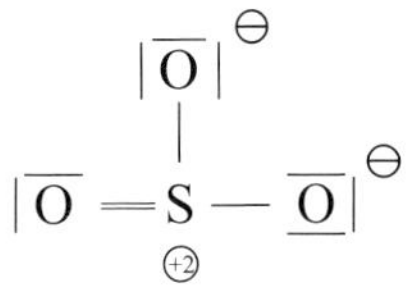

這就是有形式電荷，無p-d π鍵的結構式。

② 若重覆第四步驟，則改寫成

此即含p-d π鍵的結構式

(3)SO_3^{2-}：

① 先根據前法，劃出符合八隅律的結構式

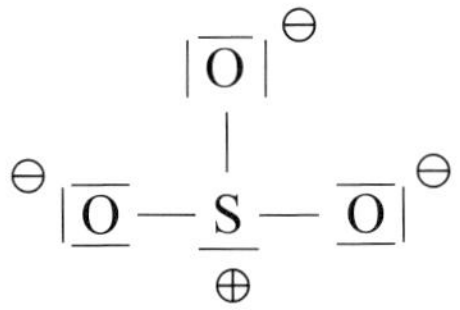

此結構不含p-d π鍵

② 再重覆第四步驟：

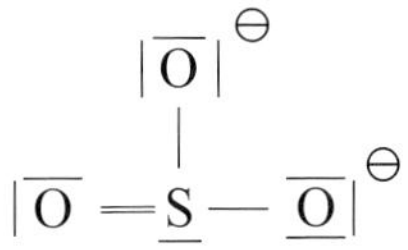

(此即含p-d π鍵的結構式)

(4)SO_4^{2-}：

① 先根據前法，劃出符合八隅律的結構式：

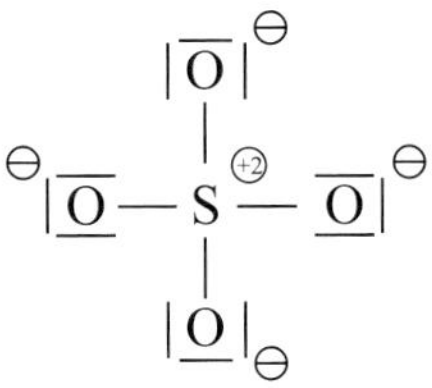

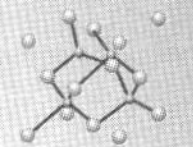

② 再重覆第四步驟，便劃出了含$p-d$ π鍵的結構式。

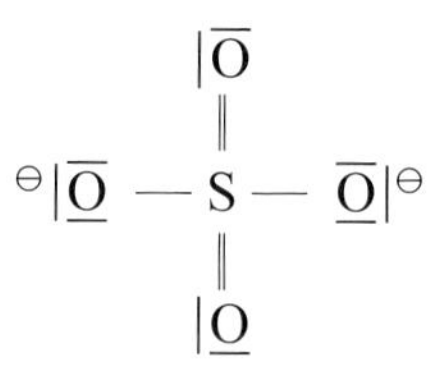

範例 14

在BrO_3^-離子中，溴原子的形式電荷(formal charge)等於________。【83 私醫】

解：(1) 先劃出其路易士結構式如下：

```
       ..
      :O:
       |
 ..         ..
:O —Br— O:
 ..   ..    ..
```

(2) Br的形式電荷＝實際價數(3)－理論價數(1)＝＋2

範例 15

Which one of the five oxides of chlorine is paramagnetic?

(A)Cl_2O　(B)ClO_2　(C)Cl_2O_4　(D)Cl_2O_6　(E)Cl_2O_7.【85 清大】

解：(B)

價電子數爲奇數時，爲順磁性。

範例 16

下列元素所形成之化合物何者最可能顯現出擴張型八隅體(Expanded Octet)？

(A)Al (B)S (C)C (D)N。 【86 私醫】

解：(B)

見課文 2.-(2)-③，第三週期以後的元素才可能出現價數擴充。

類題

下列哪些化合物的電子組態不能符合八隅體規則？

(A)CH_4 (B)NO (C)SO_2 (D)CO (E)NO_2。

解：(B)(E)

即課文 2.-(2)-①型。

範例 17

Which of the following is true about diborane?

(A)its formula is B_2H_6 (B)it contain no boron-boron bonds (C)the boron atom is sp^3 hybridized (D)it is a electron deficient compound (E)it contains six regular B-H bonds. 【80 台大丙】

解：(A)(B)(D)

BH_3由於 B 原子並不滿足八隅律，因此BH_3分子無法安定存在，替代地，它將以雙元體的方式$(BH_3)_2$存在，其結構如下：

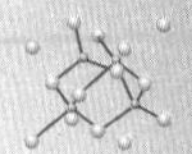

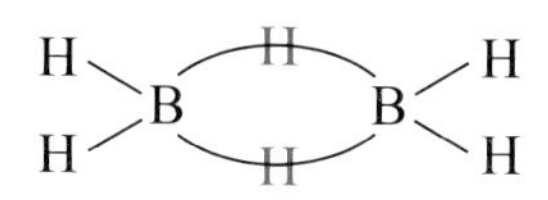

如此的安排，是令每個 B 原子都可以感受到有滿足八隅律的感覺。但是，請注意結構中出現了B-H-B。這種鍵，它有別於以往的共價鍵，其共用電子是由2個B原子及1個H原子三者所同時共享，這種共價鍵特稱為「三中心鍵」(Three center bond)，也因如此，整個B_2H_6分子內，並沒有6個B—H鍵，應該是只有4個B—H鍵，外加2個三中心鍵。另外，從結構式上也可看出，B與B並沒有直接聯結。

範例 18

預言BF_3與BF_4^-中 B—F 鍵長何者較大。

解：BF_3也不滿足八隅律，但它趨向安定的安排方式卻不同於上一題中的B_2H_6，觀察其Lewis結構式，可看出外圍F原子的lone pair可藉共振而挪至B—F之間，如此一來中間的B原子就滿足八隅律了。(共振的觀念，請參考單元九)。

```
     ..                     ..
    :F:                    :F:
     |                      |
 ..       ..     ↔     ..        ..        ↔
:F — B — F:          :F — B ═ F:
 ..       ..           ..   ⊖   ⊕

      ..                      ⊕
     :F:                   :F:
      |                     ‖
 ..        ..     ↔    ..         ..
:F ═ B — F:           :F — B — F:
 ⊕    ⊖    ..          ..   ⊖     ..
```

但這時B—F之間就略具有雙鍵特徵，而雙鍵的鍵長是比較短的，相對地，BF_4^-的路易士結構式如下所示；B—F之間都是單鍵，因而鍵長比較長。

$$BF_4^- : \left[\begin{array}{ccc} & F & \\ & | & \\ F & —B— & F \\ & | & \\ & F & \end{array}\right]^{\ominus}$$

範例 19

BF_3

(A)is a very polar compond. (B)will react with a Lewis base. (C)is a Lewis acid. (D)both (A) and (C). (E)both (B) anc (C). 【83 中興 A】

解：(E)

BF_3中心 B 原子具有空軌域，∴是 Lewis acid，相對地就要與具有 lone pair 的 Lewis base 反應。

類題

BF_3最易與下列哪一種分子結合？

(A)N_2 (B)NH_3 (C)Ne (D)CH_4。

解：(B)

NH_3具有 lone pair，是 Lewis base。

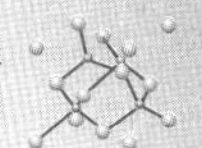

單元四：混成軌域(Hybrid orbital)

1. 意義：在多原子分子中，分子軌域並非單純二原子之軌域之集合，而是在一原子中，其許多的軌域，先混合後再形成的，此種軌域稱為混成軌域。這些軌域與其它混成軌域、s軌域、或p軌域重疊而形成σ鍵。
2. 步驟：⑴電子提昇⑵形成混成軌域⑶形成化合物。請參考範例7中第⑶⑷例，就有提及混成的過程。
3. 混成軌域的特性：
   ⑴ 能量相近之軌域方可混成。
   ⑵ 混成軌域的數目等於所混合之軌域數。
   ⑶ 混成後每一個軌域之能量均相同。
   ⑷ 通常各混成軌域彼此應是化學環境對稱的，也就是化學等價(equivalent)的，但只有sp^3d混成軌域不是，它分成「軸」(axial)及「赤道」(equatorial)兩種化學環境。
4. 常見的混成軌域如下表所示：

表 2-1　混成軌域

型式	組成的軌域	理想的鍵角	幾何形狀	
sp	一個s＋一個p軌域	180°	直線形 Linear	O═C═O
sp^2	一個s＋兩個p軌域	120°	平面三角形 Triangular plane 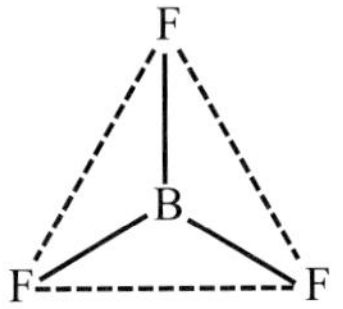	BF_3
sp^3	一個s＋三個p軌域	109.5°	四面體形 Tetrahedron 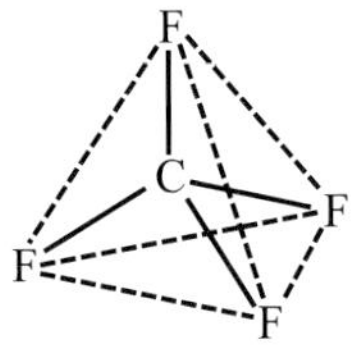	CF_4
sp^3d，dsp^3	一個s＋三個p＋一個d軌域	120° 90°	三角雙錐形 Triangular bipyramid 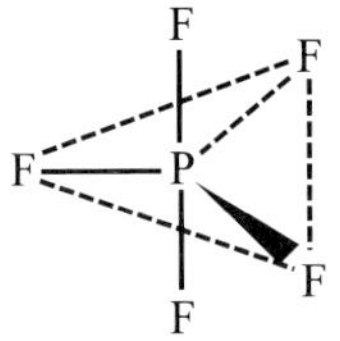	PF_5
sp^3d^2 d^2sp^3	一個s＋三個p＋二個d軌域	90°	八面體 Octahedron 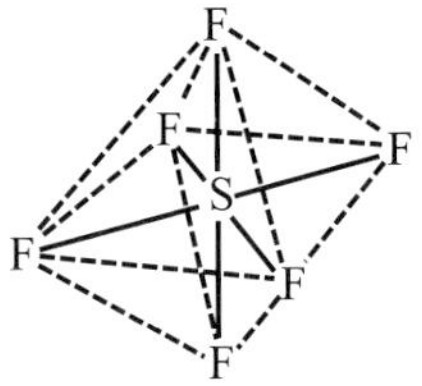	SF_6

5.　s特徵(s-character)：在混成軌域中，s軌域占有特性的百分比。例如sp^2混成軌域是由 1 個s及 2 個p軌域混合而成，在總共 3 個軌域中，s軌域占到 1 個，因此sp^2混成軌域的s-character $=\frac{1}{3}$(或 33.3 %)，而

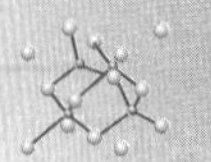

由於在各種軌域中，就屬s軌域的穿透性最大，使其感受到原子核的引力也就愈大。因此電子會比較優先處在這種軌域中，我們因而說高 s-character 的軌域，其陰電性較大。一些混成軌域的性質比較，見表 2-2。注意表中的最後一項顯示者，鍵角愈大，則s-特徵就愈強烈。

表 2-2　混成軌域的一些性質比較

混成軌域	s-character	EN	鍵　能	鍵　角
sp	$\frac{1}{2}$(50 %)	高	高	180°(大)
sp^2	$\frac{1}{3}$(33.3 %)	中	中	120°(中)
sp^3	$\frac{1}{4}$(25 %)	低	低	109.5°(小)

6. 如何判定混成軌域的種類：

(1) 從 Lewis 結構式中，觀察配位原子及 lone pair 的總數判定。總數＝2，爲sp混成軌域，總數＝3，爲sp^2混成軌域……

(2) 由下一單元的 VSEPR 理論來預測。而且用此法較簡單。

範例 20

在乙醛(CH_3C^*HO)分子中，碳原子 C*之混成軌域爲：
(A)sp　(B)sp^2　(C)sp^2　(D)dsp^2。【72 私醫】

解：(B)

觀察其 Lewis 結構

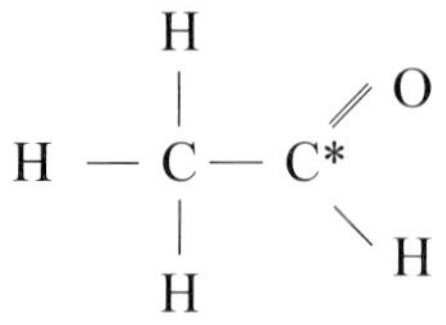

$$\begin{array}{ccccc} & H & & & O \\ & | & & \nearrow\!\!\!\nearrow & \\ H - & C & - & C^* & \\ & | & & \searrow & \\ & H & & & H \end{array}$$

C*周圍的配位原子有三個，因此是sp^2混成軌域。

範例 21

The geometric arrangment of the hybrid orbital sp^3d^1 is

(A)linear (B)tetrahedral (C)trigonal bipyramidal (D)octahedral.

【83 中山生物】

解：(C)

見表 2-1。

類題

An octahedron is a geometrical solid with

(A)four corners (B)four faces (C)six corners (D)six faces (E)eight corners.

【83 中興 A】

解：(C)

見表 2-1。

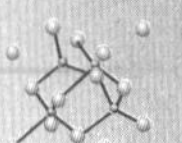

範例 22

Of the following sets of orbitals, nonequivalent hybrid orbitals are formed by
(A)sd^3 (B)dsp^2 (C)dsp^3 (D)d^2sp^3. 【82 中興】

解：(C)

只有sp^3d軌域，在結構上區分成軸位及赤道位兩種。

範例 23

下列有關疊烯($H_2C=C=CH_2$)分子的敘述，何者有誤？
(A)此分子共有 6 個σ鍵和 2 個π鍵 (B)此分子之三個C原子位在一直線上
(C)兩旁的 C 原子各以sp^2混成軌域與 H 原子結合 (D)此分子的四個 H 原子在同一平面上。 【82 二技動植物】

解：(D)

結構式

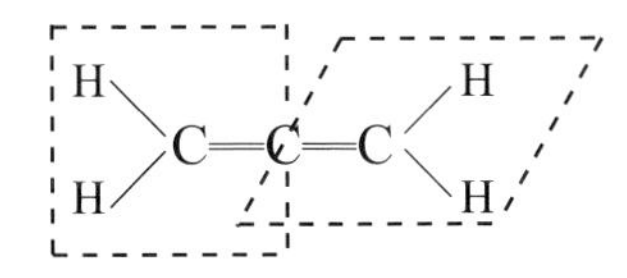

⑴ 中間 C 原子的周圍配位原子有 2 個，∴是sp軌域；兩旁 C 原子的周圍配位原子有 3 個，則是sp^2軌域。

⑵ 注意上圖，左邊 2 個 H 原子與右邊 2 個 H 原子，在相互垂直的 2 個平面上。

類題

What kind of orbital arrangement contribute to the bonding in H_2CCCH_2 molecule?

【83 淡江】

解：見範例 23。

範例 24

寫出C_2H_6及C_2H_2分子之碳原子之混成軌域並比較其 C—H 鍵能。

【80 成大化學】

解：C_2H_6(乙烷)：

```
       H   H
       |   |
  H —C— C —H
       |   |
       H   H
```

sp^3軌域

C_2H_2(乙炔)：H—C≡C—H　sp軌域

∵sp軌域的s-特徵較大，由表 2-2 知，其鍵能較強。

範例 25

在描述共價鍵的形成時，為何要引進混成的觀點？

解：價鍵理論認為軌域重疊的部份愈大，形成的鍵結愈強。在範例 7 的第二小題H_2O的鍵結示範中，O 原子是以$2p$軌域與 H 的$1s$軌域重疊。其實這是不正確的。在 O 原子與 H 原子結合前，O 原子內的$2s$，$2p$軌域會先混成形成sp^3軌域(見下圖示範)。

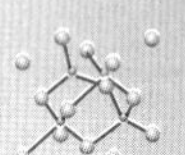

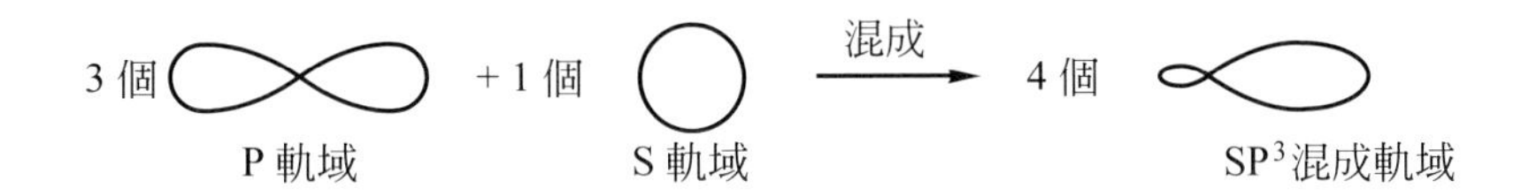

混成後，sp^3軌域內的電子雲較集中在某一側，這使得形成鍵結時，與其它軌域重疊的部份會增大，增加鍵結的強度。因而使得大部份的原子在與其它原子結合時，都不願以原貌的p軌域直接去重疊，∴在範例 7 第(3)，(4)例中，你都可以看到提升後，多了一道混成的步驟後，再參與重疊。

單元五：VSEPR 理論

1. 價殼電子對排斥理論(Valence Shell Electron Pair Repulsion Theory)的內涵認為，分子或離子團的形狀，可由價電子對在空間的排列來決定。而在空間排列又以彼此之間排斥力最小為依據。
2. 分子(或離子團)以$A\,X_m\,E_n$來表示，其中A代表中心原子，X_m表示配位的原子有m個，E_n則表示未共用電子對的軌域數有n個。
   (1) $A\,X_m\,E_n$的編排方式，可以劃 Lewis 結構看出，例如在圖 2-2，H_2O的結構式中，可看出配位的原子有 2 個H，m=2。而未共用電子對也有 2 個，n= 2。∴型式為$A\,X_2\,E_2$。
   (2) $A\,X_m\,E_n$的編排方式也可以不必劃出 Lewis 結構式，以H_2O為例，O是中心原子，與 2 個 H 原子結合，∴m= 2。未共用電子的計算方式為中心原子的總價電子數減去接H時耗去的價數，O有 6 個價電子減去接H耗掉的 2 價後剩下 4 個電子，需要占用到 2 個軌域，∴n= 2，因此H_2O的結合型式就完成了，是$AX_2\,E_2$。

3. 混成軌域與 VSEPR 理論：

(1) 將 $m+n=$ S.N.(立體數 steric no.)，$m+n$ 與混成軌域的關係見下表 2-3。

表 2-3

S.N.	2	3	4	5	6
混成軌域	sp	sp^2	sp^3	sp^3d	sp^3d^2

(2) 在單元四中已經知道各混成軌域的形狀了，因此現在知道 S.N.便可順便明白其形狀。

4. 當編排形式中出現 $n \neq 0$ 時，該分子的形狀會退化，不完全遵守表 2-1 中所提及的形狀，其退化後的情形請見表 2-4。

表 2-4 各種型態的分子形狀

SN	AX_mE_n	分子形狀	例
2	AX_2	linear 直線形	BeH_2，CO_2
3	AX_3	triangular planar 平面三角	SO_3，BF_3
3	AX_2E	angular 角形	SO_2，O_3

表 2-4 (續)

SN	AX_mE_n	分子形狀	例
4	AX_4	tetrahedral 四面體	CH_4，CF_4，SO_4^{2-}
4	AX_3E	trigonal pyramidal 三角錐	NH_3，PF_3，$AsCl_3$
4	AX_2E_2	angular 角	H_2O，H_2S，SF_2
5	AX_5	trigonal bipyramidal 三角雙錐	PF_5，PCl_5，AsF_5

表 2-4 (續)

SN	AX_mE_n	分子形狀	例
5	AX_4E	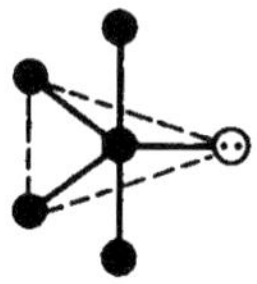 seesaw 蹺蹺板	SF_4
5	AX_3E_2	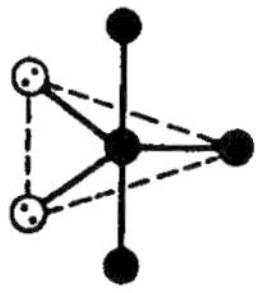 T−shaped T 字形	ClF_3
5	AX_2E_3	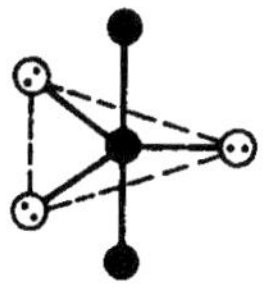 linear 直線	XeF_2，I_3^-，IF_2^-
6	AX_6	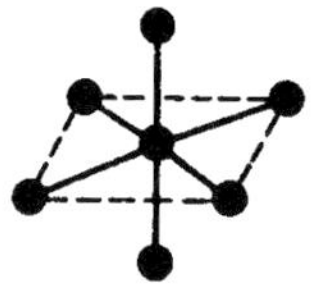 octahedral 八面體	SF_6，PF_6^-，SiF_6^{2-}

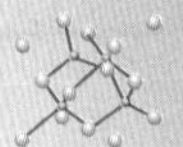

表 2-4 (續)

SN	AX_mE_n	分子形狀	例
6	AX_5E	square pyramidal 四角錐	IF_5，BrF_5
6	AX_4E_2	square planar 平面四方形	XeF_4，IF_4^-

5. 各型式當中，以 S.N ＝ 5 者最特別，由於五個軌域不完全等價(含軸位及赤道位的不同)。其分子形狀的安排還必須考慮以下幾個因素：
   (1) lone pair 優先填入赤道位置的軌域。
   (2) 多重鍵優先填入赤道位置的軌域。
   (3) 陰電性較小的原子，優先與赤道位置的軌域結合。

   以上這些原則都是以降低排斥力爲出發點，在本單元所示範的例子中再來說明。

6. 有時候善用等電子原則，可省下許多解題時間。若有兩物質，其外圍原子數相等，而中心原子的價電子數相等，外圍原子的價電子數也相等，則彼此間爲等電子物種關係(isoelectronic species)，例如：NH_3與H_3O^+，各具 3 個外圍原子，中心N原子有 5 個價電子，O^+也是5(＝ 6 － 1)個，再如CO_3^{2-}與NO_3^-，都接了三個外圍原子，中心的C^{2-}具有 6(4 ＋ 2)個價電子，另一中心N^-具有 6(5 ＋ 1)個價電子。屬於等電子物種關係的分子，其形狀(及其它結構性質)會相同。

範例 26

ClF_3分子，在其中心原子的價殼層中，鍵結電子對數爲a，非鍵結電子對數爲b，則$a-b$等於多少？

(A)－1 (B)0 (C)1 (D)2。【85 二技材資】

解：(C)

(1) 外圍原子有 3 個 F，∴$m=3$(就是$a=3$)

(2) Cl有 7 個價電子，與F結合耗去 3 價，$7-3=4$，剩下的 4 個未共用電子填入 2 個軌域，$n=2$(就是$b=2$)

∴其結合型式爲AX_3E_2。

類題

The number of lone pairs of electrons about the central Cl atom in the chlorate ion, ClO_3^-, is

(A)0 (B)1 (C)2 (D)3 (E)4.【85 中山】

解：(B)

有 3 個氧，∴$m=3$，$n=\dfrac{7+1-3\times2}{2}=1$

範例 27

下列哪一品種之中央原子所用之混成軌域是dsp^3？

(A)TeF_5^- (B)SnH_4 (C)IF_4^- (D)AsF_4^-。【78 私醫】

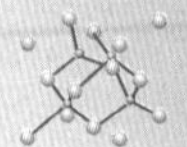

解：(D)

(A) 外圍 5 個 F，$\therefore m = 5$

價電子數 $= 6 + 1 = 7$，未共用電子 $= 7 - 5 = 2$ 個(1 對)

$\therefore n = 1$ $\therefore m + n = 6$，sp^3d^2軌域

(B) 外圍 4 個 H，$\therefore m = 4$

價電子數 $= 4$，未共用電子 $= 4 - 4 = 0$，$\therefore n = 0$

$m + n = 4$，sp^3軌域

(C) 外圍 4 個 F，$\therefore m = 4$

價電子數 $= 7 + 1 = 8$，未共用電子 $= 8 - 4 = 4$ 個(2 對)

$\therefore n = 2$ $m + n = 6$，sp^3d^2軌域

(D) 外圍 4 個 F，$\therefore m = 4$

價電子數 $= 5 + 1 = 6$ 個，未共用電子 $= 6 - 4 = 2$ 個(1 對)

$\therefore n = 1$ $m + n = 5$，sp^3d軌域

類題 1

What is the hybridization of N in N_3^- ion?

(A)sp (B)sp^2 (C)sp^3 (D)not hybridized (E)none of the above. 【83 中興 B】

解：(A)

三個N中，有 2 個是外圍($m = 2$)，中心N^-的價電子數 $= 5 + 1 = 6$，

未共用電子 $= 6 - 2\times3 = 0$($\because$外圍 N 是 3 價)

$\therefore n = 0$，$m + n = 2$

類題 2

In $(CH_3)_2SO$ molecule, S-atom utilizes its (A)sp^2 (B)sp^3d (C)sp^3 (D)spd^2 hybrid orbitals to form covalent bonds. 【78 東海】

解：(C)

S的外圍接一個O及2個CH_3，∴$m = 3$，而未共用電子＝6 − 1×2 − 2×1 ＝ 2個，(其中一個O耗去2價，一個CH_3耗去1價)

∴$n = 1$，$m + n = 4$

範例 28

Use Valence-Shell-Electron-Pair-Repulsion (VSEPR) to predict the structures of the following complexes. Draw them clearly

(A)$SOCl_4$ (B)SF_4 (C)ICl_4^- (D)$IO_2F_2^-$. 【81 清大】

解：(A)硫的外圍與5個原子結合，∴$m = 5$，價電子數＝6

未共用電子數＝6 − 1×2 − 4×1 ＝ 0，∴$n = 0$，屬AX_5型態，三角雙錐形，其中與氧結合是雙鍵，因而優先位於赤道位(見課文5.-(2))。形狀如下所示：

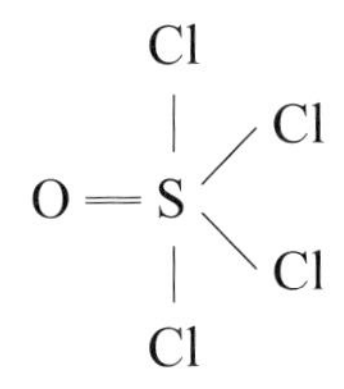

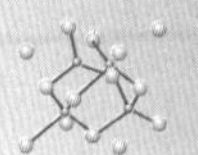

(B) 硫的外圍原子有4個，∴$m=4$，價電子數＝6
未共用電子數＝6 − 4 = 2個，∴$n=1$，爲AX_4E_1型態，其中一個lone pair要優先位於赤道位(見課文5.-(1))，因而形狀是蹺蹺板形。

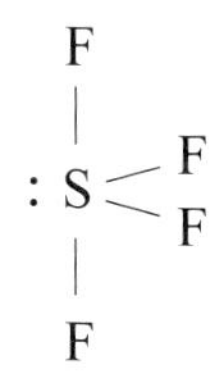

(C) I的外圍原子有4個，∴$m=4$，I^-的價電子＝7 + 1 = 8個
未共用電子＝8 − 4 = 4個，∴$n=2$，AX_4E_2型態，依表2-4，爲平面四方形。

(D) I的外圍原子有4個∴$m=4$，I^-的價電子數＝7 + 1 = 8個
未共用電子＝8 − 2×2 − 2×1 = 2個，∴$n=1$，爲AX_4E_1型態，蹺蹺板形。

類題

預測下列之形狀：
(A)XeF_3^+ (B)$OClF_4^-$ (C)$(CH_3)_2PF_3$。 【77後西醫】

解：(A)AX_3E_2，T字形。

(B) Cl爲中心原子，AX_5E_1，四角錐形。

(C) AX_5，三角雙錐形，而2個甲基(CH_3)在赤道位。

範例 29

屬於sp^3混成軌域結合，但分子形狀並非四面體者：

(A)HCN (B)F_2O (C)BF_3 (D)PCl_3 (E)CH_2Cl_2。 【80 屏東技】

解：(B)(D)

sp^3本來是四面體，但退化後的AX_3E_1型就不再是四面體形了。

其中(B)就是AX_2E_2，(D)是AX_3E_1。

範例 30

The molecules NF_3, BF_3 and ClF_3 all have molecular formulas of the type XF_3, but the molecules have different molecular geometries, Predict the shape of each molecule, and explain the origin of the differing shapes. 【78 淡江】

解：(1) NF_3爲AX_3E型態，三角錐形，BF_3爲AX_3型，平面三角形。ClF_3則爲AX_3E_2型，T 字形。

(2) 由以上討論，瞭解到形狀的判定，是由m與n共同來決定的。不是只由配位數(m)決定。

範例 31

What is the molecular geometry of the compound formed by the reaction of nitrogen with fluorine?

(A)bent (B)trigonal planar (C)trigonal pyramidal (D)trigonal bipyramidal (E)none of the above. 【85 成大 A】

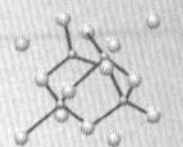

解：(C)

(1) N具有三價，F是1價，其結合的化學式爲NF_3。

(2) NF_3爲AX_3E型，三角錐形。

範例 32

下列分子或離子中，請選出具有形狀<u>不相似</u>的組合：

(A)BF_3，CO_3^{2-} (B)P_4，NH_4^+ (C)SO_3^{2-}，NCl_3 (D)BeF_2，OF_2。

【86 二技衛生】

解：(D)

(1) 從AX_mE_n的型態可迅速看出，若型態不同，形狀就不同。

(2) 各物型態如下所示：

BF_3：AX_3 ， CO_3^{2-}：AX_3 ， NH_4^+：AX_4 ， SO_3^{2-}：AX_3E ，
NCl_3：AX_3E，BeF_2：AX_2，OF_2：AX_2E_2

(3) P_4是金字塔形，類似四面體。

範例 33

下列哪些化合物之所有原子皆共平面？

(A)N_2F_2 (B)H_2O_2 (C)C_2H_2 (D)N_2O_4 (E)S_8。 【80 屏東技】

解：(A)(C)(D)

單元六：極性(Polarity)

1. 鍵的極性：
   (1) 鍵結兩端的原子，其陰電性相差愈大時，此鍵的電偶極愈大。
   (2) 陰電性相差2以上，視爲是離子鍵。2以下則爲極性共價鍵，∴離子鍵的極性大於極性共價鍵的極性。
   (3) 通常極性愈大，化學鍵的強度愈大。
   例如：HF＞HCl＞HBr＞HI
2. 分子的極性：
   (1) 判讀分子極性的步驟：
      ① 劃出該分子的正確形狀。
      ② 標示各鍵的偶極向量。
      ③ 分子偶極矩＝Σ(鍵偶極矩)。

      例如CO_2分子的偶極矩爲零，即表示CO_2爲一線性結構，因爲兩個C—O鍵必須反向地在一直線上，兩個鍵矩才會互相抵消。

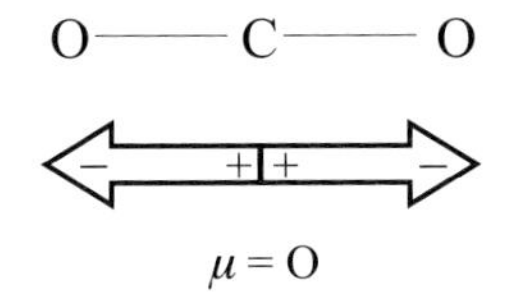

圖2-5(a)　CO_2分子的電偶極

又如BF_3分子或CH_4分子，分子的偶極矩爲零，因爲分子中各鍵的鍵矩大小相等，而方向依其分子形狀而定。BF_3爲平面三角形結構，而CH_4爲正四面體結構，結果各鍵矩剛好完全抵消。

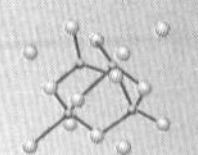

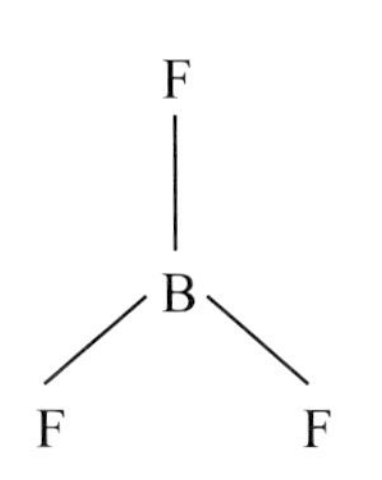

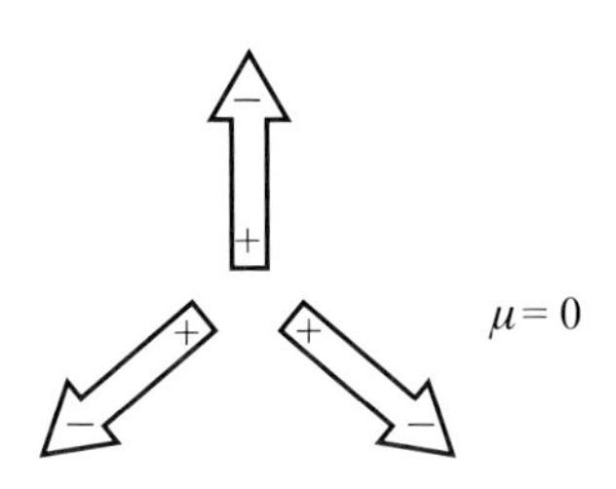

圖 2-5(b)　BF_3的電偶極

在NH_3或H_2O分子中，各鍵的電偶極雖然也是大小相等，但是由於NH_3爲三角錐形而H_2O爲非線性結構，鍵矩不會完全抵消，因此都是極性分子。

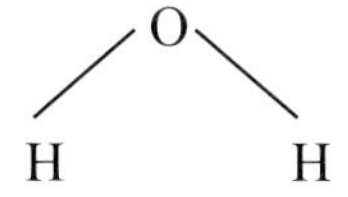

圖 2-5(c)

⑵　由CO_2及BF_3的例子中，我們發現在鍵上雖有偶極，但是整個分子未必是有偶極的。因此判斷極性時，一定要弄清楚是判斷「鍵」的偶極，還是「分子」的極性。

⑶　利用對稱原則也可以用來判斷是否具有極性。例如：CCl_4屬AX_4型態，外圍價電子雲有四團。若這四團對稱，則無極性。目前的例子周圍四團都是Cl，因此CCl_4分子是沒有極性的，若改成$CHCl_3$分子，則四周有 H 及 Cl 兩種原子，不再形成對稱，∴$CHCl_3$分子是極性分子。再如H_2O分子屬AX_2E_2型，外圍價電子團也是 4 團，但卻出現2個氫，2個lone pair，∴不對稱，因此水分子是極性分子。

範例 34

S—Cl，S—Br，Se—Cl，Se—Br 何者極性最強？

(A)S—Cl　(B)S—Br　(C)Se—Cl　(D)Se—Br。

解：(C)

(1) 這是判斷鍵的極性，只要觀察「陰電性差」即可。

(2) 沿著週期表，往右上角落，陰電性愈大，愈左下角陰電性愈小，觀察本題諸原子在週期表中的位置，Cl 在最右上角(EN最大)，Se 在最左下角(EN最小)。

範例 35

下列化合物中，何者具有極性？

(A)TeF_4　(B)AsF_5　(C)KrF_2　(D)KrF_4。【79 私醫】

解：(A)

利用對稱原則判斷較快

(A) TeF_4：AX_4E型，E優先處於赤道位置，於是造成赤道位的周圍二團有 2 個X，1 個E，不對稱。

(B) AsF_5：AX_5，5 個全都一樣，對稱。

(C) KrF_2：AX_2E_3型，E優先處於赤道位，導致赤道位外圍三個全都是E，對稱；而 2 個 F 原子皆在軸位上，也是對稱。

(D) KrF_4：AX_4E_2型，平面四方形，也是對稱。

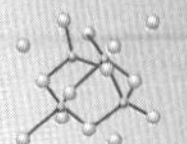

範例 36

解釋水分子具有很高的極性，但CO_2分子的偶極卻為零。

解：參考圖 2-5(a)及(c)。

範例 37

下列何者是極性共價化合物？
(A)NaCl　(B)CH_4　(C)H_2O　(D)CO_2。　【86 二技環境】

解：(C)

(A)雖然是高極性，但它屬離子化合物，不是共價化合物。

範例 38

下列有關分子偶極矩(dipole moment)大小比較，何者正確？
(A)$OF_2 > H_2O$　(B)$CCl_4 > CH_4$　(C)$NH_3 > NF_3$　(D)$CO_2 > SO_2$。
【83 二技動植物】

解：(C)

(A)
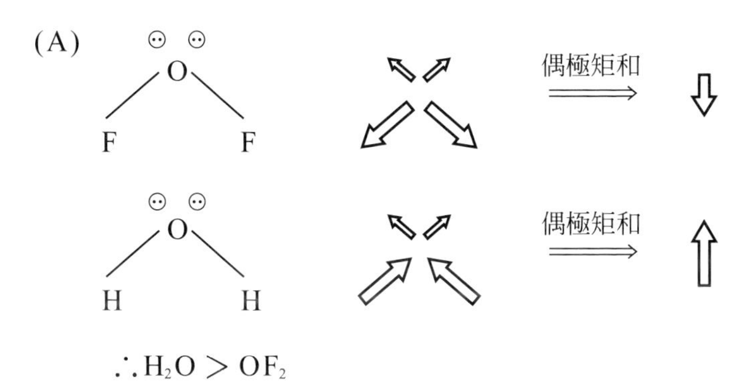

$\therefore H_2O > OF_2$

(B) CCl_4與CH_4皆屬AX_4型，四周對稱，∴全無極性。

(C) 類似(A)。

(D) CO_2無極性，而SO_2有極性，∴$SO_2 > CO_2$
SO_2屬AX_2E型，外圍三團中有2個是O，一個是 lone pair，∴不對稱。

範例 39

Which of the following is nonpolar, but contains polar bonds?
(A)hydrogen chloride (B)water (C)sulfur trioxide (D)nitrogen dioxide
(E)sulfur dioxide. 【82 成大化工】

解：(C)

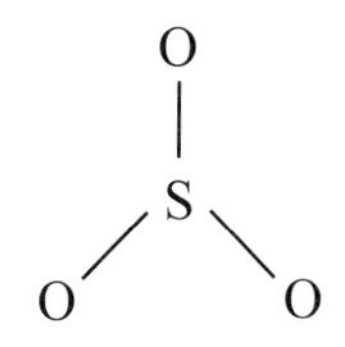

平面三角形，各鍵偶極如右圖所示：

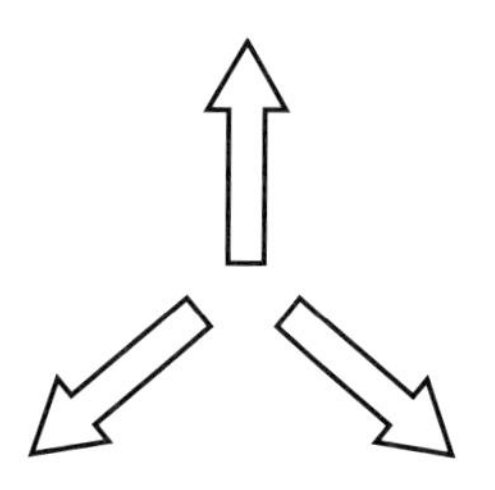

S—O 鍵存在極性，但整個分子的極性卻抵銷了。

單元七：鍵角

在單元四、五中，我們學到了如何判斷結合軌域及形狀，一旦形狀知道了，鍵角自然也就知道了。然而仍有其它的因素會去影響原所預測的鍵角作某些程度的變動。例如在BF_3分子中，外圍三個相同性質的F原

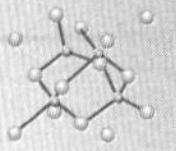

子就把周遭空間三等分，以致鍵角都是 120°，然而在乙烯分子中(見圖 2-6)，碳原子周圍三原子不全然一樣，這使得鍵角不再是準確的 120°，而π-鍵較濃的電子雲，會使鍵角b比鍵角a占據較大的空間，現在把不同的鍵角題型分列於後：

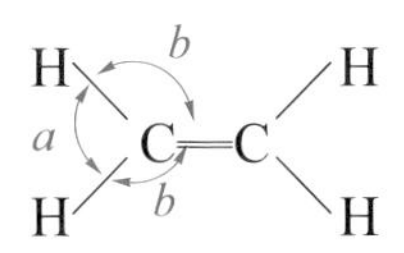

圖 2-6

1. 若混成軌域不同者。

 例：CO_2，sp軌域；BF_3，sp^2軌域，既然sp的鍵角是 180°，sp^2的鍵角是 120°，∴CO_2的鍵角＞BF_3鍵角。

2. 若混成軌域相同，但 lone pair 數不同。

 解題原則：價電子對排斥力的大小次序爲

 l.p － l.p ＞ l.p － b.p ＞ b.p － b.p

 l.p 代表 lone pair，b.p 代表鍵結電子

 例(一)鍵角：CH_4＞NH_3＞H_2O

 CH_4是對稱的四面體形，鍵角＝ 109°28′

 NH_3的外圍原子只有 3 個，不再是對稱的四面體。見圖 2-7(a)，涉及 lone pair 的排斥力a大於排斥力b，使得a區占據較大空間。相對地，b區的鍵角變小了。

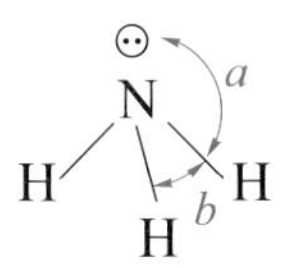

圖 2-7(a)

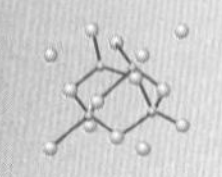

在圖2-7(b)中，更出現了2對lone pair，排斥力更大，因而使得*b*區的鍵角變得更小。從此，累積一個經驗如下：中心原子的lone pair數愈多，鍵角將愈小。

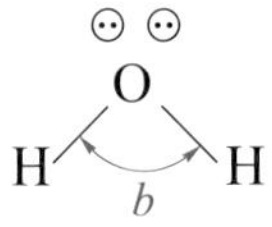

圖2-7(b)

例(二)$SO_3 > SO_2$

SO_3是AX_3型，無 lone pair，而SO_2爲AX_2E型，存在一對 lone pair，∴鍵角較小。

例(三)ClF_3

見圖2-8。本來T字形的鍵角應爲90°，也因Cl外圍2對lone pair的排斥力，而使其鍵角小於90°。

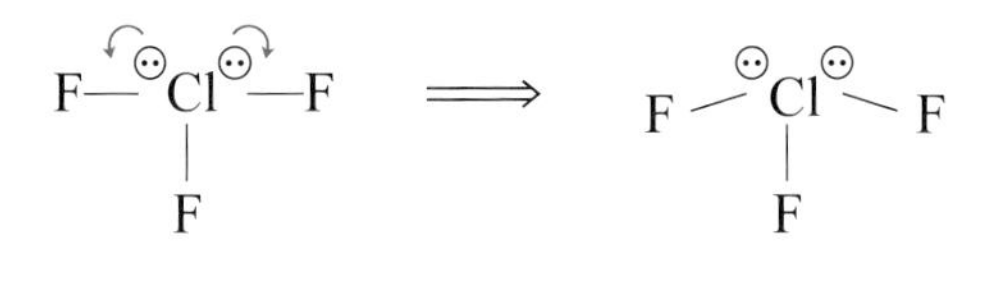

圖2-8

例(四)SF_4

經鍵角校正後，也不再是標準的蹺蹺板形了。

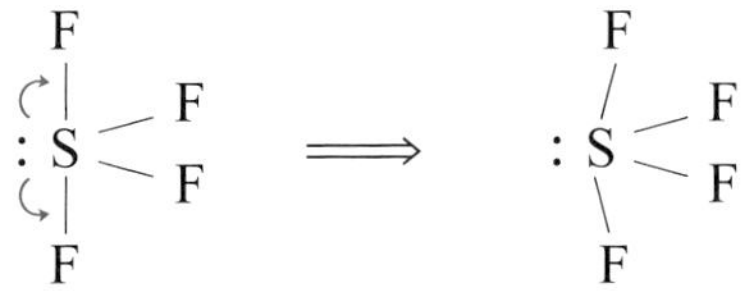

圖2-9

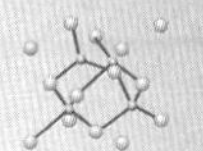

3. 混成軌域相同，lone pair 數也相同(即等電子物種)：不再能利用 l.p 的排斥力大小來比較(∵lone pair數都相同)，於是去觀察鍵結上的電子雲的分佈，若其分佈如圖 2-10(a)比較靠近中心原子區，則排斥力較大，呈現鍵角就較大，至於電子雲分佈的判斷則依*A*與*X*之間的陰電性差來決定。

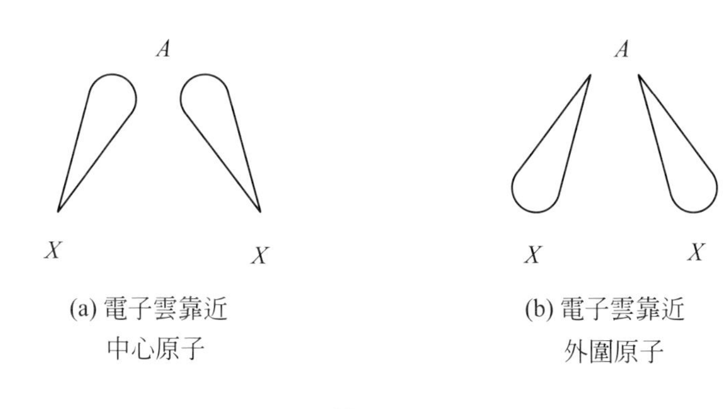

圖 2-10

例(一)$H_2O > H_2S > H_2Se > H_2Te$

先分辨出此四者是屬於等電子物種(皆爲AX_2E_2型)，才可用此法判斷，其次以陰電性大小判斷出 O 的*EN*最大，因此對H_2O而言，鍵上的電子是最靠近中心 O(如圖 2-10(a))。

因此，H_2O的鍵角最大，其鍵角的情形見表 2-5。

表 2-5

Ax_4		Ax_3E		Ax_2E_2	
CH_4	109°28′	NH_3	107.3°	H_2O	104.5°
SiH_4	109°28′	PH_3	93.3°	H_2S	92.2°
GeH_4	109°28′	AsH_3	91.8°	H_2Se	91.0°
SnH_4	109°28′	SbH_3	91.3°	H_2Te	89.5°

例(二)$OF_2 < OCl_2 < OBr_2 < OI_2$

觀察四者的不同在於 F，Cl，Br，I，而四者中又以 F 的*EN*最大，因此OF_2最易將電子雲吸引到外圍的 F 原子上(如圖 2-10 (b))，使得中心區電子雲較少，因而排斥力不大，鍵角最小。另有一說認爲 I 是較大顆的原子，理應占據較大的空間，因而鍵角愈大。

4. 雙鍵或參鍵中的電子對應較單鍵佔較大的空間

$F_2C{=}O$	$Cl_2C{=}O$	$(H_2N)_2C{=}O$
F–C–F 108°，F–C=O 126°	Cl–C–Cl 112°，Cl–C=O 124°	N–C–N 118°，N–C=O 121°

5. 觀察表 2-5 中的第二、三欄，沿族，鍵角愈來愈小，這是第 *3.* 點已提及，但請注意，排在第二個(及以後)，鍵角迅速降至 90°附近。

範例 40

NO_2^+，NO_2，NO_2^-的鍵角分別爲 180°，134°，115°，試解釋其差異。

解：(1) NO_2^+是AX_2型，*sp*軌域，鍵角本就是 180°。

(2) NO_2^-是AX_2E型，sp^2軌域，鍵角本是 120°，但因出現有 1 對lone pair 使鍵角略小於 120°，是爲 115°。

(3) 而在NO_2的 Lewis 結構上，N 上存在一個不成對電子，與 lone pair 比較起來，此處電子雲密度更小，因而排斥力較小，甚至比b.p的排斥力還要小，因而反使鍵角變大，爲比 120°大的 134°。

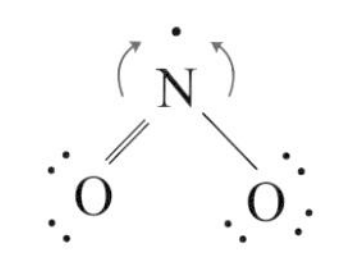

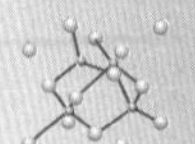

範例 41

解釋下列分子∠HMH 鍵角之大小？

(A)CH_4＞(B)NH_3＞(C)H_2O。

解：(1) 先判斷題型爲第 2 型。

(2) 見圖 2-7(a)，(b)解釋。

類題

NH_3之鍵角爲 107.3°，而H_2O者爲 104.5°，此解釋可依

(A)Valence Bond Theory (B)Molecular Orbital Theory (C)Hybridization Theory (D)VSEPR Theory。 【69 私醫】

解：(D)

範例 42

排列OF_2，OCl_2，OBr_2，OI_2的鍵角大小次序。

解：(1) 先判斷題型爲第 3 型。

(2) 參考課文重點 3.-例(二)。

類題 1

NH_3之鍵角爲 107°，而NF_3的鍵角爲 102°，試解釋此差異。

解：(1) 屬第 3 類型。

(2) F 的 EN 大於 H，∴電子雲分佈以 NF_3 而言，會比較靠近外圍的 F (如圖 2-10(b))，∴NF_3 的鍵角較小。

類題 2

The bond angle in H_2Se is about

(A)120° (B)60° (C)180° (D)109° (E)90°. 【86 成大 A】

解：(E)

參考課文重點 5.。

範例 43

有關各分子鍵角之比較，正確者爲

(A)$H_2O > F_2O$ (B)$H_2O > NH_3$ (C)$CH_4 > CCl_4$ (D)$H_2S > CO_2$。

【81 二技動植物】

解：(A)

(1) 比較鍵角，先判斷各小題的題型，因爲各題型的判斷原則是不一樣的。

(2) (A)是第三題型，參考範例 42，這次序是正確的。
(B)是第二題型，參考範例 41。
(C)是第一題型，皆是 sp^3，AX_4 型，∴鍵角皆是 109°28′。
(D)是第一題型，H_2S 是 sp^3，CO_2 是 sp 軌域，sp 軌域的鍵角是 180°，較大。

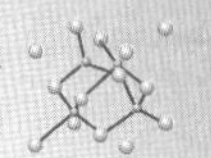

單元八：結構異構物與幾何異構物

1. 同分異構物(Isomers)：具有相同分子式而不具有相同結構者。經常提及的異構物有「結構異構物」、「幾何異構物」及「光學異構物」三種，其中最後一種在12章才會討論到。
2. 結構異構物(Structural isomer)：原子的鍵結次序不同者，例如：甲醚(CH_3OCH_3)與乙醇(CH_3CH_2OH)。
3. 幾何異構物(Geometry isomer)(或稱爲順反異構物(Cis-trans isomer))。
   (1) 二氯乙烯的結構有三種不同型式，觀察甲與乙的原子鍵結次序，對甲而言，兩個氯原子是接在同一碳上，而乙就不是。因此甲與乙是結構異構物。然而再觀察乙與丙中的鍵結次序就會發現是一樣的，而乙與丙卻眞的是不同的外觀。原來乙與丙就是幾何異構物。

```
Cl         H        Cl         Cl        Cl         H
  \       /           \       /            \       /
   C ═ C               C ═ C                C ═ C
  /       \           /       \            /       \
Cl         H        H          H         H          Cl

     甲                  乙                    丙
```

   (2) 幾何異構物的起因是因「雙鍵」的不能旋轉所引起。若換成「單鍵」，是可以自由轉動，∴下面幾種結構其實都是同一物。彼此之間不是異構物。

```
   Cl  Cl            Cl  H             H   Cl
   |   |             |   |             |   |
H— C — C —H       H— C — C —H     Cl — C — C — H   ……
   |   |             |   |             |   |
   H   H             H   Cl            H   H
```

   (3) 幾何異構物的簡單判別法則：沿著雙鍵劃一分界線，在分界線的兩邊原子只要不一樣，就會具有幾何異構物，例如重點3.-(1)中的乙、丙二式就滿足這條件。

ab 不同原子團　a　b　A═B　c　d　*cd* 不同原子團

⑷ 當由⑶點判別出具有幾何異構物後，再來就要判別出是「順式」或「反式」，法則是：在左右兩區找出相同的原子(團)，若這兩者在分界線同一側稱之「順式」(cis)，若在異側，則稱爲「反式」(trans)。

⑸ 注意以下兩者不是幾何異構物，因兩側端的原子不在同一平面上。

Cl、H ＞C＝C＝C＜ Cl、H　　　Cl、H ＞C＝C＝C＜ H、Cl

範例 44

下列化合物中哪一種爲甲醚的結構異構物？

(A)甲醇　(B)乙醛　(C)乙醇　(D)丙酮。　【71 私醫】

解：(C)

見課文重點 2.。

範例 45

下列何者無順反異構物：

(A)丁烯二酸 (B)2-丁烯酸 (C)N_2F_2 (D)N_2F_4 (E)二氯乙烷 (F)H_2O_2。

解：(D)(E)(F)的結構式中，都沒有出現雙鍵，∴沒有順反異構物。而(A)(B)(C)的順反異構物，示範於下：

(A) HOOC(H)C＝C(H)COOH 順　　HOOC(H)C＝C(COOH)H 反

(B) H_3C(H)C＝C(H)COOH 順　　H_3C(H)C＝C(COOH)H 反

(C) F–N̈＝N̈–F（F 同側）順　　F–N̈＝N̈–F（F 異側）反

範例 46

下列各物都是含烯的結構異構物，何者具有順反異構物？

(A) $CH_3CH_2CH_2CH{=}CH_2$ (B) $CH_3CH_2CH{=}CHCH_3$ (C) $(CH_3)_2CHCH{=}CH_2$ (D)$(CH_3)_2C{=}CHCH_3$ (E)$H_2C{=}C(CH_3)CH_2CH_3$。

解：(B)

(A) $CH_3CH_2CH_2(H)C=CH_2$ — 二者相同，∴不具有順反異構物

(C) $H_3C—CH(CH_3)—CH=CH_2$ — 二者相同，∴不具有順反異構物

(D) $(CH_3)_2C=C(CH_3)H$ — 二者相同

單元九：共振(Resonance)

1. 定義：一分子需二個(或二個以上)價鍵結構方能描述完全時，此分子稱為此結構之共振混合體(resonance hybrid)。
2. 符號：↔。(注意：不是⇌，也不是⇔)

   例如：

   NO_2^- [:Ö—N̈=Ö:] ↔ [:Ö=N̈—Ö:]

3. 如何判別有沒有共振式？

   (1) 負電荷與多重鍵接在一起時。

   (2) 劃法：$^-A—B=C \leftrightarrow A=B—C^-$ (特點：電子雲在移動，原子可沒有動)。

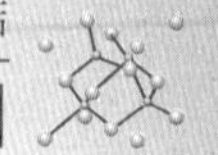

4. 共振結構式愈多，代表電子雲分散(delocalize)得更廣，電子雲若不集中，則這系統就會比較安定。
5. 每一個共振結構式其實都是不存在的化學物質，它之所以被劃出來，只是爲了要描述某一分子結構時，需要用到各共振式的「結構」去平均合成出其「影像」。
6. 既然眞正結構是各共振式的平均混合體，∴各鍵也是單鍵與多重鍵的平均。各鍵鍵級(Bond order)的算法是：

$$BO=\frac{\text{總鍵數}}{\text{配位數}}$$

7. 共振能(resonance energy)：因爲共振而獲得額外穩定下來的能量稱之。也就是「眞實結構」與「假想共振式」之間的位能差距。
8. 共振是指電子雲在傳播分散，原子位置是沒有變的。若連原子位置都移動了，那就變成上一單元的異構關係了，不是共振關係。注意下例中的原子位置

N═N═O 與 N≡O─N 不是共振關係。

範例 47

Which of the following molecules exhibit resonance?

(A)CO (B)SO_2 (C)$BeCl_2$ (D)NH_3 (E)CH_4. 【83 中興 A】

解：(B)

SO_2的 Lewis 結構如下所示：

$$O=\ddot{S}-O^-$$

多重鍵　負電荷

當負電荷與多重鍵連接時，就可以劃出共振式，其它各物就無法找出這項條件。

劃法：$O=\ddot{S}-O^{-} \leftrightarrow {}^{-}O-\ddot{S}=O$

範例 48

Which of the following represent resonance forms of the same species?

(A) $N\equiv C-\ddot{\underset{\cdot\cdot}{O}}:^{\ominus}$ and $^{\ominus}:\ddot{N}=C=\ddot{\underset{\cdot\cdot}{O}}$

(B) $H_3C-C(=O)-\ddot{\underset{\cdot\cdot}{O}}-H$ and $H-C(=O)-CH_2-\ddot{\underset{\cdot\cdot}{O}}-H$

(C) $:\ddot{N}=N=\ddot{O}:$ and $:N\equiv O-\ddot{\underset{\cdot\cdot}{N}}:$

(D) $CH_3-C(H)(C_2H_5)(Br)$ and $CH_3-C(H)(Br)(C_2H_5)$

(E) $(:\ddot{N}=C=\ddot{S}:)^{-}$ and $(:\ddot{S}=C=\ddot{N}:)^{-}$. 【82 成大化學】

解：(A)

(B)與(C)中，內部原子位置都移動了。那是異構物關係。

(D)則是光學異構關係。

(E)中這兩者根本是同一物。

範例 49

劃出下列各物的共振式

(A)N_3^-　(B)CO_3^{2-}　(C)HCO_3^-　(D)$C_2O_4^{2-}$　(E)SO_4^{2-}　(F)O_3。

解：(A)$N\equiv N^+—N^{2-} \leftrightarrow {}^-N=N^+=N^- \leftrightarrow {}^{2-}N—N^+\equiv N$

(B)

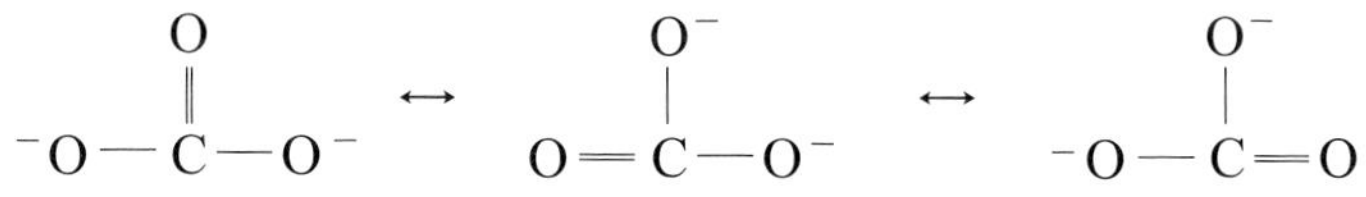

(C)

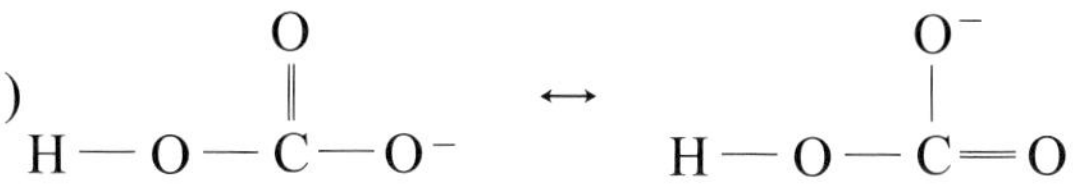

(D)

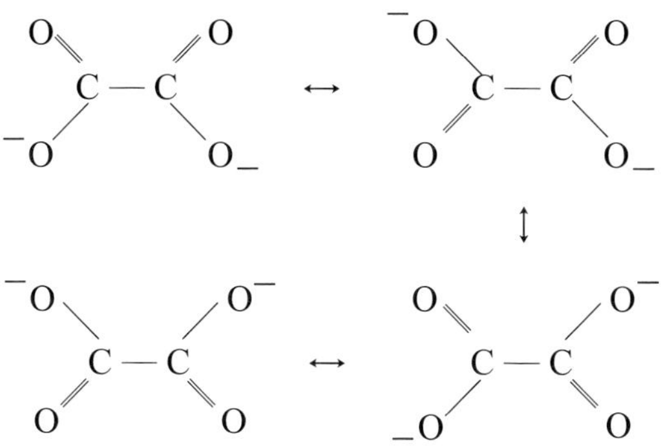

(E)

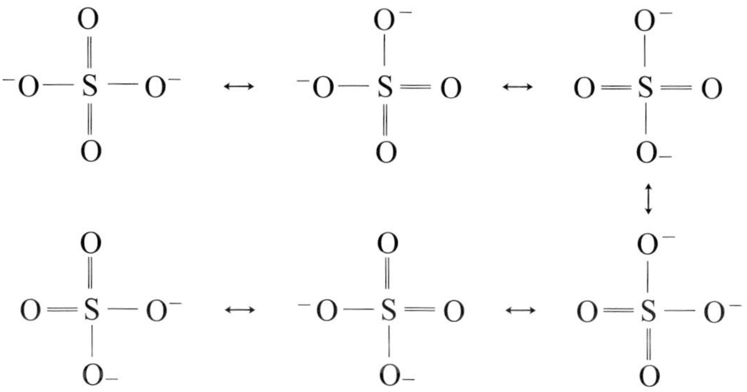

(F)$O=O^+—O^- \leftrightarrow {}^-O—O^+=O$

範例 50

SO_3分子其共振結構可繪出 (A)1 (B)2 (C)3 (D)4 個。

解：(C)

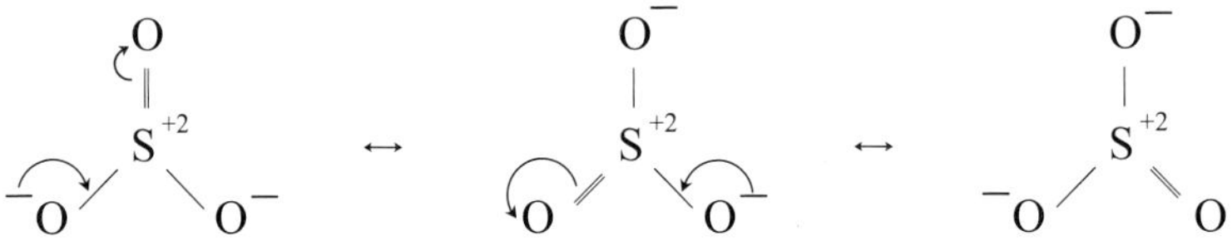

範例 51

HCO_3^-與CO_3^{2-}二者之中，何者之共振能較大？ 【77 私醫】

解：在範例 49 的(B)與(C)中已知，CO_3^{2-}可以出現 3 個共振式，而HCO_3^-只出現 2 個共振式。共振式愈多個，共振能愈大。

範例 52

Arrange the following ions and molecules in increasing order of their carbon-oxygen bond order：*1.* $CO_3^{=}$ *2.*HCOO$^-$ *3.* HCHO *4.*CH_3OH

(A)*1.*＝*2.*＝*3.*＝*4.* (B)*3.*＞*1.*＝*2.*＞*4.* (C)*2.*＞*3.*＞*1.*＞*4.* (D)*3.*＞*1.*＞*4.*＞*2.* (E)*3.*＞*2.*＞*1.*＞*4.*。 【82 成大化工】

解：(E)

(1) 參考範例 49-(C)，其平均BO＝(總鍵數)／配位機會＝4/3＝1.33。

(2) HCO_2^-的共振：$\mathrm{H-\overset{\overset{O}{\|}}{C}-O^-} \longleftrightarrow \mathrm{H-\overset{\overset{O^-}{|}}{C}=O}$

平均$BO = 3/2 = 1.5$

(3) HCHO的結構式：$\mathrm{H-\overset{\overset{O}{\|}}{C}-H}$，不能劃出共振式，因此不必算平均，

C—O 間的$BO = 2$ (BO其實就是代表鍵的數目)

(4) CH_3OH的結構式：$\mathrm{H-\underset{\underset{H}{|}}{\overset{\overset{H}{|}}{C}}-O-H}$，不能劃共振式，C—O 間的$BO = 1$。

類題 1

比較 I—O 間的鍵長次序：IO_4^-及IO_3^-。

解：IO_4^-的共振式：

$$\mathrm{O=\underset{\underset{O}{\|}}{\overset{\overset{O}{\|}}{I}}-O^-} \longleftrightarrow \mathrm{O=\underset{\underset{O}{\|}}{\overset{\overset{O^-}{|}}{I}}=O} \longleftrightarrow \mathrm{{}^-O-\underset{\underset{O}{\|}}{\overset{\overset{O}{\|}}{I}}=O} \longleftrightarrow \mathrm{O=\underset{\underset{O^-}{|}}{\overset{\overset{O}{\|}}{I}}=O}$$

$BO = \frac{7}{4} = 1.75$

IO_3^-的共振式：

$$O=\overset{\overset{\Large O}{\|}}{\underset{''}{I}}-O^- \leftrightarrow O=\overset{\overset{\Large O^-}{|}}{\underset{''}{I}}=O \leftrightarrow {}^-O-\overset{\overset{\Large O}{\|}}{\underset{''}{I}}=O$$

$BO=\dfrac{5}{3}=1.67$

BO值愈大，鍵能愈大，而鍵長就愈短

$\therefore$ IO_3^-的鍵長較長。

類題 2

排列每一分子中氧—氧間的鍵能大小次序：O_3，H_2O_2，O_2。

解：O_3的平均$BO=1.5$(見範例 49-F)，H_2O_2的$BO=1$，O_2的$BO=2$

$\therefore O_2 > O_3 > H_2O_2$。

範例 53

已知 Cyclohexene 及 benzene 在下列反應其 enthalpy 的變化(ΔH)如下：

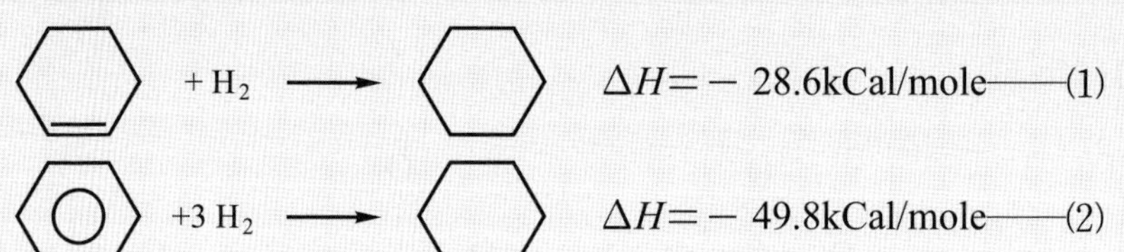

試求 benzene 的 resonance energy 爲何？【81 清大 A】

解：假設有一虛擬結構環己三烯的存在，既然它有三個雙鍵，

環己三烯 $+3H_2 \longrightarrow$ 環己烷　$\Delta H=-85.8\text{kCal}$——(3)

因此可以進行題目中第一式的還原反應，而且可以反應三次。

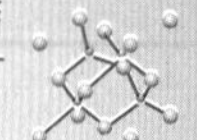

總熱含量的變化$\Delta H = -28.6\times 3 = -85.8$kCal

再將第⑵、⑶式的位能圖劃出

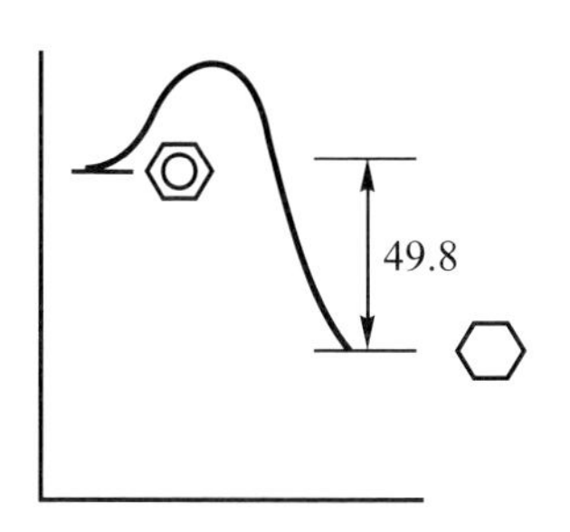

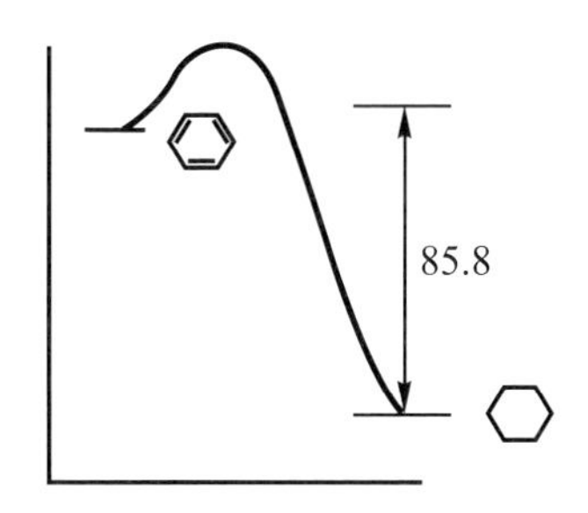

最後，將這兩張圖合併，可以發現環己三烯與苯環的位能差距＝85.8－49.8＝36kCal。根據課文重點7.，虛擬結構與眞實結構之間的位能差距就稱爲共振能。

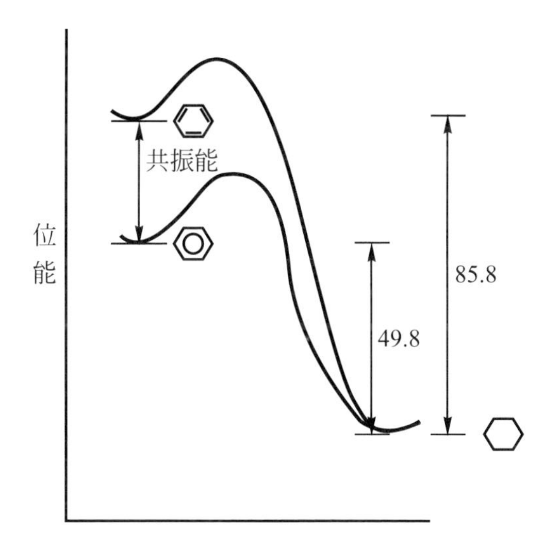

單元十：分子軌域理論(Molecular Orbital Theory)

1. 分子軌域是由原子軌域經線性組合而成，此理論認爲化學鍵結的形成，在於電子填入分子軌域時的系統能量，比填入原子軌域的系統能量還要低。
2. 鍵結軌域和反鍵結軌域：
   (1) bonding orbital：由重疊二原子軌域相加所形成的分子軌域稱之，其由於電子雲集中兩核之間，故其能量比單獨原子軌域低。
   (2) antibonding orbital：由重疊二原子軌域相減所形成的分子軌域稱之，其由於在兩核之間電子雲稀少，故其能量比單獨原子軌域高。
3. 線性組合示範：
   (1) s軌域與s軌域的線性組合：

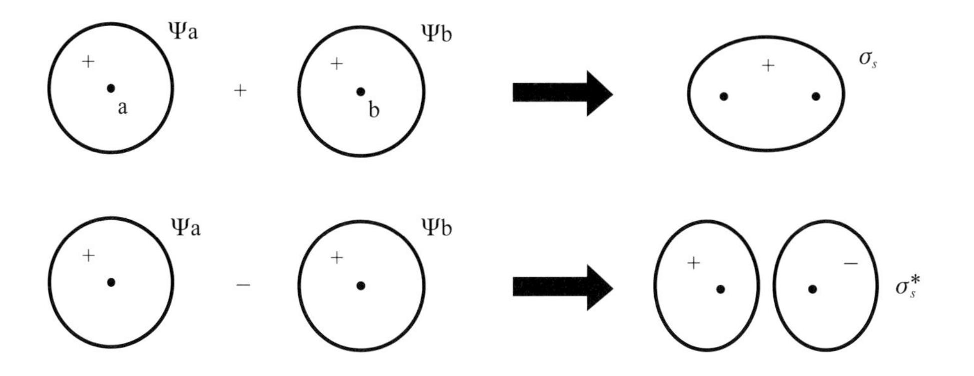

   (2) p軌域與p軌域的線性組合：有兩種情況，依彼此靠近時的方位而區分，組合後分別稱爲σ及π鍵。

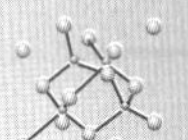

①

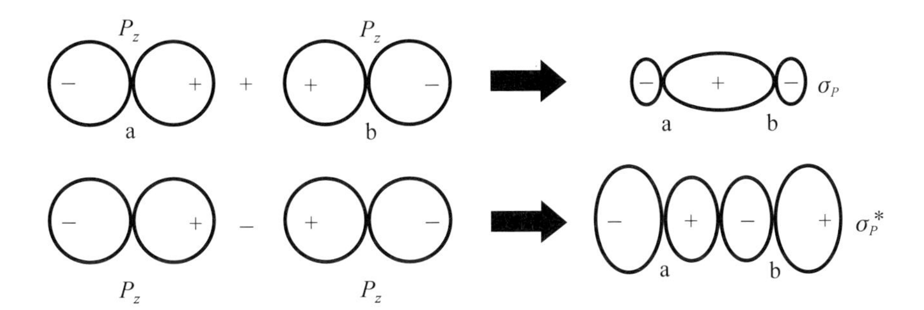

②

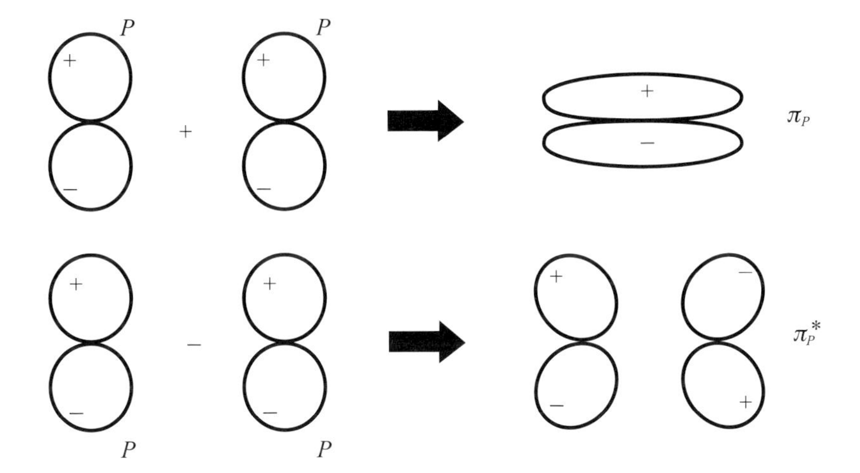

4. MO能階：

(1) 週期表第一週期元素：H_2，He_2

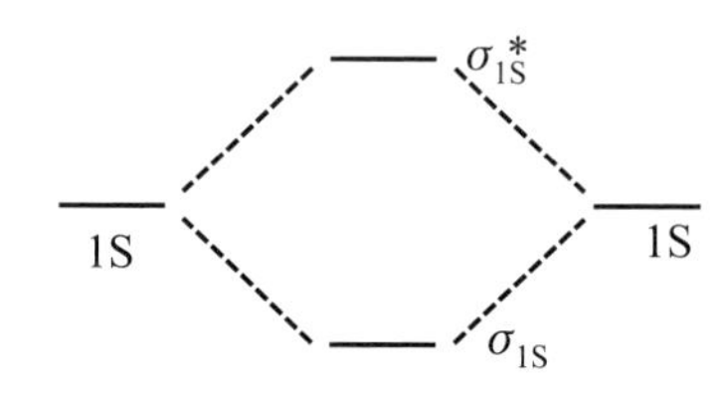

圖2-11　第一週期元素雙原子分子的MO圖

(2) 第二週期元素，同核且具較低能2s軌域者：O_2，F_2，Ne_2

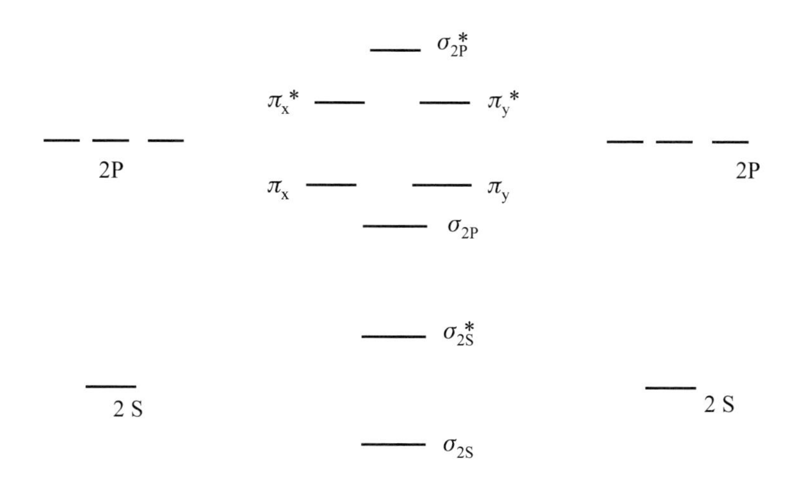

圖2-12　第二週期元素雙原子分子的MO圖

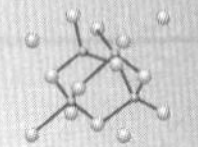

⑶ 第二週期元素，同核且具較高能2*s*軌域者：Li_2，Be_2，B_2，C_2，N_2。見圖2-13。

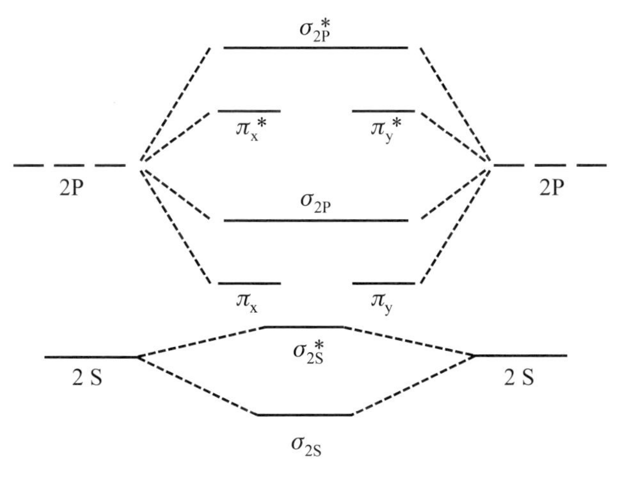

圖2-13

⑷ 第二週期異核元素見圖2-14，其中B方能量較低，意指B為原子序較大者，例如：CN^-中，N的原子序較C大，則N要劃在B方

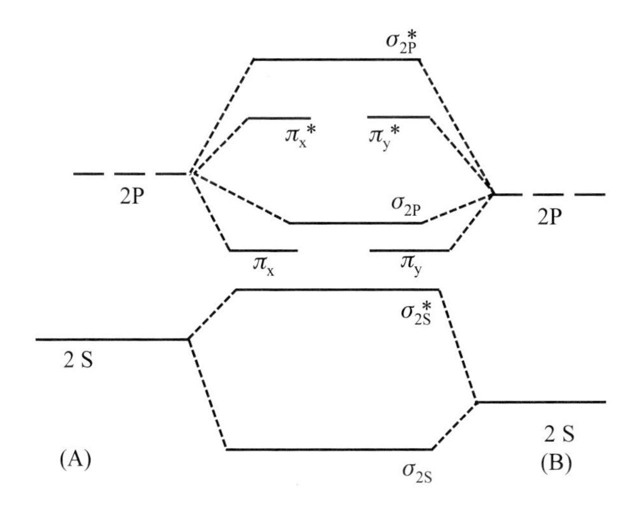

圖2-14 異核雙原子型

5. 電子組態：從Li_2至F_2的電子組態示範於圖 2-15。

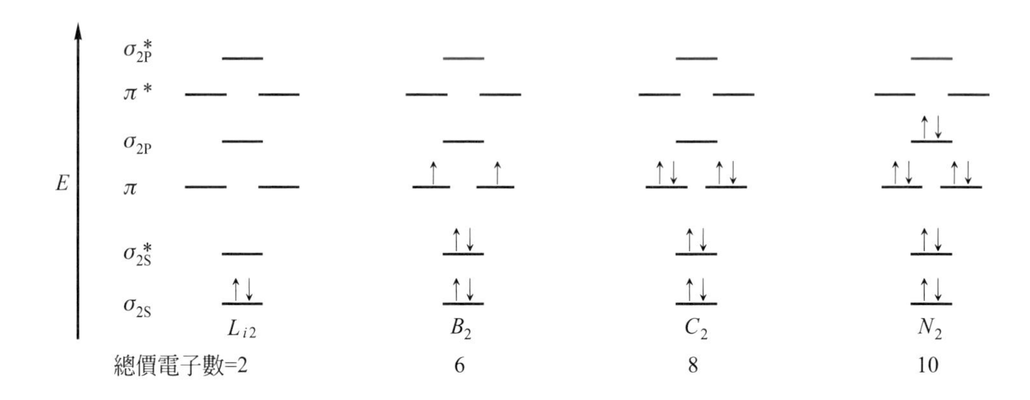

圖 2-15(a)

σ^*_{2P}
π^*
π
E
σ_{2P}
σ^*_{2S}
σ_{2S}
O_2
F_2
總價電子數=12
14

圖 2-15(b)

6. 鍵級(Bond order)＝$\dfrac{\text{鍵結電子數}-\text{反鍵結電子數}}{2}$：

(1) bond order 愈大安定度愈高。

(2) bond order 愈大，分子的鍵解離能愈高。

(3) bond order 愈大，原子間的化學鍵長愈短。

(4) bond order 爲零時，分子無法存在。

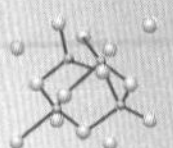

7. 磁性(magnetic behavior)：

(1) 若分子軌域中具有未成對的電子，則分子具有順磁性(paramagnetic)。

(2) 若分子軌域中所有電子皆成對，則分子具有逆磁性(diamagnetic)。

範例 54

What is LCAO-MO?

Try to apply it to He_2.

What is the variation of the wave functions along *z* axis(internuclear axis)?

【84 清大 A】

解：LCAO：利用數學中的線性組合概念，將原子軌域的函數組合成分子軌域，例如：假設有有兩個He原子，其原子軌域分別是$1s_a$及$1S_b$，則He_2分子的 MO 爲：

$$\sigma_{1s}=C_1(1s_a)+C_2(1s_b)$$

$$\sigma_{1s}*=C_1(1s_a)-C_2(1s_b)$$

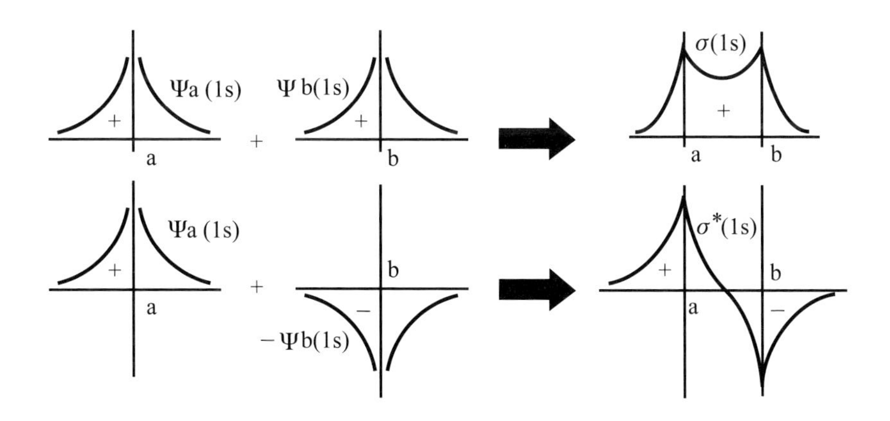

範例 55

請寫出C_2及O_2的分子軌域能階圖，並討論其 bond order 及 magnetic properties。 【76 成大】

解：(1) MO能階圖請看圖 2-15，但要注意C_2與O_2所適用的能階圖不一樣。

(2) 由圖 2-15(a)中C_2的電子組態看出，鍵結電子數＝ 6，而反鍵結電子數＝2

$$\therefore BO \frac{6-2}{2}=2$$

由圖 2-15(b)中的O_2的電子組態看出，鍵結電子數＝8，反鍵結電子數＝4

$$BO=\frac{8-4}{2}$$

BO ＝2 意指鍵數爲 2，這與 Lewis 結構式描述的不謀而合。

(3) 由圖 2-15(b)中O_2的電子組態，出現了兩個不成對電子，∴O_2呈現順磁性，而C_2則因全成雙，∴是逆磁性。

範例 56

The fact that O_2 is paramagnetic can be explain by

(A)the Lewis structure (B)resonance (C)a violation of the octect rule (D) the molecular orbital diagram for O_2 (E)hybridization of atomic orbitals in O_2.

【86 成大 A】

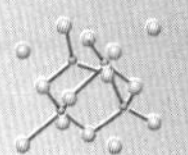

解：(D)

由O_2的Lewis結構上，看不到任何不成對的電子，但由MO理論則可以看出順磁性的理由，這也是MO理論成功解釋事實的例證。

範例 57

下列何者在磁場的磁性與O_2相似？

(A)F_2 (B)NO (C)CO (D)B_2。 【78 私醫】

解：(D)

磁性相似是指不成對電子數要相同。而由圖 2-15 中可看出B_2與O_2的不成對電子數都是 2 個。

類題

下列何者是順磁性？

(A)O_2 (B)C_2^- (C)F_2 (D)CO (E)NO (F)CN^-。

解：(A)(B)(E)

其中(B)的價電子數＝9，(E)的價電子數＝11。因爲是奇數個電子，∴一定是順磁性，不必由電子組態看出。

範例 58

According to molecular orbital theory, which of the following diatomic molecules or ions is not supposed to exist?

(A)O_2^{2-} (B)He_2 (C)Li_2^+ (D)Be_2 (E)B_2^{2+}。 【80 台大丙】

解：(B)(D)(E)的$BO=0$，∴不存在，但也可用另一經驗法則判斷，那就是總價電子數＝4或16個，就會導致$BO=0$。

範例 59

Which molecule in each of the following pairs would you expect to have the higher bond energy?

(A)F_2，F_2^+　(B)NO，NO^-　(C)NF，NO　(D)Be_2，Be_2^+　(E)BN，BO。

【84 清大 B】

解：BO值愈大，鍵能就愈大。

(A)F_2的$BO=1$，F_2^+的$BO=1.5$，∴F_2^+鍵能較大

(B)NO的$BO=2.5$，$NO^-=2$，∴NO的鍵能較大

(C)NF的$BO=2$，∴NO的鍵能較大

(D)Be_2的$BO=0$(不存在)，∴Be_2^+的鍵能較大

(E)BN的$BO=2$，BO的$BO=2.5$，∴BO的鍵能較大

範例 60

從O_2移去一個電子，鍵長從1.21Å縮短爲1.12Å，然而從N_2移去一個電子，鍵長從1.09Å增長爲1.12Å，解釋爲什麼。

解：(1)　O_2的$BO=2$，移去一個e^-後形成O_2^+，其$BO=2.5$，∵BO值上升了。∴鍵長縮短了。

(2)　N_2的$BO=3$，移去1個e^-後，形成N_2^+，其$BO=2.5$，∵BO值下降了，∴鍵長增長了。

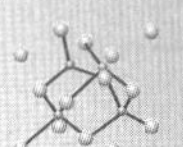

範例 61

Which of the following molecules should have the lowest ionization energy: NO, N_2, O_2^+. 【80 中興】

解：(1) O_2^+已帶正電荷，意指在游離第二個電子，∴游離能最大。

(2) NO 游離前$BO=2.5$，游離後NO^+的$BO=3$。

N_2游離前$BO=3$，游離後N_2^+的$BO=2.5$。

對 NO 而言，游離後BO值上升，意指游離後結構變得更安定，因此 NO 應該較容易游離。

(3) NO 兩個原子不同，屬異核型，適用圖 2-14 的能階圖。

NO的價電子數＝11 個，電子組態：$KK\sigma_{2s}^2\sigma_{2s}^{*2}\pi_x^2\pi_y^2\sigma_{2p}^2\pi_x^{*1}$

其中鍵結電子數＝8 個(沒有標*者)，反鍵結電子數＝3(標示*者)

$$BO=\frac{8-3}{2}=2.5$$

游離後的NO^+，價電子＝10 個，電子組態：$KK\sigma_{2s}^2\sigma_{2s}^{*2}\pi_x^2\pi_y^2\sigma_{2p}^2$

其中鍵結電子數＝8 個，反鍵結電子數＝2 個。

$$BO=\frac{8-2}{2}=3$$

本單元中各小題BO值的計算法，都是要按此順序算出：(一)先判斷適用軌域圖，(二)填入電子，(三)計算BO值。

綜合練習及歷屆試題

PART I

1. 下列有關金屬性質的敘述，何者錯誤？
   (A)兩金屬原子以共同電子對的方式形成金屬鍵　(B)金屬固體常具有延展性，是因爲金屬鍵無方向性　(C)金屬大部份具有低游離能且有空的價軌域　(D)金屬固體具有高速任意運轉之自由電子，故有導電性。 【86二技衛生】
2. 金屬和非金屬彼此間的化學反應主要涉及：
   (A)質子間的作用　(B)電子的轉移　(C)質子和電子間的作用　(D)質子、電子、中子間的作用。 【81私醫】
3. 下列四種結合力哪一種具有方向性？
   (A)共價鍵　(B)金屬鍵　(C)離子鍵　(D)氫鍵。
4. 苯(C_6H_6)環上的C—C單鍵數目與C—C雙鍵(π bond)數目之總和爲若干？
   (A)12　(B)11　(C)9　(D)6。 【86二技材資】
5. 下列四對元素生成的二元素組合化合物(binary compound)，化學鍵離子性最強的是何者？
   (A)I和Cl　(B)C和H　(C)H和O　(D)Na和Cl。 【83二技環境】
6. 欲破壞下列分子的化學鍵，何者需要吸收最大的能量？
   (A)O_2　(B)N_2　(C)Cl_2　(D)H_2。 【83私醫】
7. 何者分子中含多重鍵？
   (A)N_2F_4　(B)N_2　(C)O_3　(D)P_2　(E)S_2。

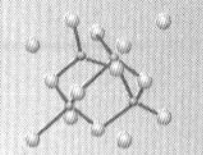

8. 利用Lewis結構指出下列分子中何者具有π-鍵(π-bond)之結構：
(A)C_2H_6 (B)CCl_4 (C)SO_2 (D)IF_3。【80私醫】

9. A、B二原子之價電子(valence electron)組態分別爲$3s^23p^1$，$2s^22p^4$，則其組成化合物時，可能之化學式爲何？
(A)A_2B (B)AB_2 (C)A_3B_2 (D)A_2B_3。【85私醫】

10. 下列各物質，何者最爲活潑？
(A)CH_3 (B)CHF_3 (C)CH_2F_2 (D)CH_3F。【71私醫】

11. 碳原子之電子應以哪種組態與其他原子結合最安定？
(A)$1s^22s^22p_x^12p_y^1$ (B)$1s^22s^22p_z^1$ (C)$1s^22s^22p_y^2$ (D)$1s^22s^12p_x^12p_y^12p_z^1$。
【84二技環境】

12. 下列何者不眞？
(A)軌域的混成發生在化合態而非基態 (B)在元素狀態中，原子彼此結合不可能有混成軌域發生 (C)一個原子的混成軌域最多只有四個 (D)有n個軌域參加混成，就會產生n個混成軌域 (E)各混成軌域之能量必相等且互相對稱於原子核。

13. 下列化合物中，何者碳之混成軌域(sp，sp^2，sp^3等)不只一種？
(A)$CH_3—CH_2—CH_2—CH_3$ (B)$CH_3—CH═CH—CH_3$
(C)$CH_2═CH—CH═CH_2$ (D)$CH≡C—C≡CH$。【81二技動植物】

14. SF_4之中心S原子具有X對鍵結電子及Y對未鍵結電子，此X、Y値爲：
(A)4，0 (B)4，1 (C)3，2 (D)5，1。【84二技動植物】

15. 下列分子中心原子，何者擁有sp混成軌域？
(A)BeH_2 (B)BF_3 (C)CH_4 (D)C_2H_4。【86二技動植物】

16. 下列何者中心原子以sp^3鍵結？
(A)SO_2 (B)SO_3 (C)SO_3^{-2} (D)N_2F_4 (E)BH_4^-。

17. $H_2C═C^*═O$ 分子中各原子之鍵結軌域：
(A)H 爲s^2 (B)C 是sp^2 (C)C*爲sp (D)O 爲sp (E)O 爲sp^2。

18. 寫出下列各項之混成軌域(hybrid orbital)及劃線原子之尚未結合電子對數目(Number of Lone Pairs)(原子序：F ＝ 9，Cl ＝ 17，S ＝ 16，I ＝ 53)

(A)$\underline{Cl}F_3$　(B)$\underline{I}Cl_2^-$　(C)$\underline{S}F_4$　(D)$\underline{I}F_5$　(E)$\underline{I}F_4^-$。【80成大環境】

19. 乙炔分子中，碳—碳間的鍵是由何種軌域重疊形成？

(A)sp-sp　(B)sp^2-sp^2　(C)sp^3-sp^3　(D)$s-sp$。【83二技材資】

20. 銨離子(NH_4^+)中之N是以何種混成軌域與H原子結合？

(A)sp　(B)sp^2　(C)sp^3　(D)dsp^2。【82二技動植物】

21. ICl_2^-之hybridization爲

(A)dsp^3　(B)sp^3d　(C)sp^2d^2　(D)sp^2d。【75私醫】

22. 下列五組分子中，哪幾組分子之立體結構相似？

(A)NH_3，BF_3　(B)NH_3，P_4　(C)C_2H_2，BeF_2　(D)CS_2，OF_2　(E)C_2H_2，H_2O_2。

23. 下列分子中，何者形成平面分子？

(A)甲烷　(B)乙烯　(C)三氟化硼　(D)氨　(E)苯。

24. 下列何者分子形狀與SO_3相似？

(A)PH_3　(B)NF_3　(C)BF_3　(D)ClF_3。【78私醫】

25. 下列分子何者不爲彎曲形？

(A)SO_2　(B)OCl_2　(C)H_2S　(D)N_2O　(E)$(CH_3)_2O$。

26. 用VSEPR預言下列分子及離子何者爲T型？

(A)BeF_3^-　(B)XeF_3^+　(C)AsH_3　(D)GeF_3^-。【78私醫】

27. 下列分子或離子中，有一種與其他的形狀有顯著的不同，請選出來。

(A)NH_4^+　(B)BF_4^-　(C)CF_4　(D)SF_4。

28. 下列化合物何者之形狀與鍵結軌域和I_3^-相同？

(A)ICl_3　(B)XeF_2　(C)CO_2　(D)SO_2　(E)N_2F_2。

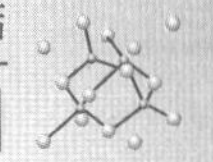

29. 下列各組化合物或離子中，何組之幾何形狀(geometry)相同？
(A)SF_4，CH_4 (B)XeF_2，I_3^- (C)CO_2，SO_2 (D)NH_3，CO_3^{2-} (E)$CoCl_4^{2-}$，$Ni(CN)_4^{2-}$。 【79成大化學】

30. PF_3和BF_3二者之結構
(A)皆爲角錐形 (C)皆爲三角形 (C)前者爲角錐形，後者爲三角形 (D)前者爲三角形，後者爲角錐形。

31. 關於SO_3分子的敘述，正確者爲：
(A)S 形成sp^2混成軌域 (B)分子爲角錐形 (C)非極性分子 (D)鍵角小於109° (E)此分子沒有π鍵形成之可能。

32. 元素甲：$1s^22s^22p^63s^1$，元素乙：$1s^22s^22p^63s^22p^1$，元素丙：$1s^22s^22p^63s^23p^2$，元素丁：$1s^22s^22p^63s^23p^4$，元素戊：$1s^22s^22p^63s^23p^5$，其中可以相互結合形成平面無極性之分子者爲下列何者：
(A)乙戊 (B)丙戊 (C)甲戊 (D)甲丁。 【86二技衛生】

33. 下列何者爲極性化合物？
(A)BF_3 (B)SO_3 (C)BCl_3 (D)PCl_3。 【82二技動植物】

34. 下列何者，不屬於極性分子？
(A)LiF (B)H_2O (C)CH_4 (D)HF。 【86二技動植物】

35. 下列化合物中，何者不具有極性？
(A)PCl_3 (B)NH_3 (C)PF_5 (D)$CHCl_3$。 【77私醫】

36. 下列五種化合物中，何者有分子偶極？
(A)BF_3 (B)NH_3 (C)CH_4 (D)CCl_4 (E)S_2Cl_2。

37. 試問以下四分子之極性大小，何者最大？

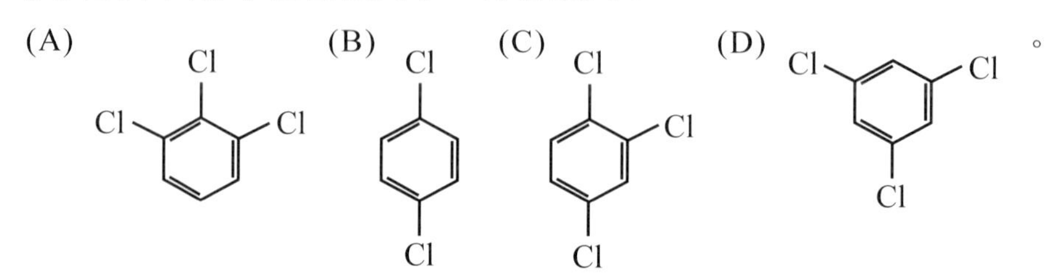

【86朝陽】

38. 第二列元素的氟化物氣體之分子式為 XF_n，則：
(A)X—F 鍵之強度以 Li—F 最強 (B)分子中，極性最大的是BeF_2 (C)分子中極性最大的是OF_2 (D)非極性分子共四種。

39. 下列何者分子有偶極距離？
(A)O_3 (B)CO_2 (C)SO_3 (D)SO_2。

40. 下列五種氣態化合物，哪一種分子的極性最大？
(A)苯 (B)新戊烷 (C)氯仿 (D)Al_2Cl_6 (E)四氯化碳。

41. 關於電偶極之敘述，何者錯誤？
(A)分子量相差不大時，極性分子間的引力強於非極性分子 (B)二結合原子間游離能相差愈大，鍵的極性愈大 (C)條件同(B)項，分子的極性也愈大 (D)C_2H_4中C—C鍵偶極距大於C_2H_6中C—C鍵偶極 (E)LiF 分子偶極必大於BeF_2。

42. NH_3，PH_3，AsH_3中：
(A)鍵角最小者為NH_3 (B)AsH_3鍵能最強 (C)都是角錐形結構 (D)沸點以NH_3最高 (E)都有孤寂電子對。

43. 下列鍵結何者極性最小？
(A)H—F (B)O—F (C)Cl—F (D)Ca—F。 【67私醫】

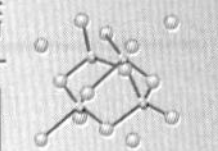

44. 有關角度大小何者錯誤？
(A)NH_3＞NF_3 (B)H_3O^+＞H_2O (C)NH_3＞BF_3 (D)NH_4^+＞NH_3 (E)SO_2＞SO_3＞SO_3^{-2}＞SO_4^{-2}。

45. 預言下列哪一分子(PX_3)有最小之X—P—X鍵角？(X表示F，Cl，Br或I)
(A)PF_3 (B)PCl_3 (C)PBr_3 (D)PI_3。【78私醫】

46. XeF_4分子式中，F—Xe—F之鍵角爲________度。【82私醫】

47. 下列鍵角大小不正確者
(A)H_3O^+＞NH_3 (B)NH_2^-＞H_2O (C)Cl_2O＞Cl_2S (D)PH_3＞H_2S。

48. 下列鍵角以N爲中心所夾的角，依大小排列，何組是對的？
(A)NH_4^+＞NH_3＞NF_3 (B)NH_3＞NF_3＞NH_4^+ (C)NF_3＞NH_3＞NH_4^+ (D)NH_4^+＞NF_3＞$N(CH_3)_3$。【78私醫】

49. ClF_3分子，∠F—Cl—F之角度(X)爲
(A)$90°<X<120°$ (B)$60°<X<90°$ (C)$90°<X<180°$ (D)$30°<X<60°$。【77私醫】

50. 依照價電排斥理論(VSEPR Theory)下列哪一組之間的排斥力最大
(A)未共用電子對與未共用電子對之間 (B)未共用電子對與鍵結電子對之間 (C)鍵結電子對與鍵結電子對之間 (D)無法比較。
【74後中醫】

51. NH_4^+的H—N^+—H之鍵角約爲________。【73後中醫】

52. 下列各對化合物，何對是結構異構物？

(A)CH_3—CH_2—CH_2—CH_3和
```
CH2—CH2
|     |
CH2—CH2
```

(B)
```
H         CH3          H         Br
 \       /              \       /
  C = C         和       C = C
 /       \              /       \
H         Br           H         CH3
```

(C) $CH_3—CH_2—CH_2—CH_2—CH_3$ 和 $CH_3—C(CH_3)_2—CH_3$

$$CH_3-CH_2-CH_2-CH_2-CH_3 \text{ 和 } \begin{array}{c} CH_3 \\ | \\ CH_3-C-CH_3 \\ | \\ CH_3 \end{array}$$

(D)

$$Br-\underset{\underset{H}{|}}{\overset{\overset{H}{|}}{C}}-Cl \text{ 和 } Cl-\underset{\underset{H}{|}}{\overset{\overset{H}{|}}{C}}-Br$$ 。【76 私醫】

53. 下列何項物質不具有幾何異構物？
(A)丁烯二酸 (B)2-丁烯 (C)二氯乙烷 (D)1,2-二氯乙烯。【84 私醫】

54. 下列化合物，何者具有順式和反式異構物？
(A) CH_2Cl_2 (B) $H_2C=CHCl$ (C) $CH_3CH_2CH=CHCl$ (D) $ClCH=CCl_2$ 。【83 二技動植物】

55. 根據Lewis的電子結構，畫出FNNN分子的電子共振結構________。【80 私醫】

56. BrO^-，Cl_2O，FCl，NO_2^- 四種分子或離子，何者會呈現共振現象？________。【84 私醫】

57. 笑氣(N_2O)的路易士結構，有二種共振型，下列四種中，哪二種共振型爲正確(a)：$:N\equiv N=\ddot{O}:$ (b)：$:\ddot{N}=N=\ddot{O}:$ (c)：$:\ddot{N}-N\equiv O:$ (d)：$:N\equiv N-\underset{..}{\ddot{O}}:$
(A)(a)&(b) (B)(a)&(c) (C)(a)&(d) (D)(b)&(d)。【81 二技動植物】

58. 試比較下列物質碳—碳鍵之鍵長：
(A)乙烯 (B)乙炔 (C)苯 (D)金剛石 (E)石墨。

59. 下列何者碳—碳間的鍵長最大？
(A)乙烷 (B)乙烯 (C)乙炔 (D)苯。【85 二技材資】

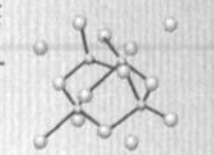

60. 在第一週期及第二週期的雙原子分子中：H_2，He_2，Li_2，Be_2，B_2，C_2，N_2，O_2，F_2，Ne_2。
(A)選出不穩定的分子(亦即鍵能爲0，不易存在的分子) (B)選出鍵長最短的分子 (C)選出鍵能最大的分子 (D)選出順磁性的分子(順磁性爲paramagnetic) (E)選出具有雙鍵的分子。【82台大甲】

61. 下列由雙原子所構成的分子，何者是順磁性(paramagnetic)物質？
(A)C_2 (B)N_2 (C)F_2 (D)O_2。【86二技材資】

62. 下列何者之鍵距離最短？
(A)O_2 (B)N_2 (C)F_2 (D)Cl_2。

63. C_2^+的鍵解離能(dissociation bond energy)(513kJ/mol)比C_2的鍵解能(599kJ/mol)小，然而C_2^-的鍵解離能(818kJ/mol)卻比C_2的鍵解離能大。請說明理由。【79成大化學】

64. 以分子軌域能量圖，預測下列分子，何者不可能存在？
(A)H_2^+ (B)H_2^{2-} (C)C_2 (D)C_2^+。【81私醫】

65. 下列鍵能依大小排列，何組是正確的？
(A)$CN^- > NO > O_2$ (B)$NO > O_2 > CN^-$ (C)$O_2 > NO > CN^-$ (D)$NO > CN^- > O_2$。【78私醫】

66. 依分子軌域理論，NO分子之分子軌域中$\pi_{2p}*$ orbital中含有多少個電子？
(A)1 (B)2 (C)3 (D)4。【76私醫】

67. 氧分子(O_2)之電子組態爲$KK(\sigma_{2s})^2(\sigma_{2s}*)^2(\sigma_{2p})^4(\pi_{2p})^4(\sigma_{2px})^1(\sigma_{2py})^1$，則下列有關O—O鍵長的敘述，何者正確？
(A)$O_2^+ > O_2 > O_2^-$ (B)$O_2 > O_2^- > O_2^+$ (C)$O_2^- > O_2 > O_2^+$ (D)$O_2^- > O_2^+ > O_2$。【82二技動植物】

68. N_2^{2+}之Bond order爲：
(A)0 (B)1 (C)2 (D)3。【82私醫】

69. NO，NO^+，NO^-中，何者具有最強的鍵能________。【82私醫】

70. 下列何者為反磁性(Diamagenetism)？
(A)O_2^+ (B)O_2^- (C)O_2 (D)O_2^{2-}。【86私醫】

答案：1.(A) 2.(B) 3.(AD) 4.(C) 5.(D) 6.(B) 7.(BCDE) 8.(C) 9.(D) 10.(A) 11.(D) 12.(BCE) 13.(B) 14.(B) 15.(A) 16.(CDE) 17.(BCE) 18.見詳解 19.(A) 20.(C) 21.(B) 22.(BC) 23.(BCE) 24.(C) 25.(D) 26.(B) 27.(D) 28.(B) 29.(B) 3.(C) 31.(AC) 32.(A) 33.(D) 34.(C) 35.(C) 36.(BE) 37.(A) 38.(AD) 39.(AD) 40.(C) 41.(CD) 42.(CDE) 43.(B) 44.(CE) 45.(A) 46. 90° 47.(B) 48.(A) 49.(B) 50.(A) 51. 109°28′ 52.(C) 53.(C) 54.(C) 55. $F—N{=}N^+{=}N^- \leftrightarrow F—\overset{-}{N}—\overset{+}{N}\equiv N$ 56. NO_2^- 57.(D) 58.(D)＞(E)＞(C)＞(A)＞(B) 59.(A) 60.見詳解 61.(D) 62.(B) 63.見詳解 64.(B) 65.(A) 66.(A) 67.(C) 68.(C) 69. NO^+ 70.(D)

PART II

1. In covalent bonding, the electrons are
(A)donated by only one of the atoms (B)lost to one of the atoms (C)exchanged one at a time (D)transferred (E)shared.【83中興A】

2. Which orbitals does not form the π bonds?
(A)ClNO (B)Cl_2SO (C)CS_2 (D)SO_2F_2 (E)none of the above.
【83中興A】

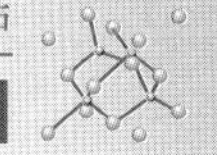

3. The bond between the carbon atoms in acetylene (HCCH) consists of
(A)6 pi electrons (B)4 pi and 2 sigma electrons (C)6 sigma electrons (D)2 pi and 4 sigma electrons (E)3 pi and 3 sigma electrons. 【84成大化學】

4. Which of the following has a triple bond?
(A)NO_3^- (B)O_2 (C)Cl_2 (D)CO_3^{2-} (E)CN^-. 【83中興A】

5. Which one of the following element pairs has the lowest electronegativity difference and thereby is the least polar?
(A)SeF (B)SeCl (C)KBr (D)NaCl (E)KAt. 【84成大化工】

6. The compound SiO_2 does not exist as a discrete molecule while CO_2 does. This can be explained because
(A)the Si—O bond is unstable (B)The Lewis structure of SiO_2 has an even number of electrons (C)The SiO_2 is a solid while CO_2 is a gas (D)the 3*p* orbital of the Si has little overlap with the 2*p* of the O (E)none of the these.
【86成大A】

7. In order to explain the valence observed for many of the elements in terms of electron configurations, it is often useful to look at electronis states slightly different from the ground state. In comparing the ground state of boron with the state more useful to describe bonding, the number of unpaired electrons goes from
(A)1 to 2 (B)1 to 3 (C)3 to 4 (D)3 to 5 (E)none of the above.
【86清大B】

8. Which of the following compounds should not exist?
(A)Na_3P (B)$(NH_4)_3PO_4$ (C)PO_2 (D)PH_3 (E)$POCl_3$. 【85成大A】

9. Which of the following oxides of nitrogen are paramagnetic?
(A)N_2O (B)NO (C)NO_2 (D)N_2O_3 (E)N_2O_4 (F)N_2O_5. 【85成大A】

10. Which one of the following molecules violates the octec rule?
(A)H_2O_2 (B)SF_2 (C)Cl_2O (D)OF_2 (E)BF_3. 【84成大化工】

11. Which of the following is exception to the Lewis octet rule?
(A)IF_3 (B)H_3O^+ (C)H_2CO (D)CO_2 (E)PCl_3. 【82成大化學】

12. In the best Lewis structure for ICl_3 the formal charge on I is
(A)0 (B)+1 (C)−1 (D)+2 (E)−2. 【82清大】

13. Which of the following is isostructural and isoelectronic with the cyanamide ion in $CaCN_2$?
(A)CO_3^{2-} (B)CS_2 (C)CaC_2 (D)NO_2^- (E)CN^-. 【83中興A】

14. Draw Lewis dot structure of NH_3BF_3. 【81中山化學】

15. Molecules and complex ions are known to exhibit a square planar geometry. What hybridization describes this geometry?
(A)sp^3 (B)dsp^2 (C)spd (D)sd^3 (E)s^3p. 【84成大化學】

16. What is hybridization? Try to apply it to NH_3? 【84清大A】

17. How many nonbonding electrons are in the valence shell of I inIF_2^-?
(A)0 (B)2 (C)4 (D)6 (E)8. 【86台大C】

18. The number of shared and unshared electron pairs around the iodine atom in IF_3 is
(A)2 (B)3 (C)4 (D)5 (E)6. 【83中興B】

19. What hybrid orbital is found on the central atom in $TeCl_4$
(A)sp^3 (B)p^2 (C)dsp^3 (D)d^2sp^3 (E)dsp^2. 【82成大化工】

20. What is the hybridization of C in CH_2NH?
(A)sp (B)sp^2 (C)sp^3 (D)dsp^3 (E)none of the above. 【83中興A】

21. The hybridization of the sulfur atom in SO_3 gas is
(A)sp^3 (B)sp (C)sp^2 (D)sp^3d (E)sp^3d^2. 【83 中興 A】

22. Use VSEPR rules to predict the geometry for following molecules.
(A)XeO_3 (B)SF_4 (C)ClF_3. 【78 中興】

23. The geometrical structure of the PF_3 molecule is
(A)square planar (B)trigonal bipyramidal (C)tetrahedral (D) trigonal pyramidal (E)trigonal planar. 【82 清大】

24. What shape does a molecule that possesses a VSEPR formula of AX_3E_2 have?
(A)trigonal bipyramidal (B)square pyramidal (C)pentagonal planar (D)T-shaped (E)octahedral. 【84 成大化學】

25. The arrangement of the electron pairs in XeF_4 is
(A)octahedral (B)tetrahedral (C)square pyramidal (D)trigonal planar (E)trigonal bipyramidal. 【84 中山】

26. What is the molecular structure for XeO_2F_2?
(A)trigonal pyramidal (B)seesaw (C)tetrahedral
(D)square planar (E)none of the above. 【83 中興 B】

27. Which of the following species are non-polar?
(A)BF_3 (B)SO_2 (C)ClF_2^+ (D)XeF_2 (E)BrF_3. 【80 台大丙】

28. An example of a polar covalent compound is
(A)CCl_4 (B)HCl (C)KCl (D)NaCl. 【81 淡江】

29. Which molecule doesn't have a dipole moment?
(A)NH_3 (B)SO_2 (C)H_2O (D)SO_3 (E)BeH_2. 【83 中興 C】

30. Which of the following compounds contains both covalent and ionic bonds?

(A)CCl_4 (B)HOH (C)NaOH (D)CH_3COOH
(E)none of the above. 【83成大化學】

31. What is the approximate O—S—O bond angle in SO_2?
(A)90 (B)109 (C)180 (D)150 (E)120. 【83中興A】

32. Choose and explain:
(A)larger dipole moment: NH_3 or NF_3
(B)larger bond angle: NO_2^- or O_3. 【83成大環境】

33. The approximate ONO angle in the NO_2^- ion is
(A)180° (B)90° (C)109° (D)60° (E)120°. 【84中山】

34. Which of the following can exist as cis and trans isomers?
(A)$H_2C{=}CHCl$ (B)$H_2C{=}CH{-}CH{=}CH_2$ (C)$CH_3CH_2CH{=}CHCl$
(D)$ClCH{=}CCl_2$ (E)$(CH_3)_2C{=}O$. 【80清大】

35. Which of the following compounds can form cis and trans isomers?
(A)$CH_2{=}CHCl$ (B)CH_2ClCH_2Cl (C)$CH_3CH{=}CHCl$
(D)$CH_3CH_2CH_2CH_3$ (E)$C_2H_5CH{=}CH_2$. 【83中興A】

36. Which of the following is not a structure isomer of 1-pentene?
(A)2-pentene (B)2-methyl-2-butene (C)cyclopentane
(D)3-methyl-1-butnen (E)1-methyl-cyclobutene. 【86成大A】

37. Predict the relative N—O bond lengths in NO^+, NO_2^-, and NO_3^-.
【80中興】

38. Draw resonance Lewis structures(including formal charge) for dinitrogen tetroxide (N_2O_4). 【84成大化工】

39. In which of the following molecules would you expect to find delocalized orbitals:
(A)C_2H_4 (B)NO_2^- (C)H_2CO (D)CO_2 (E)none of the above.
【83中興A】

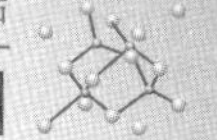

40. (A)Use molecular orbital energy level diagram to predict the bond orders of N_2^+, N_2, N_2^-. Which ones are paramagnetic?
(B)Is the first ionization energy of N_2 greater or smaller than the first ionization energy of atomic nitrogen? Explain. 【83交大】

41. Draw Lewis dot structure of O_2 molecule. Can the paramagnetism of oxygen molecule be explained by such electronic structure? If not, offer a better explanation. 【82中山化學】

42. How do bonding and antibonding molecular orbitals differ with respect to (A)energy (B)the spatial distribution of electron density? 【78淡江】

43. Use molecular orbital theory to compare the relative stability of the following species and indicate their magnetic properties (diamagnetic or paramagnetic)
O_2，O_2^+，O_2^-，O_2^{2-}. 【84成大環工】

44. Draw molecular orbital energy level diagram for NO by using molecular orbital theory. Write down its electron configuration. Also explain why NO is easy to oxidize. 【83中興C】

45. The N_2^+ ion can be prepared by bombaring N_2 molecule with fast moving electron. Predict the following properties of N_2^+
(A)electron configuration (B)bond order (C)magnetic character (D)bond length relative to the bond length of N_2. 【78東海】

46. Estimate the bond strength order for
(A)NO, N_2, and O_2
(B)O_2, O_2^-, and O_2^+. 【80清大】

47. What is the bond order of NO^+?
(A)1.0 (B)1.5 (C)2.0 (D)2.5 (E)3.0. 【83中興C】

48. Which one of the following species is expected to be the most unstable?

(A)H_2^+ (B)He_2^+ (C)Li_2 (D)Be_2 (E)F_2^-. 【80淡江】

49. Which of the following species has the largest bond dissociation energy?

(A)H_2 (B)Ca_2 (C)K_2 (D)Li_2 (E)Cl_2. 【79台大乙】

50. The bonding orbital that results from the association of two *s* orbitals is given the symbol

(A)σ_s (B)σ_s* (C)σ_p (D)σ_p* (E)π_p*. 【83成大化學】

51. Which of the following compounds would you expect to be paramagnetic?

(1)H_2O ; (2)SO_2 ; (3)NO_2 ; (4)CS_2 ; (5)O_2

(A)(1) and (5) (B)(3) and (5) (C)(5) only (D)(2),(3) and (4) (E)none.

【86台大A】

52. What is the maximum number of electrons that can occupy the pi antibonding orbitals in a homonuclear diatomic moelcules?

(A)1 (B)2 (C)3 (D)4 (E)none of the above. 【83中興B】

53. Which of the following diatomic species do you expect to have the longest bond length?

(A)NO^+ (B)O_2^- (C)CO (D)O_2^+ (E)N_2^+. 【82清大】

54. Calcium carbide CaC_2, consists of Ca^{2+} and C_2^{2-}(acetylide) ions. please write

(A)the molecular orbital configuration and (B)bond order of acetylide ion C_2^{2-}. 【82中山生物】

55. Which of the following molecules is paramagnetic?

(A)Li_2 (B)F_2 (C)B_2 (D)C_2 (E)O_2. 【80台大丙】

56. In a homonuclear diatomic molecule

(A)the atoms are of the same element

(B)the atoms can be of different elements

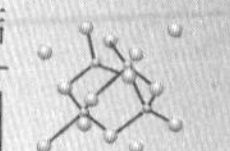

(C)the atomic orbitals in a given molecular orbital are of the same energy

(D)the atomic orbitals in a given molecular orbital are of different energy

(E)overlap is better than that of heteronuclear molecule. 【83中興A】

57 In which of the following compounds does the bond between the central atom and fluorine have the greatest ionic character?
(A)OF_2 (B)SF_2 (C)SeF_2 (D)AsF_3 (E)SbF_3. 【88成大環工】

58. Covalent silicon-hydrogen compounds are called silanes. Si_2H_6, known as disilane, exists, but no Si_2H_4 and Si_2H_2 compounds are known. In contrast, carbon forms C_2H_6, C_2H_4 and C_2H_2. Explain why silicon doesn't form Si_2H_4 and Si_2H_2. 【88台大C】

59. Which element would form an acidic oxide with the formula XO_2 and an acidic compound with hydrogen with the formula XH_2?
(A)S (B)Al (C)Mg (D)Cl. 【87台大C】

60. Which one of the following molecules possesses a triple bond?
(A)CO (B)C_2H_4 (C)N_2H_4 (D)SO_2 (E)ClF_3. 【87成大A】

61. Which of the following molecule obeys the octet rule?
(A)PCl_3 (B)ClF_3 (C)SF_4 (D)XeF_4. 【88台大B】

62. Which of the following would have a Lewis structure most like that of CO_3^{2-}? (A)CH_3^+ (B)NH_3 (C)SO_3^{2-} (D)NO_3^-. 【87台大C】

63. Which molecule has a Lewis structure that does not obey the octet rule? (A)N_2O (B)CS_2 (C)PH_3 (D)CCl_4 (E)NO_2 【89清大A】

64. Which of the lists of substances is in the order of increasing nitrogen-nitrogen bond strength?

(A)N_2,HNNH (B)HNNH,H_2NNH_2 (C)HNNH,N_2 (D)N_2,H_2NHH_2 (E)none of the above. 【88清大A】

65. (A)Define“Octet rule”.[對Octet rule下定義。] (B)Explain why the PF_5 is a stable compound, but NF_5 is not.[說明為何PF_5是穩定化合物，而NH_5不是。] (C)Does the boron atom in BF_3 molecule obey “Octet rule”?[BF_3分子中心硼原子是否遵守“Octet rule”?] (D) While the BF_3 was coordinated by NF_3, the $F_3N:BF_3$ addcut is formed. Does the boron atom in $F_3N:BF_3$ molecule obey Octet rule?[當BF_3分子被NF_3分子接上而形成$F_3N:BF_3$分子時中心硼原子是否遵守“Octet rule”?] (E)Which of the molecules(NF_3 or BF_3) is a Lewis acid? Which is a Lewisbase?[NF_3或BF_3分子何者是 Lewis acid?何者是Lewis base?] 【89中興化工】

66. Which one of the following is a polar molecule?

(A)PBr_5 (B)CCl_4 (C)BrF_5 (D)XeF_2 (E)XeF_4. 【88輔仁】

67. Which of the following compounds contains hydride ion?

(A)CH_4 (B)NH_4Cl (C)B_2H_6 (D)$LiAlH_4$ (E)KH. 【88大葉】

68. Which of the following molecules have the same shape?

(A)SF_4 and CH_4 (B)CO_2 and H_2O (C)CO_2 and BeH_2 (D)N_2O and NO_2. 【89清大B】

69. When a carbon atom has sp^3 hybridization, it has

(A)four π bonds. (B)three π bonds and one σ hond. (C)two π bonds and two σ bonds. (D)one π bond and three σ bonds. (E) four σ bonds. 【88輔仁】

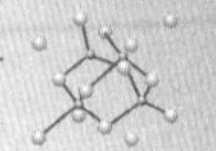

70. What hybridization change occurs on the P atom when PCl_5 reacts with Cl^- to form the $[PCl_6]^-$?
(A)sp^4 to sp^5 (B)s^2p^2 to s^2p^3 (C)sp^3d to sp^3d^2 (D)d^5 to d^5s (E) sp^3 to sp^3d^2. 【87成大A】

71. A term common to Valence Bond and Molecular Orbital Theories is (A)resonance froms (B)nonbonding molecular orbitals (C) sigma-and pi-bonds (D)linear combination of atomic orbitals (E)hybrid orbitals. 【87成大A】

72. Which one molecule or ion has a bond order that differs from all other molecules or ions listed below?
(A)CO (B)CN^- (C)N_2 (D)O_2 (E)$[O_2]^{2+}$. 【87成大A】

73. Which of the following species has the longest C-O bond?
(A)CO (B)CO_2 (C)HCHO (D)CO_3^{2-}. 【87台大C】

74. Each of the three resonance structures of NO_3^- has how many lone-pairs of electrons? (A)7 (B)8 (C)9 (D)10 (E)13. 【88輔仁】

75. (A)Using the Lewis electron-dot model to write down the Lewis structure of Ozone (O_3).[利用Lewis electron-dot模型來繪出臭氧的Lewis結構圖。] (B)What is the bond order of the O-O bond in Ozone molecule?[臭氧中O-O鍵的bond order是多少?] (C)What is the formal charge for each oxygen atom?[臭氧中各個氧原子的formal charge是多少?] (D)What is the geometry of Ozone(O_3)from the prediction of the VSEPR theory?[利用VSEPR理論來預測臭氧的結構。] (E)Ozone is an important molecule for our health protection. Explain it.[說明臭氧分子對人體健康的重要性。]
【89中興化工】

76. The molecular orbital of the ground state of a heteronuclear diatomic molecule ClF is

$\Psi_{mol} = C_{Cl}(3p_z)_{Cl} + C_F(2p_z)_F$

If bonding electrons spend 36% of its time in the orbital$(3p_z)_{Cl}$ and 64% of its time in $(2p_z)_F$, What are the values of C_{Cl} and C_F? (Neglect the overlap of the two orbitals.) 【89中興化工】

77. Write the electron configurations for the following molecules and calculate the bond order in each molecule (A)CO (B)ClO.

【88成大化工】

78. Which of the following species is not paramagnetic?

(A)O_2^+ (B)O_2 (C)O_2^- (D)O_2^{2-}. 【88台大B】

79. Which one of the following molecules is paramagnetic?

(A)N_2O_2 (B)N_2O_3 (C)N_2O_5 (D)NO (E)N_2O. 【87成大A】

80. Which of the following species will have the shortest bond length?

(A)O_2^+ (B)O_2 (C)O_2^- (D)O_2^{2-} 【88台大B】

81. Which one of the following species would you expect to have the longest bonds? (A)CN^+ (B)CN (C)CN^- (D)NO^+ (E)All four of the above species have approximately the same bond length.

【88淡江】

82. Molecular oxygen has __ unpaired electrons and therefore is __

(A)0,diamagnetic (B)1,paramagnetic (C)2,paramagnetic (D) 3,paramagnetic. 【88中山】

83. Which of the follwing species are paramagnetic?

(A)LiB (B)BeC (C)O_2 (D)O_2^- (E)O_2^{2-}. 【87台大B】

84. Which of the following species would be expected to be paramagnetic?

(A)O_2^{-2} (B)N_2 (C)B_2 (D)N_2^- (E)O_2. 【88輔仁】

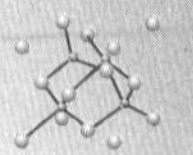

85. The molecular orbital electron configuration of B_2 is：

(A)$(\sigma_{1s})^2(\sigma_{1s}*)^2(\sigma_{2s})^2(\sigma_{2s}*)^2(\pi_{2px})^1(\pi_{2py})^1$ (B)$(\sigma_{1s})^2(\sigma_{1s}*)^2(\sigma_{2s})^2(\sigma_{2s}*)^2(\pi_{2px})^2$

(C)$(\sigma_{1s})^2(\sigma_{1s}*)^2(\sigma_{2s})^2(\sigma_{2s}*)^2$ (D)$(\sigma_{1s})^2(\sigma_{1s}*)^2(\sigma_{2s})^2(\sigma_{2s}*)^2(\pi_{2pz})^2$

(E)$(\sigma_{1s})^2(\sigma_{1s}*)^2(\sigma_{2s})^2(\sigma_{2s}*)^2(\sigma_{2pz})^1(\pi_{2py})^1$. 【88淡江】

86. Which of the following statements is false?

(A)Atoms or molecules with an even number of electrons must be diamagnetic.

(B)Atoms or molecules with an odd number of electrons must be paramagnetic.

(C)Paramagnetism cannot be deduced necessarily from the Lewis structure of a molecule.

(D)Paramagnetic molecules are attracted into a magnetic field.

(E)N_2 molecules are diamagnetic. 【88淡江】

87. For a second period heteronuclear diatomic molecule BN(boron nitride)

(A)Which MO is the highest occupied molecular orbital in the ground state?

(B)How many unpaired electrons are for the ground state BN?

(C)What is the bond order for the ground state BN? 【89中興化工】

答案：1.(E) 2.(E) 3.(B) 4.(E) 5.(B) 6.(D) 7.(B) 8.(C) 9.(BC) 10.(E) 11.(A) 12.(A) 13.(B)

14.
```
     H   F
     |   |
H ── N : B ── F
     |   |
     H   F
```

15.(B) 16.見詳解 17.(D) 18.(D) 19.(C) 20.(B) 21.(C) 22.見詳解 23.(D) 24.(D) 25.(A) 26.(B) 27.(AD) 28.(B) 29.(DE) 30.(C) 31.(E) 32.(A)NH_3，(B)O_3 33.(E) 34.(C) 35.(C) 36.(E) 37.見詳解 38.見詳解 39.(B) 40.見詳解 41.見詳解 42.見詳解 43.見詳解 44.見詳解 45.見詳解 46.見詳解 47.(E) 48.(D) 49.(A) 50.(A) 51.(B) 52.(D) 53.(B) 54.見詳解 55.(CE) 56.(ACE) 57.(E) 58.見詳解 59.(A) 60.(A) 61.(A) 62.(D) 63.(E) 64.(C) 65.見詳解 66.(C) 67.(E) 68.(C) 69.(E) 70.(C) 71.(D) 72.(D) 73.(D) 74.(B) 75.見詳解 76.見詳解 77.(a)3，(b)1.5 78.(D) 79.(D) 80.(A) 81.(A) 82.(C) 83.(BCD) 84.(CDE) 85.(A) 86.(A) 87.見詳解

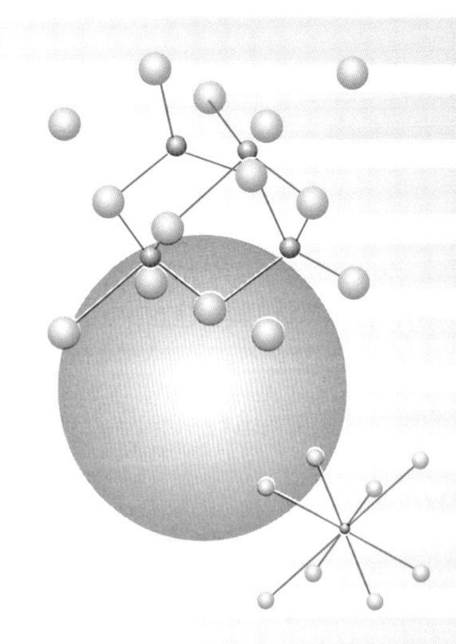

Chapter

3 氣體

本章要目

單元一：單位

1. 壓力(Pressure)：

(1) 壓力＝單位面積所承受的力。$P=\dfrac{F}{A}$

(2) 單位：

① 在國際標準單位系統(SI system)的壓力單位是巴士卡(pascal)，簡寫為 Pa，($1Pa = nt/m^2$)

② 常用單位：

1atm(atmosphere)
= 760mm-Hg(torr) = 1033.6cm-H_2O
= 1.013×10^5Pa = 101.3kPa
= 1.013bar = 1013mbar
= 14.7psi

(3) 壓力的測定：

① 氣壓計(barometer)：專用以測大氣壓力。見圖 3-1。

② 壓力計(manometer)：測量任何氣體壓力用的。

❶ 閉口式壓力計：氣體壓力$(P)=h_2-h_1$。見圖 3-2(a)。

❷ 開口式壓力計：以圖 3-2(b)為例，先量取兩管高度差(Δh)，再利用連通管原理，$P+\Delta h=Pa$，$\therefore P=Pa-\Delta h$。

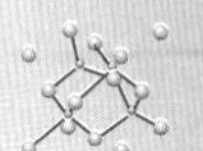

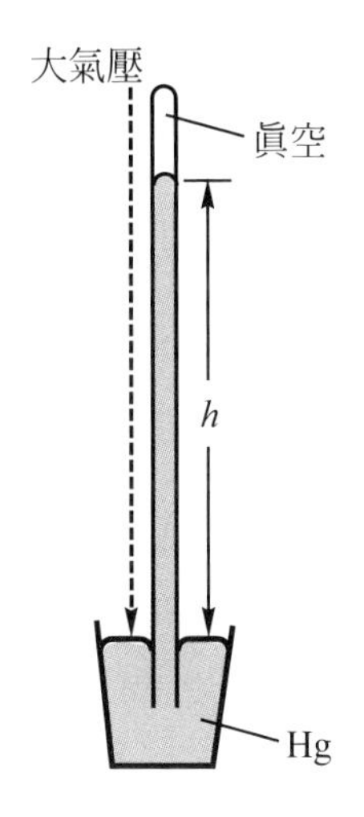

圖 3-1 氣壓計，量取h的高度便是大氣壓力值

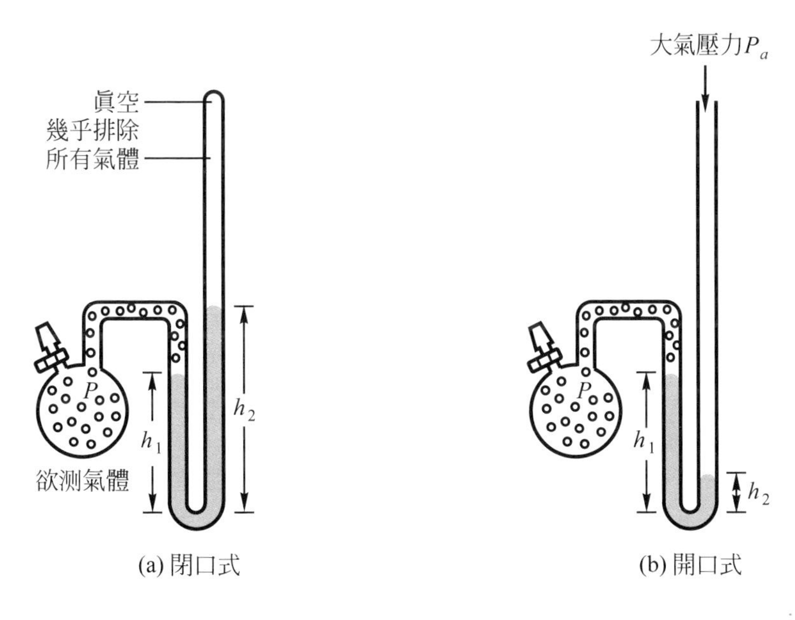

圖 3-2 壓力計

2. 溫度(Temperature)：

(1) 相對溫標：

① 攝氏溫標(Celsius)：定義冰水共存的溫度爲0℃，水與水蒸氣共存的溫度爲100℃。

② 華氏溫度(Fahrenheit)：$°F = \frac{9}{5}(℃) + 32$

(2) 絕對溫標—凱氏溫標(Kelvin)：K ＝℃＋273

① 零度 K，是理論上溫度的最低點，由於是眞的零，稱爲絕對零度，凱氏溫標也因而是一種絕對溫標。

② 零度K，爲何是眞的零，在單元三及五會有交待。

3. 體積(Volume)：

(1) $1m^3 = 10^3L(dm^3) = 10^6cm^3$(c.c，ml)

(2) 氣體的體積常以L作單位。

(3) 所有氣體在標準狀況(1atm，0℃，STP)下的莫耳體積(V_m)＝22.4L
所有氣體在常溫常壓(1atm，25℃，NTP)下的V_m＝24.4L

(4) 莫耳體積：一莫耳物質所存在的空間範圍稱之。一般而言同一物質之莫耳體積以固態最小，氣態最大($V_g \gg V_l > V_s$)。但少數例外，其固態莫耳體積會較液態者大。例如水的V_m小於冰的V_m。

單元二：理想氣體方程式

1. $PV = nRT$ (3-1)

$$PV = \frac{W}{M}RT \quad \left(\because n = \frac{W}{M}\right) \qquad (3\text{-}2)$$

$$PV = \frac{N}{N_0}RT \quad \left(\because n = \frac{N}{N_0}\right) \qquad (3\text{-}3)$$

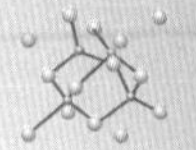

2. 由3-2式，$PV=\frac{W}{M}RT$，移項$PM=\frac{W}{V}RT$

其中$\frac{W}{V}$恰好是密度D。

$\therefore PM = DRT$　　　(3-4)

(P：壓力，V：體積，n：莫耳數，R：氣體常數，T：溫度，N：分子數，N_o：亞佛加厥數，W：氣體重，M：氣體分子量，D：密度。)

3. 代入理想氣體方程式作計算時，請注意單位的使用。

溫度(T)的單位一定用 K，體積(V)經常用ℓ，密度單位用 g/ℓ，而非(g/ml)。

4. R常數(氣體常數)：

(1) $R = 0.082\ \ell\text{-atm/mol}\cdot\text{K} = 62.36\ \ell\text{-mmHg/mol}\cdot\text{K}$

$= 8.314\ \text{J/mol}\cdot\text{K}(\text{Pa}\cdot\text{m}^3/\text{mol}\cdot\text{K}；\text{kPa}\cdot\ell/\text{mol}\cdot\text{K})$

$= 1.987\ \text{Cal/mol}\cdot\text{K}$

(2) R的使用，需配合P及V的單位，見下表。

表3-1　常用PV單位下所配合的R值

P	V		R
atm	ℓ	⇒	0.082
mmHg	ℓ	⇒	62.36
kPa	ℓ	⇒	8.314
Pa	m^3	⇒	8.314

(3) $P\times V$相當於能量單位。

5. (3-2)式及(3-4)式，可應用來求未知氣體的分子量。

範例 1

比空氣輕的氣球設計欲升高 10km，該處大氣壓爲 0.275atm，溫度爲－40℃，若此氣球之全體積爲 $100m^3$，則升空此氣球要用多少克的氦，恰可停在 10km 之高處。

解：(1) 題目要求的是氣體氦的重，(3-2)式涉及質量，因此代入(3-2)式來求。

(2) 將各項的單位調整成常用單位，－40℃⇒(－40＋273)K，$100m^3$ ⇒ $100\times10^3\ell$，R則依表 3-1 採用 0.082。

(3) 代入(3-2)式，$PV = \frac{W}{M}RT$

$$0.275\times10^5 = \frac{W}{4}\times0.082\times(-40+273)$$

$\therefore W = 5757g$

範例 2

內容積 2 公升的電視機布朗管，在 27℃時內部壓力爲 4×10^{-9}mmHg，管內的氣體分子數約爲

(A)2.6×10^9 (B)2.6×10^{10} (C)2.6×10^{11} (D)2.6×10^{12}。

解：(C)

(1) (3-3)式涉及分子數，∴用(3-3)式解題

(2) R值，依表 3-1 採用 62.36，27℃⇒(27＋273)K

(3) $PV = \frac{N}{N_0}RT$

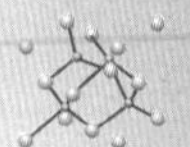

$$4\times10^{-9}\times2=\frac{N}{6\times10^{23}}\times62.36\times(27+273)$$

$$\therefore N=2.57\times10^{11}\cong2.6\times10^{11}$$

範例 3

At 27℃ and 1.00atm, the density of a gaseous hydrocarbon is 1.22g / *l*. The hydrocarbon is

(A)CH_4 (B)C_2H_4 (C)C_2H_6 (D)C_3H_8 (E)C_3H_6 . 【79 台大乙】

解：(C)

(1) 題目涉及密度，∴用(3-4)式來解題。

(2) ∵P的單位是 atm，依表 3-1，R值採用 0.082。

$$PM=DRT$$

$$1\times M=1.22\times0.082\times(27+273)$$

$\therefore M=30$，選項中，C_2H_6的分子量爲 30。

範例 4

某一有機化合物只含碳氫氧三元素，將 0.537 克此種化合物燃燒後得CO_2 1.030 克及水 0.632 克。另將 1.41 克該化合物完全蒸發後得體積在 200℃，1atm 下爲 0.593 升，求其分子式

(A)C_2H_6O (B)$C_4H_{12}O_2$ (C)$C_3H_{18}O_3$ (D)$C_6H_{10}O_5$。 【86 二技環境】

解：(B)

(1) 先依第 0 章求出簡式。

$$C\text{ 重}=1.03\times\frac{12}{44}=0.28$$

$$H\text{ 重} = 0.632 \times \frac{2}{18} = 0.07$$

$$O\text{ 重} = 0.537 - 0.28 - 0.07 = 0.187$$

$$C : H : O = \frac{0.28}{12} : \frac{0.07}{1} : \frac{0.187}{16} = 2 : 6 : 1$$

∴簡式爲C_2H_6O，式量$= 12 \times 2 + 1 \times 6 + 16 = 46$

(2) 代入(3-2)式，求分子量

$$1 \times 0.593 = \frac{1.41}{M} \times 0.082 \times (200 + 273)$$

$\therefore M = 92$

(3) $\frac{92}{46} = 2$，∴分子式＝(簡式)$_2$＝$C_4H_{12}O_2$

範例 5

疊氮化鈉(NaN_3)試樣加熱分解。所得N_2氣在 24℃及 745torr 測定量 462ml。問試樣NaN_3有多重？

$2NaN_3(s) \rightarrow 2Na(1) + 3N_2(g)$

解：假設需要NaN_3 Wg，$n_{NaN_3} = \frac{W}{65}$ ($NaN_3 = 65$)

依第 0 章的化學計量，由NaN_3轉化而成N_2的莫耳數爲$n_{N_2} = \frac{W}{65} \times \frac{3}{2}$

代入(3-1)式，$PV = nRT$

$$745 \times 0.462 = \left(\frac{W}{65} \times \frac{3}{2}\right) \times 62.36 \times (24 + 273)$$

$\therefore W = 0.8$g

(此題還涉及了計量的轉化，解題時要注意)

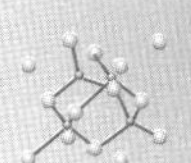

單元三：氣體定律

1. 由理想氣體方程式中，包含有很多個很久以前就已存在的氣體定律，現在分別敘述於本單元。事實上，理想氣體方程式可以視爲是由這些早已存在的定律綜合而成的。

2. 波以耳定律(Boyle's law)：
   (1) 定溫下，定量的氣體，其體積與壓力成反比。
   (2) n，T定值時，$PV=k$(或謂：P與V成反比，$P\propto\frac{1}{V}$) (3-5)
   (3) 作圖：

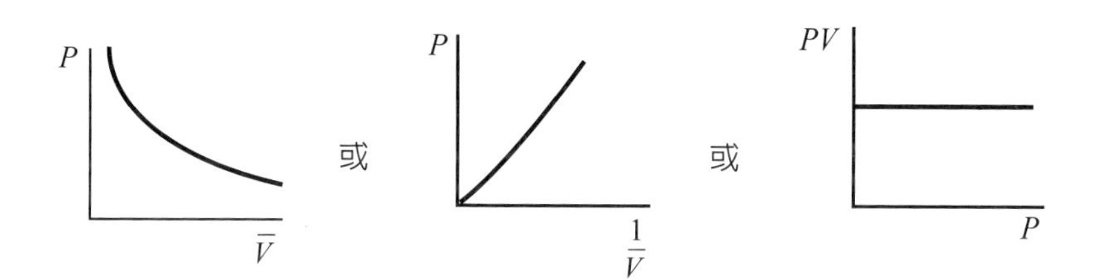

3. 查理定律(Charles' law)：
   (1) 定壓下，定量之氣體，每升高1℃，其體積增加的量爲0℃時(273K)體積之$\frac{1}{273}$倍。
   (2) 定壓下，定量之氣體，其體積與絕對溫度成正比。

⑶ n，P定值，$V = kT$(或謂：V與T成正比，$V \propto T$)　　(3-6)

⑷ 作圖：

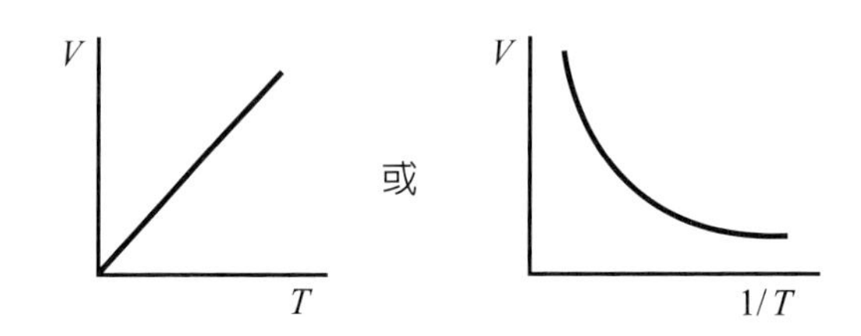

⑸ 推廣：每升高1℃，其體積增加量為10℃時之$\frac{1}{283}$，為50K時之$\frac{1}{50}$，為100K時之$\frac{1}{100}$。

⑹ 絕對零度時，理想氣體的體積應為零，但實際上，真實氣體在溫度未降至0°K前已先液化。

4. 亞佛加厥定律(Avogadro's law)：

⑴ 同溫同壓下，氣體體積與其分子數成正比，或謂相同體積者，其分子數一定相同(與種類無關)。

⑵ P，T定值時，$V = kn$(或謂：V與n成正比，$V \propto n$)　　(3-7)

⑶ 作圖：

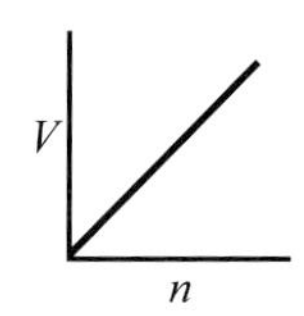

5. 道耳吞分壓定律：$P \propto n$，留待單元四探討。

6. 阿門頓定律(Amonton's law)：

⑴ 定容下，定量的氣體，其壓力和絕對溫度成正比。

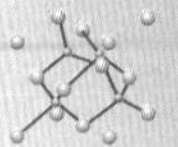

(2) V，n定值，$P = kT$(或謂：P與T成正比，$P \propto T$) (3-8)

7. 波查混合定律(combined gas law)：

(1) $PV \propto T$ or $\dfrac{PV}{T}$ = 常數

(2) $\dfrac{P_1V_1}{T_1} = \dfrac{P_2V_2}{T_2}$ or $\dfrac{P_1V_1}{P_2V_2} = \dfrac{T_1}{T_2}$ (3-9)

範例 6

下圖裝置中，將活栓打開後，氣體壓力為若干 atm？

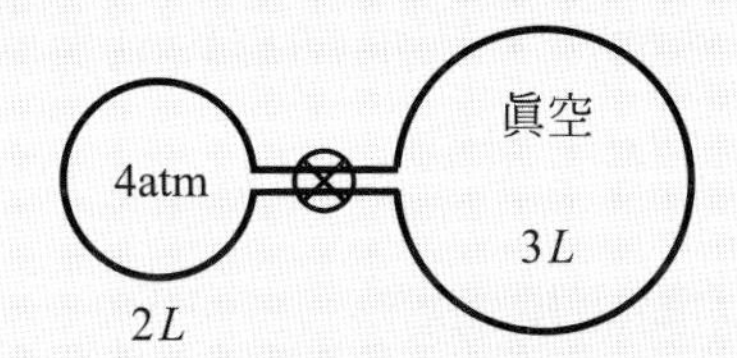

解：(1) 活栓打開前後，氣體的量不變，溫度也不變。

在$PV = nRT$式中，n，T定值後，上式簡化成PV= 常數

(2) 列出反比公式$P_1V_1 = P_2V_2$

(3) 代入數值，$4 \times 2 = P_2 \times (2 + 3)$ $\therefore P_2 = 1.6\text{atm}$

範例 7

假定在定壓下，一理想氣體在 0℃佔 518.4ml 及在 100℃佔 708.3ml，由這些資料你如何決定絕對零度的攝氏溫度？

解：依$PV = nRT$式知，V與T成正比，作圖可得直線關係。

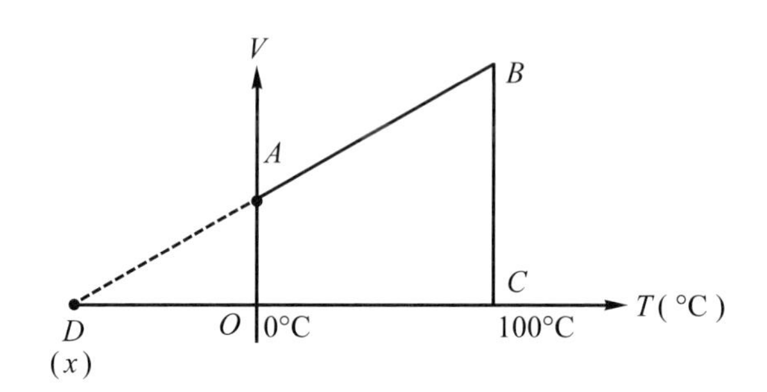

將題目給予的已知數據標示在$V-T$圖上，得A、B兩點，則AB連線應是直線關係。利用外插法，延伸AB線段到與x軸交於一點D。則由圖上可看出ΔDAO與ΔDBC相似。

$\therefore \dfrac{\overline{AO}}{\overline{BC}}=\dfrac{\overline{DO}}{\overline{DC}}$，設$D$點座標爲$x$℃

則$\dfrac{518.4}{708.3}=\dfrac{0-x}{100-x}$　　$\therefore x=-273$

範例 8

在 23℃，50atm 下，將一氣體置於一儲藏櫃中。櫃中一個小的金屬安全栓係由合金製成而在高溫時會熔化，在此溫度氣體之壓力到達 75atm，則金屬栓在幾度熔化？

解：(1)　依題意，n，V定值，則由$PV=nRT$式，可得$P\propto T$

(2)　比例公式：$\dfrac{P_1}{P_2}=\dfrac{T_1}{T_2}$

(3)　$\dfrac{50}{75}=\dfrac{23+273}{T_2}$　　$\therefore T_2=444\text{K}=171$℃

範例 9

一開口容器，其容積不因溫度而變，其中貯存 27℃，1atm 之空氣，今欲使器內空氣分子總數的$\frac{1}{5}$逸出，須加熱到若干度？

解：(1) 依題意，P，V定值，由$PV=nRT$式，可得$n \propto \frac{1}{T}$

(2) 比例公式：$n_1 T_1 = n_2 T_2$

(3) 假設原有分子n_1，逸出$\frac{1}{5}$後，剩下$\frac{4}{5}n_1$

$n_1(27+273)=\frac{4}{5}n_1 T_2 \quad \therefore T_2 = 375\text{K}$

範例 10

體積 500 毫升之理想氣體，壓力倍增時，溫度自－ 86℃升至 101℃，其最終體積約等於：

(A)250 (B)500 (C)1000 (D)2000 毫升。 【84 私醫】

解：(B)

(1) 依題意，n爲定值，由$PV=nRT$式，可得$PV \propto T$

(2) 比例公式：$\frac{P_1 V_1}{P_2 V_2}=\frac{T_1}{T_2}$

$$\frac{1\times500}{2\times V_2}=\frac{-86+273}{101+273} \quad \therefore V_2 = 500$$

範例 11

已知一氣筒在 27℃，30.0atm時，會有 480 克的氧氣，若此氣筒被加熱至 100℃，然後打開活門，使氣體壓力降至 1.00atm，而溫度仍爲 100℃時，共可逸出氧氣

(A)467 克　(B)431 克　(C)1396 克　(D)16.0 克。【70 私醫】

解：(A)

⑴ 題目涉及質量，∴用$PV=\frac{W}{M}RT$來探討。依題意V，M定值，∴ $P\propto WT$

⑵ 比例公式：$\frac{P_1}{P_2}=\frac{W_1T_1}{W_2T_2}$

代入數據：$\frac{30}{1}=\frac{480\times300}{W_2\times373}$

∴氣筒內殘餘重$W_2=13g$　∴逸出$=480-13=467g$

範例 12

1ℓ容器內在 27℃時，充入 10atm NH_3密閉，使其在催化劑存在下加熱至 327℃，容器內壓力爲 30atm，則NH_3之分解百分率爲

(A)20　(B)30　(C)40　(D)50。【68 私醫】

解：(D)

⑴ 假設原有NH_3 a mole，當依下式分解後，容器內的總莫耳數變成

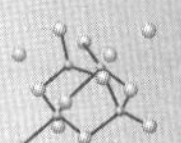

$$NH_3 \rightarrow \frac{1}{2}N_2 + \frac{3}{2}H_2$$

始 a

平 $a(1-\alpha)$ $\quad \frac{a\alpha}{2} \quad \frac{3}{2}a\alpha$

$$a(1-\alpha)+\frac{\alpha}{2}a+\frac{3}{2}\alpha a = a(1+\alpha)$$

(2) 在$PV = nRT$式中，V定值，$\therefore P \propto nT$

(3) 比例公式：$\frac{P_1}{P_2}=\frac{n_1 T_1}{n_2 T_2}$

代入數據：$\frac{10}{30}=\frac{a}{a(1+\alpha)}\times\frac{300}{600}$ $\quad \therefore \alpha = 0.5(\text{or } 50\%)$

範例 13

當下列各反應在定溫定壓下反應完全時，何者密度可以不變？
(A)$N_2 + O_2 \rightarrow 2NO$ (B)$N_2 + 3H_2 \rightarrow 2NH_3$ (C)$PCl_5 \rightarrow PCl_3 + Cl_2$ (D)$COCl_2 \rightarrow CO + Cl_2$ (E)$2NO_2 \rightarrow N_2O_4$。

解：(A)

(1) 在$PV = nRT$式中，P，T定值，$\therefore V \propto n$

另反應完全時，質量守恆，也就是反應後W爲定值，根據$D = \frac{W}{V}$式，$D \propto \frac{1}{V}$，又因$V \propto n$，$\therefore D \propto \frac{1}{n}$

(2) 在$N_2 + O_2 \rightarrow 2NO$反應中，反應前後，莫耳數不變，∴密度也不變

範例 14

下列有關定量氣體性質之圖示，何者正確？(P爲壓力、V爲體積、T爲絕對溫度)

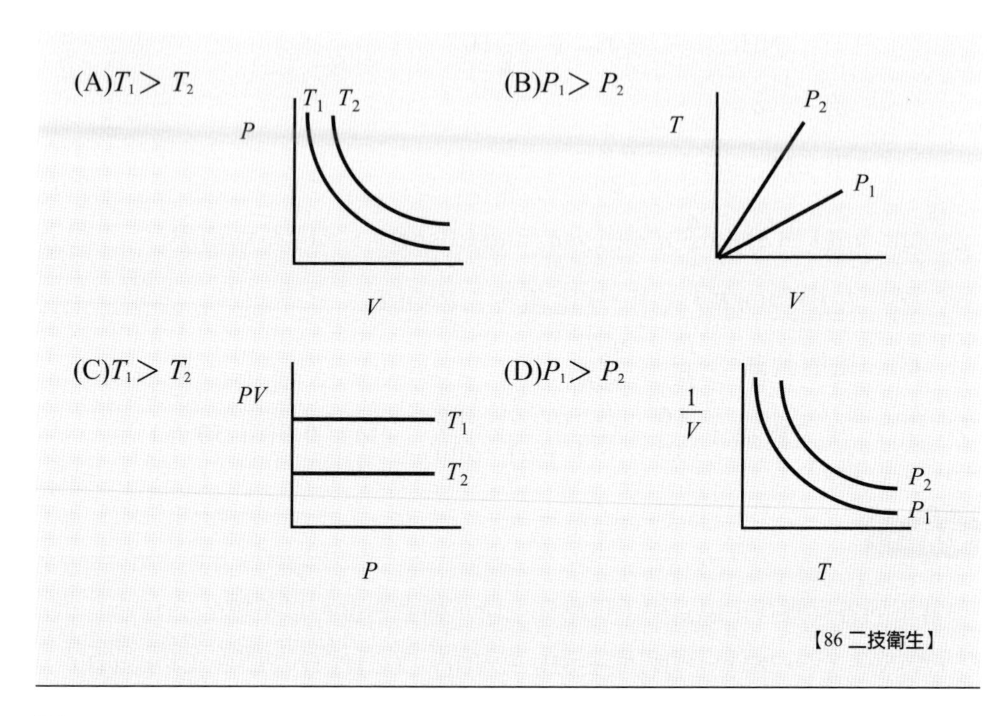

解：(C)

(A)應更正為$T_1 < T_2$　(B)應更正為$P_1 < P_2$

(D)$PV = nRT$，$\frac{1}{V} \cdot T = \frac{P}{nR} = k$，$k$常數愈大，表曲線距原點愈遠

$\therefore P_1 < P_2$

單元四：道耳吞分壓定律

1. 此定律的描述有以下方式：

(1) 當V，T定值時，P與n成正比，也就是

$$P_A : P_B : P_C = n_A : n_B : n_C \tag{3-10}$$

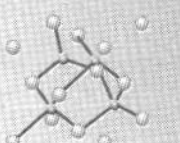

⑵ 彼此不相反應的氣體混合物，其總壓力為各氣體分壓的總和。

$$P_t = P_A + P_B + P_C + \cdots\cdots \quad (3\text{-}11)$$

① 若彼此氣體會反應，則上式並不適用。

② P_A稱為A成分的分壓(partial pressure)，P_t則稱為總壓。

2. 若將(3-10)及(3-11)式結合，可得下面結果

$$\frac{P_A}{P_t} = \frac{P_A}{P_A + P_B + P_C + \cdots\cdots} = \frac{n_A}{n_A + n_B + n_C + \cdots\cdots} = x_A$$

改寫成$P_A = P_t \cdot x_A$　(3-12)

這是總壓與分壓之間的關係式。

3. 應用—水蒸氣壓的校正。

⑴ 在水面上收集的氣體樣品中，已經將水蒸氣包含在內，所測量到的壓力其實是欲測的氣體壓力與水蒸氣壓之和。∴必須將水蒸氣壓扣除。

⑵ $P_{氣體} = P_{測量} - P_{H_2O}$　(3-13)

範例 15

一個 2.00 公升、壓力 1.00 大氣壓與另一個 3.00 公升、壓力 1.50 大氣壓的容器間有一氣閥隔絕。如果溫度保持一定，打開氣閥，則此二容器最終壓力是

(A)2.50　(B)1.25　(C)0.900　(D)1.30　大氣壓。　【82 二技動植物】

解：(D)

⑴ 氣閥打開後，容器內的氣體包含原先兩種氣體。∴最終壓力就是這兩種氣體的壓力和。

(2) 但氣閥打開後，單一種氣體的占有空間已改變，於是混合後的壓力都應校正過。(以波以耳定律校正)。

$P_{A1}\cdot V_{A1}=P_{A2}\cdot V_{A2}$，$1\times 2=P_{A2}\times(2+3)$ $\quad\therefore P_{A2}=0.4\text{atm}$

$P_{B1}\cdot V_{B1}=P_{B2}\cdot V_{B2}$，$1.5\times 3=P_{B2}\times(2+3)$ $\quad\therefore P_{B2}=0.9\text{atm}$

$\therefore P_t=P_{A2}+P_{B2}=0.4+0.9=1.3\text{atm}$

類題 1

恆溫下，將 300mmHg 之H_2 500ml，400mmHg 之N_2 550ml 與 700mmHg 之O_2 200ml 共同混合於 2 升的真空容器中，問混合後的壓力若干？

解：$300\times 500=P_{H_2}\times 2000$ $\quad\therefore P_{H_2}=75$

$400\times 550=P_{N_2}\times 2000$ $\quad\therefore P_{N_2}=110$

$700\times 200=P_{O_2}\times 2000$ $\quad\therefore P_{O_2}=70$

$\therefore P_t=75+110+70=255\ \text{mmHg}$

類題 2

在容積a升的A容器與b升的B容器中，以活栓接連之，若A容器裝 2 atmH_2，B 容器裝 3atm N_2，若將活栓打開後整個系統的壓力為 2.7atm，則$a:b$為

(A)3：7 (B)7：3 (C)7：10 (D)3：10。

解：$2\times a=P_{H_2}\times(a+b)$ $\quad\therefore P_{H_2}=\dfrac{2a}{a+b}$

$3\times b=P_{N_2}\times(a+b)$ $\quad\therefore P_{N_2}=\dfrac{3b}{a+b}$

$P_t=P_{H_2}+P_{N_2}$，$2.7=\dfrac{2a}{a+b}+\dfrac{3b}{a+b}$

$\therefore \dfrac{a}{b}=\dfrac{3}{7}$

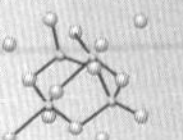

範例 16

在定溫時，將 3 大氣壓氨氣 3 公升和 1 大氣壓氯化氫氣體 1 公升共置於 4 公升真空容器中，最終壓力爲多少大氣壓？
(A)1 (B)2 (C)2.5 (D)3。 【85 二技動植物】

解：(B)

(1) 先求混合後各氣體壓力，代入$P_1V_1 = P_2V_2$

$3 \times 3 = P_{NH_3} \times 4 \quad \therefore P_{NH_3} = 2.25\text{atm}$

$1 \times 1 = P_{HCl} \times 4 \quad \therefore P_{HCl} = 0.25\text{atm}$

(2) 但NH_3與 HCl 會進行下列的反應，反應完全後，$P_{HCl} = 0$

$$NH_{3(g)} + HCl_{(g)} \rightarrow NH_4Cl_{(s)}$$

$P_{NH_3} = 2.25 - 0.25 = 2\text{atm}$，最終的壓力就是由剩下的氨氣來表現了。

注意：本題中的兩個成份氣體會互相反應，因此，總壓的求法並不適用(3-11)式。

範例 17

40.0g 之O_2和 40.0g 之 He 混合在一起，總壓爲 900mmHg，則O_2之分壓等於
(A)100 (B)200 (C)300 (D)400 mmHg。 【68 私醫】

解：$n_{O_2} : n_{He} = \dfrac{40}{32} : \dfrac{40}{4} = 1 : 8$

$$P_{O_2} = P_t \cdot x_{O_2} = 900 \times \frac{1}{1+8} = 100\text{mmHg}$$

類題

溫度 0℃壓力 760mmHg 的條件下，量 900ml 的氧和 100ml 的氮，在同溫同壓下，混合在一升容器中，用適當的試藥把氧吸收完後，問容器內的壓力為若干？________ 【70 私醫】

解：同溫同壓下，$V \propto n$，$\therefore n_{N_2} : n_{O_2} = 100 : 900 = 1 : 9$

$$P_{N_2} = P_t \cdot x_{N_2} = 760 \times \frac{1}{1+9} = 76\text{mmHg}$$

範例 18

用適當方法使下列各反應發生，若前後溫度不變，且反應前總壓均相同，依其方程式係數，提供反應物的莫耳數，使各反應恰能完全作用，當完成反應後各一定容積之容器中壓力大小次序為何？

(1)$N_2(g) + 3H_2(g) \rightarrow 2NH_3(g)$；(2)$2NO(g) \rightarrow N_2(g) + O_2(g)$；

(3)$PCl_3(g) + Cl_2(g) \rightarrow PCl_5(g)$；(4)$4NH_3(g) + 5O_2(g) \rightarrow 4NO(g) + 6H_2O(l)$；

(5)$C_2H_4(g) + 3O_2(g) \rightarrow 2CO_2(g) + 2H_2O(g)$

解：(1) 假設反應前容器壓力為P_0，在同溫同體積下，$P \propto n$，觀察各反應的前後係數如何增減，壓力就如何增減。

(2) 對反應(1)而言，氣相係數由 1 + 3 變成一半的 2，∴壓力降為$\frac{1}{2}P_0$

對反應(2)而言，氣相係數由 2 變成 2，∴壓力仍保持P_0

對反應(3)而言，氣相係數由 1 + 1 變成 1，∴壓力降為$\frac{1}{2}P_0$

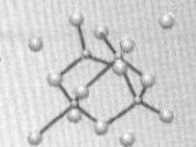

對反應(4)而言，氣相係數由 4 + 5 變成 4，∴壓力降為$\frac{4}{9}P_0$

對反應(5)而言，前後氣相係數皆是 4，∴壓力保持不變的P_0

(2) 最終壓力次序是(2)＝(5)＞(1)＝(3)＞(4)

範例 19

在 1.00L 容器中，有 0.0129mole PCl_5，在 250℃時氣化；此時壓力為 1.00atm，而PCl_5，有部份分解為PCl_3與Cl_2，求PCl_5之分壓力：

(A)0.45atm (B)0.11atm (C)0.15atm (D)0.9atm。 【70 私醫】

解：(B)

(1) 先將 0.0129mole 轉換單位成壓力單位，代入$PV=nRT$

$P\times1=0.0129\times0.082\times(250+273)$ $\therefore P=0.553\text{atm}$

(2) 定V定T下，$P\propto n$，因此再以壓力單位作方程式計量

	PCl_5	$\rightarrow$ PCl_3	+ Cl_2
始	0.553atm	0	0
後	$0.553-x$	x	x

已知反應後總壓＝1atm，$\therefore 0.553-x+x+x=1$

$\therefore x=0.447\text{atm}$，得反應後$P_{PCl_5}=0.553-x=0.553-0.447\fallingdotseq0.11\text{atm}$

範例 20

一氧氣樣品 370ml 在 23℃及 753mm 壓力下之水面上集取，求氧氣在 STP 乾燥狀態時，應占若干體積？

(A)329ml (B)186ml (C)259ml (D)367ml。(23℃時，飽和水蒸氣壓為 21mmHg) 【68 私醫】

解：(1) 依題意，前後狀態的P，V，T皆改變，∴要用(3-9)式。

(2) 題目提及了在水面上集取，因此要針對水蒸氣壓作校正，也就是說所測到的壓力 753mmHg 必須先扣除水蒸氣壓 21，才是氧氣的壓力。

$P_{O_2} = 753 - 21 = 732\text{mmHg}$

(3) 代入(3-9)式

$$\frac{732 \times 370}{760 \times V_2} = \frac{23 + 273}{273} \quad \therefore V_2 = 329\text{ml}$$

類題

氯酸鉀加熱分解，產生氧氣，利用排水集氣法，獲得氣體體積 0.65liter，此時水溫 22℃，大氣壓 754torr，計算氯酸鉀的重量多少公克？($KClO_3$＝122.6，在 22℃水蒸氣氣壓爲 21torr)　【78 私醫】

解：$P_{O_2} = 754 - 21 = 733\text{torr}$，另假設氯酸鉀需$x$g，則$n_{KClO_3} = \frac{x}{122.6}$

再依方程式：$KClO_3 \longrightarrow KCl + \frac{3}{2}O_2$，得$n_{O_2} = n_{KClO_3} \times \frac{3}{2} = \frac{x}{122.6} \times \frac{3}{2}$

代入$PV = nRT$，$733 \times 0.65 = \left(\frac{x}{122.6} \times \frac{3}{2}\right) \times 62.36 \times (22 + 273)$

$\therefore x = 2.1\text{g}$

單元五：氣體動力論

1. 氣體模型：

(1) 分子在氣態時彼此相隔的距離較其本身的大小要大的多，也就是其分子間的空間很大。

(2) 一氣體分子作持續不斷地運動。

(3) 氣體分子彼此及與器壁的碰撞爲完全彈性。∴碰撞前後的總動量不變，總動能不變。

2. 一些物理量：

(1) $P=\frac{F}{A}$，壓力是單位面積上牆壁所承受氣體分子的力量。

(2) $F=ma=\frac{\Delta(mv)}{\Delta t}$；力量可視爲單位時間內，氣體分子的動量變化

(3) 由於是彈性碰撞，氣體分子碰撞器壁一次的動量變化$=mv-(-mv)=2mv$

(4) 每一分子單位時間內的碰撞次數$=\frac{速率}{運動間隔}=\frac{v}{2l}$

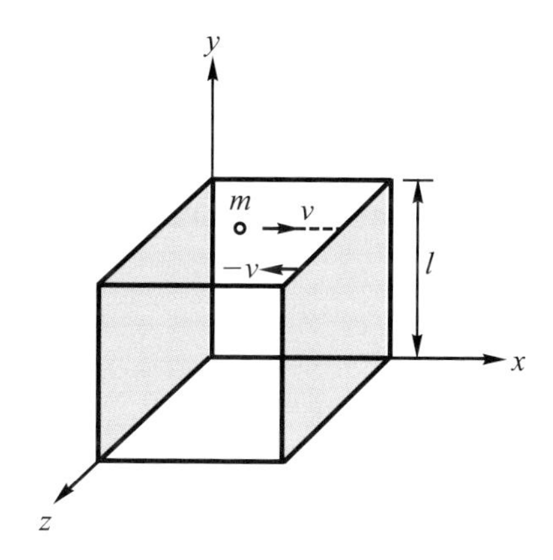

圖 3-3

3. 數學導證過程：

$$P=\frac{F}{A}=\frac{\Delta(mv)}{\Delta t}\times\frac{1}{A}$$
$$=\frac{動量變化}{每次碰撞}\times\frac{碰撞次數}{每秒}\times\frac{1}{面積}$$

$$=(2mv)\left(\frac{v}{2l}\cdot\frac{N}{3}\right)\left(\frac{1}{l^2}\right)=\frac{Nmv^2}{3l^3}$$

$$=\frac{Nmv^2}{3V}$$

$PV=\frac{1}{3}nN_0mv^2$ (n：莫耳數，N_0：亞佛加厥數，$nN_0=N$)

$PV=\frac{1}{3}nMv^2$ (M：分子量，$N_0\cdot m=M$)

$PV=\frac{2}{3}n\left(\frac{1}{2}Mv^2\right)=\frac{2}{3}nKE=nRT$　　(KE：平均動能)

4. 公式整理：

(1) $\overline{KE}=\frac{1}{2}Mv^2=\frac{3}{2}RT$　　(3-14)

即平均移動能與T成正比，若溫度不變，則平均移動能不變，但這並不代表每個氣體分子的移動能都相等。

KE(總移動能)$=\frac{3}{2}nRT$　　(3-15)

(2) 均方根速率 (root-mean-square) $v_{rms}=\sqrt{\frac{3RT}{M}}$ $\left(\because\ \frac{1}{2}Mv^2=\frac{3}{2}RT\text{，移項即得}\right)$　　(3-16)

平均速率(average speed) $\bar{v}=\sqrt{\frac{8RT}{\pi M}}$　　(3-17)

最大可能速度(the most probable) $v_{mp}=\sqrt{\frac{2RT}{M}}$　　(3-18)

(3) 單位面積上的碰撞頻率$(f)=\frac{v}{2l}\times\frac{N}{3}\times\frac{1}{l^2}=\frac{N}{6V}\cdot v$　　(3-19)

5. 公式的簡易記法：

(1) $\overline{KE}\propto T$

(2) $v\propto\sqrt{\frac{T}{M}}$

(3) $f\propto\frac{N}{V}\cdot v$

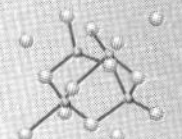

範例 21

25℃時，有二個同體積立方形容器，分別裝入 1mole O_2及 1mole H_2，請就下列各項性質，算出O_2對H_2的比例：

(A)分子均方根速率 (B)平均動能 (C)單位面積碰撞頻率 (D)一個分子碰撞器壁的動量變化 (E)對器壁的沖擊力。

解：已知O_2與H_2同V，同n，同T，$O_2=32$，$H_2=2$

(A) 由(3-16)知，$v\propto\sqrt{\dfrac{T}{M}}$，$\because$同$T$，$\therefore v\propto\sqrt{\dfrac{1}{M}}$

$$\frac{v_{O_2}}{v_{H_2}}=\sqrt{\frac{M_{H_2}}{M_{O_2}}}=\sqrt{\frac{2}{32}}=\frac{1}{4}$$

(B) 由(3-14)知，$\overline{KE}\propto T$，$\because$同T，$\therefore\overline{KE}$相同。

(C) 由(3-19)知，$f\propto\dfrac{N}{V}\cdot v\propto\dfrac{N}{V}\sqrt{\dfrac{T}{M}}$，$\because V$，$n$，$T$皆同，

$\therefore f\propto\sqrt{\dfrac{1}{M}}$

$$\frac{f_{O_2}}{f_{H_2}}=\sqrt{\frac{M_{H_2}}{M_{O_2}}}=\sqrt{\frac{2}{32}}=\frac{1}{4}$$

(D) 由課文重點 2.-(3)，一個分子碰撞器壁的動量變化$=2mv$

$$2mv\propto M\sqrt{\frac{T}{M}}\propto M\sqrt{\frac{1}{M}}(\because\text{同}T)\propto\sqrt{M^2\times\frac{1}{M}}=\sqrt{M}$$

$$\therefore\ \frac{(2mv)_{O_2}}{(2mv)_{H_2}}=\sqrt{\frac{M_{O_2}}{M_{H_2}}}=\sqrt{\frac{32}{2}}=\frac{4}{1}$$

(E) $P=\dfrac{nRT}{\mathrm{V}}$，但因 V，$n$，$T$皆同，$\therefore P$也應相同。

範例 22

在某溫度下，若甲烷分子的平均速率是 100 哩／小時，則二氧化碳分子在相同溫度下的平均速率將爲若干？

解：由(3-16)知，$v \propto \sqrt{\dfrac{T}{M}}$，∵$T$相同，$v \propto \sqrt{\dfrac{1}{M}}$

$$\frac{v_{CO_2}}{v_{CH_4}} = \sqrt{\frac{M_{CH_4}}{M_{CO_2}}}，\frac{v_{CO_2}}{100} = \sqrt{\frac{16}{44}}$$

$\therefore v_{CO_2} = 60.3$ 哩／小時

類題

在 25℃下，下列哪一個氣體具有最大的平均分子速度？

(A)CH_4　(B)Kr　(C)N_2　(D)CO_2。　【86 私醫】

解：(A)

v與分子量成根號反比，M愈小者，v愈大。

範例 23

H_2氣的平均速率在何溫度下，才能與UF_6分子在100℃時的平均速率相同？在何溫度下，H_2氣才擁有與UF_6分子，100℃時相同的平均動能。

解：(1)　$H_2 = 2$，$UF_6 = 352$

$$\because v \propto \sqrt{\frac{T}{M}} \Rightarrow \left(\frac{T}{M}\right)_{H_2} = \left(\frac{T}{M}\right)_{UF_6}$$

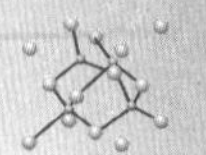

$$\frac{T}{2}=\frac{100+273}{352} \quad \therefore T_{H_2}=2.1\text{K}$$

(2) $\overline{KE}\propto T$，溫度相同，其平均動能就相同，$\therefore T=100$℃

類題

在什麼溫度時，0.30 莫耳 He 之總動能與 400°K 時之 0.40 莫耳 Ar 的總動能相同？

(A)553°K (B)400°K (C)346°K (D)300°K (E)225°K。 【79 成大】

解：(A)

由(3-15)知，$KE\propto nT$，$0.3\times T=0.4\times 400$，$T=533\text{K}$

範例 24

某一容器中，氬之分壓為$\frac{3}{4}$ atm，氧之分壓為$\frac{1}{4}$atm，則每秒鐘此容器壁受二種分子的碰撞次數比為若干？

解：$f\propto\frac{N}{V}\cdot v\propto\frac{N}{V}\sqrt{\frac{T}{M}}\propto N\sqrt{\frac{1}{M}}$ ($\because$同T，V)

再依(3-10)，$P\propto N$ $\therefore \frac{N_{Ar}}{N_{O_2}}=\frac{\frac{3}{4}}{\frac{1}{4}}=\frac{3}{1}$

$$\frac{f_{Ar}}{f_{O_2}}=\frac{N_{Ar}}{N_{O_2}}\times\sqrt{\frac{M_{O_2}}{M_{Ar}}}=\frac{3}{1}\times\sqrt{\frac{32}{40}}=2.68$$

範例 25

What is the definition for root mean square speed?

Calculate the root mean square speed for hydrogen molecules at room temperature. 【84 清大 A】

解：(1) $v_{rms}=\left(\int_0^\infty v^2 f(v)\,dv\right)^{1/2}=\sqrt{\dfrac{3RT}{M}}$

(2) $v_{rms}=\sqrt{\dfrac{3\times8.314\times298}{2\times10^{-3}}}=1930\text{m/s}$

範例 26

Find the average speed of He molecule at 25℃

(A)1.28×10^2m/s (B)1.26×10^3m/s (C)0.63×10^3m/s (D)1.41×10^3m/s .

【78 東海】

解：(B)

$$\bar{v}=\sqrt{\frac{8RT}{\pi M}}=\sqrt{\frac{8\times8.314\times298}{3.1416\times4\times10^{-3}}}=1.26\times10^3\text{m/s}$$

範例 27

1 莫耳O_2在 77℃時平均移動能為

(A)4.4kJ (B)5.6kJ (C)6.2kJ (D)7.3kJ。

解：$\overline{KE}=\dfrac{3}{2}RT=\dfrac{3}{2}\times8.314\times(77+273)\times10^{-3}=4.4\text{kJ}$

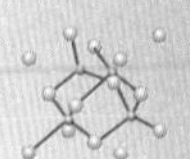

單元六：擴散定律

1. (1) 擴散(Diffusion)：不藉外力，而分子自身終能均勻散佈於空間的過程。
   (2) 逸散(Effusion)：又稱通孔擴散，容器內的分子經由小孔擴散而出的過程。
2. 擴散速率(R)：單位時間內，通過小孔的氣體分子數。
   (1) $R=\dfrac{N}{\Delta t}$(單位：分子數／秒)
   $=\dfrac{V}{\Delta t}$(單位：cc/s)
   (2) R的影響因素：氣體分子在運動過程中，必須碰撞到小孔的截面範圍內，才得以傳送至另一空間。∴R與單位面積上的碰撞頻率有關。即 $R \propto f \propto \dfrac{N}{V}\cdot v \propto \dfrac{N}{V}\sqrt{\dfrac{T}{M}}$ (3-21)
   (3) 在(3-21)式可看出R與M(分子量)成根號反比。
3. 格拉漢姆(Graham)擴散定律：
   (1) 定律：同溫同壓下，各種氣壓的擴散速率與其分子量的平方根成反比。
   (2) 公式：$\dfrac{R_1}{R_2}=\dfrac{\dfrac{V_1}{t_1}}{\dfrac{V_2}{t_2}}=\sqrt{\dfrac{M_2}{M_1}}$ (3-22)
4. 應用：
   (1) 利用擴散速率的差異可用來分離混合氣體如鈾的濃縮：自然存在在的鈾只含 0.72 % 的鈾-235，它與鈾-238 混合存在，這鈾-235 百分比不足以使鈾用於核分裂的炸彈。將鈾轉換成六氟化物氣體混合物$^{235}UF_6$與$^{238}UF_6$，經由連續的將此混合氣體通過一系列有孔膜，此稱為鈾濃縮法(Uranium enrichment process)，而鈾-235的百分比最後可高達可利用的標準。

⑵ 與一已知氣體比較其擴散速率(或時間)可求未知氣體的分子量。

範例 28

在相同之狀況下含有$_1H^1$與$_1D^2$兩種同位素之混合氣體NH_3與ND_3。

(A)求NH_3與ND_3兩氣體擴散速率之比？

(B)自小孔擴散 1 秒鐘，兩者通過小孔分子數之比？

(C)欲使 5ml 之NH_3與 5ml 之ND_3自小孔擴散所需的時間比？

(D)NH_3擴散 20ml 與ND_3擴散 17ml 所需時間比？

解：$NH_3 = 17$，$ND_3 = 20$，以①代表NH_3氣體，②代表ND_3氣體。

(A) $\dfrac{R_1}{R_2} = \sqrt{\dfrac{M_2}{M_1}} = \sqrt{\dfrac{20}{17}}$

(B) 對氣體而言，分子數正比於體積，即$\dfrac{V_1}{V_2} = \dfrac{N_1}{N_2}$

由(3-22)式，$\dfrac{\frac{V_1}{t_1}}{\frac{V_2}{t_2}} = \sqrt{\dfrac{M_2}{M_1}}$

$\dfrac{\frac{V_1}{1}}{\frac{V_2}{1}} = \sqrt{\dfrac{20}{17}}$　　$\dfrac{V_1}{V_2} = \sqrt{\dfrac{20}{17}}$，即$\dfrac{N_1}{N_2} = \sqrt{\dfrac{20}{17}}$

(C) $\dfrac{\frac{V_1}{t_1}}{\frac{V_2}{t_2}} = \sqrt{\dfrac{M_2}{M_1}}$　　$\dfrac{\frac{5}{t_1}}{\frac{5}{t_2}} = \sqrt{\dfrac{20}{17}}$

$\therefore \dfrac{t_1}{t_2} = \sqrt{\dfrac{17}{20}}$

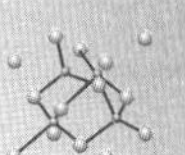

(D) $\dfrac{\dfrac{20}{t_1}}{\dfrac{17}{t_2}}=\sqrt{\dfrac{20}{17}}$ $\therefore\dfrac{t_1}{t_2}=\sqrt{\dfrac{20}{17}}$

範例 29

由擴散分離下列各組化合物時，分離最快爲哪一組？

(A)H_2，D_2 (B)HCl，DCl (C)NH_3，ND_3 (D)CH_4，CD_4。

解：(A)

$\dfrac{R_2}{R_1}$此比值愈大，表示其擴散速率差異大，∴分離較快。

四者的比值分別如下列所示：$\left(\dfrac{R_1}{R_2}=\sqrt{\dfrac{M_2}{M_1}}\right)$

(A)$\dfrac{R_1}{R_2}=\sqrt{\dfrac{4}{2}}$ (B)$\dfrac{R_1}{R_2}=\sqrt{\dfrac{37.5}{36.5}}$ (C)$\dfrac{R_1}{R_2}=\sqrt{\dfrac{20}{17}}$ (D)$\dfrac{R_1}{R_2}=\sqrt{\dfrac{20}{16}}$

範例 30

X氣體自一容器中擴散需時 112 秒，在同溫同壓下，氧氣在同一容器中擴散等體積時，僅需時 85 秒，則 X 氣體的分子量＝

(A)56 (B)72 (C)84 (D)32。

解：(A)

$\dfrac{\dfrac{V_1}{t_1}}{\dfrac{V_2}{t_2}}=\sqrt{\dfrac{M_2}{M_1}}$，∵同體積，$\therefore\dfrac{t_2}{t_1}=\sqrt{\dfrac{M_2}{M_1}}$

$\dfrac{85}{112}=\sqrt{\dfrac{32}{M_1}}$ $\therefore M_1=56$

類題

含氮氧二元素之某氣體，在相同條件下，其擴散速率爲氧之$\sqrt{8/11}$倍，則此氣體的分子式可能爲________。 【79 私醫】

解：$\frac{R_1}{R_2}=\sqrt{\frac{M_2}{M_1}}$　$\sqrt{\frac{8}{11}}=\sqrt{\frac{32}{M_1}}$

$\therefore M_1=44$，分子含 N 及 O 的可能性爲N_2O

範例 31

在 87.0cm 玻璃管二端分別塞以沾有氨水之棉花及沾濃鹽酸之棉花。在管中距氨水棉花端多少 cm 長處二氣體相遇而生白煙圈？

(A)42.3cm　(B)51.7cm　(C)59.4cm　(D)64.1cm。

解：(B)

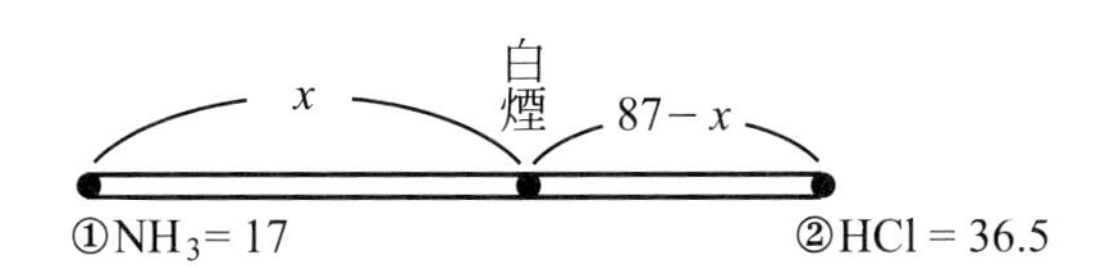

$\because R\propto v$，而v正比於距離(S)　$\therefore R\propto S$

又$\frac{R_1}{R_2}=\sqrt{\frac{M_2}{M_1}}$　$\therefore \frac{S_1}{S_2}=\frac{R_1}{R_2}=\sqrt{\frac{M_2}{M_1}}$

假設白煙距NH_3一端有$x$cm 長

$\frac{x}{87-x}=\sqrt{\frac{36.5}{17}}$　$\therefore x=51.7$cm

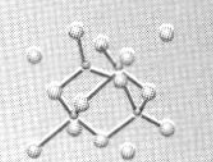

單元七：真實氣體(Real gas)

1. 眞實氣體與理想氣體的性質比較：見表3-2。

表3-2

理想氣體	眞實氣體
(1)分子本身不佔有體積	(1)氣體分子本身佔有體積
(2)分子間無作用力	(2)分子間有引力存在
(3)分子爲完全彈性體	(3)分子爲非完全彈性體
(4)分子作獨立快速直線運動	(4)運動路徑略爲曲線，壓力小於理想氣體
(5)降低溫度，加大壓力，不能液化	(5)降低溫度，加大壓力，可液化
(6)遵守$PV = nRT$	(6)$\frac{PV}{nRT} \neq 1$

2. 凡得瓦方程式(Van der waal equation)—適用在眞實氣體：

$$\left(P + \frac{n^2}{V^2}a\right)(V - nb) = nRT$$

(1) 眞實氣體所表現的壓力，由於受分子間引力的拉扯，以致比理想氣體較小，∴要加上一個校正項，其中a就是分子間引力因素。

(2) 眞實氣體由於分子本身體積不可忽略，導致其活動空間變小，所以要減一個校正項，b即爲分子本身體積因素。

(3) a，b爲凡得瓦常數，隨氣體種類而定，見表3-3。

表 3-3　一些氣體的凡得瓦常數

氣體	*MW*	a(atm · l²/mol²)	b(l/mol)
CCl_4	154	20.39	0.1383
$CHCl_3$	120	15.17	0.1022
CS_2	76	11.62	0.0769
SO_2	64	6.71	0.0564
Cl_2	71	6.49	0.0562
C_2H_6	30	5.49	0.0638
H_2O	18	5.46	0.0305
C_2H_4	28	4.47	0.0571
NH_3	17	4.17	0.0371
CO_2	44	3.59	0.0427
CH_4	16	2.25	0.0428
CO	28	1.49	0.0399
N_2	28	1.39	0.0391
O_2	32	1.36	0.0318
Ar	40	1.35	0.0322
H_2	2	0.244	0.0266
Ne	20	0.211	0.0171
He	4	0.034	0.023

(4) 受分子間引力的影響，$P_{真} < P_{理}$，$V_{真} < V_{理}$。

3. Z(壓縮係數)：

(1) $Z = \frac{PV}{RT}$，用來表示眞實氣體與理想氣體之偏差。

(2) 若是理想氣體，$Z = 1$。

(3) 偏差大小受氣體種類及外界溫度壓力條件而定。

① 高溫低壓下，Z較小，即高溫低壓時較趨近理想氣體。見圖 3-4。

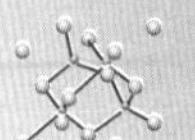

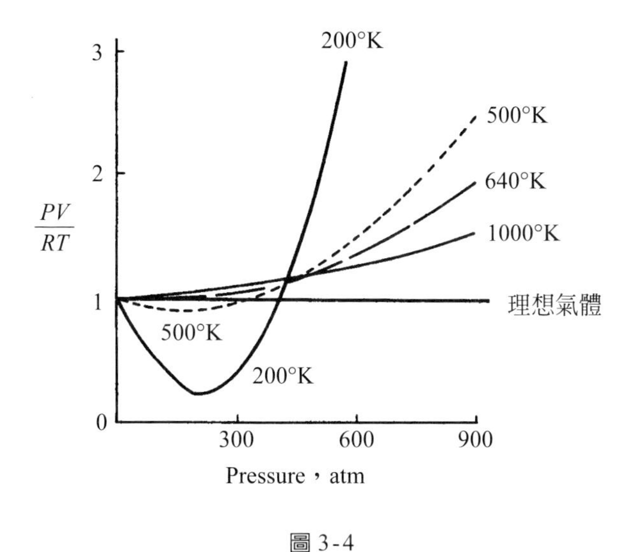

圖 3-4

② 各種氣體中以莫耳體積大，分子間引力較小者較接近理想氣體，如 He，H_2，N_2。見圖 3-5。

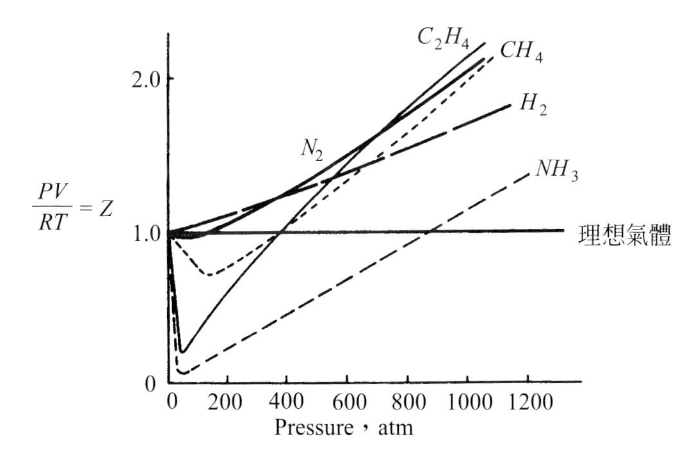

圖 3-5

範例 32

(A)What are the two properties or characteristics of gas molecules cause them to behave nonideally?

(B)Compare and discuss the temperature effect on the ideality of gases by plotting *PV*/*RT* versus *P* for real gases at low and high temperatures.

(C)Would you expect *PV*/*RT* to be >1, =1 or <1 if the volume of molecules can not be ignored in real gases and why?

(D)Assume that the van der Waals equation $(P+n^2a/V^2)(V-nb)=nRT$ can be used to descirbe the behavior of real gases. Given two sets of van der Waals constants *a*, *b* in the above equation for two real gases: 1.36, 0.0318 for O_2 and 6.49, 0.0562 for Cl_2 respectively, explain which one is expected to behave more similarly to ideal gases at high pressure. 【83 交大】

解：(A) 「氣體分子間仍存在有吸引力」及「氣體分子本身體積」也要考慮。

(B) 當$n=1$

$$\left(P+\frac{a}{V^2}\right)(V-b)=RT$$

$$P+\frac{a}{V^2}=\frac{RT}{V-b} \quad \therefore P=\frac{RT}{V-b}-\frac{a}{V^2}$$

在高溫時，等號右邊第一項變得很大，使得第二項相較之下，可以忽略

$$P\sim\frac{RT}{V-b}$$

而 ideal gas，$P_i=\frac{RT}{V}$比較二式的分母$V-b<V$

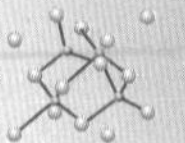

$\therefore P > P_i$

而在低溫時，等號右邊二項差異就沒那麼多，則眞實壓力要多扣除$\frac{a}{V^2}$，∴會較P_i略小。

(C) 若是理想氣體$\frac{PV_{ideal}}{RT}=1$，若是眞實氣體由於$V_{real} < V_{ideal}$

$\therefore \frac{PV_{real}}{RT} < \frac{PV_{ideal}}{RT} = 1$

(D) a代表著分子間引力，既然1.36 < 6.49，0.0318 < 0.0562，∴ O_2的分子間引力較小，本身體積也較小，∴展現行爲上比較像ideal gas。

範例 33

30℃時 2.75g CO_2的體積爲 1.28 l，試用(A)van der Waals equation 計算其壓力，(B)若CO_2爲理想氣體，其壓力又如何？(CO_2：$a = 3.59\ l^2-atm/mol^2$，$b = 0.0427\ l/mol$)　【72 成大】

解：(A) $\left(P + \frac{\left(\frac{2.75}{44}\right)^2}{1.28^2}\times 3.59\right)\left(1.28 - \left(\frac{2.75}{44}\right)\times 0.0427\right)$

$= \frac{2.75}{44}\times 0.082\times(30 + 273)$

$\therefore P_{real} = 1.207\text{atm}$

(B) $P\times 1.28 = \frac{2.75}{44}\times 0.082\times(30 + 273)$

$\therefore P_{ideal} = 1.213\text{atm}$

範例 34

在$(P + an^2/V^2)(V - nb) = nRT$中之 van der Waals constant，a，是對何者作修正？

(A)氣體分子的平均速度　(B)氣體分子的密度　(C)氣體分子所佔有的體積　(D)氣體分子間的引力。【81 私醫】

解：(D)

範例 35

1atm 25℃時，下列何氣體的性質最接近理想氣體

(A)氮氣　(B)氨氣　(C)氯化氫　(D)正丁烷。

解：(A)

分子間引力愈小者，愈接近理想氣體，而分子本身的尺寸大小愈小者，往往其引力也會較小。而N_2是所有選項中，size 最小的。

範例 36

下列何種氣體處於附列之情況下，其性質最近於理想氣體？

(A)25℃，1atm，CO_2　(B)100℃，1atm，H_2O　(C)0℃，1atm，O_2　(D)－200℃，50atm，H_2　(E)300°K，0.1atm，He。

解：(E)

溫度愈高，壓力愈小，而分子間引力愈小者便是。

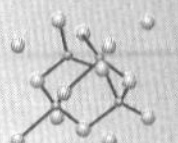

範例 37

下列何種氣體在同狀況下，莫耳體積最大？

(A)SO_2 (B)NH_3 (C)CO_2 (D)He。

解：(D)

若是理想氣體，當處在同狀況時，莫耳體積都是一樣大。此題既然要比出莫耳體積的不同，這表示請你將其視爲眞實氣體。而眞實氣體中，若愈趨近於理想行爲時，其莫耳體積將會最大，也就是說，本題的問法類似範例35題。

類題

Which gas contains the most molecules per liter at STP?

(A)O_2 (B)He (C)CH_4 (D)CO (E)H_2. (H=1, He=4, C=12, O=16)

【86 台大 C】

解：(C)

CH_4的尺寸最大，分子間引力最大，偏離理想最多。

單元八：空氣污染(Air pollution)

1. 空氣污染可分爲五大類：
   (1) 碳氫化合物(HC)：主要來自交通工具的燃料(油品)，會造成光化學霧。

⑵ 碳的氧化物：CO及CO_2

① 來源：交通工具和工廠所使用的石油和煤不完全燃燒產生CO，完全燃燒產生CO_2。

② 害處：

❶ CO比O_2更易與血紅素結合，降低血液輸送O_2的功能，CO中毒可造成死亡。

❷ CO_2濃度高會造成溫室效應，使地球溫度升高，冰山熔化，破壞生態。

⑶ 氮的氧化物：NO與NO_2

① 來源：空氣在機動車輛的內燃機中反應，先形成NO排入大氣後很快與氧結合成NO_2。

$$N_2 + O_2 \xrightarrow{1300\sim2500^\circ C} 2NO$$

$$2NO + O_2 \longrightarrow 2NO_2$$

② 害處：

光煙霧(photochemical smog)：NO_2擴散至高空對流層，吸收陽光的紫外線，進行光分解與光氧化反應，產生許多有害的物質使得被污染的都市上空，會呈現一片紅棕色的煙霧，就是一般所說的洛杉磯煙霧。

NO_2：紅棕色氣體，對人體會造成相當大的危害，易引起肺炎。

NO：毒性比NO_2小，會與臭氧層起反應減少臭氧，造成臭氧的危機。

⑷ 硫的氧化物：SO_2及SO_3

① 來源：SO_2主要來源爲煤或石油，煤中常含FeS_2燃燒則生成SO_2，石油中之硫燃燒亦生成SO_2，故火力發電廠、煉鋅廠、煉銅廠、煉油廠及硫酸工廠爲硫化物污染的來源。

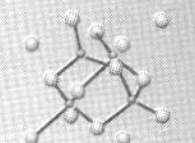

$4FeS_2 + 11O_2 \longrightarrow 2Fe_2O_3 + 8SO_2$

$2ZnS + 3O_2 \longrightarrow 2ZnO + 2SO_2$

$2CuS + 3O_2 \longrightarrow 2CuO + 2SO_2$

而SO_2與空氣中的O_2作用即生成SO_3。

② 害處：

SO_2會刺激動物氣管、枯萎樹木、腐蝕房屋。

SO_3遇水即成硫酸，爲酸雨的成份之一。

[註]❶ 汽車所使用的汽油，硫已被除去，故SO_2，SO_3污染不歸咎於汽車。

❷ SO_3會與空氣中水分產生硫酸，而使煙霧中含有許多硫酸微滴，這就是倫敦煙霧。

$SO_3 + H_2O \longrightarrow H_2SO_4$

$CaCO_3 + H_2SO_4 \longrightarrow CaSO_4 + CO_2 + H_2O$

(酸雨腐蝕房屋)

(5) 懸浮顆粒：涵蓋各類工廠，對呼吸系統有刺激性。

範例 38

命名五類空氣污染物，分別指出其來源，影響。

解：見課文。

類題 1

冶礦工廠最常造成哪種空氣污染？

(A)NO　(B)H_2S　(C)CO　(D)SO_2。　【84 私醫】

解：(D)

類題 2

機車排放廢氣造成污染其主要成份爲何？

(A)二氧化碳　(B)一氧化碳　(C)二氧化硫　(D)以上皆是。【81 私醫】

解：(B)

2. 溫室效應(Greenhouse effect)

地表在白天受太陽輻射後溫度上升，到了晚上，地表累積的熱量會以熱輻射(也就是紅外線)的方式將能量再散發至大氣，但大氣中的CO_2及H_2O會吸收紅外線，使得熱不致於排放在外太空，這一來使得地表溫度不致於日夜溫差相差很大，此現象稱爲溫室效應。

若因空氣污染而使得CO_2增多，則地表反射的輻射能，有更多的CO_2來吸收，因此使得地表附近的溫度升高，這將導致極地球帽的熔化，可能使水災頻仍，並使天氣改變。

範例 39

⑴解釋名詞：溫室效應

⑵溫室效應主要是由於何種物質增加所造成？　(A)NO_2　(B)CO_2　(C)CO　(D)O_3。【85 二技衛生】

⑶大氣中的CO_2會造成溫室效應，是因它吸收　(A)X 射線　(B)紫外線　(C)紅外線　(D)金屬物輻射線。【79 私醫】

解：⑴見課文，⑵(B)，⑶(C)

3. 酸雨(Acid rain)：

空氣污染物中的NO，NO_2，SO_2，SO_3一旦遇到水氣將與之結合而形

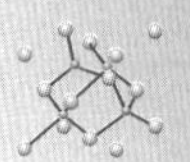

成HNO_2，HNO_3，H_2SO_3，H_2SO_4，一旦形成雨滴落下，就含有這些酸的成份，謂之酸雨。

範例 40

Is normal rain water acidic or basic? Why? What is acid rain? What causes the acid rain and what are their damaging effect? 【82 中山海環】

解：(A) 因與大氣中的CO_2達到平衡的結果，使雨水具微酸性，pH5～6

(B) 酸雨的主要成份是H_2SO_4、H_2SO_3、HNO_3、$HNO_{2(aq)}$

(C) 它是由空氣污染物SO_3、SO_2、NO_2、NO與水氣結合後產生，它的酸性成份對植物的生長，或養殖業類會造成危害，而對於地面上的一些建築物或金屬製品，也會有腐蝕的作用。

4. 光化學霧(Photochemical smog)：

空氣污染物中的HC，NO，NO_2受光照射後引發一連串光化學反應。

$$RCO\cdot + O_2 \longrightarrow RCO_3$$

$$RCO_3\cdot + HC \longrightarrow RCHO，R_2CO$$

$$RCO_3\cdot + NO \longrightarrow RCO_2\cdot + NO_2$$

$$RCO_3\cdot + O_2 \longrightarrow O_3 + RCO_2\cdot$$

$$RCO\cdot + NO_2 \longrightarrow R-\overset{\overset{\large O}{\|}}{C}-O-O-NO_2(PAN)$$

peroxyacylnitrate

所有產物組成一具紅棕色(∵有NO_2)之煙霧，特稱爲光化學霧。

範例 41

⑴氮氧化物受到日光紫外線的照射，會引起光化學反應，產生許多新的污染物，稱為：

(A)光化煙霧　(B)優養化　(C)酸雨　(D)溫室效應。【86 私醫】

⑵硝基過氧乙酸(PAN)為光化學過氧化物之代表產物之一，其分子式為：

(A) $CH_3C(=O)—O—O—NO_2$　(B) $CH_3CH_2C(=O)—O—O—NO_2$

(C) $CH_3—C(=O)—O—NO_2$　(D) $CH_3CH_2—C(=O)—O—O—NO_2$　【82 二技環境】

解：⑴(A)，⑵(A)

5. 臭氧層稀薄化(Ozone depletion)：

⑴ 在大氣層的平流層中，含有高濃度的臭氧(O_3)，自然界中的O_3會以下列循環，維持均衡狀態。在一循環過程中，伴隨吸收了紫外光子($h\nu$)

$$O_2 \xrightarrow{h\nu} O + O$$

$$O + O_2 \rightleftarrows O_3 \quad (\text{逆反應 } h\nu)$$

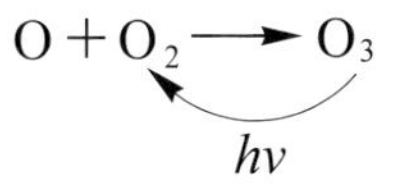

∴臭氧層具有過濾紫外線的功能。

⑵ 有兩種物質會分解O_3

① NO(來自噴射機引擎)的分解反應如下式

$$NO + O_3 \longrightarrow NO_2 + O_2$$

$$NO_2 + O \longrightarrow NO + O_2$$

請注意：第二式所生成的 NO，會再度回第一式繼續反應，因此這是一個鏈鎖反應。

② CFC氟氯碳化物，商品名為Freon(常見於冷媒，電子工業)，由於 Freon 的安定性，使其在地表不易分解，當揮發至大氣中所分解出的氯原子再去分解O_3。

$$\left.\begin{array}{ll}\text{Freon 11} & CFCl_3 \\ \text{Freon 12} & CF_2Cl_2\end{array}\right\} \longrightarrow Cl\cdot$$

$$Cl\cdot + O_3 \longrightarrow ClO + O_2$$

$$ClO + O \longrightarrow Cl + O_2$$

以上兩種結果使平流層中的O_3變少，進一步使到達地表的紫外線增多，發生皮膚癌的機會變大。

範例 42

⑴試述 Freon 對環境可能造成之影響。

⑵試述現代超音速飛機對環境所造成的影響。

解：見課文。

類題

⑴ CFCs(氟氯碳化物)之特性為：

(A)易燃 (B)不安定易起反應 (C)不易溶解多數物質 (D)非常安定不易起反應。【84 二技環境】

⑵氟利昂(freon)是由氣體噴撒(aerosol sprays)而進入大氣層。在光化學反應中，被認為首先產生

(A)氟原子　(B)氯原子　(C)氖原子　(D)碳原子　而引起一系列反應來破壞臭氧層。 【79私醫】

(3) Which of the following regarding ozone depletion is incorrect?

(A)ozone may be decomposed by UV light

(B)ozone may be produced by CFX compounds

(C)autopollutions is a major CFX source

(D)ozone molecule is linear

(E)the ozone hole is above the south pole. 【79台大乙】

解：(1)(D)，(2)(B)，(3)(B)(C)(D)

6. 觸媒轉化器(catalytic converter)：

汽車引擎都加裝了觸媒轉化器，它是在裡頭的一片氧化鋁上，盛有鉑等催化劑，可將未燃燒完全的烴及 CO 轉變成CO_2，NO 變成N_2。

$$HC + O_2 \xrightarrow{pt，pd} H_2O + CO_2$$

$$CO + O_2 \xrightarrow{pt，pd} CO_2$$

$$NO \longrightarrow N_2$$

由於有鉛汽油中的四乙基鉛會使 pt 中毒，因此有加裝觸媒轉化器的汽機車宜使用無鉛汽油。

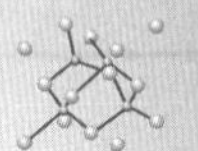

單元九：重要氣體的實驗室製備法(記憶)

1. O_2：

⑴實驗室法：$KClO_3$加熱，H_2O_2分解

$$2KClO_3 \xrightarrow[\Delta]{} 2KCl + 3O_2，H_2O_2 \xrightarrow{MnO_2} H_2O + O_2$$

⑵工業法：將空氣液化後，蒸餾之

2. H_2：金屬和稀酸作用

$$Zn + 2H^+ \longrightarrow Zn^{2+} + H_2$$

3. NH_3：

⑴實驗室法：銨鹽與強鹼反應

$$NH_4^+ + OH^- \longrightarrow H_2O + NH_3$$

⑵工業法：哈柏法製氨

$$N_2 + 3H_2 \xrightarrow{Fe} 2NH_3$$

4. SO_2：銅與濃硫酸共熱

$$Cu + 2H_2SO_4 \longrightarrow CuSO_4 + SO_2 + H_2O$$

5. C_2H_2：電石與水反應

$$CaC_2 + 2H_2O \longrightarrow Ca(OH)_2 + C_2H_2$$

6. CO：甲酸以H_2SO_4脫水

$$HCOOH \xrightarrow[\Delta]{H_2SO_4} H_2O + CO$$

7. CO_2：碳酸(氫)鹽加酸

$$CaCO_3 + 2H^+ \longrightarrow Ca^{2+} + CO_2 + H_2O$$

8. HCl：

⑴氯化物加硫酸

$$NaCl + H_2SO_4 \longrightarrow NaHSO_4 + HCl$$

⑵成份元素結合

$$H_2 + Cl_2 \longrightarrow 2HCl$$

9. Cl_2：

(1)電解 NaCl 水溶液

$$NaCl_{(aq)} \xrightarrow{電} \underset{(陽極)}{Cl_2} + \underset{(陰極)}{H_2 + OH^-}$$

(2)MnO_2加鹽酸

$$MnO_2 + 4HCl \longrightarrow MnCl_2 + Cl_2 + 2H_2O$$

10. NO：Cu 和稀HNO_3反應

$$3Cu + 8HNO_3 \longrightarrow 3Cu(NO_3)_2 + 2NO + 4H_2O$$

11. NO_2：Cu，Ag 和濃硝酸反應

$$Cu + 4HNO_3 \longrightarrow Cu(NO_3)_2 + 2NO_2 + 2H_2O$$

12. N_2：

(1)實驗室法：

$$NaNO_2 + NH_4Cl \longrightarrow NaCl + NH_4NO_2$$

$$NH_4NO_2 \xrightarrow[\Delta]{} N_2 + 2H_2O$$

(另法)：$(NH_4)_2Cr_2O_7 \xrightarrow[\Delta]{} N_2 + Cr_2O_3 + H_2O$

(2)工業法：將空氣液化後，蒸餾之

表 3-4　乾燥空氣中的成份及其沸點

Gas	V%	T_b(℃)
N_2	78.03	− 196
O_2	20.99	− 183.1
Ar	0.94	− 185.7
CO_2	0.033	−
Ne	0.0015	− 245.9
Kr	0.00014	− 152.9
Xe	0.000006	− 106.9

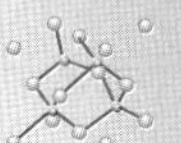

範例 43

下列何種方法可以得到氧氣？
(A)將紅色氧化汞加熱，逸出氣體爲氧氣 (B)將鹽酸與二氧化錳混合加熱至 90℃，逸出氣體爲氧氣 (C)電解水在陰極可收集到氧氣 (D)鹼金屬與水作用，所產生的氣泡爲氧氣。 【86 二技動植物】

解：(A)

(B)改爲Cl_2，(C)(D)改爲H_2。

綜合練習及歷屆試題

PART I

1. 1atm－ℓ＝________Cal＝________Joule。
2. 氣體之壓力與體積之乘積(PV)值，乃代表一種
   (A)動量 (B)能量 (C)力量 (D)亂度。
3. 0.082 克 Y 氣體在 20℃，850 毫米汞柱壓力之體積爲 40 毫升，假設該氣體遵守理想氣體定律，試求 Y 之莫耳分子量(克)
   (A)24.2 (B)36.8 (C)44.1 (D)59.8。 【81 二技環境】
4. 二氧化碳氣體於 745mmHg，65℃等條件下，其密度大小爲：
   (A)1.55 g/L (B)2.10g/L (C)2.37g/L (D)1.23g/L。 【82 二技環境】
5. 一氣體在 90℃及壓力 600torr 下比重 0.743g/liter，求計此氣體的分子量。
6. 某種僅含氮和氧的化合物 0.896 克，在溫度 28.0℃和壓力 730mmHg 之下體積爲 524c.c 則此化合物爲
   (A)N_2O (B)NO (C)NO_2 (D)N_2O_3 (E)N_2O_5。

7. 使某液體有機化合物 0.5 克，在眞空容器 1600cc 中完全蒸發時，在 39℃下，示出 190mmHg 之壓力，此化合物爲
(A)甲醇　(B)乙醇　(C)甲醚　(D)丙酮。　【70 私醫】

8. 某種物質含碳 37.8 %，氫 6.3 %，及氯 55.9 %(各爲重量百分率)。若取此物質 3.0 克在 137℃及 755mmHg 狀況下氣化時體積爲 800 毫升。問此物質之分子式爲何？(原子量：C＝12.0，H＝1.0，Cl＝35.5)
(A)C_2H_3Cl　(B)C_2H_4Cl　(C)C_2H_5Cl　(D)$C_4H_8Cl_2$。

9. 某一化合物含碳、氫及氧三元素。將 0.31 克此化合物燃燒後，得二氧化碳 0.44 克及水 0.27 克。另將 0.94 克的該化合物完全蒸發時，其體積在 200℃，1 大氣壓下爲 582 毫升。該化合物的分子式應爲：(原子量：C＝12.0，H＝1.00，O＝16.0)

10. 75 克的 Al 與足量的稀硫酸反應，在 23℃，770torr 壓力，可產生氫氣的體積爲多少升？

11. 0.42 克的化合物(MH_2)和水發生下列反應：

$$MH_{2(s)} + 2H_2O_{(l)} \longrightarrow M(OH)_{2(n)} + 2H_{2(g)}$$

若在 27℃，1atm時可收集乾燥氫氣 492ml，則M的原子量應是多少？

12. 在熱帶潮濕的某天空氣爲 35℃，在 1.00atm 收集 20 升空氣樣品，此樣品通過一鹽類吸走全部濕氣，吸走水重 0.72 克。若 35℃時之飽和水蒸氣壓 42.2torr，則相對濕度若干％？

13. 由氫與氧所組成的混合氣體，在STP時的密度爲 0.424 克／升，則氫對氧分子數之比爲(H_2/O_2)
(A)1：2　(B2：1　(C)3：1　(D)3：2。

14. 以下何定律說明氣體在定容積下，溫度上升則壓力上升
(A)Boyle's law　(B)Charles' law　(C)Amonton's law　(D)Dalton's law。　【78 私醫】

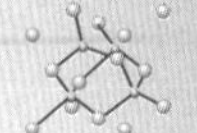

15. 氣體在25℃，640托耳時體積爲600ml。若
(A)溫度不變，當體積爲800ml時，壓力爲多少？
(B)壓力不變，體積爲800ml時，溫度爲多少？
(C)體積不變，壓力爲800托耳時，溫度爲多少？

16. 在STP時，分子氧的密度爲1.42904 g/L，而臭氧的密度爲2.144 g/L。試求出臭氧的分子量。臭氧只含氧原子，其分子式是什麼？

17. 體積爲$10m^3$的理想氣體，當壓力增爲3倍，溫度自40℃上升至100℃時，其最後之體積爲何？
(A)$2.50m^3$ (B)$4.50m^3$ (C)$3.97m^3$ (D)$7.15m^3$。 【86二技動植物】

18. 若一氣體試樣在STP時占4.48升，則在25℃及500torr下體積爲若干？

19. 兩個等體積之容器都盛H_2氣體，一個爲溫度0℃，氣壓1atm，另一個爲溫度300℃，氣壓5atm，則容器中分子數之比值爲________。
【80私醫】

20. NO_2氣體分解反應之平衡(方程)式如下：

$$NO_{2(g)} \rightleftharpoons NO_{(g)} + \frac{1}{2}O_{2(g)}$$

設一定容積的容器中含有NO_2氣體0.014莫耳，並設在427℃下NO_2之分解度爲44％時，其總壓力爲740mmHg。今知在627℃下NO_2之分解度達88％，其總壓力應約爲
(A)950mmHg (B)1120mmHg (C)1240mmHg (D)1350mmHg。

21. 在密閉容器內，有1莫耳之氫氣，及1莫耳氧氣，點火反應以後，溫度由反應前之25℃變成325℃，壓力將變成原來的若干倍？
(A)2倍 (B)1.33倍 (C)1.50倍 (D)10倍。

22. 一大氣壓下，有一氣泡由水池底部上升至水面，體積變爲原來之4倍，假設溫度不變，則水深約爲：
(A)30 (B)20 (C)3 (D)2 米。 【84私醫】

23. 將開口容器由25℃加熱至327℃(在恒壓下)。最初存在之空氣的幾分之幾排出？

24. 亞硝酸銨(NH_4NO_2)分解$NH_4NO_2(s) \longrightarrow N_2(g) + 2H_2O(g)$在819K，一大氣壓下，128g的亞硝酸銨分解產生多少氣體？(原子量N＝14，H＝1，O＝16)

(A)3×22.4升　(B)9×22.4升　(C)12×22.4升　(D)18×22.4升。

【82二技動植物】

25. 如圖有三個定容之容器甲、乙、丙，以及一可膨脹之氣球用管路聯結在一起。開始時各活栓關閉，各容器之體積及壓力如所示。現將各活栓打開，當系統內之壓力達到一大氣壓時，問氣球的體積為何？假設氣球之初體積以及管路之體積皆可不計。系統前後之溫度保持一定。

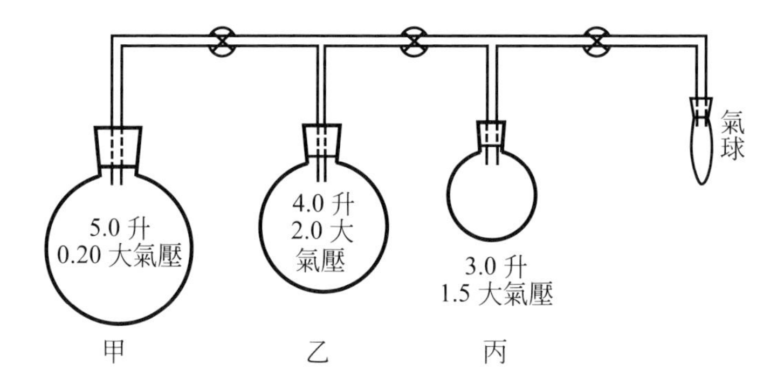

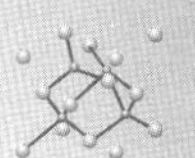

26. 下列圖形何者正確？

(A)
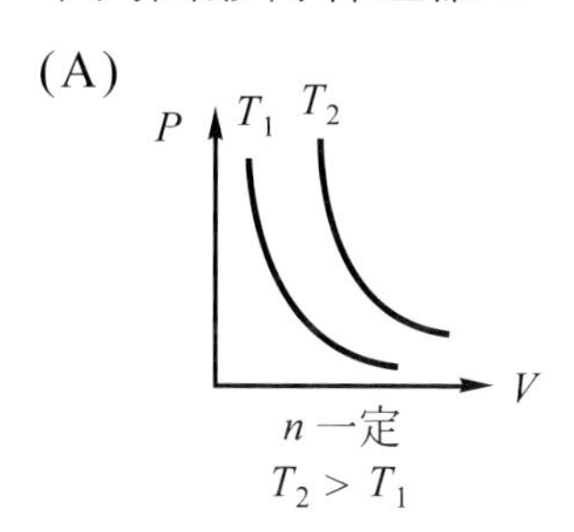

(B)
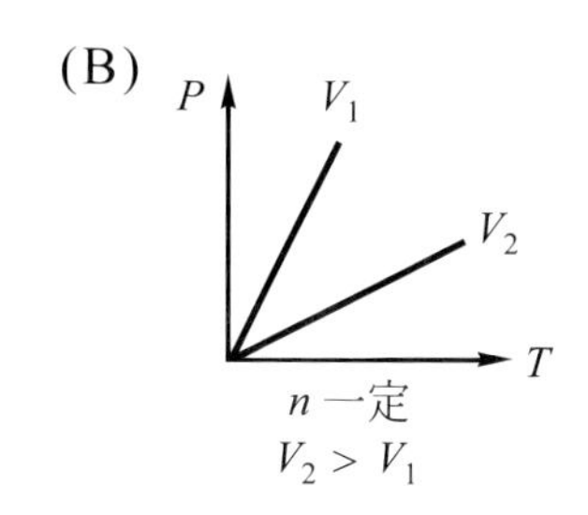

(C)
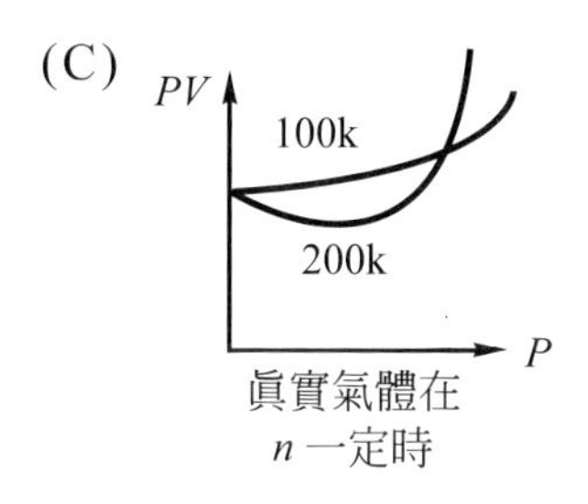

(D)
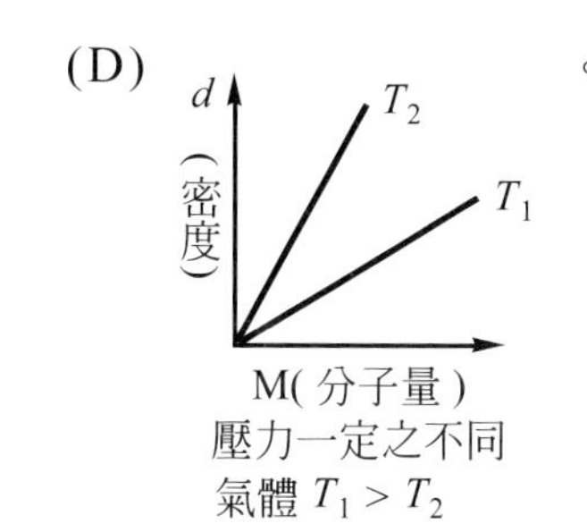

。

【84 二技動植物】

27. 欲將二種氣體以等體積混合成氣體密度爲乙烷的 1.20 倍時，應取下列何種組合？

(A)CO 及 CO_2 (B)Cl_2及 He (C)C_2H_4及CH_4 (D)C_2H_4及Cl_2 (E)He 及 Ne。(Cl = 35.5，Ne = 20，He = 4.0) 【80 屏技】

28. 若將壓力爲P_A及體積爲V_A之A氣體，壓力爲P_B及體積爲V_B之B氣體和壓力爲P_C及體積爲V_C之 C 氣體，共置入一體積爲V之容器中，假設A、B、C 皆爲理想氣體，且彼此未發生化學反應，試求此混合氣體之壓力爲何？

(A)$P_A + P_B + P_C$ (B)$\dfrac{V_A + V_B + V_C}{V}$ (C)$\dfrac{P_AV_A + P_BV_B + P_CV_C}{V}$ (D)$\dfrac{P_A + P_B + P_C}{V}$。 【86 二技動植物】

29. 兩容器相連，其間有一活栓分隔，其中一容器體積 5 升，在 25℃，壓力爲一大氣壓，另一容器體積 10 升，在 25℃，壓力爲 2 大氣壓，假設兩容器內之氣體均爲理想氣體，在同樣溫度下，旋轉活栓使兩容器內之氣體充份混合，則最後壓力爲若干大氣壓？
(A)1.33 (B)1.67 (C)1.93 (D)2.5。 【81 二技環境】

30. 一定溫度下，在 5 升的眞空容器中盛CO_2：3atm 2 升，O_3：5atm 4 升，H_2：0.5atm 6 升，若三者不起反應，則混合氣體的總壓力爲：
(A)8.5 (B)7.5 (C)5.7 (D)5.8 atm。 【84 二技環境】

31. 等重的$NO_{(g)}$，$C_2H_{6(g)}$及$CH_3COOH_{(g)}$在 500℃混合於一容器中，其分壓之比爲________。 【84 私醫】

32. $CH_{4(g)}$和$C_2H_{2(g)}$混合氣體，若二者重量比爲 12：13，則其分壓比爲
(A)12：13 (B)3：2 (C)2：3 (D)4：3。 【77 私醫】

33. 某一容器中，盛有 1 克之O_2及 1 克SO_2，設最初容器中壓力爲 1500mm Hg，溫度爲 20℃，而二氣體未起反應，則
(A)氧之分壓 (B)二氧化硫之莫耳分率。

34. 有*A*，*B*，*C*三個同體積之眞空容器，在同溫下分別裝入 1 克的 x，y，z 三種氣體。結果*A*，*B*，*C*內之壓力分別爲 15mmHg，30mmHg，45mmHg，則 x，y，z 分子量之比爲
(A)1：2：3 (B)3：2：1 (C)2：3：6 (D)6：3：2。

35. 27℃時將 200ml 容器(內有 0.1atm NH_3)用狹管(體積忽略)與 300ml 容器(內有 0.08atm HCl)相連，溫度保持不變，最後容器內氣體重若干？

36. 室溫時，下列諸氣體混合物何者不能適用道耳呑分壓定律？
(A)H_2，O_2 (B)N_2，O_2 (C)HCl，NH_3 (D)N_2，H_2。

37. $N_2H_{4(g)}$在密閉容器及定溫下分解產生$N_{2(g)}$及$H_{2(g)}$；假如反應完全，則最後壓力應爲：
(A)和原來壓力相同 (B)原來壓力的兩倍 (C)原來壓力的三倍 (D)原來壓力的一半。 【85 私醫】

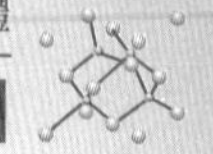

38. 定溫下，容器A裝入H_2 2atm，B裝入 3atm 乙烷。將A，B兩容器用導管連通後，若器內壓力為2.7atm(設無反應)，則莫耳數比H_2：C_2H_6＝ (A)2/7 (B)7/2 (C)7/3 (D)3/7 (E)1/2。 【80屏技】

39. 在25℃，1atm 下，量200ml 之氧與900ml 之氮，混合於1升容器中。若將此容器接在開口式壓力計，則此壓力計 U 形管左右兩端水銀柱高度差為：
(A)零mmHg (B)10mmHg (C)5cmHg (D)7.6cmHg (E)20mmHg。 【80屏技】

40. 在一項實驗裡濃鹽酸與鋁粉反應，產生的氣體經排水集氣法收集得300毫升；此氣體溫度是27℃，壓力是784mmHg。在27℃，水的蒸氣壓是24mmHg，問由鹽酸與鋁產生的氣體有多少克？
(A)1.258克 (B)0.0122克 (C)0.0244克 (D)0.0251克。

41. 一理想氣體試樣，在水面上集取，在29℃時占體積200ml，濕氣體呈634torr，當此氣體試樣乾燥後，在44℃時占同樣體積及呈同樣壓力634torr，由此等數據求計水在29℃水蒸氣壓力。

42. 一氧氣試樣在20℃水上集取，占150ml，及壓力呈758torr。若在乾燥及標準狀況下該氣體應占多大體積？在20℃時水蒸氣壓力為18torr。

43. 一混合100ml之$C_2H_6S(g)$及900ml之$O_2(g)$的氣體盛入一1.00升之容器中總壓力為1.00atm。此混合氣體燃燒得如下反應：

$$2C_2H_6S(g) + 9O_2(g) \rightarrow 4CO_2(g) + 6H_2O(g) + 2SO_2(g)$$

假定整個實驗中溫度不變，則反應後壓力為若干？在最後混合物中各氣體之分壓是多少？

44. 在25℃空氣中各成份(N_2，O_2，Ar，H_2O，CO_2)之平均速度由小而大應為：
(A)$V_{Ar} < V_{CO_2} < V_{O_2} < V_{N_2} < V_{H_2O}$ (B)$V_{CO_2} < V_{N_2} < V_{Ar} < V_{O_2} < V_{H_2O}$ (C)$V_{CO_2} < V_{Ar} < V_{O_2} < V_{N_2} < V_{H_2O}$ (D)$V_{N_2} < V_{CO_2} < V_{Ar} < V_{O_2} < V_{H_2O}$。 【71私醫】

45. 甲容器內裝有氧氣，乙容器內裝有氮氣，已知甲容器的氧分子方均根速率(root-mean-square speed)與乙容器的氮分子方均根速率相等，則下列何者正確？
(A)兩容器內的氣體壓力相等 (B)兩容器內的分子動量量值的平均值相等 (C)兩容器內的分子平均動能相等 (D)兩容器內的分子總能量相等 (E)甲容器內的溫度比乙容器的溫度高。 【77成大】

46. 在什麼溫度時，$N_{2(g)}$的均方根速率和$CH_{4(g)}$在100℃時的均方根速率相同？ 【77淡江】

47. 在同一容器中，加入等重的氫與氧，則
(A)兩氣體密度相等 (B)兩氣體對器壁的碰撞頻率相等 (C)H_2對器壁的壓力8倍於氧 (D)氫分子的運動速率4倍於氧 (E)氫分子的平均動能16倍於氧。 【80屏技】

48. 茲有同溫同體積之二個玻璃A和B。A中盛有0.01atm之氧，B中盛有0.02atm 之甲烷。有關A瓶中性質和B瓶中性質之定量比較，下列哪一項敘述為正確？
(A)瓶內氣體分子數，A：B＝ 1：2 (B)氣體重量，A：B＝ 1：2
(C)分子之平均動能，A：B＝ 1：1 (D)分子之平均速率，A：B＝1：$\sqrt{2}$ (E)分子對壁之碰撞頻率，A：B＝2：$\sqrt{2}$。

49. 下列哪些定律可以由氣體動力論推導而得
(A)波以耳定律 (B)擴散定律 (C)道耳吞分壓定律 (D)拉午耳定律。

50. 容器內含定量之某氣體，若溫度不變，使容積減小，下列何項不受影響？
(A)分子運動速率 (B)分子對器壁之碰撞頻率 (C)分子之動量 (D)分子之平均動能 (E)容器內壓力。

51. 下列敘述，哪些與氣體動力論不符合？
(A)理想氣體分子自身的體積為零 (B)理想氣體分子間無吸引力
(C)某分子在運動中，與其他分子或容器碰撞時，該分子之動量及能

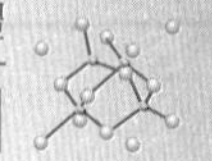

量不變 (D)所有分子之平均動能與絕對溫度成反比 (E)氣體分子碰撞器壁產生壓力。

52. 甲、乙二燒瓶容積相同，甲含有1.00克之氧，乙含有1.00克之氬。若二瓶之溫度相同，則(原子量：O = 16，Ar = 40)
(A)二瓶內氣體之壓力相同 (B)甲瓶內壓力為乙瓶內壓力之1.25倍 (C)甲瓶內壓力為乙瓶內壓力之2.5倍 (D)氬分子較氧分子之平均動能為大 (E)氬分子與氧分子之平均動能相等。

53. 某容器含有同數的氫、氧分子，總體積50升時，壓力為760mmHg，在下列敘述中，何項有誤？
(A)氫分子平均運動速率快 (B)氫、氧分子之平均動能相同 (C)若將氧移去，容器溫度及體積不變，壓力降為200mmHg (D)若將氫移去，容器溫度及體積不變，壓力降為380mmHg (E)氫與氧分子各佔體積25升。

54. 在25℃時，$SO_2(g)$與HBr(g)的平均動能之比值為
(A)64：81 (B)9：8 (C)8：9 (D)1：1。 【82二技動植物】

55. 求計一氦原子在100°K及200°K時均方根速度。

56. 氧分子在25℃時的平均速率為4.4×10^2公尺／秒，問氦氣在同樣溫度時之平均速率為何？(O原子量16，He原子量4.0)
(A)3.52×10^3公尺／秒 (B)1.76×10^3公尺／秒 (C)1.24×10^3公尺／秒 (D)8.80×10^2公尺／秒。

57. 空氣中氧分子數與氮分子數之比約為1：4。桌上有一塊玻璃，單位時間內氧分子及氮分子撞擊此玻璃的次數比為：
(A)1：4 (B)$\sqrt{14}$：16 (C)$\sqrt{14}$：4 (D)$\sqrt{14}$：1。

58. 甲烷對二氧化硫的相對擴散速率之比值為
(A)$\frac{64}{16}$ (B)$\frac{16}{64}$ (C)$\frac{1}{4}$ (D)$\frac{2}{1}$(S = 32)。 【72私醫】

59. 某物蒸氣擴散速率是同狀況甲烷(CH_4)的 2/5，此蒸氣的分子量為________。【68 私醫】

60. 兩個相同的氣球在同溫同壓下，一個裝入氩氣，一個裝入氦氣。發現氩氣的漏氣速率為每小時 150ml，則氦氣的漏氣速率應為每小時多少？
(A)150ml (B)47.5ml (C)450ml (D)474ml。【85 二技動植物】

61. 已知擴散 60 毫升的氫需時 2 分鐘，在同溫同壓下，若擴散 30 毫升的氧，則需時
(A)6 分鐘 (B)4 分鐘 (C)$2\sqrt{2}$分鐘 (D)2 分鐘。

62. 使氫 280ml 經一小孔擴散需時 40 秒，問使氧 350ml 經同一小孔擴散需時
(A)100 (B)200 (C)300 (D)400 秒。

63. U-235 要由天然鈾礦分離，所使用的過程稱為
(A)Ionization (B)electrolysis (C)Precipitation (D)gaseous diffusion。【69 私醫】

64. 計算$^{235}_{92}UF_6$氣體的擴散速率為$^{238}_{92}UF_6$氣體的________倍。(F ＝ 19)
【73 後中醫】

65. 理想氣體有何特性？
(A)分子本身體積總和即為其氣體之體積 (B)在同溫時，不同氣體分子平均動能隨其分子量不同而差異 (C)在絕對零度時，一切氣體壓力等於零 (D)溫度在絕對零度以上，一切氣體分子之間吸引力等於零 (E)狀況一定時，分子相碰撞，其速度大小不減小。【80 屏技】

66. 理想氣體在 0°K 時，下列何項為零：
(A)動能 (B)動量 (C)壓力 (D)體積 (E)速率 (F)質量 (G)碰撞頻率。

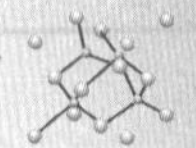

67. 就眞實氣體對理想氣體的偏差van der Waals的公式表示爲

(A)$\left(P+\frac{n^2a}{V^2}\right)(V-nb)=nRT$ (B)$\left(P-\frac{na}{V^2}\right)(V+nb)=nRT$ (C)$\left(P\cdot\frac{n^2a}{V}\right)(V-nb)=nRT$ (D)$\left(P-\frac{na^2}{V}\right)(V+nb)=nRT$。

【67私醫】

68. 凡得瓦耳公式$\left(P+\frac{a}{V^2}\right)(V-b)=RT$，何者是由於分子間引力的效應而來？

(A)P (B)$P+\frac{a}{V^2}$ (C)b (D)$V-b$。 【82二技動植物】

69. 就下列氣體而言，其眞實行爲與理論之理想氣體間之偏差何者較大？

(A)CO (B)CO_2 (C)N_2 (D)NH_3。 【72私醫】

70. 氣體在下列何種條件下，其性質較接近理想氣體定律

(A)高溫，高壓 (B)高溫，低壓 (C)低溫，高壓 (D)低溫，低壓。

【79私醫】

71. 下列氣體中哪一氣體之莫耳體積(0℃及1atm)爲最小？

(A)氦 (B)氧 (C)二氧化碳 (D)氮 (E)一氧化碳。

72. 下列關於眞實氣體的敘述，何者錯誤？

(A)凡得瓦(van der Waals)方程式以n^2a/V^2修正壓力 (B)氣體分子本身所佔的體積愈大，愈接近理想氣體 (C)壓力一定時，溫度愈高，分子的動能愈大 (D)高溫低壓下，PV/nRT愈接近1。

73. 有關空氣污染之敘述，哪些不正確？

(A)一氧化碳有毒 (B)光煙霧是由一氧化碳引起的 (C)CO_2對人體無毒，所以對地球之影響並不可怕 (D)硫的氧化物將造成酸雨 (E)聯苯，戴奧辛等可歸類於煙類污染。 【80屏技】

74. 下列何者係空氣污染中產生惡臭之物質：

(A)CH_3OH (B)$(CH_3)SH$ (C)CH_3CH_2Cl (D)$CH_3-\overset{\displaystyle O}{\overset{\|}{C}}-CH_3$。

【82二技環境】

75. 酸雨是指雨中的pH值比自然雨(pH = 5.6)還低，它會破壞生態環境。而酸雨主要是空氣中含有過量的：

(A)CO_2 (B)SO_2 (C)$CFCl_3$ (D)CCl_4。 【81私醫】

76. 有關大氣污染的下列敘述，何者錯誤？

(A)$SO_{2(g)}$會造成酸雨 (B)$CO_{2(g)}$的含量太高，會引起溫室效應 (C)內燃機反應所產生$NO_{(g)}$，會破壞臭氧層 (D)油漆以苯當溶劑，苯蒸氣不具毒性。 【83私醫】

77. 工廠廢氣常以 CaO 處理，使生$CaSO_3$之固體沉澱，藉以減少________廢氣逸入空中。 【82私醫】

78. 臭氧層的主要作用是：

(A)可吸收地面放出的熱量而維持地表的溫度 (B)可吸收太陽光中的有害光線 (C)可與雨水中的雜質作用，而有殺菌作用 (D)可進行光合作用。 【84二技動植物】

79. 大氣中之臭氧層位於

(A)對流層 (B)平流層 (C)中氣層 (D)游離層。 【86二技環境】

80. 有關臭氧的敘述，下列何者不正確？

(A)臭氧具強氧化力 (B)臭氧分子O_3 (C)臭氧分解產生O_2分子和 O 原子 (D)臭氧分解有機化合物會產生有機氯化合物。 【83二技環境】

81. Freons 對環境有害乃因

(A)比空氣重以致造成水和泥土的污染 (B)易溶於水蒸氣中造成酸雨 (C)易與空氣中氮作用形成易爆物 (D)易破壞臭氧層。【81私醫】

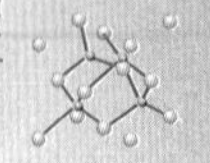

82. 氟氯碳化物(chlorofluorocarbons, CFCs)中，，CFC-11是指下列何者？
(A)CCl_2F_2 (B)$C_2Cl_3F_3$ (C)CCl_3F (D)$CClF_3$。 【83二技環境】

83. 豆科植物之根瘤菌能固定下列空氣中之何種氣體而供給養分？
(A)O_2 (B)CO_2 (C)H_2 (D)N_2。 【86二技環境】

84. 下列氣體中何者最易與血紅素結合？
(A)CO (B)CO_2 (C)N_2 (D)O_2。 【76私醫】

85. 銅和稀硝酸反應所產生之氣體為：
(A)O_2 (B)NO (C)NO_2 (D)H_2。 【84二技環境】

86. 銅與熱濃硫酸反應所產生之氣體為
(A)SO_2 (B)O_2 (C)H_2 (D)不起反應。 【86二技環境】

87. 下列四項反應中其所產生氣體之密度最接近於空氣之密度者應為
(A)硫化鐵＋稀酸鹽$\longrightarrow$ (B)氯化銨＋氫氧化鈣 $\xrightarrow{\text{加熱}}$ (C)二氧化錳＋鹽酸 $\xrightarrow{\text{加熱}}$ (D)甲酸＋濃硫酸 $\xrightarrow{\text{加熱}}$。

88. 某生依照下列實驗各製得氣體甲～丁：
氣體甲：將氯化銨和氫氧化鈣混合加熱。
氣體乙：將過氧化氫水溶液加入二氧化錳。
氣體丙：將氯化鈉和濃硫酸混合加熱。
氣體丁：於碳酸氫鈉中加入鹽酸。
並將體積2升的玻璃容器*A*和體積3升的玻璃容器*B*連接，如下圖所示。

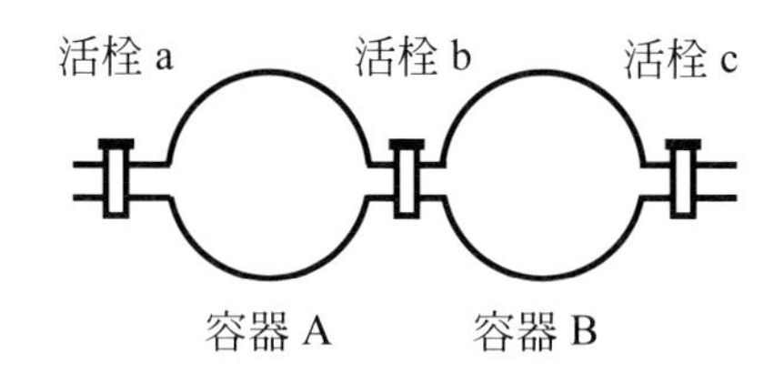

(A)試問氣體甲、乙、丙、丁各為何物？寫出其分子式。

(B)在27℃時，將氣體乙裝入封閉的容器*A*中，使其壓力為1大氣壓，氣體丁裝入封閉的容器*B*中，使其壓力為2大氣壓，然後啓開兩容器中間的活栓*b*，靜置一段時間後，試問容器內混合氣體的壓力為多少？

(C)在27℃時，將氣體甲裝入封閉的容器*A*中，使其壓力為2大氣壓，氣體丙裝入封閉的容器*B*中，使其壓力為1大氣壓，然後啓開兩容器中間的活栓*b*，靜置一段時間後，試問容器內的氣體壓力為多少？

答案：*1.* 24.2，101.3　*2.*(B)　*3.*(C)　*4.*(A)　*5.* 28　*6.*(A)　7.(A)　*8.*(D)　*9.* $C_2H_6O_2$　*10.* 100升　*11.* 40　*12.* 91％　*13.*(C)　*14.*(C)　*15.*(A)480，(B)397K，(C)373K　*16.* 48；O_3　*17.*(C)　*18.* 7.43升　*19.* 0.42　*20.*(B)　*21.*(C)　*22.*(A)　*23.* 302/600　*24.*(D)　*25.* 1.5升　*26.*(ABD)　*27.*(A)　*28.*(C)　*29.*(B)　*30.*(D)　*31.* 2：2：1　*32.*(B)　*33.*(1) 1000mmHg，(2) $\frac{1}{3}$　*34.*(D)　*35.* 0.006g　*36.*(C)　*37.*(C)　*38.*(A)　*39.*(D)　*40.*(C)　*41.* 30mmHg　*42.* 136ml　*43.*(A)1.05atm，(B)$P_{O_2}=0.45atm$，$P_{CO_2}=0.2atm$，$P_{H_2O}=0.3atm$，$P_{SO_2}=0.1atm$　*44.*(C)　*45.*(E)　*46.* 653K　*47.*(AD)　*48.*(ACD)　*49.*(ABC)　*50.*(ACD)　*51.*(CD)　*52.*(BE)　*53.*(CE)　*54.*(D)　*55.*(1) 790，(2) 1.12×10^3m/s　*56.*(C)　*57.*(B)　*58.*(D)　*59.* 100　*60.*(D)　*61.*(B)　*62.*(B)　*63.*(D)　*64.* 1.0043　*65.*(CD)　*66.*(ABCDEG)　*67.*(A)　*68.*(B)　*69.*(D)　*70.*(B)　*71.*(C)　*72.*(B)　*73.*(BCE)　*74.*(B)　*75.*(B)　*76.*(D)　*77.* SO_2　*78.*(B)　*79.*(B)　*80.*(D)　*81.*(D)　*82.*(C)　*83.*(D)　*84.*(A)　*85.*(B)　*86.*(A)　*87.*(A)　*88.*(A)甲：NH_3，乙：O_2，丙：HCl，丁：CO_2；(B)1.6atm；(C)0.2atm

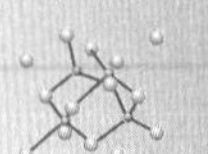

PART II

1. A 5.0L Flask contains 0.6g of oxygen at a temperature of 22℃. What is the pressure (in atm) inside the flask?
(A)0.091 (B)0.182 (C)2.9 (D)0.0068. 【79淡江】

2. Calculate the density in grams per liter of O_2 gas at 0℃ and 1.00atm 【79台大甲】

3. A greenish-yellow gaseous compound of chlorine and oxygen has a density of 7.71g/l at 36℃ and 2.88atm: Calculate the molar mass of the compound and determine its formula. 【82中山物理】

4. What volume of oxygen, O_2, at STP can be obtained by heating 10.00g of potassium chlorate $KClO_3$, in the presence of manganese dioxide MnO_2 as a catalyst? 【79台大甲】

5. What volume of acetylene C_2H_2, can be produced at 500mmHg, -10℃, from 4.00g CaC_2 and 2.75g H_2O? (Ca=40.1)
$CaC_{2(s)} + 2H_2O_{(l)} \longrightarrow C_2H_{2(g)} + Ca(OH)_{2(s)}$

6. An unsaturated hydrocarbon containing 88.8 mass % carbon was allowed to react with excess hydrogen over a Pd catalyst. The amount of H_2 consumed in reaction with 1.00g of the hydrocarbon was 906ml, measured at 25℃ and 1atm pressure. In a molar mass determination, 0.1200g of the hydrocarbon occupied a volume of 67.9ml at 100℃ and 1.00atm.
(A)What are the epirical and molecular formulas of the hydrocarbon?
(B)Write structures for the isomers that have this molecular formula.
【83中興A】

7. Which graph is not a straight line for an ideal gas?
(A)V versus T(n and P constat) (B)T versus P(n and V constat)
(C)P versus $1/V$(n and T constat) (D)n versus $1/T$(P and V constat)
(E)n versus $1/P$(V and T constat). 【85成大A】

8. Which of these plots will be not a straight line at constant T and n, for an ideal gas?
(A)PV against P (B)V against P (C)PV against V (D)P against $1/V$ (E)V against $1/P$. 【84成大化學】

9. What is the partial pressure of SO_2 in millimeters of mercury, if 100g of O_2 are mixed with 100g of SO_2, and the total pressure is 600mmHg?
(A)500 (B)400 (C)300 (D)200 (E)100. 【81成大化工】

10. A sample of nitrogen is collected over water at 30℃ at which temperature the vapor pressure of water is 32torr. The total pressure of the gas is 656torr, and the volume is 606ml. How many moles of nitrogen does the sample contain? 【78文化】

11. Calculate the weight of O_2 collected by displacement of water from a 250ml flask at 21℃ and 746.2mmHg. Vapor pressure for water at 21℃ is 18.7mmHg. 【81中山化學】

12. What is the relationship between the average speed (u) of the molecules of a gas and the temperature of the gas (T)?
(A)u is proportional to $T^{1/2}$ (B)u is proportional to T (C)u is proportional to T^2 (D)u is proportional to $1/T$ (E)u is proportional to $1/T^2$. 【83中興A】

13. At 200K, the molecule of an unknown gas, X, has an average velocity equal to that of O_2 at 400K. The molecular weight of X is:
(A)4 (B)8 (C)16 (D)32 (E)64. 【86台大C】

14. The root-mean-square velocity of N_2 molecule at 300°K is, in m/sec,
(A)16 (B)517 (C)254 (D)1.6. 【78台大甲】

15. A sample of gas in closed container of fixed volume is at 250K and 400mmHg pressure. If the gas is heated to 375K, its pressure increases to 600mmHg. By what factor will the average speed of the molecules increase?
(A)1.22 (B)1.50 (C)2.25 (D)2.00 (E)2.75. 【81成大化工】

16. Which of the following molecules has the greatest root mean square velocity at the same temperature?
(A)CO (B)H_2 (C)N_2 (D)O_2. 【81淡江】

17. The diffusion rate of an unknown gas is measured and found to be 31.50ml/min. Under identical conditions, the diffusion rate of oxygen is found to be 30.50ml/min. Which is the identity of the unknown gas?
(A)CH_4 (B)CO (C)NO (D)CO_2. 【78台大甲】

18. If both gases are at the same temperature, the rate of effusion of O_2 is very close to
(A)8 times that of He (B)4 times that of He (C)2.8 times that of He (D)0.35 times that of He (E)0.125 times that of He. 【81台大乙】

19. If the rate of effusion of ammonia, NH_3, is 3.32 times faster than that of an unknown gas when both gases are at 350K, what is the molecular weight of the unknown gas?
(A)31.0 (B)45.5 (C)56.5 (D)112 (E)188. 【81成大化工】

20. A lecture hall has 50 rows of seats. If laughing gas (N_2O) is released from the front of the room at the same time hydrogen cyanide (HCN) is released from the back of the room, in which row (counting from the front) will students first begin to die laughing? 【81台大甲】

21. At 47℃ and 7atm, the molar volume of ammonia gas, NH_3, is about 10％ less than the molar volume of an ideal gas. The reason that the actual volume is less than the ideal volume is:
(A)NH_3 decomposes to N_2 and H_2 at 47℃
(B)The force of attraction between NH_3 molecules is significant at this temperature and pressure
(C)At 7atm, the motion of NH_3 molecules is no longer random
(D)The force of repulsion between NH_3 molecules is significant at this temperature and pressure
(E)NH_3 molecules move more slowly than predicted by the kinetic theory at this pressure. 【79台大乙】

22. At a specified value of pressure and of temperature, which of the following gases will show the greatest deviation from the ideal gas law?
(A)N_2 (B)NH_3 (C)NO (D)Ne (E)NF_3. 【81成大化工】

23. Real gases approach ideal behavior at
(A)high P and low T (B)low P and high T (A)low P and low T (D)high P and high T. 【81中興】

24. The constant "a" in the van der Waals equation $\left(P+\frac{n^2}{V^2}a\right)(V\text{-}nb)=nRT$, represents
(A)the volume of a gas molecule (B)the pressure of the gas (C)the interaction force between gas molecules (D)the speed of a gas molecule. 【78東海】

25. Which gas has the highest density?
(A)He (B)Cl_2 (C)CH_4 (D)NH_3 (E)all gas the same. 【86成大A】

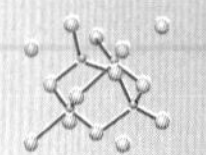

26. For the value of van der Waals constant a and b of $(P+n^2a/V^2)(V-nb)=nRT$, please answer the following questions.

(A)What are the physical interpretation (meaning) for larger values of a and b?

(B)For a given real gas, as the pressure decreases and temperature increases, then what are a and b going to be? 【84成大化學】

27. (A)Why is rainwater naturally acidic, even in the absence of polluting gases?

(B)What is the acid rain? Name two acids found in acid rain.

【86台大C】

28. Clean or unpolluted rain water has a slightly acidic pH. Which of the following is the cause of this acidity?

(A)Water naturally dissociates to make itself acidic.

(B)Acetic acid from normal biological processes is present in the water.

(C)Carbon dioxide from the atmosphere dissolves in the rain water and is converted into carbonic acid.

(D)Some SO_2 is present in clean air. This is enough to make it acidic.

(E)none of the above. 【86清大B】

29. Write out the steps that show how sulfur in coal is converted to sulfuric acid in acid rain. 【85成大環工】

30. Which compound causes the so called greenhouse effect?

(A)NO (B)NO_2 (C)CO (D)CO_2 (E)SO_2. 【83中興C】

31. The process of transforming N_2 to a form usable by animals and plants is called

(A)nitrogen fixation (B)fertilization (C)denitrification (D)nitrogenation. 【86成大A】

32. What is nitrogen cycle? How does Haber process fit into the cycle?
【82 中山海資】

33. What is ozone? Why is ozone in the stratosphere so important to lives on earth? Why is the ozone layer depleted in late twentieth century? 【82 中山海環】

34. (A)Why is it important to substitute other kinds of compounds for Chlorofluorocarbons (CFC's) in air conditioning and other important partical applications?
(B)Why are hydrochlorofluorocarbons (HCFC's) thought to be better choices than CFC's? 【82 成大環工】

35. Dry air near sea level has the following composition by volume : N_2 : 78.08%, O_2 : 20.94 %, Ar : 0.93%, CO_2 : 0.05%. The atmosphere pressure is 1.0 atm. Calculate (A)the partial pressure of each gas in atm and (B)the concentration of each gas in moles per liter at 0℃.(R = 0.0821 L.atm/K · mol) 【88 輔仁】

36. 5.02g of unknown gas is sealed in a 1.0L flask at 37℃ and 3.75 atm. Which one of the following is most likely to be the unknown (A)H_2O (B)HBr (C)HCN (D)H_2S (E)C_2H_2 【88 清大 A】

37. Body temperature is about 308K. On a cold day, what volume of air at 273K must a person with a lung capacity of 2.00L breathe in to fill the lungs? (A)2.26L (B)1.77L (C)1.13L (D)3.54L (E)none of these. 【89 中正】

38. Under the same conditions of temperature and pressure, one volume of chlorine gas reacts with three volumes of fluorine gas to yield two volume of a product. What is the formula and geometry of the product? 【88 成大 A】

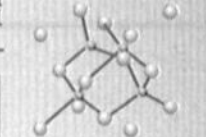

39. In which of the following gases do molecules have the highest average kinetic energy at 25℃? (A)H_2 (B)O_2 (C)N_2 (C)Cl_2 (E)all have the same. 【88 輔仁】

40. Explain why a balloon filled with helium gas gets smaller as time passes, but a balloon filled with SF_6 gas gets bigger and bursts? 【88 台大 B】

41. A gas molecule diffuses twice as rapidly as SO_2 gas. The gas could be. (A)NO (B)CO (C)O_2 (D)CH_4.
(atomic weight : C = 12,S = 32) 【87 台大 C】

42. Which of the following gases would you expect to behave least ideally at a given *T* and *P*? (A)He (B)N_2 (C)CH_4 (D)HF (E) H_2. 【88 大葉】

43. Which of the following gas will behave most ideally under identical conditions? (A)NH_3 (B)CO_2 (C)O_2 (D)Ne. 【88 台大 B】

44. Which characteristic does not describe an ideal gas?
(A)zero volume occupied by an ideal gas (B)no attractive forces between ideal gas molecules (C)obeys the following equation PV = nRT (D)PV/RT = a constant (E)strong repulsions between molecules results in ideal gas behavior. 【87 成大 A】

45. The release of SO_2 from fossil fuel combustion is the main cause of (A)greenhouse effect (B)acid rain (C)ozone hole (D)smog. 【89 台大 B】

46. What are the major air polllutants(chemicals) released by combustion engines? How to decrease the pollutants? 【89 台大 C】

47. Carbon monoxide is each of the following except.
(A)odorless (B)a dangerous poison (C)tasteless (D)a product of carbonates plus acid. 【89中興食品】

48. In order for a gas to be a "greenhouse gas" it must
(A)transmit visible light and absorb infrared radiation
(B)be radioactive (C)transmit infrared and absorb visible light
(D)be combustible (E)absorb both visible and infrared.
【88清大B】

49. An ozone "hole" results from the presence of high concentrations of one of the following molecules in the atmosphere.
(A)CO (B)NO (C)CO_2 (D)ClO (E)NO_2 【87成大A】

50. Which of the following is the formula for a catalyst in the destruction of ozone? (A)ClO (B)O_3 (C)CF_3Cl (D)Cl (E)O_2. 【88輔仁】

51. Which of the following statements is incorrect?
(A)The two main sources of air pollution are transportation and the production of electricity
(B)The net product of photochemical smog is NO_2, a major pollutant.
(C)Ozone is a pollutant at ground level, but desirable in the upper atmosphere
(D)Coal burning power plants contribute to acid rain
(E)The composition of the earth's atmosphere is not constant.
【88成大環工】

52. The use of hydrogen as a cheap source of energy has not become a reality because (A)no ready source of hydrogen exists (B)hydrogen cannot be handled safely (C)the technology for obtaining hydrogen from petroleum does not exist (D)no cost effective way has been developed to electrolyze water (E)none of the shove. 【89清大A】

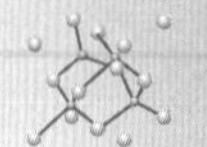

53. Consider the reaction, CaC_2 + water → products. Which of the following is a product? (A)Ca (B)CH_4 (C)$Ca(OH)_2$ (D)H_2 (E)none of the above. 【88清大B】

答案：1.(A) 2. 1.43 3. 67.8，ClO_2 4. 2.74 5. 2.05 6.(A) C_4H_6，(B)見詳解 7.(E) 8.(B) 9.(D) 10. 0.02 11. 0.32 12.(A) 13.(C) 14.(B) 15.(A) 16.(B) 17.(C) 18.(D) 19.(E) 20.第22排 21.(B) 22.(E) 23.(B) 24.(C) 25.(B) 26.見詳解 27.見範例40 28.(C) 29.$S + O_2 \longrightarrow SO_2$；$SO_2 + \frac{1}{2}O_2 \longrightarrow SO_3$；$SO_3 + H_2O \longrightarrow H_2SO_4$ 30.(D) 31.(A) 32.～34.見詳解 35.見詳解 36.(D) 37.(B) 38.(a)ClF_3，(b)T字形 39.(E) 40.見詳解 41.(D) 42.(D) 43.(D) 44.(E) 45.(B) 46.見詳解 47.(D) 48.(A) 49.(B) 50.(D) 51.(B) 52.(B) 53.(C)

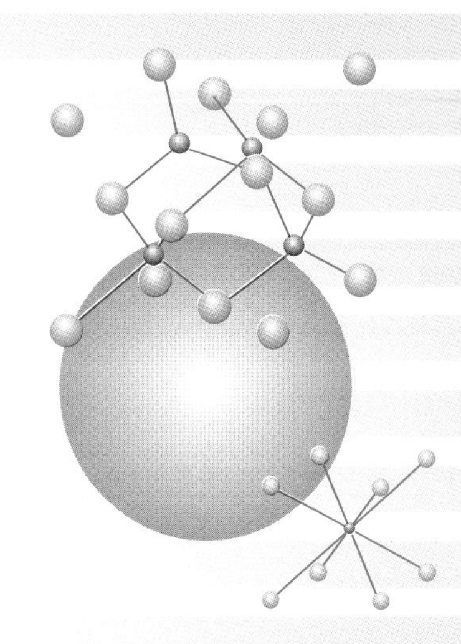

Chapter

4 相變化及溶液

本章要目

- 單元一　相變化
- 單元二　相圖
- 單元三　溶液及膠體溶液
- 單元四　濃度
- 單元五　拉午耳定律
- 單元六　依數性質
- 單元七　電解質
- 單元八　電解質的依數性質
- 單元九　溶解度

單元一：相變化

1. 相的判斷：
   (1) 一物系中之均勻部份稱爲相(phase)，亦即物系中組成相同的部份。各相具有一定的物理特性及界面，可以互相分辨。簡單地說即「用肉眼無法區分混合物中的各個成分時，這個混合物即爲一相」。
   (2) 純物質會因外界壓力，溫度的不同，而展現固態(solid)，液態(liquid)及氣態(gas)，這三者可以用肉眼區分出不同來，所以各爲一相，爾後就將物質三態改稱爲物質三相：固相、液相、氣相。
   (3)
      ① 當多種氣體混合在一起時，用肉眼是無法區分的，因此多種氣體的混合物只視爲一相。
      ② 多種固體混合，由於顆粒粗大，永遠無法混合均勻，因此n種混合仍得n相。
      ③ 多種液體混合時，若是彼此可互溶，則爲一相，若不能互溶，則是n相。
2. 相變化的名稱：
   (1) $s \to \ell$：熔化(melting)(fusion)，$\ell \to s$：凝固(solidification)
   (2) $\ell \to g$：氣化(vaporization)，$g \to \ell$：凝結(condensation)或液化(liquefaction)
   (3) $s \to g$：昇華(sublimation)，$g \to s$：氣結(deposition)
3. 飽和蒸氣壓(Saturated vapor pressure)：
   (1) 液體在任何溫度下都會蒸發，於是產生的蒸氣會貢獻壓力，若此蒸發上來的蒸氣分子處在密閉容器中，則達到一定數目後，有不再增多的現象，此時，量到的蒸氣壓爲一固定値，稱爲飽和蒸氣壓(P^0)，見圖 4-1。

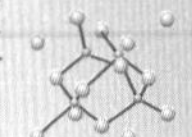

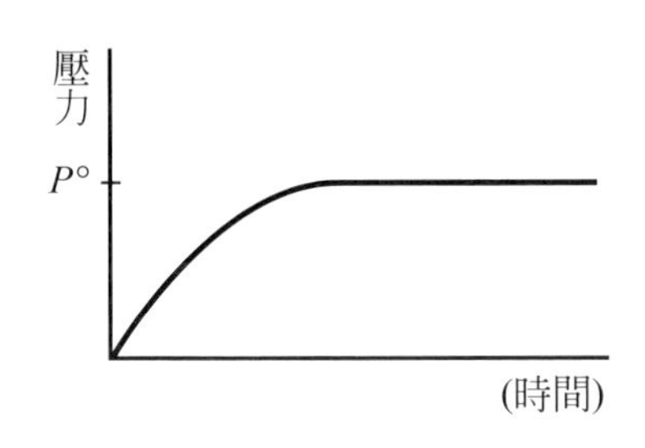

圖 4-1 蒸氣壓隨時間的變化情形

(2) 蒸氣壓達到飽和，其實就是液相氣相達到平衡，此時雖然蒸氣分子不再變多，並不意謂液體分子不再變成蒸氣分子，只不過蒸發成蒸氣分子及冷凝成液體分子的速率一樣快，以致蒸氣分子不再額外增多。∴達到蒸氣壓飽和是一種動態平衡，見圖 4-2。

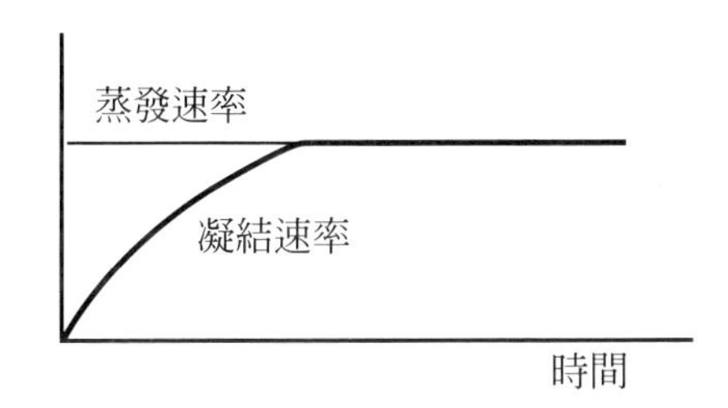

圖 4-2 兩線重疊處，代表已達到飽和

4. P^0的影響因素：

(1) $P^0 = k\,e^{-\Delta H_v/RT}$ (4-1)

k：常數，T：溫度，R：氣體常數，ΔH_v：莫耳氣化熱(與分子種類有關)

由此式可知：飽和蒸氣壓只受液體種類及溫度影響。

(2) 溫度愈高，蒸氣壓愈大。參考表 4-1，另外(4-1)式可改寫成$\ln P^0 = \ln k + \left(\dfrac{-\Delta H_v}{R}\right)\dfrac{1}{T}$，代入不同溫度下的$P^0$值，

$$\ln P_1^0 = \ln k + \left(\frac{-\Delta H_v}{R}\right)\frac{1}{T_1}$$

$$\ln P_2^0 = \ln k + \left(\frac{-\Delta H_v}{R}\right)\frac{1}{T_2}$$

第一式減去第二式得

$$\ln\frac{P_1^0}{P_2^0} = \frac{-\Delta H_v}{R}\left(\frac{1}{T_1} - \frac{1}{T_2}\right) \qquad (4\text{-}2)$$

此式稱爲：clausius-clapeyron方程式，用來計量P^0隨T的變化情形。

(3) 從表4-1可看出，不同種類的液體，在固定的溫度下，分子間引力愈小者，揮發性較高，蒸氣壓(P^0)較大，沸點(T_b)較低，莫耳氣化熱(ΔH_v)較小，臨界溫度(T_c)較低。例如：20℃時，苯的$P^0 =$ 75mmHg，甲苯的$P^0 =$ 25mmHg，間接提示你：苯的T_b較低，苯的分子間引力較小，苯的ΔH_v較小，苯的T_c較小。

表4-1　一些液體的蒸氣壓

溫度 (℃)	水 (mmHg)	乙醇 (mmHg)	四氯化碳 (mmHg)	柳酸甲酯 (mmHg)	苯 (mmHg)
−10	2.1	5.6	19		15
−5	3.2	8.3	25		20
0	4.6	12.2	33		27
5	6.5	17.3	43		35
10	9.2	23.6	56		45
15	12.8	32.2	71		58
20	17.5	43.9	91		74
25	23.8	59.0	114		94
30	31.8	78.8	143		118
35	42.2	103.7	176		147
40	55.3	135.3	216		182
45	71.9	170.0	263		225
50	92.5	222.2	317		271
55	118.0	280.6	379		325

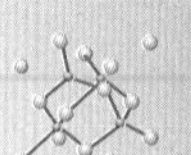

(續前表)

溫度 (℃)	水 (mmHg)	乙醇 (mmHg)	四氯化碳 (mmHg)	柳酸甲酯 (mmHg)	苯 (mmHg)
60	149.4	352.7	451	1.14	389
65	190.0	448.8	531	1.90	462
70	233.7	542.5	622	2.52	547
75	289.1	666.1	820	3.40	643
80	355.1	812.6	843	4.41	753
85	433.6	986.7	968	5.90	877
90	525.8	1187	1122	7.63	1020
95	633.9	1420	1270	9.93	1280
100	760.0	1693.3	1463	12.8	1360

(4) 飽和蒸氣壓不受盛裝該液體容器體積大小，形狀及液量的影響。

5. 莫耳氣化熱(ΔH_v，Heat of vaporization)：使一莫耳液體氣化為同溫度的氣體，所吸收的熱量，稱之。

(1) 意義：

① 它代表著液相與氣相之間的位能差，見圖4-3中，C'與D'之間的位能差距。

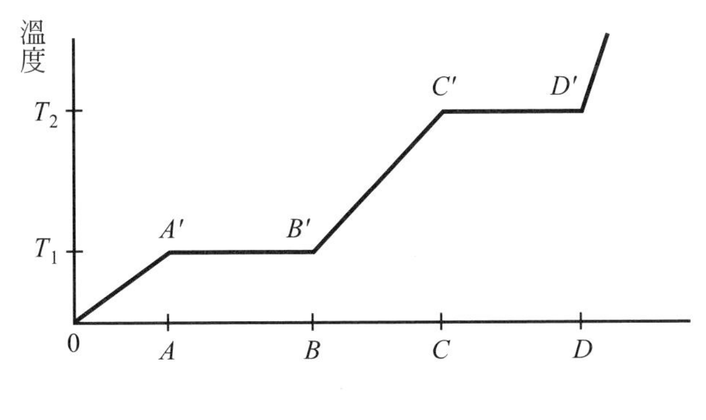

圖 4-3

② 它代表著克服液體分子間的引力使呈現分離的狀態所需花費的能量。

⑵ 不同液體，由於分子間引力的不同，其ΔH_v也就不同。

⑶ 在定壓下，同一液態物質，其莫耳氣化熱隨著溫度而變，溫度愈高，莫耳氣化熱愈小。在臨界溫度時，$\Delta H_v = 0$，$\Delta S_v = 0$。

6. 沸點(T_b，boiling point)：

⑴ 液體的蒸氣壓剛好等於大氣壓力時，液體內部產生氣泡，形成內外劇烈氣化的現象稱爲沸騰，此時的溫度稱爲沸點。

⑵ 大氣壓力越高，液體的沸點越高。此乃因大氣壓力對液體氣化爲一阻力，而阻力越大，氣化越難，故沸點越高。由此可知液體的沸點不是固定値，是隨外壓的不同而有所不同(參考單元二：相圖)，所以高山上煮食物，不易煮熟，而在壓力鍋中烹煮食物易熟皆此道理。化學實驗中的減壓蒸餾也是藉此原理來避免加熱過度。

⑶ 當外界壓力爲 1 大氣壓時之沸點稱爲正常沸點。

⑷ 物體受熱過程時的溫度變化：見圖 4-3。

① OA過程：加熱時間久，溫度上升，此時熱能貢獻到物體的動能上，而位能不變，該物質以固相呈現。

② AB過程：在A'點，固體開始熔化，在B'全部固體轉成液體，而過程之中，是兩相(固、液)共存，此時溫度不變，表示熱能貢獻到位能，而不改變動能。其中A'與B'的位能差稱爲莫耳熔化熱。T_1則稱爲熔點(或凝固點)。

③ BC過程：液體受熱，溫度持續升高，熱能貢獻到動能上，位能不變，整個過程該物質以液相呈現。

④ CD過程：受熱而溫度不上升，表示動能不變，位能上升，C'點液體開始氣化，至D'點氣化結束，整個過程中均以兩相(液、氣)共存呈現。C'與D'的位能差稱爲ΔH_v。T_2則稱爲沸點(或露點)。

⑤ D以後：只以氣相呈現，受熱只改變動能。

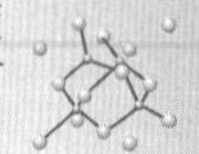

7. 過熱與突沸

氣泡開始形成並不易，因爲須有足夠能量，蒸氣壓大於所受壓力的許多分子聚集在一起，才能形成氣泡。所以溫度到達沸點時，有時尚無法沸騰，需要過熱(Superheated)，溫度超過沸點，然後氣泡突然大量形成，壓力大於液面壓力沸騰劇烈，稱爲突沸(bumping)。此種現象可藉加入多孔瓷片(沸石，boiling chip)或毛細管防止，因其能放出小氣泡，幫助蒸氣泡的形成以免突沸發生。

8. 杜耳吞通則(Trouton's rule)：

(1) 從課文4.-(3)的探討中發現：ΔH_v似乎與T_b成正比。

$$\frac{\Delta H_v}{T_b} \cong 88(\text{J/mol} \cdot \text{K})$$

$$\cong 21(\text{Cal/mol} \cdot \text{K}) \tag{4-3}$$

(2) 若該液體分子存在有氫鍵，通常不適用此通則，像水分子的$\Delta H_v/T_b = 26\text{Cal/mol} \cdot \text{K}$

(3) $\Delta S_v = \dfrac{\Delta H_v}{T_b}$(見熱力學第二定律)，∴此通則的另一敘述：「大多數液體，其氣化過程的亂度變化幾乎是一個常數」。

9. 熔點(凝固點)：液相蒸氣壓等於固相蒸氣壓之溫度。

(1) 正常凝固點(normal freezing point)是指在一大氣壓力時所測得的凝固點。

(2) 使1 mole物質熔化爲同溫度液體時，所吸收的能量稱爲莫耳熔化熱。同一物質，其莫耳氣化熱大於莫耳熔化熱。

(3) 過冷現象：如同過熱現象一樣，當液體純物質冷卻時，往往不能在凝固點就析出結晶來，這是因爲由雜亂的液體分子，變成排列整齊的晶體時，不是單就能量的降低就可，此時如在溶液中加入晶種(seeding)就可誘發分子沿著晶種表面慢慢排列，而形成晶體。

範例 1

下列反應若平衡於密閉容器中，共有若干個相？

(A)$N_{2(g)} + 3H_{2(g)} \rightleftharpoons 2NH_{3(g)}$

(B)$Zn_{(s)} + 2HCl_{(aq)} \rightleftharpoons ZnCl_{2(aq)} + H_{2(g)}$

(C)$CaCO_{3(s)} \overset{\Delta}{\rightleftharpoons} CaO_{(s)} + CO_{2(g)}$。

解：(1) 三者都屬氣相，∴是一相。

(2) 四者中共有三種狀態，∴是三相。

(3) 三者存在二種狀態，其中又有二個固體，固體各自呈一相，∴共有三相。

範例 2

50℃時，下列各項措施，何者能將水之飽和蒸氣壓降低

(A)加入沸水　(B)降低溫度　(C)擴大容器　(D)注入Ne氣　(E)加入冰水。

【80 屏技】

解：(B)(E)

P^0隨溫度改變而改變。

範例 3

已知沸點高低為乙醚＜乙醇＜水＜乙二醇，則在同溫度下，何者蒸氣壓最低？

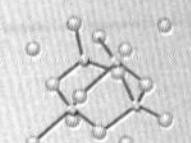

(A)乙醚 (B)乙醇 (C)水 (D)乙二醇 (E)蒸氣壓高低與沸點無關，故無法判別。 【80 屏技】

解：(D)

見課文 4.-(3)，T_b 愈高者，P^0 最低。

類題

下列何種現象，表示液體內其分子間的作用力甚小？

(A)具有很高的沸點 (B)具有很大的蒸氣壓 (C)具有很高的臨界溫度 (D)具有很大的汽化熱。 【82 二技動植物】

解：(B)

範例 4

將固體純物質對二氯苯加熱熔成液體，再慢慢冷卻，每隔 30 秒量一次溫度，直至完全凝固，若以溫度(1℃)對時間(S 秒)作圖，正確者為

(A)

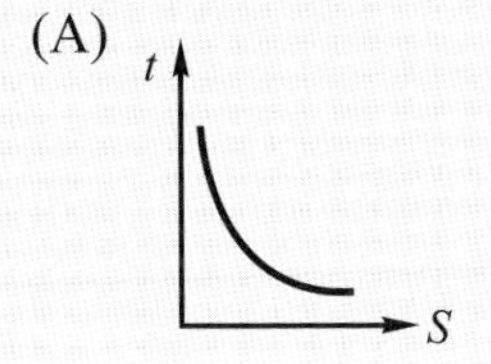

(B)

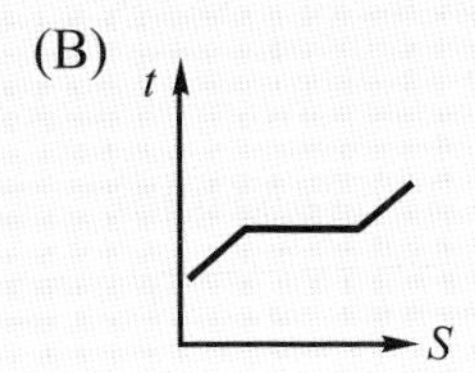

(C)

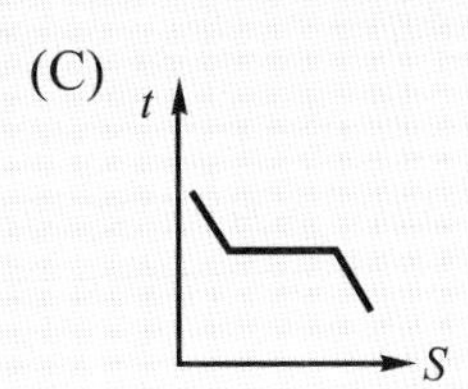

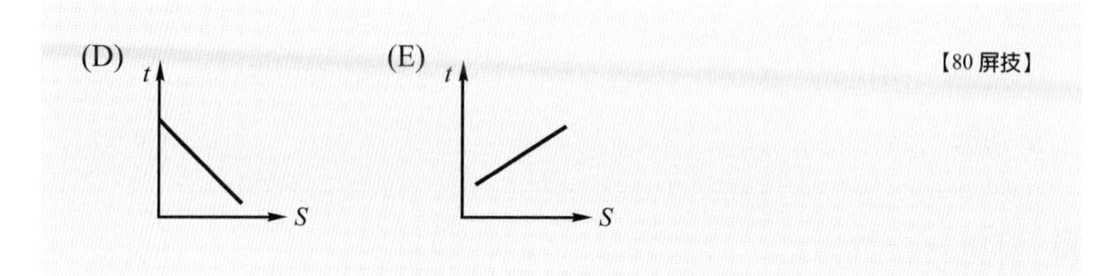

解：(C)

範例 5

水之莫耳蒸發熱何溫度下最小？

(A)100℃　(B)80℃　(C)25℃　(D)0℃。

解：(A)

見課文 5. -(3)。

範例 6

N_2O在正常沸點之汽化熱是＋376J/g，由杜耳吞法則(Trouton's rule)知N_2O之正常沸點為________℃(原子量 N ＝ 14)。【67 私醫】

解：$N_2O = 44$，$\Delta H_v = 376J/g = 376 \times 44J/mol$

$$\frac{\Delta H_v}{T_b} = 88，\quad \frac{376 \times 44}{T_b} = 88$$

$\therefore T_b = 188K = -85$℃

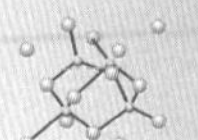

範例 7

若 25℃時水的飽和蒸氣壓為 24mmHg，則下列各狀況時之壓力各為何？各情況中，水殘留多少克？

⑴將 0.36 克水放於 20 升容器中。⑵將⑴之容器壓縮縮為一半。

解：⑴ 假設 0.36g 的水會全部變成蒸氣，

$$P\times 20=\frac{0.36}{18}\times 62.36\times 298，P=18.6\text{mmHg}$$

∵18.6＜24，表示即使全變成蒸氣都未達飽和，∴$P=18.6$mmHg，而水不剩。

⑵ 假設 0.36g 的水會全部變成蒸氣。

$$P\times 10=\frac{0.36}{18}\times 62.36\times 298，P=37.2\text{mmHg}>24$$

因為達到飽和(24)以後，水即不再蒸發，∴壓力應是飽和值 24mmHg，而水會剩下。

$$24\times 10=\frac{W}{18}\times 62.36\times 298，W=0.23\text{g}$$

∴水剩下 $=0.36-0.23=0.13$g

類題

在 25℃時，1000ml 真空容器中放一滴水(體積為 0.3ml)，當水與水蒸氣達平衡時，容器中水滴的體積為多少 ml？(已知 25℃時，水之密度是 1.0g/cm^3、蒸氣壓是 23.7mmHg)

(A)1.70×10^{-2} (B)2.30×10^{-2} (C)1.52×10^{-2} (D)2.65×10^{-2}。【86 二技衛生】

解：(0)

$$23.7\times1=\frac{W}{18}\times62.36\times298，W=0.023\text{g}$$

0.023g 即 0.023cc，∴剩下 $0.3-0.023=0.277$ml

範例 8

在 25℃，765mmHg 水面收集的氣體，加壓使其體積縮至原來的一半，此時氣體的壓力有多少？(25℃水蒸氣壓力爲 24mmHg)

(A)1506　(B)1530　(C)1554　(D)1600　mmHg。【68 私醫】

解：(A)

$P_{氣}=765-24=741\text{mmHg}$，$P^0_{水}=24\text{mmHg}$

當體積減爲一半時，根據波以耳定律，$P_{氣}=741\times2=1482\text{mmHg}$

但$P^0_{水}$不隨體積的改變而異，也就是$P^0_{水}=24\text{mmHg}$

容器內的壓力$=P_{氣}+P^0_{水}=1482+24=1506\text{mmHg}$

範例 9

苯之蒸氣壓在 50℃時爲 0.358atm，在 80℃時爲 1atm，求苯之蒸發熱。

解：代入(4-2)式

$$\ln\frac{0.358}{1}=\frac{-\Delta H_v}{8.314}\left(\frac{1}{273+50}-\frac{1}{273+80}\right)$$

$\therefore\Delta H_v=3.2\times10^4\ \text{J/mol}$

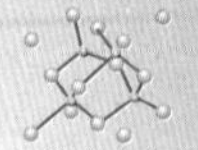

單元二：相圖(Phase diagram)

1. 以蒸汽壓與溫度的相對關係作圖，以表示固－氣、固－液及液－氣的平衡曲線圖，稱爲相圖。相圖的目的就是顯示物質在某一特定的溫度及壓力下其應存在於何種安定的相。同時讓我們可以預測當溫度及壓力發生改變時，相應發生何種變化。
2. 相圖可分爲兩大類：
   (1) 固體密度比液體密度大：加壓時，利於更密者(即固體)，所以加壓後較不易熔解，即熔點較高。如圖 4-4(a)。

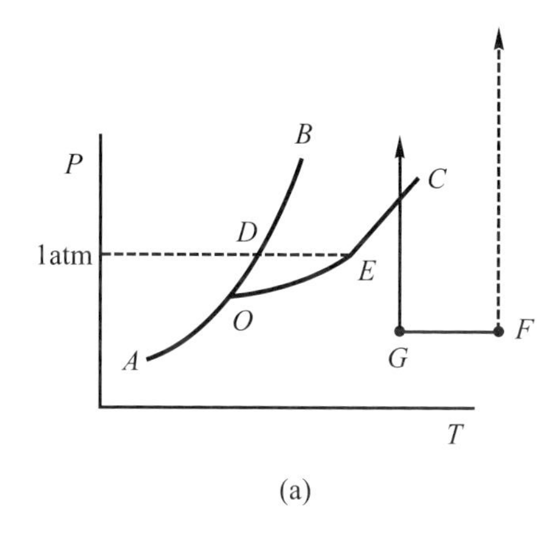

(a)

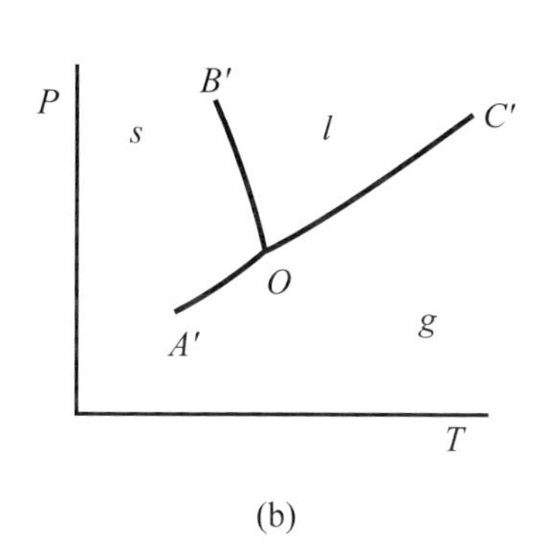

(b)

圖 4-4

   (2) 液體密度較固體密度大：加壓時利於更密者(即液體)，所以加壓後較易熔解，即熔點較低，水、銻、鉍、鉛。如圖 4-4(b)。
   (3) 相圖中的三條線將平面分割成三塊區域。s(固相)，l(液相)，g(氣相)。見圖 4-4(b)中所標示者。
   (4) O點爲三相點即固液氣三相共存。

(5) D點爲正常熔點(外壓 1atm時)，E點爲正常沸點(外壓 1atm時)。

(6) 臨界點C(或C')

臨界壓力：溫度越高，氣體愈難液化，對於某種氣體在某一溫度以上，無論施以何等大之壓力亦不能使此氣體液化，此溫度特稱爲臨界溫度(Critical temperature)，亦即使某氣體液化之最高溫度。又在此臨界溫度時液化此氣體所需之最低壓力稱爲臨界壓力(Critical pressure)。

3. 相圖中三條線的意義：

(1) AO線上的點表示在當時的壓力及溫度下物質呈現固氣二相共存，也就是昇華點曲線，即線上每一點代表某外壓之下的昇華點。同理OB線爲固液共存，爲熔點曲線，線上每一點均代表熔點。OC線爲液氣二相共存，爲沸點曲線。

(2) 從圖 4-4 知除了OB'線斜率爲負之外，其餘均爲正，表示壓力增大時，昇華點及沸點均提高，但熔點較特殊，若是圖 4-4(a)的情形，壓力增大熔點提高。反之若爲圖 4-4(b)的情形，壓力增大，熔點降低(較易熔解之意)。冰就是加壓易熔的一個例子，雪球爲何會愈滾愈大，也是這個道理。

4. 臨界狀態的分子觀點解釋：

(1) 溫度愈高，分子的動能愈大，而分子運動得愈激烈，就愈易擺脫旁鄰分子的束縛。另一方面，加大壓力則會限制氣體分子的運動，進而使其靠近黏貼在一起，形成液體。但是當溫度高過某一界限時，由於分子的運動實在太激烈了，以致於即使施加了何等大之壓力仍無法限制其運動行爲(也就是無法液化)，此溫度的界限就是臨界溫度T_c。

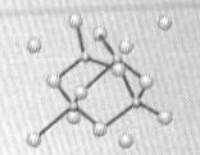

(2) 一密閉系統中之液體受熱，其蒸氣愈多，因而蒸氣密度繼續增加，液相密度因液體體積受熱膨脹，其密度愈趨降低，在臨界溫度及臨界壓力時，兩相密度相等此時兩相一切性質均相同，界面消失，而合為一相稱為臨界狀態。

達臨界狀態時，液相和氣相分子間平均作用力相等，因界面消失。對液相而言，此時作用力達最小，對氣相而言，此時作用力達最大，即在臨界狀態時液體之莫耳汽化熱為零。

(3) T_c可用來判斷某氣體容不容易液化，在工業上很重要，見圖4-4(a)中的F點，若在F點的溫度下，準備將此物質液化，將徒勞無功，可以從虛線看出，它無法穿越過OC線的界面，應改為以下操作方式：先將溫度從F點降至比T_c低的G點，再加壓即可液化，過程如圖中實線的示範。

5. 三相點的實用意義：可用來判斷一物質是否會昇華，見範例13。

(1) $P < P_{三相}$，在此壓力下，會發生昇華；$P > P_{三相}$，則不會。

(2) 一物質是否會昇華，取決於它當時所處的壓力。

範例 10

參考水之相圖，說明下列各情況是處於何種狀態。

(1) 1atm，300℃ (2) 1atm，50℃ (3) 0.5atm，－50℃。

解：(1) 座標點在D處，∴是氣體

(2) 座標點在E處，∴是液體

(3) 座標點在F處，∴是固體

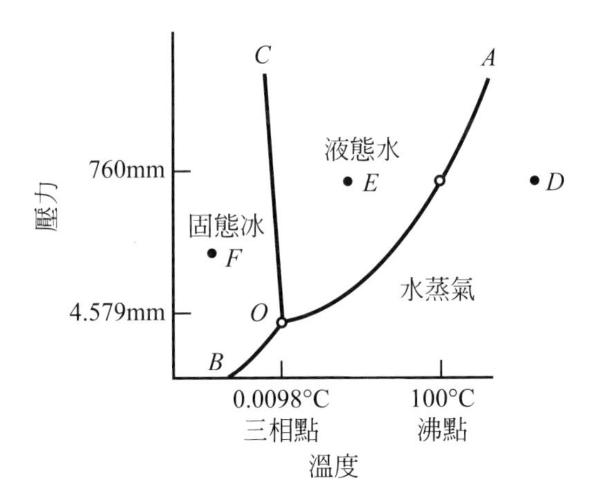

範例 11

From a consideration for the phase diagram below, a change from point *M* to *N* corresponds to

(A)condensation (B)sublimation (C)liquefaction (D)evaporation (E) solidification. 【84 中山】

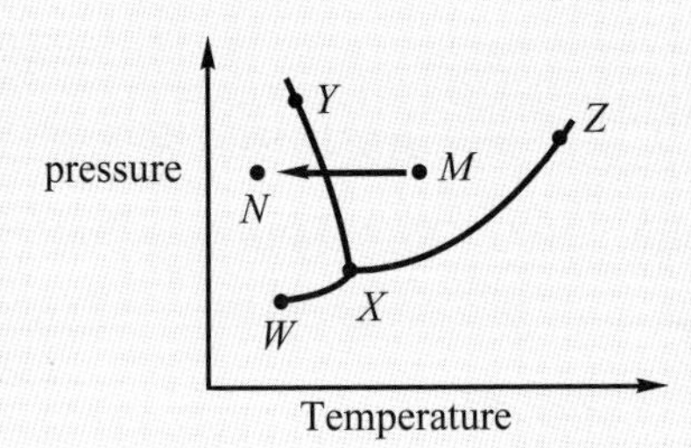

解：(E)

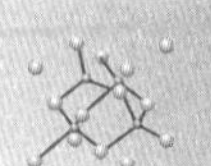

範例 12

For the phase diagram of pure substance, such as water, please see the phase diagram shown below and answer the following questions.

(A)At a constant temperature T smaller than the triple point, then how can the liquid be made from the solid.

(B)For this diagram, the liquid-solid line has a negative slope. What property of the water causes this unusual slope of curve? 【84 成大化學】

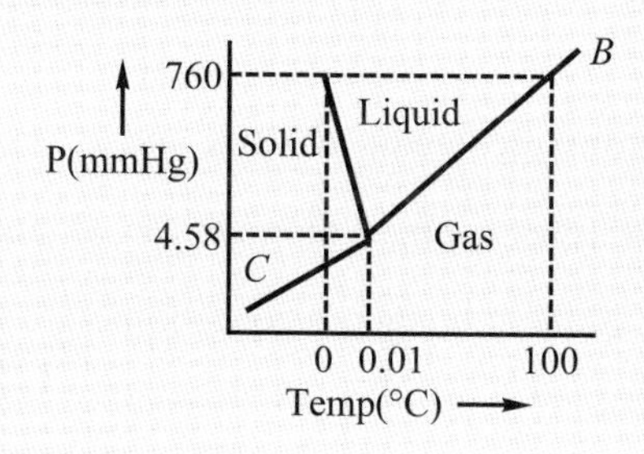

解：(A) 見下圖。

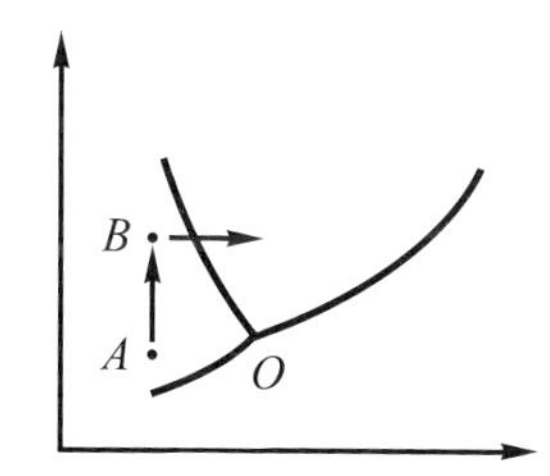

∵A點在三相點(O)的下方，∴在A點直接加熱會有昇華現象發生，我們必須將其加壓至比O高的地方，例如由A加壓至B點，這時再加熱，就可使其往右進入液態區。

(B) 水結成冰時，體積會膨脹，密度將減小，是造成熔解曲線異樣的主因。

類題

The triple point of water is at 0.01℃ and 0.006atm. Draw the phase diagram of water and show how ice skater make ice skating possible. 【82 中山化學】

解：冰的熔點會隨外壓增加而下降，受到冰刀上人的重力，使得冰刀下的冰較易熔化，一旦熔成水，摩擦力就小很多，∴易滑動。

範例 13

The critical point of carbon dioxide occurs at 304K and 72.9atm, and the triple point at 217K and 5.11atm. Draw the phase diagram of CO_2 and account for the fact that dry ice sublimates under atmosphere conditions.

解：見下圖，在 1atm 下加熱，它只會由固體直接進入氣體，而不會經由液體。

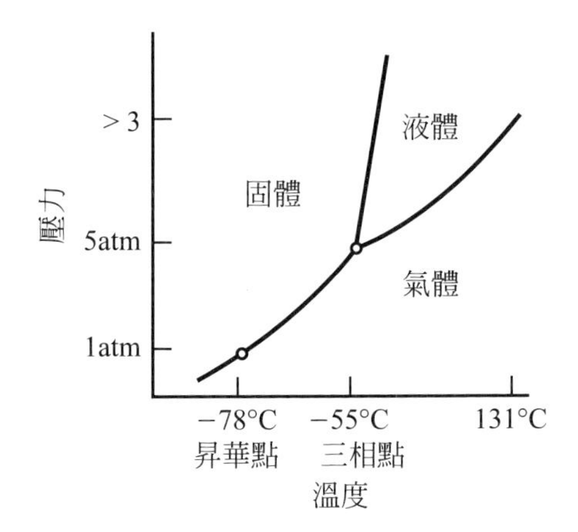

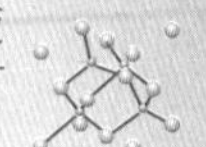

單元三：溶液及膠體溶液

1. 溶液：均勻物中含有幾種不同的物質稱爲溶液(solution)。
   (1) 溶液的成分：在溶液的各成分物質之中，我們稱其中之一爲溶劑(solvent)，而其他的物質稱爲溶質(solute)。通常把各成分物質中相對含量較多的稱爲溶劑，含量少的稱爲溶質。
   (2) 水溶液：我們常常看到的溶液，大部份都是以水爲溶劑，稱爲水溶液，一般以(aq)來表示。例：NaCl之水溶液記爲$NaCl_{(aq)}$。
2. 溶液與純物質之區別：
   (1) 組成不同：溶液爲一種混合物，其中各成分物質之組成並無一定。但純物質之組成必有一定。
   (2) 性質不同：溶液既爲一種混合物，故無一定之物性，亦即其性質爲各成分物質性質之加成。但純物質性質有一定。例如：純物質有固定的熔點與沸點，但是溶液則否，溶液的沸點隨著加熱時間一直在上升，凝固點則一直在下降。
3. 溶液的類型：溶液既然是均勻相即可，自然不必限定是液相，固相或氣相也可以是溶液。下表是一些不同相的溶液例子。

表 4-2　溶液的一些例子

氣相溶液	氣體溶於氣體	例：空氣，任何氣體的混合物。
	液體溶於氣體	例：水溶於空氣，溴溶於空氣。
	固體溶於氣體	例：碘溶於氮，萘溶於甲烷。

(續上表)

液相溶液	氣體溶於液體	例：二氧化碳溶於水。
	液體溶於液體	例：水與酒精可以任意比例相混合。
	固體溶於液體	例：糖溶於水、碘酒、鹽水。
固相溶液	氣體溶於固體	例：鈀(Pd)做催化劑吸附氫氣。
	液體溶於固體	例：水銀溶於 Zn，含結晶水的水合物。
	固體溶於固體	例：均勻的合金，Zn 溶於 Cu 所成的黃銅。

4. 膠體溶液(Colloid)：

(1) 膠體與溶液的主要差異在於其溶質粒子的大小及數量都比溶液來得大。簡易的判別法是，「肉眼觀察是透明者為溶液，不透明者是膠體」。

(2) 有關膠體的一些名詞：

① 分散系：即指膠體溶液而言。

② 分散質：膠體溶液中之溶質。

③ 分散媒：膠體溶液中之溶劑。

④ 溶　膠：具有流動性的分散系。

⑤ 凝　膠：不具流動性的分散系。

(3) 膠體溶液之種類：見表 4-3。

5. 膠體溶液的特性：

(1) 廷得耳效應(Tyndall effect)：光線通過膠體溶液，由於膠體溶液粒子較大，可以散射光線，所以顯出一條光亮的通路，稱為廷得耳效應。例如：電影院中，放映室射至螢幕的光束可以清楚看清路徑，又如，探照燈的光束若經過含濃霧的空氣，則路徑比較清晰可見。

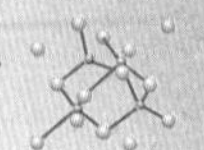

表 4-3 一些膠體溶液的例子

分散媒	分散質	膠體的種類	例子
液體	氣體	泡沫	肥皂泡，起泡乳油，啤酒泡沫
	液體	乳狀液	沙拉醬，牛奶，面霜
	固體	溶膠，凝膠	原生質，澱粉分散液，果凍，黏土
氣體	液體	液體氣溶膠	霧，水汽，氣溶膠噴撒
	固體	固體氣溶膠	煙，氣塵細菌與病毒
固體	氣體	固體泡沫	氣凝膠，聚亞胺脂泡沫(polyurethane foam)
	液體	固體乳狀液，一些凝膠	乳酪
	固體	固體溶膠	紅色玻璃(Ruby glass)，一些合金

(2) 布朗運動(Brownian motion)：由於膠體粒子較大，各面所受溶劑分子之碰撞產生不同大小的力，因此，以顯微鏡觀察，可以看見膠體粒子成爲無數光點，不停的向各方向作快速運動，稱之爲布朗運動。

(3) 膠體粒子帶有電荷：膠體粒子表面常有過剩的價力，吸引溶液中的離子而帶有電荷。而同一種膠體溶液往往帶有同性的電荷，也因此使得溶質粒子彼此靠近到一定距離後，馬上會因同性電相斥而再度遠離，這使得溶質粒子暫時安定地分散在整個分散媒中，這就是爲什麼膠體溶液的外觀往往是不透明的原因。此時，若在膠體溶液中加入電解質，會使得原本帶同性電荷的粒子改而帶異性電荷，而異性電會產生吸引，因而使得粒子間因吸引而凝聚。重量大時，就沉至杯底了。

例如：① 加石膏於豆漿中，可作豆花。
② 加醋於豆漿中，可作鹹豆漿。
③ 加醋於牛奶中，可作乳酪。
④ 河流的出海口，常形成三角沙洲沉積。
⑤ 明礬($KAl(SO_4)_2 \cdot 12H_2O$)可用來凝聚水中雜質，進而淨化水質。

範例 14

下列何方法可用來確知汽油是純質或混合物？
(A)測其密度 (B)測其沸騰時的溫度 (C)燃燒之 (D)過濾之。

【84 二技動植物】

解：(B)

純質的沸點固定，不會隨加熱時間而上升，但混合物則否。

範例 15

下列有關膠體溶液的敘述，何者錯誤？
(A)膠體溶液的粒子大小約為10^{-9}cm (B)以一束強光照射時，膠體溶液可散射光線而形成一明亮通路，稱為廷得耳效應(Tyndall effect) (C)膠體粒子不停的做不規則的鋸齒路徑運動，稱為布朗運動(Brownian motion) (D)大部份膠體粒子帶有相同的靜電而產生靜電斥力，使其安定不易沉澱。

【83 二技材資】

解：(A)

膠體的粒子大小約在10^{-5}～10^{-7}cm 之間。

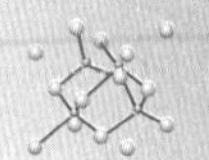

單元四：濃度(concentration)

1. 常見的濃度單位：(以A代表溶劑，B代表溶質)

(1) 重量百分比(Weight percent)$wt\%$：

$$wt\% = \frac{W_B}{W_A + W_B} \times 100\% \tag{4-4}$$

(2) 莫耳分率(Mole fraction)x_B：

$$x_B = \frac{n_B}{n_A + n_B} \tag{4-5}$$

(3) 體積莫耳濃度(Molarity)M：

$$M = \frac{n_B}{V_{A+B}} \quad (V_{A+B}\text{：溶液總體積，以升作單位}) \tag{4-6}$$

(4) 重量莫耳濃度(Molality)m：

$$m = \frac{n_B}{W_A} \quad (W_A\text{以公斤作單位}) \tag{4-7}$$

2. 微量時常用的濃度單位：

(1) ppt，ppm，ppb(parts per thousand, million, billion)：

① $$\text{ppt} = \frac{W_B}{W_A + W_B} \times 10^3 \tag{4-8}$$

② $$\text{ppm} = \frac{W_B}{W_A + W_B} \times 10^6 \tag{4-9}$$

③ $$\text{ppb} = \frac{W_B}{W_A + W_B} \times 10^9 \tag{4-10}$$

(2) 以上三者的定義類似$wt\%$。

(3) ppm 本來的意思是「每百萬份中所含溶質的份數」，但習慣上也可改成是「每升水中，所含溶質的毫克數」。

3. 滴定時常用的單位：

 (1) M：見(4-6)式定義。

 (2) N(Normality)當量濃度$=\dfrac{當量數}{V_{A+B}}$ $(=M\times n)$ (4-11)

  例：18M的H_2SO_4，由於H_2SO_4的$n=2$，∴相當於是36N

 (3) F：本質上與M相同，即0.1F NaCl就是0.1M NaCl。它使用在溶質是電解質的場合。

4. 在濃度單位中，涉及體積者，往往會隨溫度而變，如體積莫耳濃度，體積百分率及當量莫耳濃度。

5. 濃度的換算的原則：

 (1) 由$M=a$換算其他濃度：設溶液 1 升，則溶質a莫耳，溶劑重$=(1000d-a\times MW)$克。(d是溶液密度，MW是溶質分子量)。

 (2) 由$m=a$換算其他濃度：假設溶劑1kg，溶質就是a mole。

 (3) 由$wt\%=a\%$換算其他濃度：假設溶液重100克，則溶質重a克，溶劑重$100-a$克。

 (4) 由$x=a$換算其他濃度：假設溶質a mole，溶劑則有$(1-a)$莫耳。

6. 溶液稀釋問題計算的原則：稀釋前後溶質的重量或莫耳數不變。

範例 16

五水硫酸銅25克，溶於100克水中，濃度為若干%，莫耳分率。

解：$CuSO_4=160$，$5H_2O=90$

$CuSO_4$的重$=25\times\dfrac{160}{160+90}=16g$，$H_2O$重$=25-16=9g$

此水溶液的總重＝125g，其中水重 109g

(1) $wt\%=\dfrac{W_B}{W_A+W_B}=\dfrac{16}{109+16}\times100\%=12.8\%$

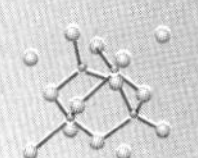

(2) $x_B = \dfrac{n_B}{n_A + n_B} = \dfrac{\dfrac{16}{160}}{\dfrac{109}{18} + \dfrac{16}{160}} = 0.0162$

範例 17

3.0m 之H_2SO_4溶液 300 克中含H_2SO_4有________克。 ($H_2SO_4 = 98$)

解：假設含H_2SO_4 xg，則溶劑＝$(300 - x)$ g

$m = \dfrac{n_B}{W_A}$，　$3 = \dfrac{\dfrac{x}{98}}{(300 - x)\times 10^{-3}}$

解得$x = 68.2$g

範例 18

某一湖水溶氧量爲 8ppm，表示此湖水之溶氧量爲________g/1000g 水溶液。 【84 私醫】

解：假設含xg，代入(4-9)式

$8 = \dfrac{x}{1000}\times 10^6$，$\therefore x = 0.008$g

範例 19

在某溫度範圍內，溶液的液相不發生變化，則下列濃度表示法中，何者會受溫度的影響？

(A)重量莫耳濃度 (B)體積莫耳濃度 (C)莫耳分數 (D)重量百分率濃度。 【76 私醫】

解：(B)

見課文重點 4.。

範例 20

市售濃硝酸重量百分率 70 %，比重 1.42，試換算成x_B，m，M，N。

解：假設取溶液 100g，則其中$W_B = 70g$，$W_A = 30g$，$HNO_3 = 63$

(1) $$x_B = \frac{n_B}{n_A + n_B} = \frac{\frac{70}{63}}{\frac{30}{18} + \frac{70}{63}} = 0.4$$

(2) $$m = \frac{n_B}{W_A} = \frac{\frac{70}{63}}{30 \times 10^{-3}} = 37m$$

(3) $$M = \frac{n_B}{V_{A+B}} = \frac{\frac{70}{63}}{\frac{W_{A+B}}{D_{A+B}}} = \frac{\frac{70}{63}}{\left(\frac{100}{1.42}\right) \times 10^{-3}} = 15.7M$$

(4) $N = M \times n = 15.7 \times 1 = 15.7N$　(HNO_3的$n = 1$)

範例 21

設乙醇在水溶液中的莫耳分率為 0.05，溶液密度為 0.97g/ml，試換算成wt %，m，M。

解：假設取總莫耳數 1 mole，則其中$n_B = 0.05mole$，$n_A = 0.95mole$，乙醇 $= 46$

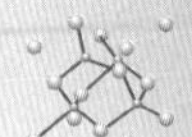

(1) $wt\,\% = \dfrac{W_B}{W_A + W_B} \times 100\,\%$

$$= \frac{0.05 \times 46}{(0.95 \times 18) + (0.05 \times 46)} \times 100\,\% = 12\,\%$$

(2) $m = \dfrac{n_B}{W_A} = \dfrac{0.05}{(0.95 \times 18) \times 10^{-3}} = 2.92$

(3) $M = \dfrac{n_B}{V_{A+B}} = \dfrac{0.05}{\dfrac{W_{A+B}}{D_{A+B}}} = \dfrac{0.05}{\left(\dfrac{19.4}{0.97}\right) \times 10^{-3}} = 2.5$

範例 22

2.32M 之硫酸溶液，密度爲 1.14g/ml，請換算成$wt\%$，x_B，m，N。

解：假設今有溶液 1 公升，則其中含$n_B = 2.32$mole，而溶液 1 公升的總重量$W_{A+B} = 1.14 \times 1000 = 1140$g，$W_A = W_{A+B} - W_B = 1140 - 2.32 \times 98 = 912.6$g

(1) $wt\,\% = \dfrac{W_B}{W_A + W_B} \times 100\,\% = \dfrac{2.32 \times 98}{1140} \times 100\,\% = 20\,\%$

(2) $x_B = \dfrac{n_B}{n_A + n_B} = \dfrac{2.32}{\left(\dfrac{912.6}{18}\right) + 2.32} = 0.044$

(3) $m = \dfrac{n_B}{W_A} = \dfrac{2.32}{0.912} = 2.54$

(4) $N = M \times n = 2.32 \times 2 = 4.64$N

範例 23

某化學工廠之廢水中含有Hg^{2+}的重量百分率爲0.0006%，此廢水中之Hg^{2+}含量爲

(A)0.6ppm (B)6ppm (C)60ppm (D)600ppm。 【81 私醫】

解：(B)

假設總重量＝100g，則W_B＝0.0006g，代入(4-9)式

$$ppm = \frac{0.0006}{100} \times 10^6 = 6$$

範例 24

配製一公升 pH 值 3 之溶液，需取用幾毫升 6M HCl？

(A)0.167 (B)1.67 (C)0.0083 (D)0.083。 【69 私醫】

解：(A)

$pH = 3 \Rightarrow [H^+] = 10^{-3}M$，假設需要取$V$(ml)

(1) 稀釋前溶質莫耳數＝$6 \times V \times 10^{-3}$

(2) 稀釋後溶質莫耳數＝$10^{-3} \times 1$

(1)與(2)要相同，$6 \times V \times 10^{-3} = 10^{-3} \times 1$

$\therefore V = 0.167$

類題

欲得 250ml 之 0.1N H_2SO_4，須由________ml 的 6.0M H_2SO_4被稀釋。

【82 私醫】

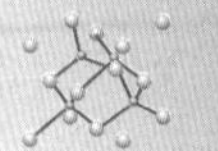

解：$0.1N \equiv 0.05M$，$6\times V=0.05\times 250$，$\therefore V=2.08$

範例 25

濃度為 50 %的硫酸比重為 1.40，濃度 10 %之硫酸比重為 1.07，則欲將 50 %的硫酸 100 毫升稀釋而配成 10 %硫酸須加水＿＿＿＿毫升。【83 私醫】

解：(1)　稀釋前溶質重＝$100\times 1.4\times 50\%$

(2)　稀釋後溶質重＝$V\times 1.07\times 10\%$

(1)與(2)應相等，得$V=654.2ml$

∵體積不具加成性，∴解本題時需用質量守恆的原則，即濃硫酸重＋水重＝稀硫酸重

100×1.4＋水重＝1.07×654.2　　∴水重＝$560g=560ml$

範例 26

欲製成 3N 的硝酸溶液 100 毫升，則需要比重 1.40，含 70 %的濃硝酸＿＿＿＿毫升。【84 私醫】

解：假設需$V(ml)$

(1)　稀釋前溶質的重＝$1.4\times V\times 70\%$

(2)　$3N\equiv 3M$，$HNO_3=63$，∴稀釋後溶質重＝$3\times 100\times 10^{-3}\times 63$

稀釋前後溶質的量不變，∴(1)與(2)應相同

$1.4\times V\times 70\%=3\times 100\times 10^{-3}\times 63$

得$V=19.3ml$

範例 27

若欲製備 1000 毫升 10ppm 之 Fe 溶液，試計算須用多少毫升 0.0100M 之 $FeCl_2$溶液？(原子量：Fe ＝ 55.85，Cl ＝ 35.45)　【79 成大】

解：(1)　溶液很稀薄時，1000ml 相當於 1000g，代入(4-9)式

$$10=\frac{W_B}{1000}\times 10^6 \qquad \therefore W_B=0.01\text{g}(\text{稀釋後，Fe的重})$$

(2)　稀釋前 Fe 的重＝ $0.01\times V\times 10^{-3}\times 55.85$

(1)與(2)應相同，$0.01 = 0.01\times V\times 10^{-3}\times 55.85$

$\therefore V= 17.9\text{ml}$

範例 28

將 30.0ml，0.400F 的NH_4NO_3和 20.00ml，0.100F 的$Ba(NO_3)_2$混合，則混合後溶液中$[NO_3^-]$爲

(A)0.250M　(B)0.280M　(C)0.320M　(D)0.400M。　【83 二技動植物】

解：NH_4NO_3的毫莫耳數＝ 0.4×30，而NH_4NO_3是強電解質，∴由其解離而來NO_3^-的毫莫耳數＝ 0.4×30

$Ba(NO_3)_2$的毫莫耳數＝ 0.1×20，而$Ba(NO_3)_2$是強電解質，∴由其解離而來的NO_3^-毫莫耳數＝ 0.1×20×2

$$[NO_3^-]=\frac{n_B}{V}=\frac{0.4\times 30+0.1\times 20\times 2}{30+20}=0.32$$

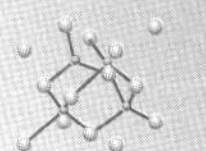

單元五：拉午耳定律

1. 拉午耳定律(Raoult's law)：
   (1) 在一溶液的某一液體，其蒸氣壓與該液體在溶液中的莫耳分率成正比。

$$P_A = P_A^0 x_A，P_B = P_B^0 x_B \tag{4-12}$$

(P_A^0、P_B^0：純質A、純質B的飽和蒸氣壓，P_A、P_B指在混合溶液中A成份與B成份貢獻的蒸氣壓)。

$$P = P_A + P_B + P_C + \cdots\cdots = P_A^0 x_A + P_B^0 x_B + P_C^0 x_C + \cdots\cdots \tag{4-13}$$

   (2) 拉午耳定律是用來計算混合溶液的飽和蒸氣壓。(4-1)式則是用來計算純物質的蒸氣壓。從兩式的比較知道，純物質的蒸氣壓受到「溫度」及「分子種類」的影響，而混合溶液的蒸氣壓除了受以上二個因素影響外，還多受到「成份比例」的影響。
   (3) 必須是理想溶液才會遵守拉午耳定律。
   (4) 不管任何組成，一溶液的蒸氣中所含更易揮發性的物質較原溶液為多。也就是說，每蒸發一次，較易揮發者，就會「提純」一次。見範例30，分餾就是利用這項道理設計出來的連續蒸餾過程。
2. 含有非揮發性溶質者：
   (1) (4-13)式就退化成一項：$P = P_A^0 x_A$ (4-14)
   (2) $\Delta P = P_A^0 - P = P_A^0 - P_A^0 x_A = P_A^0(1 - x_A) = P_A^0 x_B$ (4-15A)
3. 拉午耳定律的意義：不論從(4-12)或(4-14)式皆可看出$P_A < P_A^0$，這意指在混合物中，受到另一成份的影響，使得本身成份所表現的蒸氣壓比在純質時還要小。而蒸氣壓下降的程度與這另一成份的數量成正比，另一成份愈多，干擾的影響愈大，使本身所表現的蒸氣愈小，也就是下降愈多。這就是(4-15)式所傳達的意義。

4. 不互溶者的蒸氣壓：像四氯化碳與水分子彼此不會互溶，則前文所提的互相干擾影響的現象就不會發生，蒸氣壓自然不會發生下降的現象。公式改成下式

$$P = P_A^0 + P_B^0 + \cdots\cdots \tag{4-16}$$

5. 理想溶液(Ideal solution)

(1) 理想溶液被定義爲：當溶液由其組成成份形成時，不放出也不吸收熱量(即無熱效應發生)，此表示溶質和溶劑的所有粒子，其彼此的引力是相同的，即A與B形成理想溶液時，其A粒子與A粒子，A粒子與B粒子，B粒子與B粒子之間的引力是相同的，因此當溶液形成時，其體積等於個別組成成份之體積和，即理想溶液其體積是有加成性的。

(2) 另一個對理想溶液的定義是：完全遵守拉午耳律的溶液。若 A 與 B形成理想溶液，則B在溶液 中的分壓爲$P_B = P_B^0 \cdot x_B$，如圖 4-5(a)所代表的直線；同樣A在溶液中的分壓即爲$P_A = P_A^0 \cdot x_A$，也是一條直線(圖 4-5(b))，而溶液的蒸氣壓則爲各分壓之和，即爲圖 4-5(c)所示的實直線。

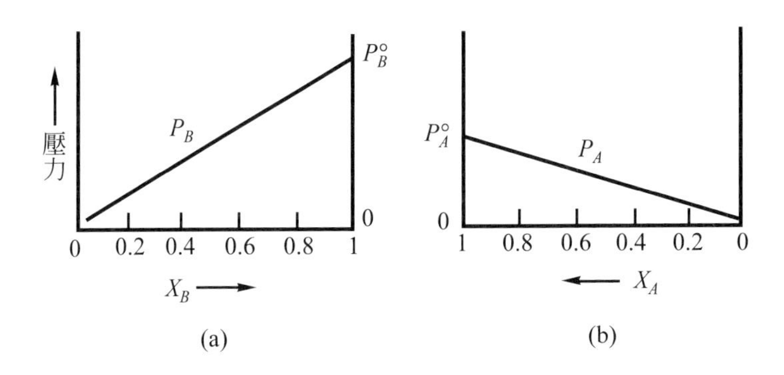

圖 4-5　拉午耳定律

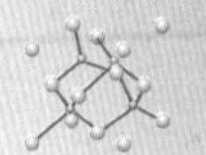

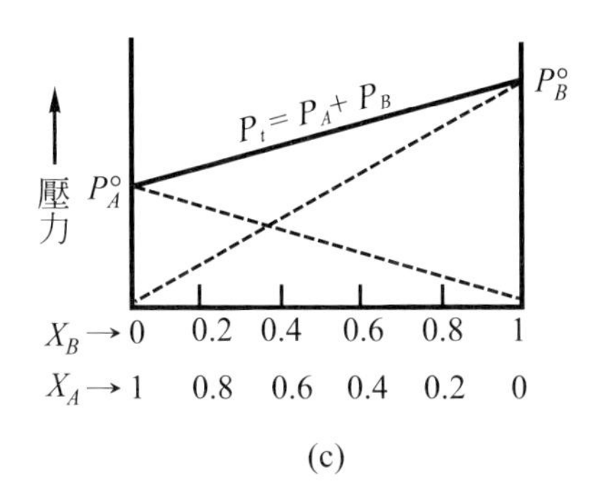

(c)

圖 4-5 (續)

6. 理想溶液與非理想溶液之比較：

表 4-4

理想溶液	非理想溶液	
完全滿足拉午耳定律	對拉午耳定律呈正偏差 見圖 4-6(a)	對拉午耳定律呈負偏差 見圖 4-6(b)
*A-B*間引力等於*A-A*間與*B-B*間引力	*A-B*間引力小於*A-A*間與*B-B*間引力	*A-B*間引力大於*A-A*間與*B-B*間引力
混合後體積具可加成性	混合後體積增加	混合後體積減少
溶液形成時不吸、放熱	溶液形成時為吸熱	溶液形成時放熱
加熱、溶解不變	加熱，增加溶解	加熱，減少溶解
溶液無最高或最低共沸點 見圖 4-7(a)	溶液有最低共沸點 見圖 4-7(c)	溶液有最高共沸點 見圖 4-7(b)

[註] 若和拉午耳定律偏差太大的話，利用部份蒸餾無法完全分離。某些固定的成分會形成共沸物(azeotropes)－沸點為固定的混合物，蒸餾無法改變其組成。正偏差會形成最低共沸，負偏差會形成最高共沸。

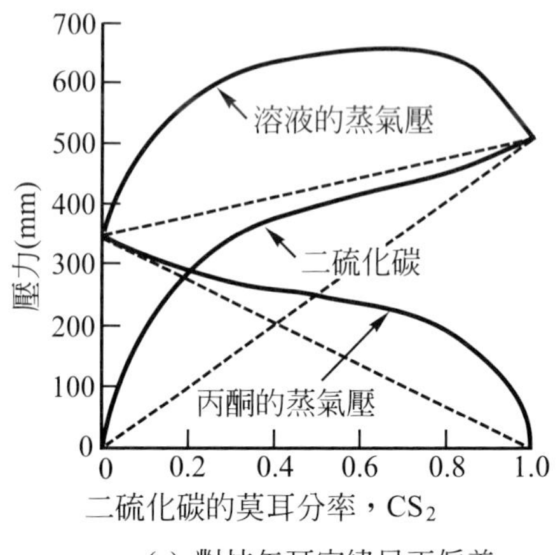

(a) 對拉午耳定律呈正偏差

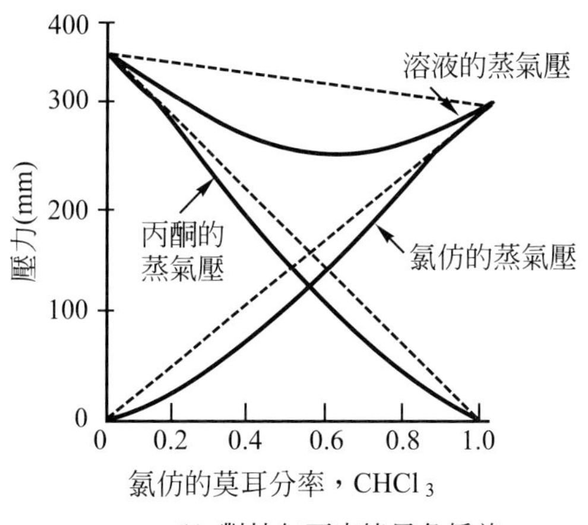

(b) 對拉午耳定律呈負偏差

圖 4-6

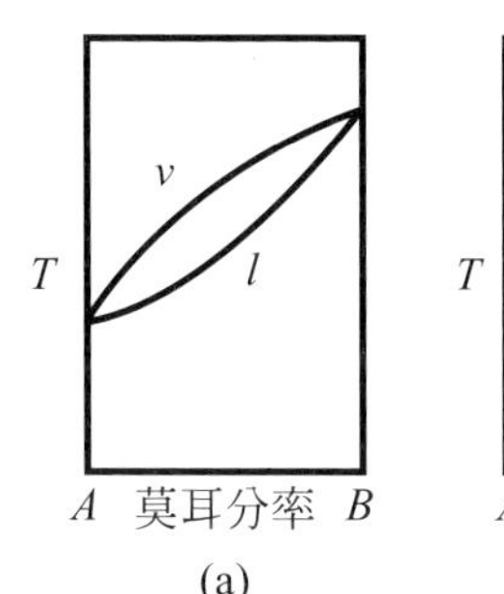

(a)

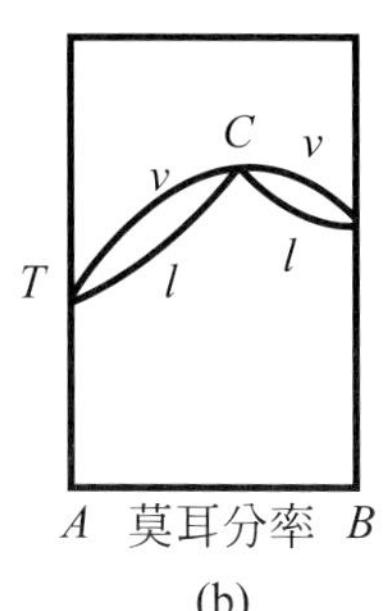

(b)

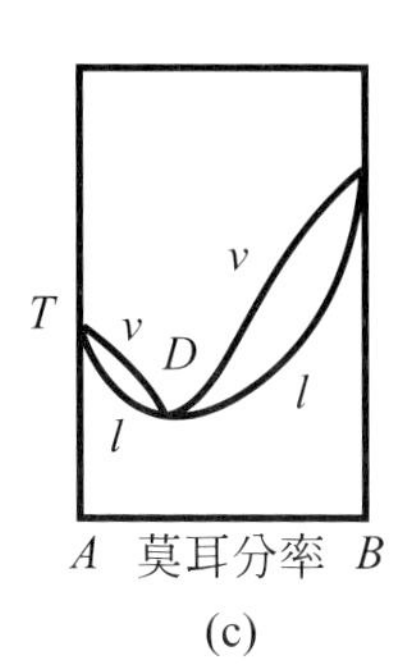

(c)

圖 4-7

7. 分子觀點與理想溶液：

(1) A、B兩成份均爲非極性者爲理想溶液，例：CCl_4和CS_2，CCl_4和苯。A、B兩成份爲同系物時也是理想溶液，例：苯和甲苯，甲醇和乙醇。

(2) A、B兩成份至少一個含氫鍵者，或極性分子與非極性分子混合時爲正偏差溶液，例：乙醇和水，酒精和CCl_4，丙酮和CS_2。

(3) 在水中會解離者，爲負偏差，如醋酸和水，極性與極性分子間爲負偏差如丙酮和氯仿。

範例 29

75℃，A液體的蒸氣壓爲 125torr，B液體的蒸氣壓爲 248torr 如果含 2mole A及 3.5mole B的溶液，遵從 Raoult's law，則此溶液在 75℃時的蒸氣壓爲________torr，並求出液相及氣相中B成份的莫耳分率。【77 後中醫】

解：(1) 先算各別成份的貢獻，代入(4-12)式

$$P_A = 125 \times \frac{2}{2+3.5} = 45.45\text{mmHg}$$

$$P_B = 248 \times \frac{3.5}{2+3.5} = 157.82\text{mmHg}$$

$$\therefore P = P_A + P_B = 203.27\text{mmHg}$$

(2) x_B(液相)$= \frac{n_B}{n_A + n_B} = \frac{3.5}{2+3.5} = 0.636$

(3) 氣相時，雖然沒有各成份的莫耳數，但依第3章分壓定律知，$P \propto n$

$$\therefore x_B(\text{氣相}) = \frac{n_B}{n_A + n_B} = \frac{P_B}{P_A + P_B} = \frac{157.82}{203.27} = 0.776$$

(2)與(3)讓我們學到一個經驗：「混合成份中，揮發性較高者，在每一次蒸發過程中，就會提純一次」。請續以下例驗證。

範例 30

於 100℃時，純A與純B之蒸氣壓分別為 300 及 100mmHg。假設於一由 1.00mole A及 1.00mole B組成之溶液加熱至 100℃，其上之蒸氣被收集且冷凝。再將此足量的冷凝液加熱到 100℃，且其蒸氣再冷凝形成液體C，此C中A之莫耳分率為若干？

解：(1) 蒸第一次時，$P_A = 300 \times \frac{1}{1+1} = 150$，$P_B = 100 \times \frac{1}{1+1} = 50$

$$\therefore P_A : P_B = n_A : n_B = 150 : 50 = 3 : 1，x_A = \frac{3}{3+1} = 0.75$$

(2) 冷凝液中$n_A : n_B = 3 : 1$，當其再度蒸發時

$$P_A = 300 \times \frac{3}{3+1} = 225$$

$$P_B = 100 \times \frac{1}{3+1} = 25$$

$$P_A : P_B = 225 : 25 = 9 : 1，x_A = \frac{9}{9+1} = 0.9$$

由此例可看到x_A的變化：0.5→0.75→0.9

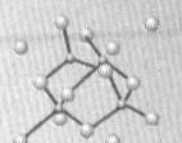

範例 31

25℃ wt20 %蔗糖(式量 342)溶液的蒸氣壓若干？(25℃時水之飽和蒸氣壓 23.8mmHg)

解：(1) 假設總重＝100g，則$W_B = 20g$，$W_A = 80g$

(2) ∵蔗糖無揮發性，∴適用(4-14)式

$$P = 23.8 \times \frac{\frac{80}{18}}{\frac{80}{18} + \frac{20}{342}} = 23.5\text{mmHg}$$

範例 32

A solution is prepared from 2.15g of a nonvolatile solute and 90.10g of water. The vapor pressure of the solution at 60℃ is 147.4mm. According to Raoult's law, what is the approximate molecular weight of the solute? The vapor pressure of pure water at 60℃ is 148.9mm. H_2O＝ 18.02. 【80 台大乙】

解：$P = P_A^0 x_A$

$$147.7 = 148.9 \times \frac{\frac{90.1}{18.02}}{\frac{90.1}{18.02} + \frac{2.15}{MW}} \qquad \therefore MW = 42.25$$

範例 33

依本題所示的是HCl與H_2O混合溶液的沸點圖，判斷下列各種敘述，何者正確？

(A)具有拉午耳定律的正偏差　(B)蒸氣壓曲線有極大値　(C)兩個分子間作用力很少　(D)混合時，將會放熱。

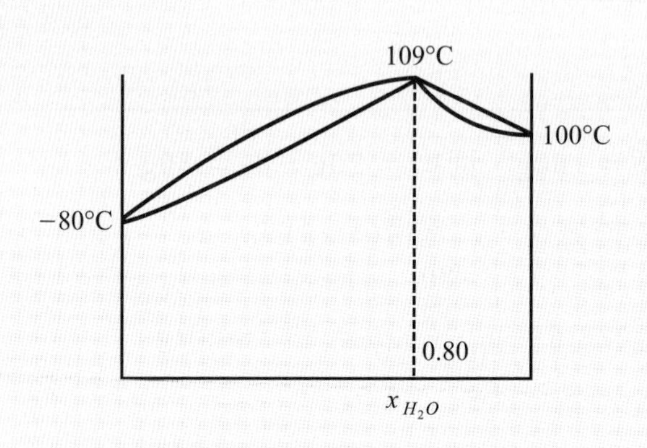

解：(D)

此圖爲最高共沸情形，由表 4-4 知爲負偏差溶液。

範例 34

在 55℃時，乙醇、甲基環己烷的蒸氣壓依次爲 168、280mm，此二物之溶液在乙醇之莫耳分率爲 0.68 時，蒸氣壓爲 376mm，則此溶液

(A)對拉午耳定律呈現正偏差　(B)生成時爲放熱　(C)生成時爲吸熱　(D)混合後分子間引力變大　(E)爲理想溶液。

解：⑴　假設其遵循拉午耳定律

$$P = 168\times0.68 + 280\times(1-0.68) = 203.8 < 376$$

可見此溶液爲正偏差溶液。

⑵　由表 4-4，選出(A)(C)項。

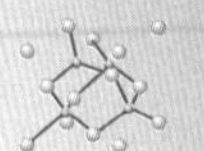

範例 35

下列哪一組溶液，其蒸氣壓(vapor pressure)是較能遵照拉午耳定律(Raoult's law)的理想溶液？

(A)甲醇和丙酮　(B)酒精和水　(C)酒精和四氯化碳　(D)苯和甲苯。

【83 私醫】

解：(D)

見課文重點7.。

單元六：依數性質

1. 溶液的性質若受溶質粒子濃度成正比例的影響，而與溶質粒子的性質無關，這種性質，叫做依數性質(colligative property)。
2. 依數性質有四個：
   (1) 蒸氣壓下降：$\Delta P = P_A^0\, x_B$
   (2) 沸點上升：$\Delta T_b = K_b\, m$　　(4-17A)
   (3) 凝固點下降：$\Delta T_f = K_f\, m$　　(4-18A)
   (4) 滲透壓：$\pi = M R T$　　(4-19A)
3. 以上四個公式中，涉及到三種不同濃度單位，分別是x_B，m及M，使用時要注意。
   (1) K_b爲沸點上升常數，K_f爲凝固點下降常數，二者均隨溶劑而定，與溶質無關。同一溶劑所成之不同溶液，雖然溶質不同，但只要濃度一樣，則沸點上升度數(或凝固點下降度數)均一樣。

(2) 當溶劑是水時，$K_b = 0.51$，$K_f = 1.86$(要背)。

(3) 當溶劑中出現有多種溶質時，以上四式改成

① $\Delta P = P_A^0(x_B + x_C + \cdots\cdots)$ (4-15B)

② $\Delta T_b = K_b(m_1 + m_2 + \cdots\cdots)$ (4-17B)

③ $\Delta T_f = K_f(m_1 + m_2 + \cdots\cdots)$ (4-18B)

④ $\pi = (M_1 + M_2 + \cdots\cdots)RT$ (4-19B)

(4) 依數性質的應用：

① 四種依數性質都可用來求溶質的分子量。

② 可求溶質的解離度，或聚合度。

4. 滲透(Osmosis)：

(1) 半透膜：

一種只能容許溶劑和較小的溶質粒子擴散而不容許較大的溶質分子擴散的膜。如膀胱膜、腸衣，又如人造的硝化纖維或亞鐵氰化銅所製成的薄膜。

(2) 滲透現象：

溶劑的滲透作用是由低滲透壓處移向高滲透壓處，也就是由稀溶液通過半透膜向濃溶液移動。滲透現象是一種自發的現象。

(3) 若此系統有一阻力，恰可阻止外頭的溶劑向裡面滲透，此阻力稱爲滲透壓(Osmotic pressure)(π)。

(4) 若此阻力(P)大於滲透壓(π)，則可將高濃度中的溶劑擠向低濃度的溶液中，此稱爲逆滲透(Reverse osmosis)。此現象不是自發的。

(5) 同一滲透壓的二溶液，不會有滲透現象，稱爲等張(isotonic)。

(6) 凡特荷夫定律(Van't Hoff's law)－滲透壓方程式

「稀薄溶液之滲透壓(π)與其濃度及絕對溫度成正比」，

即① $\pi = MRT$

或② $\pi V = nRT$

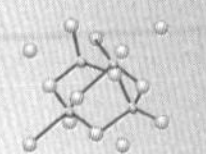

(7) 常見的滲透現象

① 鹽漬食品表皮會皺縮。

② 靜脈注射時，針劑濃度調整至與血管中滲透壓等張。

③ 水蛭遇食鹽即消失不見。

④ 植物根部吸水後利用滲透送至樹頂。

(8) 遇有高分子量的分子，會優先以滲透壓法來測其分子量，∵利用此法，即使在很稀薄時，滲透壓值還是很大。肉眼還可以讀得出刻度。見範例39。

範例 36

將 2.40g 之聯苯(biphenyl)$C_{12}H_{10}$溶入 75.0g 苯中，求此溶液之沸點及凝固點，已知聯苯之分子量爲 154。苯之沸點爲 80.1℃凝固點 5.5℃，苯的K_b = 2.53，K_f = 5.12。

解：$m = \frac{n_B}{W_A} = \frac{\frac{2.4}{154}}{75\times10^{-3}} = 0.208$

(1) $\Delta T_b = K_b\, m = 2.53\times0.208 = 0.5$℃

$\therefore T_b = 80.1 + 0.5 = 80.6$℃

(2) $\Delta T_f = K_f\, m = 5.12\times0.208 = 1.1$℃

$\therefore T_f = 5.5 - 1.1 = 4.4$℃

範例 37

有一含碳氫化合物重 0.3205 克，當其完全燃燒時生成 1.1010 克的CO_2及 0.1801 克的水，今取其 0.6396 克溶於 10.0 克的苯，此溶液在 3.03℃凝

固，則此化合物之分子式為何？(苯之K_f＝ 4.90℃/m，凝固點 5.48℃)

【82 私醫】

解：(1) 先求簡式

$$C\text{ 原子重} = 1.1010 \times \frac{12}{44} = 0.3003$$

$$H\text{ 原子重} = 0.1801 \times \frac{2}{18} = 0.0200$$

$$C : H = \frac{0.3003}{12} : \frac{0.0200}{1} = 0.025 : 0.02 = 5 : 4$$

∴簡式為C_5H_4，簡式式量＝ 5×12 ＋ 4×1 ＝ 64

(2) 再求MW

$$\Delta T_f = K_f\, m$$

$$(5.48 - 3.03) = 4.90 \times \frac{\frac{0.6396}{MW}}{0.01}$$

∴$MW = 128$

(3) $\dfrac{MW}{\text{簡式式量}} = \dfrac{128}{64} = 2$

∴分子式＝$(C_5H_4)_2 = C_{10}H_8$

範例 38

What pressure would have to be applied to the solution side of a semipermeable membrane seperating pure water from a 0.25M aqueous solution of sucrose to prevent solvent flow from taking place? Assume the temperature to be 25℃

(A)1atm (B)1.7atm (C)0.16atm (D)6.1atm.

【77 台大】

解：(D)

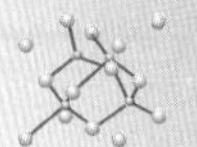

若溶劑不流動，表示外加的阻力恰等於π

$\pi = MRT = 0.25\times0.082\times298 = 6.1\text{atm}$

範例 39

以1克之血紅素配成100ml之溶液，已知其滲透壓值為2.75mmHg(20℃)，計算血紅素之大約分子量，並計算此溶液的凝固點？【72私醫】

解：(1) $\pi V = nRT$

$$2.75\times0.1 = \frac{1}{MW}\times62.36\times293$$

$\therefore MW = 66000$

(2) 很稀薄時，m近似M。

$$m = M = \frac{n_B}{V} = \frac{\frac{1}{66000}}{0.1} = 1.5\times10^{-4}$$

$\Delta T_f = K_f m = 1.86\times1.5\times10^{-4} = 2.8\times10^{-4}$℃

凝固點在零下0.00028℃。

(3) 在作實驗測量數據時，顯然地，凝固點數值實在太小了，無法讀出來，這都是因為分子量太大所導致，∴遇上此種情況，可改用滲透壓的測量來替代。

類題

測定聚合物之分子量，利用下列何種方法較適當？

(A)測定溶液之滲透壓　(B)測定溶液之沸點　(C)測定溶液之密度　(D)測定溶液之蒸氣壓。【69私醫】

解：(A)

範例 40

四氫夫喃C_4H_8O已視爲一種抗凍劑，要加多少克的四氫夫喃在水中，使其冰點下降與 1 克之乙二醇$C_2H_6O_2$的一樣。

解：依數性質與溶質種類無關，既然冰點下降要相同，則溶質的莫耳數一定相同。

$C_4H_8O = 72$，$C_2H_6O_2 = 62$

$n_{四} = n_{乙}$，$\dfrac{x}{72} = \dfrac{1}{62}$

$\therefore x = 1.16g$

範例 41

海洛英($C_{21}H_{23}O_5N$，分子量＝ 369g/mol)與乳糖($C_{12}H_{22}O_{11}$，分子量＝ 342g/mol)的混合樣品可由滲透壓的分析決定糖的含量。若在 25℃下，100ml的溶液中，含有 1.00g海洛英與乳糖的混合樣品其滲透壓爲 539torr，則存在糖的百分率爲多少？

解：⑴ 假設糖占到xg，則海洛英占到$(1 - x)$ g

糖的濃度$M_1 = \dfrac{\frac{x}{342}}{0.1}$

海洛英的濃度$M_2 = \dfrac{\frac{(1-x)}{369}}{0.1}$

⑵ 此溶液中含有兩種溶質，滲透壓公式爲：$\pi = (M_1 + M_2)RT$

$$539 = \left(\dfrac{\frac{x}{342}}{0.1} + \dfrac{\frac{(1-x)}{369}}{0.1}\right) \times 62.36 \times 298$$

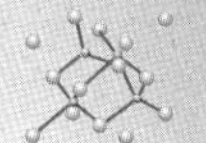

得$x = 0.89$g

糖所占的百分率$= \frac{0.89}{1} \times 100\% = 89\%$

範例 42

若滲透現象爲樹汁在樹中上升的原因，估計在25℃下，樹汁爬升的高度，若樹汁的濃度爲 0.2M，樹管外含非電解質的水之濃度爲 0.01M。

解：$\pi = MRT \Rightarrow \Delta\pi = \Delta MRT$

$\Delta\pi = (0.2 - 0.01) \times 0.082 \times 298 = 4.64$atm

1 大氣壓相當於 1033.6cm 水柱高，4.64atm則相當於 4.64×1033.6cm $= 4800$cm $= 48$m

單元七：電解質

1. 電解質：在熔化狀態或水溶液狀態能導電者，稱爲電解質(electrolyte)。例：酸、鹼之水溶液，鹽類之熔融態與水溶液均是。
2. 非電解質：在熔化狀態與水溶液狀態均不能導電者，稱爲非電解質(noneletrolyte)。例：蔗糖、酒精、甘油、碘均是。
3. 電解質之種類：
   (1) 依電解質之強弱區分：
      ① 強電解質：化合物溶於水，幾乎完全解離成離子者，稱爲強電解質。例：強酸：HCl，HBr。強鹼：NaOH，KOH。鹽類：NaCl，KCl。

② 化合物溶於水，只有一部份解離成離子者，稱爲弱電解質。例：弱酸：HF，H_2CO_3，H_3PO_4。弱鹼：NH_3。

(2) 依化學鍵之性質區分：見下表。

表 4-5

鍵型	例	特徵	導電情況
離子鍵型	NaCl KOH $K_4[Fe(CN)_6]$	*1.* 含金屬及非金屬 *2.* *EN*相差很大	固相：不導電 液相、氣相、水溶液：導電
極性共價鍵型	HCl，NH_3 HOAc	*1.* 只有非金屬 *2.* 往往是酸或鹼	水溶液：導電 固、液、氣相：不導電

① 鍵型屬於離子鍵型者爲強電解質。

② 鍵型屬於極性共價鍵型者，大部份是弱電解質，只有 7 個是強電解質，它們恰是 7 強酸：HCl，HBr，HI，HXO_4，HXO_3，H_2SO_4，HNO_3。

③ 依鍵型區分，若不在表 4-5 內，則爲非電解質。

(3) 表 4-5 中的兩型電解質還是有區別的，例如離子型者在液相是會導電的，但極性共價型在液相則不會導電。

4. 電解質溶液之導電性：阿倫尼士(Arrhenius)之解離理論。

(1) 電解質在溶液中，解離成帶電荷的質點，稱爲離子，離子與原來原子之性質不同。

(2) 陽離子之總電荷數恰等於陰離子的總電荷數，故整個溶液爲電中性。

(3) 電解質在溶液中，未必完全解離爲離子，而是離子與未解離分子共存而達成解離平衡狀態。

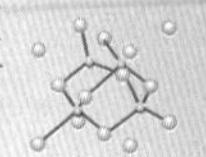

(4) 電解質之解離程度依其性質與溶液濃度而定，只有在稀薄溶液中，電解質才可能完全解離。通常解離程度大，而溶液之導電性高的電解質，稱爲強電解質，反之，則是弱電解質。

(5) 由於離子的移動，所以電解質之溶液可以導電。

範例 43

下列各化合物，何者可以導電？

(A)$H_2SO_{4(l)}$ (B)$NaCl_{(l)}$ (C)$HCl_{(g)}$ (D)$HNO_{3(aq)}$ (E)$Cu_{(l)}$ (F)$KI_{(aq)}$ (G)$CH_3COOH_{(s)}$ (H)$KClO_{3(aq)}$ (I)$C_6H_{12}O_{6(aq)}$ (J)$CHCl_{3(aq)}$ (K)NH_3(乙醚中) (L)S_8(CS_2中)。

解：(B)(D)(E)(F)(H)

請依表 4-5 來判定。

範例 44

醋酸、尿素及硝酸鉀三種水溶液(依序各以a、b、c代表，並設濃度各爲0.1M)之導電性大小次序爲

(A)$a>b>c$ (B)$c>a>b$ (C)$b>a>c$ (D)$a>c>b$。

解：(B)

依表 4-5 來判定，HOAc 屬極性共價型，而它不是 7 個強酸，∴它是弱電解質。KNO_3則是離子鍵型，∴是強電解質。

尿素的結構如右式：$H_2N-\overset{\overset{\displaystyle O}{\|}}{C}-NH_2$，醯胺的官能基使其在水中表現中性，由於不是酸鹼，∴不屬表 4-5 中的那兩型，是非電解質。

範例 45

電解質之敘述錯誤者：
(A)水溶液陰陽離子濃度必相等，故呈電中性 (B)熔融狀態都可導電 (C)水溶液必能導電 (D)相等重量莫耳濃度水溶液，其蒸氣壓較非電解質溶液低 (E)莫耳分率相等水溶液，其沸點較非電解質高。【80 屏技】

解：(A)(B)

(A)水溶液中陰陽電荷總數要相等，不是濃度要相等。

(B)極性共價型的熔融狀態並不會導電。

單元八：電解質的依數性質

1. 同濃度的食鹽水溶液與蔗糖水溶液，測量比較它們所表現的依數性質程度，食鹽幾乎都是蔗糖的兩倍強，這是因為食鹽在水中會解離成Na^+及Cl^-離子，因此總顆粒數會是蔗糖的兩倍多，偏偏依數性質與溶質種類無關。於是遇上溶質是電解質時，必須在(4-17)至(4-19)的公式中，多乘上一個倍數(i)。
2. i：凡特伏因子(Van't Hoff's factor)
   (1) 強電解質：大於 1 的整數，視種類而定，i相當於是化學式中的總離子數。例：$NaCl\,(i=2)$，$K_2SO_4(i=3)$，$K_4[Fe(CN)_6]\,(i=5)$。
   (2) 弱電解質：i一律是$(1+\alpha)$。證明如下：

	HA	⇌	H^+	+	A^-
解離前	1		0		0
解離後	$1-\alpha$		α		α

解離後的總粒子數$=(1-\alpha)+(\alpha)+(\alpha)=1+\alpha$

(3) 非電解質：$i=1$。

(4) H_2SO_4：$i=2+\alpha$ （α：指硫酸的第二段解離度）

(5) 有機酸如甲酸，乙酸，在①氣相中或②在非極性溶劑如苯中，經常以雙元體出現，因其間產生兩個氫鍵，$i<1$。

$$H_3C-C(=O\cdots H-O)(-O-H\cdots O=)C-CH_3$$

如果全部分子都以雙元體出現，則$i=\frac{1}{2}$，或謂在測其分子量時，會誤認是真分子量的兩倍大。

3. 電解質的依數性質公式改寫成以下各式：

(1) $\Delta P=P_A^0\cdot\dfrac{n_B\cdot i}{n_A+n_B\cdot i}$ (4-15C)

(2) $\Delta T_b=K_b m\cdot i$ (4-17C)

(3) $\Delta T_f=K_f m\cdot i$ (4-18C)

(4) $\pi=i\cdot MRT$ (4-19C)

4. 在實際溶液中的i值。

表4-6 電解質在不同濃度下所表現的i值

離子化合物	0.10m	0.050m	0.010m	0.0050m		化學式中的離子數
NaCl	1.87	1.89	1.93	1.94	接近→	2
KCl	1.86	1.88	1.94	1.96	接近→	2
$MgSO_4$	1.42	1.43	1.62	1.69	接近→	2
K_2SO_4	2.46	2.57	2.77	2.86	接近→	3

表4-6顯示著一件事。雖然強電解質的i應爲大於1的整數，但實際情況只是很接近所預期的整數而已。這是因爲親密離子對(ion pair)的出現，而造成沒有完全解離(見下式)。

$$NaCl_{(s)} \longrightarrow \underset{\text{ion pair}}{Na^+Cl^-_{(aq)}} \longrightarrow \underset{\text{free ion}}{Na^+_{(aq)} + Cl^-_{(aq)}}$$

在較濃的溶液中，正負電荷的離子比較靠近，具有較強的吸引力互相吸引，使各離子不能完全獨立，猶如在溶液中之未變化的分子。此即表示有些還是未電離成離子，仍然有部份以分子狀態存在。但在稀溶液中，各離子間距離較大，其相互間的吸引力較小，因此能夠以單獨的粒子來影響溶液的依數性質，∴溶液愈稀薄，愈能達到完全解離。

範例 46

三個不同物質於水中形成不同濃度：0.05m $Mg(NO_3)_2$，0.10m ethanol，0.09m NaCl，請依溶液的沸點高低排列

(A)$Mg(NO_3)_2$< NaCl < ethanol (B)ethanol <$Mg(NO_3)_2$< NaCl (C)ethanol < NaCl <$Mg(NO_3)_2$ (D)$Mg(NO_3)_2$< ethanol < NaCl。【86私醫】

解：(B)

∵ $\Delta T_b = K_b\, m\, i$，$m\, i$的乘積最大的，沸點就愈高。

$Mg(NO_3)_2$：$0.05 \times 3 = 0.15$；ethanol：$0.1 \times 1 = 0.1$

NaCl：$0.09 \times 2 = 0.18$，$0.18 > 0.15 > 0.1$

∴沸點高低是 NaCl > $Mg(NO_3)_2$ > ethanol

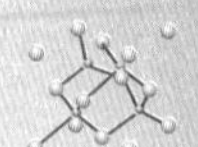

類題

下列何種水溶液之凝固點最低？
(A)0.18m KCl (B)0.15m Na_2SO_4 (C)0.12m $Ca(NO_3)_2$ (D)0.20m $C_2H_6O_2$(乙二醇)。 【85 二技動植物】

解：(B)

$\Delta T_f \propto m\,i$，$m\,i$乘積最大者，凝固點下降最多，因而是最低者。
(A)$0.18\times2=0.36$ (B)$0.15\times3=0.45$ (C)$0.12\times3=0.36$ (D)$0.2\times1=0.2$

範例 47

生理食鹽水是 0.21M 的 NaCl 溶液，則此溶液若要進行逆滲透作用時，至少須要施加多大的機械壓力(27℃)？(理想氣體常數$R=0.0821$atm l/mol K)
(A)0.009atm (B)0.01atm (C)5.0atm (D)10.0atm。 【86 二技衛生】

解：(D)

$P>\pi$，才可以逆滲透，
$\pi=i\,M\,R\,T=2\times0.21\times0.0821\times300=10$atm

範例 48

濃度 0.100m 之氫氟酸(HF)水溶液，其凝固點為－0.197℃，試求氫氟酸之電離度(degree of ionization)，水之凝固點下降常數(K_f)是 1.86℃/m。

【72 私醫】

$$HF \rightleftharpoons H^+ + F^-$$

解：始　0.1　　0　　0

平　$0.1(1-\alpha)$　　$0.1\times\alpha$　　0.1α

依數性質與種類無關，水中各物種總濃度 $=0.1(1-\alpha)+0.1\alpha+0.1\alpha$

$=0.1(1+\alpha)$；代入 $\Delta T_f=K_f\,m$

$0.197=1.86\times0.1(1+\alpha)$

$\therefore\alpha=0.059$

範例 49

0.05m H_2SO_4水溶液，其沸點為 100.07℃，若H_2SO_4之第一段解離為完全解離，求第二段解離度？

解：H_2SO_4的i值 $=2+\alpha$，代入 $\Delta T_b=K_b\,m\,i$

$100.07-100=0.51\times0.05\times(2+\alpha)$

$\therefore\alpha=0.74$

範例 50

將 1.62 克硝酸汞溶解於 500 克水時，此溶液中水之凝固點為－0.0558℃；當 5.42 克氯化汞溶解於 500 克水時，所得溶液中水之凝固點為－0.0744℃，設水的莫耳凝固點下降常數為 1.86℃，由以上資料，尋求其物理意義。

解：(1)　$Hg(NO_3)_2=324$，$m=\dfrac{\frac{1.62}{324}}{0.5}=0.01$

代入 $\Delta T_f=K_f\,m\,i$

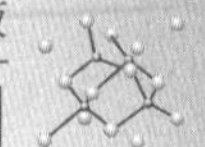

$0.0558 = 1.86 \times 0.01 \times i$，$\therefore i = 3$

i爲大於1的整數，表示$Hg(NO_3)_2$是一強電解質。

(2) $HgCl_2 = 271$，$m = \dfrac{\frac{5.42}{271}}{0.5} = 0.04$

代入$\Delta T_f = K_f\, m\, i$

$0.0744 = 1.86 \times 0.04 \times i$，$i = 1$

這表示$HgCl_2$在水中是不解離的非電解質。

範例 51

一個1％的醋酸水溶液，其凝固點爲－0.31℃，則在水中醋酸的近似分子量爲何？在苯(K_f＝4.90℃kg/mol)中，1％的醋酸溶液，其凝固點下降0.441℃，則在該溶劑中醋酸的分子量爲多少？試解釋其差異。

解：假設溶液總重量＝100g，則$W_B = 1g$，$W_A = 99g$，$m = \dfrac{n_B}{W_A} = \dfrac{\frac{1}{MW}}{99 \times 10^{-3}}$

(1) 水溶液：

$$\Delta T_f = K_f\, m，0.31 = 1.86 \times \frac{\frac{1}{MW}}{99 \times 10^{-3}}$$

$\therefore MW = 60.6$

(2) 苯溶液：

$$0.441 = 4.9 \times \frac{\frac{1}{MW}}{99 \times 10^{-3}} \qquad \therefore MW = 112$$

在(1)中，求出醋酸的MW接近其眞正的數值(60)，但在(2)中，MW接近眞正分子量的兩倍，這表示有相當多的醋酸分子在苯中形成雙元體(見課文重點2.-(5))。

例：若10℃時，每100g水最多可溶解20g硝酸鉀(KNO_3)，現準備100g水，加入15g硝酸鉀，此即為未飽和溶液，我們將看到15g全部溶解，如果改丟入20g，即為飽和溶液，20g仍將全部溶解，如果改丟入25g，則將看到有5g固體存留水中(因為此溶液最多只能溶解20g)，此時仍稱為飽和溶液，如果有其他辦法可以使溫度不變下，溶解的量超過20g則為過飽和溶液。

2. 單位表示法：

(1) 每100g溶劑所能溶解的溶質克數：如看到「10℃時KNO_3之溶解度20g」意指，每100g水最多溶解KNO_3 20g。

(2) 以M表示(體積莫耳濃度)。

(3) 氣體溶解度：每升solvent可以溶解氣體之體積：如氧氣在水中溶解度34.3ml/l，單位分母中的l表示每升水。

3. 溶解度判斷原則：like dissolve like，即極性溶於極性，非極性溶於非極性。至於極性的有無，請參考第2章。

4. 溶解過程的能量效應：分成以下三種情況探討。

(1) 固體溶於液體：ΔH視水合能及格子能而定。

$KBr_{(s)} \longrightarrow K^+_{(g)} + Br^-_{(g)}$ ΔH_1(格子能) > 0 (格子能一定是吸熱)

$K^+_{(g)} + Br^-_{(g)} \longrightarrow K^+_{(aq)} + Br^-_{(aq)}$ ΔH_2(水合能) < 0 (水合能一定是放熱)

+)

$KBr_{(s)} \longrightarrow K^+_{(aq)} + Br^-_{(aq)}$ $\Delta H = \Delta H_1 + \Delta H_2$

若 $|\Delta H_1| > |\Delta H_2| \Rightarrow \Delta H > 0$

若 $|\Delta H_1| < |\Delta H_2| \Rightarrow \Delta H < 0$

[註]：通常離子半徑愈小，電荷愈大(即電荷密度愈高)，則水合能(放熱)愈多。

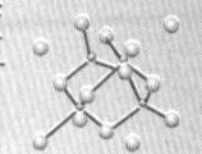

(2) 液體溶於液體：(參考本章第五單元)，由同類分子引力與異類分子引力的相對大小，來決定是吸熱或放熱。

① 理想溶液：$\Delta H = 0$

② 正偏差：$\Delta H > 0$

③ 負偏差：$\Delta H < 0$

(3) 氣體溶於液體：$\Delta H < 0$ (想成只有水合能，而沒有格子能，因此一定是放熱)。

5. 溫度與壓力對溶解度的影響：

(1) 溫度：

① 溶解的過程，若爲吸熱，則增加溫度，將增加溶解度，反之，放熱程序，溫度的昇高，將不利於溶解。

② 大部份固體溶於液體都是吸熱程序，所以溶解度隨著溫度上升而增大。

③ 氣體溶於液體中，大部份都是放熱，所以氣體的溶解度隨著溫度上升而下降。

(2) 壓力：

① 壓力對固體、液體之溶解度影響較小，一般忽略。

② 當溫度一定時，一定量液體所溶氣體之重量，恆與液面上此氣體之壓力成正比。(如液面上是混合氣體時，壓力則指各成分氣體之分壓力)稱爲亨利定律。

$$\frac{P_1}{P_2} = \frac{S_1}{S_2}$$

$$\text{or } P \propto S \Rightarrow P = kS \text{ or } S = k'P \qquad (4\text{-}20)$$

k：亨利定律常數，S：溶解度

③ 氣體極易溶於溶劑，或會與溶劑起化學反應者，不適用亨利定律，如 HCl，NH_3及SO_2，SO_3等。

範例 54

觀察硝酸鉀之溶解度曲線，知 71℃時，其溶解度爲 140 克；10℃爲 20 克；問 71℃時之飽和溶液中，含硝酸鉀百分之幾？設該溶液 200 克任之冷卻至 10℃，問可析出硝酸鉀若干克？

解：(1) $\because S = 140g$ 溶質／100g 水

$$wt\% = \frac{W_B}{W_A + W_B} = \frac{140}{100 + 140} \times 100\% = 58.33\%$$

(2) 先分析 200g 溶液中的溶質及溶劑占量：

$W_B = 200 \times 58.33\% = 116.7g$，$W_A = 200 - 116.7 = 83.3g$

冷卻過程中，W_A 量不變，接下來，計算 10℃時 83.3g 水中的溶質含量(W_B')，這可以利用比例求得

$$\frac{W_B'}{W_A'} = \frac{W_B(10℃)}{W_A(10℃)}，\frac{W_B'}{83.3} = \frac{20}{100}，\therefore W_B' = 16.7g$$

$\therefore$結晶 $= W_B - W_B' = 116.7 - 16.7 = 100g$

範例 55

下列哪一化合物最容易溶於水？

(A)$CH_3CH{=}CH_2$ (B)$CH_3C{\equiv}CH$ (C)$CH_3CH_2CH_2OH$ (D)$CH_3CH_2CH_3$ (E)Cyclopropane。

解：(C)

丙醇含 OH 基，可與水產生氫鍵，含 OH 基者，也是高極性，而水也是高極性。高極性易溶於高極性。

範例 56

下列何者其水合能最大

(A)Na^{+} (B)Mg^{2+} (C)Al^{3+} (D)Cl^{-}。

解：(C)

Al^{3+}的電荷最大，尺寸又是最小的(也就是電荷密度最高)。

範例 57

在下列敘述中，哪一項是錯誤的？

(A)氣體在水中的溶解度會隨著溫度上升而增加 (B)氣體在水中的溶解度會隨著壓力增加而增加 (C)氣體在水中的溶解度對於族群的生態很重要 (D)氧氣和氮氣的溶解度會隨著壓力增加而增加。【83 私醫】

解：(A)

氣體在液體中的溶解度，隨著溫度的下降或壓力的上升而增加。

範例 58

在 25℃時，氮和氧的亨利定律常數分別為 4.34×10^{5}torr/(g/100g H_2O)和 1.93×10^{5}torr/(g/100g H_2O)。設N_2的分壓為 608torr，氧為 152torr；則各氣體於水中的溶解度為多少？

解：(1) 氮的溶解度：代入$P = kS$式

$$608 = 4.34\times10^{5}\cdot S_{N_2} \qquad \therefore S_{N_2} = 1.4\times10^{-3}\text{g/100g } H_2O$$

(2) 氧的溶解度：

$152 = 1.93 \times 10^{5} \cdot S_{O_2}$　　$\therefore S_{O_2} = 7.88 \times 10^{-4}$ g/100g H_2O

類題

18℃，1atm 下氧在水中之溶解度爲 46mg/l，壓力增至 10atm 時，溶解度爲若干？

解：$P \propto S$，$\dfrac{P_1}{P_2} = \dfrac{S_1}{S_2}$，$\dfrac{1}{10} = \dfrac{46}{S_2}$

$\therefore S_2 = 460$mg/l

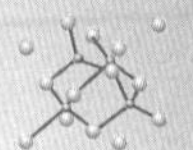

綜合練習及歷屆試題

PART I

1. 密閉容器內液體之蒸氣壓的高低，受下列何者影響？
(A)液體的量 (B)液體的表面積 (C)容器的體積 (D)溫度。【86私醫】

2. 20℃時，在密閉容器中，少量水和其蒸氣達到平衡，若提升活塞，將該密閉容器體積增加二倍，平衡後仍有少量水存在，若溫度不變，則容器內之蒸氣壓爲多少mmHg？(已知20℃飽和水蒸氣壓爲17.5mmHg)
(A)35.0 (B)17.5 (C)8.6 (D)70。【84二技環境】

3. 1 mole之冰熔融爲水時之莫耳熔融熱與1 mole之水轉變爲水蒸氣所需之蒸發熱
(A)應該相等 (B)熔融熱大於蒸發熱 (C)熔融熱小於蒸發熱 (D)熔融熱等於分散6.02×10^{23}個水分子所需之能量。

4. 20℃時，乙醚的蒸氣壓比水的蒸氣壓高。由這個事實可以知道：
(A)乙醚的沸點高於水 (B)乙醚的莫耳蒸發熱比水小 (C)乙醚的分子間作用力強於水 (D)水的熔點比乙醚低。【85私醫】

5. 一化合物其正常沸點爲88℃；蒸氣熱322J/g，實驗式爲CH_2，則其分子式可能爲________。

6. 一種矽的水合物，具有正常沸點爲53℃，在沸點時的蒸發熱爲73.5Cal/g，使用杜耳吞(Trouton)定律，此化合物分子量爲________。
【67私醫】

7. 如圖，活門未開啓前，A球含少量某揮發性液體，$P_A^0=0.6$atm爲其飽和蒸氣壓；B球內含N_2，$P_B^0=0.7$atm，在活門開啓後再達平衡時，仍見有少量液體殘留於球中，則兩球壓力P_A與P_B依次爲若干atm？

(A)0.6，0.7atm (B)0.6，0.6atm (C)0.65，0.65atm (D)0.95，0.95atm。 【86二技動植物】

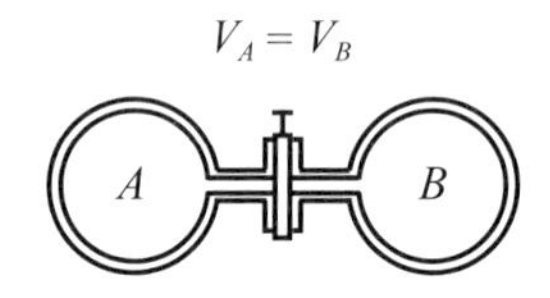

8. 一水蒸氣壓力在100℃時爲40.0kPa的試樣，冷卻至50℃時在恆容中，其壓力爲若干？在50℃時平衡蒸氣壓爲12.3kPa。

9. 已知25℃水的飽和氣壓爲24mmHg，在25℃時於裝有$H_{2(g)}$的10升容器內加入3.6g的液態水後，容器內氣體總壓力爲1574mmHg，若溫度不變，使體積膨脹到全部的水恰好完全氣化時，容器內氣體總壓力變爲若干mmHg？

10. 壓力愈高，水之冰點愈________。 【80成大環工】

11. 下列何者，加壓後較易熔解
(A)Hg (B)Bi (C)C_2H_5OH (D)Glucose。

12. 固態的二氧化碳(俗稱乾冰)昇華是一種
(A)溶解 (B)化學性質 (C)化學變化 (D)物理變化。 【81私醫】

13. 使膠體粒子能長久分散於介質中而不沉澱之主要原因爲
(A)廷得耳效應(Tyndall effect) (B)膠體粒子之帶電性 (C)布朗運動 (D)吸附作用。 【86二技環境】

14. NaOH溶液的重量百分濃度爲10%，試問此溶液是由多少莫耳(mole)的NaOH溶解在150克的溶液中？(原子量Na＝23，O＝16，H＝1)
(A)0.375mole (B)0.243mole (C)0.188mole (D)0.122mole。

【86私醫】

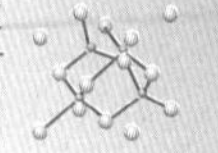

15. 碳酸鈉在20℃水中的溶解度爲20克／100克水，試問同溫下50克水可以溶解$Na_2CO_3 \cdot 10H_2O$若干克而呈飽和狀態？(分子量：Na_2CO_3＝106)
(A)10.0　(B)20.0　(C)30.6　(D)40.9。【86二技衛生】

16. 20％黃銅中，鋅的重量莫耳濃度(m)＝________(Zn＝65.3)。

17. 欲用硫酸銅晶體($CuSO_4 \cdot 5H_2O$，式量249.6)，配製1.00M硫酸銅溶液，下列各項敘述中，何者正確？
(A)稱取249.6g晶體溶於1升水中　(B)稱取124.8g晶體溶於875.2g水中　(C)先用適量的水使124.8g晶體溶解後，再在量瓶中加水至溶液恰爲1升　(D)先用適量的水使249.6g晶體溶解後，在量瓶中加水至溶液恰爲1升。

18. 一公升水中溶解0.01公克的$CaCO_3$，則$CaCO_3$的濃度相當於多少ppm？
(A)1　(B)10　(C)100　(D)1000。【83二技材資】

19. 正常血液中鎂離子的當量濃度爲3 mEq/l，試問1 ml血液中含有多少mg鎂離子？
(A)3.6×10^{-2}　(B)7.2×10^{-2}　(C)36　(D)72。【86二技衛生】

20. 多重的固體NaOH製成500ml的0.100M NaOH？若該固體NaOH是95.0％的純度。

21. 一量之Na加在水中產生609ml的$H_{2(g)}$是在20℃及750torr下收集的，此外得400ml的NaOH溶液，問此溶液的莫耳濃度是多少？

22. 1.00m(molality)之溶液中溶質之莫耳分數
(A)0.0377　(B)0.0277　(C)0.0177　(D)0.0077。【71私醫】

23. 有一水溶液其比重d，重量百分率濃度爲Y%，體積莫耳濃度爲C_M，重量莫耳濃度爲C_m，則其間之關係式爲
(A)$C_M=(d/100-Y)C_m$　(B)$C_M=(100-Y/d)C_m$
(C)$C_M=d(1-Y/100)C_m$　(D)$C_M=(100Y/100-Y)C_m$。【78私醫】

40. 已知30℃純水的蒸氣壓爲31.82mm，那在30℃下2.0m 蔗糖水溶液的蒸氣壓應等於________mm。【74後中醫】

41. 已知20℃時純水的飽和蒸氣壓爲17.5mmHg，今在900g水中加進一非揮發性物質200g，發現溶液蒸氣壓下降0.2mmHg，試求此一非揮發性物質的分子量(g/mol)爲若干？
(A)58.5　(B)180　(C)342　(D)420。【86二技衛生】

42. 一30.0g 的非揮發性溶質加在1.00莫耳揮發性溶劑中在20℃時其蒸氣壓爲300torr，第二莫耳的溶劑加在此混合液中，所得溶液在20℃具350torr的蒸氣壓
(A)求此溶質的分子量？　(B)在20℃時，純溶劑的蒸氣壓是多少？

43. 兩種液體(甲與乙)混合溶液之敘述，正確者：
(A)混合後，溶液體積減少者，表示甲乙分子之間引力較甲—甲，乙—乙者小　(B)混合體積可加成者，蒸氣壓圖形可能爲下圖　(C)混合後若甲乙間引力較單獨存在分子間引力爲大時，互溶後爲放熱　(D)混合後若爲吸熱，則溶液之體積增大　(E)混合體積增加者，蒸氣壓圖示可能爲下圖。【80屏技】

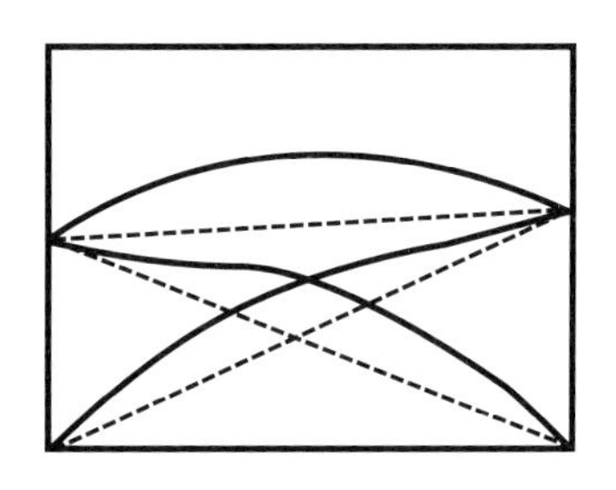

44. 下圖，是不揮發性溶質所成之蒸氣壓曲線，則下列敘述何者正確？
(A)a爲純溶劑時，則b、c爲溶液，且b之濃度較大　(B)沸點高低爲$a>b>c$　(C)c爲溶劑，a、b爲溶液　(D)a爲溶劑，b、c爲溶液，且c之濃度較大　(E)沸點高低爲$a>c>b$。

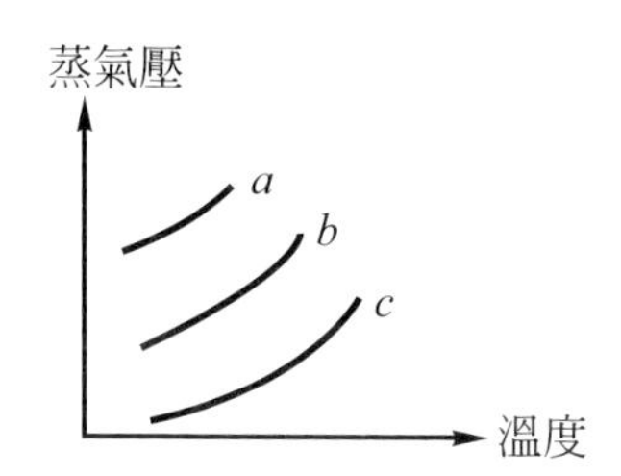

45. 酒精和水混合後，因其具有________性質，故無法利用分餾(fractional distillation)的方法，將它們完全分開。【80私醫】

46. 當某溶液顯示出與Raoult's law有正向的差異時，則溶液中A，B分子間之作用情形爲：
(A)A與A間之吸引力大於B與B間之吸引力 (B)A與A間之吸引力小於B與B間之吸引力 (C)A與B間之吸引力大於A與A間或B與B間之吸引力 (D)A與B間之吸引力小於A與A間或B與B間之吸引力。【72私醫】

47. 下列哪一組溶液，其蒸氣壓對拉午耳定律(Raoult's law)而言是負偏差 (A)酒精和水 (B)硝酸與水 (C)四氯化碳和酒精 (D)丙酮和甲醇。
【79私醫】

48. 下列何種混合溶液會顯現極小共沸點(minimum azeotropic boiling point)？ (A)HNO_3/H_2O (B)acetic acid/H_2O (C)chloroform/acetone (D)ethanol/toluene。【82私醫】

49. 一半透膜分隔純溶劑和溶液，且只容許溶劑通過。在溶液的一側施加足夠大的壓力，則溶液中的溶劑會通過此半透膜而移向純溶劑一側，此種現象稱爲：
(A)滲透 (B)逆滲透 (C)萃取 (D)精煉。【85二技材資】

50. 下列溶液之性質，哪些為依數性質(colligative properties)？
(A)導電度 (B)pH值 (C)沸點上昇 (D)密度 (E)滲透壓。

51. 靜脈注射液的濃度比紅血球高，紅血球置於其中，則
(A)紅血球會膨脹 (B)紅血球會收縮 (C)紅血球本身有一種酸，可以緩衝不受影響。

52. 在寒帶地方，汽車的散熱器中，常加入少量的
(A)乙二醇 (B)甲醇 (C)食鹽 (D)乙醚 使液體的凝固點下降。
【73後中醫】

53. ________%NaCl和________%葡萄糖溶液都與人的體液的滲透壓相等。 【81私醫】

54. 設已知丙酮的沸點為55.95℃，其克分子沸點上升常數K_b = 1.71℃kg/mol，今將某3.75g的非揮發性溶質溶於95.0g丙酮中，其沸點為56.58℃，則該溶質的分子量為________。 【82私醫】

55. 有一化合物重7.58g，使其溶於100g之水中，其沸點達100.21℃，但於同壓下之純水，其沸點為99.88℃，試求其分子量為________。
【70私醫】

56. 一溶液含有22.0g的抗壞血酸(ascorbic acid)(維生素C)，在100g的水中，於−2.33℃凝固，試問抗壞血酸的分子量為何？ 【76私醫】

57. 9.175mg樟腦溶有0.525mg某化合物時，其熔點下降度數為6.4℃，則該化合物之分子量為________克／莫耳(樟腦之K_f為40.0℃/m)。
【67私醫】

58. 純水在25℃時蒸氣壓23.76mm，其稀薄水溶液在同溫時的蒸氣壓是23.45mm，則此水溶液之沸點為
(A)100.37℃ (B)100.57℃ (C)99.73℃ (D)99.54℃。

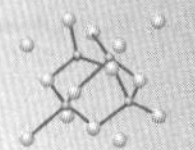

59. 取下列各物質10克分別溶於1000克水中，所得之溶液，凝固點何者最低？
(A)甲醇 (B)乙醇 (C)甘油 (D)蔗糖。【79私醫】

60. 葡萄糖X克溶於100克水中，其沸點爲100.34℃，已知葡萄糖分子量180，水的沸點上升常數爲0.52℃/m，試求X=？
(A)10.7 (B)11.7 (C)12.7 (D)13.7。【83私醫】

61. 已知Cu的K_f爲23℃/m，純Cu熔點1083℃，則重量10％Zn和90％Cu之黃銅合金熔點若干？Zn＝65.4、Cu＝63.5。

62. 長久以來治療虐疾的藥物奎寧之組成：C＝74.1％，H＝7.4％，N＝8.63％，O＝9.87％。而0.115克的奎寧溶於1.36克樟腦所得溶液凝固點爲169.6℃。已知樟腦凝固點179.8℃，K_f40℃/m，求奎寧的分子式及分子量。

63. 將尿素60克與葡萄糖1.0 mole 共溶於1000克之水中，則其凝固點爲－3.72℃，試求尿素之分子量爲若干？又此溶液之沸點爲若干？

64. 一個0.1克含海洛英與糖的試樣，加水1克形成之溶液，於－0.5℃結冰，求海洛英之重量百分比。海洛英之MW爲423，糖之MW爲342。

65. 正常體溫下(37℃)若血液如同一0.296M之非解離溶質溶液，則血液之滲透壓爲
(A)7.53atm (B)6.90atm (C)3.77atm (D)1.80atm。【79私醫】

66. 1升水中含5.0克馬血紅素之水溶液，298°K之滲透壓爲1.8×10^{-3} atm，問馬血紅素的分子量爲多少？【68私醫】

67. 在25℃，含30.0克蛋白質之1升水溶液的滲透壓爲0.0167atm，則蛋白質之分子量大約爲________。【71私醫】

68. 下列各物種之水溶液濃度均爲1.0m，試預測凝固點下降度數最大及最小之溶液
(A)glucose ($C_6H_{12}O_6$) (B)NaCl (B)HOCl (D)$MgCl_2$。【78成大】

69. 下列物質溶於等量水中，所形成的水溶液，何者凝固點最低？(括弧內爲該物質之分子量)
(A)3.0 克葡萄糖(180) (B)1.0 克氯化鈉(58.5) (C)1.0 克尿素(60) (D)1.5 克氯化鈣(111)。 【86 二技衛生】

70. 於常溫下，下列物質之蒸氣壓由大而小之順序爲：
(A)0.1M C_2H_5OH＞純水＞0.1M NaCl＞0.1M $CaCl_2$ (B)0.1M $CaCl_2$＞0.1M NaCl＞0.1M C_2H_5OH＞純水 (C)0.1M NaCl＞0.1M $CaCl_2$＞0.1M C_2H_5OH＞純水 (D)純水＞0.1M C_2H_5OH＞0.1M NaCl＞0.1M $CaCl_2$。 【84 私醫】

71. 一濃度爲 0.150m 之弱酸 HX 之水溶液，設該弱酸電解度爲 7.30％，則其凝固點爲________℃(離子間之吸引力可不計)。 【69 私醫】

72. 已知苯的凝固點爲 5.50℃，K_f＝5.12℃/m，今將 3 克的乙酸溶於 500 克的苯中，測得溶液在 5.24℃凝固，則下列敘述可以說明上列實驗事實的是
(A)乙酸在苯中有游離成離子 (B)乙酸在苯中有聚合成高分子 (C)乙酸在苯中有偶合成雙分子 (D)乙酸在苯中解離甲烷及二氧化碳。
【71 私醫】

73. 以三氯甲烷爲溶劑，由苯甲酸(分子量 122)溶液的凝固點下降實驗所測得之苯甲酸分子量常介於 122 與 244 之間，有關此現象的適宜解釋是
(A)苯甲酸不依據凝固點下降原理 (B)實驗技術差，因此結果有誤差 (C)苯甲酸在三氯甲烷中部份解離 (D)苯甲酸部份聚合成二聚體。

74. 下列有關 0.01M 食鹽水溶液的敘述，何者正確？
(A)食鹽水的沸點較純水低 (B)在 25℃時，此鹽水滲透壓約爲 90 大氣壓 (C)在一大氣壓時，食鹽水的凝固點較純水低 (D)在相同溫度時，食鹽水的蒸氣壓較純水高。 【83 二技材資】

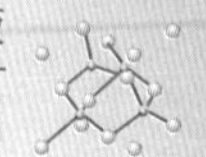

75. 有濃度同爲 0.1M 的食鹽溶液和蔗糖溶液，下列敘述何者錯誤？
(A)食鹽溶液的蒸氣壓比蔗糖溶液大　(B)食鹽溶液的沸點比蔗糖溶液高　(C)食鹽溶液的莫耳分率比蔗糖溶液小　(D)食鹽溶液及蔗糖溶液沸騰後，其沸騰溫度皆隨加熱時間而增高　(E)食鹽溶液的導電度比蔗糖溶液大。

76. 在水中氨解離：

$$NH_3 + H_2O \rightleftharpoons NH_4^+ + OH^-$$

一 0.0100M 的NH_3溶液在－0.0193℃凝固，不必顧及離子的吸引，且求計氨的游離百分率。

77. 0.01m K_2SO_4其$\Delta T_f = 0.0501$，求其解離度？

78. 假設地下水中各主要離子的莫耳濃度分別爲：Na^+：0.03M；Ca^{2+}：0.02M；Cl^-：0.03M；SO_4^{2-}：0.01M，若用半滲透性薄膜，於 27℃下，將純水與含鹽水分隔，則其滲透壓爲何？
(A)224atm　(B)2.21atm　(C)53.6atm　(D)5.36atm。【83 二技環境】

79. 人血液的滲透壓在 37℃時約爲 7.5 大氣壓，在同一溫度和血液呈相同滲透壓的食鹽水的凝固點是多少℃？此食鹽水的濃度不大，體積莫耳濃度可視爲與重量莫耳濃度相等，而水的莫耳凝固點下降常數是 1.86
(A)－1.13　(B)－0.57　(C)－0.41　(D)－0.28。【81 二技動植物】

80. 有一密閉眞空容器內，放置三個燒杯，甲杯中含 200 克 45％葡萄糖水溶液，乙杯中含 200 克 14.6％NaCl水溶液，丙杯含 200 克純水，達平衡後
(A)甲杯濃度爲 1.56m　(B)乙杯濃度爲 1.56m　(C)甲杯濃度爲 0.78m　(D)乙杯濃度爲 3.12m。【85 二技動植物】

81. 若NaCl，$MgCl_2$，C_2H_5OH三種化合物每一克價格均相同時，用以當作水之抗凍劑，________最經濟。(原子量：Na＝23，Cl＝35.5，Mg＝24，C＝12，H＝1)。【80成大環工】

82. 100g的水溶液中，含醋酸(CH_3COOH，$\alpha=0.04$)，硫酸銨[$(NH_4)_2SO_4$，$\alpha=1$]，甲酸(HCOOH，$\alpha=0.06$)各1g，則溶液的凝固點為多少？

83. 下列何者不是電解質？
(A)$NaCl_{(l)}$ (B)$NaOH_{(aq)}$ (C)$HCl_{(aq)}$ (D)$N_{2(g)}$。【86二技動植物】

84. 在定溫，下列物質的水溶液，當濃度均為0.1M時，何者導電度最大？
(A)CH_3COOH (B)NH_3 (C)蔗糖 (D)HCl。【83二技材資】

85. 下列化合物成液態時，何者的導電度最高？
(A)PCl_3 (B)SiO_2 (C)H_2O (D)BaF_2。

86. 下列何者不能導電？
(A)石墨 (B)液態氯化鈉 (C)草酸晶體 (D)醋酸水溶液。【84私醫】

87. 下列何者為非電解質？
(A)醋酸 (B)蔗糖 (C)食鹽 (D)氫氧化鈉。【86二技環境】

88. 下列0.1M溶液能導電者
(A)乙醇溶於水 (B)乙酸溶於水 (C)氯化氫溶於苯 (D)碘溶於乙醇。【70私醫】

89. 將下列化合物之0.1M水溶液之導電性，由小而大，依序排列：KNO_3，CH_3OH，HF，$CaCl_2$
(A)HF＜CH_3OH＜KNO_3＜$CaCl_2$ (B)CH_3OH＜HF＜KNO_3＜$CaCl_2$
(C)CH_3OH＜HF＜$CaCl_2$＜KNO_3 (D)HF＜CH_3OH＜$CaCl_2$＜KNO_3。
【71私醫】

90. 下列四種溶劑中，何者之介電常數(dielectric constants)最大？
(A)酒精 (B)水 (C)乙醚 (D)苯。【77私醫】

91. 極性液體通常其介電常數較________。【67私醫】

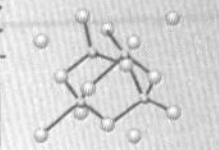

92. 電解質溶於水後，形成離子被水分子包圍，稱爲________現象。

【83 私醫】

93. 在室溫下，把正已烷與水各 100 毫升(ml)置於一錐形瓶中混合，則下列敘述何者正確？
(A)溶液發生沸騰 (B)不互相溶解，正已烷在上層，水在下層 (C)不互相溶解，正已烷在下層，水在上層 (D)兩者互相溶解成均勻溶液。 【83 二技材資】

94. 欲增加CO_2在水中溶解度，則須：
(A)增加溫度 (B)水中加酒精 (C)減少壓力 (D)增加壓力。

【85 二技衛生】

95. 在裝瓶時，一種碳酸化的飲料是由一已調味的水 0℃，而CO_2的壓力在 4atm 下，使之飽和做成的。然後將此瓶打開，使其內的飲料在 25℃下，與空氣中壓力爲4×10^{-4}atm的CO_2達成平衡。求在剛裝瓶的蘇打水中CO_2的濃度及打開瓶子達平衡時，CO_2的濃度。CO_2的水溶液中，亨利定律常數爲在 0℃時，$k=7\times10^{-2}\dfrac{\text{mol/l}}{\text{atm}}$；在 25℃時，$k=3.2\times10^{-2}\dfrac{\text{mol/l}}{\text{atm}}$。

96. 在 80℃時，於 30.0g 水使硝酸鈉飽和後，加熱使水分蒸發成爲 64.4g，然後冷卻至 20℃時，析出幾克的晶體？在 80℃及 20℃時硝酸鈉之溶解度爲 148.0 及 88.0。

97. 已知硝酸鈉在水中的溶解度爲：($NaNO_3$之式量爲 85)

溫度	0	20	40	60	80	100
溶解度(g/100g H_2O)	73.9	88.0	105	125	148	176

試求 60℃時之飽和溶液重量莫耳濃度若干 m？
(A)7.35 (B)20.5 (C)14.7 (D)15.0。

98. 承上題，60℃時硝酸鈉的飽和溶液450克冷卻至20℃時應析出晶體若干克？
(A)74 (B)37 (C)148 (D)30。 【81二技動植物】

答案：1.(D) 2.(B) 3.(C) 4.(B) 5.C_7H_{14} 6. 93 7.(D) 8. 12.3 9. 124 10.低 11.(B) 12.(D) 13.(B) 14.(A) 15.(D) 16. 3.83 17.(D) 18.(B) 19.(A) 20. 2.1 21. 0.125 22.(C) 23.(C) 24.(B) 25.(C) 26.(D) 27.$CaCl_2$ > NaCl > HCl 28. 0.91 29.(B) 30.(B) 31.(A) 32.(B) 33. 123.7 34. 3.43 35.(B) 36.(A) 37.(D) 38. 0.081 39.(AC) 40. 30.71 41.(C) 42.(A)75；(B)420torr 43.(CDE) 44.(D) 45.共沸 46.(D) 47.(B) 48.(D) 49.(B) 50.(CE) 51.(B) 52.(A) 53. 0.9；5 54. 107 55. 117 56. 176 57. 358 58.(A) 59.(A) 60.(B) 61. 1044℃ 62.$C_{20}H_{24}N_2O_2$；324 63. 60；101.02℃ 64. 42％ 65.(A) 66. 68000 67. 44000 68.(D)；(A) 69.(D) 70.(D) 71. －0.3℃ 72.(C) 73.(D) 74.(C) 75.(AC) 76. 3.7％ 77. 84.7％ 78.(B) 79.(B) 80.(B) 81. NaCl 82. －1.17℃ 83.(D) 84.(D) 85.(D) 86.(C) 87.(B) 88.(B) 89.(B) 90.(B) 91.大 92.水合 93.(B) 94.(D) 95.(A)0.28M；(B)1.28×10^{-5}M 96. 26.8g 97.(C) 98.(A)

PART II

1. If heat is added to ice and liquid water in a closed container and, after the addition of the heat, ice and liquid water remain,

(A)the vapor pressure of the water rise (B)the temperature will decrease somewhat (C)the vapor pressure of the water will decrease (D)the temperature will increase somewhat (E)the vapor pressure of the water will remain constant. 【84中山】

2. Boiling chips are used to
(A)avoid superheating (B)fasten a reaction (C)prevent boiling (D)slow down a reaction. 【81淡江】

3. The temperature beyond which it is impossible to liquefy a gas no matter how great the pressure is called the
(A)triple point (B)critical point (C)equilibrium pressure (D) boiling point. 【81中興】

4. Which of the following cannot be found from a one-component phase diagram?
(A)boiling point (B)melting point (C)heat capacity (D)triple point. 【81淡江】

5. Which of the following statements concerning water is false?
(A)Its solid phase is less dense than its liquid phase (B)It is the only liquid(other than petroleum) to be found on earth in significant amounts (C)It has an unusually high boiling point (D)Its solid phase has fewer hydrogen bonds than its liquid phase (E)Because of its large capacity, it has a moderating effect on the surrounding temperature. 【84中山】

6. The slope of the solid-liquid equilibrium line for water is -100 atm/℃. Estimate the pressure(in atm) if the melting point of ice is -5℃.
(A)20 (B)95 (C)105 (D)200 (E)500. 【86台大C】

7. Which one of the following concentrations is dependent on temperature? (A)Molarity (B)Molality (C)Mole fraction (D)Weight fraction.

【78台大甲】

8. How many grams of potassium permanganate, $KMnO_4$, are needed to prepare 250.00ml of a 0.1000M solution? (K = 39, Mn = 55) (A)3.951g (B)9.877g (C)15.80g (D)39.51g (E)158.0g.

【81成大環工】

9. Calculate the mole fraction of a 50 % NaOH by mass.(MW= 40.0) (A)0.125 (B)0.31 (C)0.43 (D)none of above. 【79淡江】

10. The density of a 2.45M aqueous methanol (CH_3OH) solution is 0.976g/ml. What is the molality of the solution? 【80文化】

11. Calculate the molality of 34.5 %(by mass) aqueous solution of phosphoric acid (H_3PO_4). The molar mass of phosphoric acid is 98.00g. 【84成大化學】

12. When concentrated sulfuric acid is diluted, always (A)add acid to water (B)put acid in first, then add the water (C) add acid and water at same time (D)limit the concentration to 1.0M or less. 【84清大B】

13. At 373K the vapor pressures of benzene and toluene are 1344 and 557 mmHg respectively. The two liquids form ideal solution upon mixing. If such a solution boils at 1atm and 373K, calculate the mole fractions of benzene of this liquid and the corresponding vapor mixture. 【78台大甲】

14. The vapor pressure of pure water at 30℃ is 31.82torr. If a 45.9374g of the nonvolatile compound X was added to 240.00g of water and

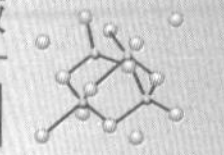

the vapor pressure of the solution was 29.02torr, what was the molecular weight of solute? 【81中興】

15. Calculate the vapor pressure at 25℃ of a solution containing 165g of the nonvolatile, glucose, $C_6H_{12}O_6$, in 685g H_2O. The vapor pressure of water at 25℃ is 23.8mmHg. 【86清大B】

16. Explain the major difference between an ideal and a real solutions. Then consider the following liquid-pairs:
(A)Pentane (C_5H_{12}) and heptane (C_7H_{16}) (B)Carbon disfulfide (CS_2) and acetone (CH_3COCH_3) (C)Carbon tetrachloride (CCl_4) and silicon tetrachloride ($SiCl_4$). Which pair is the most likely to deviate from the ideal solution behavior? Rationalize your answers. 【80交大】

17. Which of the following mixtures is most likely to be an ideal solution? (A)NaCl-H_2O (B)ethanol-benzene (C)heptane-H_2O (D)heptane-octane (E)ethanol-KOH. 【86台大A】

18. Of the following measurements, the one suitable for the determination of the molecular weight of oxyhemoglobin, a molecule with a molecular weight of many thousands, is
(A)the depression of the freezing point (B)the vapor pressure lowering (C) the osmotic pressure (D)the molar heat of vaporization (E)the elevation of the boiling point. 【80台大丙】

19. What are called colligative properties? Please list four colligative properties. 【84成大化學】

20. Exactly 1.00g of a nonelectrolyte (mol. wt = 200) is dissolved in exactly 15.0g of a solvent whose freezing point is 50.0℃. The solution freezes at 42.0℃. Calculate K_f for the solvent. 【78淡江】

21. How many liters of ethylene glycol antifreeze, $C_2H_6O_2$, would you add to your car radiator containing 15.0L of water if you wish to protect your engine to −18℃. The density of ethylene glycol is 1.1g/ml. K_f for water is 1.86℃/m. 【82中山海環】

22. The molecular masses of nonelectrolytes can be determined by all of the following methods except
(A)the x-ray diffraction study of a pure crystal of the compound (B)the boiling-point elevation of a solution of the compound (C) the pressure, temperature, volume, and mass measurement of the compound in the gaseous state (D)the osmotic pressure of a solution of the compound (E)the freezing-point depression of a solution of the compound. 【84中山】

23. To determine the molecular weight of the enzyme lysozyme, which consists of a single polypeptide chain of 12.9 amino acid subunits, one would probably
(A)do an x-ray diffraction study (B)measure the freezing point of a solution (C)measure the osmotic pressure of a solution (D) measure the vapor pressure of a solution (E)take its mass spectrum.
【84中山】

24. What is the percent ionization of the weak acid HX in a 0.100m solution that has a freezing point of −0.205℃.

25. A solution containing 3.81g of $MgCl_2$ in 400g of water freezes at −0.497℃. What is the Van't Hoff factor, *i*, for the freezing point of this solution?

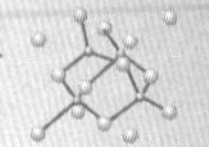

26. Which of the following solutions has the lowest freezing point?
(A)0.10M sucrose (B)0.10M $NiCl_2$ (C)0.1M NH_4NO_3 (D)0.20M sucrose. 【78台大甲】

27. Which one of the following solutions has the lowest vapor pressure?
(A)0.8173M $C_6H_{12}O_6$ (B)0.7872M K_3PO_4 (C)1.9274M CH_3OH (D)0.09874M KCl. 【81中興】

28. The boiling point of a 1.00m solution of $CaCl_2$ should be elevated by
(A)exactly 0.51℃ (B)somewhat less than 1.02℃ (C)exactly 1.02℃ (D)somewhat less than 1.53℃ (E)exactly 1.53℃.

【81成大環工】

29. Classify each of the following substances as a nonelectrolyte, weak electrolyte, or strong eletrolyte in water.
(A)HF (B)$NaC_2H_3O_2$ (C)$CO(NH_2)_2$ (D)$HgCl_2$ (E)$C_{12}H_{22}O_{11}$.

【79台大乙】

30. Identify each of the following compounds as a strong eletrolyte, weak electrolyte, or nonelectrolyte.
(A)CH_3OH(methanol) (B)CH_3COOH (C)KNO_3 (D)NH_3 (E)NH_4Cl. 【84成大環工】

31. Which one of the following is a strong eletrolyte?
(A)NH_3 (B)H_2O (C)KOH (D)HF. 【79淡江】

32. Which of the following compounds should conduct an electric current when dissolved in water?
(A)$MgCl_2$ (B)CO_2 (C)CH_3OH (D)KNO_3 (E)Ca_3P_2 (F)C_{60}.

【85成大A】

33. The solubility of potassium nitrate is 155g per 100g of water at 75℃ and 38.0g at 25℃. What mass of KNO_3 will crystallize out if exactly 100g of its saturated solution at 75℃ are cooled to 25℃?

【80文化】

34. Which gas has the lowest solubility in water?

(A)He (B)N_2 (C)O_2 (D)Cl_2. 【86台大C】

35. In which of the following liquids would you expect the solubility of NaCl to be the smallest?

(A)HF (B)CH_3OH (C)CH_3COCH_3 (D)H_2O (E)CCl_4. 【81台大乙】

36. The solubility of a gas in a liquid can always be increased by (A)increasing the temperature of the solvent (B)decreasing the polarity of the solvent (C)decreasing the temperature of the gas above the solvent (D)decreasing the pressure of the gas above the solvent (E)increasing the pressure of the gas above the solvent.

【85中山】

37. Which of the following represents the most general definition of a solution?

(A)a homogeneous mixture formed by adding a solid to a liquid

(B)a homogeneous mixture of two or more substances

(C)a homogeneous mixture formed by adding one or more solids to a liquid

(D)a homogeneous mixture formed by dissolving any gas. liquid, or solid in a liquid

(E)None of these definitions is truly general. 【88中山】

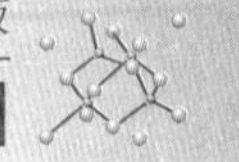

38. A sample of pure ice water (containing solid ice at 0℃, the melting point) is an example of a (A)heterogeneous mixture (B)homogeneous mixture (C)heterogeneous substance (D)homogeneous substance (E)none of these. 【88中山】

39. Explain how the vapor pressure of a liquid depends on the intermolecular attraction and temperature. 【89台大B】

40. When wet laundry is hung on a clothesline on a cold winter day, it freezes, but eventually dry. Explain. 【88台大B】

41. The normal melting and boiling points of O_2 are −218℃ and −183℃, respectively. Its triple point is at −219℃ and 1.14 torr, and its critical point is at −119℃ and 49.8 atm. (A)Sketch the phase diagram for O_2, showing the four points given above and indicating the area in which each phase is stable. (B)As it is heated, will solid O_2 sublime or melt under a pressure of 1 atm? 【88台大A】

42. Which of the following are colloidal suspensions?
(A)Smoke (B)Ethanol in water (C)Milk (D)Paint (E)Sugar in water. 【88大葉】

43. A 230-mL sample of a 0.275 M solution is left on a hotplate overnight. The following morning the solution is 1.10M. What volume of solvent has evaporated from the 0.275 M solution?
(A)58.0mL (B)63.3mL (C)172mL (D)230mL (E)288mL
【89中正】

44. The maximum concentration set by the U.S. Public Health Service for arsenic in drinking water is 0.050 mg/kg. What is this concentration in parts per billion(ppb)?
(A)0.05 (B)5.0 (C)0.5 (D)50.0 (E)500.0 【88輔仁】

45. A solution of hydrogen peroxide is 30% by mass and has a density of 1.11 g/cm^3. The molarity of the solution is
(A)0.98M (B)8.82M (C)9.79M (D)7.94M (E)none of these.

【87成大環工】

46. A 10% by weight solution of NaCl(Na：23,Cl：35.5) in water has a molality of (A)0.127m (B)1.42m (C)1.50m (D)1.85m (E) impossible to determine unless we know the density of the solution.

【87成大A】

47. The vapor pressure of a dilute solution of a nonvolatile solute is
(A)greater than that of the pure solvent.
(B)less than that of the pure solvent.
(C)equal to that of the pure solvent.
(D)equal to that of the pure solute.
(E)none of these. 【88中山】

48. Assume ideality, calculate the vapor pressure of a 1.0 m solution of a nonvolatile solute in water at 90℃.(The vapor pressure of water at 90℃ is 600 torr) 【87台大C】

49. The density of water vapor in equilibrium with liquid water at 60℃ is 0.40 g/l. What is the vapor pressure (in torr) of water at 60℃? What is the vapor pressure of 0.10m NaCl aqueous solution at 60℃?

【88台大B】

50. How many grams of urea must be added to 450g of water to give a solution with vapor pressure 2.50 mmHg less than of pure water at 30℃? The vapor pressure of water at 30℃ is 31.8 mmHg.
(molecular weight of urea：60.06 g/mol) 【88輔仁】

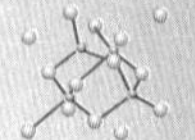

51. All the following are colligative properties except
(A)osmotic pressure (B)boiling point elevation (C)freezing point depression (D)density elevation (E)none of these 【87成大環工】

52. A 1.60g sample of a mixture of naphthalene ($C_{10}H_8$) and anthracene ($C_{14}H_{10}$) is dissolved in 20.0g benzene (C_6H_6). The freezing point of the solution is 2.81℃ What is the composition as mass percent of the sample mixture? The freezing point of benzene is 5.51℃, and K_f is 5.12℃ kg/mol 【88中央】

53. What is the osmotic pressure at 0℃ of an aqueous solution containing 46.0 g of glycerin ($C_3H_8O_3$) per liter? (A)22.4 (B)33.6 (C)11.2 (D)5.6(atm) (E)none of the above. 【89清大A】

54. The freezing point (T_f) for t-butanol is 25.5℃ and K_f is 9.1℃/m. Usually t-butanol absorbs water on exposure to the air. if the freezing point of a 10 g sample t-butanol is measured as 24.59℃, how many grams of water are present in the sample?
(A)0.1 (B)0.018 (C)10 (D)1.8 (E)18 g. 【89成大環工】

55. When a substance dissolves in water, heat energy is released if :
(A)the lattice energy is positive.
(B)the hydration energy is positive.
(C)the hydration energy is greater than the lattice energy.
(D)the hydration energy is less than the lattice energy.
(E)the hydration energy is negative. 【88成大環工】

56. In many ways, the properties of dissolution-precipitation equilibria closely parallel those of vaporization-condensation equilibria. For example, the case of a vapor present in a closed container in the absence of the condensed phase is analogous to

(A)a saturated solution.

(B)a supersaturated solution.

(C)an unsaturated solution.

(D)a concentrated solution.

(E)none of these. 【88中山】

57. The formation of an aqueous solution of an ionic compound requires that the attractions between the water molecules and the ions are strong enough to replace the

(A)bonds normally found within the water molecule.

(B)covalent bonds between atoms of the ionic compound.

(C)electrical attractions between the ions in the ionic compound.

(D)All of these are correct.

(E)None of these is correct. 【88中山】

58. The heat of solution of LiCl is − 37 kJ/mol, and the lattice energy of LiCl(s) is 828 kJ/mol. Calculate the total heat of hydration of gas phase Li^+ ions and Cl^- ions

(A)791 kJ (B)865 kJ (C)− 865 kJ (D)− 791 kJ (E)none of the above. 【89清大A】

59. Explain why a solution of HCl in benzene does not conduct electricity but in water it does. 【88成大化學】

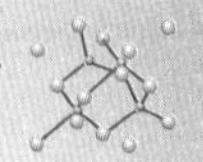

答案： 1.(E) 2.(A) 3.(B) 4.(C) 5.(D) 6.(E) 7.(A) 8.(A) 9.(B) 10. 2.73 11. 5.37 12.(A) 13.(A)0.258；(B) 0.456 14. 35.7 15. 23.24mmHg 16.(1)見表 4-4；(2)(B) 17.(D) 18.(C) 19.見詳解 20. 24℃/m 21. 8.18L 22.(A) 23.(C) 24. 10.2％ 25. 2.67 26.(B) 27.(B) 28.(D) 29.(A)弱，(B)強，(C)非，(D)非，(E)非 30.(A)非，(B)弱，(C)強，(D)弱，(E)強 31.(C) 32.(ADE) 33. 45.8g 34.(A) 35.(E) 36.(E) 37.(B) 38.(C) 39.見詳解 40.見詳解 41.見詳解 42.(ACD) 43.(C) 44.(B) 45.(C) 46.(D) 47.(D) 48. 589.4 49.(a)461.5，(b)459.8 50. 128 51.(D) 52.見詳解 53.(C) 54.(B) 55.(C) 56.(B) 57.(C) 58.(C)

升二技插大

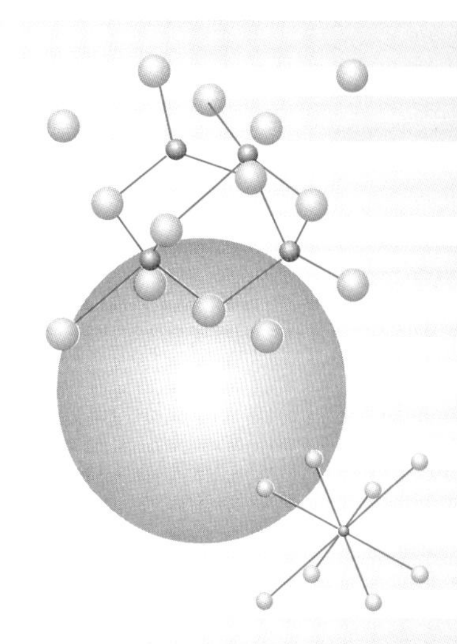

Chapter

5 物質與結構的關係

本章要目

- 單元一　結合力與結構
- 單元二　網狀化合物
- 單元三　金屬晶體結構
- 單元四　離子晶體結構
- 單元五　各種結合力的強弱比較
- 單元六　各種晶體的性質比較

單元一：結合力與結構

1. 結合力含有兩大類：
   (1) 化學性引力：就是化學鍵結(詳見第2章)。它又分成
      ① 共價鍵
      ② 離子鍵
      ③ 金屬鍵
   (2) 物理性引力：只是因電荷感應而互相吸引的力量，與化學鍵結比較起來，相當微弱。它就是所謂的「分子間引力」。它只出現在分子化合物中。
2. 分子間引力(Intermolecule force)的種類：
   (1) 氫鍵(Hydrogen bonding)。(本章中述及時，以符號H代表)
   (2) 偶極－偶極作用力(Dipole-dipole interaction)：又稱為永久偶極作用力。它出現在極性分子之間。至於一個分子存在極性與否，則以第2章的方法判斷。(本章中以符號D表之)。
   (3) 倫敦分散力(London dispersion force)：又稱為瞬間偶極的作用力。它起源於分子中電子的瞬間不平均分佈，造成短暫正負電荷的生成，而引起相互吸引。因此任何分子都可能出現此種引力。(本章中以符號L表之)。

      [註]：後兩者，偶極作用力與倫敦力，合稱為凡得瓦力(van der Waal force)。
3. 氫鍵：
   (1) 形成要件：
      ① 氫必須直接接在F，O，N原子上。
      ② 必須有F，O，N等原子吸引氫。

氫鍵的表示 X……H—Y，(X 與 Y 可以表相同元素，X，Y = N，O，F)。

(2) 氫鍵的特性：

① 具方向性。

② 不是化學鍵結，只是分子間的引力，但它是三種分子間引力中最大的。

③ 單一氫鍵的大小：

F—H……F ＞ O—H……O ＞ N—H……N

④ 可分成分子間(intermolecule)氫鍵及分子內(intramolecule)氫鍵兩種。尤其後者的存在將減低分子間形成氫鍵的機會，進而削弱了分子間引力。見範例 7。

(3) 氫鍵之重要性：

① 具有氫鍵的分子常在同一系列分子中比不具有氫鍵的分子有著異常高的沸點，熔點或汽化熱。請參考單元五。

② 影響溶解度：溶劑與溶質間易形成氫鍵者，可促進溶解。例如水與丙酮、胺類、乙醇等易互溶。乙醇與丙酮也易互溶。

③ 液體的黏滯性：液體分子間若有氫鍵的形成，則黏滯性增大。例如：甘油$C_3H_5(OH)_3$、乙二醇$C_2H_4(OH)_2$等。

④ 分子形狀及結構：

❶ 蛋白質之螺旋狀及DNA分子之雙螺旋結構皆因氫鍵的產生而能穩穩地建立起來。

❷ 一些有機羧酸分子常因分子間氫鍵的產生，而在氣相時，以雙元體分子存在，如醋酸以$(CH_3COOH)_2$表示

```
       ╱O ··· H—O ╲
H3C—C               C—CH3
       ╲O—H ··· O ╱
```

4. 物質結構：

(1) 物質結構依結合力的不同可分成以下四種：

① 分子固體

② 網狀固體

③ 金屬晶體

④ 離子晶體

(2) 如何辨識：

① 化學式中只含有非金屬者，且不是單元二所述及者，是分子固體。

② 化學式中只含有非金屬者，且是單元二所述及者，是網狀固體。

③ 化學式中只含有金屬者，是金屬晶體。

④ 化學式中同時含有金屬與非金屬者，是離子晶體。

(3) 物質結構與結合力的關係：

① 分子固體：分子內部用到共價鍵將原子結合，而分子間則用物理性的分子間引力結合。

② 網狀固體：共價鍵。

③ 金屬晶體：金屬鍵。

④ 離子晶體：離子鍵。

5. 探討晶體結構的工具：

(1) 有關晶體的一些名詞：

① 晶體(Crystal)：固體中的粒子有規則地在三度空間重覆排列者。

② 非晶形(Amorphous)：固體中的粒子並沒有規則性地排列者。

③ 同晶形(Isomorphous)：不同物質，但是在晶格中排列方式相同者，如 MgO 與 NaCl。

④ 多晶形(Polymorphous)：同一物質在不同的溫度、壓力下，如果會呈現不同的排列方式，則稱其具有多晶形結構，如MnO_2有α，β，γ……等結構，ZnS 具有 Zincblende 型及 Wurtzite 型。

⑤　同素異形(Allotropic)：元素具有多種晶體結構形式者，如單斜硫與斜方硫，石墨與鑽石。

(2)　晶系：

邊　長	角　度	晶系名稱
$a=b=c$	$\alpha=\beta=\gamma=90°$	立方晶系
$a=b=c$	$\alpha=\beta=\gamma\neq90°$	菱形晶系
$a=b\neq c$	$\alpha=\beta=\gamma=90°$	四方晶系
$a=b\neq c$	$\alpha=\beta=90°$，$\gamma=120°$	六方晶系
$a\neq b\neq c$	$\alpha=\beta=\gamma=90°$	斜方晶系
$a\neq b\neq c$	$\alpha=\beta=90°\neq\gamma$	單斜晶系
$a\neq b\neq c$	$\alpha\neq\beta\neq\gamma\neq90°$	三斜晶系

(3)　晶體結構的探測－X-ray：

①　創立者：Bragg 父子。

②　用途：研究晶體的結構特性，如鍵長，鍵角，排列位置等。

③　原理，見下圖 5-1。當$2d\sin\theta$為波長的整數倍時，不同平面的反射波恰為同相，而展現繞射圖紋。

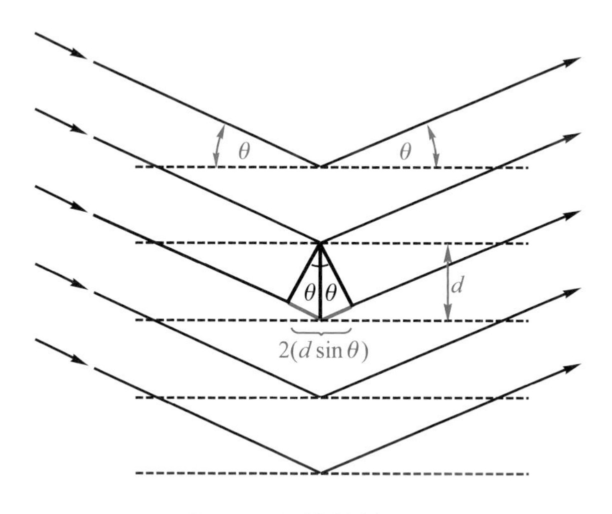

圖 5-1　晶體繞射原理

④ 方程式：$2d\sin\theta = n\lambda$ ($n = 1,2,\cdots\cdots$) (5-1)

λ：X-射線波長 θ：入射角 d：原子面間的距離

範例 1

極性分子結晶固體，其特性為低熔點，質軟，為電不良導體，主因對粒子間的吸引力為

(A)靜電引力 (B)凡得瓦引力 (C)共價鍵 (D)偶極－偶極。 【75 私醫】

解：(D)

類題

以下哪一個物質熔化時需要破壞共價鍵？

(A)CO_2 (B)NaCl (C)SiO_2 (D)H_2O。

解：(C)

範例 2

存在於$H_2O_{(l)}$分子間的作用力有：

(A)氫鍵 (B)電雙極間作用力(dipole-dipole interaction) (C)凡得瓦力 (D)以上三者皆是。 【72 私醫】

解：(D)

H_2O分子含有－OH官能基，可構成氫鍵，而水分子又是極性分子，∴具有偶極作用力，而凡得瓦力(倫敦力)是每個分子皆有的。

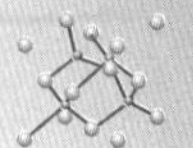

類題

What is the nature of the major attractive intermolecular force for PCl_3?
(A)London dispersion (B)hydrogen bonding (C)dipole-dipole (D)ion-dipole (E)spin interaction. 【79 台大乙】

解：(C)

範例 3

影響下列分子性質之分子間引力有哪些？
(A)BrF_5 (B)CH_3COCH_3 (C)CO_2 (D)CH_3CH_2OH。

解：(A)D，L 兩種 (B)D，L 兩種 (C)L (D)H，D，L 均有。

範例 4

下列分子對，何者不形成氫鍵？
(A)H_2O 和CH_3OH (B)H_2O 和CH_3OCH_3 (C)NH_3 和CH_4 (D)CH_3OH 和 CH_3OCH_3。 【71 私醫】

解：(C)

範例 5

下列化合物中，何者水溶性最大？
C_5H_{12}，$C_3H_5(OH)_3$，$(C_2H_5)_2O$，CCl_4，C_6H_5Cl。 【85 私醫】

解：$C_3H_5(OH)_3$含有 3 個可與水形成氫鍵的 OH 官能基，水溶性最大。

範例 6

下列何者會形成分子內氫鍵？

(A)順丁烯二酸　(B)順丁烯酸　(C)蛋白質　(D)氨基酸　(E)鄰苯二甲酸

(F)苯甲酸　(G)柳酸　(H)達克龍。

解：(A)(C)(D)(E)(G)

構成分子內氫鍵，必須使得構成氫鍵的官能基位於靠近的位置，例如(A)的順位，或(E)(G)的鄰位。

(A)

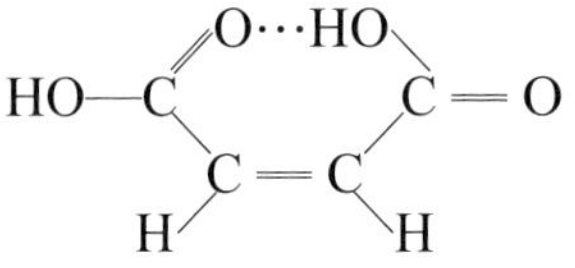

O···HO
HO—C　C＝O
C＝C
H　H

(D)

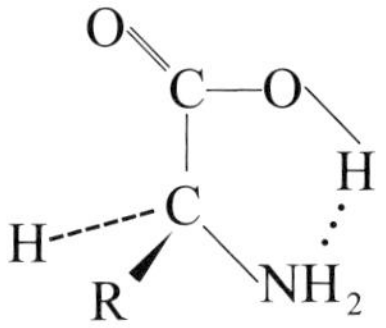

O
C—O
H
H---C
R　NH_2

(E)

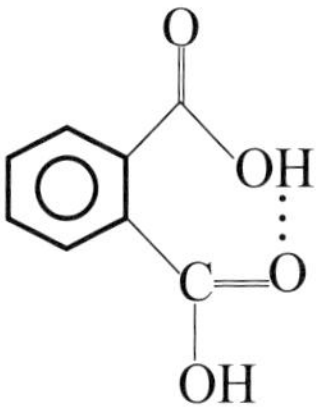

O
OH
C＝O
OH

(G)

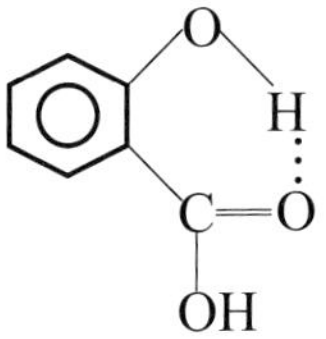

O
H
C＝O
OH

範例 7

硝基酚的三個異構物之性質如下表所示，其中鄰位異構物與其他二者的性質相差甚遠，請解釋之。

異構物	溶解度 g/100gH_2O	在水蒸氣中之揮發性	在 70mm 時之沸點
$HO-C_6H_4-\overset{+}{N}(O^-)=O$	1.69	無揮發性	–
$C_6H_4(OH)-\overset{+}{N}(O^-)=O$	1.35	無揮發性	194℃
$C_6H_4(OH)-\overset{+}{N}(O^-)=O$	0.2	有揮發性	100℃

解：(C)的結構中，構成氫鍵的兩個官能基位於鄰位，因此可以生成分子內氫鍵，而(A)及(B)則只能產生分子間氫鍵，而這樣將使(A)及(B)的分子間引力增強許多，因此揮發性很低，而沸點較高，並因可與水分子產生分子間氫鍵，而使 A、B 的水溶性較高。

範例 8

用波長為 1.54Å 之 X-射線求得金晶體之 X-射線繞射其第一級之反射角為 22°10′。繞射平面間之距離是多少？

解：$2d\sin\theta = n\lambda$，$2\times d\sin 22°10' = 1\times 1.54$

$\therefore d = 2.04\text{A}$

範例 9

用波長 1.54Å 之 X-射線求得一晶體之繞射，第一級反射在 16°角度上，則此相同反射在 20° 21′角度上的 X 射線其波長是多少？

解：由(5-1)式知，$\lambda \propto \sin\theta$

$$\frac{\lambda_1}{\lambda_2} = \frac{\sin\theta_1}{\sin\theta_2}，\frac{1.54}{\lambda_2} = \frac{\sin 16}{\sin 20°21'}$$

$\therefore \lambda_2 = 1.94\text{A}$

範例 10

五種如下礦石之單位小晶之尺寸(Å 爲單位)及軸間角列在下表中，問各該礦石應屬何種晶系？

	a	b	c	α	β	γ
(A)白鐵礦(Marcasite)	3.35	4.40	5.35	90°	90°	90°
(B)雲母(Muscovite)	5.18	9.02	20.04	90°	95°30′	90°
(C)薔薇輝石(Rhodonite)	7.77	12.45	6.74	85°10′	94°4′	111°29′
(D)金紅石(Rutile)	4.58	4.58	2.95	90°	90°	90°
(E)石英(Quartz)	4.90	4.90	5.39	90°	90°	120°

解：(A)斜方晶系，(B)單斜晶系，(C)三斜晶系，(D)四方(正方)晶系，(E)六方晶系。

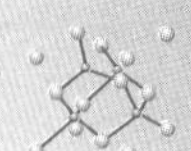

單元二：網狀化合物

1. 由原子以連續交聯方式，藉共價鍵結合而成的物質。
2. 元素態的網狀固體：
   (1) 元素態的網狀固體在週期表中的位置介於金屬與非金屬之間。如：B，C，Si，Ge，As，Sb，Bi，Se，Te，Po。
   (2) 以碳元素爲例，碳元素有三種同素異形體，其中鑽石與石墨這兩種就是屬於網狀化合物。
      ① 鑽石結構：
         ❶ 鍵結軌域：sp^3
         ❷ 配位數：4
         ❸ 鍵角：109°28′
         ❹ 鍵長：1.54Å
         ❺ 形狀：三度空間四面體的網狀結構。熔點高，硬度及安定性甚大，無導電性。

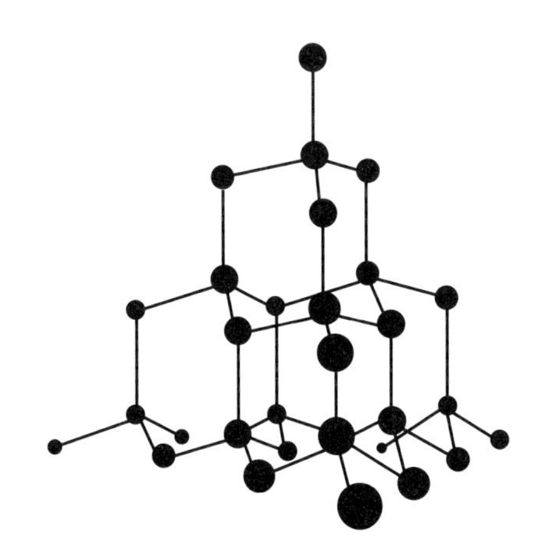

圖 5-2　鑽石結構

② 石墨結構：

❶ 鍵結軌域：sp^2

❷ 配位數：3

❸ 鍵角：120°

❹ 形狀：層次結構，可寫出3種共振結構，其Bond order爲 $1\frac{1}{3}$

❺ 特性：同一層間因有非定域電子，故可導電爲半導體。

❻ 鍵長：共價鍵爲1.42Å，但層和層之距離爲3.40Å，爲微弱的凡得瓦力維繫，故石墨晶體易斷裂而具潤滑性質。

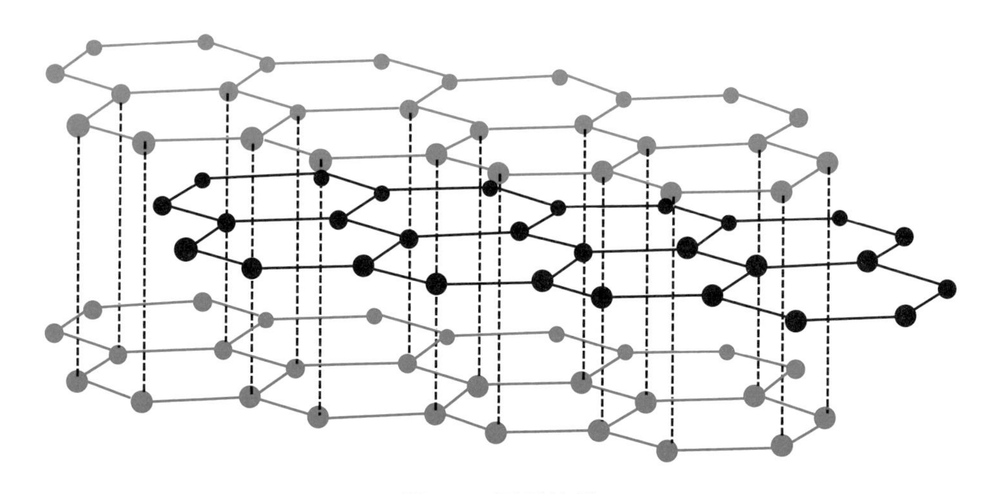

圖 5-3　石墨結構

③ Fullerene 結構：分子式C_{60}，每60個碳自成一個體，因此是分子化合物，不是網狀。這60個碳原子組成一個像足球般的外觀(即整個球面上分佈著12個五角環，20個六角環)，內含30個π-鍵，總共可劃出1萬2仟5佰個共振式。

3. 化合物會形成網狀固體者，如碳化矽(俗稱金剛砂，SiC)，BN，AlN，及矽酸鹽。矽酸鹽諸如：石棉、雲母、黏土、玻璃及石英等。其中石英(SiO_2)的結構類似鑽石結構，差異在每兩個矽原子間介入一個氧

原子，也就是對每個矽原子而言，屬AX_4型態，見圖5-4。而與Si同一族的碳卻不呈現類似的鍵結選擇。CO_2，二氧化碳分子中的碳原子只選擇2個氧原子結合而已，屬AX_2型態，爲何會這樣，請參考第2章。

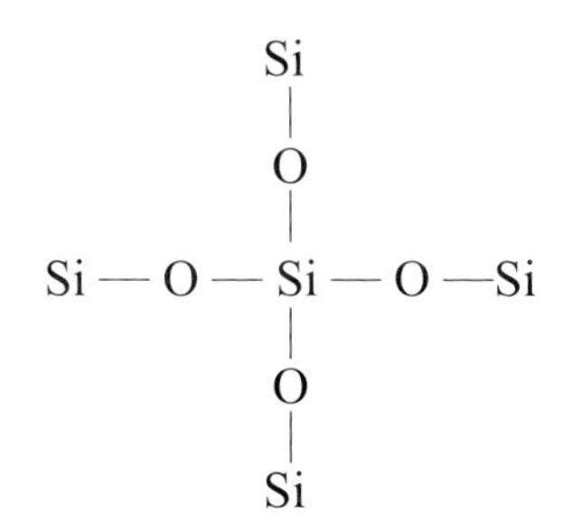

圖5-4　石英結構中每個Si都與4個氧原子結合

範例 11

下列何者屬於網狀結構並具極高熔點？

(A)$BaCl_2$　(B)SO_2　(C)Ag　(D)AlN。　【82二技環境】

解：(D)

見本單元重點3.。

類題

鑽石結構排列中碳與碳間爲何種作用力

(A)凡得瓦力　(B)離子鍵　(C)共價鍵　(D)共價鍵及凡得瓦力。

解：(C)

範例 12

Which of the classes is appropriate for the silicon atom in silicon dioxide?

(A)AX_3 (B)AX_4E (C)AX_2 (D)AX_3E (E)none of the above.

解：(E)

應爲AX_4。

單元三：金屬晶體結構

1. 形成金屬鍵的條件：⑴低游離能，⑵空價軌域。
2. 金屬鍵的意義：以價鍵理論來說，是整堆金屬離子(M^{n+})在一齊共用著所有的價電子，而這些價電子形成一片電子海，這些自由電子到處非定域地存在著，因此金屬鍵存在於某一原子核的四面八方，無方向性，即使此金屬堆積遭受外力而變形，但金屬鍵卻無損耗，見圖 5-5。

```
⊕ ⊕ ⊕ ⊕ ⊕            ⊕ ⊕ ⊕ ⊕ ⊕
⊕ ⊕ ⊕ ⊕ ⊕            ⊕ ⊕ ⊕ ⊕ ⊕
---------    ⇒    -------------
⊕ ⊕ ⊕ ⊕ ⊕        ⊕ ⊕ ⊕ ⊕ ⊕
⊕ ⊕ ⊕ ⊕ ⊕        ⊕ ⊕ ⊕ ⊕ ⊕
```

圖 5-5　金屬晶體格子富延展性

3. 金屬鍵的特性：
   ⑴ 沒有方向性。
   ⑵ 因具有自由電子，故爲電熱之良導體。

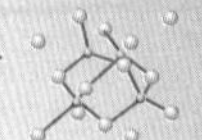

(3) 具有延展性。

(4) 形成金屬具有銀白色光澤(但金、銅除外)。

(5) 非揮發性：除水銀外，所有金屬在25℃時均為固體，熔點範圍很廣。

(6) 不溶於水及有機溶劑：

沒有溶解於水中的金屬，只有少數活潑金屬與水起化學反應，液態汞可溶解許多金屬形成所謂汞齊(Amalgams)，因此欲萃取礦石中的某些金屬常用汞。

4. 金屬晶體的幾何形狀：

金屬晶體中原子在空間的排列情形，可以簡化成一個空間格子(space lattice)來看出，每一個空間格子內描繪有組成原子(或離子)的空間擺位，然後，晶體就是這無數個空間格子的重覆。每一個空間格子就稱為是一個單位結晶格子(unit cell)，或稱為單元晶。典型的堆積型式見表 5-1。

表 5-1 晶體各種堆積形式的性質整理

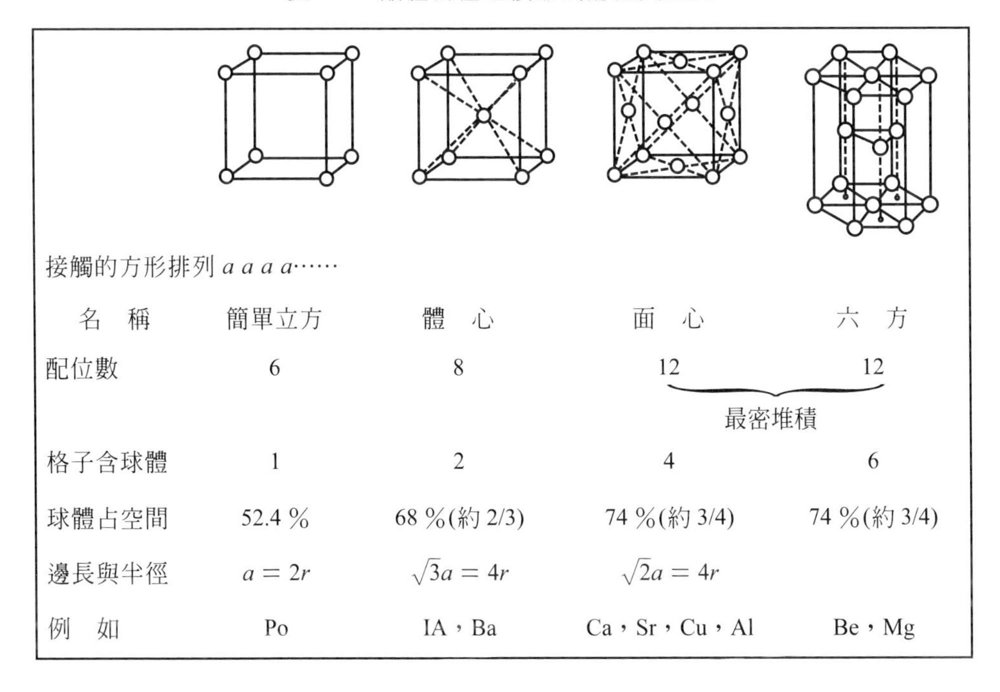

接觸的方形排列 $a\ a\ a\ a$……

名 稱	簡單立方	體 心	面 心	六 方
配位數	6	8	12	12
			最密堆積	
格子含球體	1	2	4	6
球體占空間	52.4 %	68 %(約 2/3)	74 %(約 3/4)	74 %(約 3/4)
邊長與半徑	$a = 2r$	$\sqrt{3}a = 4r$	$\sqrt{2}a = 4r$	
例 如	Po	IA，Ba	Ca，Sr，Cu，Al	Be，Mg

⑴ 單位結晶格子，見圖 5-6。

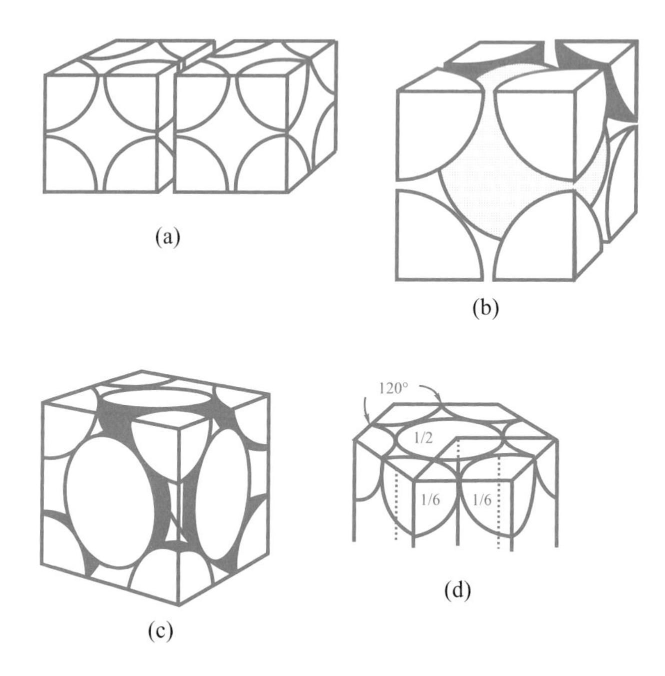

圖 5-6 單元晶(a)簡單立方，(b)體心立方，(c)面心立方(一種最密堆積)，(d)六方最密(局部)

⑵ 配位數(coordination number)：在晶體結構中的每一原子，周圍都環繞著數個原子，其中與該原子緊貼在一起的原子數目，稱為該原子的配位數。

① 從圖 5-6(a)中，可看到在一晶格角落的原子正被「上下左右前後」等另 6 個原子緊貼住，∴配位數＝6。

② 圖 5-6(b)的格子正中心(體心位置)藏有一個原子，以此原子為中心，格子八個角落位置的原子恰與中心處的原子緊貼住，∴體心晶格的配位數＝8。

③ 圖 5-8 中，以 C 球為準，同平面環繞 6 個綠色原子，而在 C 原子上方標示著 A_1、A_2、A_3 三原子也與 C 原子緊貼，同理在 C 原子下

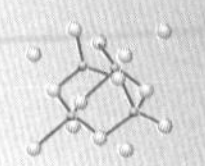

方一層，也存在三原子與其緊貼，故最密堆積的配位數＝6＋3＋3＝12。

(3) 單位格子內所含的原子數

① 簡單立方：圖5-6(a)中的每一角落顯示的是一個完整球體的1/8，而立方格子中含有 8 個具有此形狀的球體，∴淨結果單位格子中含$8\times\frac{1}{8}$＝1個球。

② 體心立方：見圖 5-6(b)，此圖與圖 5-6(a)比較，只差在中心處多含1個球，因此單位格子中所含球數比簡單立方多1個＝$\left(8\times\frac{1}{8}\right)$＋1＝2個。

③ 面心立方：見圖5-6(c)，角落處的球形同圖5-6(a)，而每面中心處的球是半球狀，單位格子內具此半球狀者，有 6 處。因此淨結果球數＝$\left(6\times\frac{1}{2}\right)+\left(8\times\frac{1}{8}\right)$＝4個。

④ 六方最密：淨含球數＝$\left(12\times\frac{1}{6}\right)+\left(2\times\frac{1}{2}\right)$＋3＝6。

(4) 邊長與半徑的關係：

① 簡單立方：圖 5-6(a)中，格子的角落恰好是球心處，沿著任一邊，有二球在邊的正中心外切，因此邊長恰為半徑的兩倍長。邊長以a來表示，則$a=2r$。

② 體心立方：圖 5-6(b)中，須沿著立方體的對角線才見到有球體接觸成一直線，而此直線的長，從幾何學來觀察，是邊長的$\sqrt{3}$倍(見圖5-7(b))，且此對角線上占到4個半徑，∴$4r=\sqrt{3}a$。

③ 面心立方：觀察圖 5-7(a)，在面對角線處三球相互接觸，從這兒才方便算出a與r的關係。成一直線的三個球在格子範圍內只占到4個半徑，另外從圖5-7(b)知，面對角線長為$\sqrt{2}a$，因此得到$4r=\sqrt{2}a$的關係。

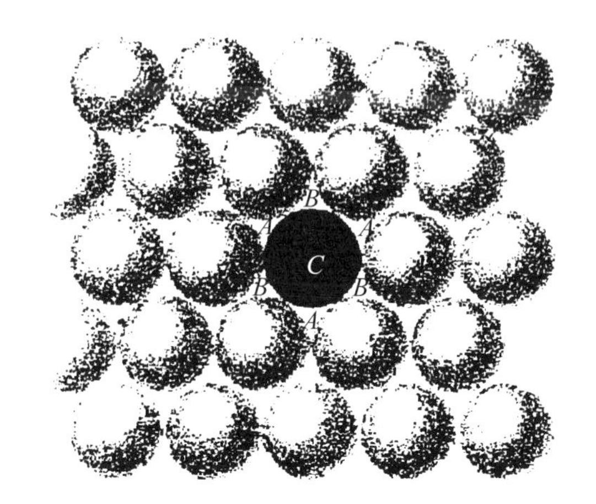

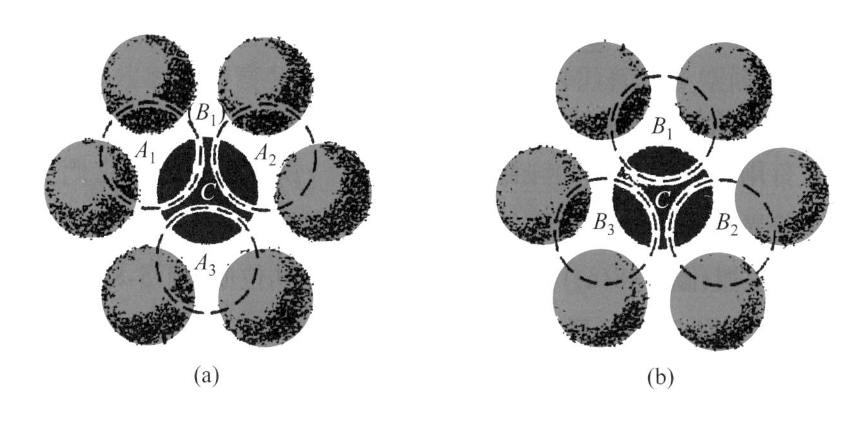

圖 5-8　最密堆積

❶ 六方最密堆積(Hexagonal closest packing)：若在C球上下這二層的球同樣選擇圖 5-8 中的A型(或B型)來填放者稱之。有時以代號：737373……(或$ABABAB$……)表之。圖 5-9 從不同角度來觀察六方堆積。

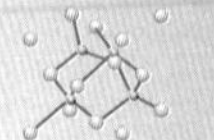

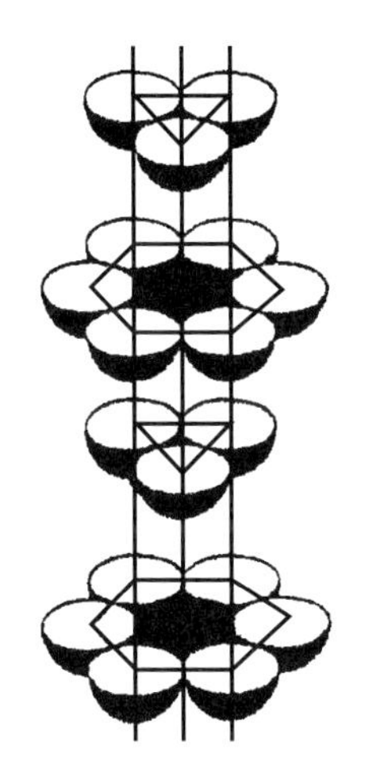

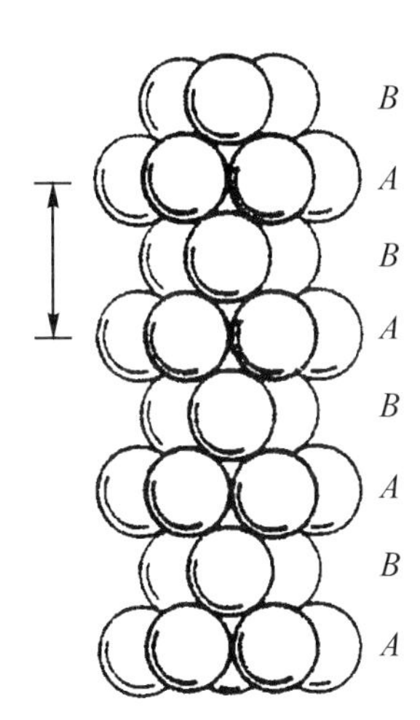

圖 5-9 不同角度下所看到的六方堆積

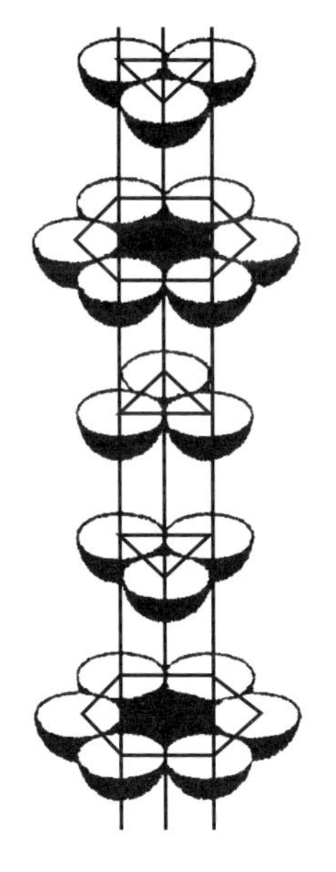

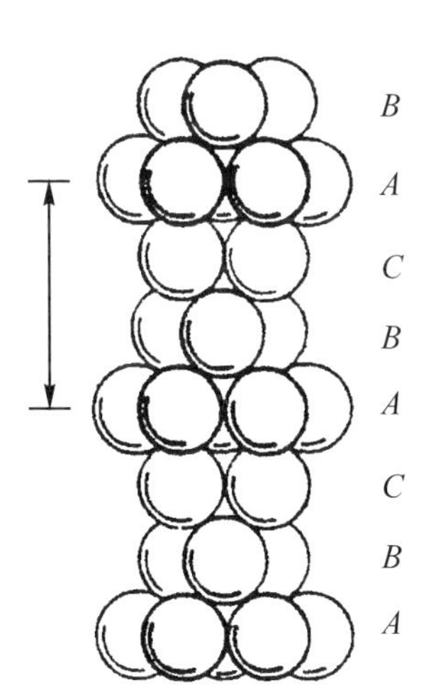

圖 5-10 不同角度下的立方最密堆積

❷ 立方最密堆積(Cubic closest packing)，又稱爲面心堆積：若*C*球的上下兩層的球在堆積時一面選擇圖 5-8 中的*A*位置，另一面則填充在*B*位置者稱之。以代號 545454……(或*ABCABC*……)表之。圖 5-10 從不同角度來觀察立方最密。

範例 13

鋇金屬之原子堆積排列爲體心立方，則在每晶格單位內共含有多少個鋇原子？

(A)4 (B)3 (C)2 (A)1。 【86 二技材資】

解：(C)

見表 5-1。

範例 14

Sodium crystallizes in a structure in which the coordination number is eight. Which structure best describes this crystal?

(A)simple cubic (B)body-centered cubic (C)cubic closest packed (D) hexagonal closest packed (E)none of the above. 【85 成大 A】

解：(B)

見表 5-1。

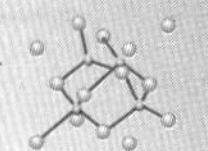

範例 15

某金屬結晶爲體心立方結構，已知單位晶格(unit cell)的邊長爲 416pm，則其原子半徑爲多少(pm)？
(A)90 (B)116 (C)147 (D)180。 【85 二技材資】

解：(D)

$$4r=\sqrt{3}a\text{，}r=\frac{\sqrt{3}}{4}a=\frac{\sqrt{3}}{4}\times 416=180$$

範例 16

Calculate the efficiency of packing for the body centered cubic lattice when it is occupied by spherical metal atoms. 【79 台大甲】

解：導證過程見課文重點 4.-(5)-②。

類題

若相同大小之球，以不同之方式堆積成：(甲)立方堆積、(乙)體心立方堆積、(丙)面心立方堆積、(丁)六方最密堆積，則其密度之大小順序爲：
(A)丁＞丙＞乙＞甲 (B)甲＞乙＞丙＞丁 (C)丙＝丁＞乙＞甲 (D)丁＝丙＝乙＝甲。 【76 私醫】

解：(C)

面心與六方屬最密堆積，填充效率＝ 74 %，體心的填充效率＝ 68 %，簡單立方堆積的填充效率只有 52.4 %。

範例 17

鉀為體心立方堆積，其密度為 0.86g/c.c.，若鉀為簡單立方格子之構造(Simple cubic)，則其密度為若干？

解：密度正比於填充效率

$$\therefore \quad \frac{D_{體心}}{D_{立方}}=\frac{體心填充效率}{立方填充效率}$$

$$\frac{0.86}{D_{立方}}=\frac{68\%}{52.4\%} \qquad \therefore D_{立方}=0.663\text{g/c.c.}$$

範例 18

有一金屬晶體，其邊長為5Å的單位立方體中含有 4 個原子，已知晶體的密度為 1.6g/cm^3，則此金屬一個原子的質量約為
(A)50amu (B)40amu (C)30amu (D)20amu。 【84 二技環境】

解：(C)

$D=\dfrac{W_{格}}{V_{格}}$ 　　$W_{格}$相當於是 4 個原子重，$V_{格}$則是邊長的立方。

$\therefore W_{格}=\dfrac{AW}{6.02\times10^{23}}\times$，代入$D$

$$1.6=\frac{\dfrac{AW}{6.02\times10^{23}}\times4}{(5\times10^{-8})^3}$$

$\therefore AW=30\text{g/mol}=30\text{u}$ ／個

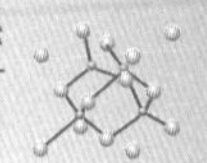

類題 1

銅結晶在一面心立方格子中，銅之比重為 8.93g/cm^3，則此單元之邊長為若干？(Cu=63.5)

(A)3.22A (B)2.32A (C)3.62A (D)4.62A。 【68 私醫】

解：(C)

$$D=\frac{W}{V} \qquad 8.93=\frac{\frac{63.5}{6.02\times10^{23}}\times4}{a^3}$$

$\therefore a=3.62\times10^{-8}\text{cm}=3.62\text{A}$

類題 2

銀的原子量為 107.9，其結晶單位晶胞之邊長為 408pm，密度為 10.6g/cm^3。試問銀為何種型式晶胞？

(A)簡單立方晶系 (B)體心立方晶系 (C)面心立方晶系 (D)以上皆非。

【81 私醫】

解：(C)

$D=W/V$，$1\text{pm}=10^{-12}\text{m}=10^{-12}\times10^2\text{cm}$

$$10.6=\frac{\frac{107.9}{6.02\times10^{23}}\times n}{(408\times10^{-12}\times10^2)^3}$$

$\therefore n=4$

單位晶格中含有 4 個原子者為面心立方晶系。

類題 3

鋰結晶在一體心立方格子中，單元晶邊長為 3.50Å。Li 之原子量為 6.94，而 Li 之比重為 0.534g/cm^3，由此等數據求計亞佛加厥數。

解：$D=\dfrac{W}{V}$，$0.534=\dfrac{\dfrac{6.94}{N_0}\times 2}{(3.5\times 10^{-8})^3}$

$\therefore N_0=6.06\times 10^{23}$

單元四：離子晶體的結構

1. 離子晶體形成的條件：當二元素游離能相差甚大，其結合成凝相時常因電子轉移而成離子鍵結合。
2. 三個常見的離子結構：
   (1) 氯化銫型結構(Cesium chloride)，見圖 5-11(a)。
      ① 陽離子位處「立方體」的洞隙。
      ② 配位數＝8
      ③ 單元晶中含 1 個陽離子，1 個陰離子，簡式：CA。
      ④ 常見例子：CsCl，TlCl，TlBr，NH_4Cl等。

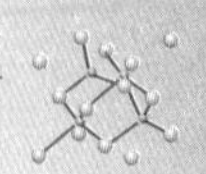

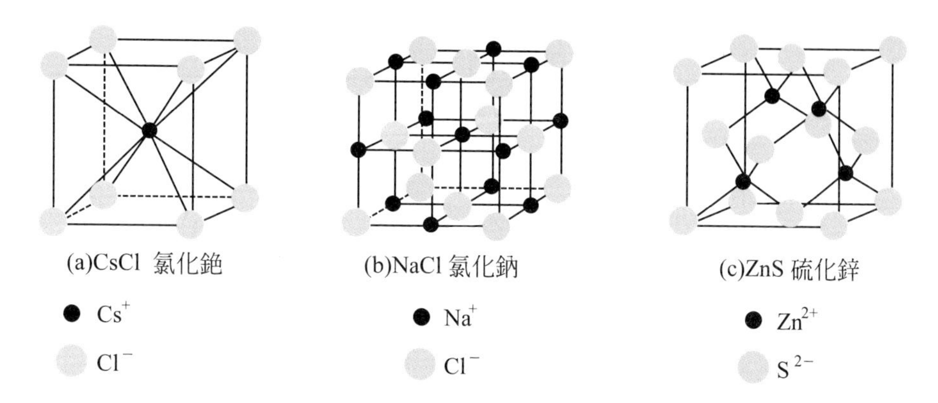

圖 5-11　一些離子晶體的結構(摘自 Holtz claw 等合著"普化"第九版)

(2) 氯化鈉型(Sodium chloride)結構，見圖 5-11(b)。

① 陽離子位處「八面體」的洞隙。

② 配位數＝6

③ 單位格子中含 4 個陽離子，4 個陰離子，簡式：CA。

④ 常見例子：NaCl，MgO，MnO，AgCl，NH_4I等。

(3) 閃鋅礦型結構(Zinc blende)，見圖 5-11(c)。

① 陽離子位處「四面體」的洞隙。

② 配位數＝4

③ 單位格子中含 4 個陽離子及 4 個陰離子，簡式：CA。

④ 常見例子：ZnS，CdS，CuCl，AgI 等。

3. 離子晶體之結構：離子晶體之配位數隨陽離子對陰離子的半徑比而定，晶體結構亦因之改變。

表 5-2　離子晶體結構判定

陽離子配位數	半徑比 (r_+ / r_-)	幾何形狀	例　　子
4	0.225-0.414	正四面體	O^- Si^{+4} O^- O^- O^-
6	0.414-0.732	正八面體	O^- O^- O^- Mg^{++} O^- O^- O^-
8	0.732-1.0	立方體	Cl^- Cl^- Cl^- Cl^- Cl^- Cs^+ Cl^- Cl^- Cl^-

範例 19

M 代表正價的金屬離子，X 代表負價的陰離子，已知該化合物的 M 位在立方晶格的各頂點上，而X位在立方晶格的各面心上，該化合物之簡式為 (A)MX　(B)MX_2　(C)MX_3　(D)MX_4。　【86 二技材資】

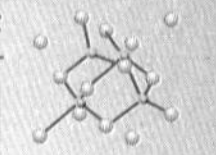

解：(C)

晶格有 8 個頂點，而頂點處的球佔到一完整球的 $\frac{1}{8}$，∴$M = 8\times\frac{1}{8} = 1$

晶格有 6 個面，而面心上的球只佔到一完整球的 $\frac{1}{2}$，∴$X = 6\times\frac{1}{2} = 3$

∴M：X = 1：3

類題

某固體，其單位格子爲正立方體，其結構爲：A 原子位於此立方體的各角落上，B 原子位於此立方體每邊的中心，C 原子位於此立方體的中心，則此物之實驗式爲何？

解：AB_3C

範例 20

$MgBr_2$，KBr，CsI 的離子半徑如下：

Mg^{2+}(0.66Å)，Br^-(1.96Å)，K^+(1.33Å)，Cs^+(1.69Å)，I^-(2.16Å)，預測每一構造，陽離子所占用之空隙(hole)。

解：(1)　$MgBr_2$：

$\frac{r_+}{r_-} = \frac{0.66}{1.96} = 0.337$，表 5-2 顯示介於 0.225～0.414 之間，∴占用四面體空隙。

(2)　KBr：

$\frac{r_+}{r_-} = \frac{1.33}{1.96} = 0.678$，表 5-2 顯示介於 0.414～0.732 之間，∴占用八面體空隙。

(3) CsI：

$\frac{r_+}{r_-}=\frac{1.69}{2.16}=0.782$，表 5-2 顯示介於 0.732～1.0 之間，∴占用立方體的空隙。

範例 21

有關晶體中粒子之堆積，下列敘述何者正確？
(A)面心立方堆積之單位晶體內原子數目為 4 (B)體心立方堆積之單位晶體內原子數目為 2 (C)離子晶體之堆積方式，由陽離子與陰離子半徑比決定 (D)NaCl 晶體中，每個鈉離子周圍有 4 個氯離子。

解：(A)(B)(C)

(D)應更正為 6 個。

範例 22

TlCl 晶體類似 CsCl 格子結構，其密度為 7.00g/cm^3，則Tl^+和Cl^-間的最短距離為
(A)7.35Å (B)6.66Å (C)4.84Å (D)3.33Å(Tl ＝ 204.37，Cl ＝ 35.45)。

解：(D)

$D=\frac{W}{V}$，TlCl ＝ 239.82

$7=\frac{\left(\frac{239.82}{6.02\times10^{23}}\right)\times1}{a^3}$ ∴$a=3.85$A

觀察圖 5-11(a)，立方體的對角線長恰為 Tl-Cl 距離的 2 倍，∴Tl-Cl 距離$=\frac{\sqrt{3}a}{2}=3.33$A

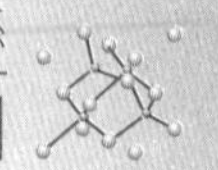

單元五：各種結合力的強弱比較

1. 分子間引力的強弱比較：(請按以下步驟進行比較)

 (1) 具有氫鍵者，引力往往是最大的，偶極作用力次之，倫敦分散力最小。不過這樣的次序必須是在所比較的分子其本身的大小不可以相差太懸殊的情況下才會成立。

 (2) 若要比較的分子，彼此的引力型態相同時(例如，都是具有氫鍵，或都是具有偶極作用力)，則改用第二招，「分子本身大小愈大者，引力愈大」。

 (3) 如果要比較的分子，連其大小尺寸也相差不多時，這時請用第三招。「分子形狀愈呈直鍊者，引力愈大，相反地，愈呈球狀者，引力愈小」。這是因為愈長鍊狀態的分子彼此的接觸面較大，而呈球狀者，彼此的接觸面較小。

 如何使用這三個比較程序，請看範例說明。

2. 金屬鍵的強度比較：

 (1) 同列元素由左至右，其金屬鍵隨價電子之增加而增強。例如：熔點次序：Al > Mg > Na。

 (2) 同族元素由上至下，其金屬鍵隨原子序之增加而減弱。例如：熔點次序：Li > Na > K > Rb > Cs。

 (但同行元素若堆積方式不同，則無規律性)。

3. 離子鍵強度的比較：(請按以下步驟次序比較)

 (1) 同一晶形之離子晶體，離子所帶電荷愈多，離子鍵愈強，熔點愈高，如 MgO > NaCl。

 (2) 同一晶形之離子晶體，離子半徑愈小，離子鍵愈強，如LiF > NaCl > KI。

(3) 極化現象(Polarization)，當陽離子電荷與陰離子電荷不同時，就要用極化現象來比較了。利用以下三種情況比較其極化的現象，若極化情況嚴重，離子性下降，共價性上升，∴離子鍵強度(即格子能)就減弱。

判斷極化現象的三種情況：(Fajan 規則)

① 陽離子愈小，電荷愈大，易極化陰離子。

② 陰離子愈大，電荷愈大，易被陽離子極化。

③ 過渡元素比典型元素容易發生極化現象。

4. 當不同的結構共同出現時，其結合力的大小次序是：網狀化合物≫離子晶體≳金屬晶體≫分子化合物。(其中離子晶體可能比某些金屬的結合力大，但可能比某些金屬的結合力小)。

(1) 週期表第三列元素的熔點順序：Si(網狀)＞Al＞Mg＞Na(金屬)＞S_8＞P_4＞Cl_2＞Ar(分子化合物)。

(2) 週期表第三列元素氧化物的熔點順序：

$$\underset{2800}{MgO} > \underset{2045}{Al_2O_3} > \underset{1610}{SiO_2} > \underset{1275}{Na_2O} > \underset{580}{P_4O_{10}} > \underset{16.8}{SO_3} > \underset{-91.5}{Cl_2O_7}$$ 。

5. 分子化合物的熔點比較：

(1) 本單元重點 *1.* 的分子結合力比較，相當於在比較沸點。熔點的比較有另外的考慮因素。

(2) 要比較的分子，彼此間的形狀如果差異甚大，則愈對稱者(愈形成球狀對稱者)，熔點愈高。請見範例 26，及類題 2。

(3) 要比較的分子，彼此間的形狀如果差異不大，則仍然可以用重點 *1.* 的判斷程序。見範例 26、類題 1。

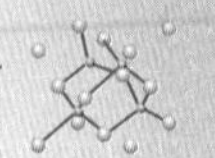

範例 23

下列敘述何者為非？
(A)b.p：H_2O＞H_2Se＞H_2Te＞H_2S　(B)b.p.：HF ＞ HI ＞ HBr ＞ HCl　(C) m.p：HI ＞ HF ＞ HBr ＞ HCl　(D)m.p：NH_3＞SbH_3＞AsH_2＞PH_3。

【81 二技環境】

解：(A)

有關於ⅣA族到ⅦA族的氫化物熔點、沸點比較，我們利用此範例來做一詳細探討。先以ⅦA 族為例，HF，HCl，HBr，HI 這四者中，只有第一個HF具有氫鍵，其它三者只具有偶極作用力。依據本單元 *1.* -(1)條文知，HF＞HCl，HBr，HI。後三者的引力型態一樣，∴要用 *1.* -(2)條文來比較，結果為HI＞HBr＞HCl。綜合起來以後，得完整沸點的次序：HF＞HI＞HBr＞HCl(見圖 5-12)。類似的考量也出現在ⅤA族、ⅥA族中，其中較不規則者出現在①ⅤA族沸點次序：SbH_3＞NH_3＞AsH_3＞PH_3，這是因為NH_3的氫鍵太弱了，被SbH_3的尺寸因素給超越了。另一個不規則是②ⅦA族的熔點次序：HI＞HF＞HBr＞HCl，理由同上。

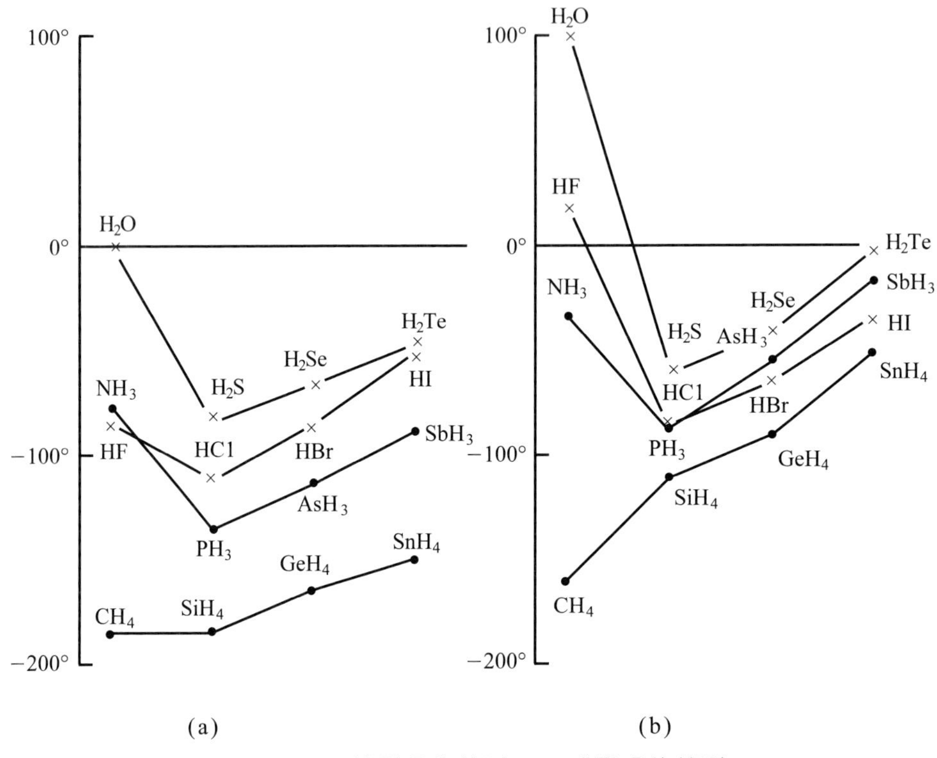

圖 5-12 (a)熔點分佈情形 (b)沸點分佈情形

至於ⅣA族，(CH_4，SiH_4，GeH_4，SnH_4)，其引力型態都相同，直接引用條文 *1.* -⑵，而得CH_4＜SiH_4＜GeH_4＜SeH_4的次序。

範例 24

第二列非金屬元素 C，N，O，F 之氫化物之沸點高低比較，下列何者是正確的？

(A)HF ＞H_2O＞NH_3＞CH_4 (B)H_2O＞ HF ＞NH_3＞CH_4 (C)H_2O＞NH_3＞HF ＞CH_4 (D)CH_4＞H_2O＞ HF ＞NH_3 (E)HF ＞H_2O＞CH_4＞NH_3。

【80 屏技】

解：(B)

HF，H_2O，NH_3都具有氫鍵，∴引力強過CH_4，但這三者所存在的單一氫鍵強弱不同，且各分子產生的氫鍵數量也不同，因此結合力當然不一樣。其中H_2O分子具有 2 個 H，可構成的氫鍵數比起只有 1 個 H 原子的 HF 的氫鍵數量來得多，∴引力次序：H_2O＞HF，至於NH_3分子，在範例 23 中已敘述過，它生出的氫鍵很弱。

另外，請注意其熔點次序為：H_2O＞NH_3＞HF＞CH_4。

類題 1

HF 和H_2O的分子量幾乎相同，而且 HF 的氫鍵比H_2O為強，為什麼 HF 的沸點和汽化熱都比H_2O來得低？________。 【83 私醫】

解：H_2O的分子所能形成的氫鍵數量較多。

類題 2

下列化合物中何者之沸點最高？

(A)PH_3　(B)NH_3　(C)$(CH_3)_3N$　(D)CH_4。 【80 私醫】

解：(C)

NH_3的氫鍵很弱，比不過(C)的尺寸因素。

範例 25

排列以下各物的沸點次序

(A)C—C—C—C—C—C—C

(B)
```
C—C—C—C—C
      |
      C
```

(C)
```
C—C—C—C
  |  |
  C  C
```

(D)
```
C—C—C—C
    |
    C
```

(E)C—C—C—C—C—C

(F)C—C—C—C—C。

解：(A)～(F)的引力型態都是倫敦分散力，既然引力型態相同，∴必須引用條文 *1.*-(2)，碳數愈多者，引力愈大，∴次序是A＞BCE＞DF。其中，BCE之間(DF亦同)，分子大小相同，引用條文 *1.*-(3)，分支愈多者，引力愈小，∴E＞B＞C，而F＞D。

綜合之後，得完整次序爲A＞E＞B＞C＞F＞D。

以下三題類題，都是在排列分子間引力的次序，(也就是要引用條文 *1.*-(1)，(2)，(3))，但是請注意題目所問的敘述，也就是說「黏稠度」、「莫耳氣化熱」、「表面張力」，甚至「飽和蒸氣壓」、「臨界溫度」，都是與排列分子間引力大小有關聯。

類題 1

Which of the following has the greatest standard heat of vaporization?

(A)HF (B)HCl (C)HBr (D)HI. 【79 淡江】

解：(A)

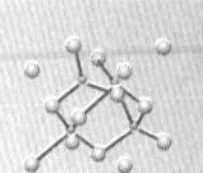

類題 2

CH_3OCH_3，CH_2Cl_2，C_2H_5OH和$HOCH_2CH_2OH$中，何者具有最高的黏稠度(viscosity)？________。【83 私醫】

解：$HOCH_2CH_2OH$(可產生的氫鍵數量最多)。

類題 3

下列何者的表面張力最大？

(A)$C_{10}H_{22}$ (B)C_8H_{18} (C)C_7H_{16} (D)C_6H_{14}。【86 私醫】

解：(A)(尺寸最大)。

範例 26

排列正戊烷，異戊烷，新戊烷的熔點、沸點次序。

解：(1) 沸點：由於三者的分子大小一樣，∴用條文 *1.*-(3)判斷

```
                          C—C—C—C            C
                                |            |
C—C—C—C—C                       C          C—C—C
  正戊烷                       異戊烷           |
                                               C
                                             新戊烷
```

沸點次序為正＞異＞新。

(2) 熔點：由於三者的形狀差異很大，要用對稱性來判斷(條文 *5.*-(2))，其中新戊烷呈球狀對稱，對稱性最好，而正戊烷只呈現條狀對稱，對稱性次之。

∴次序為新＞正＞異。

類題 1

下列哪一個化合物的熔點(melting point)最低

(A)NH_3　(B)PH_3　(C)AsH_3　(D)SbH_3。【74 後中】

解：(B)

形狀都是三角錐形，應用條文 *5.*-(3)。

類題 2

丁醇的四種異構物中，熔點最高者爲：

(A)1 －丁醇　(B)2 －丁醇　(C)2 －甲基－ 2 －丙醇　(D)2 －甲基－ 1 －丙醇。【76 私醫】

解：(C)

四者的形狀差異很大，引用條文 *5.*-(2)，其中C的構造最呈現球狀對稱。

範例 27

比較二氯乙烯順式及反式的熔點，沸點次序。

解：(1)　沸點：從第二章的極性判斷知，順式具有極性，而反式無極性。

應用條文 *1.*-(1)，偶極作用力(順式)＞倫敦分散力(反式)。

(2)　熔點：由於反式較對稱，熔點較高。

大部份的順反異構物，都會具備這個現象，即「順式的沸點較高，而反式的熔點較高」。

類似的情形也發生在苯的衍生物，通常對位取代的熔點會因對稱性而較高。但其沸點則因無極性而呈現最小。

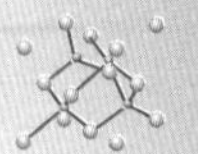

範例 28

下列固體何者具最大的晶格能(lattice energy)？

(A)SrO　(B)NaF　(C)$CaBr_2$　(D)CsI。　【82 私醫】

解：(A)

(1)　題目中的四個都是離子化合物，用課文重點 3. 的法則判斷。

(2)　其中(A)的陰陽離子電荷都是 2，是所有中最大的(條文 3.-(1))。

範例 29

在化合物 LiF，LiCl，LiBr，LiI 中，哪一個化合物的熔點最低？________。　【74 後中醫】

解：(1)　四者皆屬離子化合物，且陰陽電荷都是 1。

(2)　陰離子以 F 離子最小，使得陰陽離子間的距離較小，∴結合力較強(條文 3.-(2))。

範例 30

Which compound of each of the following pair is the more covalent?

(A)$MgCl_2$ or MgF_2　(B)KCl or K_2S　(C)$BaCl_2$ or $BeCl_2$　(D)YCl_3 of NaCl

(E)CuCl or NaCl.　【80 台大乙】

解：題目中各項的陰陽離子電荷不盡相同，∴用極化現象來判斷。

(A)　依條文 3.-(3)-②，較大的Cl^-離子，容易發生極化現象，∴$MgCl_2$共價性較大。

(B) 依條文3.-(3)-②，S^{2-}離子，電荷較大，容易發生極化現象，∴K_2S共價性較大。

(C) 依條文3.-(3)-①，較小的Be^{2+}離子，容易發生極化現象，∴$BeCl_2$共價性較大。

(D) 依條文3.-(3)-①，Y^{3+}的電荷較大，容易發生極化現象，∴YCl_3共價性較大。

(E) 依條文3.-(3)-③，Cu^+是過渡金屬離子，容易發生極化現象，∴CuCl共價性較大。

類題

熔點高低正確者：

(A)$BeCl_2$>$MgCl_2$>$CaCl_2$>$SrCl_2$>$BaCl_2$　(B)MgO > CaO > SrO > BaO

(C)LiF > LiCl > LiBr > LiI　(D)LiCl > NaCl > KCl > RbCl > CsCl

(E)$CuCl_2$> CuCl。　【80屏技】

解：(B)(C)(D)

範例 31

下列氧化物在常壓下，何者的熔點爲最高？

(A)MgO　(B)SiO_2　(C)CO_2　(D)P_4O_{10}。　【86二技材資】

解：(A)

見課文4.-(2)

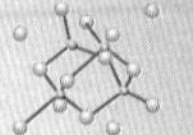

範例 32

比較 $BaCl_2$，H_2，CO，HF 及 Ne 的沸點：

(A)H_2 > HF > Ne > CO > $BaCl_2$ (B)HF > H_2 > Ne > CO > $BaCl_2$ (C) $BaCl_2$ > H_2 > HF > CO > Ne (D)$BaCl_2$ > HF > CO > Ne > H_2。

【81 二技環境】

解：(D)

(1) $BaCl_2$是離子晶體，依條文第 4 點，大於其它四個分子化合物。

(2) 四個分子化合物中，HF具有氫鍵，大於具有偶極作用力的CO，再大於只是倫敦分散力的 Ne 及H_2。

範例 33

List the members of the following series in order of increasing melting point：

MgS, NaCl, MgO, B_2H_6.

【80 中興植物】

解：(1) 前三者是離子晶體，強於分子的B_2H_6。

(2) 前三者再依條文 3.-(1)，排列 MgS，MgO > NaCl。

(3) 最後依條文 3.-(2)，得 MgO > MgS。

(4) 正確次序爲：MgO > MgS > NaCl > B_2H_6。

單元六：各種晶體的性質比較

1. 分子固體的特性：
   (1) 熔沸點均低。(因只藉物理性引力結合)
   (2) 爲熱電之不良導體。但極性的分子晶體如 HCl，NH_3，H_2SO_4等之水溶液則可導電。
   (3) 缺乏延展性，此乃因分子晶體內的共價鍵具有方向性。
   (4) 一般硬度不大。
2. 網狀固體的特性：
   (1) 整個晶體可視爲單一分子。
   (2) 硬度大，熔點高；因中心原子與其鄰近原子有極強的共價鍵，故欲將此類晶體變形，必須破壞許多共價鍵。
   (3) 有方向性。
   (4) 熱電之不良導體。
3. 金屬鍵的特性：
   (1) 沒有方向性。
   (2) 因具有自由電子，故爲電熱之良導體。
   (3) 具有延展性。
   (4) 不溶於水。
4. 離子晶體的性質：
   (1) 具有一定的結晶形狀。
   (2) 純者無色透明，但晶體含有雜質或有缺陷時，則晶體帶有顏色。
   (3) 熔點和沸點均甚高。
   (4) 導電度：固態不導電，熔融狀態及水溶液爲電的良導體。
   (5) 硬度大，但無延展性，易脆。

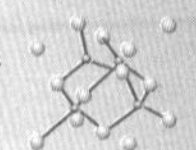

5. 上述4點，整理在表5-3中，而現在再將每種晶體的最大特性點出來。
   (1) 金屬晶體的最大特徵爲其高導電性。
   (2) 離子晶體的最大特徵爲其高水溶性。
   (3) 網狀固體的最大特徵爲其高熔點。
   (4) 根據以上三者篩選後，剩下者應是分子化合物。
6. 半導性元素：
   (1) 固有半導性元素(Intrinsic semiconductor)：週期表中，導電性介於導體與絕緣體間的純元素，如B，Si，Ge，As，Sb，Se，Te，半導性元素的導電性，隨溫度增加而增加。
   (2) N－型半導體(N-type semiconductor)：在ⅣA族半導性元素中，摻入ⅤA族的元素，使成非化學計量化合物。
   (3) P－型半導體(P-type semiconductor)：在ⅣA族半導性元素中，摻入ⅢA族的元素，稱之。

表 5-3　各種晶體性質比較整理

名　稱	圖　　示	晶體中之構成粒子	粒子間之作用力	導電性	熔點	形成條件	其他特性	實例
離子晶體	⊖⊕⊖⊕⊖⊕⊖ ⊕⊖⊕⊖⊕⊖⊕ ⊖⊕⊖⊕⊖⊕⊖ ⊕⊖⊕⊖⊕⊖⊕	正負離子	離子間靜電作用力(強)	s-× l-○ aq-○	高	原子間「陰電性」相差很大	無方向性，硬脆三度空間結構	NaCl Na_2SO_4 NaOH
極性分子晶體	(+−)(+−)(+−) (−+)(−+)(−+) (+−)(+−)(+−)	極性分子	凡得瓦力作用力與電雙極之靜電作用	s-× l-× aq-△	中等高度	非對稱形之分子而且含有極性共價鍵	有方向性，柔軟，水溶性較大，	H_2O HCl NH_2
非極性分子晶體		非極性分子	凡得瓦力	s-× l-× aq-×	低	對稱形分子或分子只含有非極性共價鍵	無方向性，水溶性小。	CO_2 CH_4 Cl_2
網狀晶體		原子	共價鍵	半導體	甚高	通常為IVA族元素或雙原子分子中當兩原子在週期表中屬數平均值為4者	有方向性，硬度甚大。	SiC BN BeO AlN
金屬晶體	⊕−⊕−⊕−⊕ ⊕−⊕−⊕−⊕ ⊕−⊕−⊕−⊕ ⊕−⊕−⊕−⊕ ⊕−⊕−⊕−⊕ ⊕−⊕−⊕−⊕	離子及自由電子	由不定位價電子帶造成的金屬鍵可視為共價鍵的特殊型式	甚大	除鹼金屬外均高	游離能低，空軌域多	無方向性，延展性好。	金屬元素

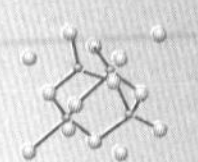

範例 34

根據下表回答問題

物質	水中溶解度	液體導電度	固體導電度	mp(℃)	bp(℃)
A	低	高	高	− 43	363
B	低	低	低	− 186	− 38
C	低	低	低	1460	2720
D	可溶	高	低	820	1600
E	低	高	高	960	2100

(A)形成金屬鍵者為？　(B)形成共價網狀者為？　(C)分子間以凡得瓦力結合者為？　(D)以離子鍵結合者為？

解：A與E在固體狀態都可以導電，這是金屬的最大特徵。D的溶解度最好，這是離子晶體的最大特徵，高達1460℃的熔點，提示C是網狀固體。而低熔點、沸點的B就是分子化合物了。

範例 35

請說明為何金屬晶體具有延展性，而離子晶體卻很脆，受力容易斷裂。

解：由圖5-13中，可以看到離子晶體在受外力作用前，任一離子的周圍都受到相反電荷的離子包圍著，亦即只存在吸引力，但受外力作用後，晶格由某一排開始整個平移了。在平移面上卻存在著相斥的同電荷。因此在這平移面上都不存在吸引力，整排因此而裂開，若換成金屬晶體(見圖5-5)在受外力作用後，也不會產生這種現象。金屬鍵仍然存在著，沒有消失，∴整塊晶體不會斷裂。

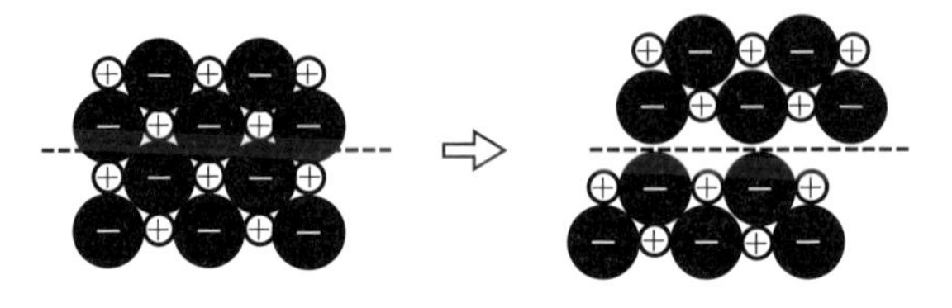

圖 5-13　離子晶體受力後晶格平移的情形

範例 36

以下哪兩項爲分子化合物的特性？

①室溫下爲氣體或液體　②熔點高　③固態不導電，但液態則會導電

④原子間共用電子

(A)①，③　(B)①，④　(C)②，④　(D)②，③。　【86 私醫】

解：(B)

範例 37

在矽或鍺中加入微少量的下列何種元素，會產生 N-型半導體？

(A)B　(B)Ga　(C)As　(D)Ca。　【85 二技材資】

解：(C)

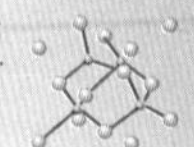

範例 38

Which of the following statements is true about P-type silicon?
(A)It is produced by doping Si with P or As　(B)Electron are the mobile charge carriers　(C)It does not conduct electricity as well as pure Si　(D)All are true　(E)None is true.　【86 成大 A】

解：(E)

(A) P-type是摻入ⅢA族(非ⅤA)

(B) N-type晶格中，相當於是電子在移動而導電，P-type晶體，相當於是電洞在移動而導電。

(C) 由於多了電子(或電洞)在移動，貢獻導電度，∴其導電性較純Si好。P-N接合處，有一高阻抗現象，電流只由P極往N極流動，∴P-N接合處具有整流效果。

綜合練習及歷屆試題

PART I

1. 有關下列各晶體中之鍵的形式何者不正確？
(A)NaCl 爲離子鍵 (B)矽爲離子鍵 (C)Al 爲金屬鍵 (D)CO 分子內爲共價鍵，分子間爲凡得瓦力 (E)H_2O分子內爲共價鍵，分子間爲氫鍵及凡得瓦力。
2. 下列固態物質均爲晶體，以凡得瓦力爲主要結合力者爲
(A)銅 (B)乾冰 (C)食鹽 (D)石墨。
3. 下列各物中，何者同時有離子鍵與共價鍵？
(A)乾冰 (B)氯化鈉 (C)硝酸銀 (D)醋酸 (E)硫酸。
4. 碘氣體分子間的主要引力是
(A)分散力(dispersion force) (B)偶極 (C)離子 (D)共價。
【83 二技動植物】
5. 下列哪一組分子間有氫鍵存在？
(A)H_2 and HI (B)CH_3OH and NH_3 (C)CH_4 and CH_3CH_3 (D)SO_2 and CH_2O (E)H_2 and F_2。 【84 成大環工】
6. 下列化合物中，有幾個本身分子間會產生氫鍵(hydrogen bonding)？
HOOH，CF_3H，N_2H_4，CH_3OH，CH_2O
(A)1 (B)2 (C)3 (D)4。 【85 私醫】
7. 下列關於氫鍵的敘述，何者錯誤？
(A)H_2O的沸點比H_2S的沸點高，因爲H_2O含有氫鍵 (B)乙硼烷(B_2H_6)比BH_3安定，因爲乙硼烷含有氫鍵 (C)氫鍵的鍵能介於共價鍵與凡得瓦力之間 (D)含氫的化合物不一定都有氫鍵。

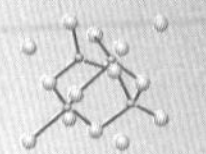

8. 下列有關水的性質，何者可用其氫鍵的存在來解釋？
(A)水是透明的 (B)冰熔化時，體積減少 (C)水具有三相點 (D)水的莫耳汽化熱比H_2S，H_2Se，H_2Te爲大 (E)水的臨界溫度比H_2S，CO_2爲高。【80屏技】

9. 許多有害毒物會積聚於動物體內是因爲：
(A)毒物和動物組織液爲非極性物質 (B)毒物和動物組織液爲極性物質 (C)毒物爲非極性，動物組織液爲極性物質 (D)毒物爲極性，動物組織液爲非極性物質。【84二技環境】

10. 布拉格(Bragg)的繞射方程式是
(A)$M_1V_1=M_2V_2$ (B)$2d\sin\theta=n\lambda$ (C)$E=h\upsilon$ (D)$\lambda=h/p$。【74後中醫】

11. 在目前，下列哪一種技術用在晶體(crystal)中原子排列結構之分析？
(A)X-射線繞射 (B)紅外線吸收 (C)紫外光-可見光吸收 (D)核磁共振吸收。【83二技環境】

12. 下列各項中何者無法用X-射線繞射而得？
(A)晶體的立體排列 (B)分子的結構 (C)分子共價鍵的鍵角及鍵距 (D)原子的電子組態。【76私醫】

13. 下列哪一組結構，屬於正方晶系
(A)$a=b=c$，$\alpha=\beta=\gamma=90°$ (B)$a\neq b\neq c$，$\alpha\neq\beta\neq\gamma\neq 90°$ (C)$a\neq b\neq c$，$\alpha=\beta=\gamma=90°$ (D)$a=b\neq c$，$\alpha=\beta=\gamma=90°$。【74後中醫】

14. 波長1.54A的X-射線，分析鋁金屬，得一反射角$\theta=19.3°$，假設$n=1$，原子間之距離應爲________A。($\sin 19.3°=0.3305$)【78私醫】

15. 下列物質的導電度大小的順序爲
(A)鋁>石墨>鍺>硫 (B)鍺>鋁>石墨>硫 (C)石墨>硫>鋁>鍺 (D)硫>石墨>鋁>鍺。

16. 何者不是網狀固體？
(A)BrCl (B)SiC (C)AlN (D)SiO_2。

17. 下列關於鍵結之敘述何者正確？
(A)形成金屬鍵必具備多電子數及低游離能之條件　(B)金屬鍵無一定的方向性　(C)氫鍵的鍵能約相當於共價鍵的二分之一　(D)雙鍵的鍵能大於單鍵，故較爲穩定。

18. 形成金屬鍵是由於
(A)電子轉移　(B)電子共用　(C)電子之不平等共用　(D)形成混合軌域　(E)空價軌域及低游離能。

19. 金屬容易變形(具有延性和展性)之理由是因金屬鍵
(A)缺乏方向性　(B)鍵角太固定　(C)受壓力易激動　(D)結合力只由價電子負擔　(E)容易氧化。

20. 面心立方結晶(face-centered cubic)之每一單位晶格(unit cell)含有幾個原子？________。【82私醫】

21. 某金屬爲面心立方晶系堆積，則其配位數爲
(A)6　(B)8　(C)10　(D)12。【75私醫】

22. Au呈面心立方晶系，unit cell之邊長爲4.07×10^{-10}m，則Au之半徑爲
(A)1.44　(B)1.33　(C)1.22　(D)1.11×10^{-10}m。【77私醫】

23. 已知金的原子量爲197，其原子半徑爲1.44A，屬面心立方晶體，試求金的密度。【82私醫】

24. 一元素的結晶爲體心立方格子，每一結晶格子的邊長爲3.05A，其密度爲5.96g/cm^3，此元素之原子量爲________。【69私醫】

25. α-Fe之晶體爲一體心立方(body-centered cubic)晶結構，其單位格子(unit cell)之每邊長爲0.2866nm，求α-Fe結晶之密度(原子量Fe：55.847g/mol)。【80成大】

26. 1184℃，鐵由α型(體心)變爲γ型(面心)，設鐵原子半徑不變，則γ-Fe/α-Fe之密度比爲：
(A)1.00　(B)1.04　(C)1.09　(D)1.52　(E)1.89。

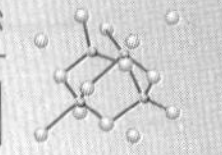

27. 由X-射線知Cu晶體為面心，而其中最近二平面間的距離為1.80Å，求Cu的原子直徑為：
(A)1.8 (B)2.55 (C)3.6 (D)1.76 Å。

28. 已知鈣的原子量為M，密度為d克／立方厘米，又知其為面心立方堆積，若亞佛加厥數以N表示，則此鈣之一個立方格子的邊長為若干厘米？
(A)$\left(\frac{M}{2dN}\right)^{\frac{1}{3}}$ (B)$\left(\frac{M}{4dN}\right)^{\frac{1}{3}}$ (C)$\left(\frac{2M}{dN}\right)^{\frac{1}{3}}$ (D)$\left(\frac{4M}{dN}\right)^{\frac{1}{3}}$。

29. 下列純物質中，何者為離子晶體？
(A)金剛石 (B)硝酸銀 (C)乾冰 (D)碘。 【80私醫】

30. 有一離子固體，以正立方體排列；陽離子(M)位於正立方體之角落(0,0,0)及體心(1/2,1/2,1/2)；而陰離子(A)位於面心(1/2,1/2,0)，(1/2,0,1/2)……等，則此離子固體之組成為
(A)MA (B)M_2A (C)MA_2 (D)M_2A_3。 【81二技動植物】

31. 一立方體的單位晶格中，每面中心是陰離子，角落是陽離子，有多少的(A)陽離子和(B)陰離子出現在格子中？(C)這化合物的簡式為何？

32. 已知Fe^{2+}和O^{2-}的離子半徑分別為0.075nm和0.140nm，利用半徑比的關係預測其配位數為
(A)2 (B)4 (C)6 (D)8。

33. CdS 的晶體構造同 ZnS，若Cd^{2+}與S^{2-}的最短距離為253pm，計算CdS unit cell的邊長及密度。(CdS分子量為144.5) 【79私醫】

34. 氯化鈉晶體係Na^+及Cl^-各形成面心立方格子，而Na^+的最短距離為3.98Å，鈉金屬晶體係由Na原子形成體心立方格子，而原子間最短距離為3.70Å，氯化鈉與金屬鈉之密度比為何？

35. NaCl溶於水後，Na^+與水之間的吸引力是
(A)偶極－偶極 (B)離子－離子 (C)氫鍵 (D)離子－偶極。

【83二技動植物】

36. 下列四種鹵化氫的沸點高低次序中，何者為正確？
(A)$HF > HCl > HBr > HI$　(B)$HF < HCl < HBr < HI$　(C)$HCl < HBr < HI < HF$　(D)$HCl < HF < HBr < HI$。【70私醫】

37. 下面物質關於沸點的高低排列，何者錯誤？
(A)$H_2O > H_2Te > H_2Se$　(B)$CH_3F > CH_3I > CH_3Br$　(C)$(CH_2OH)_2 > H_2O > C_2H_5OC_2H_5$　(D)$SnH_4 > SiH_4 > CH_4$。【73後中醫】

38. 下列各化合物的沸點由高而低排列，何者有誤？
(A)$H_2O > HF > CH_4$　(B)$GeH_4 > SiH_4 > CH_4$　(C)$HI > HBr > HCl$　(D)$HBr > HCl > HF$。【82二技動植物】

39. 下列化合物，CH_4，SiH_4，GeH_4及SnH_4，其沸點依所列的順序由左向右增高。這種趨勢之發生是由於各分子之
(A)偶極矩不同　(B)共價鍵之強度不同　(C)氫鍵之強度不同　(D)凡得瓦力之大小不同。

40. 水的沸點比H_2S的沸點高很多，這是因為
(A)S—H共價鍵比O—H共價鍵強　(B)水分子間的分散力比H_2S間的分散力大　(C)H_2S的極性比H_2O的極性大　(D)水分子間的氫鍵比H_2S間的氫鍵大。【82二技動植物】

41. 設Br_2(分子質量160amu)在59℃沸騰：ICl(分子質量162amu)在92℃沸騰，此沸點差異的最佳解釋為
(A)分子質量不同　(B)I—Cl鍵強度比Br—Br鍵強　(C)Br_2是非極性分子，ICl是極性分子　(D)ICl的分散力強於Br_2。【83私醫】

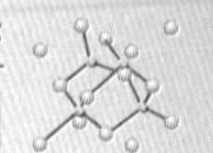

42. 下列何組，前者之熔沸點均高於後者？
(A)二甲苯，甲苯，苯 (B)乙烷，甲烷 (C)正丁烷，異丁烷 (D)對二氯苯，鄰二氯苯。

43. 下列沸點比較正確者有
(A)$CH_3I>CH_3Cl$ (B)環己烷＞環戊烷 (C)$S_8>P_4$ (D)二甲基胺＞三甲基胺 (E)$H_2Se>H_2S$。

44. 下列化合物之沸點，依高低排列，何組正確？
(A)$CH_3F>CH_3I>CH_3Cl$ (B)$(CH_2OH)_2>C_2H_5OH>C_2H_5OC_2H_5$ (C)$NH_3>PH_3>AsH_3$ (D)$NH_3>H_2O>HF$。【79私醫】

45. 下列何者分子間有最強的作用力？
(A)O_2 (B)He (C)CO (D)H_2O。【85二技材資】

46. 在常壓時，下列何者的熔點最高？
(A)CH_4 (B)SiH_4 (C)GeH_4 (D)SnH_4。【85二技材資】

47. 若KBr，MgO，LiF均為面心立方堆積的離子化合物，則熔點的高低順序為________。【84私醫】

48. 下列離子化合物之格子能大小順序為：
(A)KBr＜MgO＜LiF (B)MgO＜KBr＜LiF (C)LiF＜MgO＜KBr (D)KBr＜LiF＜MgO。【82二技環境】

49. 下面化合物比較熔點大小，何者正確？
(A)$LiBr>LiCl$ (B)$MgBr_2>AlBr_3$ (C)$SnCl_4>HgCl_2$ (D)$BeCl_2>CaCl_2$。【73後中醫】

50. 下列化合物之熔點依大小排列，何組正確？
(A)$AlCl_3>CaCl_2>HgCl_2$ (B)$AlCl_3>CaCl_2>NaCl$ (C)$CaCl_2>HgCl_2>AlCl_3$ (D)$HgCl_2>AlCl_3>CaCl_2$。【78私醫】

51. 下列何者mp最高？
(A)$BeCl_2$ (B)$MgCl_2$ (C)$CaCl_2$ (D)BCl_3 (E)CCl_4。

52. 下列物質熔點升高之次序何者為正確？
(A)$HCl < Cl_2 < CCl_4 < NaCl$ (B)$HCl > Cl_2 > CCl_4 > NaCl$ (C)$HCl > CCl_4 > Cl_2 > NaCl$ (D)$HCl < CCl_4 < Cl_2 < NaCl$ (E)$Cl_2 < HCl < CCl_4 < NaCl$。

53. 下列熔點之排列順序，何者正確？
(A)$SiO_2 < CHCl_3 < H_2O < O_2$ (B)$CHCl_3 < H_2O < O_2 < SiO_2$ (C)$O_2 < CHCl_3 < H_2O < SiO_2$ (D)$O_2 < H_2O < SiO_2 < CHCl_3$。 【85私醫】

54. 在25℃時，下列何者的蒸氣壓最大？
(A)$CH_3CH_2CH_2OH$ (B)CH_3OH (C)H_2O (D)NaCl。 【85二技材資】

55. 下列有關物質之沸點高低排列順序，何者錯誤？
(A)HF ＞ HBr ＞ HCl (B)正戊烷＞異戊烷＞新戊烷 (C)B ＞ Be ＞ Li (D)$CF_4 > BF_3 > LiF$。 【86二技衛生】

56. 解釋下列各項：
(1)碘、乾冰易昇華，而鹽、糖則否。 (2)汞之蒸氣壓較酒精小，酒精又比汽油小 (3)空氣液化時，二氧化碳最先凝結。

57. 選出不正確的敘述？
(A)金屬晶體的導電是靠自由電子運動 (B)電解質的導電是靠離子的移動 (C)石墨是靠非固定電子導電 (D)半導體的導電度隨溫度升高而降低 (E)電解質溶液的導電溫度愈高，導電度愈小。

58. 有關晶體下列各項敘述中，何者正確？
(A)離子晶體具有展性及延性 (B)分子晶體(包括高分子之塑膠)具有熱及電的良導性 (C)分子晶體常藉凡得瓦引力所維繫 (D)金屬晶體在展延時，不影響晶體之結構 (E)離子晶體在展延時，產生陽離子與陽離子相遇，陰離子與陰離子相遇之現象。

59. 下列有關離子晶體和金屬晶體的敘述何者正確？
(A)離子晶體和金屬晶體在固態時皆具有導電性 (B)離子晶體不具延展性 (C)離子晶體的熔點一定較金屬晶體爲高 (D)離子晶體的導熱性不良 (E)金屬晶體皆以六方最密堆積的形式排列。

答案： 1.(B) 2.(B) 3.(C) 4.(A) 5.(B) 6.(D) 7.(B) 8.(BDE) 9.(A) 10.(B) 11.(A) 12.(D) 13.(D) 14. 2.33 15.(A) 16.(A) 17.(B) 18.(E) 19.(A) 20. 4 21.(D) 22.(A) 23. 19.4g/cm^3 24. 51 25. 7.28 26.(C) 27.(B) 28.(D) 29.(B) 30.(D) 31.(A)1；(B)3；(C)CA_3 32.(C) 33.(A)5.84A；(B) 4.81g/cm^3 34.(A)$D_{Na}=0.98$；(B)$D_{NaCl}=2.18$；(C)2.225 35.(D) 36.(C) 37.(B) 38.(D) 39.(D) 40.(D) 41.(C) 42.(BC) 43.(ABCDE) 44.(B) 45.(D) 46.(D) 47. MgO > LiF > KBr 48.(D) 49.(B) 50.(C) 51.(C) 52.(A) 53.(C) 54.(B) 55.(D) 56.見詳解 57.(ABCE) 58.(CDE) 59.(BD)

PART II

1. How many kinds of Van der Waals forces. And simply discuss the strength of the forces. 【83清大B】
2. Which of the following is not an intermolecular force?
(A)dispersion force (B)London force (C)van der waals force (D)none of above. 【81淡江】
3. What type of forces are known to exist between water molecules?
(A)London forces (B)hydrogen bonds (C)hydrogen bonds, London

forces, and dipole-dipole forces (D)hydrogen bonds, dipole-dipole forces (E)dipole-dipole forces. 【84成大化學】

4. The strongest intermolecular forces between molecules of HCl are (A)ionic bonds (B)hydrogen bonds (C)ion-dipole attractions (D)London forces (E)covalent bonds. 【85中山】

5. Which of the following molecules exhibits hydrogen bonding? (A)CH_4 (B)HF (C)PH_3 (D)HBr. 【81中山生物】

6. Which of the following compounds can have hydrogen bonding in their pure liquids?
(A)LiH (B)CH_4 (D)HF (D)CH_3OH (E)CH_3COOH. 【77台大】

7. All of the following substances are water soluble except (A)$CH_3CH_2OCH_3$ (B)$CH_3CH_2CH_2OH$ (C)Na_2CO_3 (D)H_2SO_4 (E) CH_3CH_2COOH. 【82成大化學】

8. Carbon has three allotropic forms. Describe their physical and chemical properties. 【80台大甲】

9. potassium metal crystallites in the body-centered cubic structure. The number of nearest-neighbor atoms for each potassium atom in the solid is
(A)4 (B)6 (C)8 (D)10 (E)12. 【80台大丙】

10. Sodium has the body-centered cubic structure, and its lattice parameter is 4.28Å.
(A)How many Na atoms does a unit cell contain?
(B)What fraction of the volume of the unit cell is occupied by Na atoms, if they are repressented by spheres in contact with one another? 【85清大A】

11. An atomic face-centered cubic crystal is 3.92A on an edge and has a density on 21.5g/cm^3. What is its atomic weight?
(A)63.5 (B)48.8 (C)195 (D)207 (E)108. 【84中山】

12. Gold crystallizes in a cubic closest-packed structure. If the Au atom has an atomic radius of 1.44A, what is the length of the unit cell edge in Au? 【83成大環工】

13. Pt, which crystallizes in a face-centered cubic cell, has an edge length of 3.924×10^{-8}cm and an atomic weight of 195.08amu. Using this data, calculate the density of Pt in g/cm^3.
(A)42.9 (B)32.2 (C)0.05 (D)3.30 (E)21.5 g/cm^3. 【83中興B】

14. Titanium metal has a body-centered cubic unit cell. The density of titanium is 4.50g/cm^3. Calculate the edge length of the unit cell and the atomic radius of titanium. (Atomic mass of titanium = 47.88) 【83交大】

15. Ammonia(NH_3) boils 50° higher than phosphine(PH_3), yet phosphine weights twice as much. This may be attributed to
(A)ionic bonds (B)hydrogen bonds (C)covalent bonds (D) metallic bonds. 【84清大B】

16. Most substances that have molecules with approximately the same weight as water molecules are gases at room temperature. Water is a liquid at room temperature because of
(A)extensive hydrogen bonding between water molecules (B)ionic bonding between hydrogen ions and oxide ion (C)covalent bonding between hydrogen atoms and oxygen atoms (D)the lack of motion of water molecules. 【84清大B】

17. Which compound would you expect to have the highest boiling point? (A)methane (B)chloromethane (C)dichloromethane (D)chloroform (E)carbon tetrachloride. 【82成大化學】

18. Which of the following compounds has the highest boiling point? (A)CH_4 (B)CF_4 (C)CCl_4 (D)CBr_4 (E)CI_4. 【86台大C】

19. Which of the following diatomic gases has a boiling point very close to the boiling point of the rare gas Ar? (A)NO (B)Cl_2 (C)F_2 (D)H_2 (E)HCl. 【80台大丙】

20. Hydrogen bonding is shown most strongly in which of the following? (A)HCl (B)HF (C)H_2O (D)NH_3. 【81淡江】

21. Which force makes the most important contribution to the lattice energy of solid argon? (A)van der Waal's force (B)ionic bonding (C)covalent bonding (D)metallic bonding (E)hydrogen bonding. 【82成大化工】

22. Which of the following crystal has the largest lattice energy? (A)NiS (B)BaS (C)KCl (D)$NiCl_4$. 【78台大甲】

23. Which of the following crystals has the largest lattice energy? (A)KCl (B)RbI (C)LiBr (D)MgO (E)NaF. 【81成大環工】

24. Which of the following substances is most likely to exist as a gas at 25℃ and 1atm pressure? (A)MgO (B)C_7H_{16} (C)B_2H_6 (D)AsI_3 (E)LiF. 【81成大環工】

25. For each of the following pairs of substances, predict which will have the higher melting point : (A)KBr, Br_2 (B)SiO_2, CO_2 (C)Se, CO (D)NaF, MgF_2. 【78清大】

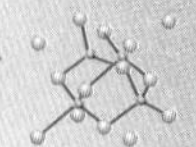

26. Ionic crystals are
(A)good eletric conductors (B)low melting (C)soft (D)nonbrittle (E)hard. 【84成大化學】

27. Which of the following statements about P-N junctions is true?
(A)They conduct large amounts of current in either direction (B) They do not conduct electricity (C)They conduct current from the P-side to the N-side (D)They conduct electricity from the N-side to the P-side (E)none of the above. 【86清大A】

28. The molecules in a sample of solid SO_2 are attracted to each other by a combination of :
(A)London forces and H-bonding. (B)H-bonding and ionic bond.
(C)Covalent bonding and dipole-dipole interactions.
(D)London forces and dipole-dipole interaction
(E)Covalent bonding and London forces. 【88淡江】

29. What is the dominant type of intermolecular force present in liquid benzene (A)ionic (B)dipole-dipole (C)hydrogen bonding (D) dispersion (E)dipole-induced dipole. 【89清大B】

30. Which of the following types of bonding inter actions is primarily responsible for holding the CO_2 molecules in the solid phase?
(A)Covalent bonding (B)Ionic bonding (C)Hydrogen bonding
(D)Van der Waals forces. 【89中興食品】

31. Which statement about hydrogen bonding is true?
(A)Hydrogen bonding is the Intermolecular attractive forces between two hydrogen atoms in solution.
(B)The hydrogen bonding capabilities of water molecules cause $CH_3CH_2CH_2CH_3$ to be more soluble in water than CH_3OH.

(C)Hydrogen bonding of solvent molecules with a solute will not affect the solubility of the solute.

(D)Hydrogen bonding interactions between molecules are stronger than the covalent bonds within the molecule.

(E)Hydrogen bonding arises from the dipole moment created by the unequal sharing of electrons within certain covalent bonds within a molecule. 【88成大環工】

32. The density of gold is 19.3 g/ml and its atomic weight is 197 g/mole. Gold crystallizes in a face-centered cubic unit cell. What is the radius of a gold atom? 【87台大C】

33. Metallic sodium crystallizes in a body-centered cubic lattice. The length of an edge of the unit cell is 0.430nm. The radius of the sodium atom in this crystal is (A)0.372nm (B)0.186nm (C)0.152nm (D)0.304nm (E)none of these. 【89中正】

34. How many lattice points is require to fully define a face centered cubic unit cell? (A)6 (B)8 (C)9 (D)14. 【88台大B】

35. A salt, MY, crystallizes in a simple cubic structure with a Y^- anion at each cube corner and an M^+ cation at the cube center. Assuming that Y^- anions touch each other and also touch the M^+ cation at the center, and the radius of Y^- is 150pm, the radius of M^+ is ： (A)62.0pm (B)110pm (C)124pm (D)220pm (E)none of these. 【88淡江】

36. Solids with long-range microscopic order in their structures are called (A)amorphous (B)crystalline (C)glasses (D)metals (E)none of these. 【88中山】

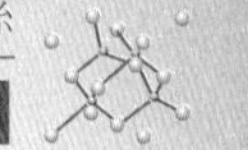

37. In a face-centered cubic lattice, each lattice point located in a side of the unit cell is shared equally with ____ other unit cells
(A)1 (B)3 (C)5 (D)7 (E)none of these. 【88中山】

38. Solid $BaCl_2$ has the same crystal structure as fluoride CaF_2. How many chloride ions surround each Ba^{+2} ion as nearest neighbors in $BaCl_2$ (A)4 (B)6 (C)8 (D)12 (E)none of these. 【88淡江】

39. Which of the following lattices have four cations per unit cell?
(A)NaCl (B)CsCl (C)ZnS (D)CaF (E)Na_2O. 【87台大B】

40. Which of the following molecules has the smallest vapor pressure at 25℃? (A)H_2O (B)CH_3OH (C)CH_3CH_2OH (D)$HO-CH_2CH_2-OH$.
【88台大B】

41. Which of the following would be expected to have the highest normal boiling point? (A)I_2 (B)ICl (C)HI (D)KI (E)cannot be predicted.
【88中山】

42. Each of the following substances is a gas at 25℃ and 1atm pressure. Which one will liquefy most easily when compressed at a constant temperature? (A)F_2 (B)H_2 (C)HF (D)SiH_4 (E)Ar. 【88清大B】

43. Arrange the following molecules, SO_2, Cl_2, and CH_3OH, in the order of increasing intermolecular forces.
(A)SO_2, Cl_2, CH_3OH (B)Cl_2, SO_2, CH_3OH (C)CH_3OH,SO_2,Cl_2
(D)SO_2, CH_3OH, Cl_2 (E)Cl_2, CH_3OH, SO_2. 【87成大A】

44. Which of the following has the lowest boiling point?

(A)H_2O (B)HF (C)HCl (D)HBr (E)HI. 【88輔大】

45. Which of the following noble gas will have the highest critical temperature?

(A)He (B)Ne (C)Ar (D)Kr. 【88台大B】

46. Which of the following molecule has the largest heat of vaporization?

(A)H_2O (B)H_2S (C)H_2Se (D)H_2Te. 【88台大B】

47. Which of the following solid would have the highest melting point?

(A)NaF (B)NaCl (C)NaBr (D)NaI. 【88清大A】

48. Doping Si with As would produce a(n) ______ semiconductor with ______ conductivity compared to pure Si.

(A)n-type, increased (B)n-type, decreased (C)p-type, increased (D)p-type, decreased (E)intrinsic, identical. 【88淡江】

49. Which of the following statements is true about *p*-type silicon?

(A)It is produced by doping P or As with Si.

(B)Electrons are the mobile charge carriers.

(C)It does not conduct electricity as well as pure Si.

(D)It is produced by doping A1 or Ga With Si.

(E)none of these. 【89中正】

50. Which one of the following is not a form of elemental carbon?

(A)diamond (B)graphite (C)gasoline (D)fullerene. 【89台大B】

51. Wihch one of the metals below has the lowest melting point?

(A)Li (B)Na (C)K (D)Cs. 【89台大B】

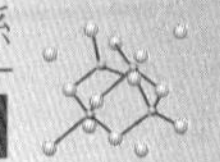

答案：1. 見詳解　2.(D)　3.(C)　4.(C)　5.(B)　6.(CDE)　7.(A)　8. 見詳解　9.(C)　10.(A)2；(B)0.68　11.(C)　12. 4.08A　13.(E)　14.(A)3.28A；(B)$r=1.42$A　15.(B)　16.(A)　17.(E)　18.(E)　19.(C)　20.(C)　21.(A)　22.(B)　23.(D)　24.(C)　25.(A)KBr；(B)SiO_2；(C)Se；(D)NaF　26.(E)　27.(C)　28.(D)　29.(D)　30.(D)　31.(E)　32. 見詳解　33.(B)　34.(D)　35.(B)　36.(B)　37.(E)　38.(A)　39.(AC)　40.(D)　41.(D)　42.(C)　43.(B)　44.(C)　45.(D)　46.(D)　47.(A)　48.(A)　49.(D)　50.(C)　51.(D)

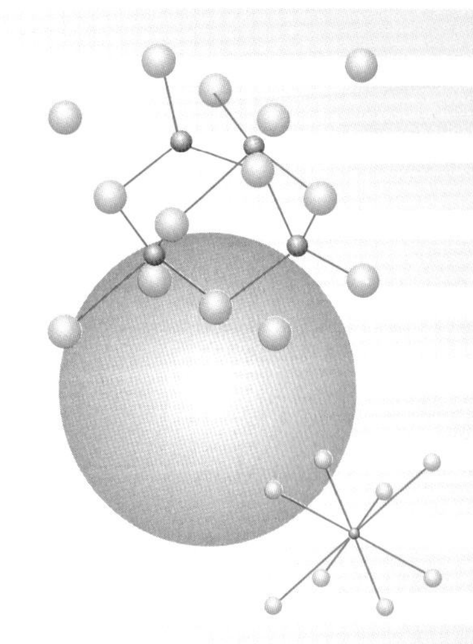

Chapter

6 核化學

本章要目

- 單元一　核的穩定性
- 單元二　核子結合能
- 單元三　核反應
- 單元四　自發性蛻變
- 單元五　天然放射性元素
- 單元六　核分裂與核融合
- 單元七　放射蛻變速率

單元一：核的穩定性

1. 偶數律：大部份穩定的原子核都有偶數個質子和偶數個中子。
2. 魔幻數字(Magic number)：原子核凡有 2，8，20，28，50，82，126個質子數或中子數者，呈特別穩定的狀態。例如$^{4}_{2}He$，$^{16}_{8}O$，$^{208}_{82}Pb$。
3. $\frac{N}{P}$比值與核的穩定性。
   (1) 見圖6-1，N vs P的座標點，落在圖中帶狀區域內者，爲安定核。

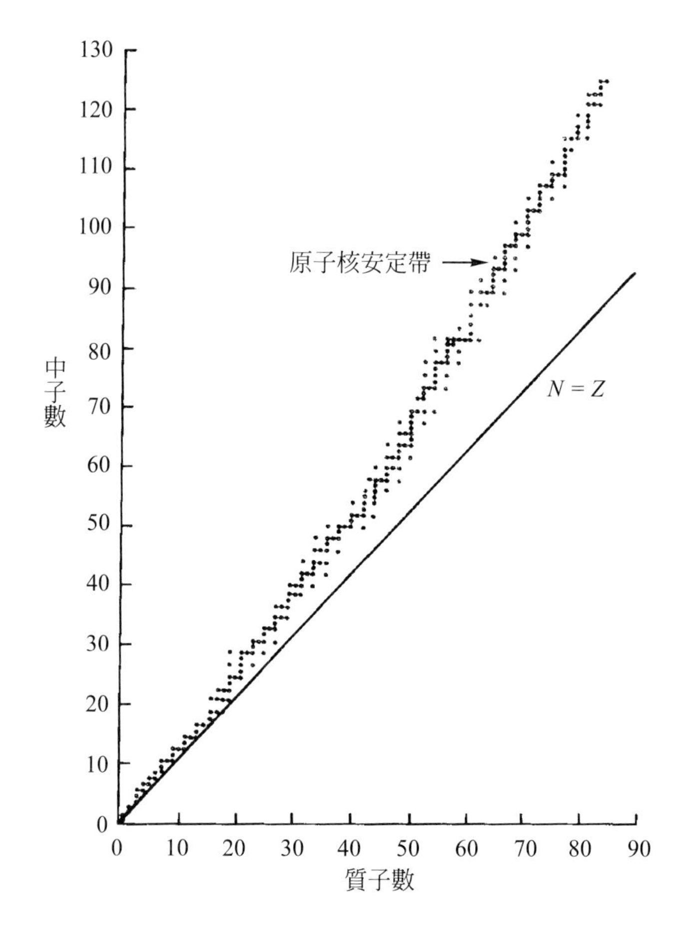

圖6-1　穩定核的分佈情形(摘自Holtzclaw等著普通化學第九版)

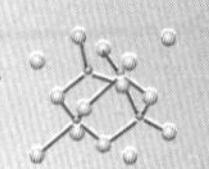

(2) 圖中在橫座標小於 20 之前，N/P比值爲 1，但P(橫座標)＞20 後，N/P開始偏離(大於)1，P愈大，偏離愈多，見下表。

P	＜20	20～40	40～60	60～80	82
N/P	1	1.2～1.3	1.3～1.4	1.4～1.5	1.5

(3) $\frac{N}{P}$比值偏離 1 愈遠，表示N比P多得愈來愈多。這過多的中子可以緩和原子核中，出現愈來愈多的正電荷(質子)所引起的排斥力。

(4) 此圖表只記錄到$P=82$處，因原子序大於 83 者，核皆不穩定有放射性。

(5) 若某核種的N，P座標落在帶狀區域上方，習慣上稱此核爲N/P比值太大。若落在其下方，則稱之爲N/P比值太小。

4. 目前發現到的約 2000 多核種中，人工製造的有 1700 多種，天然界有 300 多種，其中無放射性 279 個，有放射性者 50 多種。這 50 多種核種，其原子序都介於 84～92 之間。

5. 當$Z \le 20$，而Z是偶數時，安定核往往是那些質量數是Z值的兩倍大者，例如：${}^{4}_{2}He$，${}^{12}_{6}C$，${}^{24}_{12}Mg$，${}^{40}_{20}Ca$。

   當$Z \le 20$，而Z是奇數時，安定核往往是那些質量數是Z值的兩倍再加 1 者，例如：${}^{7}_{3}Li$，${}^{23}_{11}Na$，${}^{31}_{15}P$，${}^{39}_{19}K$。

範例 1

最穩定原子核是含有：

(A)偶數中子與偶數質子　(B)偶數中子與奇數質子　(C)偶數質子，奇數中子　(D)奇數中子與奇數質子　(E)無法確定。

解：(A)

偶數律。

範例 2

考慮原子序及質量數的魔數(magic number)則下列何者最穩定

(A)$^{14}_{6}C$ (B)$^{40}_{20}Ca$ (C)$^{19}_{10}Ne$ (D)$^{18}_{8}O$。

解：(B)

$^{40}_{20}Ca$的$P=20$，$N=20$，20是魔數其中之一。

範例 3

下列何者不爲穩定核？

(A)$^{22}_{11}Na$ (B)$^{30}_{15}P$ (C)$^{24}_{11}Na$ (D)$^{32}_{15}P$ (E)$^{12}_{6}C$。

解：(A)(B)(C)(D)

依據本單元重點5.，$^{23}_{11}Na$及$^{31}_{15}P$才是安定核。

單元二：核子結合能

1. 核力(nuclear force)是核子之間的引力，作用於質子與質子、中子與中子，以及中子與質子間，此種可使帶正電的質子與不帶電的中子在沒有任何負電荷的情況下，緊緊地靠在一起的力量是非常不同於

(且大於)電子與質子間的庫倫力。事實上，核力是目前所發現最強的吸引力。(核子就是指質子及中子)

2. 原子核結合能(nuclear binding energy)是核子結合形成原子核時所釋出的能量。
   (1) 核子結合能量的來源起於質能互換。
   (2) 質能互換公式：
      ① $E=(\Delta m)C^2$ (6-1)
      ② $1\text{u}\equiv 931.5\text{MeV}$ (6-2)

      導證：$E=(\Delta m)C^2$

$$=1\text{u}\times\frac{1}{6.02\times10^{23}}\ \text{g/u}\ \times10^{-3}\ \text{kg/g}\times(3\times10^{8})^2\ \text{m}^2/\text{s}^2$$
$$=1.5\times10^{-10}\ \text{J}$$
$$=1.5\times10^{-10}\ \text{J}\times\frac{1}{1.6\times10^{-19}}\ \text{eV/J}\times10^{-6}=931.5\text{MeV}$$

   (3) 核子數愈多，所需的「核結合能」就愈大。但「每一核子結合能」的最大值出現在質量數大約60左右，見圖6-2。

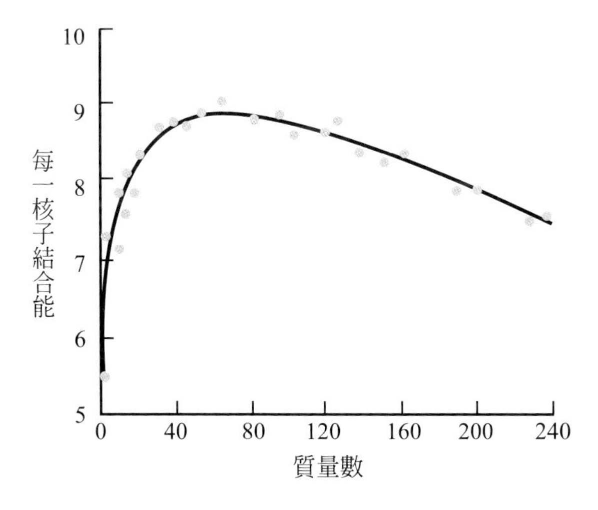

圖 6-2　每一核子結合能，隨質量數的變化情形(摘自 Holtzclaw 等著“普化”第九版)

(4) 質量數近於 60，其核子結合能最大，最爲安定，這“安定”二字是指不易起核分裂及核融合方面，並非指其無放射性(如Co^{60}不起核分裂及核融合，但本身可放出β及γ的放射性元素)。

範例 4

原子彈爆發時所產生的能量主要由於
(A)消失了相當部份的質量　(B)發生激烈的化學反應　(C)分裂的原子發生燃燒　(D)放出了大量的高速中子。　【69 私醫】

解：(A)

與核能有關的任何核反應，其能量來源都是質能互換。由藉著消失了一部份的質量(質虧)而轉成巨大的能量。

範例 5

The mass defect for an iron-56 nucleus is 0.52872u. What is the binding energy for this necleus?($1u = 1.66\times10^{-24}g$)
(A)7.9×10^{-11}J　(B)5.3×10^{-11}J　(C)4.6×10^{-11}J　(D)2.8×10^{-11}J　(E)none of the above.　【86 清大 B】

解：(A)

$$E = (\Delta m)C^2$$
$$= (0.52872\times1.66\times10^{-24}\times10^{-3})\times(3\times10^8)^2 = 7.9\times10^{-11}J$$

範例 6

計算以下同位素每一核子的結合能：

(A)$^{15}_{8}O$ 15.00300u (B)$^{16}_{8}O$ 15.99491u (C)$^{17}_{8}O$ 16.99913u (D)$^{18}_{8}O$ 17.99915u (E)$^{19}_{8}O$ 19.00350u。你認爲何者最穩定？

(1P = 1.00728，1N = 1.008665，1e = 0.000545)

解：(A)^{15}O的組成粒子含8個P，8個E及7個N。

$\Delta m = (1.00728 + 0.000545)\times 8 + 1.008665\times 7 - 15.003$

$= 0.120255u$

$\because 1u \equiv 931.5MeV$

$\therefore$核結合能 $= 0.120255\times 931.5 = 112.02MeV$

每一核子結合能 $= 112.02/15 = 7.47MeV$

(B) ^{16}O的組成粒子含8個P，8個E及8個N。

$\Delta m = (1.00728 + 0.000545 + 1.008665)\times 8 - 15.99491$

$= 0.13701u$

核結合能 $= 0.13701\times 931.5 = 127.6MeV$

每一核子結合能 $= 127.6/16 = 7.98MeV$

(C)～(E)的作法類似以上兩小題。

(C)核結合能 = 131.8MeV，每一核子結合能 = 7.75MeV

(D)核結合能 = 139.8MeV，每一核子結合能 = 7.77MeV

(E)核結合能 = 143.8MeV，每一核子結合能 = 7.57MeV

五項當中的(B)，其每一核子結合能爲7.98MeV，是五項中最大的，這表示^{16}O原子核中的核子被束縛得最緊。因此，它最穩定。

範例 7

由核子形成下列各種核之何者時，每莫耳之核子結合能最大？

(A)$_1H^2$　(B)$_2He^4$　(C)$_8O^{16}$　(D)$_{26}Fe^{58}$　(E)$_{92}U^{238}$。

解：(D)

質量數愈接近 60 者，最大。

單元三：核反應

1. 核反應有四個類型：
   (1) 人工或自然放射核的自然蛻變，見範例 9。它又可分成四種型態，詳見單元四。
   (2) 電磁輻射或快速運動的粒子被原子核捕捉後形成不穩定核然後蛻變，稱為人工撞擊反應(bombardment)，見範例 10。
   (3) 不穩定重核的分裂，見範例 11。進一步探討見單元六。
   (4) 只在太陽及其它天體自然發生的輕原子核融合反應。詳見單元六。
2. 核反應方程式的平衡：
   (1) 反應後，已由甲核變成乙核，∴原子平衡的原則在核反應中不再遵守，連帶地，分子也不再守恆。
   (2) 反應前後，核子總數(也恰是質量數)不滅。也就是方程式中各粒子的上標數字要守恆。
   (3) 反應前後，電荷數不滅，也就是方程式中各粒子的下標數字要守恆。例如下式平衡中，左邊上標數字 14 + 4 會等於右邊的上標數字 17 + 1，左邊的下標數字 7 + 2，會等於右邊的下標數字 8 + 1。

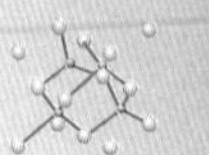

$^{14}_{7}N + ^{4}_{2}\alpha \longrightarrow ^{17}_{8}O + ^{1}_{1}H$

3. 核反應中常見的粒子符號，見表 6-1。

表 6-1

名　稱	符　號
α粒子(氦核)	α，$^{4}_{2}\alpha$，$^{4}_{2}He$
電子(β負粒子)	β^{-}，$^{0}_{-1}\beta$，$^{0}_{-1}e$
正子(β正粒子)	β^{+}，$^{0}_{+1}\beta$，$^{0}_{+1}e$
質子(氫核)	P，$^{1}_{1}P$，$^{1}_{1}H$
中子	n，$^{1}_{0}n$
微中子	υ，$^{0}_{0}\upsilon$
反微中子	$\bar{\upsilon}$，$^{0}_{0}\bar{\upsilon}$
重氫	d，$^{2}_{1}d$
γ射線	$^{0}_{0}\gamma$

範例 8

核反應遵守下列何種定律？

(A)質子不滅　(B)原子不滅　(C)核子不滅　(D)分子不滅　(E)質量不滅　(F)質能不變　(G)電荷不滅。

解：(A)在放射β及放射β^{+}型態中，質子與中子會互相轉換，∴不會守恆。

(B)(D)，本單元重點 2.-(1)已述及其不會守恆。

(E)任何核反應，都會有質量虧損發生，以便轉化成能量，∴質量不會守恆。

∴答案是(C)(F)(G)。

類題

關於核反應之敘述，下列何者為錯誤？
(A)核反應中核子(nucleons)總數不變 (B)電荷不滅定律可應用於核反應上 (C)核反應每克反應物所釋之能量，約為普通化學反應的10^7或10^8倍或更多(D)反應物之核結合能等於生成物之核結合能。【75 私醫】

解：(D)

範例 9

$^{226}_{88}Ra$放出一個α粒子，生成的核質子(nuclide)是
(A)$^{222}_{87}Fr$ (B)$^{222}_{86}Rn$ (C)$^{224}_{86}Rn$ (D)$^{224}_{84}Po$。【83 二技動植物】

解：(B)

假設生成的核子為$^{Y}_{X}A$，而α粒子的上下標符號為$^{4}_{2}\alpha$

$^{226}_{88}A \longrightarrow {}^{4}_{2}\alpha + {}^{Y}_{X}A$

$226 = 4 + Y \quad \therefore Y = 222$

$88 = 2 + X \quad \therefore X = 86$

類題

當$^{201}_{80}Hg$原子核捕獲一個電子後，放射出γ射線，則生成的新核為：
(A)$^{201}_{79}Au$ (B)$^{202}_{80}Hg$ (C)$^{201}_{78}Pt$ (D)$^{200}_{80}Hg$。【85 二技材資】

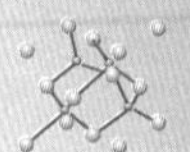

解：(A)

$^{201}_{80}Hg + ^{0}_{-1}\beta \longrightarrow ^{Y}_{X}A + ^{0}_{0}\gamma$

範例 10

(A)碳-14 可以中子撞擊$^{14}_{7}N$而產生，試寫出其核反應方程式。

(B)硼元素($^{10}_{5}B$)用於輕水核反應爐以控制中子之數目，該反應會產生α粒子，試寫出其核反應方程式。 【80 成大化學】

解：(A)假設反應所生成的粒子爲$^{Y}_{X}A$，依題意寫出方程式如下：

$^{14}_{7}N + ^{1}_{0}n \longrightarrow ^{14}_{6}C + ^{Y}_{X}A$，依守恆原則算出$Y = 1$，$X = 1$

此粒子爲$^{1}_{1}P$，∴反應式爲$^{14}_{7}N + ^{1}_{0}n \longrightarrow ^{14}_{6}C + ^{1}_{1}P$

(B) $^{10}_{5}B + ^{1}_{0}n \longrightarrow ^{4}_{2}\alpha + ^{Y}_{X}A$，求得$Y = 7$，$X = 3$，此粒子爲$^{7}_{3}Li$

∴反應式爲$^{10}_{5}B + ^{1}_{0}n \rightarrow ^{4}_{2}\alpha + ^{7}_{3}Li$

這兩個反應屬於人工撞擊型式，它有另一種表達法，B(n，α)Li。也就是把父代核，子代核，分別寫在括弧的左右兩端，撞擊的彈丸及放射出的粒子，則寫於括弧內。見以下類題。

類題

寫出如下核反應？

(A)$^{10}_{5}B(\alpha，n)$ (B)$^{45}_{21}Sc(\alpha，p)$ (C)$^{51}_{23}V(d，2n)$ (D)$^{12}_{6}C(p，\gamma)$。

解：(A)$^{10}_{5}B(^{4}_{2}\alpha，^{1}_{0}n)^{13}_{7}N$，(B)$^{45}_{21}Sc(^{4}_{2}\alpha，^{1}_{1}p)^{48}_{22}Ti$ (C)$^{51}_{23}V(^{2}_{1}d，2^{1}_{0}n)^{51}_{24}Cr$ (D)$^{12}_{6}C(^{1}_{1}P，^{0}_{0}\gamma)^{13}_{7}N$。

範例 11

When $^{235}_{92}U$ is bombarded with one neutron, fission occurs and the products are three neutrons, $^{94}_{36}Kr$, and

(A)$^{139}_{56}Ba$ (B)$^{142}_{53}I$ (C)$^{141}_{56}Ba$ (D)$^{139}_{58}Ce$ (E)$^{139}_{54}Xe$. 【84 中山】

解：(A)

$^{235}_{92}U + ^{1}_{0}n \longrightarrow ^{94}_{36}Kr + ^{Y}_{X}A + 3^{1}_{0}n$

$235 + 1 = 94 + Y + 3 \quad \therefore Y = 139$

$92 + 0 = 36 + X + 0 \quad \therefore X = 56$

範例 12

已知$_{84}X$經一次α蛻變和一次β蛻變後形成^{214}Y，則下列敘述，何者正確？(A)原$_{84}X$中含有 218 個中子 (B)形成之^{214}Y中有 84 個質子 (C)原$_{84}X$中含有 134 個中子 (D)形成之^{214}Y中有 82 個質子。 【86 二技衛生】

解：(C)

$^{A}_{84}X \longrightarrow ^{214}_{Z}Y + ^{4}_{2}\alpha + ^{0}_{-1}\beta$

$A = 214 + 4 + 0 = 218$，$84 = Z + 2 - 1$，$\therefore Z = 83$

$\therefore$原$^{218}_{84}X$含 84 個P，134(218 − 84)個N，而$^{214}_{83}Y$含 83 個P，131 個N。

類題

核反應$^{235}_{92}U \longrightarrow ^{207}_{82}Pb$共放射了

(A)5 個α及 4 個β粒子 (B)7 個α及 2 個β粒子 (C)7 個α及 4 個β粒子 (D) 4 個α及 4 個β粒子。 【86 二技環境】

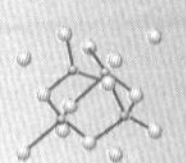

解：(C)

$$^{235}_{92}U \longrightarrow ^{207}_{82}Pb + a\,^{4}_{2}\alpha + b\,^{0}_{-1}\beta$$

$235 = 207 + 4a \qquad \therefore a = 7$

$92 = 82 + 2a - b \qquad \therefore b = 4$

範例 13

放射性元素所放射的質點或射線中，帶陰電荷的是

(A)α質點　(B)β質點　(C)γ射線　(D)正子　(E)中子。

解：(B)

單元四：自發性蛻變(spontaneous decay)

1. 可分成四種型式：
   (1) 放射α(α-emission)：如$^{226}_{88}Ra \longrightarrow ^{222}_{86}Rn + ^{4}_{2}\alpha$
   (2) 放射β(β^--emission)：如$^{24}_{11}Na \longrightarrow ^{24}_{12}Mg + ^{0}_{-1}\beta$
   (3) 放射正子(β^+-emission)：如$^{13}_{7}N \longrightarrow ^{13}_{6}C + ^{0}_{+1}\beta$
   (4) 電子捕獲(electron capture)：如$^{37}_{18}Ar + ^{0}_{-1}\beta \longrightarrow ^{37}_{17}Cl$
2. 各反應型式發生的條件：
   (1) 放射α：$Z > 83$，$\frac{N}{P}$比太小。
   (2) 放射電子：$\frac{N}{P}$比太大。
   (3) 放射正子：$\frac{N}{P}$比太小，父代質量比子代質量至少大0.0011u。

範例 22

由$^{238}_{92}U$發生連續蛻變至鉛(原子序 82，質量數 206)時共發生幾次α蛻變及β蛻變？

解：假設放射a個α及b個β

$$^{238}_{92}U \longrightarrow {}^{206}_{82}Pb + a\,{}^{4}_{2}\alpha + b\,{}^{0}_{-1}\beta$$

$238 = 206 + 4a$ $\quad\therefore a = 8$ 個，代入下式

$92 = 82 + 2a - b$ $\quad$ 得$b = 6$ 個

範例 23

天然放射性元素$^{238}_{92}U$可連續蛻變成爲一系列。何項並非其產物核？
(A)$^{223}_{88}Ra$ (B)$^{210}_{82}Pb$ (C)$^{212}_{84}Po$ (D)$^{234}_{82}U$ (E)$^{214}_{83}Bi$。

解：天然放射性的蛻變模式只有α，β，γ三種，其中放射α，會導致質量數少 4，而β，γ蛻變，不會導致質量數改變。因此整個系列中，任一中途核種與最起點 U-238 的質量數來比較，應差 4 的倍數。∴(A)(C)與 238 相差 15 及 26，不是 4 的倍數，因此一定不在此系列中。

單元六：核分裂與核融合

1. 核分裂(nuclear fission)：
   (1) 意義：質量數較大之每核子結合能較小，其核較不穩定，故當一個重核(諸如鈾、鈽)分裂爲二個較輕核及 1～3 個中子時可釋放出大量熱量，此即核分裂。

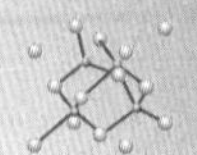

(2) 典型例子：$^{235}_{92}U + ^{1}_{0}n \longrightarrow ^{141}_{56}Ba + ^{92}_{36}Kr + 3\,^{1}_{0}n$

(3) 只有U-235，U-233，Pu-239能起核分裂。

(4) 鏈鎖反應：藉核分裂製造原子彈或原子爐時，乃以一慢中子(thermal neutron)撞擊重核產生更多的新生快中子，此新生中子在減速劑(如石墨或重水)減速後又能引發其餘重核之核分裂，直至重核全部分裂完爲止，此種一連串反應稱爲鏈鎖反應。

(5) 維持鏈鎖反應之三條件：

① 須大於臨界質量：引起鏈鎖反應之最小質量稱爲臨界質量或臨界大小(Critical size)。例如：^{235}U之臨界質量爲48.8公斤，^{239}Pu爲16.28公斤。

② 原料必須純淨避免中子被雜質吸收，而鏈鎖反應停止。

③ 須置入一種減速劑(如石墨或重水)，使新生之快中子減速成慢中子(或稱熱中子)方能使重核繼續分裂。

(6) 特性：

① 核分裂速度極快所引起溫度上升可至攝氏一千萬度以上。

② 產生之子核如$^{103}_{42}Mo$，$^{131}_{50}Sn$，$^{141}_{56}Ba$與$^{92}_{36}Kr$等均爲不穩定原子核，可放射出β與γ射線造成危害。

③ 可利用鎘棒或硼鋼棒吸收中子，以控制核分裂之速率，原子爐即利用此特性控制原子能釋放，而應用於和平用途方面。

$^{10}_{5}B + ^{1}_{0}n \longrightarrow ^{7}_{3}Li + ^{4}_{2}\alpha$

$^{113}_{48}Cd + ^{1}_{0}n \rightarrow ^{114}_{48}Cd + \gamma$

2. 核融合(nuclear fusion)：

(1) 意義：兩輕核熔成較大質量之核時，由於核子結合能增加，故可放出大量熱量。且同重量時核融合之熱量大於核分裂。

(2) 典型例子：

$^{2}_{1}H + ^{2}_{1}H \longrightarrow ^{4}_{2}He + ^{1}_{0}n + 3.78\times10^{8}$ kCal/mole

$4\,^{1}_{1}H \longrightarrow ^{4}_{2}He + 2\,^{0}_{+1}\beta +$能(該反應發生於太陽表面)

$^{6}_{3}Li + ^{2}_{1}H \rightarrow 2\,^{4}_{2}He$，$2\,^{2}_{1}H \rightarrow ^{3}_{1}H + ^{1}_{1}H$(氫彈)

(3) 特性：

① 沒有臨界大小限制。

② 起始該反應極困難，因爲此反應之活化能極高，需要10^7℃之高溫，故亦稱爲熱核反應。氫彈乃以具核分裂性之原子彈被引發時，所產生之高溫再促使核融合反應。

範例 24

下列何元素，不能做分裂彈中的分裂物質？
(A)U-238　(B)U-235　(C)Pu-239　(D)U-233。【73 後中醫】

解：(A)

分裂彈指的是進行核分裂的原子彈。

範例 25

在核子反應器中，石墨棒：
(A)能改變迅速運動之中子爲熱中子　(B)與^{235}U起反應以放出能　(C)供給氫核以分裂^{238}U　(D)供給α質粒　(E)使他還原。

解：(A)

石墨棒與重水是較常用的減速劑。

範例 26

下列何者與核融合反應有關？
(A)台電核能三廠　(B)氫彈　(C)太陽發光　(D)^{235}U的衰變　(E)^{14}C人工定年法。

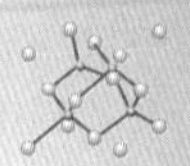

解：(B)(C)

範例 27

下列反應式中之最左方反應物 1 克發生下列所示反應時，放出之熱量(kcal)最多者爲何項？

(A)$^{226}_{88}Ra \longrightarrow ^{222}_{86}Rn + ^{4}_{2}He$ (B)$4\,^{1}_{1}H \longrightarrow ^{4}_{2}He + 2\,^{0}_{+1}e$ (C)$H_{2(g)} + \frac{1}{2}O_2 \longrightarrow H_2O_{(l)}$

(D)$^{239}_{94}Pu + ^{1}_{0}n \longrightarrow x + y + 2\,^{1}_{0}n$。

解：(B)

放射反應(核反應)的能量效應比化學反應強很多，而化學反應的能量效應又比物理變化(如相變化)大一些。所有放射反應中，又以核融合所產生的能量最大。

類題

求計如下融合放出的能量。

$^{1}_{1}H + ^{2}_{1}H \longrightarrow ^{3}_{2}He$

原子質量爲：$^{1}_{1}H$：1.0078u；$^{2}_{1}H$：2.0141u；$^{3}_{2}He$：3.0160u。

解：(1) 先推算質虧=1.0078+2.0141 − 3.0160 = 0.0059u

(2) 0.0059×931.5 = 5.49MeV

範例 28

比較核分裂與核融合的優缺點

解：(1) 核融合的優點：

① 原料(H)來源容易，而且不虞匱乏。

② 沒有放射污染。

③ 不必有處理核廢料的困擾。

④ 能量效應較高。

⑤ 沒有臨界質量的限制。

(2) 核融合的缺點：活化能太高，必需在非常高溫下才會進行。

(3) 核分裂的優點就是核融合的缺點，而核分裂的缺點就是核融合的優點。

單元七：放射蛻變速率

1. 蛻變速率方程式：

(1) a(活性)$=R$(反應速率)$=kN$　　(6-3)

k：速率常數，N：原子核數目

(2) 放射反應屬動力學中的一級反應。

(3) 將(6-3)式積分後(見第7章)，得以下積分式

① $\ln\frac{a_0}{a}=kt$　　(6-4)

a_0：$t=0$時的放射強度，a：蛻變後殘餘的放射強度

② 由(6-3)式知a正比於N，∴(6-4)式也可寫成

$$\ln\frac{N_0}{N}=kt \qquad (6\text{-}5)$$

N_0：放射前的量，N：蛻變後的殘餘量

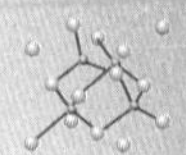

③ 經由數學導證，(6-5)式還可以再寫成

$$\frac{N}{N_0}=\left(\frac{1}{2}\right)^{\frac{t}{t_{\frac{1}{2}}}} \tag{6-6}$$

t：時間，$t_{\frac{1}{2}}$：半衰期

(4) 半衰期(half-life)$t_{\frac{1}{2}}$：因放射而蛻變一半量，所需的時間。在(6-5)式中，$t=t_{\frac{1}{2}}$時，N剩下原來的一半，即$N=\frac{1}{2}N_0$，代入(6-5)式中。

$$\ln\frac{N_0}{\frac{1}{2}N_0}=kt_{\frac{1}{2}}$$

$$\ln 2=kt_{\frac{1}{2}}，\therefore t_{\frac{1}{2}}=\frac{\ln 2}{k}=\frac{0.693}{k} \tag{6-7}$$

(5) 放射性(a)強度常用的單位：居里

1 居里 $=3.7\times10^{10}$蛻變數／sec

2. 放射性的影響因素：若將(6-7)式代入(6-8)式，得

$$a=\frac{0.693}{t_{\frac{1}{2}}}N \tag{6-8}$$

(1) 由上式知a與N成正比。

(2) 由上式知a與$t_{\frac{1}{2}}$成反比。

3. 放射變化的一些特性：

(1) 放射性發自原子核，故與此原子之電子組態無關。

(2) 放射強度與含此放射性元素之多寡成正比，決不因其為元素或化合物而有差異。

(3) 對同一核種而言，其衰變有一定之半生期，但不同核種其半生期各不相同。放射速率愈大半生期愈短，放射強度愈強。

(4) 放射反應的活化能(E_a) = 0，∴放射強度不受外界因子之影響而改變。例如：改變溫度、濕度、壓力等。

(5) 放射變化爲不可逆性。

(6) 放射性發生的結果，甲元素可能變成乙元素。

4. 放射衰變、速率的應用：

(1) 利用^{14}C可測古代化石的年代。
碳-14 的半生期——5770 年而目前$^{14}_{6}C$活性是每克碳每分 15.3 蛻變。見範例35。

(2) 利用 U-Pb 衰變，可測岩石年代。
U-238的半生期——45 億年。見範例36。

表6-4　若干重要放射同位素及其半生期及蛻變型

	同位素	半生期	蛻變型式
天然放射同位素	^{238}U	4.5×10^9 yr	α
	^{235}U	7.1×10^8 yr	α
	^{232}Th	1.4×10^{10} yr	α
	$^{40}_{19}K$	3×10^9 yr	α
	$^{14}_{6}C$	5700yr	β
	$^{226}_{88}Ra$	1600yr	α
人工放射同位素	$^{239}_{94}Pu$	24000yr	α
	$^{137}_{55}Cs$	30yr	β
	$^{90}_{38}Sr$	28yr	β
	$^{131}_{53}I$	8.1days	β
	$^{60}_{27}Co$	5.2yr	β

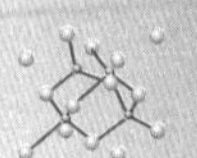

範例 29

下列各放射性原子核之半生期分別爲U^{238}—4.5×10^{9}年；Th^{234}—24 日；Ra^{226}—1.6×10^{3}年；Rn^{222}—3.8 日；S^{30}—1.4 秒，則何者之放射性最強？
(A)U^{238}　(B)Th^{234}　(C)Ra^{226}　(D)Rn^{222}　(E)S^{30}。

解：(E)

(6-8)式知，半衰期愈短，放射性愈強。

範例 30

$^{210}_{82}Pb$具放射性放出β射線，每克下列各物質中，放射性強度何者爲最大？
(A)$^{210}_{82}PbO$　(B)$^{210}_{82}PbO_2$　(C)$^{210}_{82}PbS$　(D)$^{210}_{82}Pb(OH)_2$。

解：(A)

由(6-8)知，a與^{210}Pb的量成正比，因此必須先計算各物中^{210}Pb的含量，而各物中 Pb 的含量與各物的莫耳數有關。莫耳數計算於下：

(A)$\dfrac{1}{210+16}$　(B)$\dfrac{1}{210+32}$　(C)$\dfrac{1}{210+32}$　(D)$\dfrac{1}{210+34}$

其中以(A)的莫耳數最大。

範例 31

^{131}I同位素之半生期爲 8.05 日，若取 25.0mg 具放射性之$Na^{131}I$治療甲狀腺癌患者，經過 32.2 天後，體內仍殘留多少 mg？
(A)6.25mg　(B)12.5mg　(C)3.13mg　(D)1.56mg。【80 私醫】

解：(D)

$\frac{32.2}{8.05}=4$，經過4組半衰期時間，若所經過的時間恰為半衰期的整數組，建議優先使用(6-6)式

$$\frac{N}{25}=\left(\frac{1}{2}\right)^4 \qquad \therefore N=1.56\text{mg}$$

類題

某放射性元素之放射能，當轉變為$\frac{1}{1000}$時，其所需時間約為半衰期之幾倍？

(A)5　(B)10　(C)15　(D)20。　【82 二技環境】

解：(B)

1000大約為1024，$1024=2^{10}$

範例 32

鐳(Ra)之半衰期(Half-life)為1620年，於放射後，其量僅剩餘最初之1/10量，則可求所經歷的時間為________年。(已知鐳之原子序為88，原子量為226.0，log 2＝0.3010)　【71 私醫】

解：(1)　先以$\frac{1}{10}=\left(\frac{1}{2}\right)^n$，判斷出$n$不會是整數，不建議代(6-6)式，改代(6-5)式。

(2) 假設初量$N_0 = 10$，剩量爲$\frac{1}{10}$的 1，$k = \frac{0.693}{t_{\frac{1}{2}}}$

$\ln\frac{10}{1} = \frac{0.693}{1620} \cdot t \qquad \therefore t = 5380$ 年

類題

某放射性元素其 1000 個原子核在 1 分鐘內衰變 400 個，再經 1 分鐘後尚有若干個原子起衰變？

(A)240 (B)400 (C)600 (D)800 (E)360。

解：(A)

$\ln\frac{1000}{600} = k \times 1 \cdots\cdots (1)$

$\ln\frac{600}{N} = k \times 1 \cdots\cdots (2)$

解得$N = 360$(剩餘)，再衰變量$= 600 - 360 = 240$

範例 33

A nuclide has a decay rate of 3.2×10^9/s. 40 days later, its decay rate is 2×10^8/s. What is the nuclide's half-life (in days)?

(A)5 (B)10 (C)20 (D)40 (E)80. 【86 台大 C】

解：(B)

(1) decay rate 是a活性單位，建議用(6-4)式

(2) $k = \frac{0.693}{t_{\frac{1}{2}}}$，一併代入(6-4)式

$$\ln\frac{a_0}{a}=\frac{0.693}{t_{\frac{1}{2}}}t$$

$$\ln\frac{3.2\times10^9}{2\times10^8}=\frac{0.693}{t_{\frac{1}{2}}}\times40 \qquad \therefore t_{\frac{1}{2}}=10\text{ 天}$$

範例 34

$^{35}_{16}S$之半衰期爲 86.7 日，則 0.000100g 的$^{35}_{16}S$之試樣之放射性強度(以居里計)是多少？

解：若強度以居里計，必須將半衰期轉換成以秒計，

N則以原子核數計量

$$a=kN=\frac{0.693}{t_{\frac{1}{2}}}N$$

$$=\left(\frac{0.693}{86.7\times24\times3600}\right)\times\left(\frac{0.0001}{35}\times6.02\times10^{23}\right)$$

$$=1.6\times10^{11}\text{蛻變數}/\text{sec}$$

$$=\frac{1.6\times10^{11}}{3.7\times10^{10}}\text{居里}=4.3\text{ 居里}$$

類題

The disintegration rate for a sample containing $^{60}_{27}Co$ as the only radioactive nuclide is found to be 6740 dis/h. The half-life of $^{60}_{27}Co$ is 5.2 years. Estimate the number of atom of $^{60}_{27}Co$ in the sample. 【86 清大 B】

解：(1) $\because a$的單位爲 dis/h，$\therefore$先將$t_{\frac{1}{2}}$也轉化爲 h

$$t_{\frac{1}{2}}=5.2\times365\times24=4.56\times10^4\text{h}$$

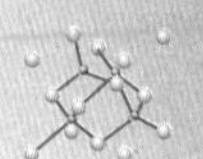

(2)　$a = kN = \frac{0.693}{t_{\frac{1}{2}}} N$

$6740 = \frac{0.693}{4.56\times10^{4}} N$　　$\therefore N = 4.4\times10^{8}$顆

範例 35

在法國的 Lascaux 洞穴中有一種物品它與C^{14}具有相同的衰變速率，每一分鐘每一克碳發生 2.25 次衰變，試問這些物品有多少年代？

解：^{14}C的半衰期為 5770 年，代入(6-4)式

$\ln\frac{15.3}{2.25} = \frac{0.693}{5770}\times t$

$\therefore t = 16000$ 年

範例 36

某種含鈾礦經分析後，獲知含Pb^{206}及U^{238}之重量比為 0.3472：1.000，若U^{238}的半生期為 45 億年，估該礦物有

(A)2.18×10^{9}年　(B)3.12×10^{9}年　(C)5.68×10^{9}年　(D)7.32×10^{9}年。【70 私醫】

解：(1)　先依計量化學推算出原有 U 的重，假設 U 反應少了x g

$^{238}U \longrightarrow {}^{206}Pb$

$1 : 1 = \frac{x}{238} : \frac{0.3472}{206}$　　$\therefore x = 0.4011g$

(2)　可見原有 U 的重 $= 1 + 0.4011 = 1.4011g$，代入(6-5)式

$\ln\frac{1.4011}{1} = \frac{0.693}{4.5\times10^{9}}\times t$

$\therefore t = 2.19\times10^{9}$　　∴選(A)

範例 37

將半生期爲 12.0 小時之一假想的放射性元素 1.00×10^{-5}莫耳，置入鉛球中，其第一日所放出之總熱量經測爲 1.00×10^{2}千卡，則該蛻變反應熱約爲 (A)0.75×10^{7} (B)1.00×10^{7} (C)1.33×10^{7} (D)4.00×10^{7} 千卡／莫耳。

【68 私醫】

解：(1) 反應時間爲一天，相當於經歷 2 個半衰期，依(6-6)式，應剩下原有量的$\frac{1}{4}$，亦即反應了原有的$\frac{3}{4}$。

(2) 所測得的熱量 100kCal，應是$\frac{3}{4}\times10^{-5}$莫耳的貢獻，換成每莫耳爲：

$$\Delta H=\frac{100}{\frac{3}{4}\times10^{-5}}=1.33\times10^{7}\ \text{kCal/mol}$$

∴選(C)

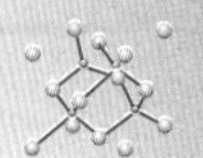

綜合練習及歷屆試題

PART I

1. 右列哪一個數字，不屬於魔數？
(A)8 (B)20 (C)40 (D)50。 【74後中醫】

2. 質量數接近
(A)40 (B)60 (C)80 (D)100 時，其核的結合能最大。【73後中醫】

3. 關於結合能哪項正確？
(A)核子平均結合能愈高表示核較穩定 (B)質子數約 60 的核子結合能最高 (C)由氦核分裂成^1_1H及^1_0n放出大量熱能 (D)質量數愈大原子核愈穩定 (E)鈾核結合能較鐵核大。

4. $8\,^1_1H + 8\,^1_0n \rightarrow \,^{16}_{8}O$核反應之質量虧損 0.127 克／莫耳，則$^{16}_{8}O$之核子結合能(千卡／莫耳核子數)為：
(A)2.74×10^9 (B)8.6×10^7 (C)1.7×10^{12} (D)1.7×10^8 (E)2.7×10^7。

5. 計算$^3_2He + ^3_2He \rightarrow ^4_2He + 2\,^1_1H$所放出之能量為________千卡／莫耳。
(^3_2He= 3.01603amu，^4_2He= 4.00260amu，^1_1H= 1.00728amu)【68私醫】

6. 下列何反應的能量變化可能為$\Delta H = -1.7\times10^8$kCal
(A)$UF_{6(l)} \rightarrow UF_{6(g)}$ (B)$U_{(s)} + 3F_{2(g)} \rightarrow UF_{6(l)}$ (C)$^{238}_{92}U + ^1_0n \rightarrow ^{239}_{92}U$
(D)$Pu^{+4} + F^- \rightarrow PuF^{+3}$。

7. 下列反應式中的另一反應物是何者？^3_1H + __?__ $\rightarrow 2\,^4_2He + ^1_0n$
(A)^6_3Li (B)^3_1H (C)^2_1H (D)^6_3C。 【83二技材資】

8. 一個鹼土族元素(典型的第二族元素)具放射性，它與其產物皆連續放射三個α粒子而蛻變，在週期表中何族可以找到其產物元素？

9. $^{14}_{6}C$為放射性元素，可用來鑑定有機古物的年代。$^{14}_{6}C$放出β射線後變為何種元素？
(A)$^{13}_{5}B$　(B)$^{15}_{6}C$　(C)$^{13}_{6}C$　(D)$^{14}_{7}N$。

10. 寫出如下放射性蛻變實例之方程式：
(A)$^{221}_{87}Fr$之α放射　(B)$^{66}_{29}Cu$之β放射　(C)$^{18}_{9}F$之正子放射　(D)$^{133}_{56}Ba$之電子捕獲。

11. 以α粒子撞擊$^{9}_{4}Be$原子可產生$^{12}_{6}C$原子，試寫出該核反應之方程式。
【78成大】

12. $^{218}_{84}Po$逐步放射1個β粒子，2個α粒子，再放出1個β粒子，即變為新元素E1，E1慢慢放射1個β粒子後再逐步放射1個α粒子及一個β粒子變為穩定的元素E2，則
(A)E2是E1的同位素　(B)E2不是E1的同位素　(C)E1的質量數為210　(D)E1的質量數為212　(E)E2的質量數為206。

13. 自$^{238}_{92}U$核連續放出4個α粒子及2個β粒子之後，所形成之新核，可能為下列中之何者？
(A)$^{226}_{88}Ra$　(B)$^{222}_{86}Rn$　(C)$^{218}_{84}Po$　(D)$^{214}_{82}Pb$。　【84私醫】

14. 完成下列核反應式：$^{4}_{2}H + ^{14}_{7}N \longrightarrow ^{1}_{1}H +$ ________。　【84私醫】

15. 下列放射元素中，何者發生β^+蛻變(即釋放正子)？
(A)^{60}C　(B)^{30}P　(C)^{238}U　(D)^{3}H。

16. 哪種蛻變可使N/P比值變小？
(A)α蛻變　(B)β蛻變　(C)捕獲電子　(D)放正子　(E)放γ射線。

17. 一原子核發生β衰變後，生成核與原來原子核具有相同的
(A)原子序　(B)核電荷　(C)質量數　(D)中子數。　【79私醫】

18. 當一放射物質進行β蛻變後
(A)N/P降低　(B)成為同量素　(C)N/P變大　(D)成為同位素　(E)不可逆反應。

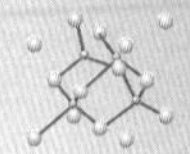

19. $^{24}_{11}$Na放射β粒子後所得的新核：
(A)質量數仍為24 (B)質子為12個 (C)是鎂的同位素 (D)是鈉的同量素 (E)以上四者均正確。

20. 關於β衰變之敘述哪些為正確？
(A)核中發生變化$^{1}_{0}n \longrightarrow {}^{1}_{1}H + {}^{0}_{-1}e$＋反微中子 (B)$N/P$值太大之不穩定核發生此衰變 (C)常伴隨有$\gamma$射線 (D)核發生$\beta$衰變時常有能量放出 (E)子核較母核原子序少一。

21. 下列何種變化，可以產生同位素？
(A)α蛻變 (B)β蛻變 (C)放射正子 (D)K電子捕獲 (E)γ射線。

22. 當β-decay時，下列哪一項之數值減少？
(A)原子序 (B)質量數 (C)N/P ratio (D)三者都是。【75私醫】

23. 下列何種C的同位素最可能在衰變中放出正子(positron)？
(A)^{11}C (B)^{12}C (C)^{13}C (D)^{14}C。【81私醫】

24. 產生珈碼衰變的元素
(A)原子序增加1 (B)質子數不變 (C)質量數增加4 (D)中子數增加2。

25. 下列核種何者可能發生β衰變？
(A)O^{15} (B)O^{18} (C)C^{14} (D)Mg^{23} (E)Na^{24}。

26. 有一ⅢA族元素之放射性同位素連續失去1個正子，α，β及γ射線，則其生成物屬於週期表上第幾行：
(A)Ⅰ (B)Ⅱ (C)Ⅲ (D)Ⅴ。

27. 何以電子捕獲伴生X射線的產生？

28. 一原子核放β粒子後，若仍處於高能時，可藉放射下列何種射線以達穩定？
(A)X射線 (B)γ射線 (C)紅外線 (D)陰極射線 (E)微波。

29. 關於α，β，γ三種放射線性質說明，哪幾項爲正確？
(A)運動速率$\gamma>\alpha>\beta$ (B)游離氣體能力$\alpha>\beta>\gamma$ (C)穿透力$\gamma>\beta>\alpha$ (D)使底片感光能力$\alpha>\beta>\gamma$ (E)三者均受電磁場影響而偏折。

30. 下列所含質量大小順序：
(A)$\alpha>\beta>\gamma$ (B)$\beta>\gamma>\alpha$ (C)$\gamma>\beta>\alpha$ (D)$\beta>\alpha>\gamma$ (E)$\alpha>\gamma>\beta$ 射線。

31. 放射線或基本粒子，在電場中會向負極偏折的是
(A)γ射線 (B)β射線 (C)α射線 (D)正子 (E)質子。

32. 放射線性質陳述何項正確？
(A)在電場中β射線偏向最大，α射線偏向次大而γ射線不偏向 (B)α射線本質爲氦原子核 (C)β射線本質爲電子 (D)γ射線本質爲電磁波，其波長較X射線短 (E)γ射線之速度與光速相等。

33. 天然放射性元素，最後必然decay成________。

34. 以下何種射線，其輻射生物效應(biological effect of radiation)最大？
(A)α-ray (B)β-ray (C)γ-ray (D)X-ray。 【85私醫】

35. 下列敘述何者錯誤？
(A)每一質點其結合能愈大則其原子核愈穩定 (B)在核反應中質量不滅定律不能成立 (C)以中子撞擊$^{235}_{92}U$，中子速度愈快愈能使核反應發生 (D)$^{37}_{18}Ar$捕獲K電子後，產生的新核是氯的同位素，也是Ar的同量素。

36. 有關核反應下列五項敘述中，何者正確？
(A)在常溫之下，核分裂不可能由慢速中子引發 (B)核融合反應必須在極高溫度方可發生 (C)核分裂反應放出的能量與核融合反應所放出的能量幾乎相等 (D)核分裂時放出的能量比核融合時所放出的能量爲小 (E)核分裂時放出的能量比核融合時所放出的能量爲大。

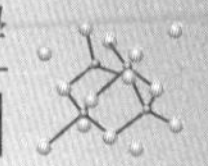

37. 現今用於原子爐中供核分裂用之主要放射性同位素爲

(A)$^{24}_{11}Na$ (B)^{3}H (C)$^{235}_{92}U$ (D)$^{239}_{94}Pu$ (E)$^{238}_{92}U$。

38. 在自然界中，唯一能做爲原子反應爐中分裂性物質的元素是________。

【74後中醫】

39. 鈾繼續分裂所引起之連鎖反應時，最需要之質粒爲：

(A)正子 (B)質子 (C)電子 (D)介子 (E)中子。

40. 核發電廠運轉時，下列何種問題可以不必考慮？

(A)反應器熔化的可能性 (B)放射廢料的儲存及外洩 (C)熱公害 (D)核爆炸的可能性。

41. 有關核化學，下列各項敘述中，何者正確？

(A)自然界中無超鈾元素之存在 (B)原子之質量虧損能轉變爲核內質子與中子之結合能 (C)核內質子多於中子數，直到此値超過 1.5 時即變爲不穩定核而形成放射性元素 (D)放射性元素之放射強度與其半生期成正比 (E)原子蛻變反應是屬於零級反應。

42. 何項陳述正確？

(A)核反應熱效應較化學反應大 (B)化學反應只涉及核外電子的轉移，原子核未參與反應 (C)原子核之天然蛻變爲一級反應，活化能爲零 (D)核反應是不可逆反應 (E)化學反應之熱效應大小，不必考慮核能。

43. 下列陳述何項正確？

(A)化學反應之速率隨溫度升高而增快，但原子之天然蛻變不受溫度、壓力影響其蛻變速率 (B)天然放射性元素與存在之狀態無關 (C)原子核之性質不影響化性，但影響元素的放射性 (D)質量數約 60 的原子核結合能最大 (E)原子核結合能愈大，此原子核愈穩定。

44. 下列物質何者放射性最強？

(A)1.0 克 25℃的^{235}U (B)1.2 克 25℃的$^{235}UO_2$ (C)1.0 克 500℃的^{235}U

(D)50 克 25℃的天然鈾(^{235}U與^{238}U之存量比例為 1：99 而^{238}U的放射性可以忽略不計。)

45. 關於放射性強度之比較，正確者為：(^{226}Ra有放射性)
(A)0.1mol $RaBr_2$＞0.1mol $RaCl_2$　(B)0.1mol Ra(50℃)＞1mol $RaBr_2$(25℃)　(C)5 克$RaCl_2$＞5 克$RaBr_2$　(D)2 克 Pa ($t_{1/2}$＝2sec)＞2 克 Ra ($t_{1/2}$＝1760 年)　(E)3 克$RaCl_2$＞2.8 克 Ra。

46. Co-60 之半生期(half-life)為 5.3 年，有一特殊樣品經 26.5 年後，大約剩下多少？________。 【82 私醫】

47. 某放射性元素經 68 分鐘後，僅餘原來的$\frac{16}{81}$原子核，則此放射性元素衰變為原來之$\frac{1}{3}$原子核，需________分鐘。 【72 私醫】

48. 1 克 Ra 每秒放出 3.4×10^{10}個α粒子，則一天間共可得 STP 條件下的氦氣若干毫升？
(A)10^{-5}　(B)10^{-4}　(C)10^{-3}　(D)10^{-2}。

49. 放射量的單位常以居里表示，1 居里等於
(A)每秒鐘 3.7×10^{10}個蛻變　(B)每分鐘 3.7×10^{10}個蛻變　(C)每秒 3.7×10^{7}個蛻變　(D)每秒 3.7×10^{13}個蛻變。 【69 私醫】

50. 某放射性元素的原子核蛻變分數每 10 分鐘為 1/5，則 100 個此種原子剩餘 64 個需時約
(A)5 分鐘　(B)10 分鐘　(C)20 分鐘　(D)25 分鐘　(E)30 分鐘。

51. 由一塊古董木料上採取一碳樣品，偵測該碳每克每分發生 7.00 個C^{14}聲響，求此古董約略年代？(C14 半生期為 5770 年，新近砍伐之木材所含碳每克每分有 15.3 個聲響)
(A)6510 年　(B)6000 年　(C)7000 年　(D)6230 年。(log7＝0.8451，log15.3＝1.1847，log2＝0.3010)

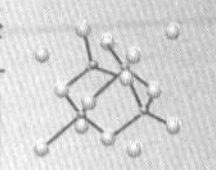

52. Ra-226 半生期 2.00×10^{3} 年，其 1 克每日放出 2.06×10^{15} 個 α 粒子，由此求得亞佛加厥數爲
(A) 6.8×10^{23} (B) 6.4×10^{23} (C) 6.2×10^{23} (D) 6.0×10^{23}。【70 私醫】

53. ${}^{23}_{12}Mg$ 半衰期爲 12 秒，一 ${}^{23}_{12}Mg$ 試樣具有 5.00 微居里的放射性強度，則在 1.00 分鐘後該試樣的強度是多少？

54. 一放射性同位素衰變，其速率是 96 分鐘後，僅殘留原有數量的 1/8，則此核質子(nuclide)之半生期(以分計)是：
(A)12.0 (B)24.0 (C)32.0 (D)48.0 (E)64.0。【79 成大】

55. 核 ${}^{22}_{11}Na$ 經正子放射而蛻變，其蛻變率爲在 1.00 年後尙存原量的 76.6 %，(A)其蛻變率常數是多少？ (B) ${}^{22}_{11}Na$ 之半生期是多少？

56. 半衰期爲 2.2×10^{5} 年的 ${}^{99}_{43}Tc$ 衰退至 80.0 %需要
(A) 2.2×10^{5} 年 (B) 5.1×10^{5} 年 (C) 7.1×10^{4} 年 (D) 3.1×10^{4} 年。
【81 二技環境】

57. ${}^{42}_{19}K$ 的半生期是 12.5 小時，則 256 克的 ${}^{42}_{19}K$ 經過 100 小時後剩下
(A)5.12 (B)1.00 (C)10.24 (D)2.56 公克。【82 二技動植物】

58. ${}^{45}_{20}Ca$ 之半生期爲 163 日，(A) ${}^{45}_{20}Ca$ 在一具有 0.500 居里強度試樣中有多少個原子？ (B)試樣重若干？

答案： 1. (C) 2. (B) 3. (AE) 4. (D) 5. 3.2×10^{8} 6. (C) 7. (A) 8. ⅣA 族 9. (D) 10. (A) ${}^{221}_{87}Fr \longrightarrow {}^{4}_{2}\alpha + {}^{217}_{85}At$；(B) ${}^{66}_{29}Cu \longrightarrow {}^{0}_{-1}\beta + {}^{66}_{30}Zn$；(C) ${}^{18}_{9}F \longrightarrow {}^{0}_{1}\beta + {}^{18}_{8}O$；(D) ${}^{133}_{56}Ba + {}^{0}_{-1}\beta \longrightarrow {}^{133}_{55}Cs$ 11. ${}^{9}_{4}Be + {}^{4}_{2}\alpha \longrightarrow {}^{12}_{6}C + {}^{1}_{0}n$ 12. (ACE) 13. (B) 14. ${}^{17}_{8}O$ 15. (B) 16. (B) 17. (C) 18. (ABE) 19. (E) 20. (ABCD) 21. (E) 22. (C) 23. (A) 24. (B) 25. (BCE) 26. (A) 27. 見單元四，要點 5.-(3) 28. (B) 29. (BC) 30. (A) 31. (CDE) 32. (ABCDE) 33. Pb

34.(C) 35.(C) 36.(BD) 37.(CD) 38.U-235 39.(E) 40.(D) 41.(AB) 42.(ABCDE) 43.(ABC) 44.(B) 45.(CD) 46.$\frac{1}{32}$ 47. 46 48.(B) 49.(A) 50.(C) 51.(A) 52.(A) 53. 0.16微居里 54.(C) 55.(A)0.267；(B)2.6年 56.(C) 57.(B) 58.(A) 3.76×10^{17}；(B)2.81×10^{-5}g

PART II

1. Calculate the binding energy in MeV per nucleon for He
   (A)5.72 (B)7.07 (C)8.13 (D)9.65.
   (P = 1.00728, N = 1.008665, e = 0.000545, He = 4.0026u)
2. What is the additional product in the nuclear reaction listed below?
   $^{235}_{92}U + ^{1}_{0}n \longrightarrow ^{90}_{38}Sr + ^{143}_{54}Xe$
   (A)$^{0}_{-1}\beta$ (B)$^{1}_{0}n$ (C)$^{4}_{2}He$ (D)None. 【78東海】
3. Complete the following equation：$^{1}_{1}H + ^{14}_{7}N \longrightarrow$ ________ $+ ^{4}_{2}He$.
   (A)$^{11}_{8}O$ (B)$^{11}_{7}N$ (C)$^{11}_{5}B$ (D)$^{11}_{6}C$. 【79淡江】
4. Uranium-238 decays to thorium-234 and emits ($^{238}_{92}U \longrightarrow ^{234}_{90}Th +$ ？)
   (A)α particles (B)β particles (C)neutrons (D)γ-ray. 【83中山生物】
5. When $^{226}_{88}Rn$ emits an alpha particle, the nuclide formed is
   (A)$^{222}_{87}Fr$ (B)$^{222}_{86}Rn$ (C)$^{224}_{86}Rn$ (D)$^{224}_{84}Po$ (E)$^{222}_{84}Po$. 【85清大】
6. Of the following particles, the one with the smallest mass is the
   (A)electron (B)proton (C)positron (D)H atom (E)neutrino.
   【85清大】
7. the positron is related to one of the stable fundamental subatomic particles. Which one of the following particles is related to positron?

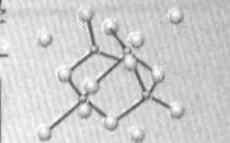

(A)proton (B)electron (C)neutrino (D)neutron (E)quark.

【84成大化學】

8. Which of the following nuclides are most likely to be neutronpoor?
(A)^{11}C (B)^{24}Na (C)^{26}Si (D)^{27}Al (E)^{31}P. 【81成大環工】

9. Electron capture by ^{41}Ca ($Z = 20$) produces
(A)^{40}Ca (B)^{42}Ca (C)^{41}Sc ($Z = 21$) (D)^{40}K($Z = 19$) (E)^{41}K.

【86台大C】

10. Which of the following nuclei would you expect to be unstable and easily undergo β-decay?
(A)$_{15}P^{29}$ (B)$_{92}U^{238}$ (C)$_{20}Ca^{40}$ (D)$_{1}H^{3}$ (E)$_{94}Pu^{247}$. 【82成大化學】

11. The most likely mode of decay for $^{13}_{7}N$ is
(A)α emission (B)β^{-} emission (C)β^{+} emission (D)γ emission
(E)electron capture. 【85清大】

12. The most likely mode of decay for $^{25}_{11}Na$ is
(A)α emission (B)β^{-} emission (C)β^{+} emission (D)γ emission
(E)electron capture. 【82清大】

13. Predict the mothod of radioactive decay of the unstable nuclide $^{24}_{10}Ne$. 【86成大化工】

14. The mass of the atom ^{19}F is 18.99840amu. The mass of neutron, proton and electron is 1.0087, 1.0073 and 0.00055amu, respectively. Calculate the binding energy per nucleon in an unit of MeV.

【82成大環工】

15. What is the mass defect for $^{11}_{4}Be$?

Masses:
$^{11}_{4}Be$ = 11.0216
proton = 1.0073

neutron = 1.0087

electron = 0.00055amu

(A)1.685amu (B)0.1707amu (C)0.1055amu (D)0.0055amu (E)0.0707amu. 【84中山】

16. A $^{7}_{4}Be$ atom decays to a $^{7}_{3}Li$ atom by electron capture. How much energy in MeV is produced by this reaction?($^{7}_{3}Li$ = 7.0160, $^{7}_{4}Be$ = 7.0169, $e^{-} = 5.486\times10^{-4}$) 【82成大化學】

17. The splitting of a nucleus by a slow moving neutron is called (A)fission (B)fusion (C)fragmentation (D)annihilation. 【84清大B】

18. List the advantages and disadvantages of nuclear energy as a source of electrical power. 【82成大化學】

19. The half-life of radioactive $^{99}_{42}Mo$ is 6.7×10^{1}h. How much of a 1.00mg sample of this isotope is left after 3.35×10^{2}h. 【80清大】

20. How old is a mummy which retained 73.9 % of the activity of living tissue? (^{14}C : $t_{1/2}$ = 5730 years) 【81中山化學】

21. What is the rate constant for the decay of $^{60}_{27}Co$, which has a half-life of 5.27 year?

(A)0.113year (B)0.161year (C)$3.59\times10^{-4}day^{-1}$ (D)$2.58s^{-1}$. 【81中山生物】

22. The activity of ^{14}C in living bones is 15.3dpm/g of carbon. The half-life of ^{14}C is 5730 yr. A fossil animal bone found in the American southwest has an activity of 3.83dpm/g of carbon. How many years ago did the animal die?

(A)5730 (B)8600 (C)11400 (D)14300 (E)17200. 【82清大】

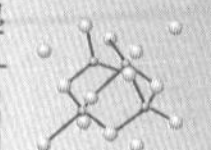

23. A wooden bowl found in an archeological dig had a C-14 content corresponding to 6.29 disintegration $min^{-1}g^{-1}$. If living tissue give 15.3 disintegrations $min^{-1}g^{-1}$, and the half-life of C-14 is 5730 years, how old is the bowl? ($\ln(0.411) = -0.899$) 【83 中興 A】

24. I-131 has a half-life of 0.022 years. How long will it takes to reduce 1.00 mol of I-131 (131g) to 0.001 mol (0.131g)?
(A)222 years (B)22 years (C)2.2 years (D)0.22 years (E)none of the above. 【83 中興 B】

25. the basis for carbon-14 dating is that the $^{14}C/^{12}C$ ratio remains constant when an organism is alive, but after death
(A)it no longer participate in a CO_2 life cycle, so the ^{14}C concentration increases and the $^{14}C/^{12}C$ ratio increases.
(B)^{12}C goes through β decay, thus increasing the $^{14}C/^{12}C$ ratio.
(C)it no longer participates in a CO_2 life cycle, so ^{14}C decays, ^{12}C remains stable, and the $^{14}C/^{12}C$ ratio decreases.
(D)^{14}C concentration is reduced by α decay, thus reducing the $^{14}C/^{12}C$ ratio.
(E)none of the above. 【83 中興 C】

26. Determine the date of a bone fragment that has an activity of 9.34 % of its initial value. The half-life for carbon-14 is 5730 years
(A)5730 (B)11460 (C)17190 (D)19610 (E)22920 years.
【83 清大 B】

27. If the half-life of an element is 5 days and 10 grams of that element is initially available, how many grams of the element are present after 25 days?
(A)5 grams (B)1 gram (C)10/32 gram (D)10/64 gram. 【84 清大B】

28. The isotope $^{210}_{82}Pb$ has a half-life of 22 years. What percentage of a pure $^{210}_{82}Pb$ sample prepared in April 1937 remains in April 1985?

$$\log\frac{N_0}{N}=\frac{kt}{2.303}\ ;\ t_{\frac{1}{2}}=\frac{0.693}{k}$$

(A)58 %　(B)22 %　(C)31 %　(D)42 %　(E)17 %.　【84中山】

29. The half-life of ^{90}Sr is 28 years. How long will it take for a given sample of ^{90}Sr to be 90 % decomposed?

(A)9 half-lives　(B)4.3 years　(C)93 years　(D)5.7×10^{-3} years　(E)none of the above.　【86成大A】

30. Which one of the following nuclear transformations does not result in the formation of a new element?

(A)gamma emission　(B)beta capture　(C)beta emission　(D) alpha emission　(E)double beta emission.　【87成大A】

31. Predict the mode of decay of a carbon-14 nucleus.

(A)beta emission　(B)alpha eroission　(C)positron emission　(D) electron capture　(E)gamma emission.　【88輔仁】

32. What mode of decay is found in heavy elements that is not found in light elements?　(A)beta capture　(B)beta emission　(C)positron emission　(D)alpha emission　(E)neutrino formation.　【88成大材料】

33. In a living organism, the ^{14}C concentration

(A)continually increases　(B)continually decreases　(C)remains approximately constant　(D)varies unpredictably during the lifetime of the organism.　【88中山】

34. Which of the following process increases the atomic number by 1?
(A)alpha-particle production　(B)electron capture　(C)beta-particle production　(D)positron production　(E)gamma-ray prodcution.

【87成大環工】

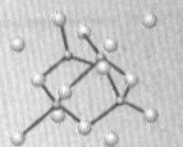

35. For ${}_{94}pu^{241}$ decays to ${}_{83}Bi^{209}$, what is the total number of α and β particles emitted? (A)9 (B)11 (C)13 (D)15 【89台大B】

36. Complete the following nuclear equations

(A)${}^{10}_{5}B + {}^{1}_{0}n \longrightarrow ? + {}^{1}_{1}H$

(B)${}^{121}_{51}Sb + ? \longrightarrow {}^{121}_{52}Te + {}^{1}_{0}n$

(C)${}^{59}_{27}Co + {}^{1}_{0}n \longrightarrow {}^{56}_{25}Mn + ?$

(D)${}^{154}_{62}Sm + {}^{1}_{0}n \longrightarrow ? + 2{}^{1}_{0}n$

(E)${}^{246}_{96}Cm + {}^{13}_{6}C \longrightarrow {}^{254}_{102}No + ?$ 【88台大A】

答案： 1.(B) 2.(B) 3.(D) 4.(A) 5.(B) 6.(E) 7.(B) 8.(AC) 9.(E) 10.(D) 11.(C) 12.(B) 13.放射β 14. 7.81 15.(E) 16. 0.84 17.(A) 18.略 19. $\frac{1}{32}$ 20. 2500年 21.(C) 22.(C) 23. 7350年 24.(D) 25.(C) 26.(D) 27.(C) 28.(B) 29.(C) 30.(A) 31.(A) 32.(D) 33.(C) 34.(C) 35.(C) 36.(A)${}^{10}_{4}Be$ (B)${}^{1}_{1}H$ (C)${}^{4}_{2}He$ (D)${}^{153}_{62}Sm$ (E)$5{}^{1}_{0}n$

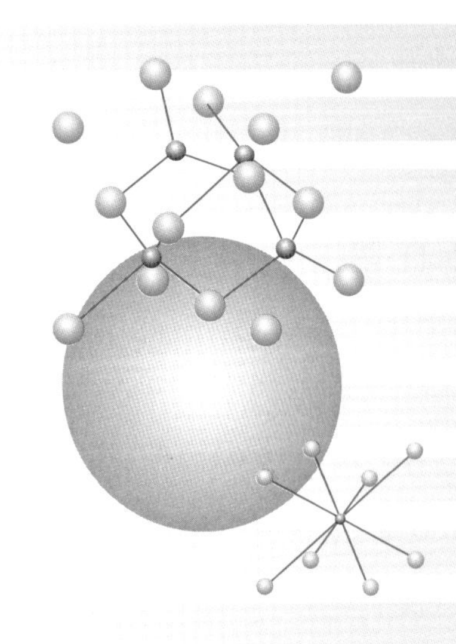

附錄 A 各章練習題較難題詳解

- 第 0 章
- 第 1 章
- 第 2 章
- 第 3 章
- 第 4 章
- 第 5 章
- 第 6 章

第0章　PART Ⅰ

7. $\dfrac{1\times 55.1\%}{12}\times 6.02\times 10^{23}=2.76\times 10^{22}$

8. $1.0\times 10^{-22}\times 6.02\times 10^{23}=60.2\text{g}$

9. (A)$\dfrac{3.2}{32}\times 2=0.2\text{mole}$ 氧原子　(B)$\dfrac{2.24}{22.4}\times 2=0.2\text{mole}$

   (C)$\dfrac{5.01\times 10^{22}}{6.02\times 10^{23}}\times 2=0.17\text{mole}$　(D)$0.2\times 2=0.4\text{mole}$

10. $\dfrac{37.5}{197}\times 6.02\times 10^{23}=1.15\times 10^{23}$個　$\dfrac{26000}{1.15\times 10^{23}}=2.27\times 10^{-19}$元／個

12. $\dfrac{0.5}{22.4}\times 1\%\times 6.02\times 10^{23}\times 2=2.68\times 10^{20}$

14. 只要計算氧原子的莫耳數即可，氧原子莫耳數愈多，表示氧愈重。

   (A)$\dfrac{1.8}{18}\times 1=0.1\text{mole}$　(B)$\dfrac{90}{6\times 10^{23}\times 18}\times 1=8.3\times 10^{-24}\text{mole}$

   (C)$\dfrac{22.4}{22.4}\times 2=2\text{mole}$　(D)$\dfrac{4.9}{22.4}\times\dfrac{1}{5}\times 2=0.0875\text{mole}$　(O_2只占到空氣的$\dfrac{1}{5}$)

   (E)$\dfrac{3}{30}\times 1=0.1\text{mole}$

16. $\dfrac{68000\times 0.33\%}{56}=4$

17. $CH_4 + 2O_2 \rightarrow CO_2 + 2H_2O$ ……(1)

   30　60　30

   $H_2 + \frac{1}{2}O_2 \rightarrow H_2O$ ……(2)

   x　$\frac{1}{2}x$

   產物氣體中含CO_2，H_2O及可能會剩下的O_2，在通過乾燥劑(吸H_2O)及NaOH(吸CO_2)後，所剩下的氣體10ml就是指O_2。而$40-10=30$ml即指CO_2，依氣體化合體積定律，代回(1)式後，CH_4有30ml，O_2有60ml。另外，在第(2)式中，我們假設H_2原有x，則O_2有$\frac{1}{2}x$，題意說原氣體有130ml，∴我們可以建立下式：

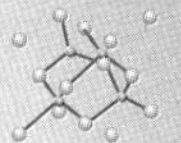

$30+60+x+\frac{1}{2}x+10=130$，解得$x=20$。

因此原氣體中，CH_4占30ml，H_2占20ml，O_2占$(130-30-20=)80$ml。

18. 假設甲烷占$x$ml，乙烯則占到$(100-x)$ml，根據計量，$CH_4 \longrightarrow 1CO_2$，$C_2H_4 \longrightarrow 2CO_2$，因此產生$CO_2$的總量$=1\cdot(x)+2(100-x)=160$

$\therefore x=40$

20. $\frac{MW_{甲}}{MW_{乙}}=\frac{W_{甲}}{W_{乙}}$，$\frac{30}{MW_{乙}}=\frac{0.6}{0.5}$　　$\therefore MW_{乙}=25$

23.
$$CH_4 + 2O_2 \rightarrow CO_2 + 2H_2O$$
$$x \quad 2x \quad x$$
$$CO + \frac{1}{2}O_2 \rightarrow CO_2$$
$$y \quad \frac{1}{2}y \quad y$$
$$C_2H_2 + \frac{5}{2}O_2 \rightarrow 2CO_2 + H_2O$$
$$100-x-y \quad \frac{5}{2}(100-x-y) \quad 2(100-x-y)$$

假設混合氣體中，CH_4占到$x$ml，CO 占到$y$ml，則C_2H_2占到$(100-x-y)$，則所需耗掉的氧量以及所產生CO_2的量，依計量標示在各方程式下。再依題意，經冷卻及除去CO_2後，還剩115(即爲氧剩下的)，因此耗掉氧爲$300-115=185$，另生成物245中，有$245-115=130$爲CO_2的量

$\therefore O_2：2x+\frac{1}{2}y+\frac{5}{2}(100-x-y)=185$

$CO_2：x+y+2(100-x-y)=130$，聯立解即得。

25. $\frac{MW_A}{MW_B}=\frac{W_A}{W_B}$，$\frac{32}{MW_B}=\frac{109.56-108.11}{111.01-108.11}$　　$\therefore MW_B=64$

26. $2H_2S \rightarrow m\,H_2+(3-m)S_x$

針對H平衡方程式：$2\times2=2\times m$　　$\therefore m=2$

針對S平衡方程式：$2\times1=(3-m)\times x$　　$\therefore x=2$

27. (1)先將各方程式平衡

$$Cl_2+2KOH \longrightarrow KCl+KClO+H_2O$$

$3KClO \longrightarrow 2KCl + 1KClO_3$

$4KClO_3 \longrightarrow 3KClO_4 + 1KCl$

(2)再將各式中的中間產物係數化成一致，因而改寫如下：

$12Cl_2 + 24KOH \longrightarrow 12KCl + 12KClO + 12H_2O$

$12KClO \longrightarrow 8KCl + 4KClO_3$

$4KClO_3 \longrightarrow 3KClO_4 + 1KCl$

(3)Cl_2：$KClO_4 = 12：3$　　$KClO_4 = 138.5$

$\frac{x}{22.4}：\frac{27.7}{138.5} = 12：3$　　$x = 17.92$ 升

28. $20C_xH_yN_z + O_2 \longrightarrow 60CO_2 + 90H_2O + 10N_2$

針對各原子平衡：$20x = 60$，$\therefore x = 3$　　$20y = 90\times2$，$\therefore y = 9$

$20z = 10\times2$，$\therefore z = 1$　　$\therefore$分子式$= C_3H_9N$

29. (1)先求金屬比熱，利用公式　$H = ms\Delta T$

$10\times S\times50 = 10\times1\times2.6$　　$\therefore S = 0.052\ cal/g℃$　，代入杜龍-柏蒂公式

$AW\times S \cong 6.4$　　得$AW \cong 123$

30. 由杜龍-柏蒂式，知AW與S成反比，AW愈小者，S愈大。

31. 模仿範例20

32. 金屬E數$= H_2$之E數　　$\frac{a}{x}\times3 = b\times2$　　$\therefore x = \frac{3a}{2b}$

33. $\frac{80}{x}\times2 = \frac{20}{16}\times2$　　$\therefore x = 64$

34. $\frac{n}{x}\times2 = \frac{m-n}{16}\times2$　　$\therefore x = \frac{16n}{m-n}$

35. $\frac{49.5}{55}\times x = \frac{50.5}{16}\times2$　　$\therefore x = 7$價

36. $\frac{W}{A}\times X = \frac{V}{22.4}\times2$　　$\therefore x = \frac{AV}{11.2W}$

37. $\frac{3.98}{63.5}\times x = \frac{4.98-3.98}{16}\times2$　　$\therefore x = 2$價

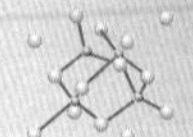

39. 碳含量 $= 0.8632\times\frac{12}{44} = 0.2354g$

$\frac{0.2354}{0.5624}\times 100\% = 41.86\%$

40. 生成等量的CO_2及H_2O暗示 A、B 兩者具有相同的重量百分組成，而同組成就是同實驗式。

43. C 重 $=1.79\times\frac{12}{44} = 0.488$　　H 重 $=1.1\times\frac{2}{18} = 0.122$

N 重 $=\frac{0.96}{2.52}=\frac{x}{1.83}$　　$x(NH_3$重$) = 0.697$　　$0.697\times\frac{14}{17}=0.574$

O 重 $= 1.83 - 0.488 - 0.122 - 0.574 = 0.646g$

$C : H : O : N = \frac{0.488}{12} : \frac{0.122}{1} : \frac{0.646}{16} : \frac{0.574}{14} = 1 : 3 : 1 : 1$

44. 求分子式三步驟：⑴先求簡式⑵次求分子量⑶分子式＝(簡式)$_n$，由甲及乙才可求簡式，由丁利用亞佛加厥定律可求分子量。

45. 加熱後重量減失的47.25％是指結晶水的重

O 重 $=(100 - 11.33 - 12.06 - 47.25)\% = 29.36\%$

$Na : B : O : H_2O = \frac{12.06}{23} : \frac{11.33}{10.8} : \frac{29.36}{16} : \frac{47.25}{18} = 2 : 4 : 7 : 10$

47. $C : H : O = \frac{40}{12} : \frac{6.67}{1} : \frac{100 - 40 - 6.67}{16} = 1 : 2 : 1$，簡式：$CH_2O$(式量 $= 30$)

$MW = 2.143\times 28 = 60$，$\frac{60}{30} = 2$，∴分子式$=(CH_2O)_2$

49. $1C_mH_n + O_2 \longrightarrow m\,CO_2 + \frac{n}{2}H_2O$

$$\begin{cases} 2m + \frac{n}{2} = 4.5\times 2 \\ m + \frac{n}{2} = 6 \end{cases}$$　聯立解得$m = 3$，$n = 6$

50. $2Al + \frac{3}{2}O_2 \longrightarrow Al_2O_3$，先推算出 Al 爲限量試劑

∴計算時由 Al 的量來算，係數比＝mole 數比(Al_2O_3的分子量 $= 102$)

$2 : 1 = \frac{9}{27} : \frac{x}{102}$　　$\therefore x = 17$

51. $Y(NO_3)_3 = 274.9$，$Y(NO_3)_3 : H_2O = 1 : x$

$\frac{3.82}{274.9} : \frac{5.32 - 3.82}{18} = 1 : x$　　$\therefore x = 6$

52. $BaBr_2 : BaCl_2 = 1 : 1$，$\frac{1.5}{Ba + 80\times2} : \frac{1.05}{Ba + 35.5\times2} = 1 : 1$

$\therefore Ba = 137$

53. 假設丙烷占a mole，丁烷占b mole，依計量，$C_3H_8 \longrightarrow 3CO_2 + 4H_2O$，$C_4H_{10} \longrightarrow 4CO_2 + 5H_2O$

$\therefore \left.\begin{array}{l} \text{得 } CO_2\text{總量：} 3a + 4b = \frac{3.74}{44} \\ \text{得 } H_2O\text{總量：} 4a + 5b = \frac{1.98}{18} \end{array}\right\}$　聯立解得$a = 0.015$，$b = 0.01$

54. $CaCO_3 = 100$，$MgCO_3 = 84$，依計量：$CaCO_3 \longrightarrow 1CO_2$，$MgCO_3 \longrightarrow 1CO_2$

假設$CaCO_3$占x g，$MgCO_3$占$5 - x$ g，則CO_2的總量應為：

$\frac{x}{100}\times1 + \frac{5 - x}{84}\times1 = \frac{5 - 2.7}{44}$　　$\therefore x = 3.8g$，$\frac{3.8}{5}\times100\% = 76\%$

55. 此題有陷阱，Zn與Cu中，只有Zn可與鹽酸作用產生H_2，假設Cu占x g，Zn占$(10 - x)$ g，Zn的E數＝H_2之E數，$\frac{10 - x}{65.4}\times2 = \frac{2.24}{22.4}\times2$

$\therefore x = 3.46g$，$\frac{3.46}{10}\times100\% = 34.6\%$

56. $HCl : CaOCl_2 = 4 : 1$，$12\times10\times10^3 : \frac{x}{110} = 4 : 1$

PART II

3. (1)根據杜龍－柏蒂定律，$AW\times S \cong 6.4$，∴近似原子量$= \frac{6.4\times4.184}{0.12} = 26$

(2)A之E數＝Cl之E數，$\frac{25.53}{26}\times n = \frac{100 - 25.53}{35.5}\times1$

$\therefore n = 2.13$，取整數$n = 2$重代上式

$\frac{25.53}{x}\times2 = \frac{100 - 25.53}{35.5}\times1$　　$\therefore x = 24.34$

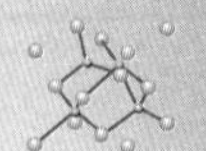

5. C 重 $= 1.35\times\frac{12}{44} = 0.368$，$H$ 重 $= 0.826\times\frac{2}{18} = 0.092$

O 重 $= 0.952 - 0.368 - 0.092 = 0.492$

$C : H : O = \frac{0.368}{12} : \frac{0.092}{1} : \frac{0.492}{16} = 1 : 3 : 1$

6. $Ni : Cl : P(CH_3)_3$

$= \frac{21.5}{58.17} : \frac{26}{35.4} : \frac{52.5}{76}$　($P(CH_3)_3$分子量 $= 76$)

$= 0.366 : 0.734 : 0.69 = 1 : 2 : 2$

簡式爲：$NiCl_2(P(CH_3)_3)_2$，式量 $= 281.5$

由題目數據顯示分子量大約270，可見分子式就是簡式，而配位數4者，有可能是平面四方形或是四面體形，若是前者，應有 2 個異構物，題目述及該物無異構物，可以證明是四面體型。

7. $2C_2H_5OH \rightarrow (C_2H_5)_2O + H_2O$

$2 : 1$

$= \frac{36}{46} : \frac{x}{74}$

$\therefore x = 29.0g$

yield % $= (12.5/29.0)\times 100\ \% = 43.1\ \%$

9. LSD $= 376$，sugar $= 342$，$C_{24}H_{30}N_3O \longrightarrow 24CO_2$，$C_{12}H_{22}O_{11} \longrightarrow 12CO_2$

假設LSD 占 x mg，則產生CO_2總量：

$$\frac{x\times10^{-3}}{376}\times24 + \frac{(1-x)\times10^{-3}}{342}\times12 = \frac{2\times10^{-3}}{44}$$

$x = 0.36$，$\frac{0.36}{1}\times100\ \% = 36\ \%$

10. 假設NaCl 占 x g，KCl 占 $0.887 - x$

$$NaCl + KCl \xrightarrow{Ag^+} AgCl$$

$\therefore$NaCl的 mole 數 + KCl 之 mole 數 = AgCl的 mole 數

$$\frac{x}{58.5} + \frac{0.887 - x}{74.5} = \frac{1.913}{143.5}$$

$x = 0.388$

NaCl 占量 $\frac{0.388}{0.887} \times 100\% = 43.76\%$

KCl 占量 $\frac{0.887 - 0.388}{0.887} \times 100\% = 56.24\%$

13. C 的 mole 數 = CO_2 的 mole 數 $= \frac{30}{44} = 0.68$

H 的 mole 數 = H_2O 的 mole 數 $\times 2 = \frac{16}{18} \times 2 = 1.47$

$0.68 : 1.47 = 3 : 8$

16. (a) $Fe_2O_3 + 6H_2C_2O_4 \longrightarrow 2F_c(Ox)_3^{3-} + 3H_2O + 6H^+$

不是氧化還原反應，因為氧化數沒有改變。

(b) $1 : 6 = \frac{x}{160} : 0.14 \times 1$ $(Fe_2O_3 = 160)$

$\therefore x = 3.73g$

17. $2Al + 3H_2SO_4 \longrightarrow Al_2(SO_4)_3 + 3H_2$，$Al_2(SO_4)_3 = 342$

$2 : 1 = \frac{2.5}{27} : \frac{x}{342}$，$x = 15.8$

20. $C : H : N : O = \frac{49.48}{12} : \frac{5.15}{1} : \frac{28.87}{14} : \frac{16.49}{16}$

$= 4.12 : 5.15 : 2.06 : 1.03 = 4 : 5 : 2 : 1$

簡式：$C_4H_5N_2O$，式量 = 97

$\frac{194.2}{97} = 2$，∴分子式 = (簡式)$_2$ = $C_8H_{10}N_4O_2$

23. $2Al + 3H_2SO_4 \longrightarrow Al_2(SO_4)_3 + 3H_2$

$2 : 1 = \frac{2.5}{27} : \frac{x}{342}$，$x = 15.8$

$\frac{15.2}{15.8} \times 100\% = 96\%$

24. $UO_2(NO_3)_2 \xrightarrow{\Delta} UO_2 + 2NO_2 + O_2$

25. (b)(C)是不對的，由於同位素的存在，不同的元素，其質量可能相同，相同的元素，其質量可能不同。

也由於同素異形體的存在，即使相同元素也存在不同外觀及性狀。如：彈性硫、斜方硫。

第1章　PART Ⅰ

7. 參考範例11.，Cl_2的可能質量分別是70，72，74。

8. 假設^{16}O，^{17}O，^{18}O的含量比＝$A:B:C$，範例7.中所提的數學技巧，也可應用在此。首先O^+是一顆原子，⇒$(A:B:C)^1=A:B:C$，結果有三個數字，代表著三條線。其次O^{2+}也是一顆原子，⇒$(A:B:C)^1=A:B:C$，仍然是三條線。最後O_2^+是兩個原子，⇒$(A:B:C)^2$其數學運算示範於下：

$$
\begin{array}{cccccc}
 & & & A & B & C \\
 & & \times) & A & B & C \\
\hline
 & & & AC & BC & C^2 \\
 & & AB & B^2 & BC & \\
+) & A^2 & AB & AC & & \\
\hline
 & \square & \square & \square & \square & \square
\end{array}
$$

⇐可得到5個數字，代表5條線

於是三者總共會出現11條線。

11. ^1_1H：$P=1$，$N=1-1=0$，$E=1$，^2_1D：$P=1$，$N=2-1=1$，$E=1$
$\therefore HD$：$P=1+1=2$，$N=0+1=1$，$E=1+1=2$，而HD^+代表由HD中再失去1個電子，$\therefore P=2$，$N=1$，但$E=2-1=1$

12. 失去2個電子後爲23，表示原來的中性原子具有25個電子，也就是原子序25。
$N=55-25=30$

19. $E=h\dfrac{c}{\lambda}=6.626\times10^{-34}\times\dfrac{3\times10^8}{585\times10^{-9}}=3.4\times10^{-19}$ J

20. $E=h\dfrac{c}{\lambda}=9.52\times10^{-14}\times\dfrac{3\times10^8}{1.54\times10^{-10}}=1.85\times10^5$ kCal/mol

21. 臨界波長對應的能量就是功函數(束縛能)
$\therefore w_0=h\dfrac{c}{\lambda}=6.626\times10^{-34}\times\dfrac{3\times10^8}{6600\times10^{-10}}$
代入光電效應公式：$h\upsilon=w_0+\dfrac{1}{2}mv^2$

$$\frac{1}{2}mv^2 = h\upsilon - w_0 = h\frac{c}{\lambda} - w_0$$

$$= 6.626\times10^{-34}\times\frac{3\times10^8}{5000\times10^{-10}} - 6.626\times10^{-34}\times\frac{3\times10^8}{6600\times10^{-10}}$$

$$= 9.6\times10^{-20}$$

26. 最低能量發生在 $n=2\rightarrow n=1$ 處，$\upsilon = 3.287\times10^{15}\left(\frac{1}{1^2}-\frac{1}{2^2}\right) = 2.46\times10^{15}$

28. 巴耳麥的收斂譜線發生在 $n=\infty\rightarrow n=2$ 處，$\Delta E = \frac{-k}{\infty^2} - \frac{-k}{2^2} = \frac{k}{4}$

$\Delta E = h\upsilon$，$\frac{313.6}{4} = 9.52\times10^{-14}\times\upsilon$　　$\therefore \upsilon = 8.24\times10^{14}\text{Hz}$

30. (A) $E_2 = \frac{-313.6}{4} = -78.4$

(B) $\Delta E = E_4 - E_1 = -313.6\left(\frac{1}{16}-\frac{1}{1}\right) = 294$

(C) $\Delta E = E_4 - E_2 = -313.6\left(\frac{1}{16}-\frac{1}{4}\right) = 58.8$　(D)參考範例32.

31. 最長波長發生在 $n=2\rightarrow n=1$，最短波長則發生在 $n=\infty\rightarrow n=1$

$\Delta E_{長} = \frac{-k}{4} - \frac{-k}{1} = \frac{3k}{4}$　　$\Delta E_{短} = \frac{-k}{\infty^2} - \frac{-k}{1} = k$

$\because \Delta E \propto \frac{1}{\lambda}$　　$\therefore \frac{\Delta E_{長}}{\Delta E_{短}} = \frac{\lambda_{短}}{\lambda_{長}}$，$\frac{\frac{3}{4}k}{k} = \frac{\lambda_{短}}{121.5}$

$\therefore \lambda_{短} = 121.5\times\frac{3}{4}$

32. $v = 263\text{km/hr} = 73.06\text{m/s}$，$\lambda = \frac{h}{mv} = \frac{6.626\times10^{-34}}{770\times73.06} = 1.18\times10^{-38}\text{m}$

33. (1) $P = mv = 300\times300 = 90000$；

(2) $(\Delta P)(\Delta x) \gg \frac{h}{4\pi}$，

$\Delta P \gg \frac{h}{4\pi}\cdot\frac{1}{\Delta x} = \frac{6.626\times10^{-27}}{4\pi\times5000\times10^{-8}} = 1.05\times10^{-23}$；

(3) $\frac{\Delta P}{P} = \frac{1.05\times10^{-23}}{90000} = 1.17\times10^{-28}$

34. $\lambda = \frac{h}{mv} = \frac{6.626\times10^{-27}}{9.11\times10^{-28}\times3\times10^{10}\times\frac{1}{10}} = 2.4\times10^{-9}$

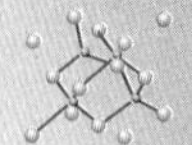

35. $\lambda=\frac{h}{mv}$，$8.7\times10^{-11}=\frac{6.626\times10^{-34}}{9.11\times10^{-31}\times v}$　　$\therefore v=8.36\times10^{6}$

45. $n=2$，$l=1$，代表$2p$軌域，$2p$軌域最多可填入 6 個電子，其中一半的 $s=+\frac{1}{2}$，另一半的$s=\frac{-1}{2}$。

46. $3s$軌域沿著徑向，有 2 個球形節，∴沿著$+\infty\rightarrow-\infty$一共可碰上 4 次節。

55. 熟悉鈍氣的原子序(2,10,18,36,54,86)，對於解此題是很方便的。如(A) $_{26}Fe^{2+}$，算其電子數$=26-2=24$，不在鈍氣號碼中，而(B)$_{22}Ti^{4+}$的電子數$=22-4=18$，出現在鈍氣的號碼中。

36. (A)$2s$尚未填滿就已填入$2p$　(C)$1s$尚未填滿就已填入$3d$，兩者都違反構築原理，因此是激發態。

62. (C)以Fe爲例，其組態是$[Ar]4s^2d^6$，則$4s$及$3d$上的電子，都算是價電子，因此價電子是包含了s軌域的。　(E)放射性的起因與原子核中的中子，質子比例有關(詳見第 6 章)，與電子組態無關。

63. 所謂活性金屬指的是靠週期表左側的元素，其價組態往往是ns^1或ns^2。

66. 觀察其價組態$3s^23p^6$，可知其爲第三個鈍氣。

67. 先將Xe的電子組態列出：$1s^22s^22p^63s^23p^64s^23d^{10}4p^65s^24d^{10}5p^6$

(A) s軌域的$m=0$，p軌域有三個，其中有一個$m=0$，d軌域有五個，其中也有一個$m=0$，換句話說，不管何種軌域，恰好都有一個$m=0$，由以上電子組態中，從一開始$1s$以至最後$5p$，共有 11 種軌域，也就是有 11 個軌域，其m值將會等於 0。$11\times2=22$，共有 22 個電子，其$m=0$。

(B) $l=2$，意指d軌域中的電子，觀其組態，只有$3d^{10}$及$4d^{10}$符合，所以是 20 個電子。

68. 其實這一題是在考 Cu 的特殊組態。

69. $n=3$，$l=1$ 意指$3p$軌域，而$m=-1$，$s=-\frac{1}{2}$意指$3p$上的最後一個電子。即$3p^6$具有$3p^6$組態者應是 Ar。

70. 化性由價組態所決定，(1)及(4)同樣都具有ns^2np^4組態，∴化性相似。

73. 其中就只有As不是過渡元素。因此比較與眾不同。

74. 過渡元素中，Fe，Co，Ni雖位處不同行，然而卻都是同一族(8B族)。

75. 其中(C)的原子序是10號，是鈍氣其中之一，涉及(C)的化性是最不活潑的。

78. Sr與Ca屬同族元素，同族者化性相近。

80. ∵F—F ＝ 142pm，∴F半徑＝ 71pm

∵Cl—F ＝ 170pm，Cl半徑＋ F半徑＝ 170

∴Cl半徑＝ 170 － 71 ＝ 99pm

∵N—Cl ＝ 174pm，N半徑＋ Cl半徑＝ 174

∴N半徑＝ 174 － 99 ＝ 75pm

85. (A)更正爲$Cl^- > F^- > Br^- > I^-$(其中Cl呈現不規則性)

(B)更正爲 F ＞ Cl ＞ Br ＞ I

(D)更正爲$Al^{3+} > Mg^{2+} > Na^+ > Ne$

87. 參考範例84.

89. (B)：第一個鈍氣He，其組態是$1s^2$，不具備p^6，其它鈍氣就都是s^2p^6。

(D)：其存量很少，但不是最少的。

(E) 近年來，曾發現某些鈍氣，尤其是n愈大者(即 Kr、Xe)，會與高陰電性的F，Cl，O結合。例如KrF_4，XeO_3，XeF_2……等。

91、(B)正確次序：HF ＜ HCl ＜ HBr ＜ HI(詳見第10章)

(C)正確次序：HF ＞ HI ＞ HBr ＞ HCl(詳見第5章)

96. (D)：氧化是指失去電子的意思，既然在鹵素中，F的陰電性最大，意思是指F最容易搶到電子，反之，F^-就是最不容易失去電子了，∴最難被氧化。

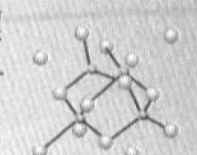

PART II

8. (A)$E = h\upsilon = h\dfrac{c}{\lambda} = 6.626\times10^{-34}\times\dfrac{3\times10^{8}}{700\times10^{-9}} = 2.84\times10^{-19}$ J

(B)$2.84\times10^{-19}\times6.02\times10^{23}\times10^{-3} = 170.95$ kJ/mol

9. (A)$\lambda = \dfrac{1}{1650763.73} = 6\times10^{-7}$m

(B)$c = \lambda\upsilon$，$3\times10^{8} = 6\times10^{-7}\times\upsilon$　　$\therefore \upsilon = 5\times10^{14}$Hz

10. (A) 見圖1-6：入射光的能量如果足夠大，便可擊出電子，使之到達陽極，於是造成電流，這種現象稱之爲光電效應。根據電磁波理論，光波的能量與強度成正比，於是增大光的強度相當於增大入射光的能量，應該更可以擊發出電子，但是這種現象卻沒被觀察到，如果改以planck的觀點，"光子的能量是與頻率成正比"，則增大光的頻率，相當於是增強其能量，於是更容易觀測到電流，而的確也是看到這種現象。∴由此實驗可充份證明光的能量是與頻率成正比的。

(B) 愛因斯坦

12. H_α是指可見光系列中，強度最強的，也就是3→2

$$\frac{1}{\lambda} = 109678\left(\frac{1}{2^2} - \frac{1}{3^2}\right) = 15233\text{cm}^{-1}$$

$$\therefore \lambda = \frac{1}{15233} = 6.5647\times10^{-5}\text{cm} = 6.5647\times10^{-7}\text{m}$$

$$= 656.47\times10^{-9}\text{m} = 656.47\text{nm}$$

13. $\Delta E = \dfrac{hc}{\lambda} = 6.626\times10^{-34}\times\dfrac{2.997\times10^{8}}{103\times10^{-9}} = 1.93\times10^{-18}$J

$$\Delta E = E_n - E_1 = \frac{-2.18\times10^{-18}}{n^2} - \frac{-2.18\times10^{-18}}{1^2}$$

$$1.93\times10^{-18} = 2.18\times10^{-18}\left(\frac{1}{1^2} - \frac{1}{n^2}\right)$$

$\therefore n = 2.94$，即主量子數 = 3

17. 依據德布洛衣的雙重性概念，任何物質事實上都同時擁有[波性]及[粒子性]兩種特性，只是在表現時，比較偏重表現某一方，這可由物質波的公式看出：

$\lambda = h/mv$

∵λ(波長)與m(質量)成反比，∴當m較大時(如棒球)，λ值很小，也就是表現波動性較不顯著。

18. (A) planck：提出輻射波的能量與頻率成正比。
(B) Bohr：首先提出能階(能量不連續)的概念，應用在解釋 H 原子的光譜線非常準確。
(C) Heisenberg：提出測不準的現象，認爲不可能在同一時刻能針對微小粒子同時測得精準的位置及動量，應用這種觀念，使得我們只能敘述電子出現的機率是若干，而無法知道電子的行蹤。
(D) Schrödinger：創造量子力學，以波動方式來解說電子的行爲，到目前爲止，解釋的很成功。

23. $3s$，
$3p_x$，$3p_y$，$3p_z$
$3d_{xy}$，$3d_{yz}$，$3d_{xz}$，$3d_{x^2-y^2}$，$3d_{z^2}$

30. P 的組態：$1s^22s^22p^63s^23p^3$，15 個電子分布在 5 個不同軌域上，因不同軌域的能階不一樣，所以欲游離這 15 個電子，要花費五種不同的能量。

33. B的價組態爲$2s^22p^1$，可以推斷容易帶＋3 的氧化數(∵可以形成鈍氣組態)，或者帶＋1 的氧化數(B^+：$2s^2$全填滿組態)，但是沿著硼族到了愈下方的 In 或 Tl 時，卻發現Tl^+比Tl^{+3}常見，這是因爲Tl^+的$6s^2$表現較安定，不易被失去額外二個電子，這種現象就稱爲 Inert-pair effect。像這樣保留ns^2不易被失去的現象，只在每一族的後二個元素表現得比較明顯；再如 N 可形成N^{3+}或N^{+5}，但同屬 N 族的 Sb 卻較易形成Sb^{+3}。

36. B 族元素，沿週期的性質變化，都比較不明顯。

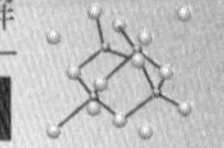

40. (A) $1.39\times10^5 = 1310\left(\frac{Z_{eff}}{1}\right)^2$，$\therefore Z_{eff} = 10.3$。∵在1$s$軌域上有兩個電子，他們彼此間會互相排斥，而且也略有遮蔽現象，使得他們感受到的核電荷不是11，而是略小一些的10.3。

(B) 最外層的3s雖然受到內層10個e^-的遮蔽，這會使其感受到的核電荷因抵銷而降爲1(11 − 10)，然因3s本身也具有穿透效應，這會使其感受到的核電荷略增些，∴不是1，而是1.84。

42. (A)Be：$1s^22s^2$恰是全填滿組態，移去電子不易。

(B)S：氧族中的第一元素O，因其size較小的關係，多獲得1個電子，會遭受較多的排斥，使其接受電子的能力反不及同族的第2個元素S，這種情形在氮族，鹵素族都有類似情況，如N＜P，F＜Cl。

(C)Sr：愈易失去電子是愈強的還原劑。(參考第11章)。

(D)$(CH_3)_2S$：S的陰電性較小，lone pair較容易捐出。(參考第10章)

44. $E_{光} = h\upsilon = 6.626\times10^{-34}\times3\times10^{22} = 2\times10^{-11}$J

46. 第一條線即n = 3→n = 2代入Balmer eq

$$V = 3.29\times10^{15}\left(\frac{1}{4}-\frac{1}{9}\right) = 3.29\times10^{15}\times\frac{5}{36}$$

$$C = \lambda\upsilon$$

$$3\times10^8 = \lambda\times3.29\times10^{15}\times\frac{5}{36}，\lambda = 6.56\times10^{-7}\text{m}$$

49. 機率$\propto 4\pi r^2\Psi = 4\pi r^2\left(\frac{Z^3}{\pi a_0^3}\right)e^{\frac{-2Zr}{a_0}} = \frac{4Z^3}{a_0^3}\cdot r^2e^{\frac{-2Zr}{a_0}}$

最大值發生處：$\frac{d(4\pi^2\Psi^2)}{dt} = 0$

$$\frac{4Z^3}{a_0^3}\cdot(2r)\cdot e^{\frac{-2Zr}{a_0}} + \frac{4Z^3}{a_0^3}r^2\cdot\left(\frac{-2Z}{a^0}\right)\cdot e^{\frac{-2Zr}{a^0}} = 0$$

$$\frac{4Z^3}{a^{03}}\cdot r\cdot e^{\frac{-2Zr}{a^0}}\left[2 - r\left(\frac{2Z}{a^0}\right)\right] = 0$$

$$\therefore 2 - \frac{2rZ}{a^0} = 0 \qquad \therefore \frac{rZ}{a^0} = 1$$

$$r = \frac{a_0}{Z}$$

51. (A)$r_2=\frac{2^2}{2}a_0=2a_0=1.06\times10^{-10}$m

(B)$E_2=-2.18\times10^{-18}\times\frac{2^2}{2^2}=-2.18\times10^{18}$j

(C)$I=-E_1=-\left(-2.18\times10^{-18}\times\frac{2^2}{12}\right)=8.72\times10^{18}$j

59. 涵蓋了95％的電子雲機率範圍者。

60. (A)空間的方位不同　(B)軌域的大小分佈及能階不同。

73. 鑭系收縮；鑭系元素是指電子塡入4f軌域的元素，由於4f的塡入次序在6s之後，也就是說原子序的增加並沒有使電子塡在較外層以增加其原子尺寸，反倒是核電荷的增加使之與核外的電子引力增加，而明顯地縮小了半徑，這種現象稱爲鑭系收縮。

5d的n＝5大於4d的n＝4照理5d的原子尺寸應該比較大，但由於5d週期中，有鑭系收縮的現象，使得5d的原子半徑與4d元素的原子半徑變成大約一樣。

77. $\lambda=\frac{h}{mv}$，$4\times10^{-6}=\frac{6.626\times10^{-34}}{9.1\times10^{-31}\times v}$

78. (A)雷得堡常數的意義就是「它即是H的游離能」

$\therefore I=2.178\times10^{-18}$j

(B)$\Delta E=\frac{-k}{9}-\frac{-k}{1}=\frac{8}{9}k$

$E_{光}=h\frac{c}{\lambda}$

$\frac{8}{9}\times2.178\times10^{18}=6.626\times10^{-34}\times\frac{3\times10^8}{\lambda}$

$\therefore\lambda=1.026\times10^{-7}$m

80. $185\times37\%+x(63\%)=186.2$

$x=187$

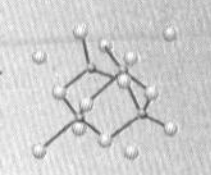

第2章　PART Ⅰ

1. (A)若是以共用電子對的形式，稱為共價鍵，不是金屬鍵。
2. 金屬的游離能很小，容易失去電子，非金屬的陰電性很大，容易搶得電子，兩相配合下，就容易產生電子的轉移，結果是金屬形成陽離子，非金屬形成陰離子，偏偏陰陽離子會互相吸引，因而構成了離子鍵，結論是「通常金屬與非金屬之間的結合力是屬離子鍵結」。
4. 見右圖結構：C－C單鍵＝6
   C－Cπ鍵＝3
5. EN值相差愈大者(也就是週期表位置相距最遠)，離子性最強。
6. 鍵數愈多，鍵能愈大，愈難破壞。N_2的鍵數＝3，是所有選項中最大的。
8. 本來需要劃出Lewis結構，才可以判斷，但是也可以利用以下的經驗：當外面的原子是2價的氧或3價的氮時，才有可能具π－鍵。(a)(b)(c)選項中，外面原子都是1價(H，Cl或F)，因此，不可能。
10. C應是4價，若沒接到4價，就沒有滿足八隅體，較不安定。在(甲)中C只與3個H結合，不足4價。
11. 只有(D)項，出現了4個不成對電子，才可以解釋碳的4價結合機會
12. (A)原子彼此間若不準備結合，其軌域是不需要進行混成過程的。
   (C) 像sp^3d混成軌域就有5個。sp^3d^2混成軌域就有6個。
   (E) 只有sp^3d混成軌域中的5個軌域不完全是對稱的。
15. ⑴前三者以VSEPR理論預測為：(A)AX_2型　(B)AX_3型　(C)AX_4型。
   ⑵(D)項則要以Lewis結構判別：
```
    H    H
    |    |
H —C＝ C —H
```
   ∴C的周圍是AX_3型
16. ⑴N_2F_4以Lewis結構判別：
```
     ..    ..
F —N—  N —F
    |     |
    F     F
```
   ∴N的周圍是AX_3E型。
   ⑵其餘各項用VSEPR判定為(A)AX_2E　(B)AX_3　(C)AX_3E　(E)AX_4。

18. (A)AX_3E_2型，sp^3d，2 (B)AX_2E_3型，sp^3d，3
(C)AX_4E型，sp^3d，1 (D)AX_5E型，sp^3d^2，1 (E)AX_4E_2型，sp^3d^2，2。

20. AX_4型

21. AX_2E_3型

22. (A)NH_3：AX_3E三角錐形，BF_3：AX_3平面三角形 (B)皆是三角錐形(C)皆是直線形 (D)CS_2：AX_2直線形；OF_2：AX_2E_2彎曲形 (E)C_2H_2：直線形；H_2O_2：非直線。

23. 具有sp^2者，往往構成平面。

24. SO_3：AX_3型；(A)AX_3E (B)AX_3E (C)AX_3 (D)AX_3E_2。

25. (A)AX_2E彎曲 (B)AX_2E_2彎曲 (C)AX_2E_2彎曲 (D)AX_2直線 (E)AX_2E_2彎曲。

26. (A)AX_3型，平面三角形 (B)AX_3E_2型，T字型
(C)AX_3E型，三角錐形 (D)AX_3E型：三角錐形。

27. (A)(B)(C)都是AX_4，只有(D)是AX_4E。

29. (A)SF_4：seesaw，CH_4：Tetrahedral
(C)CO_2：linear，SO_2：bent
(D)NH_3：Pyramidal，CO_3^{2-}：Trigonal planar
(E)$CoCl_4^{2-}$：Tetrahedral，$Ni(CN)_4^{2-}$：square planar

30. PF_3屬AX_3E型，BF_3屬AX_3型。

33. 利用對稱原則來判斷極性比較容易。(A)(B)(C)皆屬AX_3型，而外圍3團原子皆同，對稱而無極性。(D)項屬AX_3E型，外圍4團中有原子有電子，不盡相同，不對稱，因此有極性。其它各題皆然。

38. 第二列元素的氟化物共有7種：LiF，BeF_2，BF_3，CF_4，NF_3，OF_2，F_2。其中以LiF的離子鍵最強，極性也就最強。不具有極性者有BeF_2、BF_3、CF_4及F_2四個。

41. (A)極性分子間會出現⊕ ⊖相吸的情形，而非極性則無。
(C)鍵上的極性愈大，整個分子未必有極性。
(D)C—C，鍵的兩側都是同種類原子，則該鍵之上是沒有極性的。

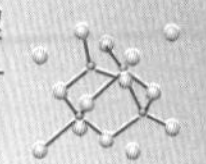

42. (A) 這是等電子物種類型。N原子的EN值強於As及P，其周圍的電子雲密度較高，容易排斥，∴鍵角最大。

(B) N—H的EN值相差最大。極性愈大者，鍵能愈強。

(D) N—H可以產生氫鍵，使得分子間引力較大，∴沸點(bp)較高(見第5章)。

44. (C)NH_3 AX_3E型，鍵角略小於109°28′；BF_3 AX_3型，鍵角120°。

(E)更正爲$SO_3 > SO_2 > SO_4^{2-} > SO_3^{2-}$

45. 此題屬等電子物種題型。由於鍵上的極性，若使電子雲較靠近中心原子，會使鍵與鍵上的電子雲彼此容易發生排斥，因而使鍵角變大，在 X—P—X 鍵型中，以X爲I時，電子雲較靠近中心原子P。

48. NH_4^+是正四面體形，鍵角＝109.5°。

NH_3結構中出現有一對lone pair，鍵角將變小，至於NH_3與NF_3的比較，類似45.題，屬等電子物種類型。

53. 二氯乙烷的結構內不存在雙鍵，不可能會有幾何異構物。

54.

不同原子 → CH_3CH_2 / H　　C═C　　Cl / H ← 不同原子

56. $^-O—\ddot{N}═O \longleftrightarrow O═\ddot{N}—O^-$

57. $N≡\overset{+}{N}—O^- \longleftrightarrow {}^-N═\overset{+}{N}═O$

58. 首先算出各物碳—碳之間的BO，①$BO＝2$，②$BO＝3$，③$BO＝1.5$，④$BO＝1$，⑤$BO＝1.33$。BO值愈大，鍵長愈短。

∴鍵長次序是④＞⑤＞③＞①＞②。

60. 各分子的Bond order先計算出來，標示在括號內。

第一週期：$H_2(1)$，$He_2(0)$

第二週期：$Li_2(1)$，$Be_2(0)$，$B_2(1)$，$C_2(2)$，$N_2(3)$，$O_2(2)$，$F_2(1)$，$Ne_2(0)$

(A)He_2，Be_2，Ne_2(Bond order＝0者，不存在)

(B)H_2(第一週期的元素，半徑較小)

(C)N_2(Bond order最大者，鍵能最大)

(D)B_2，O_2(具有不成對電子者)

(E)C_2，O_2 (BO＝2者)

63. C_2，C_2^+，C_2^-之電子組態如下：

C_2：$KK\sigma_{2s}^2\,\sigma_{2s}{*}^2\,\pi_{2p_x}^2\,\pi_{2p_y}^2$

C_2^+：$KK\sigma_{2s}^2\,\sigma_{2s}{*}^2\,\pi_{2p_x}^2\,\pi_{2p_y}^1$

C_2^-：$KK\sigma_{2s}^2\,\sigma_{2s}{*}^2\,\pi_{2p}^4\,\sigma_{2p}^1$

三者之bond order如下：

C_2：$BO=(6-2)/2=2$

C_2^+：$BO=(5-2)/2=1.5$

C_2^-：$BO=(7-2)/2=2.5$

BO愈大代表鍵解離能愈大，$\therefore C_2^- > C_2 > C_2^+$

65. (1)算出BO，BO愈大，鍵能愈大。

(2)但是碰上選擇題時，可用另一方法較快。先算出總價電子數，數目距離「10」愈近者，鍵能愈多，鍵距愈短。65.，67.，69.三題可用此法。CN^-價電子數＝4＋5＋1＝10，NO價電子數＝5＋6＝11，O_2的價電子數＝6×2＝12，其中CN^-最靠近10，$\therefore CN^-$的鍵能最大。

67. O_2，O_2^+，O_2^-的價電子數分別是12，11，13。其中13離10最遠，鍵長最長。

69. NO，NO^+，NO^-的價電子數分別是11，10，12。其中10離10最近，鍵能最強。

PART Ⅱ

4. (A) $^{-}O—N(=O)—O^{-}$　(B) $O=O$　(C) $Cl—Cl$　(D) $^{-}O—C(=O)—O^{-}$　(E) $N\equiv C^{-}$

5. 在週期表中位置最接近者，陰電性差最少。

7. B是3價，解釋3價的成因：基態$2s^2 2p^1$提升至$2s^1 2p_x^1 2p_y^1$(激態)，∴不成對電子數由1個轉成3個。

8. P的價數是3或5價，(C)中的PO_2，P是4價，但P不可能為4價。

9. (1)奇數電子者是順磁性。

   (2) 至本章為止，有關順逆磁性的考題分為兩型，第一型的對象為Be，Na，Fe^{3+}，S^{2-}……等，第二型屬本章單元十。如果你發現不是以上兩種題型，則應是屬本題，判斷法只要算出總價電子數即可。

   (3)通常屬本題型會出題的對象有四個。NO，NO_2，ClO，ClO_2。

10. BF_3中B的原子的周圍電子只有6個，不足8個。

11. IF_3中的I原子為3價，屬擴充過的價數，∴周圍原子將超過8個。

15. dsp^2這種混成軌域，本章未提及，將在第12章討論。

16. (A) 原子鍵結前，先行將原子軌域進行混合的過程，例如：1個s＋2個p →3個sp^2。

    (B) N用sp^3混成軌域與H原子結合，其中三個用來與三個H產生共價鍵結，而第四個sp^3軌域則用以填入lone pair。$H—\ddot{N}(—H)—H$

17. I有7個價電子，未共用電子數＝7＋1－2＝6個。

18. AX_5E型，∴$5+1=6$

19. AX_4E型，$4+1=5$，∴是sp^3d軌域。

20. H—C═N—H（C 上接 H），觀察碳的周圍，為AX_3型。

22. (A)XeO_3：AX_3E_1 pyramid

(B)SF_4：AX_4E_1 seesaw

(C)ClF_3：AX_3E_2 T-shape

23. AX_3E型

25. AX_4E_2型

26. AX_4E型

28. 具有極性者，有 BCD 三項，但是屬於共價性者，則只有 HCl，C 與 D 屬離子性。

30. 金屬與非金屬之間為離子鍵，Na 與 OH 之間便是，而非金屬的 O 與非金屬 H 之間則是共價鍵。

32. (A)NH_3

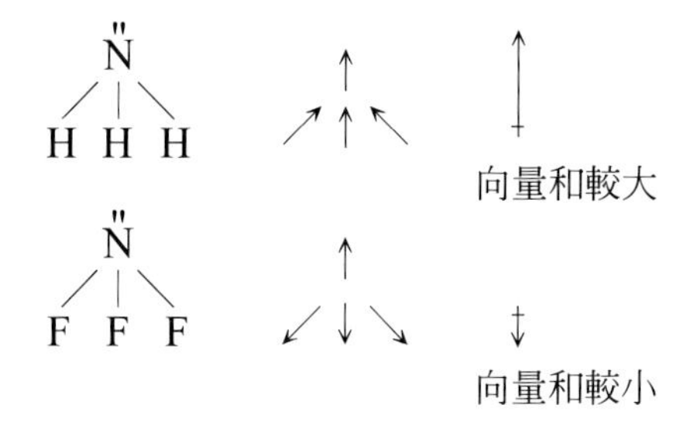

(B)O_3：

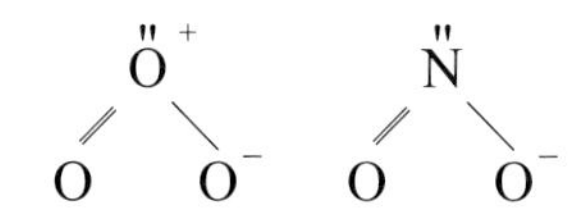

這兩個分子皆屬等電子物種，但中心原子則以O_3中的O^+陰電性較大，這使得鍵上的電子雲較容易往中心原子附近集中。電子雲密度的增加，使排斥力增加，因而使鍵角張開的較大。

36. (A)～(D)的分子式都是C_5H_{10}，(E)的分子式則為C_5H_8。分子式都不同了，不能構成異構物關係。

37. NO^+　　$\ddot{N}\equiv O:^+$

NO_2^-

$\ddot{N}$(=O)(—O^-) ↔ $\ddot{N}$(—^-O)(=O)

NO_3^-

O=N^+(—^-O)(—O^-) ↔ ^-O—N^+(=O)(—O^-) ↔ ^-O—N^+(—^-O)(=O)

NO^+中NO間為參鍵

NO_2^-中NO間為1.5個鍵

NO_3^-中NO間為$1\frac{1}{3}$個鍵

∴鍵長順序$NO_3^- > NO_2^- > NO$

38.

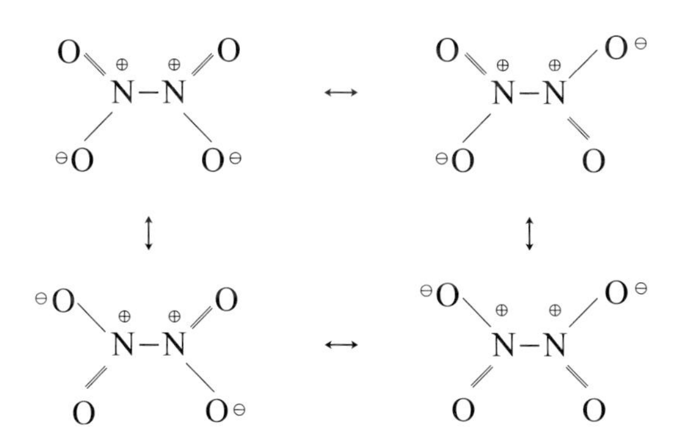

39. delocalized相當於是resonance，亦即本題在問哪一項會出現共振現象。

40. (A)　N_2^+：$BO = 2.5$，順磁

N_2：$BO = 3$，逆磁

N_2^-：$BO = 2.5$，順磁

(B)游離能：N_2 > N

由圖可看出游離N_2的電子能階在σ_{2p}，它的位能比游離 N 的$2p$能階還要低，∴游離較難，游離能較大。

41. (A) $:\ddot{O}=\ddot{O}:$

(B)由上述的路易士結構式，顯示所有的電子雲都成雙了，∴無法解釋出O_2具有順磁性。

(B) 如果要解釋O_2具有順磁性，必須利用 MO 理論。

氧氣的電子組態：$KK\,\sigma_{2s}^2\,\sigma_{2s}{*}^2\,\pi_{2p}^4\,\pi_{2p_x}{*}^1\,\pi_{2p_y}{*}^1$

最高能階出現有 2 個不成對電子，∴氧氣是順磁性的。

42.

	energy	電子雲分布
bonding M.O	較低	在原子核間分布較多
Antibonding M.O	較高	在原子核間分布較少，甚至有一節

43. O_2(12 個價電子)：$KK\,\sigma_{2s}^2\,\sigma_{2s}{*}^2\,\sigma_{2p}^2\,\pi_x^2\,\pi_y^2\,\pi_x{*}^1\,\pi_y{*}^1$，順磁性(具有 2 個不成對電子)

$$BO=\frac{8-4}{2}=2$$

O_2^+(11 個價電子)：$KK\,\sigma_{2s}^2\,\sigma_{2s}{*}^2\,\sigma_{2p}^2\,\pi_x^2\,\pi_y^2\,\pi_x{*}^1$，順磁性(具有 1 個不成對電子)

$$BO=\frac{8-3}{2}=2.5$$

O_2^-(13 個價電子)：$KK\,\sigma_{2s}^2\,\sigma_{2s}{*}^2\,\sigma_{2p}^2\,\pi_x^2\,\pi_y^2\,\pi_x{*}^2\,\pi_y{*}^1$，順磁性(具有 1 個不成對電子)

$$BO=\frac{8-5}{2}=1.5$$

O_2^{2-}(14 個價電子)：$KK\,\sigma_{2s}^2\,\sigma_{2s}{*}^2\,\sigma_{2p}^2\,\pi_x^2\,\pi_y^2\,\pi_x{*}^2\,\pi_y{*}^2$，逆磁性(沒有不成對電子)

$$BO=\frac{8-6}{2}=1$$

BO 值愈大，愈安定，∴相對安定度：$O_2^+ > O_2 > O_2^- > O_2^{2-}$

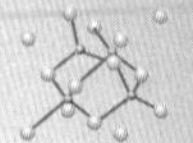

44. NO的Bond order $=\dfrac{8-3}{2}=2.5$

NO^+的Bond order $=\dfrac{8-2}{2}=3$

$\therefore NO \longrightarrow NO^+ + e^-$

由於NO^+的BO值大於NO的BO值，∴上式是個有利於右方的反應，

∴NO易於氧化。

45. (A)$KK\ \sigma_{2s}^2\ \sigma_{2s}{}^{*2}\ \pi_{2p}^4\ \sigma_{2p}^1$

(B)$BO=(7-2)/2=2.5$

(C)順磁性

(D)BO比N_2之$BO(=3)$小，∴鍵長較N_2長。

46. (A)　$N_2 > NO > O_2$

　($BO=3$　2.5　2)

(B)　$O_2^+ > O_2 > O_2^-$

　($BO=2.5$　2　1.5)

51. 參考練習題PART II第9.題

52. 同核雙原子的π*軌域共有2個，最多可填入4個電子。

54. (A)C_2^{2-}：$KK\ \sigma_{2s}^2\ \sigma_{2s}{}^{*2}\ \pi_x^2\ \pi_y^2\ \sigma_{2p}^2$　(B)$BO=\dfrac{8-2}{2}=3$

58. Si與Si所形成的π鍵很弱，而C與C所形成的π鍵較強。

65. (A)路易士結構中，每個原子的周圍電子數應儘量使其滿足8個。

(B)N的價組態：$2S^2\ 2P_x^1\ 2P_x^1\ 2P_y^1$，只能與3個F結合。

(C)無　(D)是　(E)BF_3：Lewis acid，NF_3：Lewis base。

71. VBT中的各個混成軌域是由同一原子內的不同軌域進行線性組合而來，而MOT中的MO則是由不同原子內的軌域進行線性組合而來。

75. (A)
```
      ..   ..
  : O :: O : O :
    ..       ..
```
(B)1.5　(C)0，+1，−1

(D)彎曲形(Ax_2E)　(E)可過濾紫外線防止其傷害人體皮膚。

76. 因波函數的平方正比於機率

$\Psi^2 = C_{Cl}^2(3P_2)_{Cl}^2 + CF^2(2P_2)_F^2 + 2C_{Cl}C_F(3P_Z)(2P_Z)$

其中$(3P_Z)(2P_Z)$稱為兩軌域的overlap，既然題意稱此overlap可忽略，

∴第三項視為0

$C_{Cl}^2 = 0.36$　∴$C_{Cl} = 0.06$，$C_F^2 = 0.64$　∴$C_F = 0.8$

77. (A)$KK\sigma_{2s}^2\sigma_{2s}^{*2}\pi_{2Px}^2\pi_{2py}^2\sigma_{2P}^2$　　BO = 3

(B)$KK\sigma_{2s}^2\sigma_{2s}^{*2}\pi_{2Px}^2\pi_{2py}^2\sigma_{2P}^2\pi_{2Px}^{*2}\pi_{2Py}^{*1}$　　BO = 1.5

87. BN的價電子數＝8

電子組態為＝$kk\sigma_s^2\sigma_s^2\pi_x^2\pi_y^2$

(A)最高的MO＝$\pi_x\pi_y$　　(B)無　　(C)BO＝$\frac{6-2}{2}=2$

第3章　PART Ⅰ

1. $0.082l\cdot atm \equiv 1.987Cal$，$1l\cdot atm = \frac{1.987}{0.082} = 24.2Cal$

$0.082l\cdot atm \equiv 8.314J$，$1l\cdot atm = \frac{8.314}{0.082} = 101.3J$

3. $850\times(40\times10^{-3}) = \frac{0.082}{MW}\times62.36\times(20+273)$　　$MW = 44$

4. $745\times44 = D\times62.36\times(65+273)$　　$D = 1.55$

5. $600\times M = 0.743\times62.36\times(90+273)$　　$M = 28$

6. $730\times(524\times10^{-3}) = \frac{0.896}{MW}\times62.36\times(273+28)$　　$MW = 44$，$N_2O = 14\times2 + 16 = 44$

7. $190\times1.6 = \frac{0.5}{MW}\times62.36\times(39+273)$　　$MW = 32$，$CH_3OH = 32$

8. (1) C : H : Cl ＝ $\frac{37.8}{12} : \frac{6.3}{1} : \frac{55.9}{35.5} = 2 : 4 : 1$，

簡式＝C_2H_4Cl，式量＝63.5

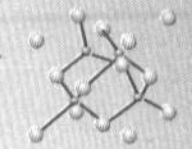

(2) $755\times0.8=\dfrac{3}{MW}\times62.36\times(137+273)$　　$MW=127$

(3) $\dfrac{127}{63.5}=2$，分子式$=(C_2H_4Cl)_2=C_4H_8Cl_2$

9. (1)碳重$=0.44\times\dfrac{12}{44}=0.12g$，氫重$=0.27\times\dfrac{2}{18}=0.03g$，

氧重$=0.31-0.12-0.03=0.16g$，

$C:H:O=\dfrac{0.12}{12}:\dfrac{0.03}{1}:\dfrac{0.16}{16}=1:3:1$

簡式$=CH_3O$，式量$=12+3+16=31$

(2) $1\times0.582=\dfrac{0.94}{MW}\times0.082\times(273+200)$　　$MW=62.6$

(3) $\dfrac{62.6}{31}=2$，∴分子式$=(CH_3O)_2=C_2H_6O_2$

10. (1) $Al+3H^+\longrightarrow Al^{3+}+\dfrac{3}{2}H_2$　　$n_{Al}=\dfrac{75}{27}$，$n_{H_2}=\dfrac{3}{2}n_{Al}=\dfrac{3}{2}\times\dfrac{75}{27}$

(2) $770\times V=\left(\dfrac{3}{2}\times\dfrac{75}{27}\right)\times62.36\times(273+23)$　　$V=100$升

11. (1) M的原子量$=x$，MH_2的分子量$=x+2$，$n_{H_2}=\dfrac{0.42}{x+2}\times2$

(2) $1\times0.492=\left(\dfrac{0.42}{x+2}\times2\right)\times0.082\times(273+27)$　　$x=40$

12. (1) $P\times20=\dfrac{0.72}{18}\times62.36\times(273+35)$　　$P_{H_2O}=38.4mmHg$

(2)相對濕度$=\dfrac{P_{H_2O}}{P^0_{H_2O}}=\dfrac{38.4}{42.2}\times100\%=91\%$

13. (1) $1\times\overline{M}=0.424\times0.082\times273$　　$\overline{M}=9.5$

(2)假設混合氣體中，H_2占到x，則O_2占到$(1-x)$，$2\cdot x+32(1-x)=9.5$

$x=0.75$，$H_2:O_2=0.75:0.25=3:1$

16. $PM=DRT$式中，P、T定値，$M\propto D$，$\dfrac{M_1}{M_2}=\dfrac{D_1}{D_2}$，$\dfrac{32}{M_2}=\dfrac{1.42904}{2.144}$，$M_2=48$

17. $\dfrac{P_1V_1}{P_2V_2}=\dfrac{T_1}{T_2}$，$\dfrac{1\times10}{3\times V_2}=\dfrac{40+273}{100+273}$，$V_2=3.97$

18. 公式同17.題，$\dfrac{760\times4.48}{500\times V_2}=\dfrac{273}{298}$，$V_2=7.43l$

19. $PV=nRT$式中，V定值，$P\propto nT$，$\frac{P_1}{P_2}=\frac{n_1T_1}{n_2T_2}$，$\frac{1}{5}=\frac{n_1\times273}{n_2\times573}$

$\therefore\frac{n_1}{n_2}=0.42$

20. $NO_2 \rightleftharpoons NO + \frac{1}{2}O_2$

	NO_2	NO	$\frac{1}{2}O_2$
始	1	0	0
狀態①	1 − 0.44	0.44	0.22
狀態②	1 − 0.88	0.88	0.44

$n_1=1-0.44+0.44+0.22=1.22$

$n_2=1-0.88+0.88+0.44=1.44$

代入$\frac{P_1}{P_2}=\frac{n_1T_1}{n_2T_2}$，$\frac{740}{P_2}=\frac{1.22\times(273+427)}{1.44\times(273+627)}$

$\therefore P_2=1123\text{mmHg}$

21. $H_2 + \frac{1}{2}O_2 \rightarrow H_2O_{(g)}$

	H_2	$\frac{1}{2}O_2$	$H_2O_{(g)}$	
始	1	1	0	$n_1=1+1=2$
後	0	0.5	1	$n_2=0.5+1=1.5$

$\frac{P_2}{P_1}=\frac{n_2T_2}{n_1T_1}=\frac{1.5\times598}{2\times298}=1.5$

22. 依波以耳定律，湖底壓力是湖面壓力的 4 倍。湖面壓力＝ 1atm，∴湖底壓力＝ 4atm，4 ＝湖面壓力＋水柱壓力＝ 1 ＋水柱壓力。

水柱壓力＝ 3atm，1atm ＝ 1033.6cm-H_2O＝ 10.336m-H_2O

∴3atm ＝ 10.336×3≅31m-H_2O

23. P、V定值，$n\propto\frac{1}{T}$，$n_1T_1=n_2T_2$，$n_1\times298=n_2\times600$，$n_2=\frac{298}{600}n_1$

$\Delta n=n_1-n_2=n_1-\frac{298}{600}n_1=\left(1-\frac{298}{600}\right)n_1=\frac{302}{600}n_1$

24. 273K→819K，T增為 3 倍。$n_{NH_4NO_2}=\frac{128}{64}=2$，所產生的產物總莫耳數＝ 2×3 ＝ 6。∵$V\propto nT$，∴體積＝ 22.4×(6 倍)×(3 倍)＝ 22.4×18

25. $\because PV \propto n$，活栓打開前，甲乙丙三容器的總 mole 數$= P_{甲}V_{甲} + P_{乙}V_{乙} + P_{丙}V_{丙}$ $= 0.2\times5 + 2\times4 + 1.5\times3 = 13.5$。活栓打開後，總莫耳數$= 1\times5 + 1\times4 + 1\times3 + 1\times V$，而這總莫耳數$= 13.5$，解得$V = 1.5$升。

27. 乙烷的$MW = 30$，$30\times1.2 = 36$
(A)$\overline{MW} = \dfrac{28+44}{2} = 36$　(B)$\dfrac{71+4}{2} = 37.5$
(C)$\dfrac{28+16}{2} = 22$　(D)$\dfrac{28+71}{2} = 49.5$　(E)$\dfrac{4+20}{2} = 12$

29. 假設體積5升者是A容器，10升者是B容器，活栓打開後，總體積是15升，兩容器內的壓力都要進行校正
$P_A = 1\times(5/15) = 1/3$
$P_B = 2\times(10/15) = 4/3$
最後總壓$= P_A + P_B = (1/3) + (4/3) = 1.67$

30. 當氣體移入5l容器中，由於體積的改變導致其壓力也隨之改變，新的壓力值可用波以耳定律求得
$P_{CO_2} = \dfrac{3\times2}{5} = 1.2$　　$P_{O_2} = \dfrac{5\times4}{5} = 4$
$P_{H_2} = \dfrac{0.5\times6}{5} = 0.6$　　總壓$= 1.2 + 4 + 0.6$

31. $P_A : P_B : P_C = n_A : n_B : n_C = \dfrac{1}{30} : \dfrac{1}{30} : \dfrac{1}{60} = 2 : 2 : 1$

32. $P_A : P_B = n_A : n_B = \dfrac{12}{16} : \dfrac{13}{26} = 3 : 2$

33. $n_{O_2} : n_{SO_2} = \dfrac{1}{32} : \dfrac{1}{64} = 2 : 1$，$P_{O_2} = P_t \cdot x_{O_2} = 1500\times\dfrac{2}{2+1} = 1000\text{mmHg}$

34. $P_A : P_B : P_C = n_A : n_B : n_C$，$15 : 30 : 45 = \dfrac{1}{M_A} : \dfrac{1}{M_B} : \dfrac{1}{M_C}$
$M_A : M_B : M_C = 6 : 3 : 2$

35. 混合後，$P_{NH_3} = \dfrac{0.1\times200}{500} = 0.04\text{atm}$，$P_{HCl} = \dfrac{0.08\times300}{500} = 0.048\text{atm}$
反應後，$P_{NH_3} = 0$，$P_{HCl} = 0.048 - 0.04 = 0.008\text{atm}$，代入$PV = nRT$式
$0.008\times0.5 = \dfrac{W}{36.5}\times0.082\times300$　　$\therefore W = 0.006\text{g}$

37. $N_2H_4 \longrightarrow N_2 + 2H_2$，反應後莫耳數是反應前的3倍，$P \propto n$，∴壓力也增爲3倍。

39. $P_1V_1 = P_2V_2$，$1 \times (200 + 900) = P_2 \times 1000$

$\therefore P_2 = 1.1\text{atm}$與外界壓力差0.1atm。$0.1\text{atm} = 0.1 \times 76\text{cm-Hg} = 7.6\text{cmHg}$

40. 代$PV = nRT$式，$(784 - 24) \times 0.3 = \dfrac{W}{2} \times 62.36 \times 300$　　$\therefore W = 0.0244\text{g}$

41. $\dfrac{P_1}{P_2} = \dfrac{T_1}{T_2}$，$\dfrac{(634 - x)}{634} = \dfrac{(27 + 273)}{(44 + 273)}$　　$x = 30$

42. $\dfrac{P_1V_1}{P_2V_2} = \dfrac{T_1}{T_2}$，$\dfrac{(758 - 18) \times 150}{760 \times V_2} = \dfrac{293}{273}$　　$V_2 = 136\text{ml}$

43. 對氣體而言$V \propto n$，$\therefore n_1 : n_2 = 100 : 900 = 1 : 9$

$P_1 = P_t \cdot x_1 = 1 \times \dfrac{1}{10} = 0.1\text{atm}$，$P_2 = 1 - 0.1 = 0.9\text{atm}$

	$2C_2H_6S$	+ $9O_2$	→ $4CO_2$	+ $6H_2O$	+ $2SO_2$
始	0.1	0.9	0	0	0
後	0	0.45	0.2	0.3	0.1

45. (1) $V_{甲} = V_{乙} \Rightarrow \left(\sqrt{\dfrac{T}{M}}\right)_{甲} = \left(\sqrt{\dfrac{T}{M}}\right)_{乙}$，$\because M_{甲} \neq M_{乙}$，$\therefore T_{甲} \neq T_{乙}$

(2) $\overline{KE} \propto T$，既然溫度不相同，∴動能不相同，總能量不一定相同。

46. $\left(\dfrac{T}{M}\right)_{N_2} = \left(\dfrac{T}{M}\right)_{CH_4}$，$\dfrac{T_{N_2}}{28} = \dfrac{373}{16}$　　$T_{N_2} = 653\text{K}$

47. 同一容器$V_{H_2} = V_{O_2}$，$T_{H_2} = T_{O_2}$同重，$\therefore \dfrac{n_{H_2}}{n_{O_2}} = \dfrac{16}{1}$

(A) $D = \dfrac{W}{V}$，$\because W$同、V同，$\therefore D$同

(B) $PV = nRT$中，V同、T同，$\therefore P \propto n$，$\therefore \dfrac{P_{H_2}}{P_{O_2}} = 16$

(D) $\dfrac{v_{H_2}}{v_{O_2}} = \sqrt{\dfrac{M_{O_2}}{M_{H_2}}} = \sqrt{\dfrac{32}{2}} = 4$　(E) T同，$\therefore \overline{KE}$同

55. (1) $v = \sqrt{\dfrac{3RT}{M}} = \sqrt{\dfrac{3 \times 8.314 \times 100}{4 \times 10^{-3}}} = 790\text{m/s}$

(2) $v = \sqrt{\dfrac{3 \times 8.314 \times 200}{4 \times 10^{-3}}} = 1117\text{m/s}$

56. $\dfrac{v_{O_2}}{v_{He}} = \sqrt{\dfrac{M_{He}}{M_{O_2}}}$，$\dfrac{4.4 \times 10^2}{v_{He}} = \sqrt{\dfrac{4}{32}}$　　$\therefore v_{He} = 1245$

57. $f \propto \dfrac{N}{V} v \propto \dfrac{N}{V}\sqrt{\dfrac{T}{M}} \propto N\sqrt{\dfrac{1}{M}}$ (V，T定值)

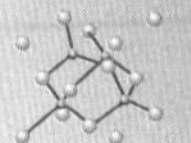

$$\frac{f_1}{f_2}=\frac{N_1}{N_2}\sqrt{\frac{M_2}{M_1}}=\frac{1}{4}\sqrt{\frac{28}{32}}=\frac{1}{4}\sqrt{\frac{14}{16}}=\frac{\sqrt{14}}{4\times4}=\frac{\sqrt{14}}{16}$$

58. $\frac{R_1}{R_2}=\sqrt{\frac{M_2}{M_1}}=\sqrt{\frac{64}{16}}=\sqrt{\frac{4}{1}}=\frac{2}{1}$

59. $\frac{R_1}{R_2}=\sqrt{\frac{M_2}{M_1}}$，$\frac{2}{5}=\sqrt{\frac{16}{M_1}}$　　$\therefore M_1=100$

60. $\frac{R_1}{R_2}=\sqrt{\frac{M_2}{M_1}}$，$\frac{R_1}{150}=\sqrt{\frac{40}{4}}$　　$R_1=474$

61. $\frac{R_1}{R_2}=\frac{V_1/t_1}{V_2/t_2}=\sqrt{\frac{M_2}{M_1}}$，$\frac{60/2}{30/t_2}=\sqrt{\frac{32}{2}}$　　$t_2=4$

62. 公式同61.，$\frac{280/40}{350/t_2}=\sqrt{\frac{32}{2}}$　　$t_2=200$

64. $\frac{R_1}{R_2}=\sqrt{\frac{M_2}{M_1}}=\sqrt{\frac{238+19\times6}{235+19\times6}}=1.00429$倍

69. NH_3分子之間，存在有氫鍵，使分子間引力變大。

71. 與理想氣體偏差最遠的氣體，其莫耳體積最小。

73. (B)光煙霧由HC，NO，NO_2引起。(C)CO_2將會造成溫室效應。

74. 含硫者，味道都很臭。

76. (C)NO 貢獻到酸雨。只有噴射機排放的NO才會破壞臭氧層。

77. $CaO+SO_2 \longrightarrow CaSO_3$

PART II

1. $P\times5=\frac{0.6}{32}\times0.082\times(22+273)$　　$P=0.091\text{atm}$

2. $1\times32=D\times0.082\times273$　　$D=1.43\text{g/l}$

3. (A)$PM=DRT$

   $2.88\times M=7.71\times0.082\times(273+36)$

   $\therefore MW=67.83$

   (B) 因為該化合物只含 Cl 以及 O，而 Cl 的原子量＝35.5，O 的原子量＝16，∴可能的化學式為ClO_2。

4. $KClO_3 \xrightarrow[\Delta]{} KCl + \frac{3}{2}O_2$，$KClO_3$ $MW = 122.55$

$KClO_3$的莫耳數$=\frac{10}{122.55}$，O_2的莫耳數$=\left(\frac{10}{122.55}\right)\times\frac{3}{2}$

代入$PV = nRT$

$1\times V=\left(\frac{10}{122.55}\times\frac{3}{2}\right)\times 0.082\times 273$

$\therefore V = 2.74l$

5. ⑴$n_{CaC_2}=\frac{4}{64}=0.0625$，$n_{H_2O}=\frac{2.75}{18}=0.153$。先確定了$CaC_2$爲限量試劑

⑵依計量式，$n_{C_2H_2}=n_{CaC_2}=0.0625$，代入$PV=nRT$

$500\times V = 0.0625\times 62.36\times 263$　　$V = 2.05$升

6. (A)$C : H = \frac{88.8}{12} : \frac{11.2}{1} = 7.4 : 11.2 = 2 : 3$

$\therefore$簡式$=C_2H_3$，簡式式量$=27$

$PV = nRT$

$1\times 0.0679 = \frac{0.12}{MW}\times 0.082\times 373$　　$\therefore MW = 54$

$\frac{54}{27}=2$，$\therefore$分子式$=(C_2H_3)_2=C_4H_6$

(B) C_4H_6有兩個不飽和，但暫時無法判定是多重鍵或者是環狀物，於是以所消耗的H_2莫耳數來判定，假設每一mole C_4H_6氫化需耗n mole H_2

$\frac{1}{54}$……是C_4H_6的mole數

$\frac{1}{54}\times n$……是H_2的mole數，代入$PV = nRT$

$1\times 0.906=\left(\frac{1}{54}\times n\right)\times 0.082\times 298$，$n=2$表示有2個雙鍵或者一個參鍵。

所有可能的異構物如下：

$C-C-C\equiv C$　　$C-C\equiv C-C$　　$C=C-C=C$　　$C=C=C-C$

10. $(656-32)\times 0.606 = n\times 62.36\times(273+30)$　　$\therefore n = 0.02$

11. $(746.2-18.7)\times 0.25 = \frac{W}{32}\times 62.36\times(273+21)$　　$\therefore W = 0.32g$

13. $v \propto \sqrt{\dfrac{T}{M}}$，$\left(\dfrac{T}{M}\right)_x = \left(\dfrac{T}{M}\right)_{O_2}$，$\dfrac{200}{M_x} = \dfrac{400}{32}$　　$\therefore M_x = 16$

14. $v_{rms} = \sqrt{\dfrac{3RT}{M}} = \sqrt{\dfrac{3\times 8.314\times 300}{28\times 10^{-3}}} = 517$

15. $V \propto \sqrt{T}$，$\dfrac{v_2}{v_1} = \sqrt{\dfrac{T_2}{T_1}} = \sqrt{\dfrac{375}{250}} = 1.22$ 倍

17. $\dfrac{R_1}{R_2} = \sqrt{\dfrac{M_2}{M_1}}$，$\dfrac{31.5}{30.5} = \sqrt{\dfrac{32}{M}}$，$\therefore M = 30$

18. $\dfrac{R_{O_2}}{R_{He}} = \sqrt{\dfrac{M_{He}}{M_{O_2}}} = \sqrt{\dfrac{4}{32}} = 0.35$ 倍

19. $\dfrac{R_{NH_3}}{R_x} = \sqrt{\dfrac{M_x}{M_{NH_3}}}$，$3.32 = \sqrt{\dfrac{M_x}{17}}$，$\therefore M_x = 187.3$

20. 假設兩氣體同時到達第x排，在相同時間內，兩氣體所行距離正比於其相對的擴散速率。

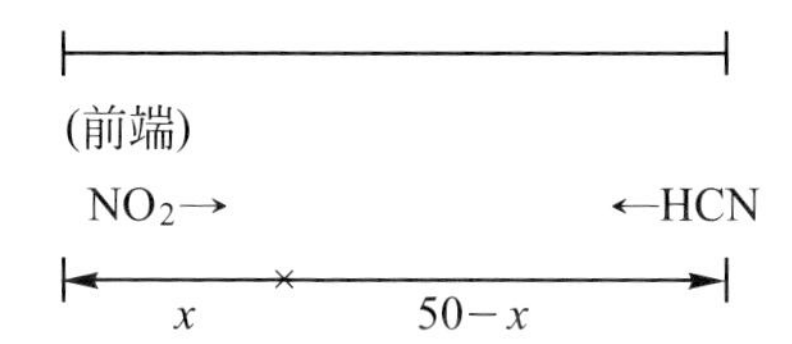

$$\frac{x}{50-x} = \frac{R_1}{R_2} = \sqrt{\frac{M_2}{M_1}} = \sqrt{\frac{27}{44}}$$

$\therefore x = 22$

22. NF_3的尺寸大小是所有中最大的，分子間引力最大，造成偏差最大。

25. $PM = DRT$式中，$M \propto D$，$\therefore$分子量最大的Cl_2其密度也最大。

26. (A)a代表分子間的引力；b代表分子本身的體積。

(B)高溫低壓下，愈趨近於理想氣體，$\therefore a$，b值愈趨近於零。

32. (A)大氣中的氮氣，可經由⑴閃電使N_2及O_2生成 NO 或NO_2經下雨形成硝酸鹽或亞硝酸鹽，而進入土壤中形成氮肥；⑵或由固氮細菌轉變爲氮肥，氮肥由植物吸收後，轉變成動植物體內的蛋白，當生物死亡後，體內的蛋白經細菌分解後而流入土壤中，而土中的去硝化細菌又可將之變成氮分子，重返大氣，這種過程循環不已，稱爲氮循環。

(B)Haber合成法，就是一種人工的固氮過程，所形成的NH_3再經由氧化就可變成硝酸鹽以致於氮肥。

33. (A)O_3

(B) 臭氧可以過濾紫外線，使得能穿透大氣層而到達地面上的紫外線很少，對於人體皮膚以及其它器官的傷害減至最低。

(C) 由於人類大量使用CFC(氟氯碳化物)，CFC會釋出Cl原子，該原子會與O_3反應，而使O_3的量變少。

34. (A) 常見的CFC，像Freon 11及Freon 12分子非常的安定，不易分解，直至飄升至臭氧層時，才分解出Cl原子，破壞臭氧層，∴急需尋找替代品。

(B) 近來，初步尋得的替代品稱爲 HCFC，如：HCFC 123 ($CHCl_2CF_3$)及HCFC 141 (CH_3Cl_2F)。它之所以不會破壞臭氧層，可能是因爲結構上含有 H 原子，可以遭受到氧化劑的氧化破壞，使得這類物質在未飄升至臭氧層前，已被空氣中的一些氧化物質分解，使其無法與臭氧接觸。

35. (A)$P_{N_2} = 1\times78.08\% = 0.78atm$

$P_{O_2} = 1\times20.94\% = 0.21atm$

$P_{Ar} = 1\times0.93\% = 0.0093atm$

$P_{CO_2} = 1\times0.05\% = 0.0005atm$

(B)$0.78\times1 = n_{N_2}\times0.0821\times273$　$n_{N_2} = 0.0348$，即$C_{N_2} = 0.0348mol/L$

其餘各氣體皆是類似算法，$CO_2 = 9.3\times10^{-3}mol/L$，$C_{Ar} = 4.15\times10^{-4}mol/L$，$C_{CO_2} = 2.23\times10^{-5}mol/L$

36. 代入$PV = nRT$式，$3.75\times1 = \frac{5.02}{x}\times0.082\times310$

$\therefore x = 34$

38. $1Cl_2 + 3F_2 \rightarrow 2ClF_3$

39. 平均動能只與溫度有關，溫度相同時，平均動能皆同

40. $R\propto\sqrt{\dfrac{1}{M}}$，$M_{He}<M_{air}$，$\therefore R_{He}>R_{air}$

He的逸出比Air的逸入快，∴氣球逐漸變小

而$M_{SF_6}>M_{air}$，$R_{SF_6}<R_{air}$，SF_6的逸出比Air的鑽入慢，∴氣球逐漸變大。

46. (1) HC，NO，NO_2，CO，CO_2。

(2)加裝觸媒轉化器，或改用燃燒效果較好的天然氣燃料，甚至改用電動車。

第4章　PART Ⅰ

2. 只要平衡時，仍有水存在，即表示處於飽和狀態。

3. 氣體與液體的位能差距大於液體與固體的位能差距，∴蒸發熱大於熔融熱。

5. $\dfrac{\Delta H_v}{T_b}=88$，$\dfrac{322\times MW}{88+273}=88$，$MW=98.7$；$\dfrac{98.7}{14}=7$

∴分子式$=(CH_2)_7=C_7H_{14}$

6. $\dfrac{\Delta H_v}{T_b}=21$，$\dfrac{73.5\times MW}{53+273}=21$，$MW=93$

7. 平衡後，對A中的液體而言，仍見有少量液體殘留，表示處於飽和，A的分壓爲0.6atm，對N_2而言，則遵守波以耳定律，$P_{N_2}=\dfrac{1}{2}\times0.7=0.35$atm，∴ $P_t=0.6+0.35=0.95$atm

8. 依$PV=nRT$，$P\propto T$，$\dfrac{P_1}{P_2}=\dfrac{T_1}{T_2}$，$\dfrac{40}{P_2}=\dfrac{373}{323}$，$P_2=34.6$

但34.6大於該溫度下的飽和值(12.3)，因此壓力仍維持12.3kPa

9. (1) 先算出水恰好完全氣化時的體積，當恰好氣化時，當時水的蒸氣壓仍爲飽和值。　$24\times V=\dfrac{3.6}{18}\times62.36\times298$　∴ $V=155l$

(2) 體積改變後，H_2壓力也要改變。依$P_1V_1=P_2V_2$，$(1574-24)\times10=P_{H_2}\times155$

∴ $P_{H_2}=100$mmHg，∴後來容器內總壓$=24+100=124$mmHg

11. 加壓後易熔解者，屬於第二類相圖，常見的有水，鉛，銻，鉍。

14. $wt\% = \frac{W_B}{W_A + W_B} \times 100\%$，$10\% = \frac{x \times 40}{150} \times 100\%$，$x = 0.375$mole

15. 假設可溶x g，則其中Na_2CO_3占到$\frac{106x}{106+180}$，結晶水占到$\frac{180x}{106+180}$

$$\frac{W_B}{W_A} = \frac{20}{100} = \frac{\frac{106x}{286}}{\frac{180x}{286} + 50} \qquad \therefore x = 40.9$$

16. $20\% = \frac{20}{100} = \frac{W_B}{W_A + W_B}$，$\therefore W_B = 20$g，$W_A = 80$g

$$m = \frac{n_B}{W_A} = \frac{\frac{20}{65.3}}{80 \times 10^{-3}} = 3.83$$

18. 溶液很稀薄時，1公升相當於1kg，

$$\text{ppm} = \frac{W_B}{W_A + W_B} \times 10^6 = \frac{0.01}{1000 + 0.01} \times 10^6 \cong \frac{0.01}{1000} \times 10^6 = 10$$

19. 假設含W(mg)，$N = \frac{\text{當量數}}{V(l)}$，$3 \times 10^{-3} = \frac{\frac{W \times 10^{-3}}{24} \times 2}{1 \times 10^{-3}}$

$\therefore W = 0.036$(mg)

20. 假設取95% NaOH W(g)，$W_B = 95\% \cdot W$

$$M = \frac{n_B}{V}，0.1 = \frac{\frac{95\% \cdot W}{40}}{0.5} \qquad \therefore W = 2.1\text{g}$$

21. (1)$Na + H_2O \longrightarrow NaOH + \frac{1}{2}H_2$，$\therefore n_{NaOH} = 2n_{H_2}$

(2)$PV = nRT$，$750 \times 0.609 = n_{H_2} \times 62.36 \times 293 \qquad n_{H_2} = 0.025$

(3)$M = \frac{n_{NaOH}}{V} = \frac{2n_{H_2}}{V} = \frac{0.025 \times 2}{0.4} = 0.125$

22. 假設$W_A = 1$kg，則$n_B = 1$ mole

$$x_B = \frac{n_B}{n_A + n_B} = \frac{1}{\frac{1000}{18} + 1} = 0.0177$$

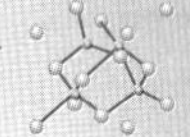

23. $M=\dfrac{n_B}{V_{A+B}}$，假設溶液有1公升，則$n_B=C_M$，$W_{A+B}=d\times V=d\times 1000$

其中$W_A=\left(\dfrac{100-Y}{100}\right)W_{A+B}=\left(1-\dfrac{Y}{100}\right)\times d\times 1000(g)=\left(1-\dfrac{Y}{100}\right)\times d\ (kg)$

$C_m=\dfrac{n_B}{W_A}=\dfrac{C_M}{\left(1-\dfrac{Y}{100}\right)d}$

24. $1\ ppm=\dfrac{W_B}{W_A+W_B}\times 10^6$，假設$W_B=1\ g\Rightarrow W_A+W_B=10^6\ g$，$\therefore W_A\cong 10^6\ g$

$m=\dfrac{n_B}{W_A}=\dfrac{\frac{1}{71}}{10^6\times 10^{-3}}=1.4\times 10^{-5}$

25. $M=\dfrac{n_B}{V}$，假設溶液1升，則$n_B=0.0001$，$W_{A+B}=D\times V=1\times 1000=1000g$

$ppm=\dfrac{W_B}{W_A+W_B}\times 10^6=\dfrac{0.0001\times 107.9}{1000}\times 10^6=10.79$

26. 要比較相對大小時，必須化成相同單位才可，本題我們將其全部化為%

(2) $1m=\dfrac{1}{1}m$，指1kg水中含1 mole溶質

$\%=\dfrac{1\times 98}{1000+98\times 1}\times 100\%=8.92\%$

(3) $1M=\dfrac{1}{1}M$，指1 l水溶液中含1 mole溶質

$\%=\dfrac{1\times 98}{1000\times 1.06}\times 100\%=9.24\%$

(4) $X=\dfrac{2}{100}$，指H_2SO_4 2 mole，水98 mole

$\%=\dfrac{2\times 98}{2\times 98+98\times 18}\times 100\%=10\%$

$\therefore$(1)＞(4)＞(3)＞(2)

28. 假設密度為D，$9.9M=\dfrac{9.9}{1}$，假設溶液體積為1升，$W_{A+B}=1000\cdot D$

$n_B=9.9mole$，$wt\%=\dfrac{W_B}{W_A+W_B}\times 100\%$，$50\%=\dfrac{9.9\times 46}{1000\times D}\times 100\%$

$\therefore D=0.91\ g/cm^3$

29. $3\times 500=12\times V$　　$V=125ml$

30. $n_B=\dfrac{14.2}{142}=0.1\ mole$，$0.1\times\dfrac{25}{100}\times\dfrac{1}{100}=2.5\times 10^{-4}\ mole=0.25m\ mole$

31. 假設取甲液X g，取乙液Y g，則甲液中$W_B = 30\% \cdot X$，乙液中$W_B = 10\% \cdot Y$。
混合液總重$(X + Y)$ g，而其中$W_B = 15\% \cdot (X + Y)$
∵混合前後W_B要相等，∴$30X + 10Y = 15(X + Y)$ ∴$\dfrac{X}{Y} = \dfrac{1}{3}$

32. 稀釋前HNO_3的質量＝稀釋後HNO_3的質量
$1.42 \times V \times 70\% = 2 \times 250 \times 10^{-3} \times 63$ ∴$V = 31.7$ml

33. 稀釋前HCl的莫耳數＝稀釋後HCl的莫耳數
假設該取濃鹽酸V (ml)
$$\frac{1.19 \times V \times 37.2\%}{36.5} = 3 \times 1 \times 0.5$$
$V = 123.68$ml
在500ml量瓶中，置入350ml水，再加入123.68ml的濃鹽酸，最後，繼續加水至500ml的刻度。

34. $W_B = D \times V = 1.05 \times 100 \times 98\%$，$M = \dfrac{n_B}{V} = \dfrac{\dfrac{1.05 \times 100 \times 98\%}{60}}{0.5} = 3.43$

35. 假設原瓶體積1升，則原來$n_B = 2 \times 1 = 2$，倒去半瓶後$n_B = 2 \times \dfrac{1}{2} = 1$，再倒去$\dfrac{3}{4}$瓶後，$n_B = 1 \times \dfrac{1}{4} = \dfrac{1}{4}$ mole，另外添加的部份，其中的$n_B = 3 \times \dfrac{3}{4} = \dfrac{9}{4}$，∴
總共$n_B = \dfrac{1}{4} + \dfrac{9}{4} = \dfrac{10}{4}$ mole，$M = \dfrac{n}{V} = \dfrac{\dfrac{10}{4}}{1} = 2.5$

36. $P = 76 \times 0.6 + 20 \times 0.4 = 53.6$，$X_{苯} = \dfrac{n_{苯}}{n_{苯} + n_{甲}} = \dfrac{76 \times 0.6}{53.6} = 0.85$

37. 蒸發第一次：$P = P_A^0 x_A + P_B^0 x_B$
$P_A = 75 \times (1/3) = 25$
$P_B = 22 \times (2/3) = 14.67$
蒸發第二次：
$P_A = 75 \times [25/(25 + 14.67)] = 47.27$
$P_B = 22 \times [14.67/(25 + 14.67)] = 8.14$
混合蒸氣壓$P = P_A + P_B = 47.27 + 8.14 = 55.41$mmHg

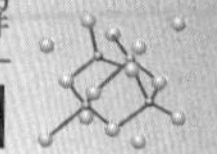

38. $P = P_A^0 x_A + P_B^0 x_B = 0.121 \times \frac{1}{2} + 0.041 \times \frac{1}{2} = 0.081\text{atm}$

40. 先將重量莫耳濃度(m)單位轉換成莫耳分率(x)。假設現有水 1 kg，則含 2m 水溶液，表示含有蔗糖 2 mole

$$x_A = \frac{1000/18}{(1000/18)+2} = 0.965$$

$$P_A = P_A^0 \cdot x_A = 31.82 \times 0.965 = 30.71$$

41. $P = P_A^0 x_A$

$$17.5 - 0.2 = 17.5 \times \frac{\frac{900}{18}}{\frac{900}{18} + \frac{200}{MW}} \qquad \therefore MW = 346$$

42. 代入 $P_A = P_A^0 x_A$

$$300 = P_A^0 \times \frac{1}{1 + \frac{30}{MW}}$$

$$350 = P_A^0 \times \frac{2}{2 + \frac{30}{MW}}$$ 聯立解得 $P_A^0 = 420$，$MW = 75$

43. 附圖是正偏差溶液類型。混合後體積會增加。

44. 在同一溫度下作比較，蒸氣壓的大小是 $a > b > c$，而依數性質的內容是溶質愈多，蒸氣壓愈小。

54. $\Delta T_b = K_b m$，$(56.58 - 55.95) = 1.71 \times \frac{\frac{3.75}{MW}}{0.095} \qquad \therefore MW = 107$

55. $\Delta T_b = K_b m$，$100.21 - 99.88 = 0.51 \times \frac{\frac{7.58}{MW}}{0.1} \qquad \therefore MW = 117$

56. $\Delta T_f = K_f m$，$2.33 = 1.86 \times \frac{\frac{22}{MW}}{0.1} \qquad \therefore MW = 176$

57. $\Delta T_f = K_f m$，$6.4 = 40 \times \left(\frac{\frac{0.525 \times 10^{-3}}{MW}}{9.175 \times 10^{-6}} \right) \qquad \therefore MW = 358$

58. $\Delta P = P_A^0 \cdot x_B$ $23.76 - 23.45 = 23.76 \cdot x_B$ $x_B = 0.013$

假設總莫耳數＝1 mole，$n_B = 0.013 \Rightarrow n_A = 1 - 0.013 = 0.987$

$m = \dfrac{n_B}{W_A} = \dfrac{0.013}{0.987 \times 18 \times 10^{-3}} = 0.734$

$\Delta T_b = K_b \cdot m = 0.51 \times 0.734 = 0.37$℃

59. $\Delta T_f \propto m$，$\therefore n_B$愈大者，m愈大，凝固點降得愈低，而$n_B = \dfrac{W_B}{MW}$，既然各物都取10g，$\therefore MW$愈小者，n_B將愈大。

60. $\Delta T_b = k_b \cdot m$ $0.34 = 0.52 \times \dfrac{\frac{x}{180}}{0.1}$ $\therefore x = 11.7$

61. $m = \dfrac{n_B}{W_A} = \dfrac{\frac{10}{65.4}}{90 \times 10^{-3}} = 1.7$，$\Delta T_f = 23 \times 1.7 = 39$℃

$\therefore T_f = 1083 - 39 = 1044$℃

62. (1) $C : H : N : O = \dfrac{74.1}{12} : \dfrac{7.4}{1} : \dfrac{8.63}{14} : \dfrac{9.87}{16} = 10 : 12 : 1 : 1$

簡式：$C_{10}H_{12}NO$，式量＝162

(2) $\Delta T_f = K_f\, m$，$179.8 - 169.6 = 40 \times \left(\dfrac{\frac{0.115}{MW}}{1.36 \times 10^{-3}} \right)$ $\therefore MW = 324$

$\dfrac{324}{162} = 2$，$\therefore$分子式$= (C_{10}H_{12}NO)_2 = C_{20}H_{24}N_2O_2$

63. (1) $3.72 = 1.86 \times (m_1 + m_2) = 1.86 \left(\dfrac{\frac{60}{MW}}{1} + \dfrac{1}{1} \right)$ $\therefore MW = 60$

(2) $\Delta T_b = K_b (m_1 + m_2) = 0.51(1 + 1) = 1.02$℃，$T_b = 101.02$℃

64. 假設海洛英占x g，糖占$(1 - x)$ g，代入$\Delta T_f = K_f(m_1 + m_2)$

$0.5 = 1.86 \times \left(\dfrac{\frac{x}{423}}{1 \times 10^{-3}} + \dfrac{\frac{(1-x)}{342}}{1 \times 10^{-3}} \right)$ $\therefore x = 0.42$g

$\dfrac{0.42}{1} \times 100\,\% = 42\,\%$

65. $\pi = MRT = 0.296 \times 0.082 \times (273 + 37) = 7.5$atm

66. $1.8 \times 10^{-3} \times 1 = \dfrac{5}{MW} \times 0.082 \times 298$ $MW = 68000$

67. $0.0167\times1=\frac{30}{MW}\times0.082\times298$　　$MW=44000$

68. (A)$i=1$　(B)$i=2$　(C)$i=1+\alpha$　(D)$i=3$

$i=3$最大，$\therefore\Delta T_f$最大。$i=1$最小，$\therefore\Delta T_f$最小。

69. $m\cdot i$乘積最大者，T_f最低。(A)$\frac{3x}{180}\times1$　(B)$\frac{1}{58.5}\times2$　(C)$\frac{1}{60}\times1$　(D)$\frac{1.5}{111}\times3$　(D)値最大

71. $\Delta T_f=K_f\,m\,i=1.86\times0.15\times(1+0.073)=0.3$℃

75. 食鹽的$i=2$，蔗糖$i=1$，在表現依數性質時，食鹽表現的程度較大。

76. 當溶液很稀薄時，m視爲M，代入$\Delta T_f=K_f\,m\,i$

$0.0193=1.86\times0.01\times(1+\alpha)$　　$\therefore\alpha=0.037$

77.

	K_2SO_4	$\rightarrow$	$2K^+$	+	SO_4^{2-}	
解離前	1		0		0	
解離後	$1-\alpha$		2α		α	總粒子數$=(1-\alpha)+(2\alpha)+\alpha=1+2\alpha$

$\Delta T_f=K_f\,m\,i$，$0.0501=1.86\times0.01\times(1+2\alpha)$　　$\therefore\alpha=0.847$

78. $\pi=MRT=(0.03+0.02+0.03+0.01)\times0.082\times300=2.21\text{atm}$

79. (解法一)：NaCl的i值$=2$，$\pi=iMRT$

$7.5=2\times M\times0.082\times300$，$M=0.152\text{M}$

代入$\Delta T_f=K_f\,m\,i$

$\Delta T_f=1.86\times0.152\times2=0.567$

(解法二)：不考慮NaCl的i值，因爲依數性質與種類無關，既然血液與食鹽水的滲透壓相同，則其凝固點也必定相同，所以我們用血液的濃度來算

$7.5=M\times0.082\times300$　　$\therefore M=0.3$

代入$\Delta T_f=1.86\times0.3=0.567$

80. 甲杯中$n_B=\frac{200\times45\%}{180}=0.5$，$W_A=110g$

乙杯中$n_B\times i=\frac{200\times14.6\%}{58.5}\times2=1$，$W_A=200\times\frac{85.4}{100}=170.8g$

所謂平衡就是指甲、乙兩杯的粒子濃度一樣，既然粒子mole數呈現1：2，因此水量也必須分配成1：2，濃度才會一樣。而目前總水量＝110＋170.8＋200＝480.8g，分配後，甲杯$W_A=480.8\times\frac{1}{3}=160.3$；乙杯中$W_A=480.8-160.3=320.5g$

$m_{甲}=\frac{n_B}{W_A}=\frac{0.5}{0.16}=3.12m$，$m_{乙}=\frac{n_B}{W_A}=\frac{0.5}{0.32}=1.56m$

81. 所謂最經濟，指用量最少，而能達到相同防凍效果，亦即相同的冰點下降(ΔT_f)，而ΔT_f要同，就是$m\times i$相同

$\frac{W_{NaCl}}{58.5}\times2=\frac{W_{MgCl_2}}{95}\times3=\frac{W_{C_2H_5OH}}{46}\times1$

W_{NaCl}用量最少。

82. $W_A=100-1-1-1=97g$，$\Delta T_f=K_f(m_1i_1+m_2i_2+,m_3i_3)$

$$\Delta T_f=1.86\left(\frac{\frac{1}{60}}{0.097}\times(1+0.04)+\frac{\frac{1}{132}}{0.097}\times3+\frac{\frac{1}{46}}{0.097}\times(1+0.06)\right)$$

$=1.17℃$

83.～89.，請依據表4-5判斷。

94. 氣體在水中的溶解度是：高壓低溫有利於溶解。

95. (1)剛裝瓶時，$P\propto S$，$\frac{S}{P}=k$常數，$S=k\cdot P=7\times10^{-2}\times4=0.28M$

(2)打開後，$S=k\cdot P=3.2\times10^{-2}\times4\times10^{-4}=1.28\times10^{-5}M$

96. 80℃時，$\frac{W_B}{W_A}=\frac{148}{100}=\frac{x}{30}$，$X=44.4g$(80℃時溶質的量)

總重＝44.4＋30＝74.4g，當蒸乾至剩64.4g，表示水被蒸走了10g，此時水只剩20g。20℃時，$\frac{W_B}{W_A}=\frac{88}{100}=\frac{y}{20}$，$\therefore y=17.6g$(20℃時溶質的量)。

結晶的重＝44.4－17.6＝26.8g

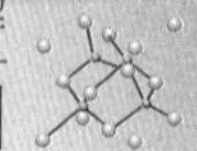

97. 60℃時，$W_B = 125$，$W_A = 100$g

$$m = \frac{n_B}{W_A} = \frac{\frac{125}{85}}{0.1} = 14.7$$

98. 溶液450g中，水量$= 400 \times \frac{100}{100 + 125} = 200$g，$W_B = 450 - 200 = 250$g

在20℃時，$\frac{W_B}{W_A} = \frac{88}{100} = \frac{x}{200}$，$x = 176$g(20℃時的$W_B$)

結晶$= 250 - 176 = 74$g

PART II

1. 冰水共存時，一定是維持0℃不變，∴蒸氣壓不會變。

6. $-100\text{atm/℃} \times -5℃ = 500\text{atm}$

8. $M = \frac{n_B}{V}$，$0.1 = \frac{\frac{W}{158}}{0.25}$　　∴$W = 3.95$g ($KMnO_4 = 158$)

9. 假設總重$= 100$g，$W_B = 50$g，$W_A = 50$g($NaOH = 40$)

$$x = \frac{n_B}{n_A + n_B} = \frac{\frac{50}{40}}{\left(\frac{50}{40}\right) + \left(\frac{50}{18}\right)} = 0.31$$

10. 設現有1l 2.45M CH_3OH水溶液，則溶質有2.45mole

水重$= 1000 \times 0.976 - 2.45 \times 32 = 897.6$g

$$m = \frac{2.45}{0.8976} = 2.73$$

11. 假設現有34.5 %$H_3PO_{4(aq)}$100克，則內含$H_3PO_4$34.5克，水$= 100 - 34.5 =$ 65.5克

$$m = \frac{n_B}{W_A} = \frac{\frac{34.5}{98}}{65.5 \times 10^{-3}} = 5.37$$

13. (A) 假設液相中，苯的分率為x，達到沸騰時，溶液的蒸氣壓必需等於外界大氣壓＝760mmHg

$$1344x + 557(1 - x) = 760$$

$$x = 0.258$$

(B) 在氣相中的莫耳分率(苯)$= \dfrac{1344\times0.258}{760} = 0.456$

14. $P = P_A^0 x_A$

$$29.02 = 31.82\times\frac{\frac{240}{18}}{\frac{240}{18}+\frac{45.9374}{MW}} \qquad \therefore MW = 35.71$$

15. $P = P_A^0 \cdot x_A$

$$= 23.8\times\frac{\left(\frac{685}{18}\right)}{\left(\frac{685}{18}\right)+\left(\frac{165}{180}\right)} = 23.24\text{mmHg}$$

19. (A) 溶液的性質只隨濃度有程度上的差異，而不因溶質種類的改變，而有差異的現象，稱為依數性質。

(B) ⑴蒸氣壓下降　⑵沸點上升　⑶凝固點下降　⑷滲透壓。

20. $\Delta T_f = K_f m$，$50 - 42 = K_f\times\dfrac{\left(\frac{1}{200}\right)}{15\times10^{-3}}$　　$K_f = 24℃/m$

21. 假設需要x l，$W_B = D\times V = 1.1\times x\times1000(g)$

$$\Delta T_f = K_f m，18 = 1.86\times\frac{\left(\frac{1100x}{62}\right)}{15}$$

$\therefore x = 8.18$ l

24. $0.205 = 1.86\times0.1\times(1+\alpha)$　　$\alpha = 0.102 = 10.2\%$

25. $\Delta T_f = K_f m i$，$0.497 = 1.86\times\dfrac{\left(\frac{3.81}{95.3}\right)}{0.4}\times i$　　$i = 2.67$

27. $\Delta P = P_A{}^0 x_B\, i$，∴溶質濃度$x_B$與$i$值的相乘積愈大者，蒸氣壓下降最多，蒸氣壓最低。

(A)$0.8173 \times 1 = 0.8173$　(B)$0.7872 \times 4 = 3.1488$

(C)$1.9274 \times 1 = 1.9274$　(D)$0.09784 \times 2 = 0.1957$

(B)的乘積值最大。

28. $CaCl_2$的i值，理論上是3，但因ion-pair的存在，使得實際上會比3略小。

33. 75℃時，$KNO_{3(aq)}$含溶質重$= 100 \times \dfrac{155}{100 + 155} = 60.78\text{g}$

$KNO_{3(aq)}$含水重$= 39.22\text{g}$

25℃時，39.22g的水只能溶解KNO_3的克數爲x

$\dfrac{38}{100} = \dfrac{x}{39.22}$，$x = 14.9\text{ g}$

∴結晶$= 60.78 - 14.9 = 45.88\text{ g}$

34. He對水的溶解度很小，因而可應用在潛水人員的氧氣筒中替代氮氣，避免因亨利定律而出現的潛水夫病。

39. ⑴溫度愈高時，分子的平均動能較高，液面上的分子具有逃脫水面至氣相空間的能力大增，使得蒸氣分子數變多，根據PV = nRT，P與n成正比，分子數多，蒸氣壓就大。

⑵分子間引力較小時，使此間粘滯力較少，分子比較容易逃逸至氣相，∴蒸氣壓較大。

40. 當室外溫度很低時，水先結成冰，後來冰會昇華而氣化，最後衣物上的水份就藉此方式氣化了，以致於衣服就乾了。

41. (A)

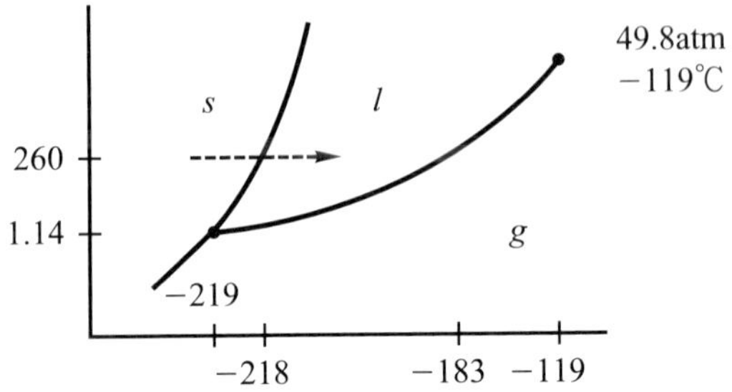

49.8atm
−119℃
s
l
260
1.14
g
−219
−218
−183
−119

(B) 由上圖知，1atm 在 1.14 torr 的上方，加熱後沿圖上的虛線右移會經過液態區。∴會熔化而不會昇華。

43. $0.275\times230=1.1\times V$，$V=57.5$

$230-57.5=172.5\text{ml}$

45. 假設現有溶液 100 克，則溶質有 30g，$M=\dfrac{n_B}{V_{A+B}}=\dfrac{\frac{30}{34}}{\left(\frac{100}{1.11}\right)\times10^{-3}}=9.79M$

46. $m=\dfrac{n_B}{W_A}=\dfrac{\frac{10}{58.5}}{90\times10^{-3}}=1.9$

48. 假設現有水 1kg，則溶質有 1 mole，$P=P^\circ x_A=P^\circ\times\dfrac{n_A}{n_A+n_B}$

$$=600\times\frac{\frac{1000}{18}}{\frac{1000}{18}+1}=589.4\text{torr}$$

49. (A)$PM=DRT$，$P=\dfrac{0.4}{18}\times62.36\times333=461.5\text{ torr}$

(B)$P=P^\circ x_A=461.5\times\dfrac{1000/18}{\frac{1000}{18}+0.1\times1}=459.8\text{ torr}$

P_A°

50. $\Delta P=P_A^\circ\cdot x_B=P_A^\circ\dfrac{n_B}{n_A+n_B}$

$2.5=31.8\times\dfrac{\frac{W}{60.06}}{\frac{450}{18}+\frac{W}{60.06}}$ $\therefore W=128\text{g}$

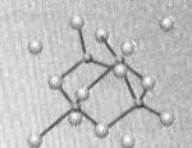

52. 假設$C_{10}H_8$佔到x g，$C_{14}H_{10}$佔 1.6-x g

代入$\Delta T_f = t_f m$

$$5.51 - 2.81 = 5.12\left(\frac{\frac{x}{128}}{0.02} + \frac{\frac{1.6-x}{178}}{0.02}\right)$$

$x = 0.71$　　$\frac{0.71}{1.6} \times 100\% = 44.4\%$　($C_{10}H_8$的百分比)

54. $\Delta T_f = t_f m$，$25.5 - 24.59 = 9.1 \times \frac{\frac{x}{18}}{0.01}$，$x = 0.0018$

59. HCl是極性分子，在水中易溶，且會解離，而苯不是極性分子，HCl在其中不溶解。

第5章　PART I

1. 依單元一，重點4.-(2)的辨識，矽是網狀固體，∴結合力爲共價鍵。

6. H原子接在高陰電性的N，O原子上者，存在氫鍵，∴HOOH，N_2H_4，CH_3OH都是，然而CF_3H中，H雖接在C上，卻因CF_3是很強的拉電子基，∴也是可以存在氫鍵。

9. 依like dissolve like原則，非極性分子容易溶於非極性物質中。

12. X-ray是用來研究原子間排列的「結構」，電子組態無關乎結構。

14. $2d\sin\theta = n\lambda$，$2d \times 0.3305 = 1 \times 1.54$，$\therefore d = 2.33$A

15. 鋁是金屬，金屬是導體，鍺是半導體，導電性次之。而硫是絕緣體。

17. (A)更正爲「具備很多的空價軌域」，(C)更正爲大約十分之一，(D)雙鍵的鍵能是比單鍵大，但因其中含一個π-鍵，而π-鍵很脆弱，容易起反應。

22. 面心⇒$4r = \sqrt{2}a$，$4r = \sqrt{2} \times 4.07 \times 10^{-10}$　　$\therefore r = 1.44 \times 10^{-10}$m

23. 面心立方晶格內含4個金原子，且晶格邊長(a)與半徑(r)的關係是$4r = \sqrt{2}a$

$\therefore a = \frac{4r}{\sqrt{2}} = \frac{4 \times 1.44}{\sqrt{2}} = 4.07$A

$$D = \frac{W}{V} = \frac{\frac{197}{6.02 \times 10^{23}} \times 4}{(4.07 \times 10^{-8})^3} = 19.4\text{g/cm}^3$$

24. 體心的單元晶中含2個粒子

$$D=\frac{W}{V}，5.96=\frac{\frac{AW}{6.02\times10^{23}}\times2}{(3.05\times10^{-8})^3}\qquad\therefore AW=50.9$$

25. $$D=\frac{W}{V}=\frac{\frac{55.847}{6.02\times10^{23}}\times2}{(0.2866\times10^{-9}\times10^2)^3}=7.88\text{ g/c.c.}$$

26. 密度∝填充效率，$\frac{D_{面心}}{D_{體心}}=\frac{74\%}{68\%}=1.09$

27. 由圖 5-7(a)可看出，面心晶格中最近兩平面恰爲邊長的一半$\left(\frac{1}{2}a\right)$，$\therefore a=2\times1.8=3.6$A，而面心的$a$與$r$關係爲$4r=\sqrt{2}a$，$\therefore r=\frac{\sqrt{2}}{4}a=\frac{\sqrt{2}}{4}\times3.6=1.27$A，∴直徑$=2r=2.54$A

32. $\frac{r_+}{r_-}=\frac{0.075}{0.14}=0.535$，在表 5-2 中，介於 0.414～0.732 之間，配位數＝6。

33. 由圖 5-11 可看出陰陽離子的最短距離，爲晶格立方體「體對角線長」的$\frac{1}{4}$，而體對角線長又爲半徑的$\sqrt{3}$倍。

(1) $253\times4=\sqrt{3}a$，$\therefore a=584\text{pm}=5.84$A

(2) $$D=\frac{W}{V}=\frac{\frac{144.5}{6.02\times10^{23}}\times4}{(5.84\times10^{-8})^3}=4.81\text{ g/cm}^3$$

34. (A) Na原子：體心結構中，原子間最短距離發生在「體對角線」處。最短距離爲體對角線長的一半。$2\times3.7=\sqrt{3}a$，$\therefore a=4.27$A

$$D=\frac{W}{V}=\frac{\left(\frac{23}{6\times10^{23}}\right)\times2}{(4.27\times10^{-8})^3}=0.98$$

(B) NaCl晶體：陽離子的最短距離發生在「面對角線」處。最短距離是面對角線長的一半。而面對角線長$=\sqrt{2}a$，$\therefore 3.98\times2=\sqrt{2}a$，$\therefore a=5.63$A

$$D=\frac{W}{V}=\frac{\left(\frac{58.5}{6\times10^{23}}\right)\times4}{(5.63\times10^{-8})^3}=2.18$$

(C) $\frac{2.18}{0.98}=2.225$ 倍。

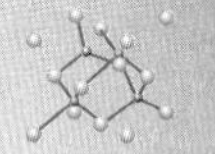

37. (B)項更正爲$CH_3I > CH_3Br > CH_3F$(size愈大，引力愈大)。

38. 參考範例23.。

43. (A)(B)(C)(E)是因size愈大，引力較大。(D)項中，二甲基胺存在氫鍵，而三甲胺則無氫鍵。

44. (A)項考慮size因素，$CH_3I > CH_3Cl > CH_3F$，(C)(D)項則參考範例23.。

45. H_2O是所有四項中唯一具有氫鍵者。

46. 四項中，(D)項的size最大。

47. MgO的陰陽電荷是2，結合力最大。KBr與LiF中，以LiF的陰陽離子的距離最小。∴LiF > KBr。

49. (A)項依單元五中的3.-⑵點判斷，(B)(C)(D)則依3.-⑶來判斷，各項中分別以Al^{3+}，Sn^{4+}，Be^{2+}較容易發生極化現象。

50. 極化現象的程度次序：$Al^{3+} > Hg^{2+} > Ca^{2+}$。

51. 前三者是離子晶體，強於分子的後二者，而前三者中又以Ca^{2+}的極化現象最小。

53. SiO_2是網狀固體，最大，H_2O分子具有氫鍵，排其次。$CHCl_3$具有偶極作用力又大於只具有倫敦分散力的O_2。

54. NaCl 是離子晶體，結合力最大，其餘三者中，H_2O分子的氫鍵最多，氫鍵較少的(A)(B)項，又以(B)的size較小，∴結合力最小。因而蒸氣壓最大。

55. (D)項更正爲$LiF > CF_4 > BF_3$

56. ⑴ 鹽是離子晶體，結合力很強，而糖分子含有些許氫鍵，結合力也很大，碘與乾冰只具有微弱的倫敦分散力，∴易昇華。
    ⑵ 汞是金屬，其它二者是分子，金屬的結合力強於分子間引力，∴汞蒸氣壓最小。後二者中，酒精分子具有氫鍵，引力又大於只具分散力的汽油。
    ⑶ 空氣的成份中，諸如N_2，O_2，Ar，CO_2，H_2……中，以CO_2的size最大，分子間引力也就最大。∴最容易液化。

PART II

1. (A)偶極—偶極作用力：如丙酮—氯仿。

   (B)偶極—非偶極作用力：如丙酮—二硫化碳(CS_2)。

   (C)非偶極—非偶極作用力：如CCl_4—CS_2。

   相對的引力大小是：$a > b > c$

7. (C)是離子化合物，易溶於水。(D)(E)是酸，屬於極性分子，在水中會解離出H^+，∴也溶於水。(B)則可與水產生氫鍵，∴也會溶於水。

8. (A)鑽石：立體網狀結構，堅硬，m.p 高。

   (B)石墨：平面網狀結構，易滑，有導電性。

   (C)fullerene：(C_{60})足球狀結構。

11. $D=\dfrac{W}{V}$，$21.5=\dfrac{\dfrac{AW}{6.02\times10^{23}}\times4}{(3.92\times10^{-8})^3}$　　$\therefore AW=195$

12. 立方最密堆積⇒$4r=\sqrt{2}a$

    $4\times1.44=\sqrt{2}a$　　$\therefore a=4.08\text{A}$

14. (A)$D=\dfrac{W}{V}$，$4.5=\dfrac{\dfrac{47.88}{6.02\times10^{23}}\times2}{a^3}$　　$\therefore a=3.28\times10^{-8}\text{cm}$

    (B)體心的r、a關係為$4r=\sqrt{3}a$，$\therefore r=\dfrac{\sqrt{3}}{4}a=1.42\times10^{-8}\text{cm}$

17. (E)項的 size 最大，∴引力最大。

19. Ar的$AW=40$，F_2的$MW=38$，大小相仿，∴引力也相近。

22. (A)、(B)項的陰陽電荷較大，∴離子鍵較強，而其中Ni^{2+}易發生極化現象。

24. 分子化合物的結合力較小，∴(B)(C)(D)的引力較小，其中size愈小的B_2H_6，引力又是三者中最小的，而引力愈小愈容易以氣態形式出現。

25. (A)KBr(∵離子晶體熔點比分子高)

    (B)SiO_2(∵網狀固體熔點比分子高)

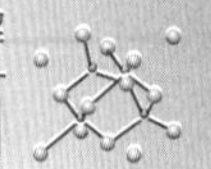

(C)Se(∵Se 是網狀固體，熔點很高)

(D)NaF (MgF_2極化現象較嚴重)

32. $D=\dfrac{W}{V}$，$19.3=\dfrac{\dfrac{197}{6\times10^{23}}\times4}{a^3}$，$a=4.08\times10^{-8}$cm

$4r=\sqrt{2}a$，$r=\dfrac{\sqrt{2}}{4}a=\dfrac{\sqrt{2}}{4}\times4.08\times10^{-8}=1.44\times10^{-8}$cm

33. $4r=\sqrt{3}a$，$r=\dfrac{\sqrt{3}}{4}a=\dfrac{\sqrt{3}}{4}\times0.43=0.186$nm

35. ∵Y^-相接觸，∴$2r_-=$邊長$=2\times150=300$pm

體對角線長$=\sqrt{3}a=\sqrt{3}\times300$

而體對角線上含 2 個r_+及 2 個r_-

∴$2r_++2\times150=\sqrt{3}\times300$　　∴$r_+=110$

第 6 章　PART Ⅰ

4. (1)$E=(\Delta m)c^2=(0.127\times10^{-3})\times(3\times10^8)^2=1.14\times10^{13}$ J

$=1.14\times10^{13}\times\dfrac{1}{4.184}\times10^{-3}=2.7\times10^9$ kCal

(2)$\dfrac{2.7\times10^9}{16}=1.7\times10^8$ kCal／莫耳核子

5. $\Delta E=(\Delta m)c^2$

$=(2\times3.01603-4.0026-2\times1.00728)\times(3\times10^{10})^2$

$=1.341\times10^{19}$ erg/mol

$=1.341\times10^{19}\times10^{-7}\times\dfrac{1}{4.184}\times10^{-3}$

$=3.20\times10^8$ kCal/mol

6. (C)項屬核反應，而核反應的能量變化最大。

8. 每放射一個α，原子序減 2，放射三個α後，原子序減 6。

13. $^{238}_{92}U \longrightarrow 4\,^{4}_{2}\alpha + 2\,^{0}_{-1}\beta + ^{Y}_{X}A$，$238 = 4\times4 + Y$，$\therefore Y = 222$。$92 = 4\times2 + 2(-1) + x$，$x = 86$。

$\therefore\ ^{Y}_{X}A = ^{222}_{86}Rn$

15. (A)(D)$\frac{N}{P}$比太大，(B)$\frac{N}{P}$比太小。

23. ⑴N/P比太小，才會放射正子。⑵週期表中 C 的原子量＝12，∵11 小於 12，∴C-11的N/P比太小。

44. 放射性正比於 U-235 的含量，(B)項中 U-235 的含量＝$1.2\times\frac{235}{235+32} = 1.06g$，(D)項中U-235含量＝$50\times\frac{1}{100} = 0.5g$，∴(B)項最多。

45. (A)其中，Ra的含量都一樣，∴強度相等。(B)放射性與溫度無關。(C)$RaCl_2$的mole數＝$\frac{5}{226+71}$，$RaBr_2$的莫耳數＝$\frac{5}{226+160}$，$RaCl_2$較多。(E)$RaCl_2$的莫耳數＝$\frac{3}{226+71} = 0.01$小於Ra的莫耳數＝$\frac{2.8}{226} = 0.012$。

46. $\frac{26.5}{5.3} = 5$，經5個半生期，剩下$\left(\frac{1}{2}\right)^5 = \frac{1}{32}$

47. $\ln\frac{81}{16} = k\times68$，$\ln\frac{3}{1} = k\times t$，聯立解即得。

48. ⑴先算出1天中放出的總粒子數＝$3.4\times10^{10}\times24\times3600 = 2.94\times10^{15}$個。

⑵ STP下，每莫耳有22.4升，∴收集的總毫升數爲

$$\frac{2.94\times10^{15}}{6.02\times10^{23}}\times22.4\times10^{3} = 1.1\times10^{-4}\ ml$$

50. $\ln\frac{5}{4} = k\times10$，$\ln\frac{100}{64} = k\times t$，聯立解即得。

51. $\ln\frac{15.3}{7} = \frac{0.693}{5770}\times t$

52. 假設現有1g的Ra，經2000年後，剩下0.5g，即反應掉0.5g。在這期間，收集α的總粒子數，應相當於反應掉Ra的莫耳數。

$$2.06\times10^{15}\times2000\times365 = \frac{0.5}{226}\times N_0 \qquad \therefore N_0 = 6.8\times10^{23}$$

53. 1分鐘＝60秒，代入(6-6)式，$\frac{a}{a_0} = \left(\frac{1}{2}\right)^{\frac{60}{12}}$，$a = 5\times\left(\frac{1}{2}\right)^5 = 0.16$

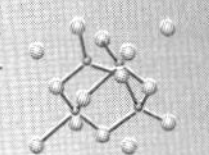

54. $\frac{1}{8}=\left(\frac{1}{2}\right)^{\frac{96}{t_{\frac{1}{2}}}}$，$\frac{96}{t_{\frac{1}{2}}}=3$，$t_{\frac{1}{2}}=32$

55. (A)$\ln\frac{100}{76.6}=k\times1$，$k=0.267y^{-1}$

(B)$t_{\frac{1}{2}}=\frac{0.693}{k}=\frac{0.693}{0.267}=2.6y$

56. $\ln\frac{100}{80}=\frac{0.693}{2.2\times10^{5}}\times t \qquad \therefore t=7.1\times10^{4}$

57. $\frac{100}{12.5}=8$，$\therefore\frac{N}{256}=\left(\frac{1}{2}\right)^{8} \qquad \therefore N=1$

58. (A)0.5居里$=0.5\times3.7\times10^{10}=1.85\times10^{10}$蛻變數／s

代入$a=kN$

$1.85\times10^{10}=\frac{0.693}{163\times24\times3600}\times N \qquad \therefore N=3.76\times10^{17}$個

(B)$\frac{3.76\times10^{17}}{6\times10^{23}}\times45=2.81\times10^{-5}g$

PART II

1. He的組成是2個P，2個N，2個e，

$\Delta m=2P+2e+2N-\text{He}=2\times1.00728+2\times0.000545+5\times1.008665-4.0026=0.03038u$

$0.03038\times931.5=28.3MeV$，$\frac{28.3}{4}=7.075MeV$

5. ${}^{226}_{88}Rn \longrightarrow {}^{Y}_{X}A+{}^{4}_{2}\alpha \qquad \therefore {}^{Y}_{X}A={}^{222}_{86}Rn$

9. ${}^{41}_{20}Ca+{}^{0}_{-1}\beta \longrightarrow {}^{Y}_{X}A \qquad \therefore {}^{Y}_{X}A={}^{41}_{19}K$

13. ${}^{24}_{10}Ne \longrightarrow {}^{0}_{-1}\beta+{}^{24}_{11}Na$

14. $9P+10N+9E \longrightarrow {}^{19}F$

$\Delta m=(9\times1.0073+10\times1.0087+9\times0.00055)-(18.9984)=0.15925$

$0.15925\times931.5=148.34MeV$ —— binding energy

$\frac{148.34}{19}=7.81MeV$ —— binding energy per nucleon

15. $\Delta m=(4P+4E+7N)-{}^{11}_{4}\text{B}$

$=(1.0073\times4+0.00055\times4+7\times1.0087)-11.0216$

$=0.0707$

16. $\Delta m={}^{7}_{4}\text{Be}$的質量$-{}^{7}_{3}\text{Li}$的質量

$=7.0169-7.016=0.0009$

$0.0009\times931.5=0.84\text{MeV}$

18. (A)優點：不具有火力發電廠的污染；單位質量所轉化成的能量遠較其發電方式大。

(B)缺點：廢料處理棘手，具有放射污染。

20. $\ln\frac{a_0}{a}=kt \qquad k=\frac{0.693}{t_{1/2}}$

$\ln\frac{100}{73.9}=\frac{0.693}{5730}t \qquad \therefore t=2500\text{y}$

21. 放射反應屬於一級反應，$\therefore t_{1/2}=0.693/k$

$t_{1/2}=5.27\text{year}=1923.55\text{day}$

$\therefore k=0.693/t_{1/2}=0.131\text{year}^{-1}=3.6\times10^{-4}\text{day}^{-1}$

22. 放射反應是一級反應，$\ln\frac{a_0}{a}=kt$

$\ln\frac{15.3}{3.83}=\frac{0.693}{5730}\times t \qquad \therefore t=11452\text{yr.}$

＜另解＞ 3.83 恰為 15.3 的$\frac{1}{4}$，可見經過二段半衰期的時間，$\therefore t=$ $5730\times2=11460$

23. $\ln\frac{15.3}{6.29}=\frac{0.693}{5730}\times t$

$\ln\frac{6.29}{15.3}=\frac{-0.693}{5730}\times t$

$\ln0.4111=\frac{-0.693}{5730}\times t$

$-0.899=\frac{-0.693}{5730}\times t \qquad \therefore t=7350$ 年

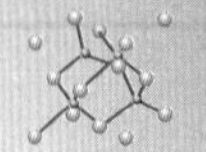

24. $\ln\frac{1}{0.001}=\frac{0.693}{0.022}\times t$　　$\therefore t=0.22$

26. $\ln\frac{100}{9.34}=\frac{0.693}{5730}\times t$　　$\therefore t=19603$

27. 25天是5個$\left(\frac{25}{5}\right)$半衰期，經過整數個半衰期時，代入(6-6)式較快。

$\frac{N}{10}=\left(\frac{1}{2}\right)^5$，$N=10\times\frac{1}{32}$

28. 1937到1985年，經過48年，$\ln\frac{N_0}{N}=\frac{0.693}{22}\times 48$

$\therefore\frac{N}{N_0}=0.22$

29. 90％分解掉，只剩10％，$\ln\frac{100}{10}=\frac{0.693}{28}\times t$　　$\therefore t=93\text{y}$

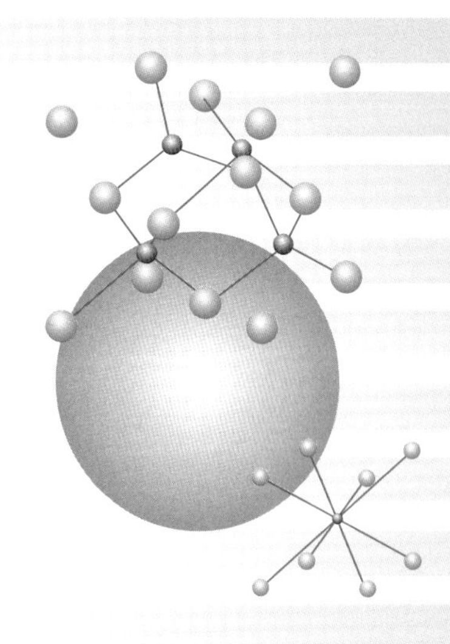

附錄 B 歷屆試題與詳解

110 學年度中國醫藥大學學士後中醫學系試題

化學（含普通化學、有機化學）試題

1. 與環戊烷互為同分異構物的烯類共有幾種？

   (A) 4　(B) 5　(C) 6　(D) 7。

2. 順式-3,4-二甲基環丁烯加熱會進行開環反應而產生下列何者產物？

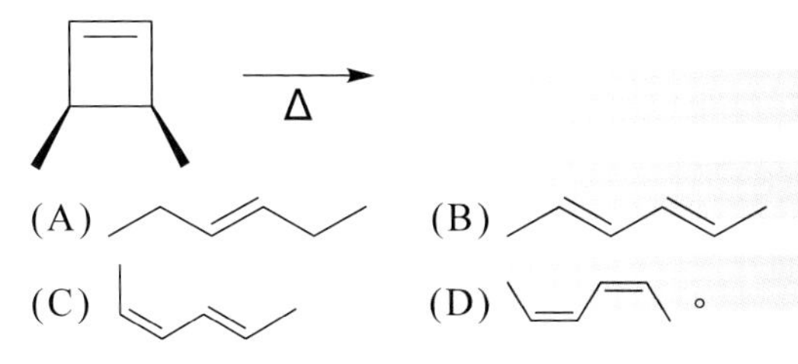

3. 下列反應何者正確？

(A)  CN $\xrightarrow[2.H_2O]{1.DIBAL-H}$ NH_2

(B) 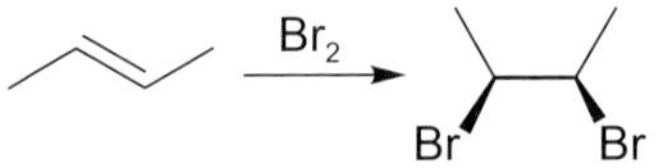 $\xrightarrow{Br_2}$ Br Br

(C) 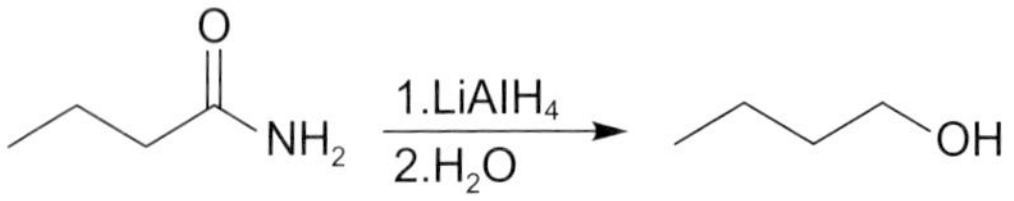 O NH$_2$ $\xrightarrow[2.H_2O]{1.LiAlH_4}$ OH

(D) 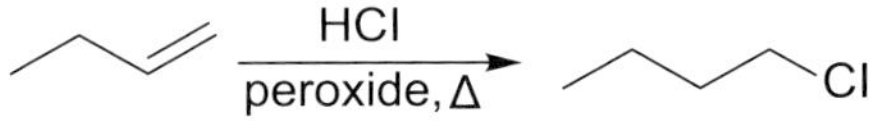 $\xrightarrow[peroxide,\Delta]{HCl}$ Cl。

4. 下列化合物與過量的鹼性過錳酸鉀水溶液反應，最終產物爲何？

$\xrightarrow[2.H_3O^+]{1.KMnO_4,\ ^-OH,\Delta}$

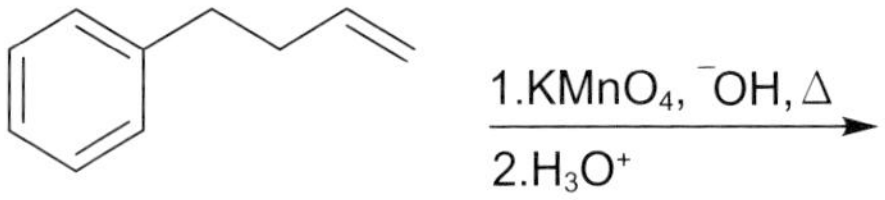

(A) 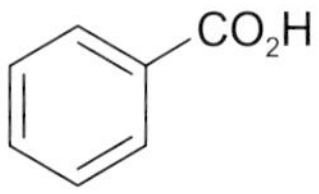 CO_2H (B) 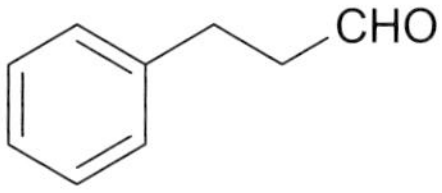 CHO

(C) 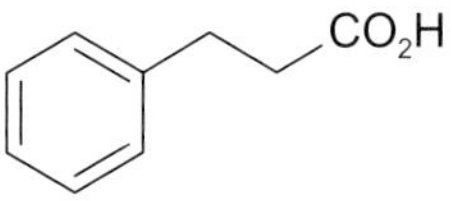 CO_2H (D) 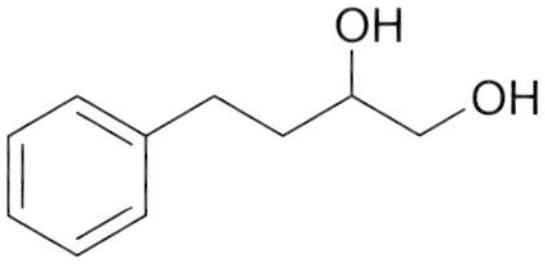 OH OH

5. 在環戊二烯陽離子的π分子軌域中，有多少個是鍵結軌域？

(A) 2 (B) 3 (C) 4 (D) 5。

6. 下列烯類進行氫化反應得到十氫萘($C_{10}H_{18}$)所釋放出的熱量由高到低依序爲何？

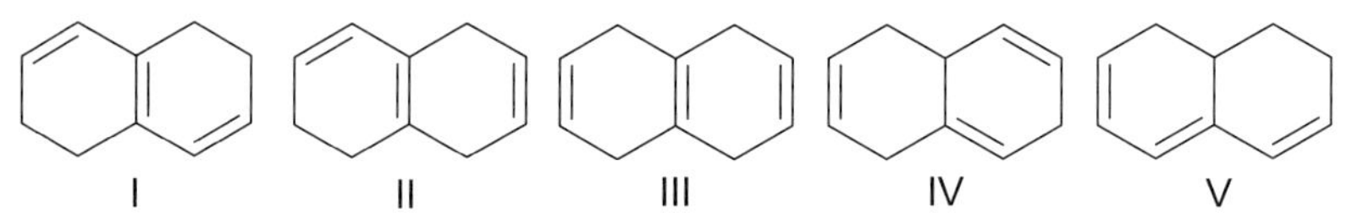

(A) I > V > II > III > IV (B) III > IV > II > I > V

(C) IV > III > II > V > I (D) IV > III > II > V = I。

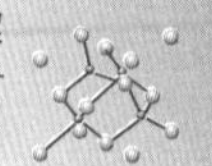

7. 下列烷類分子的 IUPAC 系統命名為何？

(A) 2,3-dimethyl-4-sec-butylheptane

(B) 4-sec-butyl-2,3-dimethylheptane

(C) 2,3,5-trimethyl-4-propylheptane

(D) 4-propyl-2,3,5-trimethylheptane。

8. 下列三個反應進行的難易程度由易到難順序為何？

I：O ── MeOH / H^+ ⟶ MeO OMe

II：O ── HO OH / H^+ ⟶ O O

III：MeO OMe ── HO OH / H^+ ⟶ O O

(A) I > II > III　(B) II = III > I　(C) II > III > I　(D) III > II > I。

9. 苯甲酸藉由 Birch 還原後所得之產物為何？

CO_2H ── Na,NH_3(l) / EtOH ⟶

(A) CO_2H　(B) CO_2H

(C) CO_2H　(D) OH 。

10. 下列分子何者具有最大的偶極距(dipole moment)？

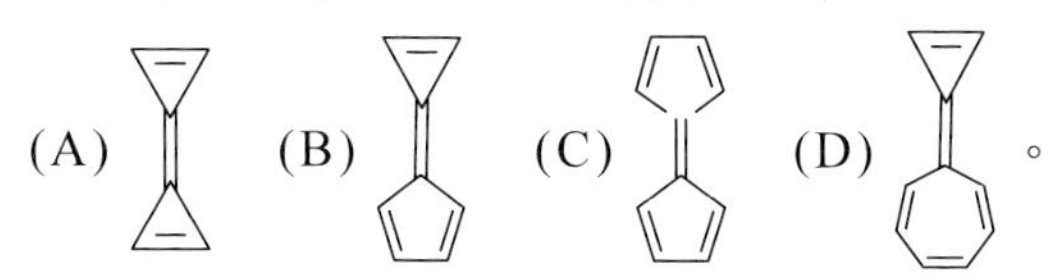

(A)　(B)　(C)　(D)。

11. 下列分子其碳 8、碳 9、碳 11、碳 13、碳 14 及碳 17 的絕對組態為何？

(A) 8S, 9R, 11R, 13S, 14S, 17S

(B) 8R, 9S, 11S, 13S, 14S, 17S

(C) 8R, 9S, 11R, 13S, 14S, 17S

(D) 8S, 9R, 11S, 13S, 14S, 17S。

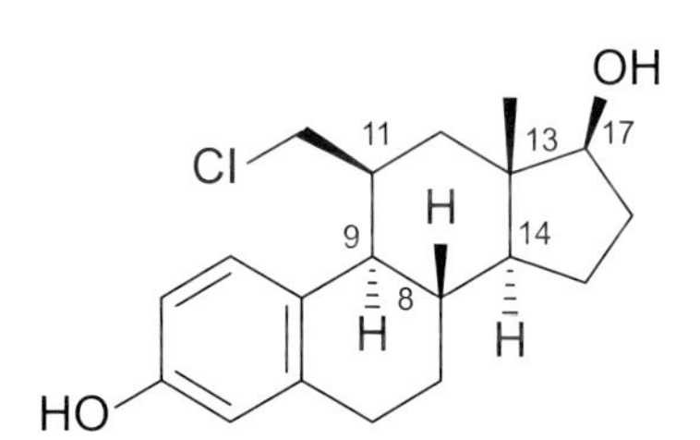

12. 下列反應何者不會產生二氧化碳？

(A) 丁醯胺 (O, NH_2) $\xrightarrow[NaOH, H_2O]{Br_2}$ (B) 丁基-NH-C(=O)-OBn $\xrightarrow[Pd/C]{H_2}$

(C) 丁酸 (O, OH) $\xrightarrow[2.Br_2, \Delta]{1.Ag_2O, H_2O}$ (D) CH₃C(=O)C(CH₃)₂CHO (O, O, H) $\xrightarrow[H_2O]{NaOH}$ 。

13. 下列分子或離子何者爲順磁性(paramagnetic)？

(A) O_2^{2-} (B) B_2 (C) N_2 (D) NO^+ 。

14. 下列反應何者可以得到預期產物？

(A) 2-甲基環己酮 $\xrightarrow[2.\ MeI\quad 3.\ H_3O^+]{1.\ \text{吡咯烷 (N, H)}}$ 2,6-二甲基環己酮

(B) 間氯硝基苯 (Cl, NO_2) $\xrightarrow[FeBr_3]{Br_2}$ 1-溴-3-氯-5-硝基苯 (Cl, Br, NO_2)

(C) 環己酮 (O) $\xrightarrow[H_3O^+]{Br_2}$ 2,2-二溴環己酮 (O, Br, Br)

(D) 環己酮 (O) $\xrightarrow{\overset{\oplus\ \ominus}{Me_2S\text{-}CH_2}}$ 亞甲基環己烷。

15. 依據下列反應，將 40.0 毫升 0.5 M 硫酸溶液與 25.0 毫升 0.2 M 氫氧化鉀溶液混合後所產生的熱量爲多少？

$H_2SO_4(aq) + 2KOH(aq) \rightarrow K_2SO_4(aq) + 2H_2O(l)$ $\Delta H^\circ = -112$ kJ/mol

(A) −0.28 kJ (B) −0.56 kJ (C) −2.24 kJ (D) −112 kJ 。

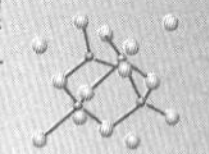

16. 反應物 A 進行零級(zero-order)反應，其積分速率定律式(integrated rate law)為何？

(A) [A]=kt　(B) $[A]_0-[A]=kt$　(C) $\frac{[A]}{[A]_0}=kt$　(D) $\ln\frac{[A]}{[A]_0}=kt$。

17. 反應 A + B → C + D 其 ΔH°及 ΔS°分別為+40 kJ/mol 及+50 J/mol·K，則此反應在標準狀態下，下列敘述何者正確？

(A) 10 K 以下為自發性反應　(B) 反應在 10K 至 800 K 為自發性反應

(C) 800 K 以上為自發性反應　(D) 任何溫度下都為自發性反應。

18. 下列四種分子，鍵角大小由大到小的順序何者正確？

(I) NH_3　(II) H_2S　(III) O_3　(IV) H_2O

(A) I > III > II > IV　(B) II > I > III > IV

(C) II > III > I > IV　(D) III > I > IV > II。

19. 將氖氣置於具有可移動活塞的容器中(假設活塞重量及摩擦力皆可忽略)，定壓下當氣體溫度從 20.0 °C 上升至 40.0 °C 時，此時氖氣的密度變化為何？

(A) 降低少於 10%　(B) 降低大於 10%

(C) 增加少於 10%　(D) 增加大於 10%。

20. 假如金屬 X 是比金屬 Y 強的還原劑，則下列敘述何者正確？

(A) X^+是比 Y^+強的氧化劑　(B) X^+是比 Y^+強的還原劑

(C) Y^+是比 X^+強的還原劑　(D) Y^+是比 X^+強的氧化劑。

21. 當氫原子中的激發電子從 n = 5 能階下降到 n = 2 能階時，所放出光的波長是多少？

(A) 4.34×10^{-7} m　(B) 5.12×10^{-7} m

(C) 5.82×10^{-7} m　(D) 6.50×10^{-7} m。

22. 氫氧化鎂($K_{sp} = 8.9 \times 10^{-12}$)在 1.0 公升 pH = 10.0 的緩衝溶液中之溶解度為何？(假設緩衝溶液的緩衝能力極大)

(A) 8.9×10^{-8} mol　(B) 8.9×10^{-4} mol

(C) 8.9×10^{-2} mol　(D) 8.9×10^{8} mol。

23. 塩類 AgX 與 AgY 對水具有相似的溶解度，但 AgX 比 AgY 容易溶於酸，請問 HX 與 HY 酸性大小的關係為何？
(A) HX 較 HY 的酸性小　(B) HX 較 HY 的酸性大
(C) HX 與 HY 的酸性相同　(D) HX 與 HY 的酸性大小無法判斷。

24. 當 XCl_5^- 離子形狀為正四方角錐形(square pyramidal)時，則 X 可能為下列何種原子？
(A) O　(B) P　(C) S　(D) Xe。

25. 假如氫原子的游離能為 1.31×10^6 J/mol，則 He^+ 的游離能為多少？
(A) 6.55×10^5 J/mol　(B) 1.31×10^6 J/mol
(C) 2.62×10^6 J/mol　(D) 5.24×10^6 J/mol。

26. 鎂金屬具有面心(face-centered)立方晶格，晶格的邊長為 4.80 Å，其密度為 1.738 g/cm^3，則其原子半徑為何？
(A) 3.42 Å　(B) 2.15 Å　(C) 1.70 Å　(D) 1.26 Å。

27. 一杯含有 Ag^+、Pb^{2+}、Ni^{2+} 三種金屬離子的水溶液中，若要以三種 NaCl、Na_2SO_4、Na_2S 稀釋水溶液將三種金屬離子有效地分離，則三種稀釋水溶液加入的順序為何？
(A) Na_2SO_4、NaCl、Na_2S　(B) Na_2S、NaCl、Na_2SO_4
(C) NaCl、Na_2S、Na_2SO_4　(D) NaCl、Na_2SO_4、Na_2S。

28. 將方糖($C_{12}H_{22}O_{11}$)與食鹽(NaCl)莫耳數比為 1：2 的混合物 18.36 g 溶於 100 g 的水中，計算此水溶液的凝固點為多少？
(水的 K_b = 0.512 °C/m，K_f = 1.86 °C/m)
(A) 3.72 °C　(B) 1.02 °C　(C) −2.23 °C　(D) −3.72 °C。

29. 錯合物 $[Co(H_2O)_6]^{2+}$ 有幾個不成對電子？
(A) 0　(B) 1　(C) 2　(D) 3。

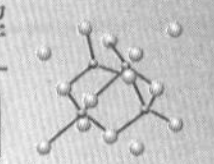

30. 利用下列化學鍵的鍵能，計算化學反應 $H_2O_2 + CH_3OH \rightarrow H_2CO + 2H_2O$ 的反應焓(ΔH)。

C－C	347 kJ/mol	C－H	413 kJ/mol
C＝C	614 kJ/mol	O－H	463 kJ/mol
C－O	358 kJ/mol	O－O	146 kJ/mol
C＝O	745 kJ/mol		

(A) −291 kJ　(B) −145 kJ　(C) +145 kJ　(D) +291 kJ。

31. 某化合物 A 進行如右所示的反應：$A_{(s)} \rightarrow A_{(l)}$。此反應的$\Delta H° = 8.8$ kJ/mol，$\Delta S° = 36.4$ J/mol·K，計算 A 的熔點。

(A) −242 °C　(B) −31 °C　(C) 31 °C　(D) 242 °C。

32. 將 $NH_4NO_{3(s)}$置於一真空容器內，加熱使其進行分解反應如下：

$NH_4NO_{3(s)} \rightleftharpoons N_2O_{(g)} + 2H_2O_{(g)}$

此反應在 500 °C達平衡時，發現容器內氣體總壓力爲2.25大氣壓，計算其K_p。

(A) 45.6　(B) 5.06　(C) 2.25　(D) 1.69。

33. 某元素 X 可形成 A、B、C 三種氣態化合物。在 1 大氣壓下，三種氣態化合物的數據如下：

化合物	密度	溫度	X的含量
A	1.869 g/L	27 °C	69.6%
B	2.316 g/L	127 °C	63.2%
C	2.925 g/L	177 °C	74.1%

元素 X 爲何？

(A) C　(B) N　(C) O　(D) F。

34. 下面哪一個物質的鍵能最小？

(A) O_2^-　(B) O_2^{2-}　(C) O_2^+　(D) O_2^{2+}。

35. 下面哪一個元素的熔點最小？

(A) B　(B) Ga　(C) Al　(D) K。

36. 下面哪一個是逆磁物質(diamagnetic)？

(A) $[Mn(CN)_6]^{4-}$　(B) $[Co(CN)_6]^{3-}$　(C) $[V(CN)_6]^{3-}$　(D) $[Cr(CN)_6]^{3-}$。

37. 鉻(Cr)元素的電子組態爲何？

(A) $[Ar]4s^1 3d^5$　(B) $[Ar]4s^2 3d^4$　(C) $[Ar]4s^2 3d^5$　(D) $[Ar]4s^1 3d^6$。

38. NaCl 和 $NaNO_3$ 的混合物中鈉的含量爲 34.5%，計算 NaCl 在此混合物中的重量百分比(%)。

(A) 30.4%　(B) 40.5%　(C) 50.6%　(D) 60.7%。

39. 下列反應的主要產物爲何？

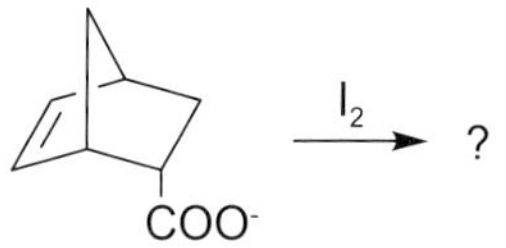

I_2 → ?

COO⁻

(A) 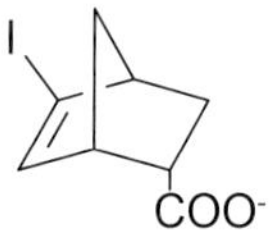 I, COO⁻　(B)  I, COO⁻

(C) 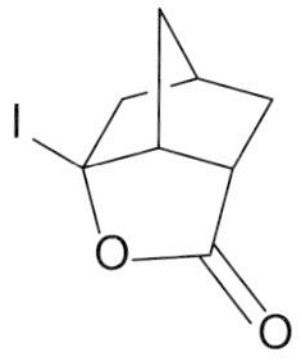 I, O, O　(D) 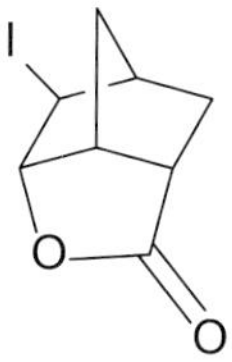 I, O, O。

40. 下列哪一個是掌性化合物？

(A) 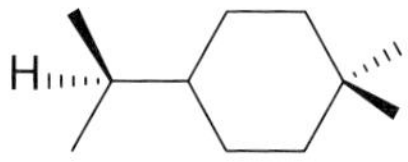 H　(B) 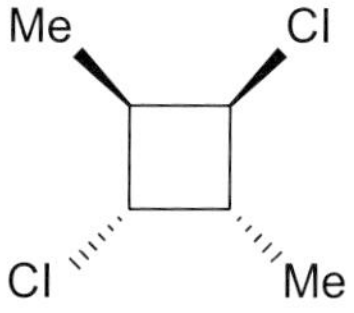 Me, Cl, Cl, Me

(C)  Ph, H, H, Ph　(D) 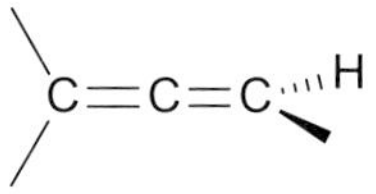 C=C=C, H。

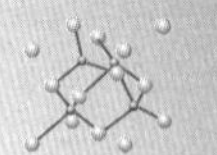

41. 下列反應的試劑爲何？

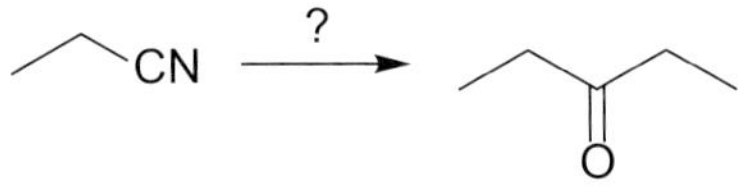

(A) i. EtMgBr; ii. NaOH, H_2O　(B) i. EtMgBr; ii. $LiAlH_4$; iii. H_3O^+

(C) i. EtMgBr; ii. H_2O　(D) i. EtMgBr; ii. CO_2; iii H_3O^+。

42. 下列反應的主要產物爲何？

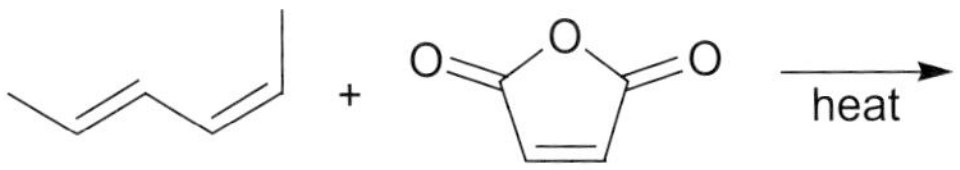

(A) 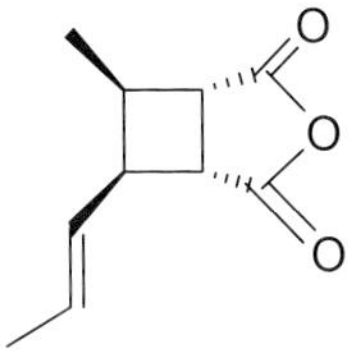　(B)

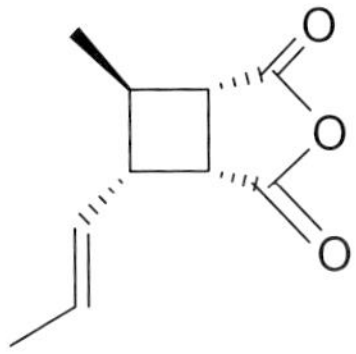

(C) 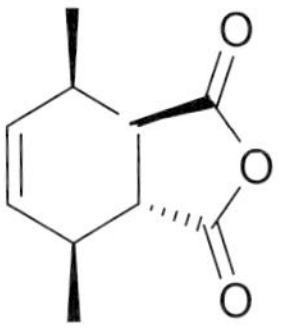　(D)。

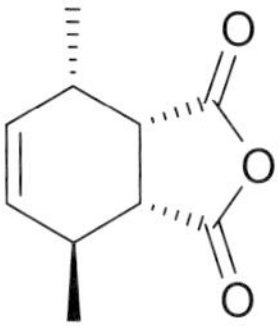

43. 此硝基化反應的主要產物爲何？

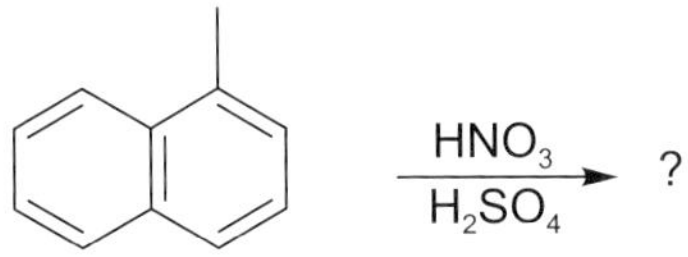

(A) 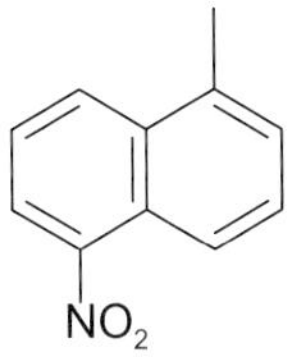　(B)

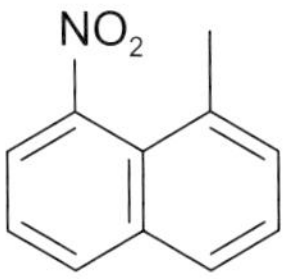

(C) 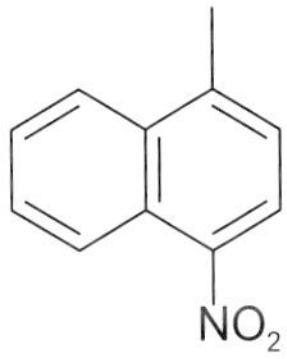　(D)。

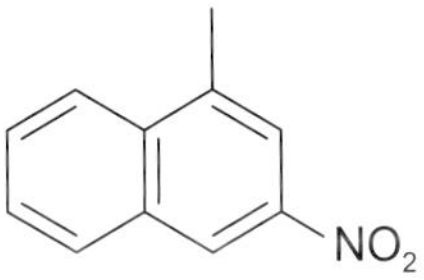

44. 此溴化反應的主要產物為何？

$\xrightarrow{Br_2}$?

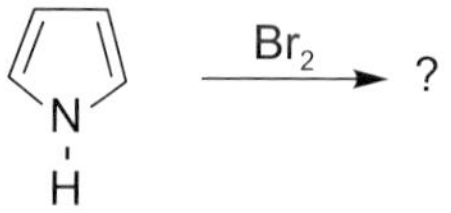

(A) 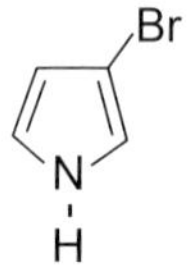 (B) 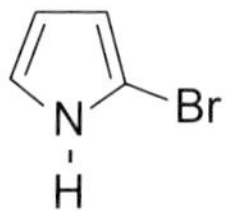 (C) 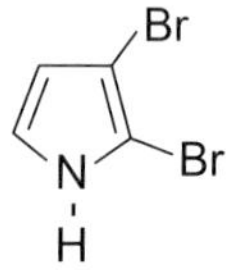 (D) 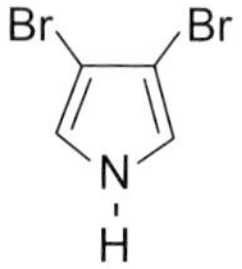 。

45. 核糖體(ribosome)的組合為何？

(A) 40%蛋白質和 60% rRNA　(B) 40%蛋白質和 60% tRNA

(C) 40%蛋白質和 60% mRNA　(D) 60%蛋白質和 40% tRNA。

46. 下列反應的主要產物為何？

1. NaH,toluene
2. CS_2
3.MeI,then Heat

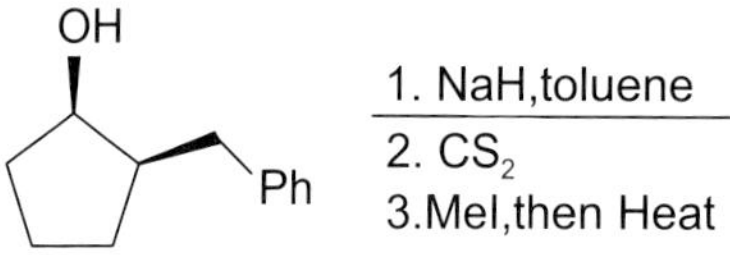

(A) 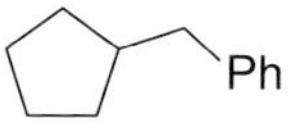 (B) 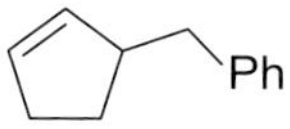 (C) 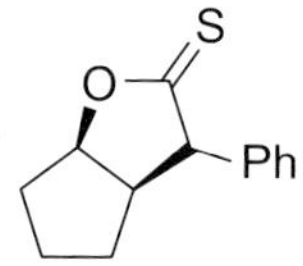 (D) 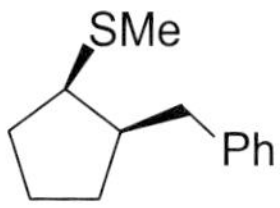 。

47. 下列反應的主要產物為何？

$\xrightarrow{RO^-}$?

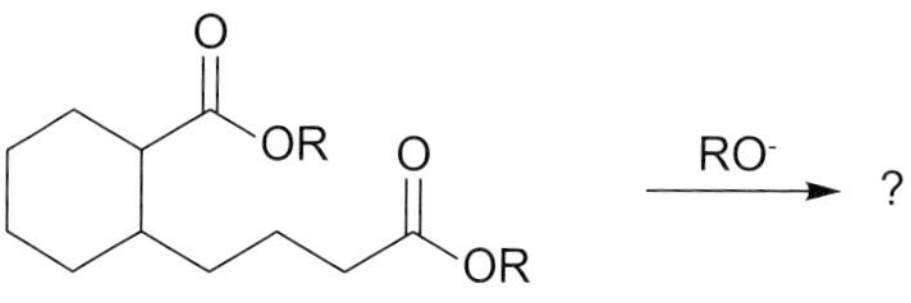

(A) 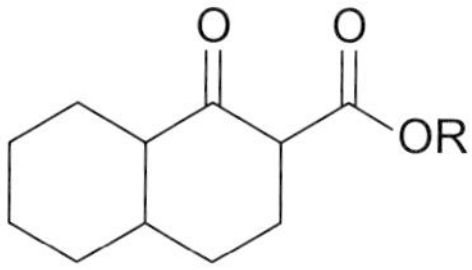 (B)

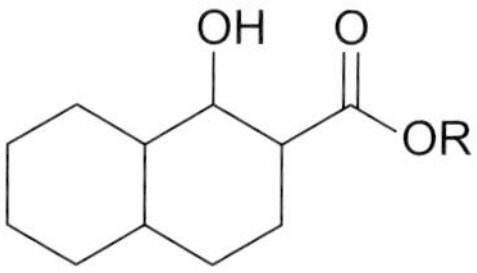

(C) 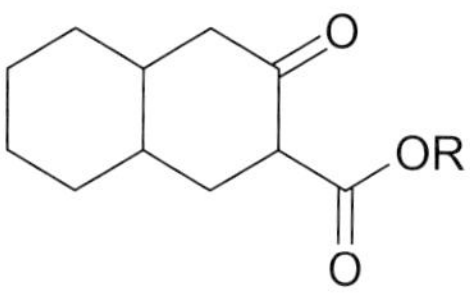 (D) 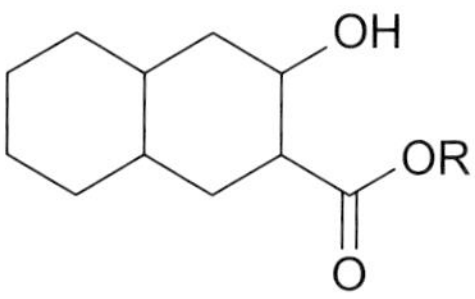 。

48. 下列反應的主要產物為何？

$\xrightarrow[AlCl_3]{CH_3CH_2COCl}$?

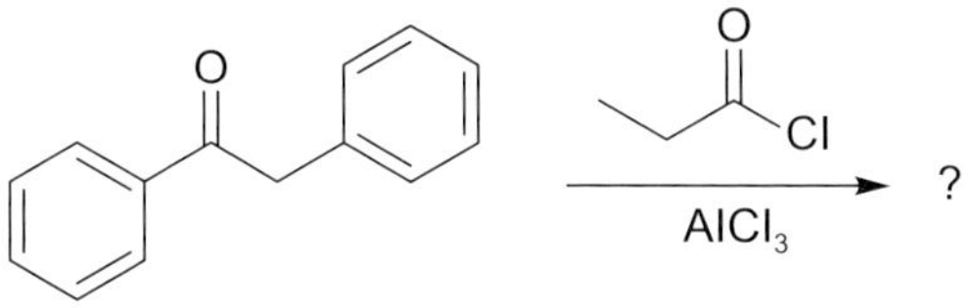

(A) 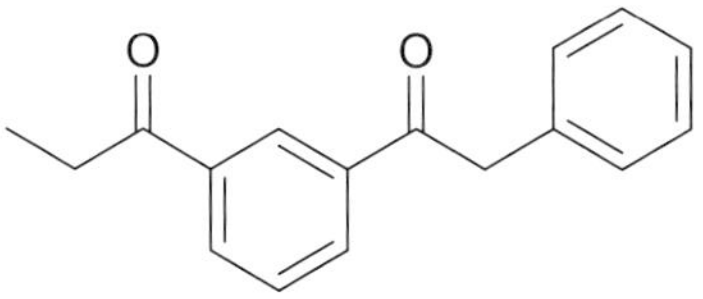　(B)

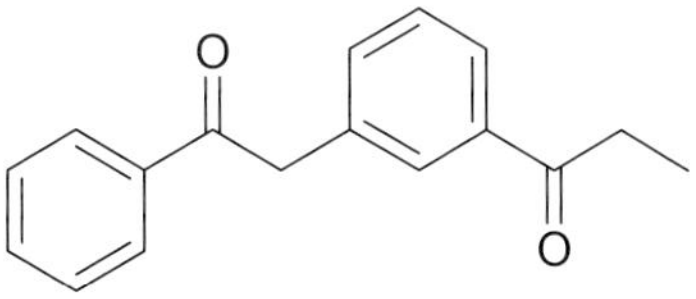

(C) 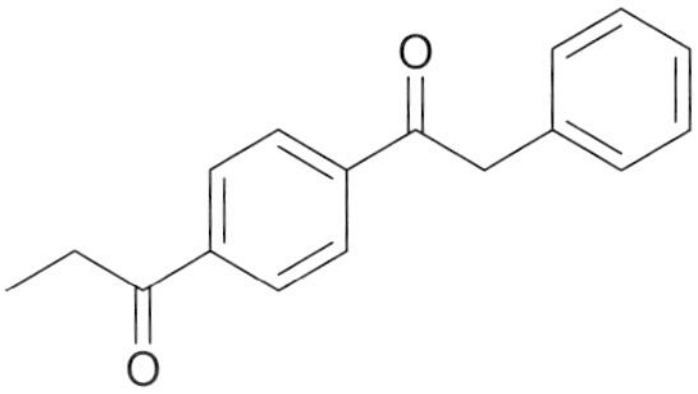　(D) 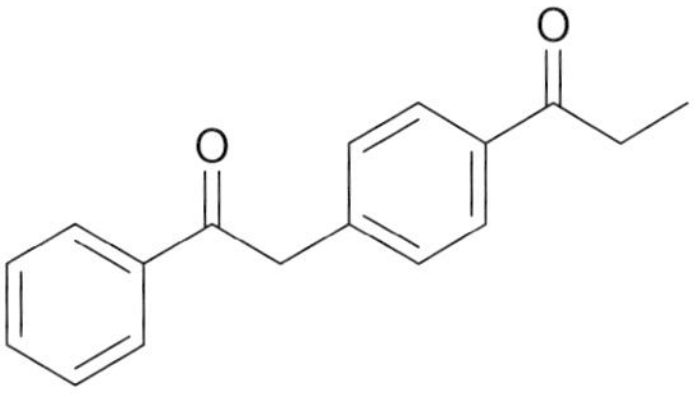　。

49. 化合物 $CH_3CO(CH_2)_3CHO$ 在 aldol 環化反應後，進行脫水反應會得下列哪一個產物？

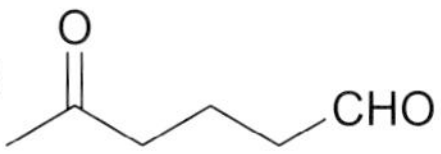

(A) 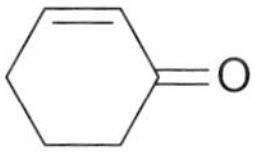　(B) 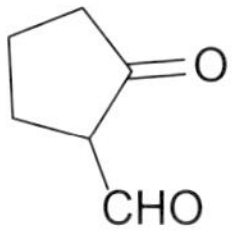　(C) 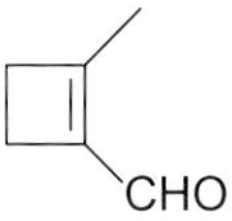　(D) 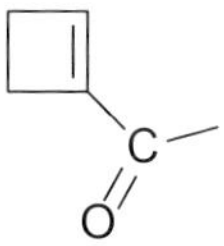　。

50. Epoxy resin 是由哪兩個單體聚合而成的共聚合物(copolymer)？

(A) bisphenol A 和 ethylene glycol

(B) bisphenol A 和 dimethyl terephthalate

(C) bisphenol A 和 epichlorohydrin

(D) bisphenol A 和 1,4-diaminobenzene。

110 學年度高雄醫學大學後西醫學系試題

16. For the process $Co(NH_3)_5Cl^{2+}+Cl^- \rightarrow Co(NH_3)_4Cl_2^+ + NH_3$, what would be the ratio of cis to trans isomers in the product?

 (A) 1:1 (B) 4:1 (C) 2:1 (D) 1:4 (E) 1:2。

17. Which of the solvents shown below could best dissolve KBr?

 (A) C_6H_{14} (hexane) (B) CH_3CH_2OH (ethanol) (C) C_6H_6 (benzene)

 (D) CCl_4 (carbon tetrachloride) (E) C_6H_{12} (cyclohexane)。

18. Which of the following options best describes the relationship between the following two compounds?

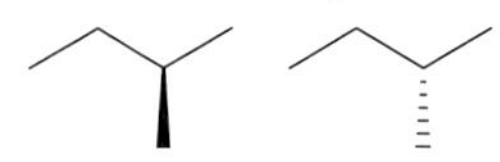

 (A) Constitutional isomers (B) Stereoisomers (C) Identical

 (D) Not isomers, different compounds entirely. (E) Conformers。

19. Please calculate the specific heat capacity of a metal if 15.0 g of it requires 169.6 J to change the temperature from 25.00°C to 32.00°C?

 (A) 0.619 J/g°C (B) 11.3 J/g°C (C) 24.2 J/g°C (D) 1.62 J/g°C

 (E) 275 J/g°C。

20. Which of the following structures contains the central atom which has a formal charge of +2?

 a. SF_6 b. SO_4^{2-} c. O_3 d. $BeCl_2$ e. $AlCl_4^-$

 (A) a (B) b (C) c (D) d (E) e。

21. What is the molecular shape of IF_3 using the VSEPR theory?

 (A) Trigonal bipyramidal (B) See-saw (C) T-shaped (D) Linear

 (E) Square pyramidal。

22. What are the hybridization state and geometry of the nitrogen atom in the following chemical structure?

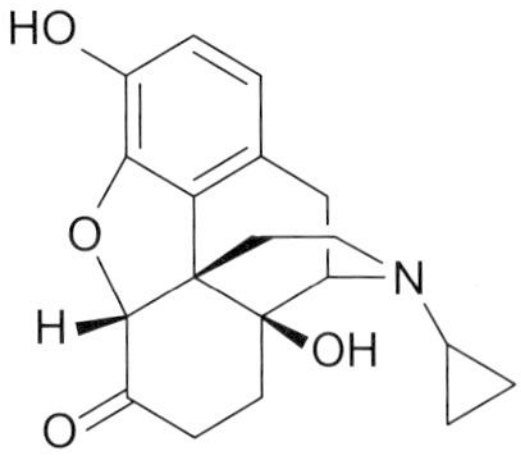

HO O H O N OH

(A) *sp* hybridized and linear geometry

(B) sp^2 hybridized and trigonal pyramidal

(C) sp^3 hybridized and trigonal pyramidal

(D) sp^3 hybridized and trigonal planar

(E) sp^3 hybridized and bent。

23. How many asymmetric carbons are presented in the compound below?

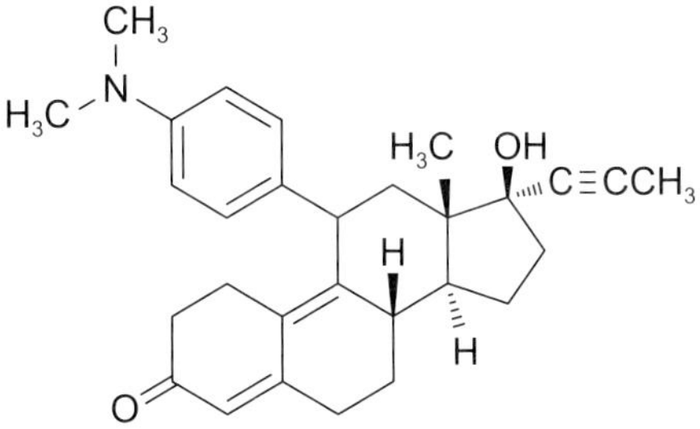

CH_3 H_3C N H_3C OH $C{\equiv}CCH_3$ H H O

(A) 2

(B) 3

(C) 4

(D) 5

(E) 6。

24. The chemical compound "ethylenediaminetetraacetic acid, EDTA" is a chelating agent to coordinate several metallic ions, such as ferric, cupper, and calcium ions. In the living organism, which amino acid is usually used as a chelating agent?

(A) Cysteine　(B) Glycine　(C) Leucine　(D) Tryptophan

(E) Proline。

25. Which one of the following molecules has a dipole moment but without polarity?

(A) O_3　(B) PH_3　(C) NH_3　(D) PCl_5　(E) H_2O_2。

26. Consider the following processes:

$2A \rightarrow (1/2)B + C$　　$\Delta H_1 = 5$ kJ/mol

$(3/2)B + 4C \rightarrow 2A + C + 3D$　　$\Delta H_2 = -15$ kJ/mol

$E + 4A \rightarrow C$　　$\Delta H_3 = 10$ kJ/mol

Calculate　　ΔH for: $C \rightarrow E + 3D$

(A) 0 kJ/mol　(B) 10 kJ/mol　(C) -10 kJ/mol　(D) -20 kJ/mol

(E) 20 kJ/mol。

27. CdS can be described as cubic closest packed anions with the cations in tetrahedral holes. What fraction of the tetrahedral holes is occupied by the cations?

(A) 0.125 (B) 0.25 (C) 0.50 (D) 0.75 (E) 1.0。

28. For the reaction 3A (*g*) + 2B (*g*) → 2C (*g*) + 2D (*g*), the following data was collected at constant temperature. Determine the correct rate law for this reaction.

Trial	Initial [A] (mol/L)	Initial [B] (mol/L)	Initial Rate (mol/L · min)
1	0.200	0.100	6.00×10^{-2}
2	0.100	0.100	1.50×10^{-2}
3	0.200	0.200	1.20×10^{-1}
4	0.300	0.200	2.70×10^{-1}

(A) Rate = k[A][B] (B) Rate = $k[A][B]^2$ (C) Rate = $k[A]^3[B]^2$

(D) Rate = $k[A]^{1.5}[B]$ (E) Rate = $k[A]^2[B]$。

29. What is the number of the half-lives required for a radioactive element to decay to about 6% of its original activity? (please choose the nearest number)

(A) 2 (B) 3 (C)4 (D) 5 (E) 6。

30. Identify the element of Period 2 which has the following successive ionization energies, in kJ/mol.

IE_1, 1314 IE_2, 3389 IE_3, 5298 IE_4, 7471

IE_5, 10992 IE_6, 13329 IE_7, 71345 IE_8, 84087

(A) Li (B) B (C) O (D) Ne (E) None of these。

61. Select the answer with the correct number of decimal places for the following sum:

13.914 cm + 243.1 cm + 12.00460 cm =

(A) 269.01860 cm (B) 269.0186 cm (C) 269.019 cm (D) 269.02 cm (E) 269.0 cm。

62. Detection of radiation by a Geiger-Müller counter depends on ______.
(A) the emission of a photon from an excited atom
(B) the ability of an ionized gas to carry an electrical current
(C) the emission of a photon of light by the radioactive particle
(D) the ability of a photomultiplier tube to amplify the electrical signal from a phosphor
(E) the detection of the sound made by decay particles。

63. Please calculate the ΔS if ΔH_{vap} is 66.8 kJ/mol, and the boiling point is 83.4°C at 1 atm, when the substance is vaporized at 1 atm.
(A) −187 J/K mol (B) 187 J/K mol (C) 801 J/K mol (D)−801 J/K mol
(E) 0。

64. Which of the following values is based on the Third Law of Thermodynamics?
(A) $\Delta H^\circ_f = 0$ for Al(*s*) at 298 K
(B) $\Delta G^\circ_f = 0$ for H_2(*g*) at 298 K
(C) S° = 51.446 J/(mol·K) for Na(*s*) at 298 K
(D)$q_{sys} < 0$ for $H_2O(l) \rightarrow H_2O(s)$ at 0°C
(E)None of these。

65. What are the values of bond order belonging to O_2^- and O_2^+, respectively?
(A) 1.5, 2.5 (B) 2.5, 1.5 (C) 2, 3 (D) 3, 2 (E) 2, 2。

66. The lattice energy of NaI(*s*) is −686 kJ/mol, and its heat of solution is −7.6 kJ/mol. Calculate the hydration of energy of NaI(s) in kJ/mol.
(A) −678 (B) −694 (C) +678 (D) +694 (E) +15.2。

67. According to molecular orbital, which of the following molecules is diamagnetic?
(A) HF (B) O_2 (C) NO (D) N_2^+ (E) N_2^-。

68. Consider the figure, which shows ΔG° for a chemical process plotted against absolute temperature. Which of the following is an incorrect conclusion, based on the information in the diagram?

(A) $\Delta H^\circ > 0$

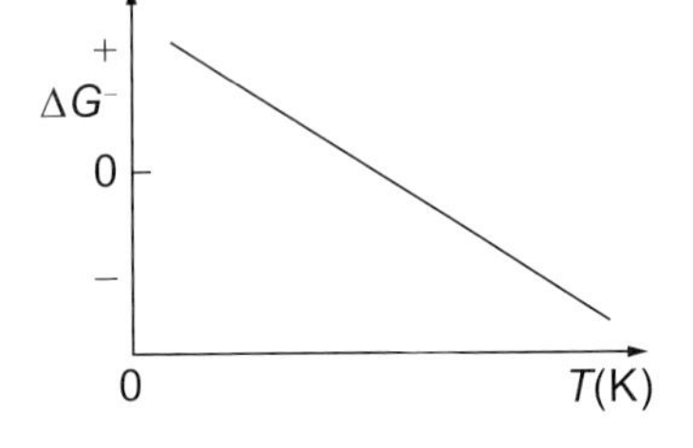

(B) $\Delta S^\circ > 0$

(C) The reaction is spontaneous at high temperatures.

(D) ΔS° increases with temperature while ΔH° remains constant.

(E) There exists a certain temperature at which $\Delta H^\circ = T\Delta S^\circ$.

69. Acetone can be easily converted to isopropyl alcohol by addition of hydrogen to the carbon-oxygen double bond. Calculate the enthalpy of reaction using the bond energies given.

$$CH_3-\overset{\overset{\displaystyle O}{\|}}{C}-CH_3(g) + H_2(g) \longrightarrow CH_3-\underset{\underset{\displaystyle H}{|}}{\overset{\overset{\displaystyle O-H}{|}}{C}}-CH_3(g)$$

Bond:	C=O	H—H	C—H	O—H	C—C	C—O
Bond:energy(kJ/mol)	745	436	414	464	347	351

(A) −484 kJ (B) −366 kJ (C) −48 kJ (D) +48 Kj (E) +366 kJ。

70. How many of the following molecules exhibit resonance:

NO_2^-, O_3, OCl_2, NF_3, N_2O, CCl_4, CNO^-, O_2F_2?

(A) 1 (B) 2 (C) 3 (D) 4 (E) 5。

71. One mole of X (*g*) and one mole of Y (*g*) are mixed in a closed reactor in the presence of catalysts, and Z (*g*) is generated. The reaction is *a* X + *b* Y → *c* Z, where a, b, and c are the coefficients in the balanced equation. At a certain time, the mixture contains 1.8 moles of gases while the ratio of their partial pressures is $P_X:P_Y:P_Z = 7:9:2$. What are the values of *a*, *b*, and *c*?

(A) $a=1,b=2,c=3$ (B) $a=3,b=1,c=2$ (C) $a=7,b=9,c=2$ (D) $a=3,b=1,c=8$
(E) $a=2,b=9,c=7$。

72. Consider an adiabatic and reversible expansion process from state I to state II. Which of the following statements is true?

(A) $P_1V_1 = P_2V_2$ (B) $T_1V_1^{\gamma} = T_2V_2^{\gamma}$, $\gamma = C_p/C_v$

(C) The final temperature will be higher than the initial temperature.

(D) The final volume of the gas is much greater than the expansion were carried out isothermally.

(E) The work delivered to the surrounding is much smaller than the expansion were carried out isothermally.

73. When a 1.00 mL of the 3.55×10^{-4} M solution of organic acid is diluted with 9.00 mL of ether, forming solution A and then 2.00 mL of the solution A is diluted with 8.00 mL of ether, forming solution B. What is the concentration of solution B?

(A) 3.55×10^{-6} M (B) 9.86×10^{-6} M (C) 7.10×10^{-5} M
(D) 7.89×10^{-5} M (E) 7.10×10^{-6} M。

74. What is the volume of $O_2(g)$ generated when 22.4 g of $KClO_3$ is decomposed at 153°C under 0.820 atm? ($KClO_3$: 122.55 g/mol)

(A) 0.09 L (B) 3.00 L (C) 4.20 L (D) 7.79 L (E) 11.7 L。

75. What is the appropriate representation of the repeating unit of the following polymer?

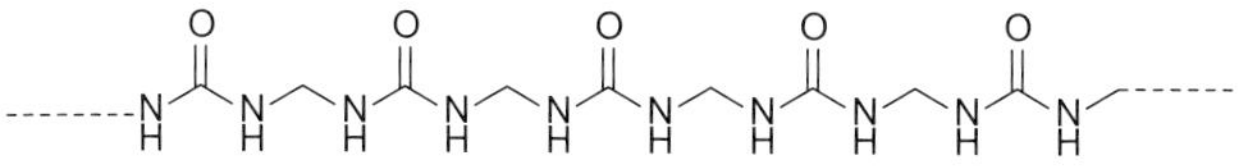

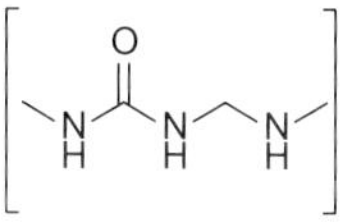

(I) 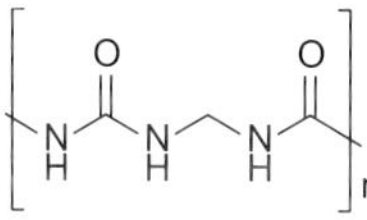 (II) 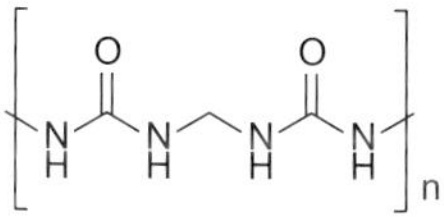 (III) 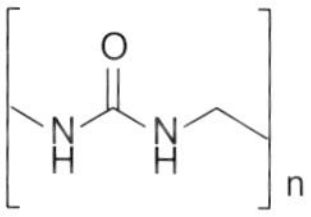 (IV) 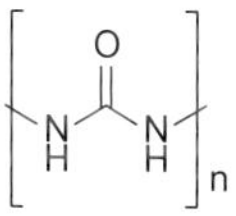 (V)

(A) I (B) II (C) III (D) IV (E) V。

76. Which of the following structures is the major form of the lysine at the pH = 14?

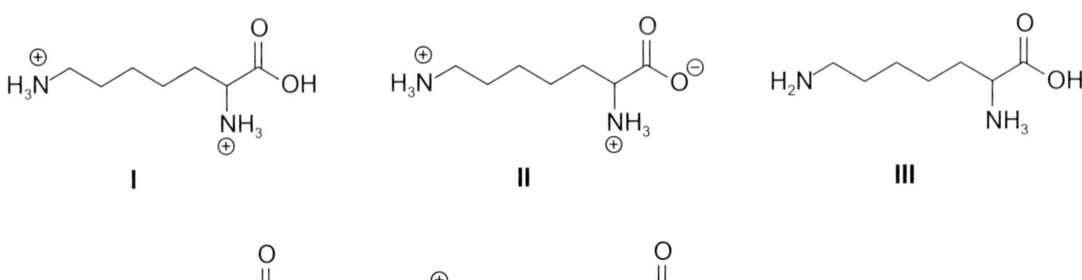

(A) I (B) II (C) III (D) IV (E) V。

77. Which of the followings is a correct set of quantum numbers for an electron in a 3d orbital?

(A) $n=3, l=0, m_l=-1$ (B) $n=3, l=1, m_l=3$ (C) $n=3, l=2, m_l=3$ (D) $n=3, l=3, m_l=2$ (E) $n=3, l=2, m_l=-2$。

78. Which of the following complexes will absorb visible radiation of the shortest wavelength?

(A) $[Co(H_2O)_6]^{3+}$ (B) $[Co(I)_6]^{3-}$ (C) $[Co(OH)_6]^{3-}$ (D) $[Co(en)_3]^{3+}$ (E) $[Co(NH_3)_6]^{3+}$。

79. Please choose the most stable cation?

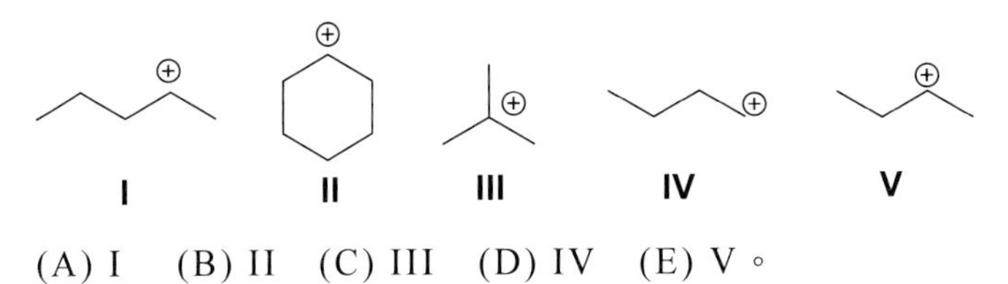

(A) I (B) II (C) III (D) IV (E) V。

80. Which of the following statements about "The Bohr Model" and "Particle in a Box" is TRUE?

(A) For an electron trapped in a one-dimensional box, as the length of the box increases, the spacing between energy levels will increase.

(B) The total probability of finding a particle in a one-dimensional box (length is L) in energy level $n = 4$ between $x = L/4$ and $x = L/2$ is 50%.

(C) If the wavelength of light necessary to promote an electron from the ground state to the first excited state is λ in a one-dimensional box, then the wavelength of light necessary to promote an electron from the first excited state to the third excited state will be 3λ.

(D) A function of the type $A\cos(Lx)$ can be an appropriate solution for the particle in a one dimensional box.

(E) Assume that a hydrogen atom's electron has been excited to the n = 5 level. When this excited atom loses energy, 10 different wavelengths of light can be emitted.

81. Which of the following statements concerning a face-centered cubic unit cell and the corresponding lattice, made up of identical atoms, is incorrect?

(A) The coordination number of the atoms in the lattice is 8.

(B) The packing in this lattice is more efficient than for a body-centered cubic system.

(C) If the atoms have radius r, then the length of the cube edge is $\sqrt{8} \times r$.

(D) There are four atoms per unit cell in this type of packing.

(E) The packing efficiency in this lattice and hexagonal close packing are the same.

82. Which of the followings will give a solution with a pH > 7, but is not an Arrhenius base in the strict sense?

(A) CH_3NH_2　(B) NaOH　(C) CO_2　(D) $Ca(OH)_2$　(E) CH_4。

83. Pentane, C_5H_{12}, boils at 35°C. Which of the followings is true about kinetic energy, E_k, and potential energy, E_p, when liquid pentane at 35°C is compared with pentane vapor at 35°C?

(A) $E_k(g) < E_k(l)$; $E_p(g) \approx E_p(l)$ (B) $E_k(g) > E_k(l)$; $E_p(g) \approx E_p(l)$

(C) $E_p(g) < E_p(l)$; $E_k(g) \approx E_k(l)$ (D) $E_p(g) > E_p(l)$; $E_k(g) \approx E_k(l)$

(E) $E_p(g) \approx E_p(l)$; $E_k(g) \approx E_k(l)$。

84. Five molecules are shown as below. Which one has the highest ionic strength?

(A) $B(OH)_3$ (B) HNO_3 (C) Na_2HPO_4 (D) $CaCO_3$ (E) $BaSO_4$。

85. Hydroxylamine nitrate contains 29.17 mass % N, 4.20 mass % H, and 66.63 mass % O. Determine its empirical formula.

(A) HNO (B) H_2NO_2 (C) HN_6O_{16} (D) $HN_{16}O_7$ (E) H_2NO_3。

86. Given the following two standard reduction potentials,

$Fe^{3+} + 3\ e^- \rightarrow Fe^-$ $E° = -0.036$ V

$Fe^{2+} + 2\ e^- \rightarrow Fe^-$ $E° = -0.44$ V

determine for the standard reduction potential of the half-reaction

$Fe^{3+} + e^- \rightarrow Fe^{2+}$

(A) 0.40 V (B) 0.77 V (C) −0.40 V (D) −0.11 V (E) 0.11 V。

87. The rate law for a reaction is found to be Rate = $k[A]^2[B]$. Which of the following mechanisms gives this rate law?

I.	II.	III.
A+B ⇌ E(fast)	A+B ⇌ E(fast)	A+A → E(slow)
E+B → C+D(slow)	E+A → C+D(slow)	E+B → C+D(fast)

(A) I (B) II (C) III (D) I & II (E) II & III。

88. When the redox reaction in basic solution: $NO_2^-(aq) + Al(s) \rightarrow NH_3(aq) + AlO_2^-(aq)$ is balanced using the smallest whole-number coefficients, the coefficient of H_2O is x and the sum of all coefficients is y. What is the sum of x and y, (x + y)?

(A) 9 (B) 10 (C) 11 (D) 12 (E) 13。

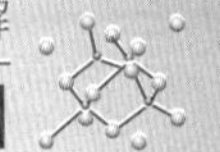

89. Which of the followings is the best representation of the titration curve which will be obtained in the titration of a weak acid (0.10 mol L^{-1}) with a strong base of the same concentration?

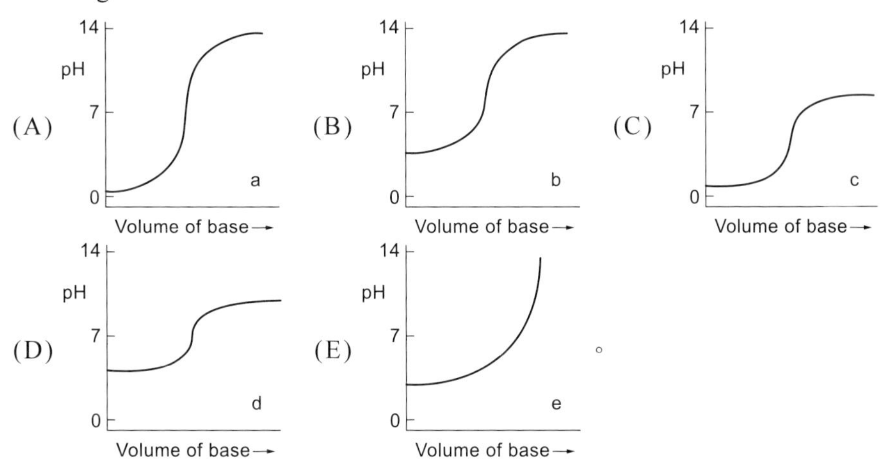

。

90. The students used salicylic acid and acetic anhydride to synthesize aspirin in the experiment of "The Preparation of Aspirin". The chemical reaction is shown as below:

Which compound will react with $FeCl_3$ to become a purple complex?

(A) Salicylic acid (B) Acetic anhydride (C) Aspirin (D) Acetic acid (E) 18 M sulfuric acid。

110 學年度慈濟大學學士後中醫學系試題

化學（含普通化學、有機化學）試題

1. 天然鈾主要由 ^{238}U 和 ^{235}U 組成，其相對含量分別為 99.28%和 0.72%。^{238}U 的半衰期約為 4.5×10^9 年，^{235}U 的半衰期則 約為 7.1×10^8 年。假設地球是在 45 億年前形成的，請估計地球形成時 ^{238}U 和 ^{235}U 同位素當時的相對含量最接近下列何者？

(A) 50%, 50% (B) 82%, 18% (C) 99.5%, 0.5% (D) 77%, 23%。

2. 下列哪個化合物水溶液的離子強度最大？（假設濃度均為 0.1 M）
(A) $MgSO_4$ (B) Na_3PO_4 (C) NaCl (D) $Ba(NO_3)_2$。

3. 臭氧 O_3 在大氣中的破壞反應如下，請問何者是催化劑（catalyst）？何者是反應中間體（intermediate）？

$$NO + O_3 \rightarrow NO_2 + O_2 \quad \text{slow}$$
$$NO_2 + O \rightarrow NO + O_2 \quad \text{fast}$$

淨反應 $O + O_3 \rightarrow 2O_2$

(A) NO_2是反應中間體、NO是催化劑 (B) NO是反應中間體、NO_2是催化劑
(C) NO是反應中間體、O_3是催化劑 (D) O_3是反應中間體、NO_2是催化劑。

4. A生和B生均利用原子吸收光譜儀量測廢水中的汞離子(Hg^{2+})濃度，其數據如下表，下列敘述何者最不適當？

	Hg^{2+}濃度(ppm)	
樣品編號	A 生	B 生
1	8.57	8.70
2	8.70	8.56
3	8.50	8.56
4	8.48	8.54
5	8.55	8.53
6	8.58	8.50
7		8.52

剔除商數表(Values of Rejection Quotient,Q)
信賴水準(confidence level)為 95%

樣品數目	Q_{crit}
3	0.970
4	0.829
5	0.710
6	06325
7	0.568
8	0.526
9	0.493
10	0.466

(A) 8.50 在 A 生的數據中是正常值，不需要剔除。
(B) 8.70 在 B 生的數據中是異常值（outlier），不需要剔除。
(C) 8.70 在 A 生的數據中是異常值，需要剔除。
(D) 8.70 在 B 生的數據中是異常值，需要剔除。

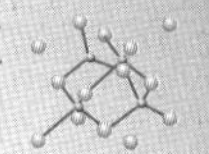

5. 難溶性鹽類 $M(OH)_3$ （$K_{sp} = 1.6 \times 10^{-39}$）溶解在水中後，其溶液的氫氧根離子（$OH^-$）濃度爲多少 M？

(A) 1.0×10^{-10}　(B) 2.0×10^{10}　(C) 1.0×10^{-7}　(D) 2.0×10^{-5}。

6. 將 0.5 M 的 NaOH 水溶液與 0.5 M 的弱酸（HA，$Ka = 1.0 \times 10^{-6}$）水溶液以等體積混合後，溶液中各離子濃度大小順序，下列何者最爲適當？

(A) $[Na^+] > [A^-] > [OH^-] > [H^+]$　(B) $[Na^+] > [A^-] > [H^+] > [OH^-]$

(C) $[A^-] > [OH^-] > [Na^+] > [H^+]$　(D) $[A^-] > [Na^+] > [H^+] > [OH^-]$。

7. 利用 H^+ 或 H_2O 完成下列化學反應的淨離子方程式（net ionic equation），完整淨離子方程式中反應物和生成物的係數總和爲多少？

$HNO_2 + MnO_4^- \rightarrow NO_3^- + Mn^{2+}$

(A) 15　(B) 16　(C) 17　(D) 18。

8. 阿黴素（doxorubicin）是目前常使用的癌症治療藥物，阿黴素有幾個對掌中心（chiral center）？

Doxorubicin

(A) 5

(B) 6

(C) 7

(D) 8。

9. 離胺酸（lysine）是人體必需的胺基酸之一，其pKa分別爲 2.2、9.0 和 10.5。當pH值由 1 增加到 12 時，離胺酸的分子結構變化順序下列何者最有可能？

I　II　III　IV　V

(A) I → IV → V → II　(B) I → IV → III → II

(C) IV → III → II　(D) II → V → IV → I。

10. 對於進入Q循環的每兩個QH_2，一個將被再生，另一個將其兩個電子傳遞到兩個細胞色素（cytochrome）c_1中心，整體方程式爲QH_2+ 2 cytochrome c_1 (Fe^{3+})+ 2 H^+ → Q+ 2 cytochrome c_1 (Fe^{2+})+ 4 H^+ 試計算此反應的自由能變化量？（法拉第常數F = 96485 C/mole）

half-reaction			ε°(V)
Cytochrome $c_1(Fe^{3+}) + e^-$	⇌	cytochrome $c_1(Fe^{2+})$	0.22
Ubiquinone $+2H^+ +2\ e^-$	⇌	ubiquinol	0.045

(A) −16.9 kJ/mole　(B) −67.6 kJ/mole　(C) −33.8 kJ/mole　(D) 0 kJ/mole。

11. 以下哪一個化合物含有較高的鍵能，能在糖解反應（glycolysis）中用來合成ATP？

(A) fructose-1,6-bisphosphate　(B) 1,3-bisphosphoglycerate

(C) acetyl phosphate　(D) 1-phosphoglycerate。

12. 右方結構中箭頭所標示的氫，哪一個酸度（acidity）最高？

(A) Ha　(B) Hb

(C) Hc　(D) Hd。

O O
Ha Hb Hc Hd

13. 在實驗室裡，胜肽合成以及DNA合成中最有可能使用哪種試劑來加速偶聯（coupling）反應？

(A) catalytic H^+　(B) dicyclohexylcarbodiimide(DCC)

(C) ethyl chloroformate　(D) $PhS\text{-}NH_4^+$。

14. 右圖左方的起始物加入哪些反應試劑後，開始進行反應，可以產生右方的產物？

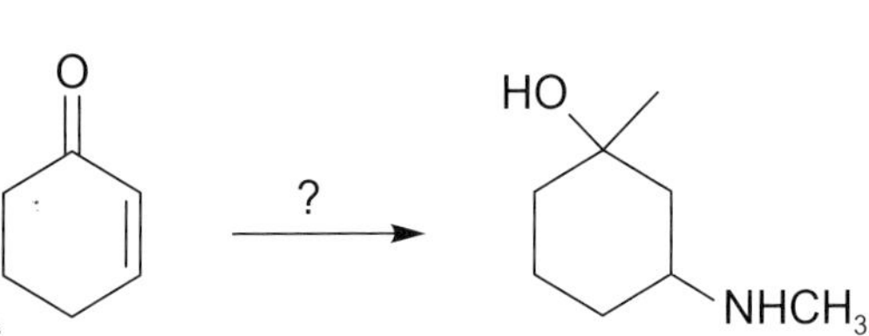

(A) 先加NH_2CH_3，再加$BrMgCH_3$

(B) 先加$BrMgCH_3$，再加$NH_{2C}H_3$

(C) 先加NH_2CH_3，再加$NaBH_4$

(D) 先加NH_2CH_3，再加$NaBH_4$，最後加$BrMgCH_3$。

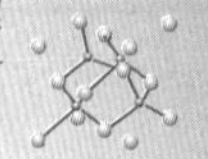

15. 氫原子的可見光譜中，明亮的紅色譜線最可能是由於電子在下列哪一軌域躍遷？

(A) $2s \rightarrow 1s$　(B) $2p \rightarrow 1s$　(C) $3p \rightarrow 2s$　(D) $4s \rightarrow 3p$。

16. 造成臭氧層破壞的冷媒分子，主要是含有哪一種化學鍵結？

(A) O－Br　(B) C－Cl　(C) O－Cl　(D) C－Br。

17. 室溫常壓下一立方公分的空氣中大約有多少個氣體分子？

(A) 10^6　(B) 10^{12}　(C) 10^{19}　(D) 10^{21}。

18. 請問在一級化學反應中，若將反應物的濃度增加10倍，反應的半生期如何變化？

(A)增快5倍　(B)減慢10倍　(C)增快10倍　(D)不變。

19. 請依照下列四個化合物標示位置的^{1}H NMR光譜訊號譜線化學位移（δ）由高至低磁場依序排列。

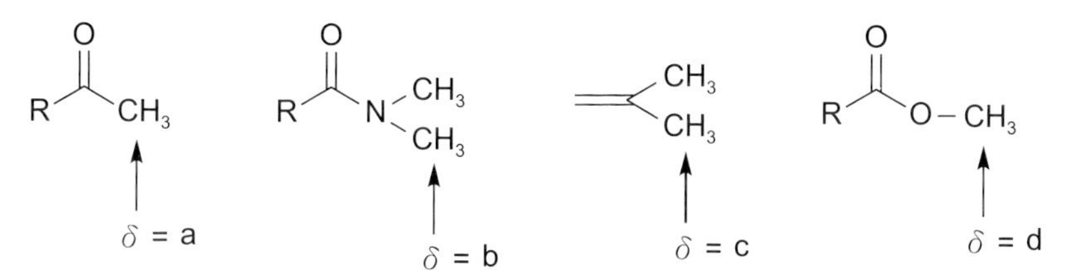

(A) a > b > c > d　(B) b > c > d > a　(C) c > a > d > b　(D) d > b > a > c。

20. 重要慶典及跨年時施放煙火，萬紫千紅的色光，非常壯觀。下列有關煙火色光的敘述，何者最有可能？

(A)是來自於有機染料燃燒所造成　(B)是由氖、氬等氣體游離所造成
(C)是由某些金屬鹽燃燒所造成　(D)是由不同火藥的燃燒所造成。

◎ 21~24 為題組：哈柏法（Haber process）是利用氮氣與氫氣在500℃與200 atm下藉由鐵觸媒催化轉製成氨，其反應式如下：

$$N_2(g) + 3H_2(g) \rightleftharpoons 2NH_3(g) \quad \Delta H(25^\circ C) = -92.38\ kJ$$

21. 請問改變下列哪一項反應條件可以提昇產率？
(A)增加壓力 (B)增加溫度 (C)增加體積 (D)增加催化劑。

22. 請問反應前後亂度（entropy）的變化最有可能為？
(A)沒有變化 (B)大幅增加 (C)小幅增加 (D)下降。

23. 請問改變下列哪一項反應條件可以提昇反應速率？
(A)增加壓力 (B)增加溫度 (C)增加體積 (D)增加溶劑。

24. 請問如何改變反應平衡常數 K_{eq}？
(A)改變壓力 (B)改變溫度 (C)改變體積 (D)添加催化劑。

25. 下列何者最不可能屬於氧化反應？

(A) OTs —(EtOH, Δ)→ OEt

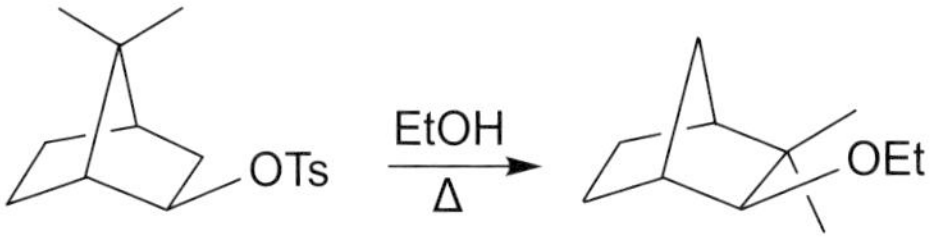

(B) —(Cl_2, H_2O)→ OH, Cl

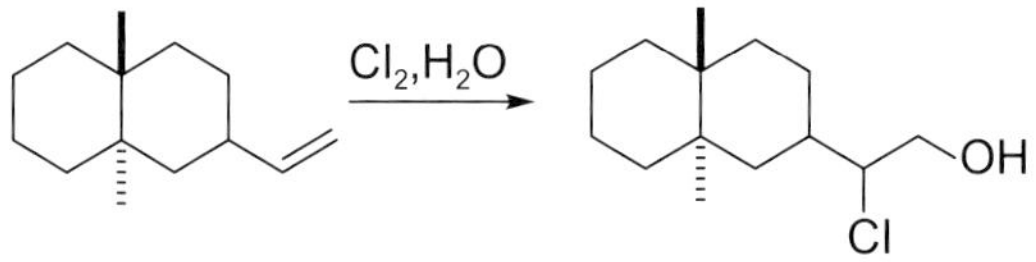

(C) —($KMnO_4$, neutral pH)→ HO, OH

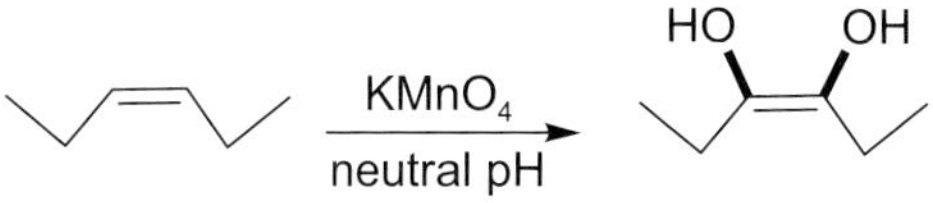

(D) O —(H^+, CO_3H, Cl)→ O, O 。

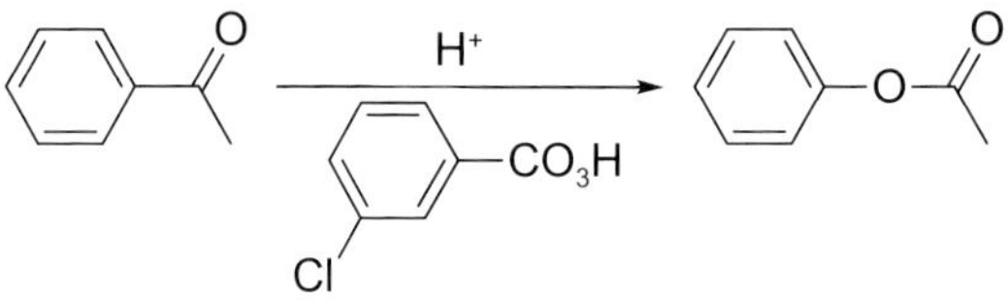

26. 請依下列元素的電負度（electronegativity）做遞增排列（括號內數字為原子序）。
Ti (22), Mn (25), Co (27), Zr (40), Rh (45), Au (79)
(A) Ti < Zr < Mn < Co < Rh < Au (B) Ti < Mn < Co < Zr < Rh < Au
(C) Au < Rh < Zr < Co < Mn < Ti (D) Zr < Ti < Mn < Co < Rh < Au。

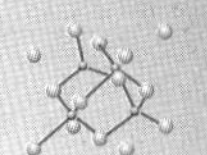

27. 有一未知物的分子式為 $C_9H_{10}O$，紅外線光譜在 1690 cm^{-1} 有強吸收訊號，氫核磁共振（^1H NMR）光譜在 1.2 ppm 有三條分裂訊號；3.0 ppm 有四條分裂訊號；7.7 ppm 有多重分裂訊號，請選出下列何者最為可能？

(A) C_6H_5-CH_2-CH_2-CHO　(B) C_6H_5-CH_2-CO-CH_3

(C) C_6H_5-CH(CH_3)-CHO　(D) C_6H_5-CO-CH_2-CH_3。

28. 下列哪個胺基酸具有兩個立體中心？

(A)麩醯胺(glutamine)　(B)脯胺酸(proline)

(C)苯丙胺酸(phenylalanine)　(D)異白胺酸(isoleucine)。

29. 請選出完成右列反應最適當的試劑為何？

O
C
CH_3
?
O
C
CH_2Br

(A)溴，氫氧化鈉　(B)溴，醋酸

(C)溴化氫，水　(D) N-溴琥珀醯亞胺(NBS)。

30. 請選出哪一個選項是右列反應最可能的主要產物？

H_3CO
O
OCH_2CH_3
(1) EtMgBr（過量）
(2) HCl,H_2O
?

(A) HO
O
OCH_2CH_3

(B) Et
OH
Et
Et

(C) H_3CO
OH
Et
Et

(D) H_3CO
O
Et 。

31. 請選出哪一個選項是右列反應最可能的主要產物？

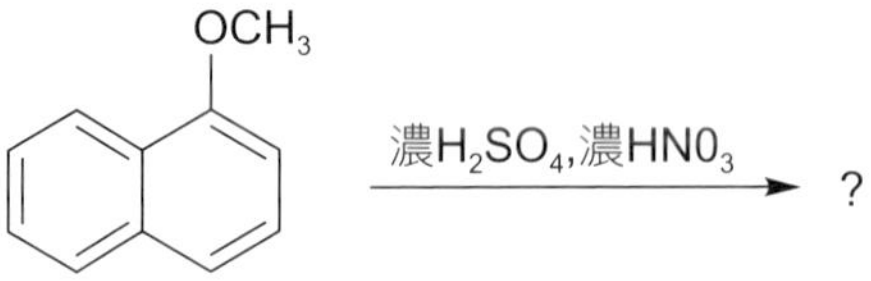

(1-甲氧基萘) $\xrightarrow{\text{濃}H_2SO_4,\text{濃}HNO_3}$?

(A) 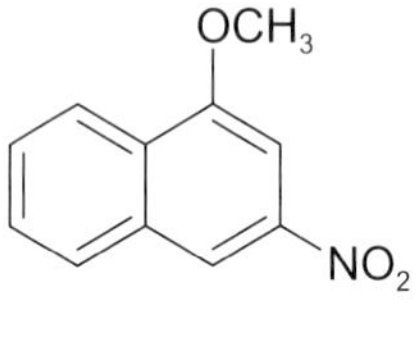 1-甲氧基-3-硝基萘（OCH_3、NO_2） (B) 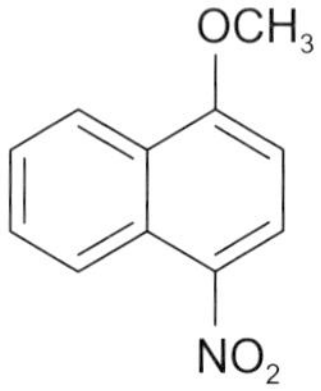 1-甲氧基-4-硝基萘（OCH_3、NO_2）

(C) 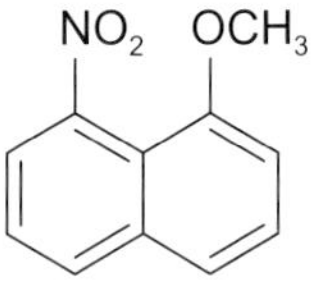 1-甲氧基-8-硝基萘（NO_2、OCH_3） (D) 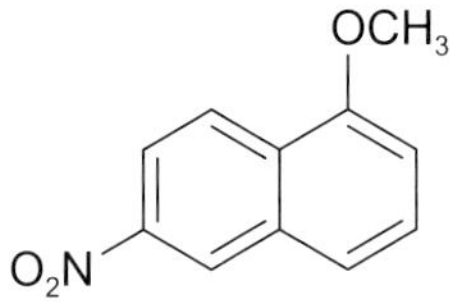 1-甲氧基-6-硝基萘（OCH_3、O_2N）。

32. 已知(*R*)-2-丁醇之比旋光（specific rotation）爲−13.52°，現有一(*R*), (*S*)-2-丁醇混合物測得其比旋光爲+6.76°。請問此混合物中(*R*)-2-丁醇：(*S*)-2-丁醇之比值最近下列何者？

(A) 2：1 (B) 1：2 (C) 3：1 (D) 1：3。

33. 已知 $CH_3Br + HCN \rightarrow CH_3CN + HBr$ 爲一 S_N2 反應，若同時將 CH_3Br 和 HCN 的濃度各增加爲兩倍，反應速率之改變爲何？

(A) 1 (B) 2 (C) 4 (D) 8。

34. 請選出哪一個選項是右列反應最可能的主要產物？

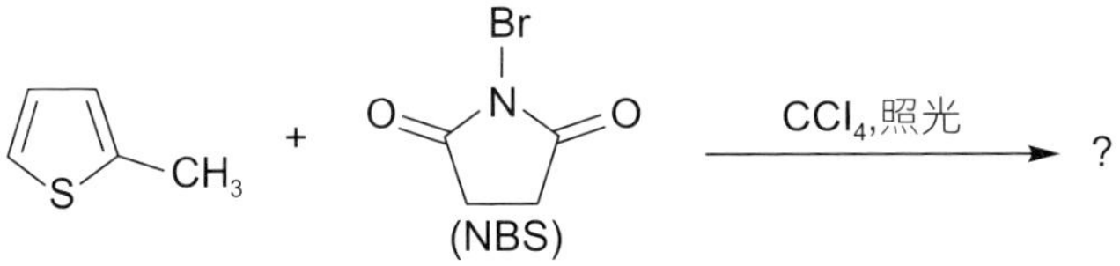

(2-甲基噻吩，S、CH_3) + (NBS：Br、N、O、O) $\xrightarrow{CCl_4,\text{照光}}$?

(A) 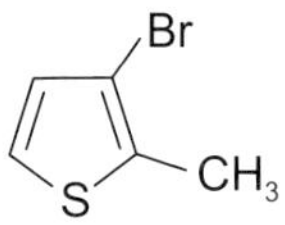 3-溴-2-甲基噻吩（Br、S、CH_3） (B) 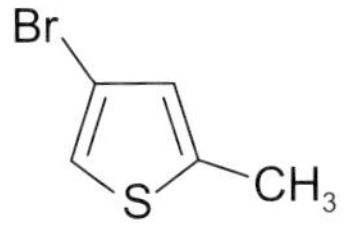 4-溴-2-甲基噻吩（Br、S、CH_3）

(C) 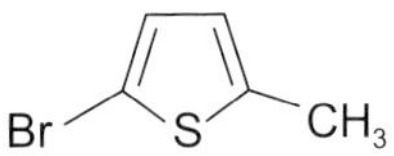 2-溴-5-甲基噻吩（Br、S、CH_3） (D) 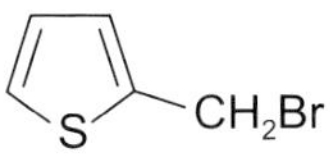 2-(溴甲基)噻吩（S、CH_2Br）。

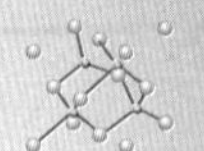

35. 下列哪一個水溶液凝固點下降（freezing-point depression）最多？

(A) 1.0 m KBr (B) 0.75 m $C_6H_{12}O_6$ (C) 0.5 m $MgCl_2$ (D) 0.25 m $BaSO_4$。

36. 從下列化學電池簡圖及半電池反應中，請指出何者爲還原劑？何者爲氧化劑？哪一個電極的重量變重？以及電池的標準電位（standard cell potential ε0cell）爲何？

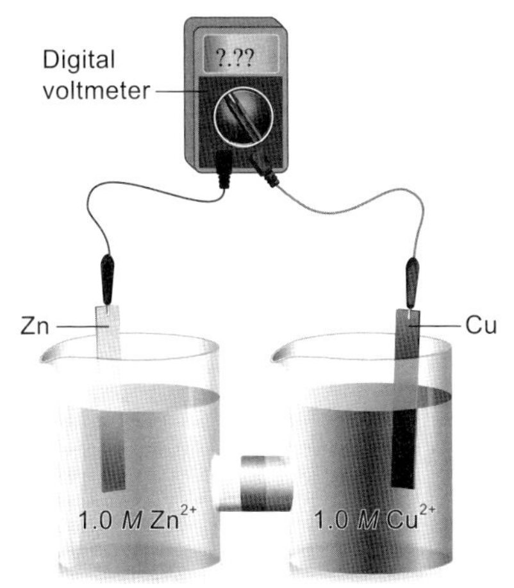

$Cu^{2+}(aq)+2e^- \rightarrow Cu(s)$, $\varepsilon^\circ_{cell} = 0.34V$

$Zn^{2+}(aq)+2e^- \rightarrow Zn(s)$, $\varepsilon^\circ_{cell} = -0.76V$

(A) Cu 是還原劑；Zn^{2+}是氧化劑；Cu 電極重量增加；ε°cell ＝ −0.42 V。

(B) Zn 是還原劑；Cu^{2+}是氧化劑；Zn 電極重量增加；ε°cell ＝ 0.42 V。

(C) Cu 是還原劑；Zn^{2+}是氧化劑；Zn 電極重量增加；ε°cell ＝ −1.10 V。

(D) Zn 是還原劑；Cu^{2+}是氧化劑；Cu 電極重量增加；ε°cell ＝ 1.10 V。

37. 請選出哪一個選項是右列反應最可能的主要產物？

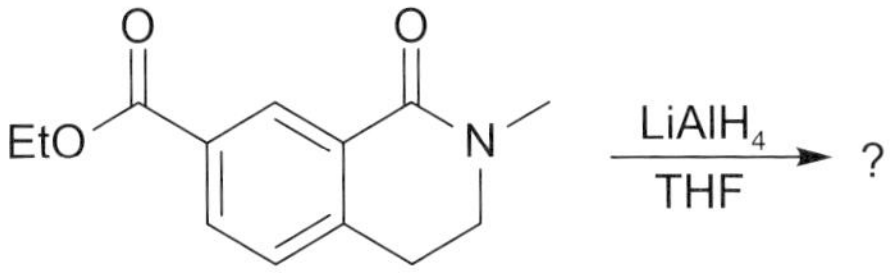

EtO–C(=O)– … N– $\xrightarrow[\text{THF}]{LiAlH_4}$?

(A) 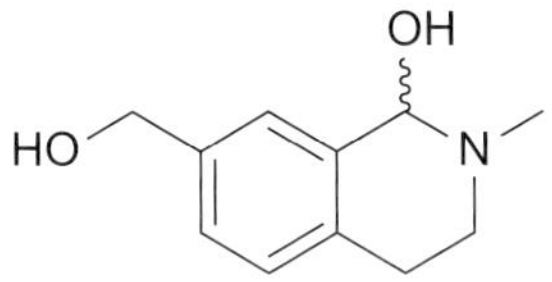 HO … OH … N (B) 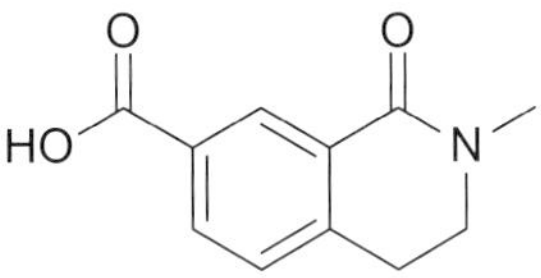 HO … O … O … N

(C) 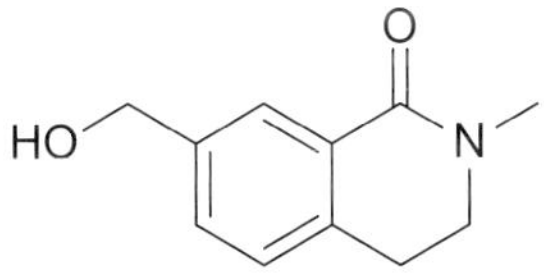 HO … O … N (D) 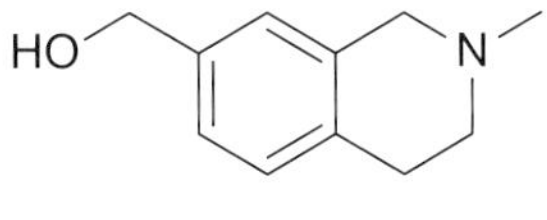 HO … N 。

38. 請選出哪一個選項是右列反應最可能的主要產物？

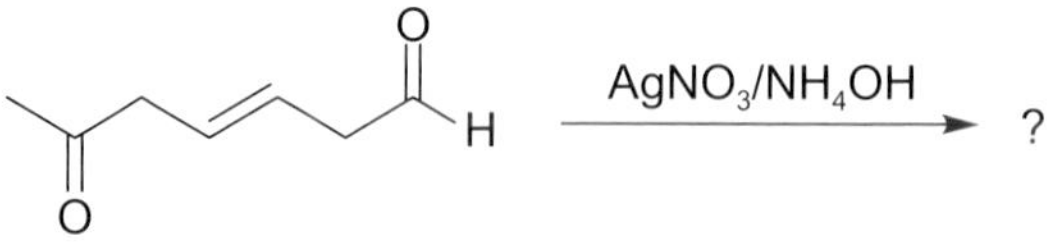

O H O $\xrightarrow{AgNO_3/NH_4OH}$?

(A) 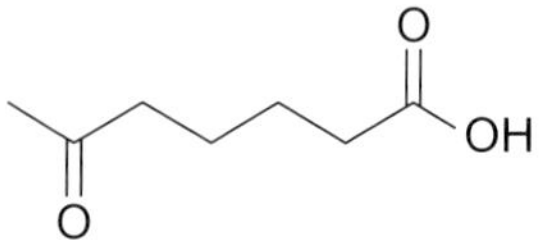 O OH O (B) 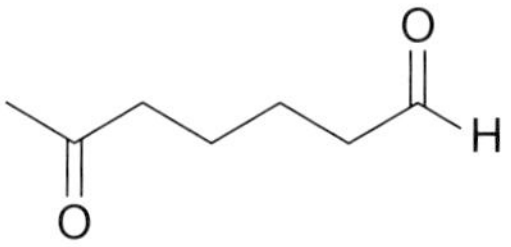 O H O

(C) 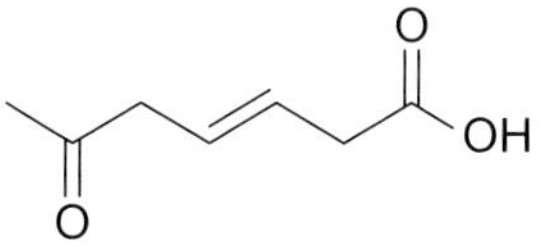 O OH O (D) 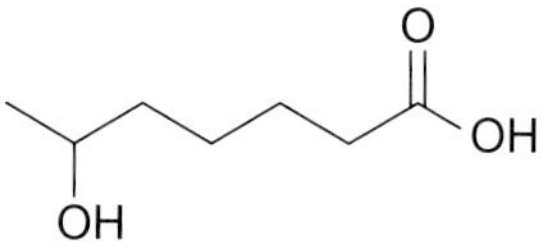 O OH OH。

39. 請選出哪一個選項是右列反應最可能的主要產物？

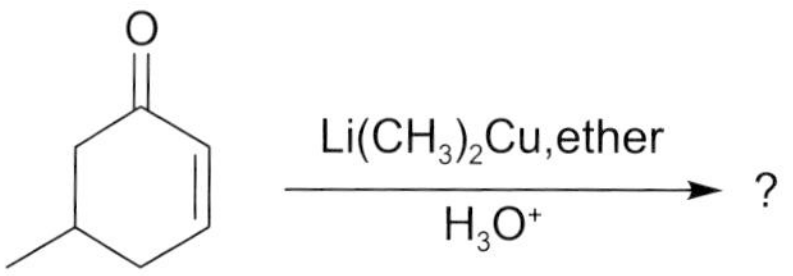

O $\xrightarrow[H_3O^+]{Li(CH_3)_2Cu,ether}$?

(A) 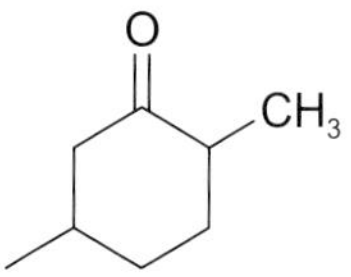 O CH_3 (B) 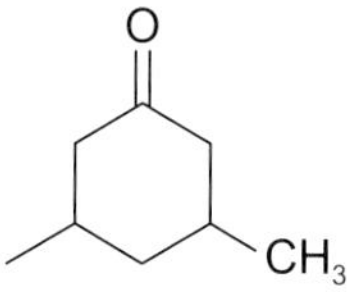 O CH_3

(C) 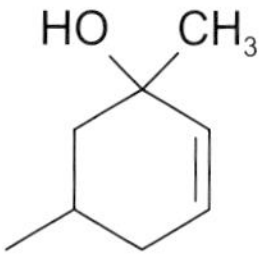 HO CH_3 (D) 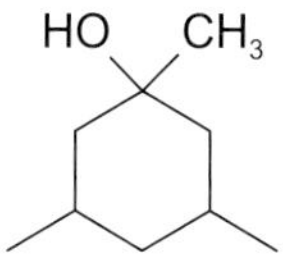 HO CH_3 。

40. 請選出哪一個選項是右列反應最可能的主要產物？

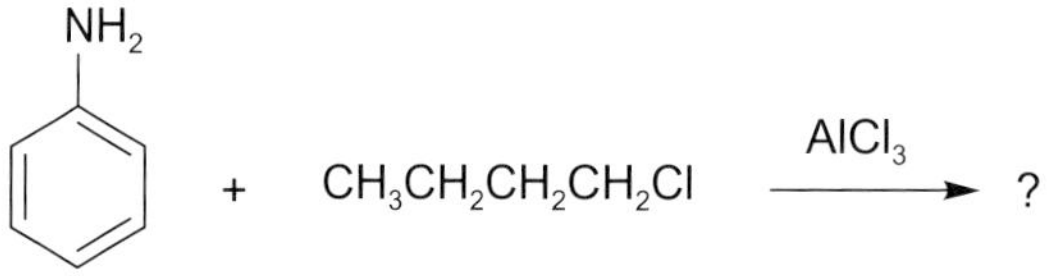

NH_2 + $CH_3CH_2CH_2CH_2Cl$ $\xrightarrow{AlCl_3}$?

(A) 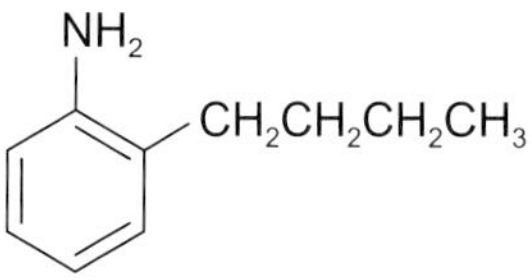 NH_2 $CH_2CH_2CH_2CH_3$ (B) 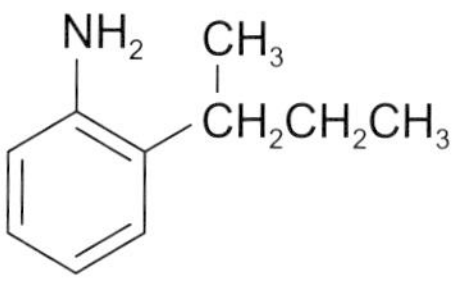 NH_2 CH_3 $CH_2CH_2CH_3$

(C) 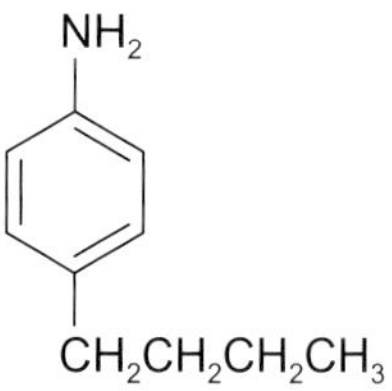 NH_2 $CH_2CH_2CH_2CH_3$ (D) NO reaction。

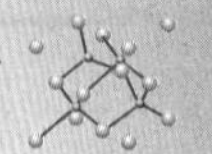

41. 下圖為氯雷他定（Claritin®）的分子結構，氯雷他定是美國最暢銷的抗組織胺藥之一。請問其中有多少個碳原子屬於 sp^2 混成軌域？
(A) 14
(B) 8
(C) 22
(D) 1。

42. 一氧化碳（CO）具有毒性，因為它與血紅蛋白（Hb）的結合比與氧（O_2）的結合更牢固，血液中這兩者標準自由能變化為：反應 A：$Hb + O_2 \rightarrow HbO_2$，$\Delta G° = -70$ kJ/ mol。反應 B：$Hb + CO \rightarrow HbCO$，$\Delta G° = -80$ kJ/ mol。請估算在 298 K 時下列平衡反應的平衡常數 K 值為何？ $HbO_2 + CO \rightleftharpoons HbCO + O_2$（$\ln 60 = 4.09$，$\ln 80 = 4.38$，$\ln 120 = 4.79$，$\ln 200 = 5.30$）
(A) 60　(B) 80　(C) 120　(D) 200。

43. 反應 $3X_{(g)}+Y_{(g)} \rightleftharpoons 2Z_{(g)}$的速率定律式為 $r = k[X]^2[Y]$。假設參與反應的 $X_{(g)}$為 1 莫耳，$Y_{(g)}$為 4 莫耳時，反應初速率為R；若在溫度、總壓力維持不變的情況下，參與反應的$X_{(g)}$莫耳數不變，$Y_{(g)}$增為 9 莫耳，則反應初速率將為若干？
(A) 9R/4　(B) 9R/16　(C) 9R/32　(D) 9R/64。

44. 進行芳香族親電子性取代反應（electrophilic aromatic substitution reaction）時反應速率比苯慢，但取代反應發生在鄰位和對位的化合物，下列何者最有可能？
(A) C_6H_5–Cl　(B) C_6H_5–CH_3
(C) C_6H_5–O–C(=O)–CH_3　(D) C_6H_5–NH–C(=O)–CH_3。

45. 16.0 克甲烷（CH_4）樣品與 64.0 克氧氣（O_2）在裝有活塞的容器中反應（1.00 atm 和 425K）。甲烷可與氧氣反應生成二氧化碳和水蒸氣或一氧化碳和水蒸氣。待燃燒反應完成後，觀察在給定條件下的氣體密度為 0.7282 克/升。請問有多少莫爾分率的甲烷用以反應生成一氧化碳？
(A) 0.3　(B) 0.5　(C) 0.7　(D) 0.8。

46. 請選出哪一個選項是右列反應最可能的主要產物？

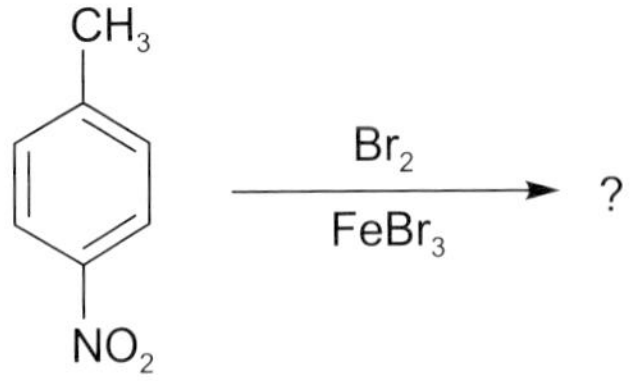

CH_3 / NO_2 $\xrightarrow[FeBr_3]{Br_2}$?

(A) 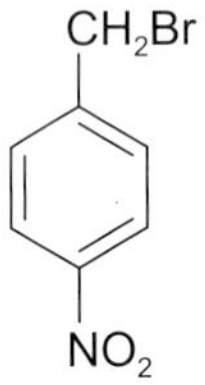 CH_2Br / NO_2　(B) 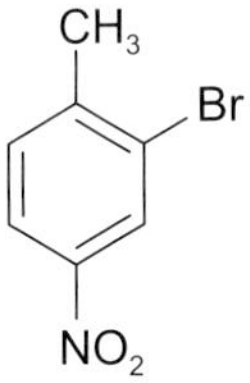 CH_3 / Br / NO_2　(C) 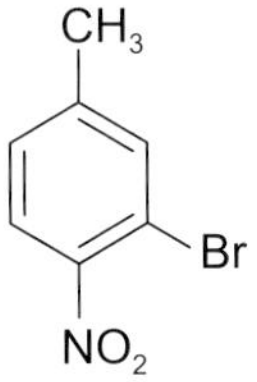 CH_3 / Br / NO_2　(D)  CH_3 / NH_2。

47. 以下化合物上之羰（carbonyl）官能基，何者在紅外線光譜上，具有最大的吸收頻率？

(A) 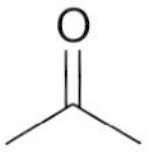 O　(B) 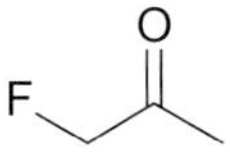 F O　(C) 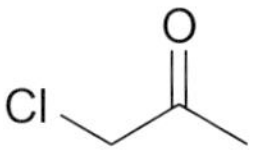 Cl O　(D) 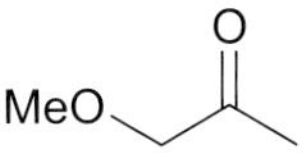 MeO O。

48. 以下選項中，哪個濃度與329.3 ppm的$K_3Fe(CN)_6$（分子量：393.3 g/mol）相等？

(A) 329.3 mM　(B) 329.3 g/L　(C) 329.3 mg/L　(D) 329.3 μg/L。

49. 使用以下的數據所計算出H－Br的鍵能，其數值爲何？

$H_{2(g)} + Br_{2(g)} \rightarrow 2\ HBr_{(g)}$　　$\Delta H^\circ = -103$ kJ/mol

$H_{2(g)} \rightarrow 2\ H_{(g)}$　　$\Delta H^\circ = 432$ kJ/mol

$Br_{2(g)} \rightarrow 2\ Br_{(g)}$　　$\Delta H^\circ = 193$ kJ/mol

(A) 728 kJ/mol　(B) 261 kJ/mol　(C) 364 kJ/mol　(D) 522 kJ/mol。

50. 以下哪個化學反應沒有牽涉到氧化（oxidation）與還原（reduction）？

(A) $CH_4 + 3O_2 \rightarrow 2H_2O + CO_2$　(B) $Zn + 2HCl \rightarrow ZnCl_2 + H_2$

(C) $2Na + 2H_2O \rightarrow 2NaOH + H_2$　(D)以上反應皆牽涉到氧化與還原。

110學年度義守大學學士後中醫學系試題

考試科目 化學(含普通化學、有機化學)

1. 有關下列化合物的敘述何者不正確？

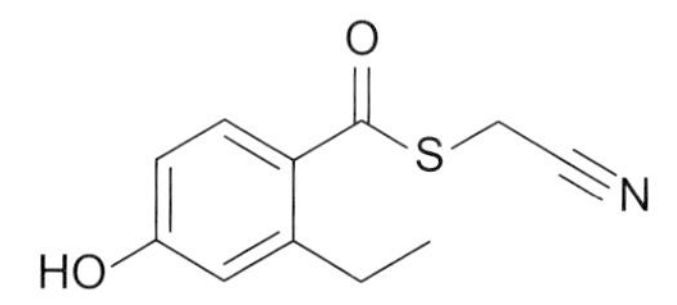

(A)分子式為 $C_{11}H_{11}O_2SN$　(B)具酚基(phenol group)
(C)未共用電子對(lone pair)有6對　(D)結構中的碳原子有7個sp^2混成軌域。

2. 下列化合物的名字何者正確？
(A) 6-Ethyl-2,2-dimethylheptane　(B) 2-Isopropyl-4-methylheptane
(C) 3-Ethyl-4,4-dimethylhexane　(D) 4,4-Diethyl-2,2-dimethylhexane。

3. 比較下列化合物的氧化等級(oxidation level)：
I. CO_2　II. CH_3OH　III. HCO_2H　IV. H_2CO
(A) I > IV > III > II　(B) I > III > IV > II
(C) III > II > IV > I　(D) III > I > IV > II。

4. 下列那些化合物為二質子酸(diprotic acid)？
I. H_3AsO_4　II. H_3PO_3　III. H_3BO_3　IV. $H_2C_2O_4$
(A) 僅 I, III　(B) 僅 I, IV　(C) 僅 II, III　(D) 僅 II, IV。

5. 下列那一個官能基在紅外線光譜(IR spectrum)很難測得？
(A)醛類(aldehyde)　(B)酯類(ester)　(C)醚類(ether)　(D)腈類(nitrile)。

6. 比較下列化合物的酸性大小：
I. Methanol　II. Acetylene　III. $(CF_3)_2CHOH$　IV. $(CH_3)_2CHOH$
(A) III > I > IV > II　(B) III > IV > II > I
(C) III > II > I > IV　(D) IV > II > III > I。

7. 下列那些化合物可以與 $LiAlH_4$ 反應得到 isobutanol？

I　II　III　IV

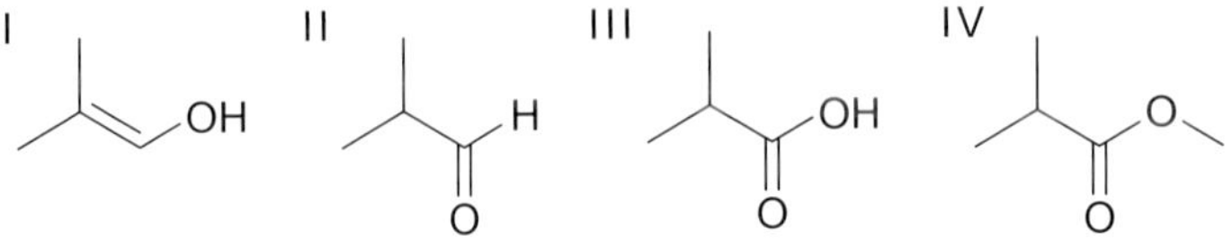

(A) 僅 I, II,　(B)II, III　(C)僅 II, III, IV　(D)以上皆是。

8. 有面心立方晶格的 NaCl，每一單位格子中的總離子數有幾個？

(A) 2　(B) 4　(C) 8　(D) 16。

9. 想要從一瓶體積百分比為 95%的酒精溶液中取出 2 mol 酒精，已知其密度為 0.82 g/mL。請問要取的體積(mL)最接近下列那個選項？

(A) 72=　(B) 80=　(C) 106　(D) 120。

10. 下列那些氧化劑可以把 1-propanol 氧化為 propanal？

I. Pyridinium chlorochromate

II. Sarett reagent

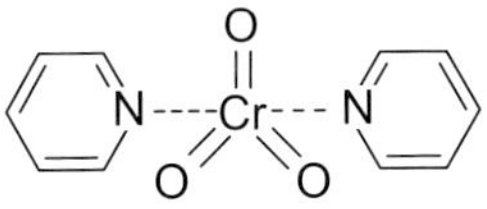

III. Jones reagent　(CrO_3/H_2SO_4)

IV. Dess-Martin periodinane

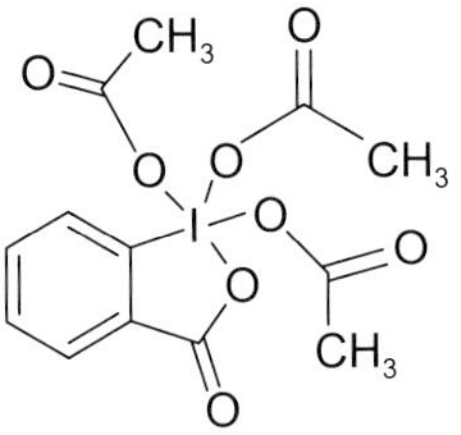

(A) 僅 I, II, III　(B) 僅 I, II, IV　(C) 僅 II, III, IV　(D) 以上皆是。

11. 利用 isopropylbenzene 進行下列反應之主產物為何？

1. O_2, heat
2. H_3O^+

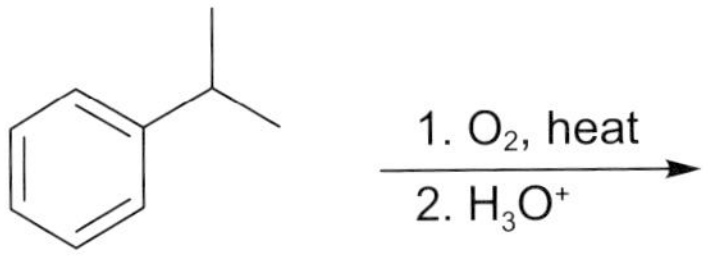

(A) 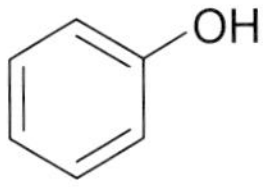　(B)

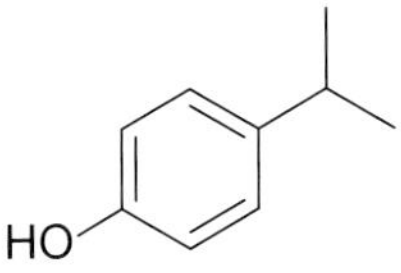

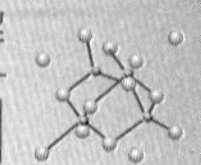

(C) OH (D) CO_2H 。

12. 利用isobutyric acid 進行反應，下列何者正確？

CH_2N_2 → I (OCH_3)
1. $SOCl_2$ 2. $LiAlH(O\text{-}t\text{-}Bu)_3$ → III (OH)
1. Br_2,PBr_3 2.H_2O → II (Br, OH)
1. C_4H_9Li 2. H_2O → IV

(A)僅I, II (B)僅II, III (C)僅I, II, IV (D)僅I, III, IV。

13. 反應平衡式如下：

$N_{2(g)}$ + $2H_2O_{(g)}$ + 熱能 ⇌ $2NO_{(g)} + 2H_{2(g)}$

下列在反應條件改變下，對NO 濃度產生的影響，何組敘述正確？

I. 增加$[N_2]$，NO 增加 II. 降低$[H_2]$，NO 減少

III. 降低溫度，NO 減少 IV. 加催化劑，NO 增加

(A)僅I, II, IV (B)僅I, III (C)僅II, III, IV (D)以上皆是。

14. 下列錯合物的混成軌域和形狀何者正確？

(A) $Ni(CO)_4$, dsp^2, 平面四邊形 (B) $[Cu(H_2O)_4]^{2+}$, sp^3, 四面體

(C) $Zn(NH_3)_4Cl_2$, sp^3d^2, 八面體 (D) $Pt(NH_3)_4Cl_4$, dsp^2, 平面四邊形。

15. 利用Pt 電極電解含有Na_2SO_4和幾滴酚酞(phenolphthalein)指示劑的水溶液，請問下列敘述那一項是正確的？

(A)陽極附近無色的溶液轉成粉紅色，陰極附近溶液仍然維持無色

(B)陰極附近無色的溶液轉成粉紅色，陽極附近溶液仍然維持無色

(C)陰陽兩極附近的溶液電解前後都維持無色

(D)陽極附近粉紅色的溶液轉成無色，陰極附近溶液仍然維持粉紅色。

16. 乙烯($C_2H_{4(g)}$)之標準燃燒熱爲－1411.1 kJ/mol，$CO_{2(g)}$之標準生成熱爲－393.5 kJ/mol，$H_2O_{(l)}$之標準生成熱爲－285.8 kJ/mol，則乙烯之標準生成熱(ΔH_f, kJ/mol)爲何？
(A) 52.5 (B) －1195.6 (C) －338.2 (D) 731.7。

17. 當一個雙原子分子由原子自發形成，則其ΔH、ΔS、ΔG 之數值爲何？

	ΔH	ΔS	ΔG
(A)	+	+	+
(B)	+	−	−
(C)	−	−	+
(D)	−	−	−

18. 請將下列化合物於水中的溶解度由低到高排列？
I. $CH_3CH_2CH_2CH_2OCH_3$
II. CH_3OCH_3
III. $CH_3OCH_2CH_2OCH_3$
IV. $CH_3CH_2CH_2CH_2OH$
(A) I < III < II < IV (B) I < IV < II < III
(C) III < I < IV < II (D) IV < I < III < II。

19. 下圖化學結構中有幾個α-氫(α-hydrogens)？

$$CH_3\overset{\overset{\displaystyle O}{\|}}{C}CH(CH_2CH_3)_2$$

(A) 1 (B) 2 (C) 3 (D) 4。

20. 下列何者結構具有對掌性質(chirality)？
(A) 2,4-Dimethylheptane (B) 5-Ethyl-3,3-dimethylheptane
(C) cis-1,3-Dimethylcyclohexane (D) 4-Methylcyclohexanone。

21. 請問要維持蛋白質三級結構的交互作用力類型中，下面那一個交互作用力的鍵結能力最強？
(A)氫鍵 (B) 離子交互作用力 (C)雙硫鍵 (D) π-π 交互作用力。

22. 下圖結構開環後的Fischer Projection 為那一個？

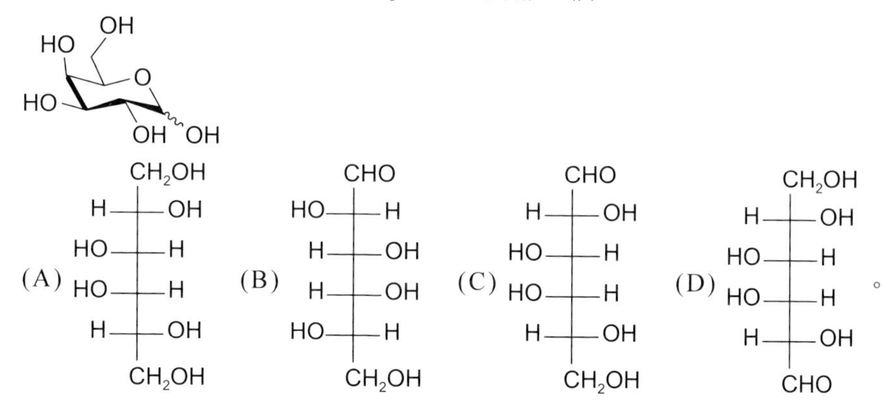

。

23. 下圖為天門冬胺酸(Asp)的pKa數值，請問其等電點(isoelectric point)最接近那個數值？

$HO_2CCH_2CH(^+NH_3)CO_2H$ (I) $\xrightleftharpoons{pK_a=2.09}$ $HO_2CCH_2CH(^+NH_3)CO_2^-$ (II)

(II) $\xrightleftharpoons{pK_a=3.86}$ $^-O_2CCH_2CH(^+NH_3)CO_2^-$ (III)

$^-O_2CCH_2CH(NH_2)CO_2^-$ (IV) $\xrightleftharpoons{pK_a=9.82}$ $^-O_2CCH_2CH(^+NH_3)CO_2^-$ (III)

(A) 2　(B) 3　(C) 5　(D) 7。

24. 此反應條件下Br會接到那個位置？

Br
O　N　O
O　O
O　O
△
A
B　C
D

(A) A處　(B) B處　(C) C處　(D) D處。

25. 請問下列那個反應條件可以讓cyclopentanone 經由反應後產生cyclopentane 產物？

(A) $LiAlH_4/H_2O$ (B) meta-chloroperoxybenzoic acid (mCPBA) /H_2O

(C) H^+/H_2O (D) H_2NNH_2/KOH。

26. 下圖化合物之IUPAC 名稱為2,3-dihydroxybutanoic acid，請問其鏡像組態為何？

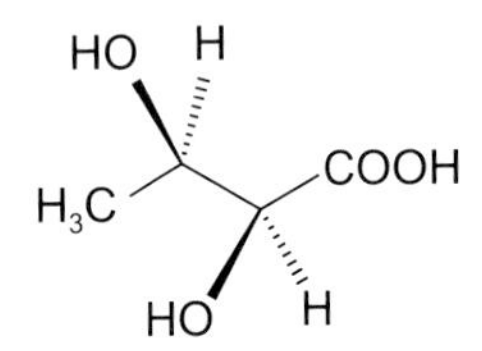

(A) 2S, 3S (B) 2R, 3R (C) 2S, 3R (D) 2R, 3S。

27. 治療糖尿病藥物Rosiglitazone 的主要化學官能基為羧酸，請問下列那個反應可以產生羧酸官能基？

(A) Haloform 反應 (B) Birch 還原反應

(C) Gabriel 合成反應 (D) Hofmann 脫去反應。

28. 請問下列那個化合物是此反應的最主要產物？

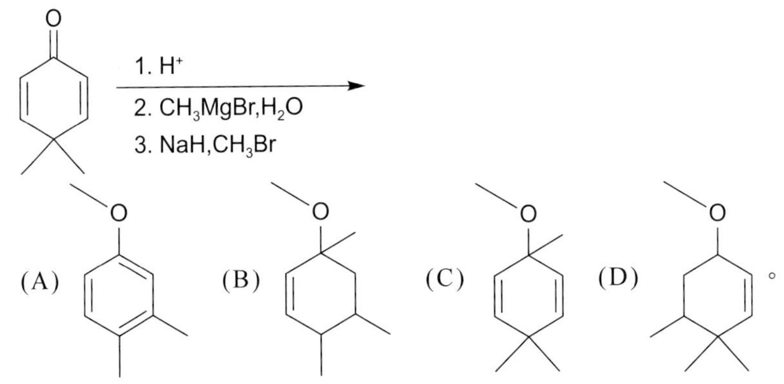

29. 中藥鉛丹常造成中毒事件，其主成分為Pb_3O_4，此成分可由一氧化鉛於空氣中加熱至500°C 製得，然而產物中常殘留一氧化鉛，可用何種溶液來純化？

(A) Na_2CO_3 (B) KOH (C) HCl (D) H_2SO_4。

30. 此三結構Cl_2^+, Cl_2 與Cl_2^-中，那些具順磁性(paramagnetic)？

(A) Cl_2 (B) Cl_2^+與Cl_2 (C) Cl_2^+與Cl_2^- (D) Cl_2 與Cl_2^-。

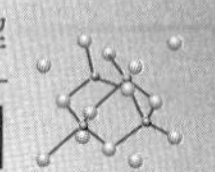

31. 在下列分子中，那個是非極性分子但是具有極性鍵結？

(A) HCl　(B) SO_3　(C) H_2O　(D) NO_2。

32. 請問下列那個化合物是尼古丁(nicotine)與過錳酸鉀進行氧化反應後的最主要產物？

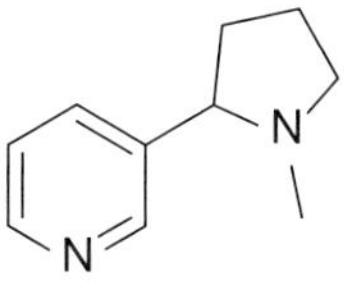

Nicotine

(A) 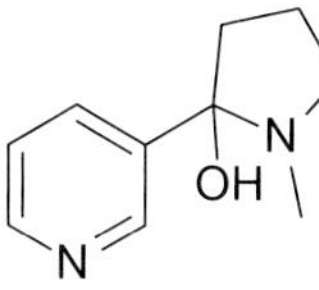　(B)

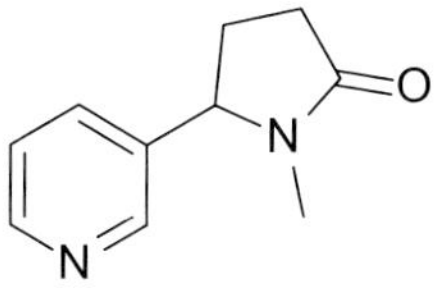

(C) 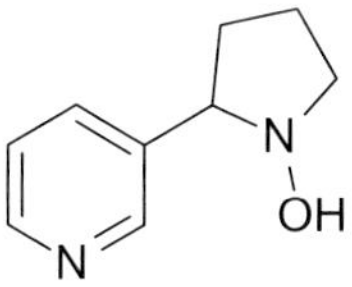　(D) 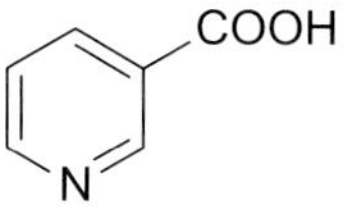 COOH 。

33. 請問下列那個化合物最有可能是 A 反應物？

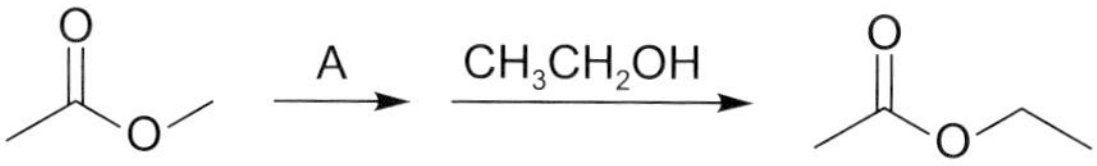

A　CH_3CH_2OH

(A) $N(CH_3)_3$　(B) $SOCl_2$　(C) CH_3MgBr　(D) BH_3。

34. 請問下列反應在進行時，使用那個溶劑會對反應的完成有最大的幫助？

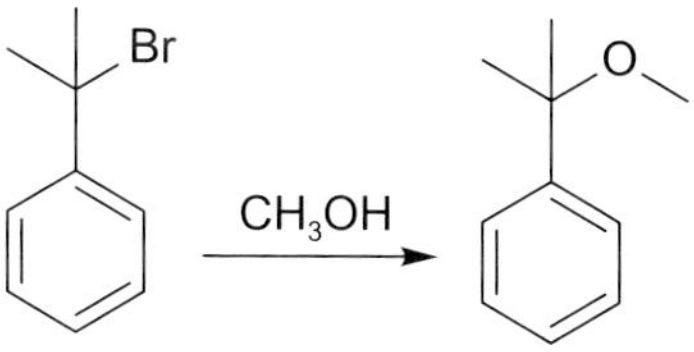

Br　CH_3OH　O

(A) Water　(B) Dimethylforamide　(C) Tetrahydrofuran

(D)以上三個溶劑對反應的進行有類似的幫助，並沒有那一個特別好。

35. 估計一摩爾乙炔(C_2H_2)生成二氧化碳和水蒸氣的焓變(enthalpy change)？

BE(C — H) = 456 kJ/mol

BE(C ≡ C) = 962 kJ/mol

BE(O=O) = 499 kJ/mol

BE(C=O) = 802 kJ/mol

BE(O — H) = 462 kJ/mol

(A) −1759 kJ/mol (B) +653 kJ/mol (C) +1010 kJ/mol (D) −1010 kJ/mol。

36. 為了解出一個三胜肽的序列，先把此三胜肽與phenyl isothiocyanate 反應後產生化合物A（如下）與一個二胜肽，然後再把此二胜肽與phenyl isothiocyanate 反應後產生化合物B（如下）與Glycine，請問這個三胜肽的序列為何？

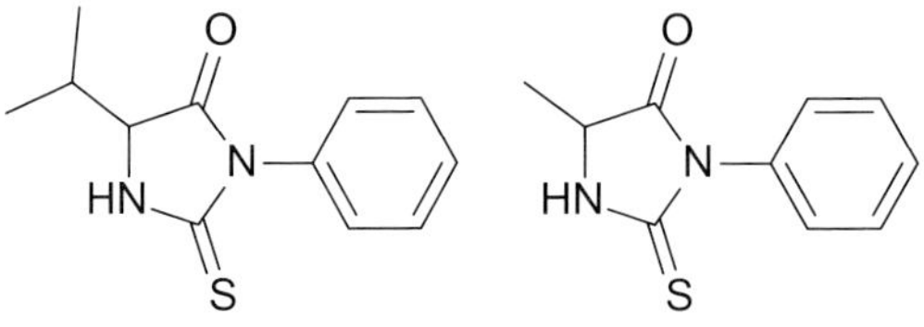

A　　B

(A) Val-Ala-Gly (B) Ala-Val-Gly (C) Gly-Ala-Gly (D) Gly-Ala-Val。

37. 穿心蓮內酯（如右）是從穿心蓮分離出來的重要萜類化合物，然而有報導，當穿心蓮內酯進入體內細胞後可能會被蛋白質胺基酸支鏈的親核性官能基進行攻擊而形成共價鍵導致蛋白質失去活性，請問右圖內所列的C1 到C4，那個碳最有可能被親核性官能基進行親核性攻擊？

(A) C1 (B) C2 (C) C3 (D) C4。

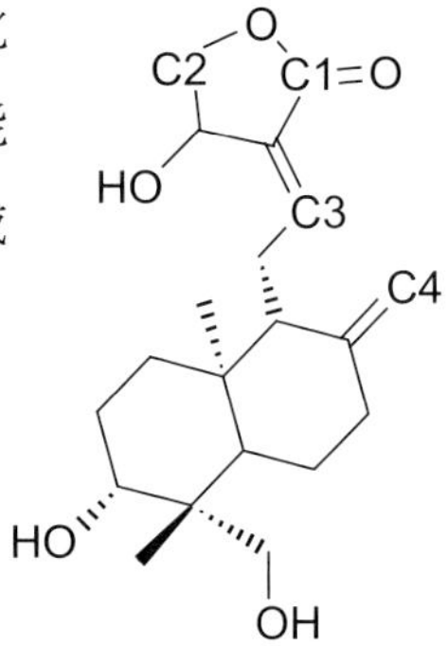

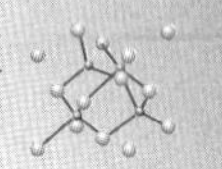

38. 碳 60 是 90 年代非常重要的化學物質，下列所述有關碳 60 之敘述何者錯誤？

(A)碳 60 爲有 60 個碳原子所組成的足球形烯類分子，每一個碳原子與相鄰的三個碳原子以三個δ鍵，一個π鍵進行鍵結

(B)碳 60 可以容易地溶在有機溶劑正己烷中

(C)碳 60 的硬度超過於金剛石

(D)碳 60 具備抗氧化功能。

39. 請問下列那個化合物是此反應的最主要產物？

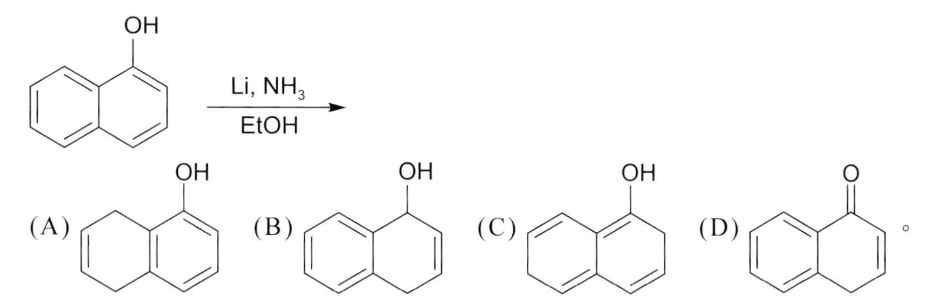

40. 於 25°C 與 1016 kPa 下，若丁烷氣體中含 1.00%（質量）的硫化氫，則硫化氫之體積爲何？

(A) 1.80 dm^3 (B) 3.59 dm^3 (C) 7.18 dm^3 (D) 14.36 dm^3。

41. 治療新冠肺炎之藥物Remdesivir 如下所示，結構中所標示星號 1, 2, 3 處之立體組態依序爲何？

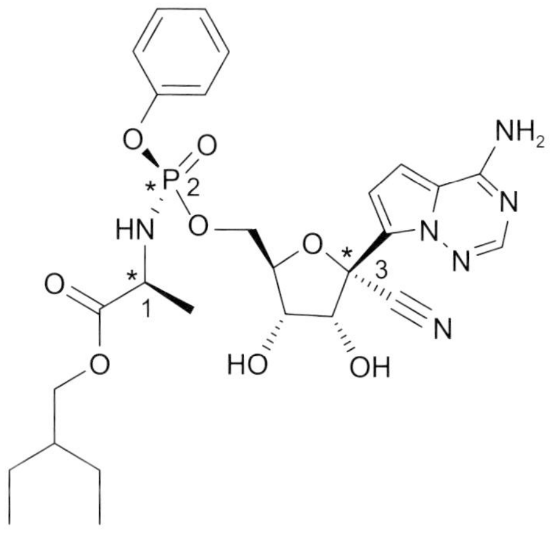

(A) S, S, S (B) S, S, R (C) S, R, S (D) S, R, R。

42. Fischer 合成法是利用phenylhydrazine 與醛或酮在酸的催化下加熱產生下列何種產物？

(A) Indazole (B) Nicotine (C) Indole (D) Quinoline。

43. Quinoline 於100 °C 與$NaNH_2$ 反應時，主要是進行何種反應？

(A)酸鹼反應 (B)還原反應 (C)親電性取代反應 (D)親核性取代反應。

44. 2D-NOESY (Nuclear Overhauser Effect Spectroscopy)圖譜可提供下列何種資訊？

(A)化合物相對立體結構 (B)碳與氫的偶合常數

(C)碳與氫經單鍵鍵結之關聯 (D)碳與氫經多鍵鍵結之關聯。

45. 類固醇藥物prednisolone acetate 結構如下所示，其紅外線光譜中，下列何者可分別指示出1 號和2 號 羰基(carbonyl group)之吸收峰位置？

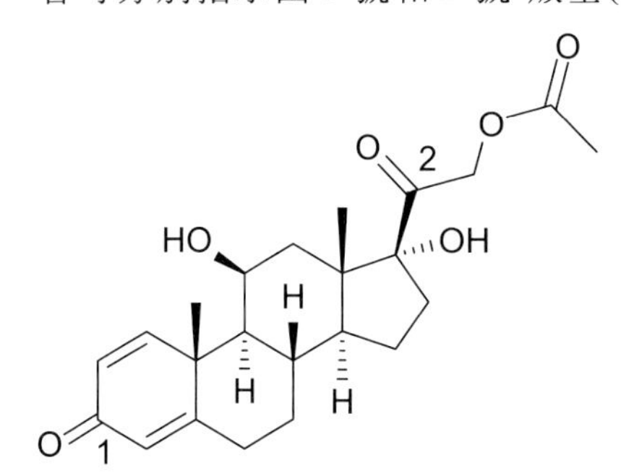

(A) 1600 cm^{-1}; 1750 cm^{-1} (B) 1660 cm^{-1}; 1710 cm^{-1}

(C) 1710 cm^{-1}; 1660 cm^{-1} (D) 1750 cm^{-1}; 1600 cm^{-1}。

46. 下列各C－X（X 非爲C）鍵結於紅外線光譜中之吸收強度由強至弱之排列爲何？

(a) C － O; (b) C － N; (c) C － C － H; (d) C － Cl

(A) cdba (B) badc (C) dbac (D) adbc。

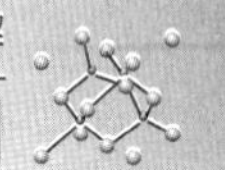

47. 3β，6β -二乙醯氧基之固醇類化合物 II 進行選擇性水解反應時，其主產物爲何？

C_8H_7　AcO　H　H　OAc　$\xrightarrow{H_2O}$

II

C_8H_7　HO　H　H　OAc

A

C_8H_7　AcO　H　H　OH

B

C_8H_7　HO　H　H　OAc

C

C_8H_7　AcO　H　H　OH

D

(A) A　(B) B　(C) C　(D) D。

48. 下列何者不能與 $FeCl_3$ 溶液進行顯色反應？

(A) Phenol　(B) Aspirin　(C) Ethyl acetoacetate　(D) Salicylic acid。

49. 甲狀腺素(L-thyroxine, pKa = 6.7)於生理之pH 值中，約有多少百分比爲離子態(ionized)？

(A) 10%　(B) 30%　(C) 70%　(D) 90%。

50. 某化合物的 IR 光譜顯示在 1715 cm^{-1} 處有一吸收峰，^{1}H NMR 光譜顯示有 2 個訊號，其中一個爲三重峰，另一個爲四重峰。則此化合物爲何？

(A) 2-戊醇　(B) 2-戊酮　(C) 3-戊酮　(D) 3-戊醇。

110 學年度中國醫藥大學學士後中醫學系試題解答

1.(C)　同樣的不飽和度，扣除環化合物，剩下的是烯，再考慮五個碳有三種骨架。

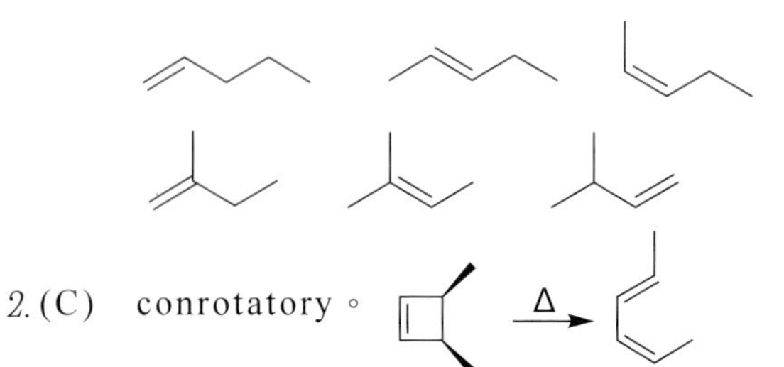

2.(C)　conrotatory。

3.(B)　(B)反反得順。(D)不會出現anti-Markovnikov位向，優先進行AE反應。

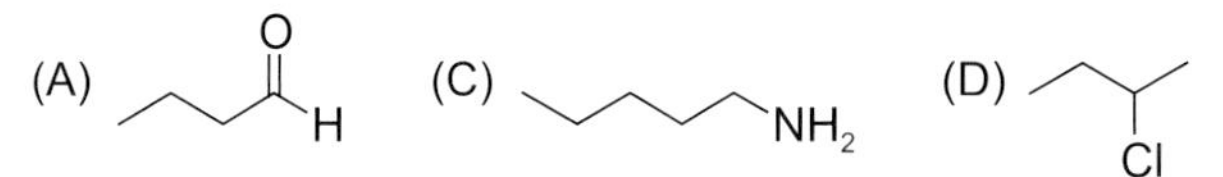

4.(A)

5.(B)　在圓心下方者，是鍵結軌域。

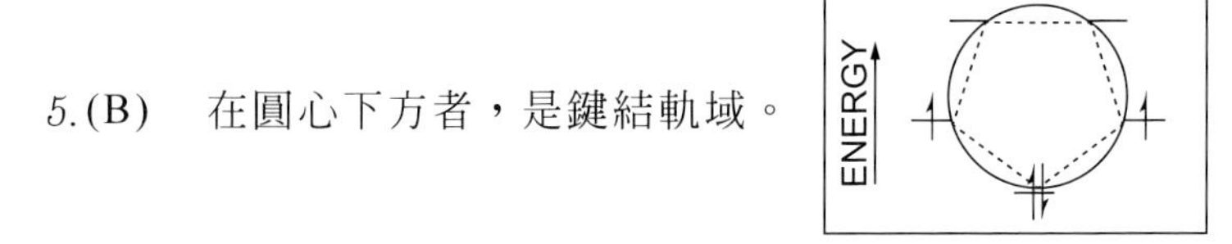

6.(C)　排列安定性的次序。I與V出現共軛的延伸，最安定，III與IV無共軛，最不安定，剩下II排中間。I與V以及III與IV的進一步比較，就看烯周圍的取代基，取代基愈多愈安定。最後的次序是 I > V > II > III > IV。氫化熱則是安定性次序的反過來。

7.(C)

8.(D)　ΔS考量，ΔS愈大，反應愈有利。ΔS數值的變化可以由mol數變化的差異看出來。I：3 mol 轉成 2 mol，II：2 mol 轉成 2 mol，III：2 mol 轉成 3 mol，以I為例

O + 2 MeOH $\xrightarrow{H^+}$ MeO OMe + H_2O

9.(A)　Birch reduction。

10.(B)　共振後出現兩個芳香性環。

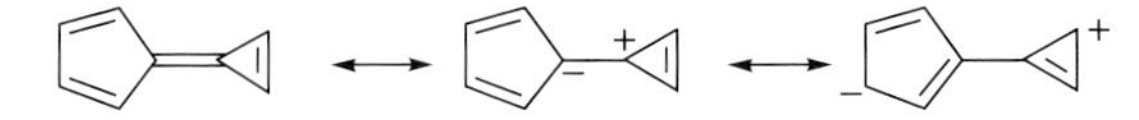

11.(D)

12.(D)　(A) 這是 Hofmann rearrangement，

(B)

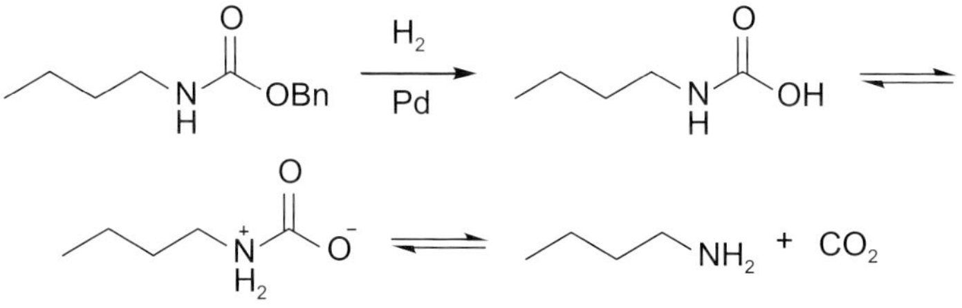

$$\text{CH}_3\text{CH}_2\text{CH}_2\text{CH}_2\text{NHC(O)OBn} \xrightarrow[\text{Pd}]{H_2} \text{CH}_3\text{CH}_2\text{CH}_2\text{CH}_2\text{NHC(O)OH} \rightleftharpoons$$

$$\text{CH}_3\text{CH}_2\text{CH}_2\text{CH}_2\overset{+}{\text{N}}\text{H}_2\text{C(O)O}^- \rightleftharpoons \text{CH}_3\text{CH}_2\text{CH}_2\text{CH}_2\text{NH}_2 + CO_2$$

(C) Hunsdiecker 反應。(D)無反應。

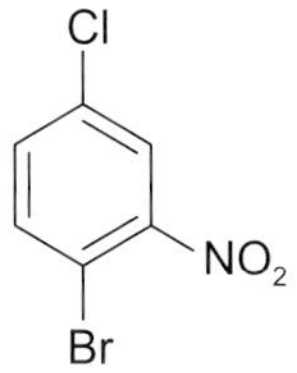

13.(B)　價電子數若是奇數或是偶數的 6, 12 時，為順磁性。

14.(A)　錯誤更正，(B) 4-bromo-1-chloro-3-nitrobenzene (Cl, NO_2, Br)　(C) 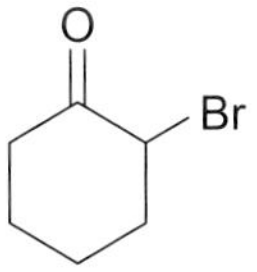 2-bromocyclohexanone (O, Br)　(D) 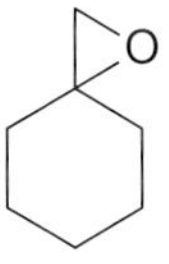 1-oxaspiro[2.5]octane (O)

15.(A)　H_2SO_4的毫莫耳數= 0.5×40 = 20 mmol，KOH 的毫莫耳數= 0.2×25 = 5 mmol.由此判定 KOH 是限量試劑。$\frac{-112}{2}\times 5\times 10^{-3}=-0.28$ kJ

16.(B)

17.(C)　自發性反應，$\Delta G° < 0$；$\Delta G° = \Delta H° - T\Delta S° < 0$，$\Delta H° < T\Delta S°$

$T > \frac{\Delta H°}{\Delta S°} = \frac{40000}{50} = 800$ K

18.(D)　(III) O_3：AX_2E，<120°。(I) NH_3：AX_3E，<109.5°。(IV) H_2O：AX_2E_2，更<109.5°。(II) H_2S：趨近於 90°。

19.(A)　$PM=DRT \quad D\propto\frac{1}{T}$。溫度上升，密度下降。

下降百分比=$\frac{(273+40)-(273+20)}{273+40}=0.064$

20.(D)　還原劑愈強，它的共軛氧化劑就愈弱。

21.(A)　$\Delta E = E_5 - E_2 = \frac{-R_H}{25} - \frac{-R_H}{4} = \frac{21R_H}{100} \qquad \Delta E = E_{hv} = hv = h\frac{c}{\lambda}$

$\frac{21}{100}\times 2.18\times 10^{-18} = \frac{6.626\times 10^{-34}\times 3\times 10^{8}}{\lambda} \quad \therefore \lambda = 4.34\times 10^{-7}$m

22.(B) $K_{sp}=[Mg^{2+}][OH^-]^2 \quad pH=10 \Rightarrow [OH^-]=10^{-4}$

$8.9\times10^{-12}=[Mg^{2+}][OH^-]^2=s(10^{-4})^2 \quad \therefore s=8.9\times10^{-4}mol/L$

23.(A) HX 的酸性比較弱，則 X^- 的鹼性就比較強，與酸反應的趨勢就愈強。

24.(C) XCl_5^- 離子形狀爲正四方角錐形，表示它是 AX_5E 型態。X 必須是 6A 族，但是 O 原子的價數是無法擴充的，要排除掉。

25.(D) $_2He^+$ 的游離能是氫原子游離能的 Z^2 倍。$1.31\times10^6\times4$

26.(C) $4r=\sqrt{2}a \quad r=\dfrac{\sqrt{2}a}{4}=\dfrac{\sqrt{2}}{4}\times4.80=1.70$

27.(A) 三者加入 SO_4^{2-} 後會先沉澱出 $PbSO_4$，其次加入 Cl^- 會沉澱出 AgCl，最後加入 S^{2-} 可以沉澱出 NiS。

28.(D) 假設方糖的莫耳數= x，方糖的 MW=342，食鹽的 MW=58.5

$342\cdot x+58.5\times2x=18.36 \quad x=0.04$ mol，

$m_{sugar}=\dfrac{0.04}{0.1}=0.4 \quad m_{salt}=0.8$，

$\Delta T_f=K_f mi=1.86\times(0.4\times1+0.8\times2)=3.72$

29.(D) Co^{2+}：d^7 ，此題是弱場， 組態是

↑ ↑

↑↓ ↑↓ ↑

30.(A) H–O–O–H　　H–C(H)(H)–O–H ⟶ H₂C=O　　2 H–O–H

$\Delta rH=$ 前－後 $=(146+413+358)-(745+463)=-291$

31.(B) 在相轉移點時，$\Delta G°=0$；$\Delta G°=\Delta H°-T\Delta S°=0$，$\Delta H°=T\Delta S°$

$8.8\times1000=T\times36.4 \quad T=241.7K=-31°C(241.7-273)$

32.(D) 按 1：2 的比例，分配得 $P_{N_2O}=\dfrac{2.25}{3}$atm $\quad P_{H_2O}=\dfrac{2\times2.25}{3}$atm

$K_P=[P_{N_2O}][P_{H_2O}]^2=(\dfrac{2.25}{3})(\dfrac{2\times2.25}{3})^2=1.687$

33.(C) 此法稱爲 Cannizzaro 法，

(1)先根據 PM = DRT 式求出三者的分子量

$1\times M=1.869\times0.082\times300 \quad M=46$

$1\times M=2.316\times0.082\times400 \quad M=76$

$1\times M=2.925\times0.082\times450 \quad M=108$

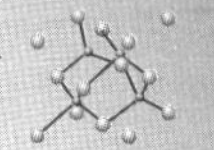

(2)其次求每個化合物中 X 的質量

$46\times69.6\%=32$　$76\times63.2\%=48$　$108\times74.1\%=80$

(3) 最後找出以上三個數據的公約數 = 16。

34.(B)　價電子數偏離 10 愈遠，B.O.值愈小，鍵能愈弱。O_2^{2-}的價電子數=14。O_2^{-}的價電子數=13，O_2^{+}的價電子數=11，O_2^{2+}的價電子數=10。

35.(B)　把鎵放在手心，就會融化。

36.(B)　(A) Mn^{2+} : d^5　強場　組態是

(B) Co^{3+} : d^6　強場　組態是

(C) V^{3+} : d^2　無論強弱場　組態是

(D) Cr^{3+} : d^3　無論強弱場　組態是

37.(A)

38.(D)　假設混合物 100 克中，NaCl 占到x克，$NaNO_3$ 占到$(100-x)$克

NaCl 中 Na 的含量$= x\times\frac{23}{58.5}$，$NaNO_3$ 中 Na 的含量$=(100-x)\times\frac{23}{85}$

$x\times\frac{23}{58.5}+(100-x)\times\frac{23}{85}=34.5$　$\therefore x=60.7$

39.(D)
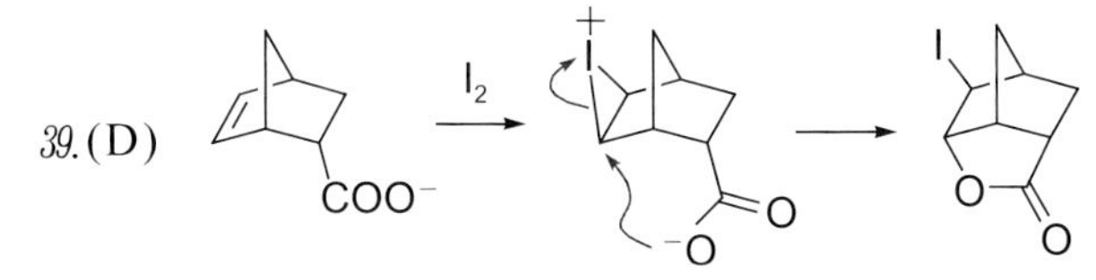

40.(C)　(A)無掌性中心，(B)結構內部出現反轉中心(i)，(D)無掌性軸。

41.(C)

42.(D) D-A 反應

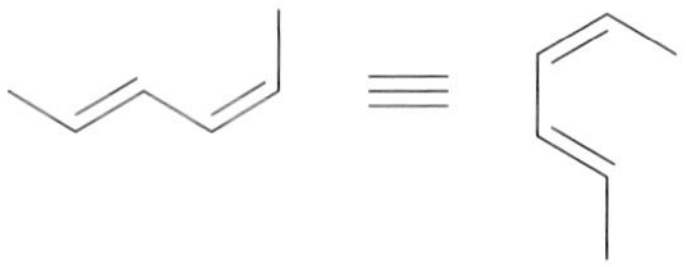

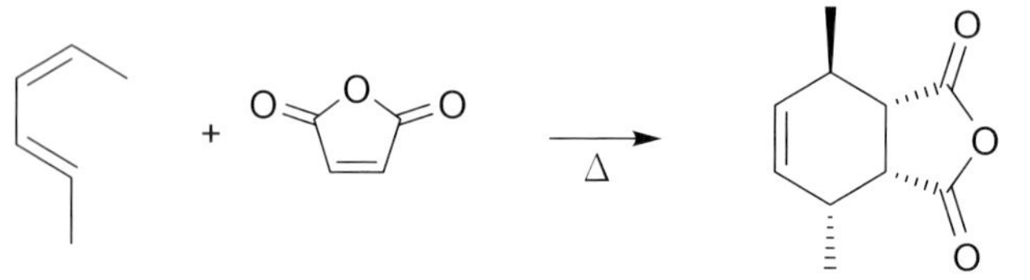

dl

43.(C) 右側的環出現活化基，而且優先活化在α位置。

44.(B) 五員雜環優先活化在2−位置。

45.(A)

46.(B) Chugaev reaction

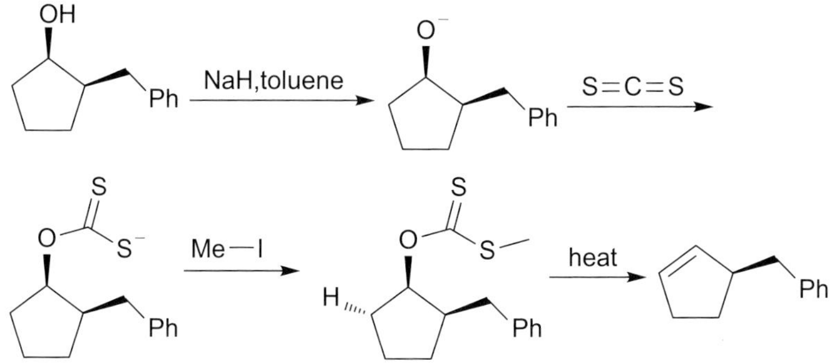

NaH,toluene → S=C=S → Me—I → heat

47.(A) Dieckmann reaction

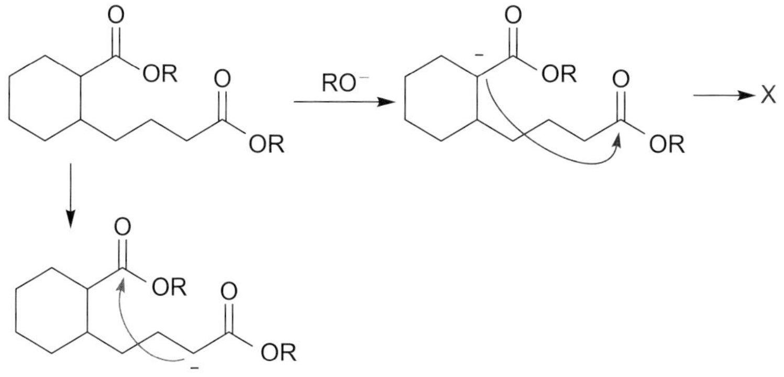

RO⁻ → X

48.(D) 右側的環出現活化基，而且優先活化在o,p位置。

49.(A)

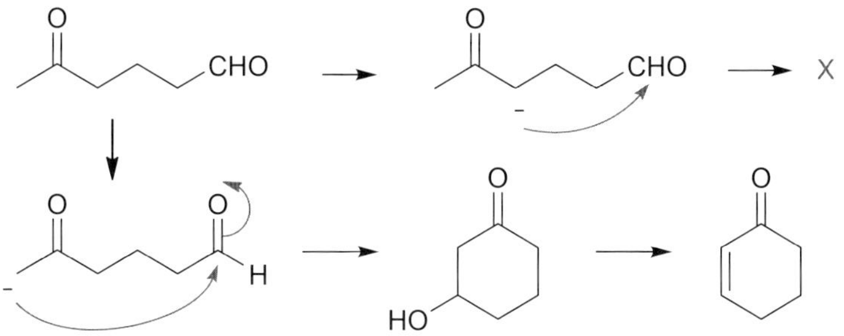

O, CHO → O, CHO, ⁻ → X

O, O, H, ⁻ → O, HO → O

50.(C)

HO-Ar-O⁻, O, Cl → O, HO, Ar, O, ⁻O-Ar-OH →

O, Ar, HO, OH, O, Ar, OH → ......

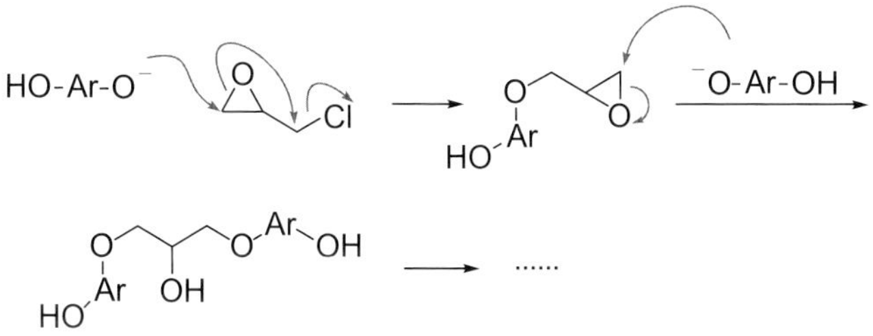

110 學年度高雄醫學大學後西醫學系試題解答

16.(B)

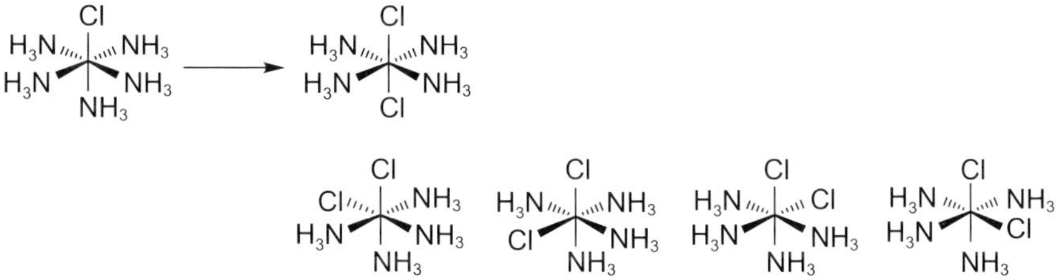

Cl, H_3N, NH_3, H_3N, NH_3, NH_3 → Cl, H_3N, NH_3, H_3N, NH_3, Cl

Cl, Cl, NH_3, H_3N, NH_3, NH_3　Cl, H_3N, NH_3, Cl, NH_3, NH_3　Cl, H_3N, Cl, H_3N, NH_3, NH_3　Cl, H_3N, NH_3, H_3N, Cl, NH_3

17.(B)　高極性易溶於高極性，KBr 是離子化合物，屬於高極性化合物。

18.(C)

19.(D)　$\Delta H = ms\Delta T$　$169.6 = 15 \times s \times (32-25)$　$\therefore s = 1.62$

20.(B)　$[O^-,\ ^-O - S^{+2} - O^-,\ O^-]^{2-}$

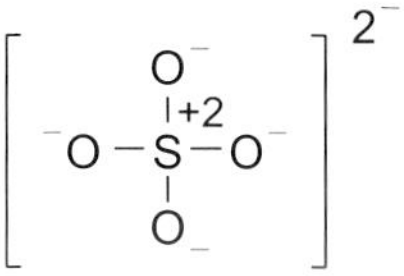

21.(C)　AX_3E_2 型態

22.(C)　AX_3E 型態

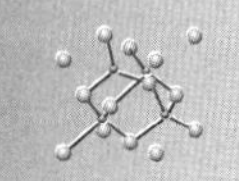

23.(D) 標示*處。

24.(A) R—SH 喜歡錯合重金屬離子。

25.(D) P—Cl 鍵是存在極性的，但是 PCl_5 分子沒有極性。

26.(C) 第一式 3 倍，第二式不動，第三式倒過來，將三者加總就得到題目式。

$\Delta H = 3\Delta H_1 + \Delta H_2 - \Delta H_3 = -10$

27.(C) 按題意，CdS 的結晶構造如同氟石（CaF_2）結構，請見附圖。

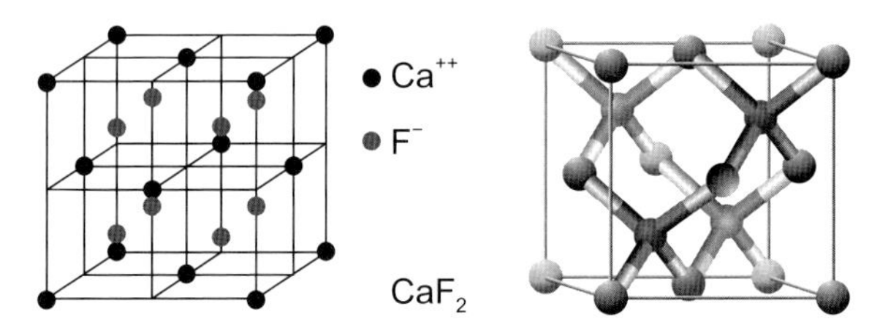

28.(E) 初速率法。

29.(C) $6\% \approx \frac{1}{16} = (\frac{1}{2})^4 \Rightarrow$ 四個半生期。

30.(C) IE_6 與 IE_7 相差太多，是 6A 族。

61.(E) 最先碰上不準位是在小數點後面一位(243.1)。總和=269.0186。

不準位取至小數點後面一位，小數點後面第二位以後的進行四捨六入規整，得到最後結果 = 269.0。

62.(B) 原理是輻射線提供的能量使氣體發生離子化。

63.(B) $\Delta S = \frac{\Delta H_v}{T_b} = \frac{66800}{83.4+273} = 187.4$

64.(C) 熱力學第三定律是在探討物質的熵值。

65.(A)

66.(B) 溶解熱=晶格能的負值+水合能。$-7.6 = -(-686) +$ 水合能，水合能 $= -694$。

67.(A)

68.(D) $\Delta G° = \Delta H° - T\Delta S°$ $y = mx + b$，兩式一對照，斜率($-\Delta S°$)爲負值，

$\Delta S° > 0$，截距($\Delta H°$)爲正值，$\Delta H° > 0$。

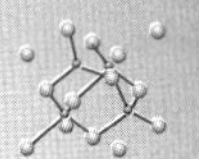

69.(C) ΔrH = 前 − 後 $= (745 + 436) - (414 + 351 + 464) = -48$

70.(D) $:\ddot{O}=\ddot{N}-\ddot{O}:^{-} \longleftrightarrow {}^{-}:\ddot{O}-\ddot{N}=\ddot{O}:$ $O=O^{+}-O^{-} \longleftrightarrow {}^{-}O-O^{+}=O$

$\overset{-1}{:\ddot{N}}=\overset{+1}{N}=\ddot{O}: \longleftrightarrow :N\equiv\overset{+1}{N}-\overset{-1}{\ddot{O}}:$ $\overset{-2}{:\ddot{C}}=\overset{+1}{N}=\ddot{O}: \longleftrightarrow \overset{-1}{:C}\equiv\overset{+1}{N}-\overset{-1}{\ddot{O}}:$

71.(B)

72.(E) 絕熱過程，$PV^{\gamma} = const.\ TV^{\gamma-1} = const.\quad \gamma = \frac{C_p}{C_v}$

因爲是絕熱程序，無法由外界提取熱能來做功，導致需要耗較多的內能來應付做功的需求，因此做功後的溫度比起等溫程序還要來的低，且做的功值也比較少。

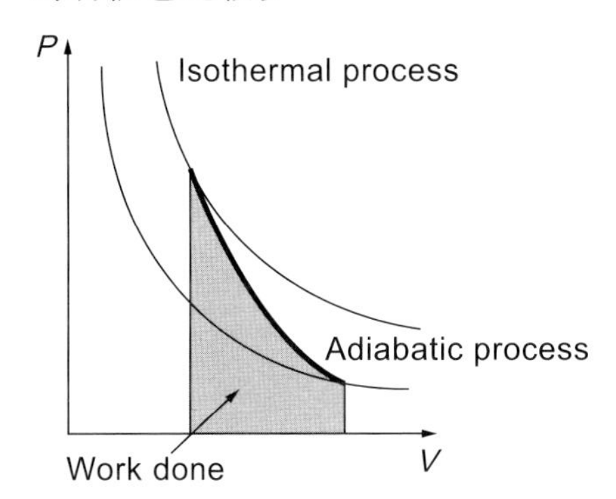

73.(E) 使用定義來解題比較方便。$M = \frac{n_B}{V} = \frac{3.55 \times 10^{-4} \times 1 \times \frac{2}{10}}{10} = 7.1 \times 10^{-6}$

74.(E) $KClO_3 \rightarrow KCl + \frac{3}{2}O_2$ 代入$PV = nRT$

$0.82 \times V = (\frac{22.4}{122.55} \times \frac{3}{2}) \times 0.082 \times (153 + 273) \quad \therefore V = 11.7$

75.(D)

76.(D) pH = 14是偏鹼的。

77.(E) $n = 3,\ l = 2$表示是3d軌域。

78.(D) 愈強場者，造成能階間格愈大，波長愈短。

79.(C) 陽離子的安定性次序：三級>二級>一級。

80.(E) (A) $E_n = \frac{n^2 h^2}{8mL^2} \quad \Delta E \propto \frac{1}{L^2}$，

(B)更正爲25%，

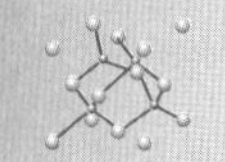

(C)令$A=\frac{h^2}{8mL^2}$，$\Delta E_{1\to2}=4A-1A=3A$，$\Delta E_{2\to4}=16A-4A=12A$

$\Delta E\propto\frac{1}{\lambda}$　$\frac{\Delta E_{1\to2}}{\Delta E_{2\to4}}=\frac{\lambda_{2\to4}}{\lambda_{1\to2}}$　$\frac{3A}{12A}=\frac{?}{\lambda}$　$\therefore ?=\frac{3}{12}\lambda$

(D)更正爲 sin(Lx)，

(E)

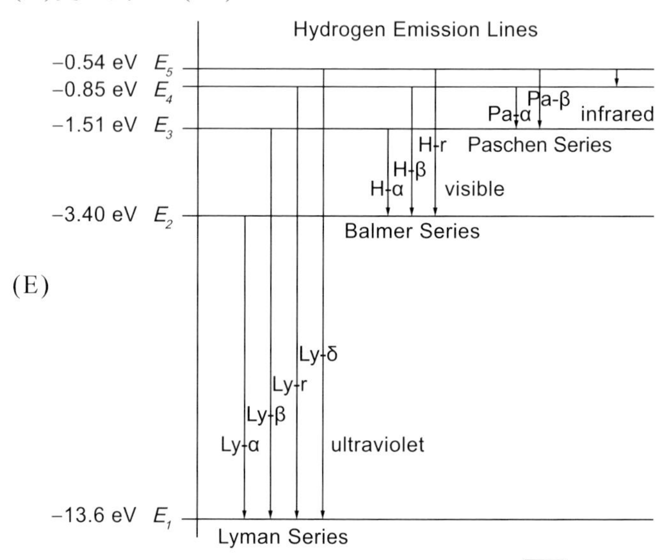

81.(A)　(A)更正爲 12，(C) $4r=\sqrt{2}a$　$a=\frac{4}{\sqrt{2}}r=\sqrt{\frac{16}{2}}r=\sqrt{8}r$

82.(A)　它是含氮鹼。

83.(D)　動能只與溫度有關，位能與物理變化以及化學變化有關。

84.(C)　$I=\frac{1}{2}\Sigma c_i z_i^2$　$Na_2HPO_4\to 2Na^+ + HPO_4^{2-}$

85.(B)　$H:N:O=\frac{4.2}{1}:\frac{29.17}{14}:\frac{66.63}{16}=4.2:2.08:4.16=2:1:2$

86.(B)　$Fe^{3+}\xrightarrow[1]{x}Fe^{2+}\xrightarrow[2]{-0.44}Fe$（$Fe^{3+}\to Fe$：$-0.036$，3）　$1x+(-0.44\times2)=-0.036\times3=0.772$

87.(B)　$R=R_2=k[E][A]$　$K=\frac{[E]}{[A][B]}$　$[E]=K[A][B]$

$R=k[E][A]=kK[A][B][A]=kK[A]^2[B]$

88.(A)　$NO_2^- + 2Al + OH^- + H_2O \to NH_3 + 2AlO_2^-$

89.(B)

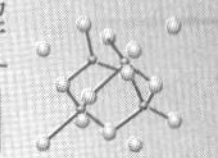

90.(A)　$FeCl_3$ 是用來檢驗酚的，Salicylic acid 結構內含有酚。

Salicylic acid

acetylsalicylic acid
aspirin

110 學年度慈濟大學學士後中醫學系試題解答

1.(D)　假設原來 ^{238}U 有 A 克，^{235}U 就會有(100－A)克。經過 45 億年後 ^{238}U 恰好是一個半衰期，剩下 A/2 克，因爲 ^{238}U 和 ^{235}U 的比例是 99.28% : 0.72%，

^{235}U 的量 $=\frac{1}{2}A\times\frac{0.72}{99.28}$

^{235}U 剩下的量也可以透過以下計算得到。

$\ln\frac{[A]_o}{[A]}=kt=\frac{0.693}{t_{\frac{1}{2}}}t\quad \ln\frac{100-A}{\frac{1}{2}A\times\frac{0.72}{99.28}}=\frac{0.693}{7.1\times10^8}\times4.5\times10^9\quad A=78$

2.(B)　$I=\frac{1}{2}\Sigma c_iz_i^2$，由公式中可看出，主要受到離子電荷的影響(因爲平方關係)，

$Na_3PO_4\rightarrow3Na^++PO_4^{3-}$，此式中出現最大的電荷值(−3)。

3.(A)

4.(C)　這是高中數學問題，統計學上的 Q-test。

A 生的數據處理檢查，(1)算出數據的最大差距值 = 8.7−8.48 = 0.22，(2)算出指定值與最接近相鄰值的差距 = 8.7−8.58 = 0.12，(3)將(2)除以(1)，0.12/0.22 = 0.545，(4) A 生測了 6 次，信心標準臨界標準是 0.625，Q_A = 0.545 < 0.625，表示此數據偏離不嚴重，不用剔除。

B 生的數據處理檢查，(1)算出數據的最大差距值 = 8.7−8.50 = 0.20，(2) 算出指定值與最接近相鄰值的差距 = 8.7−8.58 = 0.12，(3)將(2)除以(1)，0.12/0.20 = 0.6，(4) B 生測了 7 次，信心標準臨界標準是 0.568，Q_B = 0.6 > 0.568，表示此數據偏離了，需要剔除。

5.(C)　這是特別提醒的陷阱題。此難溶鹽溶解出來的(OH^-)比水還要少，水對它就構成了共同離子效應。水溶液仍然保持中性。

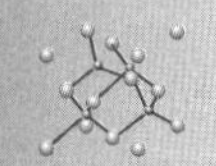

6. (A) $[Na^+]$是旁觀離子，一定最多，在當量點時，HA已經全部被轉成$[A^-]$了。

7. (D) $H^+ + 5HNO_2 + 2MnO_4^- \rightarrow 2Mn^{2+} + 5NO_3^- + 3H_2O$

8. (B)

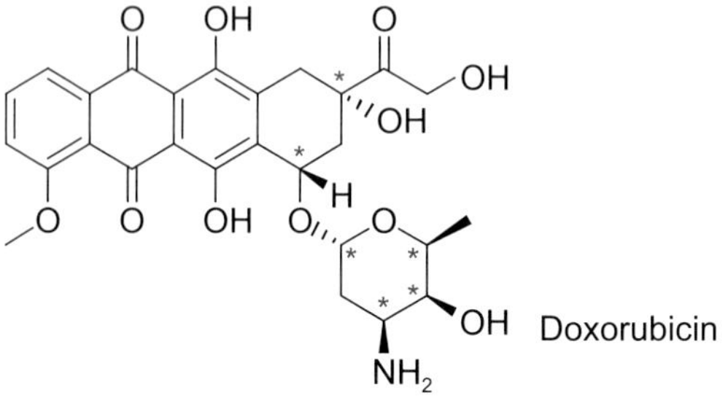

Doxorubicin

9. (A)

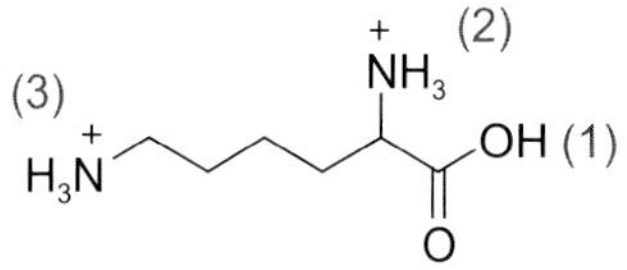

(1) OH，(2) $\overset{+}{N}H_3$，(3) $H_3\overset{+}{N}$

10. (C) $\Delta\varepsilon^o = 0.22 - 0.045 = 0.175$

$\Delta G^o = -nF\Delta\varepsilon^o = -2 \times 96.485 \times 0.175 = -33.77$ kJ

11. (B)

12. (B)

13. (B)

14. (A)

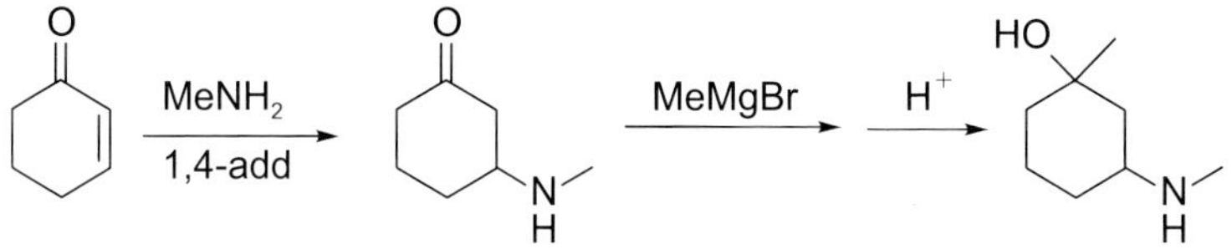

$\xrightarrow[\text{1,4-add}]{MeNH_2}$ $\xrightarrow{MeMgBr}$ $\xrightarrow{H^+}$

15. (C) 從高量子數躍遷至$n = 2$才可能出現在可見光譜，因此只有C符合。

16. (B) 是氯原子破壞臭氧層，發現者還因此獲得諾貝爾桂冠，插大熱門考題，咱們領域還是首次出題。

17. (C) $PV = nRT \quad 1 \times 10^{-3} = \dfrac{N}{6 \times 10^{23}} \times 0.082 \times 298 \quad N = 2.45 \times 10^{19}$

18. (D) 一級化學反應的半生期與反應物的濃度無關。

19. (D) 請採用方智設計的加成法則。a：加1格，b：加1.5格，c：加0.5格，d：加2.5格。

20. (C) 焰色試驗。

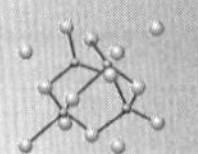

21.(A)　勒沙特列原理。

22.(D)　觀察反應前後氣相化合物的莫耳變化，莫耳數變多，就是亂度變多。

23.(B)　溫度可以改變反應速率。

24.(B)　平衡常數只受到反應種類及溫度的影響。

25.(A)　C－Z 數增加就是氧化，C－Z 數沒有改變，就不是氧化。

26.(D)　過渡元素，週期愈大電負度也愈大。

27.(D)　1690 意指有共軛的 carbonyl 基，選項中只有 D 項結構存在共軛

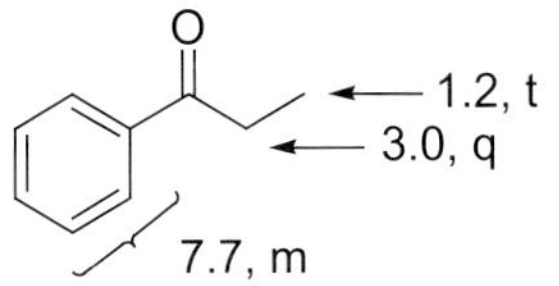

O
1.2, t
3.0, q
7.7, m

28.(D)

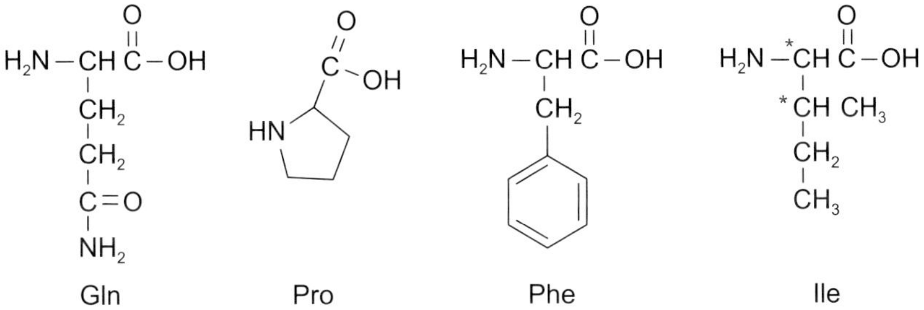

Gln　Pro　Phe　Ile

29.(B)

30.(C)

31.(B)　右側環有活化基，優先，接著考慮 alpha 位置。

32.(D)　$o.p.=\dfrac{6.76}{13.52}\times 100\%=50\%$　而且由正號知，S 式比 R 式多。

$o.p.=50\%\Rightarrow 75\%S,\ 25\%R$。

33.(C)　$R=k[CH_3Br][HCN]$。

34.(D)　優先反應在 Benzylic 位置。

35.(A)　$\Delta T_f \propto mi$，(A)1×2　(B)0.75×1　(C)0.5×3　(D)$\approx 0\times 2$。

36.(D)　Zn 優先失去電子，是還原劑，相對地 Cu^{2+} 優先得到電子，是氧化劑。

37.(D)

38.(C)　這個試劑的組合就是 Tollens 試劑，用來氧化醛，其它官能基不適用。

39.(B)　Gilmann試劑優先進行1,4-加成路線。

40.(D)　這是上課提醒的反應陷阱，胺基將與路易斯酸結合，轉成強烈去活化基，導致反應無法進行。

41.(A)　遇上pi鍵處就是sp^2混成。

42.(A)　$\Delta rG^o = -(-70)+(-80) = -10$　$\Delta rG^o = -RT\ln K$

$-10\times1000 = -8.314\times298\ln K$　$\ln K = 4$　$K = 60$

43.(C)　第一個情況X:Y = 1:4　$P_X = \frac{1}{5}P$　$P_Y = \frac{4}{5}P$

第二個情況X:Y = 1:9　$P_X = \frac{1}{10}P$　$P_Y = \frac{9}{10}P$

$$\frac{R_1}{R_2} = \frac{k[X]^2[Y]}{k[X]^2[Y]} \quad \frac{R}{R_2} = \frac{k[\frac{1}{5}P]^2[\frac{4}{5}P]}{k[\frac{1}{10}P]^2[\frac{9}{10}P]} = \frac{\frac{1\times4}{25\times5}}{\frac{1\times9}{100\times10}} = \frac{32}{9} \quad \therefore R_2 = \frac{9}{32}R$$。

44.(A)

45.(A)　(1)反應前$n_{CH_4} = \frac{16}{16} = 1$　$n_{O_2} = \frac{32}{16} = 2$

代入$PV = nRT$　$1\times V = 3\times0.082\times425$　$V = 104.55L$

(2)反應後，依質量守恆定律，整個反應混合物的總質量仍爲80克。配合密度可推得反應後的總體積爲：$d = \frac{w}{V}$　$V = \frac{w}{d} = \frac{80}{0.7282} = 109.86L$，所以體積會膨脹。

(3)假設選擇生成CO路線的甲烷有a mol，進行另一個路線的甲烷有1－a mol，

	CH_4	$+1.5O_2$	$\rightarrow CO$	$+2H_2O$
initial	a		0	0
final	0	$-1.5a$	a	2a

	CH_4	$+2O_2$	$\rightarrow CO_2$	$+2H_2O$
initial	$1-a$		0	0
final	0	$-2(1-a)$	$1-a$	$2(1-a)$

(4)反應前氣體總莫耳數 = 1+2 = 3

反應後各物的莫耳數：

$n_{CO} = a$　$n_{CO_2} = 1-a$　$n_{H_2O} = 2a+2(1-a) = 2$

$n_{O_2} = 2-1.5a-2(1-a) = 0.5a$

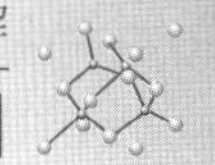

反應後氣體總莫耳數 $= a+(1-a)+2+0.5a = 3+0.5a$，依亞佛加厥定律，

體積與莫耳數成正比。$\dfrac{3}{3+0.5a} = \dfrac{104.55}{109.86}$　$\therefore a = 0.3$。

46.(B)

47.(B)　鄰近位置接上拉電子官能基，將造成羰基的偶極上升，鍵能變強，力常數增加，頻率上升。

48.(C)　ppm 的定義約略等於每升所含有溶質的毫克數。

49.(C)　Hess 定律。鍵能的定義是 $HBr_{(g)} \rightarrow H_{(g)} + Br_{(g)}$

$\Delta rH^{o} = -(-103 \times \frac{1}{2}) + 432 \times \frac{1}{2} + 193 \times \frac{1}{2} = 364$。

50.(D)　氧化數出現改變的就牽涉到氧化與還原，每個選項都有氧化數的變化。

110 學年度義守大學學士後中醫學系試題解答

1.(C) 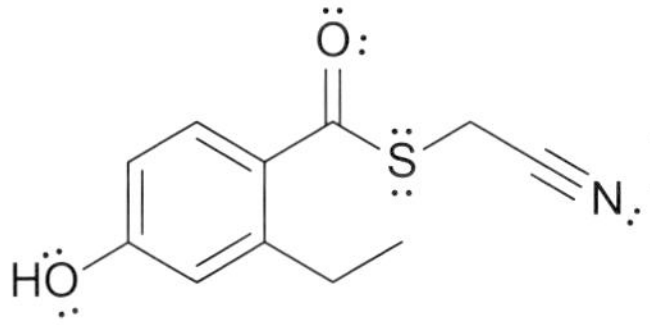　更正爲七對。

2.(D) 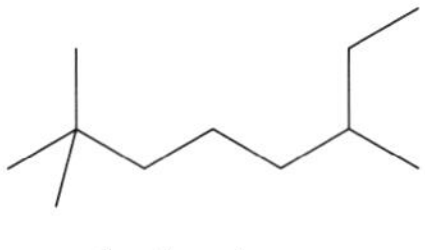　以 A 爲例，主鏈其實是辛烷。修正名字爲 2,2,6-trimethyloctane。

3.(B)　由左往右氧化態遞增。

H_3C-CH_3	$H_2C=CH_2$	$HC=CH$		
	H_3C-OH	H_2C-O	$H-C(=O)-OH$	$O=C=O$
	H_3C-NH_2	H_2C-NH	$HC\equiv N$	
	H_3C-Cl	$H_2C(Cl)-Cl$	$HC(Cl)(Cl)-Cl$	

4.(D)

5.(C)　醚類沒什麼特性吸收。

6.(A)

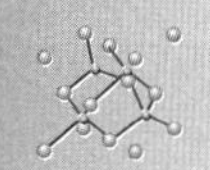

7.(D)　LiAlH_4是強還原劑，醛酮以及酸的家族都可以被還原。

8.(C)　單元晶中含有4個陽離子，4個陰離子。

9.(D)　其實不適合用體積百分比，應該改成重量百分比。

$0.82V \times 0.95 = 2 \times 46 \quad \therefore V = 118mL$

10.(B)　II. Sarett就是Collins 氧化劑。

11.(A)

$$PhH \xrightarrow[AlCl_3]{(CH_3)_2CHCl} PhCH(CH_3)_2 \xrightarrow{O_2} PhC(CH_3)_2\text{-}O\text{-}OH \xrightarrow{H^+} PhOH + CH_3COCH_3$$

$$PhC(CH_3)_2\text{-}\ddot{O}\text{-}\ddot{O}H \xrightarrow{H^+} PhC(CH_3)_2\text{-}\ddot{O}\text{-}\overset{+}{O}H_2 \longrightarrow PhC(CH_3)_2\text{-}\ddot{O}^+$$

$$\rightleftharpoons (CH_3)_2\overset{+}{C}\text{-}\ddot{O}\text{-}Ph \longleftrightarrow (CH_3)_2C{=}\overset{+}{\ddot{O}}\text{-}Ph \xrightarrow{H_2\ddot{O}:} H_2\overset{+}{O}\text{-}C(CH_3)_2\text{-}\ddot{O}\text{-}Ph$$

$$\rightleftharpoons HO\text{-}C(CH_3)_2\text{-}\overset{+}{O}H\text{-}Ph \longrightarrow (CH_3)_2C{=}\overset{+}{O}H + PhOH \xrightarrow{-H^+} (CH_3)_2C{=}O$$

12.(A)

13.(B)　勒撒特列原理。

14.(B)　(A)改成四面體，(C) $Zn(NH_3)_4Cl_2$編輯成$[Zn(NH_3)_4]Cl_2$屬於四面體，(D) $Pt(NH_3)_4Cl_4$, 編輯成$[Pt(NH_3)_4Cl_2]Cl_2$屬於八面體。

15.(B)　此題陰陽兩極都是水在電解，水在陰極電解得到OH^-，因此陰極附近轉成粉紅色，水在陽極電解得到H^+。陽極附近不會變色。

16.(A)　乙烯之標準生成熱：$2C_{(s)} + 2H_{2(g)} \rightarrow C_2H_{4(g)}$

乙烯(C_2H_4(g))之標準燃燒熱爲-1411.1 kJ/mol，

$C_2H_{4(g)} + 3O_{2(g)} \rightarrow 2CO_{2(g)} + 2H_2O_{(g)}$

$\Delta rH =$ 後 $-$ 前 $= (-393.5 \times 2 - 285.8 \times 2) - x = -1411.1 \quad \therefore x = 52.8$

17.(D)　$2A_{(g)} \rightarrow A_{2(g)}$

18.(B)

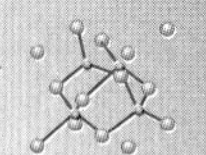

19.(D)　$CH_3\overset{\overset{O}{\|}}{C}CH(CH_2CH3)_2$

20.(A)

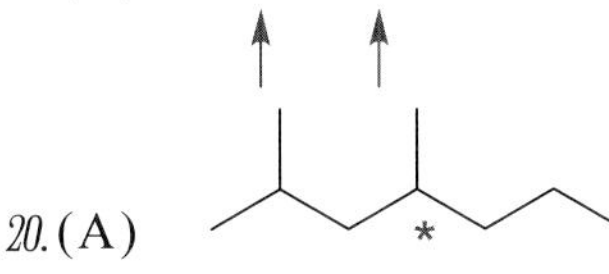

21.(C)

22.(C)

23.(B)　$pI = \dfrac{2.09+3.86}{2} = 2.98$

24.(A)　反應在 allylic 位置。

25.(D)　Wolff-Kishner 還原法。

26.(D)

27.(A)　(B)不一定，(C)產生胺類，(D)得到烯類。

28.(A)

H^+　　$H_2\ddot{O}:$　　NaH　　CH_3Br

29.(B)　PbO 是兩性氧化物，可以溶於鹼。

$PbO+2KOH+H_2O \rightarrow K_2[Pb(OH)_4]$

30.(C)　奇數電子數具順磁性。

31.(B)　S—O 鍵是存在極性的，但是 SO_3 分子沒有極性。

32.(D)

33.(A)

34.(D)

35.(D) $1C_2H_{2(g)}+\frac{5}{2}O_{2(g)}\rightarrow 2CO_{2(g)}+1H_2O_{(g)}$

H—C≡C—H　5/2 O=O ⟶ 2 O=C=O　H-O-H

ΔrH = 前 − 後 = $(456\times2+962+499\times\frac{5}{2})-(802\times4+462\times2)=-1010.5$

36.(A) Edman 試劑用來判定排在胺端的胺基酸。

37.(C) 共軛加成。

38.(AB)

39.(A) Birch 還原。

40. X 送分

41.(B)

42.(C) 示範一例

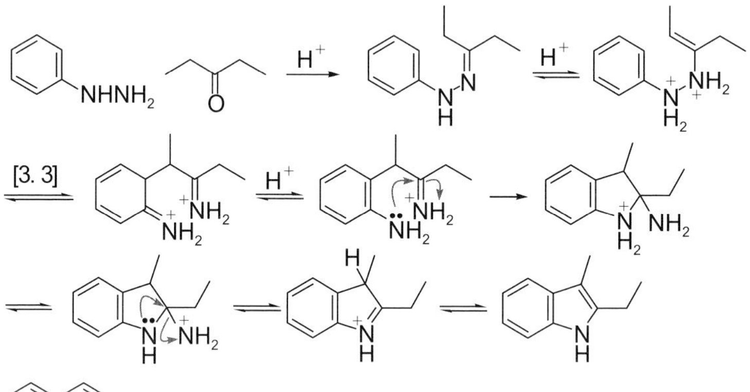

43.(D) 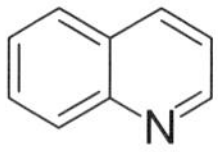 結構中含有 pyridine，適合進行 Ar-SN 反應。

44.(A)

45.(B)

46.(D)

47.(A)  在 6 號處的 OAc 位處在軸位，水解發生時中間產物的官能基尺寸變大，1,3-雙軸排斥將會增加，以至於此處的反應比較慢。所以 3 號處的 OAc 先水解。

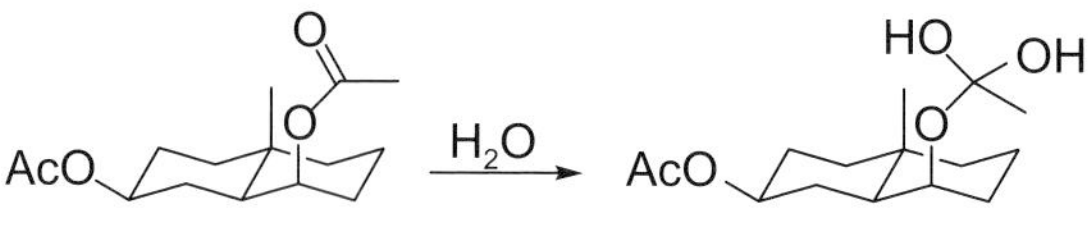

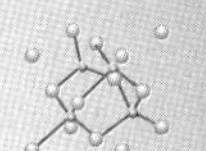

48.(B)　$FeCl_3$ 溶液用來檢驗酚基，enol 也可以。

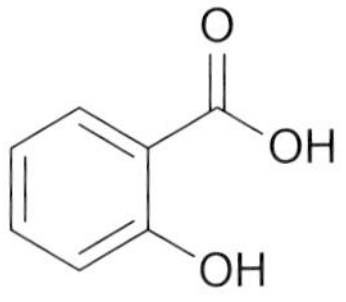

Salicylic acid

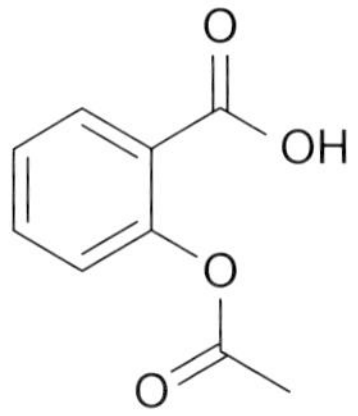

acetylsalicylic acid
aspirin

49.(D)　$\mathrm{pH} = pK_a + \log\frac{[A^-]}{[HA]}$　$7.4 = 6.7 + \log\frac{[A^-]}{[HA]}$　$\log\frac{[A^-]}{[HA]} = 0.7$　$\frac{[A^-]}{[HA]} = 5 = \frac{5}{1}$

$\frac{5}{6} \times 100\% = 83$

50.(C)

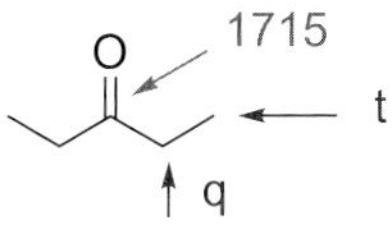

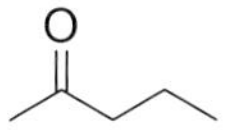

1715

t

q

國家圖書館出版品預行編目資料

升二技.插大.私醫聯招.學士後(中)醫普通化學. 上
/ 方智作. -- 三版. -- 新北市 : 全華圖書股份有限公司, 2022.04
面 ; 公分
ISBN 978-626-328-138-7(平裝)
1.CST: 化學
340 111004783

升二技．插大．私醫聯招．學士後(中)醫 普通化學(上)

作者 / 方智
發行人 / 陳本源
執行編輯 / 蔡依蓉
封面設計 / 戴巧耘
出版者 / 全華圖書股份有限公司
郵政帳號 / 0100836-1 號
印刷者 / 宏懋打字印刷股份有限公司
圖書編號 / 0358302
三版二刷 / 2024 年 04 月
定價 / 新台幣 500 元
ISBN / 978-626-328-138-7(平裝)
全華圖書 / www.chwa.com.tw
全華網路書店 Open Tech / www.opentech.com.tw
若您對本書有任何問題，歡迎來信指導 book@chwa.com.tw

臺北總公司(北區營業處)
地址：23671 新北市土城區忠義路 21 號
電話：(02) 2262-5666
傳真：(02) 6637-3695、6637-3696

南區營業處
地址：80769 高雄市三民區應安街 12 號
電話：(07) 381-1377
傳真：(07) 862-5562

中區營業處
地址：40256 臺中市南區樹義一巷 26 號
電話：(04) 2261-8485
傳真：(04) 3600-9806（高中職）
(04) 3601-8600（大專）

廣告回信
板橋郵局登記證
板橋廣字第540號

行銷企劃部　收

23671
新北市土城區忠義路21號
全華圖書股份有限公司

（請由此線剪下）

讀者回函卡

掃 QRcode 線上填寫 ▶▶▶

姓名：＿＿＿＿ 生日：西元＿＿年＿＿月＿＿日 性別：□男 □女

電話：（ ）＿＿＿＿ 手機：＿＿＿＿

e-mail：（必填）＿＿＿＿

註：數字零，請用 Φ 表示，數字 1 與英文 L 請另註明並書寫端正，謝謝。

通訊處：□□□□□

學歷：□高中・職 □專科 □大學 □碩士 □博士

職業：□工程師 □教師 □學生 □軍・公 □其他

學校／公司：＿＿＿＿ 科系／部門：＿＿＿＿

・需求書類：

□ A. 電子 □ B. 電機 □ C. 資訊 □ D. 機械 □ E. 汽車 □ F. 工管 □ G. 土木 □ H. 化工

□ I. 設計 □ J. 商管 □ K. 日文 □ L. 美容 □ M. 休閒 □ N. 餐飲 □ O. 其他

・本次購買圖書為：＿＿＿＿ 書號：＿＿＿＿

・您對本書的評價：

封面設計：□非常滿意 □滿意 □尚可 □需改善，請說明＿＿＿＿

內容表達：□非常滿意 □滿意 □尚可 □需改善，請說明＿＿＿＿

版面編排：□非常滿意 □滿意 □尚可 □需改善，請說明＿＿＿＿

印刷品質：□非常滿意 □滿意 □尚可 □需改善，請說明＿＿＿＿

書籍定價：□非常滿意 □滿意 □尚可 □需改善，請說明＿＿＿＿

整體評價：請說明＿＿＿＿

・您在何處購買本書？

□書局 □網路書店 □書展 □團購 □其他＿＿＿＿

・您購買本書的原因？（可複選）

□個人需要 □公司採購 □親友推薦 □老師指定用書 □其他＿＿＿＿

・您希望全華以何種方式提供出版訊息及特惠活動？

□電子報 □ DM □廣告（媒體名稱＿＿＿＿）

・您是否上過全華網路書店？（www.opentech.com.tw）

□是 □否 您的建議＿＿＿＿

・您希望全華出版哪方面書籍？＿＿＿＿

・您希望全華加強哪些服務？＿＿＿＿

感謝您提供寶貴意見，全華將秉持服務的熱忱，出版更多好書，以饗讀者。

填寫日期： / /

2020.09 修訂

親愛的讀者：

感謝您對全華圖書的支持與愛護，雖然我們很慎重的處理每一本書，但恐仍有疏漏之處，若您發現本書有任何錯誤，請填寫於勘誤表內寄回，我們將於再版時修正，您的批評與指教是我們進步的原動力，謝謝！

全華圖書 敬上

勘誤表

書號		書名		作者	
頁數	行數	錯誤或不當之詞句		建議修改之詞句	

我有話要說：（其它之批評與建議，如封面、編排、內容、印刷品質等・・・）